U0340701

国家出版基金项目
NATIONAL PUBLICATION FOUNDATION

有色金属理论与技术前沿丛书

# 有色冶金过程污染控制与资源化

# POLLUTION CONTROL AND RESOURCE REUSE IN NONFERROUS METALLURGICAL PROCESS

赵由才　蒋家超　张文海　编著
Zhao Youcai　Jiang Jiachao　Zhang Wenhai

中南大學出版社
www.csupress.com.cn

中国有色集团

# 内容简介

Introduction

本书共分 11 章，分别介绍了有色金属工业环境污染控制与资源化相关内容，主要内容包括有色金属工业环境污染现状及污染综合防治，有色金属工业环境管理，各种污染控制及资源化技术基础（包括大气污染、水污染和固体废物），有色金属采选、冶炼、加工等过程中的“三废”污染控制与资源化技术及工程应用实例，含锌废物及贫杂氧化锌矿碱介质湿法生产金属锌粉技术原理及工程应用。全书结构清晰，内容简明，原理阐述透彻，突出了有色金属工业“三废”治理与资源化工程应用的特点。

本书可供从事有色冶金生产、管理、环境保护等方面的人员及相关科学研究、工程设计、环境咨询等单位人员学习参考，也可作为大专院校相关专业师生的教学参考用书。

# 作者简介

About the Author

**赵由才**，男，1963年7月生于福建泉州市安溪县，教授、博导。1980年9月安溪一中高中毕业，1984年四川大学化学系本科毕业，1989年12月北京中关村中国科学院化工冶金研究所博士毕业(硕博连读)，1991年复旦大学化学系博士后流动站出站后到同济大学工作至今。1992年6月晋升副教授，1996年1月晋升教授，1999年9月聘为博导，2008年1月被聘为同济大学首批二级教授。先后在瑞士、新加坡、美国和希腊工作4年，获欧盟 Marie-Curie 奖学金、入选教育部跨世纪优秀人才、上海市科技"启明星"人才计划和"启明星后"人才跟踪计划、上海市优秀青年教师，享受国务院政府特殊津贴。从事危险废物、生活垃圾、建筑废物、污泥等处理与资源化研究与应用，提出矿化垃圾概念和定量化指标体系，在锌铅危险废物碱介质湿法冶金资源化利用、生活垃圾卫生填埋与焚烧发电、建筑废物污染控制、河湖底泥处置、矿化垃圾处理渗滤液、温室气体减排与控制、湿垃圾(餐厨垃圾)及城市与工业污泥化学调理与深度脱水及其卫生填埋等方面做了系统性研究工作，研究成果得到广泛应用。担任八种杂志副主编或编委、六种丛书编委会主任。承担了5项国家基金项目、4项科技部863和科技支撑课题、1项环保部公益性科研专项项目、12项上海市科委重大和重点项目、3项教育部重大和博士点项目及跨世纪人才培养项目、18项企业技术研发项目等；作为第一完成人主持的"可持续生活垃圾填埋处置及资源化研究与应用"、"生活垃圾能源化和资源化关键技术及应用"、"大宗碱溶性金属废物碱介质提取技术与产业化应用"分别获得2008年上海市科技进步奖一等奖、国家教育部2011年科技进步奖一等奖、上海市2010年技术发明奖二等奖。授权发明专利33项，SCI收录论文98篇，出版专著和学术著作71部(2500万字)。培养博士和博士后48名，硕士58名、教育部委派进修生6名。

**蒋家超**，男，1981 年生，江苏省徐州市丰县人，中共党员，博士，中国矿业大学讲师。1999—2006 年，在中国矿业大学环境工程专业学习，先后获学士、硕士学位；2006—2010 年，在同济大学环境学院攻读博士学位。硕士期间主要从事污水治理工艺及机理研究，博士期间主要从事固体废物处置与利用研究，在高浓度氨氮废水处理、重金属危险废物无害化处置与资源化利用等方面开展了系统而深入的科研工作。参与国家 863 计划项目、上海市科委重大专项、校企联合项目等 4 项，主持校级科研项目 1 项。目前，获上海市技术发明二等奖 1 项，申请发明专利 4 项(2 项已授权)，发表论文 13 篇(5 篇被 EI 检索)，主编《矿山固体废物处理与资源化》、《碱介质湿法冶金技术》、《工业领域温室气体减排与控制技术》专业书籍 3 部，参编《固体废物处理与资源化实验》、《大气污染控制工程》、《环境保护概论》专业教材 3 部。

**张文海**，男，1939 年生，福建省福州市长乐县人，有色金属冶金专家，中国工程院院士。1963 年毕业于中南矿冶学院，长期从事有色冶金工程设计和科学研究，历任江西贵溪冶炼厂、安徽金隆铜业公司等国家重点工程总设计师。主持金隆铜业“冷风闪速炼铜”技术攻关获得成功，并首次实现我国闪速炼铜设备国产化和输出，促进了我国铜冶金的技术进步。致力于冶金过程控制与计算机软件的研发，对循环物料的平衡及挥发性元素的积累提出了定量的数学描述方法，软件成果在多项国内外工程应用，为提高我国工程设计技术水平做出贡献。作为第一完成人，获国家科技进步一等奖、国家优秀工程设计金奖、国家优秀计算机工程软件金奖、香港刘永龄奖等 10 余项。

# 学术委员会

Academic Committee

国家出版基金项目
有色金属理论与技术前沿丛书

# 编辑出版委员会

Editorial and Publishing Committee

国家出版基金项目
有色金属理论与技术前沿丛书

# 总序 / Preface

当今有色金属已成为决定一个国家经济、科学技术、国防建设等发展的重要物质基础，是提升国家综合实力和保障国家安全的关键性战略资源。作为有色金属生产第一大国，我国在有色金属研究领域，特别是在复杂低品位有色金属资源的开发与利用上取得了长足进展。

我国有色金属工业近30年来发展迅速，产量连年来居世界首位，有色金属科技在国民经济建设和现代化国防建设中发挥着越来越重要的作用。与此同时，有色金属资源短缺与国民经济发展需求之间的矛盾也日益突出，对国外资源的依赖程度逐年增加，严重影响我国国民经济的健康发展。

随着经济的发展，已探明的优质矿产资源接近枯竭，不仅使我国面临有色金属材料总量供应严重短缺的危机，而且因为“难探、难采、难选、难冶”的复杂低品位矿石资源或二次资源逐步成为主体原料后，对传统的地质、采矿、选矿、冶金、材料、加工、环境等科学技术提出了巨大挑战。资源的低质化将会使我国有色金属工业及相关产业面临生存竞争的危机。我国有色金属工业的发展迫切需要适应我国资源特点的新理论、新技术。系统完整、水平领先和相互融合的有色金属科技图书的出版，对于提高我国有色金属工业的自主创新能力，促进高效、低耗、无污染、综合利用有色金属资源的新理论与新技术的应用，确保我国有色金属产业的可持续发展，具有重大的推动作用。

作为国家出版基金资助的国家重大出版项目，《有色金属理论与技术前沿丛书》计划出版100种图书，涵盖材料、冶金、矿业、地学和机电等学科。丛书的作者荟萃了有色金属研究领域的院士、国家重大科研计划项目的首席科学家、长江学者特聘教授、国家杰出青年科学基金获得者、全国优秀博士论文奖获得者、国家重大人才计划入选者、有色金属大型研究院所及骨干企业的顶尖专家。

国家出版基金由国家设立，用于鼓励和支持优秀公益性出版项目，代表我国学术出版的最高水平。《有色金属理论与技术前沿丛书》瞄准有色金属研究发展前沿，把握国内外有色金属学科的最新动态，全面、及时、准确地反映有色金属科学与工程技术方面的新理论、新技术和新应用，发掘与采集极富价值的研究成果，具有很高的学术价值。

中南大学出版社长期倾力服务有色金属的图书出版，在《有色金属理论与技术前沿丛书》的策划与出版过程中做了大量极富成效的工作，大力推动了我国有色金属行业优秀科技著作的出版，对高等院校、研究院所及大中型企业的有色金属学科人才培养具有直接而重大的促进作用。

王淀佐

**2010 年 12 月**

# 前言

Foreword

有色金属又称非铁金属，是除铁、锰、铬以外的所有金属的统称，是现代经济、社会发展和国防建设的关键支撑材料。有色金属工业是以开发利用有色金属矿产资源为主的基础性产业，包括矿石采选、冶炼、加工等环节。进入21世纪以来，受市场需求高速增长刺激，我国有色金属工业总量持续快速扩张，目前总产量已居世界第一。随着我国经济社会发展及工业化、城市化进程加快，对有色金属的需求仍不断增加，必将有力地推动我国有色金属工业的进一步发展。

有色金属工业属于矿物加工利用型行业，包括采选、冶炼、加工等在内的有色冶金各过程均会产生大量的废气、废水和废渣。这些“三废”的产生不仅腐蚀生产设备，恶化生产环境，影响生产的正常运行，而且还严重污染大气、水体和土壤，危害人体健康，破坏周边生态环境。同时，有色金属矿石采选、冶炼、加工过程中产生的脉石、尾矿和废渣等还将侵占大量的土地资源。在一些地区，有色金属甚至成了环境污染的代名词。随着我国环境保护工作的开展及污染治理力度的加大，以及冶金、环保界同仁们的共同努力，我国有色金属工业在环境保护方面取得了很多成绩，污染治理初见成效。然而，受经济、技术等发展水平限制，我国有色金属工业目前仍面临着资源利用率低、能源消耗高、污染物排放量大等问题。有色金属工业发展中的环境问题仍将在今后一段时期内长期存在。

有色冶金过程污染控制的根本出路在于清洁生产和废物的循环使用，如采用无毒无害的化学试剂代替有毒有害的化学试剂，产生的废水全部循环使用而不对外排放。另外，许多矿石的伴生矿很多，在生产过程中，一般以某种金属为目标加以分离，其他伴生元素事实上也就以废物形式进入环境中，因此可以将其中所含的有价资源加以回收利用，以保护环境和节约资源。对于有色金属工业发展而言，节能减排、生态保护、资源综合利用等环境要求对有色金属工业的企业布局和产业结构调整起着重要的制约作用。环境问题影响到有色金属工业的国际形象，特别在利用外资、引进技术和出口产品时会影响到有色金属工业的国际合作。因此，污染控制与资源化已成为有色金属工业发展中的一项极为重要的工作。

本书是"有色金属理论与技术前沿丛书"中的一部，全书共11章。第1章介绍了有色金属工业的发展及发展中存在的主要环境问题，并对污染综合防治的概念及措施进行了论述。第2章概述了环境管理的概念及其与清洁生产的关系，讨论了有色企业环境管理的概念、内容、主要手段及存在的问题等，提出了强化环境管理的建议。第3章、第4章和第5章针对有色金属工业"三废"情况，介绍了环保界已经成熟或近年来新兴的"三废"污染防治与资源化技术和原理，以及有色金属工业温室气体的减排与控制措施。第6章、第7章、第8章、第9章和第10章按照有色冶金生产环节顺序，分别对采选、冶炼、加工过程中具体"三废"的来源及其污染控制与资源化技术进行了系统阐述，并以案例形式介绍了各生产环节"三废"治理及资源化的方法。第11章系统介绍了一种体现清洁生产及资源综合利用思想的典型技术工艺，即以含锌废物和贫杂氧化锌矿为原料碱浸-电解生产金属锌粉。

本书编写人员长期从事有色冶金生产研究和环保技术开发工作。在编写过程中，参阅了当前国内外最新的文献资料。全书内容涵盖了有色金属工业主要污染物的控制技术及资源化方法，反映了我国有色金属工业污染治理工作的实际情况，同时力求理论与工程实践相结合。需要指出，近几年我国对有色金属行业的污染治理力度不断增强，2010年以来国家先后出台了铝、镁、钛、铜、镍、钴、铅、锌、稀土等工业的污染物排放标准。与之前的标准相比，新标准更为严格和具体。有色企业在现有生产技术水平和环保设施基础上如何进行调整和改进，以满足新的污染排放标准，是当前亟待解决的重大问题。希望本书的出版可以为从事有色冶金生产、管理、环境保护等方面的人员及相关科学研究、工程设计、环境咨询等单位的人员提供借鉴和参考。

本书第1章由蒋家超、张文海编写，第2章由蒋家超、赵由才编写，第3章和第5章由崔亚伟、万田英、蒋家超编写，第4章和第7章由杨爽编写，第6章由姜亚敏编写，第8章由万田英编写，第9章由蒋家超、赵由才编写，第10章由冯雷雨编写，第11章由蒋家超、张承龙、赵由才编写。

多年来致力于有色冶金污染控制与资源化的专家、学者和工程管理技术人员为本书提供了大量的参考资料，易天晟、施万胜、徐军科、王海峰、汪宝英等参与了部分资料的收集工作并提出了中肯建议，中南大学出版社史海燕编辑为本书整理出版提供了大力的支持和帮助，在此一并表示衷心的感谢。

由于编者水平有限，加之时间有限，在本书编写过程中难免会出现漏误及不足之处，热忱希望读者提出批评和意见。

**编　者**

# 目录

Contents

# 第1章 绪 论

## 1.1 有色金属工业发展概况

### 1.1.1 有色金属及矿产资源

**1. 有色金属的种类**

有色金属所包含的范围，各个国家不尽相同，而且随着科学技术的发展和新元素的不断发现，有色金属的范围仍有可能进一步扩展。狭义的有色金属通常又称非铁金属，是铁（有时还包括铬和锰）以外的所有金属的统称。我国1958年将铁、铬、锰划为黑色金属，将铁、铬、锰以外的64种金属划归有色金属范畴。到20世纪90年代初已发现的119种元素中，有84种元素被认为是金属，被划归有色金属范围的有80种。广义的有色金属还包括有色合金。有色合金是以一种有色金属为基体（通常大于50%），加入一种或几种其他元素而构成的合金。有色金属元素只有80余种，但有色合金种类繁多，性能各异。

在实际应用中，根据密度、价格、在地壳中的储量及分布情况、被人们发现及使用情况的早晚等又将有色金属大致分为5大类：

1）轻金属。密度小于4.5 $g/cm^3$，包括铝、镁、钾、钠、钙、锶、钡等。

2）重金属。密度大于4.5 $g/cm^3$，包括铜、镍、钴、铅、锌、锡、锑、铋、镉、汞等。

3）贵金属。价格比一般金属昂贵，在地壳中含量少，开采和提取都比较困难，包括金、银、钌、铑、钯、锇、铱、铂等。

4）半金属。物理化学性质介于金属和非金属之间，包括硅、硒、碲、砷、硼等。

5）稀有金属。在自然界中含量较少或分布稀散，开采冶炼较难，在工业上制备和应用较晚。包括稀有轻金属，如锂、铷、铯等；稀有难熔金属，如钛、锆、钼、钨等；稀有分散金属，如镓、铟、锗、铊等；稀土金属，如钪、钇、镧系金属；放射性金属，如镭、钫、钋及锕系元素中的铀、钍等。

工业生产中，经常提到的10种常用有色金属是指铜、铝、锌、铅、镍、锑、锡、汞、镁和钛，6种常用有色金属是指铜、铝、锌、铅、镍和锡。

**2. 有色金属的作用**

随着现代工业和科学技术的迅速发展，有色金属作为国民经济、国防工业及科学技术发展中必不可少的基础材料，在人类社会发展中的地位显得更为突出。有色金属不仅作为功能材料，而且也作为结构材料渗入人类生活的各个领域。目前，有色金属及其合金已经广泛应用于电力、交通、建筑、机械、电子信息、航空航天、国防军工等领域，在保障国家经济建设、人民生活、社会发展以及国家安全等方面发挥着重要作用。可以说，农业现代化、工业现代化、国防和科学技术现代化都离不开有色金属，如飞机、火箭、卫星、雷达、导弹、核潜艇等，以及原子能、通信、家电、电子计算机等尖端技术所需的构件或部件大都是由有色金属中的轻金属和稀有金属制成的。此外，合金钢的生产离不开镍、钴、钨、钼、钒、铌等有色金属。当今世界上许多国家，尤其是工业发达国家，竞相发展有色金属工业，积极增加有色金属的战略储备。

**3. 有色金属矿产资源**

从世界范围来看，有色金属矿产资源十分丰富。2002 年世界查明的几种需求量较大的有色金属的储量及资源量见表 1 – 1。可以看出，铜、铝、铅、锌的储量及储量基础在资源总量中所占比例均较低，说明全球有色金属资源的勘查潜力仍然较大。

**表 1 – 1　世界几种主要有色金属储量及资源量**

| 金属名称 | 资源量/亿 t | 储量/万 t | 储量占资源量的比例/% | 储量基础/万 t | 储量基础占资源量的比例/% |
|---|---|---|---|---|---|
| 铜 | 16 | 48000 | 30.0 | 95000 | 59.4 |
| 铝 | 550 ~ 750 | 2200000 | 29.3 ~ 40.0 | 3300000 | 44.0 ~ 60.0 |
| 铅 | 15 | 6800 | 45.3 | 14000 | 9.3 |
| 锌 | 19 | 20000 | 10.5 | 45000 | 23.7 |

世界有色金属资源分布广泛而又比较集中。常用有色金属铜、铝、铅、锌等矿产储量丰富的国家及地区有澳大利亚、美国、独联体、智利和加拿大等，其中智利的铜储量约占世界总量的 38%；铝土矿主要分布在几内亚、澳大利亚、巴西、牙买加、印度和圭亚那，合计约占世界总储量的 71%；铅锌资源主要集中在澳大利亚、中国、美国、加拿大、秘鲁和墨西哥等国，它们拥有的铅锌储量占世界总储量的 60% 以上；钨、锡、钼、锑、镍矿主要分布在中国、澳大利亚、巴西、俄罗斯、加拿大、美国、秘鲁和智利等国。从 2000—2008 年，探明的储量除了锡矿储量有所下降外，世界铜、铝、铅、锌、钨、锡、钼、锑、镍等储量基础均有不同程

度的增长，其中钼、钨、铜和锑等储量基础有较大幅度增长。

我国有色金属资源总体上比较丰富，探明种类较为齐全，其中钨、锡、钼、锑等探明储量位居世界第一，铅、锌居世界第二，铜矿探明储量位居世界第四，铝土矿探明储量位居世界第六，镍矿位居世界第九。改革开放30多年来，随着矿产勘查工作的不断开展，我国有色金属探明储量大多数都有大幅度的增长。1978—2008年，铜矿、铅矿、锌矿、铝土矿等大宗矿产查明资源储量分别增长53.0%、106.0%、96.2%和160.3%，优势矿产钨、锡、钼、锑矿查明资源储量分别增长66.8%、111.5%、201.4%和86.2%。

从整体上看，我国有色金属矿产资源主要有以下几个方面的特点：

1)总量大，人均占有量小。我国有色金属矿产资源总量虽然很大，但由于人口众多，人均占有资源量却很低。据统计，我国有色金属矿产资源的人均占有量仅为世界平均水平的52%，属于人均资源相对贫乏的国家。

2)贫矿多，富矿少。我国已探明储量的有色金属矿，从总数上来说不少，但其中贫矿所占的比重较大，使得我国有色金属矿产资源开发利用难度较大。如我国铜矿平均地质品位只有0.87%，远远低于智利、赞比亚等世界主要产铜国家。我国铝土矿资源中，虽然铝的含量较高，但几乎全部是一水硬铝土矿，这种矿的选冶难度很大。

3)共生伴生矿床多，单一矿床少。我国超过80%的有色金属矿床中都有共伴生元素，尤以铜、铝、铅、锌矿产较为明显。目前在我国已探明矿产储量中，单一矿床在总储量中所占比例超过50%的，仅有汞矿和锑矿，其他有色金属矿产绝大部分是共伴生形式的综合矿床。这种共伴生矿产多、单一矿床少的特点，如果处理得当，搞好综合回收，可以显著提高矿山的综合经济效益。但是矿石组分复杂，选冶难度增大，导致建设投资和生产经营成本增加。

4)小有色金属资源多，大有色金属资源少。我国钨、锡、钼、锑等小有色金属的储量位居世界第一，而且资源的品质较高，具有很强的世界竞争力。而那些资源需求量大的有色金属(如铜、铝、锌、铅等)矿产资源，在世界总量中所占比例较低。在我国有色金属矿产资源中，这些大有色金属均属于短缺，甚至是急缺的矿产资源。

5)中、小型矿多，大型、超大型矿少。我国有色金属矿产资源中，大型、超大型矿床较少，特别是一些重要支柱矿产如铜、金等矿产，以中小型为主。以铜为例，在我国发现的铜矿中，大型矿床仅占2.7%，中型矿床占8.9%，小型矿床占88.4%，我国至今尚未发现特大型的富铜矿床(500万t级)，而国外探明金属量超过1000万t的超大型铜矿有60余座。矿床规模偏小，单个矿床难以形成较大的产量，不能形成规模开发，是造成我国矿产资源开发效率和经济效益低的重要原因。

6)分布范围广，区域不均衡。我国有色矿产资源分布范围很广，各省、自治区均有产出，但区域间不均衡。铜矿主要集中在长江中下游、赣东北和西部地区；铝土矿主要分布在山西、河南、广西、贵州地区；铅锌矿主要分布在广西、湖南、广东、江西、云南、内蒙古、甘肃、陕西和青海等地区；钨锡锑主要分布在湖南、江西、云南、广西等地区；钼矿主要分布在海南、吉林和陕西等地。

### 1.1.2 我国有色金属工业的发展

有色金属工业是以开发利用有色金属矿产资源为主的基础性行业，主要包括有色金属矿山开采、选矿、冶炼、压延和锻造等部门。有色金属工业是重要的基础原材料产业，产品种类多、应用领域广、产业关联度高，在经济建设、国防建设、社会发展以及稳定就业等方面发挥着重要作用。

建国60多年来，我国有色金属工业取得了辉煌的成就，实现了从小到大、由弱到强的历史性跨越，兴建了一大批有色金属采选、冶炼和加工企业，组建了地质、设计、勘察、施工等建设单位和科研、教育、环保、信息等事业单位，以及物资供销和进出口贸易单位，形成了一个布局比较合理、体系比较完整的行业。进入21世纪以来，我国有色金属产业迅速发展，在技术进步、改善品种质量、淘汰落后产能、开发利用境外资源方面取得了明显成效，生产和消费规模不断扩大。据统计，2010年我国6种基本有色金属(铜、铝、铅、锌、镍、锡)总产量达到3066.75万t，总消费量3012.38万t，分别占世界总产量和总消费量的35.9%、38.4%。多年来，不论是单一基本金属还是6种基本金属，其总产量和总消费量，我国一直稳居世界首位。

纵观我国有色金属工业的发展历程，我国有色金属的生产和消费量伴随国民经济的发展呈现出明显的阶段性。第一阶段，1949—1978年，即改革开放前的30年，我国有色金属生产和消费量增长极其缓慢，1949年有色金属生产量仅为$1.33\times10^4$ t，1979年达到$114\times10^4$ t，30年共生产10种常用有色金属$1310\times10^4$ t，同时消费铜、铝、铅、锌、镍、锡6种常用有色金属$1500\times10^4$ t。第二阶段，1979—2000年，即改革开放后的22年，随着国民经济的稳步发展，我国有色金属生产和消费开始快速增长，22年共生产10种有色金属$6930\times10^4$ t，是此前30年生产总和的5.3倍，同时消费6种常用有色金属$6900\times10^4$ t，是此前30年消费总和的4.6倍。第三阶段，进入21世纪以来，在国民经济高速发展的拉动下，我国有色金属生产和消费进入超常规高速增长阶段，2001—2007年，7年共生产10种常用有色金属$1.05\times10^8$ t，超过此前52年生产总和(约$8240\times10^4$ t)，同时消费6种常用有色金属$1.01\times10^8$ t，也超过此前52年消费总和(约$8840\times10^4$ t)。

进入21世纪以来，世界有色金属生产和消费量总体也在增长，但其增长速度明显低于中国。2001—2007年，我国10种有色金属产量占世界有色金属总产量的比例从12.6%升至25.3%，6种常用有色金属消费量占世界有色金属总消费量的比例从14.9%升至31.0%。在10种有色金属中，我国生产的铜、铝、铅、锌、锡、锑、汞、镁、钛9种有色金属产量均居世界第一位。我国的优势矿产——钨精矿产量多年来稳居世界第一位，钼精矿产量2007年也跃居世界第一位。而铜、铝、铅、锌、镍、锡6种常用有色金属的消费量，我国已全部居世界第一位。近年来，我国有色金属生产和消费量的快速增长已成为拉动世界有色金属产销增长的主要动力。我国有色金属工业在世界上的地位举足轻重，在国际同行业中的影响力明显提高，并将发挥越来越重要的作用。

在21世纪的前20年，我国仍将处在工业化的过程中，制造业的快速发展将会带动国民经济保持一个较长的高速增长期。因此，作为工业基础的有色金属行业对我国经济能否继续保持相对较高的增长率就显得更加重要。我国国民经济的持续健康发展是有色金属行业稳步发展的基础。今后一段时期，我国有色金属的需求将保持稳定增长，必定会促进我国有色金属工业的进一步发展。

### 1.1.3 我国有色金属工业发展主要存在的问题

我国有色金属工业虽然已经有了很大的发展，但要满足2020年实现国民经济总产值再翻两番目标的需求，保证其稳定和可持续发展，整体而言当前还存在资源、能源和环境等制约自身发展的重大问题。

**1. 矿产资源紧缺，资源开发利用水平低**

我国有色金属矿产资源特别是常用金属铜、铝、铅、锌等资源紧缺，现已探明的储量远不能满足国民经济发展需求，保障程度差。按目前的开采水平，我国有色金属各品种已探明的可采储量多数只够开采20多年。全国共有10种常用金属县属以上矿山720余座，生产能力约13993万t矿石，预计到2012年将有330余座矿山因资源枯竭而被关闭，折合产能约4955万t，占总产能的35%。届时，有色金属矿产品的供求矛盾会更加突出，包括锡、锑、汞在内的一大批矿种将面临资源严重短缺的问题。

我国有色金属矿产资源具有大矿少、中小矿多，富矿少、贫矿多，单一矿少、复杂共生矿多，露天矿少、难采地下矿多等特点，因而开采难度大，成本高，资源开发利用率较低。据统计，目前我国有色金属矿山平均资源利用率仅为30%～35%，采选回收率平均比国际先进水平低10%～20%，废石和原矿利用率仅有5%，与国外先进水平相比差距较大；有色金属矿产资源综合利用率约为60%，比发达国家低10%～15%，共伴生组分综合回收率不足35%。

此外，我国有色金属二次资源的开发利用也不理想。金属再生利用既可以节约稀缺资源，缓解资源供需矛盾，还能减少能耗、降低污染物排放量。例如，2003年我国再生有色金属产量为257万t，与生产相同数量的矿产有色金属产量相比，节能12662.6万t标煤，节水10.25亿$m^3$，减少固体废物5.64亿t，少排二氧化硫25.62万t。

**2. 能耗总量增速快，节能技术亟待突破**

有色金属由于其矿物的特点致使生产工艺比较复杂，属于一种高耗能产业。2007年，我国有色金属行业年消费标准煤已经超过1亿t，约占全国能源消费总量的3%。有色金属产品单位能耗较高，平均每生产1t有色金属约需消耗标准煤3.2t，远高于钢铁(1.7t/t钢)和水泥(0.27t/t水泥)的产品平均能耗，也高出国外先进水平30%~50%。冶炼是有色金属生产中耗能最大的环节，铝冶炼又是其中最大的耗能户。2007年，我国电解铝平均交流电耗为14488kWh/t，生产电解铝耗电约1820亿kWh，约占国内电力总消费量的5.56%。2007年，整个铝工业总耗能约3954万t标煤。

**3. 初级产品能力过剩，高端产品严重短缺**

我国有色金属工业产品经过多年的发展，大部分常规有色金属产品不仅可以满足国民经济发展的需要，还有部分出口到国外。但是，对于现代高技术产业或国防军工所需的高、精、尖产品，目前在技术上尚未完全过关，仍需进口。有色金属产业结构不合理现象比较突出，产业结构亟须调整和优化。据统计，2010年我国有色金属进出口贸易总额为1203.4亿美元，其中进口额920.8亿美元，出口额282.6亿美元，贸易逆差高达638.2亿美元。进口产品中，除铝土矿、氧化铝、铜精矿等原料外，高端产品和高性能材料占较大比重。

另外，与当今高新技术发展紧密相关的优势有色金属资源丰富，如稀土、钛、镁、钨、钼、镓、铟、锗、铋等，但是这些宝贵资源我国绝大部分只能加工成初级矿产品或初级冶炼产品，除少量国内应用外，大部分出口，资源优势尚未变成技术经济优势。

**4. 企业规模偏小，产业集中度不高**

当今世界，有色金属工业生产集中度越来越高，生产要素越来越多地流向跨国矿业公司。但是，与这种世界有色金属工业集中度不断提高的进程相反，近些年来我国有色金属工业产业集中度却呈现“分散化”趋势。有关统计表明，目前在我国有色金属工业中存在大量的规模以下企业，占到有色金属工业企业总数的75%以上。企业规模偏小，容易产生各种问题，如滥采乱挖、非法冶炼、超标排放、资源利用率低、能源消耗高、安全事故频发、低水平重复建设严重等。

**5. 环境污染和生态破坏严重，环境保护工作任重道远**

有色金属工业属于矿物加工业，是环境污染的主要行业之一。我国有色金属矿物品位较低、原生矿结构比较复杂，常与有毒金属和非金属元素共生，加之整个有色金属行业主要采取粗放型发展方式，管理理念落后，资源利用效率低下，技术装备整体水平不高，重经济增长轻环境保护，因此在采矿、选矿、冶炼和加工等过程中均造成大量废气、废水和固体废物的产生，环境污染严重。另外，矿山开采时要占用大量土地，露天开采往往要剥离表土，毁坏植被，而地下开采往往形成采空区，容易诱发地质环境灾害。

上述问题是关系到我国有色金属工业在21世纪能否继续保持健康、稳定发展，能否由有色金属生产大国变为强国的重大问题。我国有色金属工业整体存在的资源、能源和环境等约束问题，要求必须以科学发展观为指导，加快转变经济发展方式和推动产业结构调整及优化升级，必须坚决贯彻清洁生产和循环经济的理念，不断提升技术和装备水平，努力缩小与发达国家先进水平的差距，严格控制污染物的产生和排放，走资源节约型和环境友好型的可持续发展之路。

## 1.2 有色金属工业环境污染形势

### 1.2.1 基本形势

改革开放以来，特别是"十五"以来，我国有色金属工业实现了历史性的跨越，一跃成为世界有色金属第一大国，基本满足了国内需要，为国民经济发展作出了重要贡献。但就其发展模式而言，主要是靠传统粗放型经济增长方式来实现的，其突出特征是资源利用率低、能源消耗强度大、工业结构性污染严重及"三废"排放强度大。纵观我国有色金属工业的发展历程，资源过度消耗、大气污染、江河湖泊污染、地下水污染、重金属污染、占用土地、土壤污染、生态破坏等众多环境问题一直伴随左右。在一些城市和地区，有色金属甚至成了污染的代名词。环境问题已经成为制约我国有色金属工业可持续发展的重要因素。虽然近些年来，通过技术改造及加强执法和管理，有色金属工业资源消耗及污染物排放的单位产品占有量整体呈下降趋势，但由于工业处理量的剧增，资源消耗及污染物排放的总量仍高居不下，环境形势依然十分严峻。

### 1.2.2 能源消耗

有色金属工业是我国国民经济的重要基础产业，也是高耗能、重污染行业。近些年来，通过技术进步、提升技术装备水平和加强管理等手段，我国有色金属产品的单位能耗不断下降。但目前我国平均每吨有色金属综合能耗与国际先进水平相比，仍有明显差距，如国内电解铝平均电耗比国际先进水平高2%，铜冶炼高20%，锌冶炼高33.4%，铅冶炼高84.2%等。

自20世纪90年代以来，我国有色金属的产量增加迅速，虽然有色金属单位产品能耗有所下降，但整个有色金属行业能源消耗总量仍在增加，尤其是有色金属冶炼及压延加工业对能源的消耗增加迅速。1994—2007年，我国有色金属行业能源消耗(以标准煤计)情况见图1-1。可以看出，从1994—2007年，14年间我国有色金属采选业能源消耗总量增加了2倍左右，有色金属冶炼及压延加工业能源消耗总量增加近4倍多。

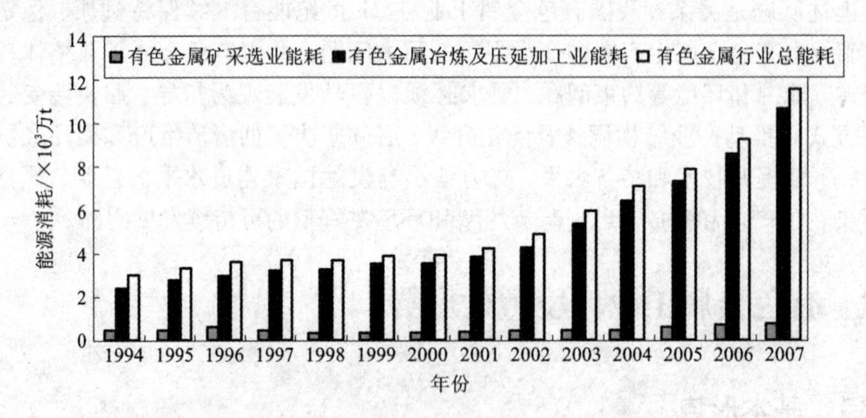


图1-1　我国有色金属行业能源消耗情况(以标准煤计)

### 1.2.3　水资源消耗

有色金属工业在采矿、选矿、冶炼及加工等各个生产过程中都要用水，且总体的用水量比钢铁工业还要大。据统计，在有色金属矿采选过程中，每开采1 t矿石，需用水1~1.5 t；选矿处理1 t有色金属矿石的用水量，浮选法为4~6 t，重选为20~26 t，浮磁联选为23~27 t，重浮联选为20~30 t。有色金属冶炼业生产用水量也比较大，其中单位产品用水量较大的冶炼产品是镍、锡、汞和钛。而整体用水量较大的有色金属行业是铝、铜、铅和锌。

近些年来，随着国内有色金属产量的迅速提高，我国有色金属行业的年用水量也在快速增加，总体呈上升趋势，具体数据见表1-2。2005年有色金属行业总用水量为57.5亿$m^3$，比2003年增加17.16亿$m^3$；2006年总用水量有所下降，但仍较高，约为55亿$m^3$；2007年以来，有色金属行业总用水量回升，到2008年已达到79.86亿$m^3$。与有色金属采选业相比，有色金属冶炼及压延加工业用水量要高得多，如2008年有色金属冶炼及压延加工业用水量占有色金属工业总用水量的82.22%。

2005—2008年，我国有色金属工业的新鲜水消耗量情况见表1-3。可以看出，有色金属采选业的新鲜水消耗量正在逐年增加，而有色金属冶炼及压延加工业的新鲜水消耗量正逐年减少，增加量与减少量大致相抵，所以近几年来整个有色金属行业的新鲜水消耗量基本保持不变，约12亿$m^3$。考虑到整个行业总产量快速增长等因素，我国有色金属单位产品的新鲜水消耗量有所下降，这与我国有色金属行业循环用水率和废水回用率的不断提高以及整个行业技术装备水平的不断提高有很大关系。

表1-2 2003—2008年我国有色金属行业的年用水量

| 类别 | 用水量/亿 $m^3$ | | | | | |
|---|---|---|---|---|---|---|
| | 2003年 | 2004年 | 2005年 | 2006年 | 2007年 | 2008年 |
| 有色金属采选业 | 8.98 | 9.72 | 12.07 | 14.39 | 14.19 | 14.20 |
| 有色金属冶炼及压延加工业 | 31.36 | 35.53 | 45.43 | 40.19 | 54.39 | 65.66 |
| 整个有色金属行业 | 40.34 | 45.25 | 57.50 | 54.57 | 68.58 | 79.86 |

表1-3 2005—2008年我国有色金属工业的年新鲜水消耗量

| 类别 | 用水量/万 $m^3$ | | | |
|---|---|---|---|---|
| | 2005年 | 2006年 | 2007年 | 2008年 |
| 有色金属采选业 | 39211 | 53412 | 59441 | 58412 |
| 有色金属冶炼及压延加工业 | 82265 | 72680 | 64620 | 62526 |
| 整个有色金属行业 | 121476 | 126092 | 124061 | 120938 |

### 1.2.4 “三废”排放

#### 1. 大气污染物

有色金属工业每年排放的废气总量非常大，废气成分也较为复杂。根据所含主要污染物性质的不同，可将有色金属工业废气分为三大类：含工业粉尘为主的采矿和选矿废气；含有毒有害气体及烟尘的有色金属冶炼废气；含酸、碱或油雾的有色金属加工工业废气。

2003—2008年，我国有色金属工业废气中二氧化硫、工业烟尘、工业粉尘排放量的具体统计值见表1-4。有色金属工业排放的二氧化硫总量与电力行业相比要小得多，但有色金属工业排放的二氧化硫浓度相对较高，二氧化硫浓度小于3%的烟气往往不加处理，直接排入环境中，对周边环境和人体健康造成不利影响。由表1-4可知，近几年有色金属工业二氧化硫排放量整体呈增长趋势，2008年整个行业二氧化硫排放总量约82.27万t，与2003年(63.05万t)相比，增长了30.48%。而同一时期，工业烟尘和工业粉尘的排放量整体呈下降趋势，与2003年相比，两种颗粒物排放量在2008年分别降低了21.66%和45.06%，颗粒物污染控制效果比较明显。

表1-4 2003—2008年我国有色金属工业主要大气污染物排放量

| 项目 | | 2003年 | 2004年 | 2005年 | 2006年 | 2007年 | 2008年 |
|---|---|---|---|---|---|---|---|
| $SO_2$排放量/万t | 采选业 | 4.88 | 6.15 | 6.70 | 9.80 | 18.25 | 15.39 |
| | 冶炼及加工业 | 58.17 | 70.36 | 70.70 | 69.50 | 68.36 | 66.88 |
| | 合计 | 63.05 | 76.51 | 77.40 | 79.30 | 86.61 | 82.27 |
| 工业烟尘排放量/万t | 采选业 | 1.45 | 2.92 | 2.69 | 2.20 | 2.62 | 1.41 |
| | 冶炼及加工业 | 17.57 | 20.08 | 18.71 | 15.00 | 15.39 | 13.49 |
| | 合计 | 19.02 | 23.00 | 21.40 | 17.20 | 18.01 | 14.90 |
| 工业粉尘排放量/万t | 采选业 | 1.78 | 2.58 | 2.84 | 2.00 | 1.34 | 1.11 |
| | 冶炼及加工业 | 15.75 | 18.99 | 19.22 | 14.10 | 10.69 | 8.51 |
| | 合计 | 17.51 | 21.57 | 22.06 | 16.10 | 12.03 | 9.62 |

**2. 废水**

据统计，2003—2006年我国有色金属工业吨金属的废水排放量由44.48 t降低到39.18 t，但年废水排放量由5.46亿t增加到7.50亿t，整个有色金属产业排放的废水量约占全国工业行业废水排放总量的2.57%～3.12%，数量巨大。2003—2008年，我国有色金属工业废水及其达标排放情况见表1-5。可以看出，2003年我国有色金属采选业和有色金属冶炼及加工业废水排放量分别为2.29亿t和3.18亿t，2008年分别为4.28亿t和3.02亿t。5年期间，有色金属采选业废水排放量在进一步增加，年均增长率约为17.42%。同一时期，有色金属冶炼及加工业废水排放量基本持平，而整个有色金属行业废水年排放量因采选业废水排放量的增加而增加，年均增长率为6.71%。

表1-5 2003—2008年我国有色金属工业废水及其达标排放情况

| 项目 | | 2003年 | 2004年 | 2005年 | 2006年 | 2007年 | 2008年 |
|---|---|---|---|---|---|---|---|
| 废水排放量/万t | 采选业 | 22855 | 27806 | 31136 | 42296 | 43374 | 42764 |
| | 冶炼及加工业 | 31761 | 35565 | 33734 | 32751 | 31807 | 30175 |
| | 合计 | 54616 | 63371 | 64870 | 75047 | 75181 | 72939 |
| 废水达标排放量/万t | 采选业 | 19182 | 21290 | 28027 | 37584 | 38360 | 37480 |
| | 冶炼及加工业 | 25361 | 29306 | 29160 | 29029 | 29875 | 28684 |
| | 合计 | 44543 | 50596 | 57187 | 66613 | 68235 | 66164 |
| 废水达标排放率/% | 采选业 | 83.93 | 76.57 | 90.01 | 88.86 | 88.44 | 87.64 |
| | 冶炼及加工业 | 79.85 | 82.40 | 86.44 | 88.64 | 93.93 | 95.06 |
| | 合计 | 81.56 | 79.84 | 88.16 | 88.76 | 90.76 | 90.71 |

虽然我国有色金属工业的废水排放量在增加，但由于全行业重视废水的治理，并通过技术进步、推广清洁工艺、淘汰落后工艺、加大废水治理投入资金等措施，从而使整个有色金属行业废水的达标排放率由2003年的81.56%提高到2008年的90.71%。与有色金属采选业相比，有色金属冶炼及加工业废水治理效果较为显著，达标排放率由2003年的79.85%提高到2008年的95.06%。

**3. 固体废物**

在有色金属采选、冶炼及加工各个生产过程中排出的工业固体废物主要包括采矿废石、选矿尾矿、冶炼渣、炉渣、脱硫石膏等。我国有色金属矿产资源具有贫矿多、富矿少，共伴生矿多、单一矿少等特点，虽然近些年通过革新生产工艺、提高技术装备水平等措施，使矿产资源利用率有所提高，但由于有色金属行业产能的剧增，仍在很大程度上加剧了我国有色金属行业固体废物的产生量。

据统计，从2003年到2006年我国有色金属工业固体废物的年产生量由13979万t快速增加到23883万t，年均增长率达17.71%，在全国工业行业固体废物总产生量中的比例则由13.92%增加到16.81%。2004—2008年我国有色金属工业固体废物产生、利用及排放情况见表1-6。5年间我国有色金属工业固体废物产生量持续增长，由2004年的14966万t增加到2008年的30786万t，增长极快。由于重视固体废物综合利用和规划管理，我国有色金属工业固体废物年排放量已逐渐降低，从2004年的202万t降至2008年的91万t。

**表1-6　2004—2008年我国有色金属工业固体废物产生、利用及排放情况**

| 项目 | | 2004年 | 2005年 | 2006年 | 2007年 | 2008年 |
|---|---|---|---|---|---|---|
| 固体废物产生量/万t | 采选业 | 10691 | 16313 | 18339 | 21044 | 23589 |
| | 冶炼及加工业 | 4275 | 4779 | 5544 | 6309 | 7197 |
| | 合计 | 14966 | 21092 | 23883 | 27353 | 30786 |
| 固体废物综合利用量/万t | 采选业 | 3954 | 4199 | 4829 | 5554 | 7289 |
| | 冶炼及加工业 | 1553 | 2047 | 1975 | 2411 | 2944 |
| | 合计 | 5507 | 6246 | 6804 | 7965 | 10233 |
| 固体废物排放量/万t | 采选业 | 143 | 140 | 228 | 115 | 66 |
| | 冶炼及加工业 | 59 | 40 | 35 | 33 | 25 |
| | 合计 | 202 | 180 | 263 | 148 | 91 |

需要指出，我国有色金属工业固体废物产生量巨大，除部分进行了综合利用外，其他大部分固体废物，尤其是有毒、有害废物大都没有进行无害化处理，仅

采取简单堆存等方式处置，必须引起足够的重视。

**4. “三废”达标排放情况**

2005 年和 2006 年全国工业及有色金属工业“三废”达标排放情况见表 1－7。可以看出，我国有色金属工业“三废”达标排放的比例明显偏低，废水、二氧化硫、粉尘与国内工业平均水平相比还有较大差距，特别是有色金属行业固体废物的综合利用率远低于全国工业的平均水平。

**表 1－7　全国工业及有色金属工业三废治理及达标排放情况**

| 指标/% | 2005 年 | 2006 年 |
|---|---|---|
| 全国工业废水达标排放率 | 91.20 | 90.70 |
| 有色金属工业废水达标排放率 | 88.16 | 88.76 |
| 全国工业二氧化硫达标排放率 | 80.00 | 83.16 |
| 有色金属工业二氧化硫达标排放率 | 59.25 | 67.09 |
| 全国工业烟尘达标排放率 | 83.22 | 88.34 |
| 有色金属工业烟尘达标排放率 | 80.60 | 91.28 |
| 全国工业粉尘达标排放率 | 74.34 | 84.09 |
| 有色金属工业粉尘达标排放率 | 66.08 | 79.50 |
| 全国工业固体废物综合利用率 | 56.10 | 60.20 |
| 有色金属工业固体废物综合利用率 | 29.61 | 28.49 |

### 1.2.5　重金属排放

在有色金属工业“三废”排放过程中，均可能伴随着重金属的排放，如高温烟气中可能含有汞、锌、铅等重金属，废水中含有砷、镉、铬等重金属，矿产采选、冶炼及加工等过程产生的固体废物中也含有多种重金属。重金属具有不可降解的特点，此类污染物一旦排放到环境中，其污染具有长期性，并对人的身体健康有直接的危害。

有色金属行业排放的废水中通常含有大量有害元素和重金属，毒性较大，并且废水排放量大，迁移流动性强，排入水体后对周边及下游居民、动植物有明显影响，因此废水重金属排放在有色金属工业环境保护工作中尤其值得关注。在有色金属行业废水中，汞、镉、六价铬、铅、砷等污染物的含量一般很大，在工业废水中排放的比重也较高。从表 1－8 可以看出，2003—2008 年有色金属矿采选业废水中重金属（汞、镉、六价铬、铅、砷）排放量整体呈增加趋势，年均增长率分别为4.89%、19.84%、1.41%、6.16%、4.71%；有色金属冶炼及加工业废水中重金属(汞、镉、六价铬、铅、砷)排放量整体呈降低趋势。总体上，整个有色金属工业废水中重金属(汞、镉、六价铬、铅、砷)排放量呈下降趋势，但总量仍然很大。

表1-8　2003—2008年我国有色金属行业废水中重金属的排放量

| 项目 | | 2003年 | 2004年 | 2005年 | 2006年 | 2007年 | 2008年 |
|---|---|---|---|---|---|---|---|
| 汞/t | 采选业 | 0.19 | 0.21 | 0.14 | 0.16 | 2.38 | 0.41 |
| | 冶炼及加工业 | 2.38 | 0.85 | 0.84 | 0.63 | 0.22 | 0.17 |
| | 合计 | 2.57 | 1.06 | 0.98 | 0.79 | 2.60 | 0.58 |
| 镉/t | 采选业 | 8.97 | 9.20 | 11.57 | 13.10 | 18.50 | 12.94 |
| | 冶炼及加工业 | 65.04 | 39.19 | 41.53 | 30.63 | 16.18 | 22.47 |
| | 合计 | 74.01 | 48.39 | 53.10 | 43.73 | 34.68 | 35.41 |
| 六价铬/t | 采选业 | 1.91 | 2.29 | 2.31 | 3.02 | 2.02 | 3.10 |
| | 冶炼及加工业 | 19.16 | 41.64 | 12.21 | 9.09 | 5.14 | 2.37 |
| | 合计 | 21.07 | 43.93 | 14.52 | 12.11 | 7.16 | 5.47 |
| 铅/t | 采选业 | 167.76 | 123.15 | 121.91 | 182.37 | 213.05 | 142.52 |
| | 冶炼及加工业 | 230.39 | 101.26 | 137.57 | 72.96 | 35.25 | 42.52 |
| | 合计 | 398.15 | 224.41 | 259.48 | 255.33 | 248.30 | 185.04 |
| 砷/t | 采选业 | 71.05 | 42.46 | 19.15 | 26.57 | 85.42 | 119.86 |
| | 冶炼及加工业 | 140.66 | 116.94 | 289.73 | 120.56 | 23.92 | 41.64 |
| | 合计 | 211.71 | 159.40 | 308.88 | 147.13 | 109.34 | 161.50 |

从图1-2的统计数据可以看出，2008年我国有色金属行业重金属排放量在全国工业领域重金属排放总量中所占比例高达68%以上，位居整个工业行业之首。其中，有色金属采选业重金属排放量占整个工业行业重金属排放总量的48.7%，有色金属冶炼业重金属排放量占整个工业行业重金属排放总量的19.1%。

工业生产过程中大量排放的重金属已经对环境生态和居民健康构成了严重威胁。据不完全统计，在2009—2011年3年时间内，我国先后发生了30多起大型、特大型重金属污染事件，如湖南浏阳镉污染、深圳铊超标、四川内江铅污染、山东临沂砷污染、云南曲靖镉污染、福建紫金矿业溃坝等。一系列重金属污染事件触目惊心，而事件频繁发生的根源正是由于我国工业企业在发展过程中向环境排放了大量的重金属。

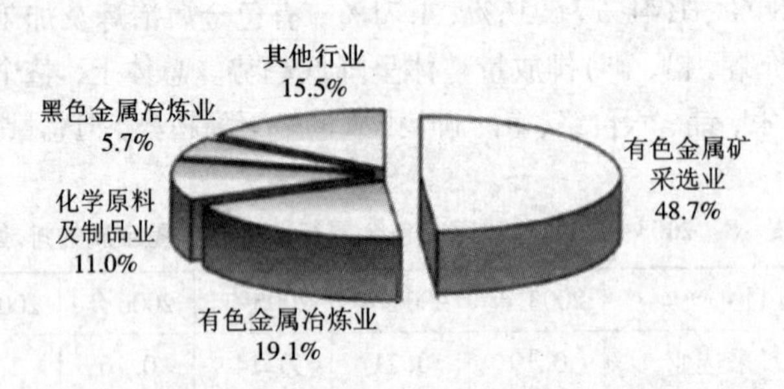


**图1-2　2008年我国工业领域重金属排放情况**

面对工业化过程中频繁出现的重金属污染事故，我国自2009年8月起开始掀起重金属污染整治"风暴"，在全国范围开展重金属污染企业的排查和执法大检查活动，有色金属行业是重中之重。鉴于汞、镉、六价铬、铅、砷等污染物的生物性强且污染严重，我国2011年批复的《重金属防治"十二五"规划》(我国第一个"十二五"规划)已经将它们列为第一类防治对象，并将铜、锌、锡、镍、锰、钼、铋、铊等金属污染物列为第二类防治对象，这些金属及其化合物的危害性见表1-9。在防治思路上，《规划》提出了重金属总量控制的目标，意味着我国重金属污染防治将采取总量控制与浓度控制相结合的思路，这为我国有色金属行业的健康发展带来机遇的同时也带来了严峻的挑战。

**表1-9　金属及其化合物的危害性**

| 危害物质 | 主要危害性 | 危害物质 | 主要危害性 |
|---|---|---|---|
| 汞 | 毒性 | 锌(粉) | 易燃性 |
| 汞化合物 | 毒性 | 铜及其化合物 | 毒性 |
| 镉 | 毒性 | 锡及其化合物 | 毒性 |
| 镉化合物 | 毒性 | 四氯化锡 | 毒性 |
| 六价铬 | 毒性 | 硝酸铋 | 刺激性，毒性 |
| 铅 | 毒性 | 镍及其化合物 | 刺激性 |
| 铅化合物 | 毒性 | 锰 | 毒性 |
| 砷及其化合物 | 毒性 | 硫化锰 | 毒性，刺激性 |
| 砷化氢 | 毒性，易燃性 | 硫酸锰 | 毒性，刺激性 |
| 铍 | 毒性，易燃性 | 铊 | 毒性 |
| 氯化铍 | 毒性 | 钍(粉) | 易燃性 |

续表1-9

| 危害物质 | 主要危害性 | 危害物质 | 主要危害性 |
|---|---|---|---|
| 铍化合物 | 毒性 | 钛(粉) | 易燃性 |
| 铍铜 | 毒性 | 硫酸钛 | 毒性，刺激性 |
| 氟化铍 | 毒性 | 四氯化钛 | 毒性，腐蚀性 |
| 氢氧化铍 | 毒性 | 钨及钨酸盐 | 毒性 |
| 氧化铍 | 毒性 | 羰基钨 | 毒性 |
| 溴化锂 | 易燃性，爆炸性，腐蚀性 | 三氯氧钒 | 毒性，腐蚀性 |
| 钼(粉) | 毒性，刺激性 | 五氧化钒 | 毒性，刺激性 |
| 三氧化钼 | 毒性，刺激性 | 四氯化钒 | 毒性，腐蚀性 |
| 钼酸及钼酸盐 | 毒性 | 四氧化钒 | 毒性，刺激性 |
| 钼酸钠 | 毒性，刺激性 | 三氧化钒 | 毒性，刺激性 |
| 羰基钼 | 毒性 | 硫酸氧钒 | 毒性，刺激性 |
| 硒 | 毒性 | 锆(粉) | 易燃性 |
| 氟化硒 | 毒性 | 四氯化锆 | 毒性，腐蚀性 |
| 硒酸及硒酸盐 | 毒性 | 砷及其化合物 | 毒性 |
| 亚硒酸及亚硒酸盐 | 毒性 | 砷化氢 | 毒性，易燃性 |
| 硒酸钠 | 毒性 | 钍，铀，镭，钋 | 放射性 |
| 四氯化硅 | 毒性，腐蚀性 | 三溴化硼 | 毒性，刺激性 |
| 硅烷 | 毒性，易燃性 | 六氟化碲 | 毒性，腐蚀性 |

### 1.2.6 矿区生态环境破坏

有色金属矿产资源的开发对国民经济发展具有重要作用，但在矿山开采过程中又往往会造成生态环境的破坏，带来矿区生态退化、环境污染等一系列问题，严重制约着矿区社会经济的可持续发展。

有色金属矿山开采对矿区生态环境的破坏主要表现在：破坏地表形态和林草植被；地下采空诱发地面塌陷、开裂、崩塌、滑坡和地震等地质灾害；破坏水文自然平衡，并造成水体污染；污染大气并导致矿区微气候环境恶化；矿山废物(如矸石、尾矿、岩屑等)压占大面积的堆置场地，破坏堆场原有生态系统；土壤退化，水土流失严重；矿区生物多样性损失等。例如，有色金属矿山开采时会产生矿区废弃地，包括废弃露天采矿场、排土场、尾矿坝、塌陷区以及受重金属污染而失去经济利用价值的土地等。矿区废弃地多是极端裸地，植被稀少，水土流失严重，造成矿区水体、土壤和大气的严重污染，并引发一系列经济、环境、社会等方面的问题。这是有色金属矿山开采对矿区生态环境破坏的最有力的证明。

经过多年大规模开采，我国已有多座有色金属矿山因资源枯竭而关闭。据统计，我国10种常用金属县属以上矿山有720余座，预计到2012年将有330余座矿山因资源枯竭而被关闭。整体而言，不管是已关闭的矿山还是正在开采的矿山，都同样面临着严峻的矿区生态环境破坏问题，必须引起足够的重视。

### 1.2.7 环境干扰

人类活动排出的能量进入环境，达到一定程度后便会对人类产生不良影响，这就是环境干扰。环境干扰是由能量产生的，属于物理问题，在环境中不会有残余物质存在，当污染源停止作用或消失后环境干扰就立即消失。因此，环境干扰的治理较为简单，只要停止排出能量，干扰就会消失。

我国有色金属工业的环境干扰包括噪声、振动、热干扰、电磁波干扰等，其中最为重要的就是噪声。有色金属行业生产工艺复杂，设备种类繁多，噪声污染面广，噪声级高。特别是改革开放以来，生产工艺设备的大型化与高速化，促进了有色金属工业高速地发展，但同时也加剧了噪声污染。

有色金属行业噪声广泛分布在矿山采选、烧结、冶炼、金属轧制、金属制品、耐火材料、动力能源、空气压缩、氧气供给以及运输、机修等部门。根据具体来源，大致可分为气流噪声源、燃烧噪声源、机械噪声源、电磁噪声源等。有色金属行业噪声的主要特点是：机械设备功率高，作业面广，噪声级高，污染面宽；空气动力性噪声与机械性噪声、稳态与不稳态噪声大量存在，声级波动范围广；声源处常伴有高温蒸汽、烟尘；噪声频谱种类复杂等。

有色金属行业噪声一般是局部性、区域性的，主要集中在厂区或车间内部，因此便于控制。常用控制方法分为规划控制、管理控制和工程技术控制三类。

规划控制是指在有色金属企业新建或扩建时，从全面规划、生产工艺、车间平面和设备布置等方面综合考虑环境保护和噪声控制措施，主要包括：严格控制厂界噪声的目标，减少厂内噪声向外界的传播；根据噪声自然衰减的特性，利用地形、地势等自然条件与厂房、车间等建筑物的屏蔽作用，阻隔噪声的传播；采取预防为主的方针，在工艺设计中，选用低噪声的设备。

管理控制是指从行政管理和技术管理上控制噪声危害，确保职工的安全生产和身体健康，主要包括：缩短连续工作时间和劳动过程，改变坐班制，组织工种轮换，以保护在高噪声下长时间工作的工人身体健康；改进工艺工种操作方法，加强对设备的维护和管理，避免带故障运转，以防止增加设备噪声；加强对厂内各种露天架设管道的维护和管理，杜绝因漏气而增加的噪声污染；改革生产工艺中不合理的部分，利用设备更换的机会选用低噪声设备；在采取环境保护措施的同时，将环境绿化作为一项措施，利用绿化吸收有害气体，过滤烟尘，改善大气环境质量和减弱噪声强度。

工程技术控制是指从声源上控制噪声较难实现时，通过在噪声传播途径上采取隔声、吸声、消声、隔振与阻尼等措施，来减弱或消除噪声。生产过程中，应根据生产工艺与设备的实际状况采取不同的工程技术措施。常见的工程控制技术包括安装消声器、隔声罩，设置隔声墙，加装隔振装置，工人戴耳塞等护耳器等。

目前，对于我国有色金属工业的环境干扰，相关企业主要执行《工业企业设计卫生标准》(GBZ1—2010)、《工业企业厂界环境噪声排放标准》(GB12348—2008)等标准。在加强企业管理、环保部门监管、社会监督等多方努力下，我国有色金属行业环境干扰类问题整体防治效果较好。限于篇幅，本书后续章节不再对这部分内容进一步阐述。

## 1.3 环境污染综合防治

### 1.3.1 污染综合防治概论

从1973年召开第一次全国环境保护会议，经过近40年的努力推进，我国环境保护工作取得了显著成就，为我国经济快速健康发展、生态环境安全、可持续发展战略部署实施作出了重大贡献。但应该看到，在由传统的计划经济体制向社会主义市场经济体制转变的过程中，在经济高速增长的过程中，我国的工业技术水平发展相对滞后，生产经营和管理方式比较粗放，所以仍然对生态环境造成了很大压力。发生的一系列重大环境污染事件和经历的各种惨痛教训，让我们充分认识到：环境污染的影响极其深远，治理环境的费用非常高昂，传统的末端治理方式同环境污染的严重性极不适应；环境污染治理不能仅靠“三废”的末端治理，而应拓宽和延伸到对产品原料、生产工艺、综合利用等领域全过程的综合防治；环境保护的重要性已进入到寻求经济、社会、人口、资源环境协调发展的新阶段；环境污染综合防治已成为区分可持续发展与传统发展的分水岭。

环境污染综合防治是指对一个区域内的空气、水、土等环境状况进行综合分析，做出环境质量评价，制订标准，拟定规划，采取预防与治理相结合、人工处理与自然净化相结合等措施，以技术、经济和法律手段实施防治污染的方案，以期达到保护和改善环境质量的目的。

环境污染综合防治是与传统污染治理完全不同的概念。从对象上说，它综合考虑大气、水体、土壤等各种环境要素，而不是着眼于其中某一个环境要素；从目标上说，它综合考虑资源、经济、生态和人类健康等方面，而不是局限于其中某个单一目标。对于各种不同的环境污染问题应采取各种不同的综合防治措施。

现阶段，我国环境污染综合防治的基本指导思想是，将各种自然及人工环境看作一个有机整体，根据当地的自然条件，按照污染物的产生、变迁和归宿的各个环节，采取法律、行政、经济和工程技术相结合的综合措施，以期最大限度地合理利用资源，减少污染物的产生和排放，用最经济的方法获取最佳的防治效果。

环境污染综合防治应根据当地具体条件，遵循以下原则：

(1)技术和经济相结合。制定综合防治方案，除考虑技术上的先进性外，还必须考虑经济上的合理性。方案中应包括相应的经济分析。

(2)防治结合，以防为主。在“防”的方面，着重加强环境规划和管理；在“治”的方面，着重考虑各种治理技术措施的综合运用。

(3)人工治理和自然净化相结合。为了节省环境治理费用，应充分利用自然净化能力，如依据地区环境中大气、水体、土壤的自然净化能力，确定经济合理的排污标准和排放方式。

(4)发展生产和保护环境相结合。在发展生产的同时应加强资源管理，防止资源浪费，并通过改革工艺、综合利用、企业内部环境综合治理等措施，减少污染物的排放量。

### 1.3.2 有色金属工业产业政策与环保政策

#### 1. 国家与行业的产业政策

进入21世纪以来，我国先后推出了一系列政策来引导和鼓励有色金属工业走可持续健康发展的道路，避免或减轻对环境造成污染破坏。《国家产业技术政策》(国经贸技术[2002]444号)提出了我国有色金属工业的发展方向是：高效、低耗、低污染的生产工艺，提高产品质量，增加产品品种，降低环境污染，加强资源综合利用。国家发改委在2006、2007年先后发布了钨、锡、锑、铜、铅、锌、铝等有色金属行业的准入条件，提高行业准入门槛，规范行业投资行为，有力促进了有色金属各行业持续健康发展和节能减排工作的推进。国务院2009年5月11日发布的《有色金属产业调整和振兴规划》明确提出“以控制总量、淘汰落后产能、加强技术改造、推进企业重组为重点，推动有色金属产业结构调整和优化升级；充分利用境内外两种资源，着力抓好再生利用，大力发展循环经济，提高资源保障能力，促进有色金属产业可持续发展”。在2010年7月1日国家多部委联合发布的《中国资源综合利用技术政策大纲》中对有色金属矿产资源、有色金属工业“三废”、废弃金属再生等方面的综合利用推广技术做了详细规定。

此外，国家发改委于2011年3月27日发布了《产业结构调整指导目录》(2011年本)，该《指导目录》对各行业均规定了鼓励类、限制类和淘汰类项目的目录。其中，对有色金属工业相关类别项目做了如下规定：

鼓励类：有色金属现有矿山接替资源勘探开发，紧缺资源的深部及难采矿床开采；高效、低耗、低污染、新型冶炼技术开发；高效、节能、低污染、规模化再生资源回收与综合利用；信息、新能源有色金属新材料生产；交通运输、高端制造及其他领域有色金属新材料生产。

限制类：新建、扩建钨、钼、锡、锑开采、冶炼项目，稀土开采、选矿、冶炼、分离项目以及氧化锑、铅锡焊料生产项目；单系列10万t/年规模以下粗铜冶炼项目；电解铝项目（淘汰落后生产能力置换项目及优化产业布局项目除外）；铅冶炼项目（单系列5万t/年规模及以上，不新增产能的技改和环保改造项目除外）；单系列10万t/年规模以下锌冶炼项目（直接浸出除外）；镁冶炼项目（综合利用项目除外）；10万t/年以下的独立铝用炭素项目；新建单系列生产能力5万t/年及以下、改扩建单系列生产能力2万t/年及以下，以及资源利用、能源消耗、环境保护等指标达不到行业准入条件要求的再生铅项目。

淘汰类：采用马弗炉、马槽炉、横罐、小竖罐等进行焙烧、简易冷凝设施进行收尘等落后方式炼锌或生产氧化锌工艺装备；采用铁锅和土灶、蒸馏罐、坩埚炉及简易冷凝收尘设施等落后方式炼汞；采用土坑炉或坩埚炉焙烧、简易冷凝设施收尘等落后方式炼制氧化砷或金属砷工艺装备；铝自焙电解槽及100 kA及以下预焙槽（2011年）；鼓风炉、电炉、反射炉炼铜的工艺及设备（2011年）；烟气制酸干法净化和热浓酸洗涤技术；采用地坑炉、坩埚炉、赫氏炉等落后方式炼锑；采用烧结锅、烧结盘、简易高炉等落后方式炼铅的工艺及设备；利用坩埚炉熔炼再生铝合金、再生铅的工艺及设备；铝用湿法氟化盐项目；1万t/年以下的再生铝、再生铅项目；再生有色金属生产中采用直接燃煤的反射炉项目；铜线杆（黑杆）生产工艺；未配套制酸及尾气吸收系统的烧结机炼铅工艺；烧结-鼓风炉炼铅工艺；无烟气治理措施的再生铜焚烧工艺及设备；50 t以下传统固定式反射炉再生铜生产工艺及设备；4 t以下反射炉再生铝生产工艺及设备；离子型稀土矿堆浸和池浸工艺；独居石单一矿种开发项目；稀土氯化物电解制备金属工艺项目；氨皂化稀土萃取分离工艺项目；湿法生产电解用氟化稀土生产工艺；矿石处理量50万t/年以下的轻稀土矿山开发项目，1500 t（REO）/年以下的离子型稀土矿山开发项目（2013年）；2000 t（REO）/年以下的稀土分离项目；1500 t/年以下、电解槽电流小于5000 A、电流效率低于85%的轻稀土金属冶炼项目。

**2. 国家与行业的环保政策**

保护环境是我国的基本国策。我国高度重视环境保护工作，将其作为贯彻落实科学发展观的重要内容，作为转变经济发展方式的重要手段，作为推进生态文明建设的根本措施。

“十一五”期间，我国在环境保护方面，通过采取一系列强化措施，取得了积极进展。在资源消耗和污染物产生量大幅度增加的情况下，主要污染物排放基本得到控制，环境污染和生态破坏加剧的趋势得到一定程度缓解，部分流域区域污染治理取得初步成效，部分城市和地区的环境质量有所改善，工业产品的污染排放强度有所下降。但应看到，我国环境形势依然十分严峻。长期积累的环境问题尚未解决，新的环境问题又在不断产生，一些地区环境污染和生态恶化已经到了相当严重的程度。主要污染物排放量超过环境承载能力，水、大气、土壤等污染日益严重，固体废物等污染持续增加，未来环境压力将继续加大。为此，《中华人民共和国国民经济和社会发展第十二个五年规划纲要》和《国家环境保护"十二五"规划》对我国"十二五"期间环境保护工作进一步提出了明确要求。

《中国环境宏观战略研究》是在我国环境保护与经济社会发展矛盾日益尖锐，社会经济发展处于重要转型时期的历史背景下，经国务院批准开展的一项重要工作。从国家层次上综合考虑经济、社会、政治、国际等各领域的发展和需求，提出了解决"十二五"和未来一段时期我国环境与发展问题的宏观战略思想、目标、措施和建议。根据《中国环境宏观战略研究》，我国环境保护的战略目标是：到2020年，主要污染物排放得到控制，环境安全得到有效保障；到2030年，污染物排放总量得到全面控制，环境质量全面改善；到2050年，环境质量与人民群众日益提高的物质生活水平相适应，与社会主义现代化强国相适应。此外还提出，要避免发达国家走过的先污染后治理、牺牲环境换取经济增长的老路，积极探索代价小、效益好、排放低、可持续的中国环境保护新道路，加快构建符合国情的环境保护宏观战略体系、全防全控的防范体系、高效的环境治理体系、完善的环境法规政策标准体系、健全的环境管理体系和全民参与的社会行动体系。

现阶段我国有色金属行业的环境保护目标是：在实现有色金属产量根据市场需求增长的情况下，大、中型铜、铝、铅、锌等冶炼和加工企业经过改造，生产技术和污染控制水平基本达到或接近国际先进水平，工业污染源全部达标排放，工业污染物排放总量持续削减，厂区及其周围环境质量明显改善。主要对策包括：加强环境管理，完善和严格环境保护法律、法规和标准，有效控制污染发展趋势；依靠环保科技创新，积极推进清洁生产；加大环保投入，提高污染控制能力。

### 1.3.3 有色金属工业污染综合防治措施

我国有色金属工业的发展主要是靠高投资、高消耗、高污染的传统发展模式来实现的。面对严峻的环境污染形势，应该走消耗低、质量高、投入少、产出多、效益高、污染轻的发展道路，这将是我国有色金属工业必然要选择的可持续发展的光明大道。然而，要实现有色金属工业与环境间的协调发展，在污染防治方面的任务是十分艰巨的。

有色金属工业的环境污染，应根据国家与行业的产业政策及环保政策，积极进行污染综合防治，即按照污染物的来源、产生、变迁和归宿等各个环节，从产品设计、原料选择、工艺改革、技术进步和生产管理等各个方面着手，利用法律、行政、经济和工程技术相结合的综合措施，最大限度地合理利用资源、降低能耗，尽可能地采用清洁工艺，在生产过程中减少或消除污染物的产生，并对产生的污染物积极进行治理及资源化利用，从而降低企业生产成本，提高经济效益，最终减少或消除环境污染，实现有色金属工业与环境间的协调发展。

对有色金属工业环境污染进行综合防治，主要包括如下措施：

**1. 提高产业准入门槛，严格控制过剩产能的盲目扩张**

应严格按照产业发展规划和产业政策，严格控制过剩产能的盲目扩张，加快淘汰“三高”落后生产能力、工艺、技术和设备；对不按期淘汰的企业，要依法责令其停产或予以关闭，严格环保准入和环保审批，有效控制新增污染物，否定不符合环保要求项目的环评审批，对达不到环保要求的项目不予验收或试生产，结合区域实际情况，对相关行业实施区域限批。

**2. 突破技术瓶颈，推进技术创新**

重点研究开发新技术、新工艺、新产品；鼓励企业引进新技术、新工艺和新设备，加快传统工艺更新和淘汰高能耗高污染的生产工艺和设备，积极培育科技服务体系，不断完善科技创新保障体系。在节能方面，依靠科技进步和加强管理推进技术节能、能源转换和梯级利用，提高企业集约化程度，重点发展采选高效节能工艺和设备，优化原料结构，提高精料比例，节约资源，降低能耗，减少温室气体排放；在环保领域，大力研究开发实用技术和装备，着重技术集成与创新，如低浓度二氧化硫、氮氧化物烟气净化技术，低浓度有机废气净化技术，烟尘特别是粒径小于等于2.5 μm的颗粒物(PM2.5)的污染控制技术等。

**3. 推行清洁生产，发展循环经济**

循环经济是当前及今后一段时期内我国实施可持续发展战略的理想经济模式。发展循环经济，在企业层面推行清洁生产和废物综合利用，可以最大限度地减少或消除环境污染。在有色金属工业企业推行清洁生产，必须要紧密围绕采选、冶炼及加工各个环节，改进有色金属矿采选方法，推行清洁先进的冶炼技术和加工工艺，提高资源综合利用水平，降低资源能源消耗，尽可能地减少污染物产生。对于实施清洁生产后仍产生的少量废物，应积极进行综合利用，大力开展采矿废石、选矿尾矿、冶炼加工废渣的利用，提高再生金属利用水平，为产业发展循环经济提供良好支撑。

**4. 强化责任，加强环境管理**

有色金属工业企业的环境污染预防与企业环境管理密不可分。从环境管理角度看，当前还存在政府及企业领导层环境意识不强、粗放型发展方式转变缓慢、环保奖惩制度不完善、监督管理不到位、基础工作薄弱等问题。例如，很多企业认识上存在误区，认为加强环境污染管理就是要制约生产经营，环境污染管理工作的重点是应付环保行政部门。因此，对有色金属工业环境污染进行防治，就要求增强企业管理、生产等相关人员的环境意识，加深对环境管理重要性的理解，将环境作为生产要素纳入成本，按照“污染者付费”和“谁开发谁保护、谁利用谁补偿”等原则，推行环境有偿使用制度改革，将环境要素成本化，强化企业污染防治主体责任，积极地把环境管理纳入到企业全面管理之中，同时强化环境监督管理。

**5. 必要的末端治理**

末端治理是对有色金属工业环境污染进行综合防治的最后一环，也是非常关键的一环。实施清洁生产可以从源头上最大限度地削减污染物的产生，但受经济、技术条件的制约，最终仍不可避免地会有“三废”产生，所以末端治理是必要的。尤其当前我国有色金属工业环境污染历史欠账多，清洁生产工作仍需要较长的时间来逐步推进，因此在今后一个相当长的时期内，末端治理对于遏制有色金属工业的环境污染都将起着非常重要的作用。为实现有效的末端治理，必须努力开发一些技术先进、处理效果好、占地面积小、投资及运行费用低、见效快、可回收“三废”中的有用物质、有利于组织物料再循环的实用环保新技术。对于生态破坏严重的矿区，必须加大技术和资金投入力度，努力做好矿区污染治理及土地复垦工作。

# 第2章　有色金属工业企业环境管理

## 2.1　环境管理概论

### 2.1.1　环境管理的概念及对象

**1. 环境管理的概念**

关于环境管理的概念目前尚无统一表述，以前狭义的认识认为环境管理就是指控制污染行为的各种措施。目前环境管理概念一般可概述为："按照经济规律和生态规律，运用技术、经济、法律、行政、教育和新闻媒介等手段，通过全面系统的规划、调整，控制人们的经济行为和社会行为达到既发展经济满足人类的基本需要又不超过环境容许极限的目标。"

**2. 环境管理的对象**

要解决好人类发展过程中的环境问题，就必须以环境与经济协调发展为前提，对人类活动进行引导并加以约束，使人类各种活动处于环境承载力范围内。所以环境管理的对象主要是人类生产活动，而这又要求环境管理的出发点应落在这些活动的主体上。根据活动主体的角色和职能的不同，可分为政府、企业和个人三个方面。

1)政府。政府作为社会行为的主体，其行为对环境的影响是极为复杂和深刻的，既有直接的一面，又有间接的一面；既可以有重大的正面影响，又可能有巨大的难以估计的负面影响。而解决政府社会行为所可能引发或造成的环境问题，关键是确保宏观决策的科学化。

2)企业。企业作为社会经济活动的主体，其主要目的是通过向社会提供产品或服务来获得利润。企业的生产活动，特别是工业企业的生产活动对环境系统的结构、状态和功能均有不同程度的负面影响。因此，企业行为是环境管理的主要对象之一，既要从企业自身着手，从企业内部减少或消除造成环境问题的因素，同时也要从外部形成一个使企业难以用破坏环境的办法来获取利润的社会运行机制和氛围，以及有利于使与环境协调的企业行为、技术发明等得到较高回报的市场条件。

3)个人。个人作为社会经济活动的主体，主要是指个人为了满足自身生存和发展的需要，通过生产劳动或购买方式来获得物品和服务。个人消费品既可直接从环境中获得，也可通过市场购买来获得。个人在消费过程中或在消费后，通常会产生各种废物并排入环境，从而对环境产生各种负面影响，所以个人行为也是环境管理的主要对象之一。要减轻个人行为对环境的不良影响，就必须唤醒公众的环境意识，并采取各种技术的、管理的措施。

### 2.1.2 环境管理的手段与原则

#### 1. 环境管理的手段

所谓环境管理手段是指为实现环境管理目标，管理主体针对客体所采取的有效手段。环境管理的对象是人类的活动行为，具体包括政府行为、企业行为和个人行为，这三类行为的主体分别是政府、企业和个人。在这三大主体中，政府这个主体起着决定性的主导作用，所以这里着重介绍政府实施环境管理的手段，主要包括法律手段、行政手段、经济手段、技术手段和宣传教育手段等。

1)法律手段。环境管理的法律手段是指管理者代表国家和政府，依据国家环境法律、法规所赋予的，并受国家强制力保证实施的对人们的行为进行管理以保护环境的手段。法律手段是环境管理最基本的手段，具有强制性、权威性、规范性、共同性和持续性等特征。

法律手段主要体现在立法和执法两个方面。环境管理，一方面要靠立法把国家对环境保护的要求及做法全部以法律形式固定下来，强制执行。另一方面，还要靠严格的执法来确保环境管理工作达到预定的目标。环境管理部门要协助和配合司法部门对违反环境保护法律的犯罪行为进行斗争，协助仲裁；按照环境法规、环境标准来处理环境污染和生态破坏问题，对严重污染和破坏环境的行为提起公诉，追究法律责任；依据环境法规对危害人民生命财产、污染和破坏环境的个人或单位给予批评、警告、罚款或责令赔偿损失等。

2)行政手段。行政手段是指在国家法律监督之下，各级环保行政管理机构运用国家和地方政府授予的行政权限开展环境管理的手段。行政手段具有权威性、强制性、具体性和规范性等特征。在我国环境管理工作中，行政手段通常包括：制定和实施环境质量标准；颁布和推行环境政策；运用行政权力对某些区域采取特定措施，如划分自然保护区、重点污染防治区、环境保护特区等；对一些污染严重的工业企业要求限期治理，甚至勒令其关、停、并、转、迁等。

3)经济手段。经济手段是指管理者依据国家的环境经济政策和经济法规，运用价格、税收、信贷、收费和罚款等经济杠杆，引导和激励社会经济活动的主体主动采取有利于环境保护的措施，控制社会活动主体在资源开发中的行为，促进节约和合理利用资源。经济手段具有利益性、间接性和有偿性等特征。在环境管理中，虽然目前环境和自然资源的价值已被肯定，但一时还无法在价格上加以体现，因此可以运用一些经济手段进行补救，以间接调控社会经济活动的主体对环境与自然资源的利用。但应指出，只有当经济处罚或收费的额度超过社会经济活动的主体因减少环境保护投入所节省下来的货币价值时，环境管理的经济手段才能真正发挥应有的作用，社会经济活动的主体才会积极主动地调整自己的社会经济行为，认真开展环境保护工作。

4）技术手段。环境管理的技术手段是指管理者为实现环境保护目标所采取的环境工程、环境监测、环境预测、环境评价、环境决策及分析等技术，以达到强化环境监督的手段。环境管理的技术手段分为宏观管理技术手段和微观管理技术手段两个层次。宏观技术手段是指管理者为开展宏观管理所采用的各种定量化、半定量化和程度化的分析技术，如环境预测技术、环境评价技术和环境决策技术等，属于决策技术的范畴，是一类“软技术”；微观技术手段是指管理者运用各种具体的环境保护技术来规范各类经济行为主体的生产与开发活动，如污染和生态预测技术、污染及生态治理技术、常规监测技术和自动监控技术等，属于应用技术范畴，是一类“硬技术”。环境管理的技术手段具有规范性特征，即各种技术在操作和应用过程中必须严格遵循技术要求和技术规程。

5）宣传教育手段。环境管理的宣传教育手段是指运用各种形式开展环境保护的宣传教育以增强人们的环境意识和环境保护专业知识的手段。主要包括学历环境教育、基础环境教育和公众环境教育等形式。通过环境宣传教育，不但可以使全社会充分认识到环境保护的重要性，而且还可以使全社会认识到环境保护需要每位公众的参与。只有公众共同参与，才能从根本上确保环境得以保护。在我国，公众参与环境管理还有待加强，原因之一就是公众缺乏必要和足够的环境保护意识。

**2. 环境管理的原则**

环境管理原则是指观察环境管理现象和处理环境管理问题的思维尺度和行动准绳。可以认为，在环境保护领域所有有利于强化社会组织和管理机构的环境保护职能、发挥管理作用的规章和程序都属于环境管理的原则。在具体的环境管理工作中，应特别注意把握以下两个基本原则。

1）全过程控制原则。环境管理是人类针对环境问题而对自身活动行为进行的调节，环境管理的内容应当包括所有对环境产生影响的人类社会活动。全过程控制就是指对人类社会活动的全过程进行管理控制，即无论是人类社会的组织行为、生产行为或者是生活行为，其全过程均应受到环境管理的监督控制。当前的环境管理大多仅注重于原材料开采、产品生产加工过程中产生的环境问题，而对产品在发挥完使用功能后所造成的环境污染和生态破坏则缺乏相应的管理。因此，以生命周期管理思想为指导，实施以产品为龙头，面向全过程的环境管理是当务之急。近些年来出现的一些新的管理方法和思路，体现了这一环境管理思想和原则，如环境标志制度、清洁生产制度、生命周期评价等。

2）双赢原则。双赢原则是指在制定处理利益冲突的双方关系的方案时，必须注意使双方都获利，而不是牺牲一方的利益去保障另一方获利。在处理环境与经济的冲突时，应该去追求既能保护环境、又能促进经济发展的方案，取得经济与环境的双赢，这也是可持续发展的要求。一般情况下，技术和资金在体现双赢原则时也起着关键的作用。例如，对于一个钢铁厂来讲，如果提高钢铁产量，就会增加对水的需求，但如果通过工艺技术革新提高水的循环利用率，就不会增加或少增加对水的需求。这样，既提高了钢铁产量，发展了经济，又节约了水资源，保护了环境。

## 2.2 环境管理体系与清洁生产

### 2.2.1 环境管理体系概述

#### 1. ISO14000 简介

为响应 1992 年联合国环境与发展大会提出的“可持续发展”目标，统一协调世界各国的环境管理标准，国际标准化组织（International Organization for Standardization，简称 ISO）在总结世界各国特别是发达国家环境管理经验和实践以及 ISO9000 的成功经验的基础上，推出了 ISO14000 环境管理系列标准，其目的是规范全球企业及各种组织的活动、产品和服务的环境行为，节省资源，减少环境污染，改善环境质量，保证经济可持续发展。同时，通过实施统一的环境管理标准，减少全球范围内标准的重复性和多重性，减少贸易纠纷，有助于防止非税性贸易壁垒。需要指出，ISO14000 环境管理系列标准并不是强制性标准，但由于 ISO 颁布的标准在世界上具有很强的权威性、指导性和通用性，对世界标准化进程起着十分重要的作用，所以各国都非常重视 ISO14000 系列标准。目前，ISO14000 环境管理系列标准已被许多国家采用。我国等同采用的 GB/T 24000—ISO14000 环境管理系列标准已于 1997 年 4 月 1 日开始实施，并随 ISO14000 系列标准的更新而相应进行修订或增补。

1）ISO14000 的指导思想。ISO14000 的指导思想主要有 3 个，即：无论对环境好的地区还是环境差的地区，ISO14000 系列标准应不增加贸易壁垒；ISO14000 系列标准可用于对内对外的认证、注册等；ISO14000 系列标准必须回避对改善环境无帮助的任何行政干预。

2）ISO14000 的基本原则。从上述 3 个基本指导思想出发，ISO14000 系列标准有以下几个基本原则：ISO14000 系列标准应具有真实性和非欺骗性；产品和服务的环境影响评价方法和信息应有意义、准确和可检验；评价方法、实验方法不能采用非标准方法，而必须采用ISO标准、地区标准或技术上能保证再现性的实验方法；应具有公开性和透明度，但不应泄露机密的商业信息；非歧视性；能进行特殊的有效的信息传递和教育培训；应不产生贸易障碍，对国内外应一致。

3）ISO14000的组成。ISO14000是ISO将国际各种环境管理体系整合并以标准化形式推出的，目前共有环境管理体系、环境审核、环境标志、环境行为评价、生命周期评价、术语和定义、产品标准中的环境指标七个系列，标准号为ISO14001～14100，其中ISO14061～14100为预留标准号。具体分配见表2－1。

**表2－1 ISO14000系列标准标准号分配表**

| 标准名称 | 英文名称 | 标准号 |
|---|---|---|
| 环境管理体系 | Environmental Management System, EMS | 14001～14009 |
| 环境审核 | Environmental Auditing, EA | 14010～14019 |
| 环境标志 | Environmental Label, EL | 14020～14029 |
| 环境行为评价 | Environmental Performance Evaluation, EPE | 14030～14039 |
| 生命周期评价 | Life Cycle Assessment, LCA | 14040～14049 |
| 术语和定义 | Terms & Definition, T&D | 14050～14059 |
| 产品标准中的环境指标 | Environmental Aspect in Product Standards, EAPS | 14060 |
| 备用 | | 14061～14100 |

4）ISO14000的分类。ISO14000作为一个多标准组合系统，可以进行不同的分类。

（1）按标准性质分为三类。第一类，基础标准，包括术语标准；第二类，基本标准，包括环境管理体系、规范、原理、应用指南；第三类，支持技术类标准（工具），包括环境审核、环境标志、环境行为评价和生命周期评价。

（2）按标准的功能分为两类。第一类，组织评价标准，包括环境管理体系、环境行为评价和环境审核；第二类，产品评价标准，包括生命周期评价、环境标志和产品标准中的环境指标。

5）实施ISO14000的意义。实施ISO14000环境管理系列标准的意义主要体现在以下几个方面：消除绿色贸易壁垒，使产品获得国际贸易“绿色通行证”；提高企业形象和市场竞争力，降低环境风险，在市场竞争中取得优势，创造商机；提高管理能力，形成系统的管理机制，完善企业的整体管理水平；掌握环境状况，减少污染，体现“清洁生产”的思想；节能降耗，降低成本，减少各项环境费用，获得显著的经济效益；符合“可持续发展”的国策，不受国内外环保方面的制约，享受国内外环保方面的优惠政策和待遇，促进环境与经济的协调及可持续发展。

**2. ISO14001 标准简介**

1) ISO14001 标准的内容。ISO14001 标准的中文名称是环境管理体系要求及使用指南，是 ISO 针对规范组织环境行为颁发的系列标准中的核心标准，于 1996 年颁布，2004 年进行了修订。ISO14001 标准包含五大部分共 17 个要素，具体内容见表 2－2。

**表 2－2　ISO14001 标准的内容**

| 五大部分 | 17 个要素 |
|---|---|
| 环境方针 | 环境方针 |
| 规划 | 环境因素；法律和其他要求；目标和指标；环境管理方案 |
| 实施和运行 | 组织结构和责任；培训、意识和能力；信息交流；环境管理体系文件；文件控制；运行控制；应急准备和反应 |
| 检查和纠正措施 | 监测和测量；不一致纠正和预防措施；记录；环境管理体系审核 |
| 管理评审 | 管理评审 |

(1) 环境方针。环境方针是环境管理的指导原则和宗旨，由最高管理者或者集体根据自身特点进行制定。环境方针的内容至少包括遵守环境法律、法规和其他要求的承诺，对持续改进和污染预防的承诺，提供建立和评审环境目标和指标的框架等。

(2) 规划。规划是环境管理体系中最重要的部分，它要求组织及时发现活动、产品和服务各时期各类型的环境因素问题，并根据法律和法规的要求确定环境管理的重点，形成组织具体的环境管理目标和考核指标，同时制订动态性的环境管理方案。

(3) 实施与运行。明确组织各成员的环境职责和权限，并形成环境管理体系文件，确定实施方法和操作规程，有效保证体系顺利运作，确保重大环境因素始终处于受控状态。

(4) 检查与纠正措施。要求组织建立并保护文件化的监督检测和纠正机制，在管理体系运行过程中根据环境管理目标和指标对重大环境因素进行检测和评价，对不符合要求的项目进行调查分析并及时予以纠正。

(5) 管理评审。管理审核是最高管理者或者集体对整个环境管理体系的评判和方向性把握，以重新调整战略，部署并开展新的工作，促进体系进一步完善和提高，保证环境管理体系的持续改进。组织实施 ISO14001 标准意味着要在其内部建立一套标准化的环境管理体系，它的一切活动、产品和服务都应满足法律和法规的要求，经认证机构评审合格后方能获得认证证书，使得组织的环境管理工作得到国际承认。

2)环境管理体系(EMS)的运行模式。根据ISO14001标准要求所建立的环境管理体系是组织全面管理体系的一个重要组成部分。全面管理活动的全部过程，就是计划制订和组织实现的过程，这个过程是按照PDCA循环不停顿地周而复始地运转的。环境管理过程同样遵循PDCA模式，它是环境管理体系运行的基本模式。PDCA循环本身就是一种发现问题、分析问题和解决问题的重要思路和逻辑指导程序，在管理的各个方面(特别是在解决新问题时)能提供有力的程序指导，按照“Plan(计划)—Do(实施)—Check(检查)—Action(改进)”的程序，可以十分清晰地明白组织应该先做什么、后做什么，找到思路和办法。ISO14001标准的五大部分包含了环境管理体系的建立过程和建立后有计划地评审及持续改进的循环，以保证组织内部环境管理体系的不断完善和提高。所以环境管理体系的基本运行模式可以用图2-1来表示。ISO14001标准五大部分的17个基本要素是组织建立实施环境管理体系必须覆盖的，它们在PDCA循环中的关系见表2-3。

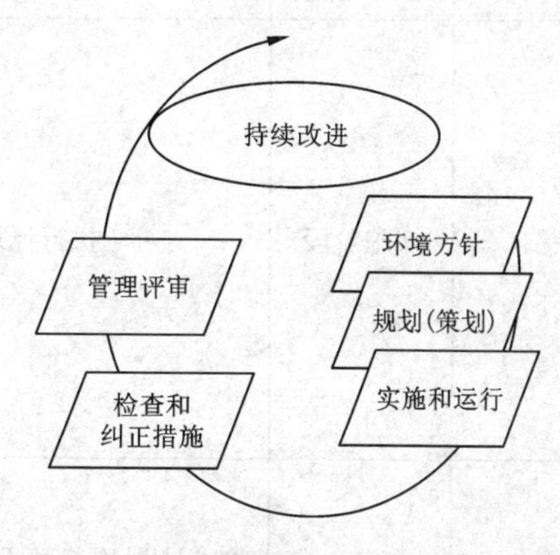


**图2-1 环境管理体系的基本运行模式**

**表2-3 ISO14001标准要素在PDCA循环中的关系**

| 序号 | PDCA阶段 | 步 骤 | 对应要素名称 |
|---|---|---|---|
| 1 | 计划阶段 | 发现问题 | 环境方针 |
| | | 分析原因 | 环境要素 |
| | | 寻找主要原因 | 法律与其他要求 |
| | | 制订解决计划 | 目标和指标 |
| | | | 环境管理方案 |

**续表 2－3**

| 序号 | PDCA 阶段 | 步　骤 | 对应要素名称 |
|---|---|---|---|
| 2 | 实施阶段 | 执行计划 | 机构和职责 |
| | | | 培训、意识与能力 |
| | | | 信息交流 |
| | | | 环境管理体系文件编制 |
| | | | 文件管理 |
| | | | 运行控制 |
| | | | 应急准备与响应 |
| 3 | 检查阶段 | 检查计划执行情况或问题的解决情况 | 监测与测量 |
| | | | 不符合、纠正与预防措施 |
| | | | 记录 |
| | | | 环境管理体系审核 |
| 4 | 改进阶段 | 经验和好的做法及时总结、标准化或制度化 | 管理培训 |
| | | 遗留问题、新问题转入下次循环 | |

3）ISO14001 在 ISO14000 系列标准中的地位。ISO14001 标准规定了环境管理体系的要素，也就是说对环境管理体系提出了规范性要求，一切组织的环境管理体系必须遵照该标准的要素、规定和模式。从另一角度来看，在对组织进行环境管理体系认证时应以 ISO14001 为尺度衡量其符合性。ISO14001 的五大部分与 ISO14000 系列标准的其他标准均有联系，可以说 ISO14000 系列标准是由 ISO14001 建立管理体系而派生出一系列相关的判定、审核、方法及定义、标准。因此，ISO14001 是处于 ISO14000 核心位置的龙头标准，其他标准是对它的补充和解释。

4）ISO14001 的主要特点。ISO14001 环境管理体系主要具有以下几个特点：

（1）强调对有关法律、法规的持续符合性，没有绝对的环境行为要求。不同国家、不同企业由于经济技术发展水平相差很大，不可能用统一的环境行为标准来衡量。制定 ISO14001 的宗旨是希望各种类型的组织都能建立这一体系，遵守所在国家的法律、法规和其他有关要求，不断改进环境行为，而没有绝对的环境行为要求。

（2）强调污染预防和持续改进。这是 ISO14001 两个最基本的指导思想。污染预防即应首先从源头考虑如何预防和减少污染的产生，而不是末端治理。

ISO14001 没有规定具体的环境绩效，没有极限值要求，组织应通过横向及纵向比较，进行持续改进，今天做的要比昨天好，明天做的比今天好。

(3)强调管理体系，特别注重体系的完整性。ISO14001 要求采用结构化、程序化、文件化的管理手段，强调管理和环境问题的可追溯性，体现出整体优化的特色。

(4)自愿性和可认证性。ISO14001 标准强调的是非行政手段，组织建立环境管理体系、申请认证完全是自愿的，是出于商业竞争、塑造企业形象或提高自身管理水平的需要，以此向外界展示自身实力和对保护环境的态度。同时，ISO14001 标准可作为第三方审核认证的依据，组织通过建立和实施 ISO14001 标准可获得第三方审核认证证书。

(5)广泛适用性。ISO14001 标准不仅适用于企业，同时也适用于事业单位、商行、政府机构、民间机构等任何类型的组织。

### 2.2.2　清洁生产概述

#### 1. 清洁生产的产生及定义

清洁生产(Cleaner Production)是在环境及资源危机的背景下，国际社会在总结各国工业污染控制经验的基础上提出的一个全新的环境污染预防战略。它的产生过程，是人类寻求一条实现经济、环境、资源协调发展的可持续发展道路的过程。

清洁生产在不同的发展阶段或者不同的国家有不同的定义。联合国环境规划署与环境规划中心(UNEPIE/PAC)综合各种说法，采用了“清洁生产”这一术语来表征从原料、生产工艺到产品使用全过程的广义的污染防治途径，并给出了如下定义：“清洁生产是一种新的创造性的思想，该思想将整体预防的环境战略持续地应用于生产过程、产品和服务中，以增加生态效率和减少人类与环境的风险。对于生产过程，要求节约原材料和能源，淘汰有毒原材料，降低所有废弃物的数量和毒性；对于产品，要求减少从原材料提炼到产品最终处置的整个生命周期的不利影响；对于服务，要求将环境因素纳入设计和所提供的服务中。”

我国 2003 年《中华人民共和国清洁生产促进法》将清洁生产定义为：“清洁生产，是指不断采取改进设计、使用清洁的能源和原料、采用先进的工艺技术与设备、改善管理、综合利用等措施，从源头消减污染，提高资源利用效率，减少或者避免生产、服务和产品使用过程中污染物的产生和排放，以减轻或者消除对人类健康和环境的危害。”

对于清洁生产的定义，虽然表述方式不同，但内涵是一致的，均体现了减量化、资源化、再利用和无害化的原则。应该指出，清洁生产只是一个相对的概念，所谓清洁的工艺、清洁的产品、清洁的能源等，都是和现有工艺、产品、能源比较而言的。清洁生产是一个持续进步、不断创新的过程，不能用某一特定标准来衡量。推行清洁生产，本身是一个不断完善的过程，随着社会经济的发展和科技的进步，需要适时地提出新的目标，争取达到更高的水平。

**2. 清洁生产的主要内容**

清洁生产主要包括以下三方面的内容：

1）清洁的能源。清洁的能源是指常规能源的清洁利用，如洁净煤技术，逐步提高液体燃料、天然气的使用比例等；可再生能源的利用，对沼气、水力资源等再生能源的利用；新能源的开发，如太阳能、风能、地热、潮汐能等；各种节能技术的开发利用，如热电联产技术、城市集中供热等。

2）清洁的生产过程。清洁的生产过程是指尽量少用和不用有毒有害的原料；采用无毒、无害的中间产品；选用少废、无废工艺和高效设备；尽量减少或消除生产过程中的各种危险性因素，如高温、高压、低温、低压、易燃、易爆、强噪声、强振动等；采用可靠、简单的生产操作和控制方法；对物料进行内部循环利用；完善生产管理，不断提高科学管理水平等。

3）清洁的产品。清洁的产品是指产品设计应考虑节约原材料和能源，少用昂贵和稀缺的原料；产品在使用过程中以及使用后不含危害人体健康和破坏生态环境的因素；产品包装的合理设计；产品使用后易于回收、重复使用和再生；使用寿命和使用功能合理等。

**3. 清洁生产的特点**

清洁生产是现代科技和生产力发展的必然结果，是从资源及环境保护角度上要求工业企业执行的一种新的现代化管理手段。清洁生产主要有以下几个特点：

1）是一项系统工程。推行清洁生产，企业需要建立一个预防污染、保护资源所必需的组织机构，要明确职责并进行科学规划，制定发展战略、政策和法规。它是包括产品设计、能源和原材料的更新或替代、开发少废无废清洁工艺、排放污染物处置及物料循环等的一项复杂系统的工程。

2）重在预防和有效性。清洁生产是对产品生产过程产生的污染进行综合预防，以预防为主，通过污染物产生源的削减和污染物的回收利用，使废物减至最少，以便有效地防止污染的产生。

3）经济性良好。在技术可靠前提下，推行清洁生产、预防污染的方案，使生产体系运行最优化，在保护环境、消费者和工人的同时，提高工业效率，增加企业经济收益和竞争力。

4）与企业发展相适应。清洁生产结合企业产品特点和工艺生产要求，使其目标符合企业生产经营发展的需要。环境保护工作要考虑不同经济发展阶段的要求和企业经济的支撑能力，这样清洁生产不仅可以推进企业生产发展，而且还保护了生态环境和自然资源。

5）不同于末端治理。清洁生产是要引起研究者、生产者、消费者，也就是全社会对于工业产品生产及使用全过程对环境影响的关注，使污染物产生量、流失量和治理量达到最小，资源充分利用，因此是一种积极、主动的态度。而末端治理仅仅把注意力集中在对生产过程中已经产生的污染物的处理上，所以总是处于一种被动的、消极的地位。

6）适用范围广。清洁生产的理念适用于第一、第二和第三产业的各类组织和企业。

**4. 推行清洁生产的意义**

清洁生产是在回顾和总结工业化实践的基础上，提出的关于产品和生产过程预防污染的一种全新战略。它综合考虑了生产和消费过程的环境风险、成本和经济效益，是社会经济发展和环境保护对策演变到一定阶段的必然结果。推行清洁生产的意义在于：

1）清洁生产是实现可持续发展的必然选择和重要保障。清洁生产强调从源头抓起，着眼于全过程控制。它强调尽可能地提高资源能源利用率和原材料转化率，减少对资源的过度消耗和浪费，从而保障资源的永续利用。同时，通过清洁生产，可以把污染消除在生产过程中，尽可能地减少污染物的产生量和排放量，大大减少对人类的危害和对环境的污染，改善环境质量。因此，清洁生产体现了可持续发展的要求。

2）清洁生产可以加强企业管理，改善企业形象。清洁生产强调提高企业的管理水平，提高全体员工在经济观念、环境意识、参与管理意识、技术水平、职业道德等方面的素质。清洁生产可以有效改善员工的劳动环境和操作条件，减轻生产过程对员工健康的影响，可以为企业树立良好的社会形象，促使公众对企业的支持，提高企业的市场竞争力。同时，实施清洁生产还可以改善企业与环境管理部门之间的关系。

3）清洁生产是防治工业污染的最佳模式。实施清洁生产，通过将生产技术、生产过程、经营管理及产品消费等方面与物流、能量、信息等要素有机结合起来，并优化运行方式，从而实现最小的环境影响，最少的资源、能源消耗，最佳的管理模式以及最优化的经济增长水平，是工业发展、防治污染的最佳模式。

4）清洁生产会带来良好的经济效益。企业通过清洁生产，可以节省原材料和能源的消耗，减少甚至消除污染物的排放，可以减少末端处理设施的一次性投资和降低废物处理运行费用，同时又可以通过加强管理，提高生产效率和产品质量，从而达到降低成本、增强市场竞争力的目的。故清洁生产除了能产生比末端治理更为显著的环境效益外，它还与末端治理不同，它是在追求经济效益的前提下解决污染问题，并且常常以经济效益第一、环境效益第二的方式进行工作。从国内外清洁生产实践经验来看，推行清洁生产均给企业带来了明显的经济效益。

### 2.2.3 环境管理体系与清洁生产的关系

清洁生产和ISO14000环境管理体系是人类对环境与发展辩证关系的认识达到一个崭新高度后提出的两种环境保护新思路，它们之间存在许多相同或相似之处。尽管清洁生产提出在前，ISO14000颁布在后，但都体现了现代环境管理思想从“末端治理”向“源头控制、污染预防和持续改进”转变的过程，两者都是环境管理思想转变过程的产物，因此它们有着一定的相依关系，但同时两者之间也存在不同之处。

**1.清洁生产与ISO14000的相依关系**

1)清洁生产是环境管理体系的要求。ISO14000明确要求企业采取清洁生产手段来控制污染。

2)ISO14000环境管理体系对环境意识提出明确要求。环境管理体系认证工作最重要的前提是提高企业员工的环境意识。环境意识的增强是实施环境管理的根本动力，而清洁生产的实施为企业员工环境意识的提高提供了条件。

3)清洁生产可以提高企业的管理水平。企业推行清洁生产，从原料、设备、管理人员等全方位进行优化，采用先进的科学方法进行技术改造，故可显著提高企业的综合管理水平，建立一个良好的管理体系。

4)清洁生产为建立企业环境管理体系提供了方法。清洁生产在环境因素调查、确定环境问题根源、方案产生、可行性分析上有一套操作性很强的具体方法，推行清洁生产可以便于企业建立环境管理体系。

5)将清洁生产融入企业的全面管理中，这是清洁生产的最终目的。

**2.清洁生产与ISO14000的不同之处**

1)标准与非标准。ISO14000是国际标准，也是我国的国家标准，因此具有标准的一切属性。清洁生产只是一种概念或思维，国际上尚未对其作出统一的定义，不同的国家、组织或个人在实践中对其的理解也不一样，所以清洁生产在实践中具有较大的弹性。

2)应用范围和对象。ISO14000适用于各种类型的组织，具有更广泛的适用性。清洁生产在实际应用中主要是面向生产型的工业企业，不面对于一些服务性行业(如银行、饭店、邮政等)和其他类型的组织(如政府机构、大学、研究所等)。

3)技术内涵。清洁生产的技术内涵比较广泛，从消除有毒原材料的使用、减少排放物的数量和毒性、改进工艺流程、节省能源和原材料消耗、强化企业管理、提高全员素质等多个方面进行审计，提出技术、经济可行的方案并付诸实施，以实现持续性的预防污染。ISO14000的技术内涵一般表现在对环境因素的分析上，更多的是管理方面的内涵，其核心是建立符合国际规范的标准化EMS和管理运行机制。

4)管理层的支持及参与。在企业推行清洁生产和建立环境管理体系均需要有最高管理层的参与和支持。但是，没有最高管理层的参与，清洁生产计划也能实施，只是难以保持，在实际中极有可能演变成一次性的举措。而环境管理体系的建立则需要最高管理层来制定环境方针，积极参与规划、批准、运行、评审等过程，并对持续改进作出承诺。

5)环境影响的识别和管理。清洁生产与 ISO14000 都要求进行企业经营评价，以识别工艺和服务所产生的环境影响。然而，ISO14000 还要求开发和实施一些程序、文件控制、监测、报告和改进计划来管理所识别的每一种重要环境因素。这与单用清洁生产方法相比，能对环境因素进行更完善、更全面的管理，且 ISO14000 环境管理体系方法同时涵盖清洁生产原则和末端治理原则，提供了一体化的环境管理方法。

6)内部管理实践。清洁生产虽然需要利用内部管理实践来支持并获得不断评议和改善，但并没有强制要求。如果某企业选择了省略内部管理实践的清洁生产计划，那么该计划的可持续性将显著降低。而 ISO14000 不仅依靠自愿的内部管理实践来促进持续的管理评审和改进，而且将其列为认证的先决条件而使这些实践制度化，并通过认证过程促进管理体系不断改进，使企业的环境影响持续减少或降低。

7)预期目标。清洁生产是以不断提出污染物削减或污染预防方案为目标实现清洁生产的可持续化，并使企业获得环境、经济和社会效益。而 ISO14000 则是通过建立环境管理体系对环境因素进行持续控制，在获得第三方认证后取得向公众及其他相关方展示的证明，从而赢得商业机会和提高市场竞争力。

8)商业推动力或机会。推行清洁生产不仅能够改善企业的环境绩效，而且能够产生广泛的经济、社会效益。但由于清洁生产没有将企业的经营管理和市场竞争真正联系起来，因此工业企业在开展清洁生产工作时仍是缓慢和被动的。而企业实施 ISO14000 不仅可以建立起先进的内部环境管理体系，改善企业环境绩效，而且还可以通过获得认证来提高企业的形象，增强产品的市场竞争力，并能够顺利进入国际市场和避免贸易风险。

## 2.3　有色企业的环境管理

### 2.3.1　有色企业环境管理的概念、内容及体制

#### 1. 有色企业环境管理的概念

有色企业是指有色金属工业所包含的各种企业，如有色金属采选企业、有色金属冶炼企业、有色金属加工企业等。有色企业管理是一个完整的系统，包括专

业管理和全面管理两大类。在专业管理中，生产经营管理是实现企业总目标的主体专业管理，其他专业管理如原材料、劳动力、能源、维修以及环境保护、劳动保护、安全等都是为生产经营服务的。全面管理具有全厂性、全程性和全员性的特点，具体包括全面计划管理、全面质量管理、全面经济核算、全面劳动人事管理和全面环境管理。其中，全面计划管理是更加全面的综合管理，它既统率了各项专业管理，也统率了其他几项综合管理，是企业管理中最重要的综合管理。

当前，有色企业管理正在经历从狭义到广义，从单纯生产型到综合生产经营型的变革过程。管理的范围和内容不再仅仅局限于从原料进厂到产品出厂的生产过程，而是进一步拓展为从产品生产前管理（见图2－2的管理1）到产品生产后管理（见图2－2的管理3）的更广阔的管理领域，并构成了包括管理1、管理2和管理3的完整的现代有色企业管理体系。

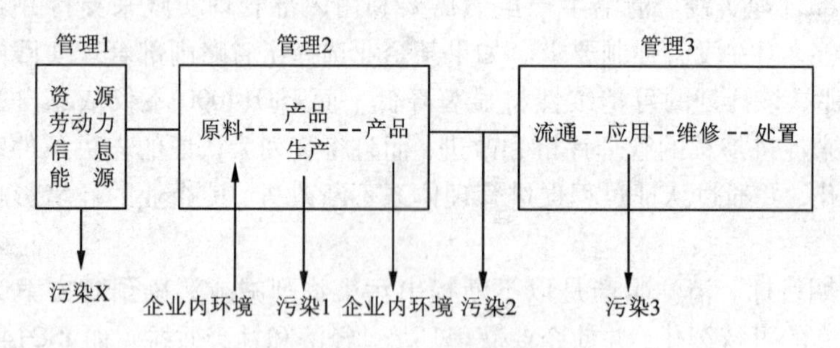


**图2－2　有色企业的管理体系**

有色企业的环境管理是有色企业管理的一个重要组成部分，也是国家环境管理的重要内容之一。有色企业的环境保护是一项同发展生产同样重要的工作。随着我国经济发展和改革的深入，在有色企业中重视和提倡全过程的环境管理与有色企业的现代化要求完全一致。有色企业的环境管理体系在有色企业管理的全过程中，既包括污染1、污染2，也包括污染3和污染X，既包括已经产生和存在的污染防治，也包括可能发生的污染防治管理内容。

**2. 有色企业环境管理的内容**

有色企业环境管理包括两方面的内容：一是有色企业作为管理的主体对企业内部自身进行管理；二是有色企业作为管理的对象而被其他管理主体如政府职能部门所管理。

不管是作为环境管理的主体，还是作为环境管理的对象，有色企业自身必须在企业活动的全过程中贯彻经济与环境相协调的原则。具体来说都必须设立专门的机构，指定专职人员，建立一系列配套的规章制度，都必须在产品制作、包装、运输、销售、售后服务以及生产过程中出现的废品处置和产品使用价值兑现后的处理、处置等全部环节上，从节约资源、减少投入、降低污染等角度进行严格的审查和监督，并采取有效、有力的措施。

**3. 有色企业环境管理的体制**

由于有色企业环境管理具有综合性与专业性强的特点，因此必须在企业内部建立起强有力的环境管理体系，才能有效地完成企业环境保护的任务，使企业符合现代化发展的要求。

所谓有色企业环境管理体制，就是在有色企业内部建立全套从领导、职能科室到基层单位，包括污染预防与治理、资源节约与再生、环境设计与改进以及遵守国家相关法律法规等方面在内的各种规定、标准制度及操作规程等，明确环境管理方面的职权范围、相互关系及所承担的责任，并有相应的监督检查制度，以保证环境管理工作在企业生产经营的各个层次环节得到有效执行。

1)建立环境管理体制的原则。有色企业在建立环境管理体制时，应注意遵从以下几个基本原则：与企业领导体制相适应的原则；从企业环境管理特点出发的原则；有利于发挥企业环境管理基本职能的原则；有利于在生产过程中控制和消除污染的原则。

2)有色企业环境管理体制的特点。主要有以下3个特点：

(1)有色企业生产的领导者同时也必须是环境保护的责任者。企业的厂长(经理)是公害防治的法定责任者，这在许多国家早已有明确规定。有色企业既是生产单位，同时又是工业污染的防治单位。有色企业的领导者不仅对企业生产发展负领导责任，同时也必须对企业的环境保护负领导责任，对提高企业的环境质量负领导责任。有色企业的领导者在阐明企业的环境价值观、宣传对环境方针的承诺、树立企业环境意识、对企业员工进行激励等方面具有关键作用。

(2)有色企业环境管理要同企业生产经营管理紧密结合。在有色企业的各种管理中，环境管理具有突出的综合性、全过程性及专业性等特点，因此它必须渗透到企业各项管理之中。只有这样，有色企业的环境管理才能得到真正的实现。

(3)有色企业环境管理的基础在基层。有色企业管理的基础在基层，其环境管理也是这样。有色企业的环境管理应落实到车间与岗位，建立厂部、车间及班组的企业环境管理网络，明确相应的管理人员及职责，使企业环境管理在厂长、经理的领导下，通过企业自上而下的分级管理，得到有力、有效的保证。

3)有色企业环境管理机构的职能与职责。主要职能包括：组织编制环境计划与规划；组织环境保护工作与企业生产的协调；实施企业环境监测。主要工作职责包括：督促、检查本企业执行国家环境保护方针、政策、法规情况；按照国家和地区的相关规定制订本企业污染物排放指标和环境管理办法；组织污染源调查和环境监测，监督全厂环保设施的运行及污染物排放；负责本企业清洁生产的筹划、组织与推动；负责本企业污染事故及纠纷的调查处理；会同有关单位做好环境预测，制订企业环境保护年度计划和中远期规划，并督促实施；会同有关部门组织和开展企业环保科研及技术的交流，推广国内外先进的污染防治技术和经验；开展环境教育活动，普及环境保护知识，提高企业员工的环境意识。

## 2.3.2 作为管理主体的有色企业的环境管理

作为管理主体的有色企业的环境管理，指的是对有色企业自身内部实施环境管理。此时，环境管理主要包括三方面的内容：建立企业内部的环境管理体系；对生产过程及其产生的废物进行环境管理；对产品制作、包装、运输、消费以及消费后的最终出路的全过程进行环境管理。

**1. 在企业内部建立环境管理体系**

1）建立目的。企业环境管理体系是企业环境管理行为的系统、完整、规范的表达方式。在企业内部建立环境管理体系有利于高效、合理、系统地调控企业的各种环境行为，有利于企业实现对社会的环境承诺，有利于保证环境承诺和环境行为活动所需的资源投放，有利于保持企业环境管理工作的动态提高。

2）企业环境管理体系的模式。在当前市场竞争日趋激烈、经济全球一体化、资源环境问题日益被重视的大环境下，有色企业要生存并获得可持续的发展，就必须既要实施质量管理标准（ISO9000 系列），又要实施环境管理标准（ISO14000 系列），在企业内部建立环境管理体系，使企业产品保持并提高竞争力，树立企业的“绿色形象”。ISO14000 系列标准和 ISO9000 系列标准是世界上被采用最多的国际标准。从某种意义上说 ISO14000 系列在 ISO9000 系列的基础上对企业提出了更高的要求，贯彻 ISO14000 系列是当前时代发展的潮流，也是企业自身生存和可持续发展的需要。因此，遵守 ISO14000 系列标准的规定，建立有色企业环境管理体系并适时取得其认证，将成为有色企业产品进入国际市场的“绿色通行证”，将有利于提高有色企业在国际贸易市场上的竞争能力。

**2. 防治生产过程中排出的污染物和废弃物**

有色企业的环境保护应坚持预防为主、防治结合、综合治理的方针，减少原材料及能源消耗，采用清洁生产工艺，促进资源回收及循环利用。但受经济、技术、条件的制约，有色企业在生产过程中产生一定量的污染物是不可避免的。因此，在合理利用环境自净能力的前提下，有色企业应对其产生的污染物进行厂内治理，将其所产生的外部不经济性内部化，以达到国家和地方的相关排放标准及总量控制要求，这也是企业环境管理的具体内容之一。

**3. 推行清洁生产**

在有色企业内部推行清洁生产是企业实施 ISO14000 的必然要求。企业内部建立环境管理体系，在环境管理组织健全、体系完善的基础上，全面推行“清洁生产”工艺，将整体预防的环境战略持续应用于生产过程和产品，可以从根本上解决资源浪费和环境污染，是达到ISO14000系列标准要求并取得相关认证的关键。由于清洁生产是一项系统工程，涉及管理、技术、生产等各方面，加上清洁生产又具有相对性，是个渐进过程，因此，为保证清洁生产在企业中的持续推行，还必须在有色企业内部建立一个长期性的清洁生产审计组织。

### 2.3.3　作为管理对象的有色企业的环境管理

作为环境管理对象的有色企业的环境管理，主要是指政府环境保护部门依据国家相关政策、法规和标准等，采取法律、经济、技术、行政和教育等手段，对有色企业实施环境监督管理。此时，环境管理也主要包括三个方面的内容：对有色企业发展建设过程中的环境管理；对产品生产、销售过程中的环境管理；对企业自身环境管理体系的环境管理。

**1. 对有色企业发展建设过程中的环境管理**

对有色企业进行环境管理，必须对其发展建设活动，特别是活动的全过程进行管理。有色企业发展建设活动的全过程主要分为四个阶段：筹划立项阶段；设计阶段；施工阶段；验收阶段。

1）筹划立项阶段。在有色企业发展建设的筹划立项阶段，环境管理的中心任务是对企业建设项目进行环境保护审查，组织开展企业建设项目的环境影响评价，以便妥善解决建设项目的合理布局，制订适宜的环境对策，选择有效的减轻对环境不利影响的措施。

2）设计阶段。在有色企业建设项目设计阶段，环境管理工作的中心任务是如何将建设项目的环境目标和环境污染防治对策转化成具体的工程措施和设施，保证环境保护设施的设计。因此，在企业建设项目的初步设计中，要把规定的各项环境保护要求、目标和标准贯彻到各个部分及专业的具体设计中去。

3）施工阶段。在有色企业建设项目施工阶段，环境管理工作的中心任务主要有两个：督促检查环境保护设施的施工；注意防止施工现场对周围环境产生不利影响。

4）验收阶段。在有色企业建设项目竣工验收阶段，环境管理的中心任务是验收有色企业环境保护设施的完成情况。验收时，环境保护设施必须与主体工程一起进行验收，并且必须有环境保护部门参加。只有在原审批环境影响报告书的环境保护行政主管部门验收合格后，有色企业的建设项目方可投入生产。

**2. 对有色企业产品生产过程的环境管理**

1）对污染源排放的环境管理。政府环境保护职能部门对污染源排放的监督管理，并不是去代替工业企业治理污染源，而是依靠国家相关政策、法规和排放标准，对污染源实行监控，确保污染物排放符合国家、地方及行业的有关规定。对于有色企业而言，不仅包括对现有污染源的环境管理，还包括对新建项目污染源的环境管理，以及有色金属矿产资源开发过程中的环境管理。

2）对生产过程的环境审计。环境审计是一种对生产过程进行环境管理的方法。我国的环境审计是指审计机构接受政府授权或其他有关方的委托，依据国家的环保法律法规，对排放污染物的企业的污染状况、治理状况以及污染治理专项资金的使用情况，进行审查监督，并向授权人或委托人提交书面报告和建议的一种活动。通过定期或不定期的环境审计，可以促使有色企业加强自身环境管理，积极治理污染，使环境保护得到真正落实。环境审计主要包括三个层次：以审查执法情况为目的的环境审计；以废物减量为目的的环境审计；以清洁生产为目的的环境审计。

3）制订合理的排污收费政策，做好排污收费工作。排污收费作为有色企业污染物排放监督管理中的一种重要经济手段，是“污染者付费”原则的具体运用。通过征收排污费，给排污的有色企业以外在的经济压力，可促进其治理污染，并由此带动企业内部的经营管理，节约和综合利用自然资源，减少或消除污染物的排放。制订合理的排污收费标准是关键，如果排污收费标准低于污染物治理的费用，则不利于企业认识到污染治理、减少污染物排放的必要性，致使企业出现宁可缴费也不愿治理的现象。

**3. 对有色企业产品生命周期的环境管理**

加强对有色企业产品生命周期的环境管理，目的是通过产品生命周期评价LCA，在有色企业产品生产过程的最前端，就将环境因素和预防污染的环境保护措施纳入到产品设计准则之中，力求从产品生命全过程的角度来减轻环境的污染负荷，使环境管理工作收到较好的效果。作为对产品生命周期进行环境管理的一个技术方法手段，产品生命周期评价一般由三个既独立、又相互联系的部分组成，即：生命周期清单分析；生命周期影响分析；生命周期改善分析。

**4. 对有色企业环境管理体系的环境管理**

有色企业建立自身的环境管理体系，可以使企业通过资源配置、职责分工以及对惯例、程序和过程的不断评价，有序、一致地处理环境事务，减小甚至消除其活动、产品及服务对环境的潜在影响。为促进有色企业实施持续改进的环境管理体系，有关机构对企业环境管理体系进行审核和认证是必要的。但应注意，目前包括有色企业在内的所有工业企业或其他组织在建立环境管理体系后，是否申请环境管理体系的审核及认证，是由企业根据自身的技术经济条件及产品、服务活动的具体特点自行决定的。不过一旦企业确定需要进行环境管理体系审核和认证，则须由政府认可的认证机构来对企业进行外部环境审核和认证。

### 2.3.4 有色企业环境管理的主要手段

有色企业环境管理的手段多种多样，分类方法也各不相同。前面从有色企业作为管理主体或对象的角度出发，对有色企业的环境管理方法进行了简单介绍。这里从环境管理相对于有色企业的约束性角度，进行总结介绍。从该角度出发，有色企业环境管理手段可以分为强制手段、经济手段、协议手段、信息手段、自愿性管理手段等。通常，经济手段、协议手段和信息手段是强制手段的替代和补充。目前，我国有色企业主要的环境管理手段依然是强制手段，即基于法规、制度和标准的指令性控制手段。但是，在总体上，有色企业环境管理手段正在向经济刺激手段、信息手段、自愿性管理手段及各种手段相结合等方向发展。

## 2.3.5　有色企业环境管理面临的主要问题及建议

### 1. 有色企业环境管理面临的主要问题

经过几十年环境保护工作的努力推进和实践，我国有色企业环境管理工作已取得了显著的成效。但应该看到，目前的有色企业环境管理工作仍不能满足现阶段环境保护的需要，有色企业环境管理仍面临着许多问题。

1)政府在有色企业环境管理中存在的问题。目前，政府在有色企业环境管理工作中出现许多方面的新问题，主要包括：

(1)相关环境法律、法规和标准的制定与修订相对滞后，许多方面还有待完善。目前，我国已颁布并实施了诸多工业环境保护法律、法规和标准，但针对有色金属工业行业的相关环境法规、标准较少，导致有色企业在环境污染治理和污染物排放时缺乏针对性。法规、标准的混乱或缺失弱化了政府环境管理的作用。而一些法规、标准修订的滞后，也给环境管理工作造成了障碍。例如，我国排污收费标准长期严重偏低，远远低于对环境造成的实际损失，而且也低于企业治理污染的设施运转费用，因而有些企业宁愿上缴排污费，也不愿花钱处理污染。

(2)环境执法力度不够，执法不严、违法不究现象仍很普遍。造成这种现象的原因主要有：政府和企业领导的环境意识和法制观念薄弱，以权代法，干预甚至阻碍环境监管部门的行政执法，为一些企业说情护短，环境执法不力；虽然近年来大部分省、市(地)级环境保护机构有所加强，但很多县市级的环境保护机构依然很薄弱，编制被削减或机构被撤销合并，导致执法力量不足；受地方经济保护主义影响，一些严重污染环境的有色企业不能及时有效地关闭和转产；与其他部门执法相比较，环境管理部门执法时存在畏难情绪，执法软弱。

(3)利用经济手段进行环境管理的深度、广度不够，还没有切实可行的操作手段使环境成本真正纳入经济活动中，行政命令与经济激励相结合的管理模式还没有完全建立。

(4)缺乏自愿性环境管理的相关引导、鼓励性政策。自愿性环境管理在我国尚处于萌芽阶段，政府需要尽快行动起来，积极制定相应的鼓励政策，监督和引导有色企业将环境管理纳入生产全过程。

2)有色企业内部环境管理中存在的问题。从有色企业自身微观环境看，目前我国大多数有色企业环境保护工作基本上是末端污染治理，没有将企业环境管理与企业生产经营活动真正结合起来。一些企业从自身利益出发，片面追求经济效益，没有从长远的、全局的角度考虑生产活动对环境的负面效应，无视环境管理。由于缺乏对环境管理的足够认识，致使企业与政府环境保护部门始终处于一种对立的关系，是一种管与被管的关系，企业在污染防治方面消极应付，其主观能动性得不到有效的发挥。

因此，我国应该鼓励企业积极认识并参与自愿协议环境管理，使企业将环境管理切实纳入到生产的全过程中。这样就可以从源头降低企业的各类污染，提高生产效率和资源利用效率，解决环境保护与生产相脱离而使污染治理费用过高、企业被动应付环境保护的情况，并可用协议中的共同利益点使企业与环境保护部门之间建立起一种新型的“伙伴关系”，使自愿协议式环境管理成为强制管理和经济管理手段的补充，把自愿式环境管理方式作为现阶段有色金属工业污染防治管理的一个新起点，实现环境与经济的双赢。

3)资源能源消耗量大，污染物排放量高。目前，在我国有色企业环境管理工作中面临资源与能源利用率低、环保投资强度不够、污染物排放量居高不下的问题。有色企业属于矿物加工业，我国有色金属矿物普遍具有金属品位低、原生矿结构复杂、伴生有毒有害物质多等特点，加之有色企业多采取粗放型的发展方式，因此导致了有色企业资源利用率低、能源消耗大、排污量高等问题。这也是我国有色企业污染普遍较重的主要原因。环境保护资金的投入主要用于现有企业的污染治理，包括治理设施的改造及新增治理设施。然而，目前有色企业环境保护投资的来源不畅，使一些先进的治理技术得不到推广应用，效率低下的治理设施得不到及时改造，造成达标率较低，同时有些防治措施所占整个建设项目的投资比例较大，从而使企业无经济能力承担，有些治理技术运行管理费较高，使某些老企业无法应用。

4)企业规模偏小，生产工艺落后。企业规模越大，生产的自动化程度越高，能源和资源的利用率也就越高，相应的单位污染物排放量就越少。企业规模越小，其污染物排放的达标率就越低。此外，一些有色企业生产工艺落后，能耗、物耗偏高，排污量大。若不进行适当的技术改造，短期内无法从根本上解决污染问题，提高达标率十分困难。采用关、并、转等手段，扩大企业规模，改革旧的工艺设备，挖掘企业内部潜力，推行清洁生产，实行全过程控制，这是当前许多有色企业污染防治与环境管理的首要任务。此外，我国有色企业环境管理工作大多局限于厂区范围内，考虑的只是厂区内的环境质量、排放口污染物达标等问题，而没有更多地关注企业产品销售出厂后的使用和报废环节所产生的环境问题。可持续发展的理念要求社会每个部门都应承担起从源头预防污染的责任。对于有色企业而言，其环境管理的范围应扩展到产品整个生命周期，从产品设计和生产的源头，预防其使用和报废过程对环境的负面影响，生产对环境友好的产品。

**2. 强化有色企业环境管理的建议**

1）完善相关法律、法规和标准，严格环境监督管理。强制手段和经济手段是我国现阶段政府环境管理的主要手段。完善有色金属工业相关环境法律、法规和标准，使政府环境保护部门在环境管理工作中有法可依，同时提高政府和企业领导的环境意识，从而保证环境监督管理工作能够得到有力、有效的开展和执行。市场机制能够优化资源配置，提高资源利用效率，从而减少污染物的产生。如果价格体系和国民经济核算体系没有准确反映经济活动中的环境成本，将会使有色企业在市场竞争中缺少污染预防的积极性。因此，应根据有色金属工业具体情况制定适宜的排污收费标准，促使企业加强污染治理并开展内部环境管理工作。

2）积极推行自愿性环境管理手段。基于我国环境管理现状及发展趋势，为了更好地开展有色金属工业企业污染防治管理工作，消除目前环境管理上的疏漏和弊端，除了加强环境立法和执法，提高行政人员和执法人员的素质，加大对违反产业政策和环保政策的有色企业的查处力度外，还应积极借鉴欧洲发达国家的经验，依据ISO14000环境管理系列标准，积极推进自愿性环境管理手段的实施。鼓励企业在内部建立环境管理体系，努力获取ISO14000认证，取得国际贸易的绿色通行证，从而树立企业良好公众形象，提高有色产品在国内外市场的竞争力，促进有色企业的可持续发展。

3）实施清洁生产，积极发展循环经济。清洁生产是有色企业发展生产、降低成本和资源能源消耗、减轻环境污染的有效途径。通过实施清洁生产，可以将污染防治由末端治理向源头和全过程控制转变。循环经济是新型工业化的重要载体，是转变发展模式的战略选择，体现了科学发展观的要求。循环经济的模式是资源—产品—可再生资源，使资源得到充分利用。实施清洁生产，发展循环经济，这是从根本上解决有色企业环境污染、提高企业经济效益的最佳途径，使有色企业能够实现经济、环境、社会效益“多赢”。同时，实施清洁生产，发展循环经济，既有利于有色企业作为管理对象的环境管理工作的开展，也是有色企业在内部建立环境管理体系的要求。

4）鼓励公众参与，提高公众权益意识。随着我国经济发展和国民素质的不断提高，公众的环境意识日益提高，公众的环境知情权也在近几年有了很大改观。通过提高公众的环境权益意识，赋予公众环境监督权和损害补偿权，鼓励群众和社会媒体监督企业的污染物排放，可以有力促进有色企业环境管理的发展。

# 第3章　有色冶金过程大气污染控制基础

## 3.1　大气污染概述

### 3.1.1　大气污染的基本概念

**1. 大气污染的概念**

大气污染是指由于人类活动或自然过程使得某些物质进入大气中，呈现出足够的浓度，达到了足够的时间，并因此而危害了人体的舒适、健康和人们的福利，甚至危害了生态环境。一般说来，由于自然环境的自净作用，会使自然过程(如火山活动、山林火灾、岩石风化、海啸等)造成的大气污染，经过一定时间后自动消除。因此可以说，大气污染主要是由于人类活动造成的。

根据污染范围，可将大气污染分为四类：局部地区污染，即小范围内的大气污染，如受到某些烟囱排气的直接影响；地区性污染，即涉及一个地区的大气污染，如工业区或整个城市大气受到污染；广域污染，即涉及比一个地区或大城市更广泛地区的大气污染；全球性污染，即涉及全球范围(或国际性)的大气污染。

**2. 大气污染物及分类**

大气污染物是指由于人类活动或自然过程排入大气中并对人类和环境产生有害影响的物质。大气污染物的种类很多，根据其存在状态可为两大类：气溶胶态污染物，气态污染物。

气溶胶态污染物又称为颗粒污染物。在大气污染中，气溶胶是指沉降速度可以忽略的小固体粒子、液体粒子或它们在气体介质中的悬浮体系。根据气溶胶的来源和性质，可分为粉尘、烟、飞灰、黑烟、雾等。在我国环境空气质量标准中，还根据颗粒的大小，将其分为总悬浮颗粒物(TSP)、可吸入颗粒物(PM10)和细颗粒物(PM2.5)。总悬浮颗粒物是指空气动力学当量直径≤100 μm 的颗粒物，可吸入颗粒物是指空气动力学当量直径≤10 μm 的颗粒物，细颗粒物是指空气动力学当量直径≤2.5 μm 的颗粒物。虽然 PM2.5 只是地球大气成分中含量很少的组分，但它对空气质量和能见度等均有重要影响。与较粗的大气颗粒物相比，PM2.5 粒径小、富含大量有毒有害物质、在大气中的停留时间长、输送距离远，因而对人体健康和大气环境质量的影响更大。

气体状态污染物是以分子状态存在的污染物，简称气态污染物。气态污染物的种类很多，总体可归纳为五大类(见表3－1)：以二氧化硫为主的含硫化合物，以氧化氮和二氧化氮为主的含氮化合物，碳氧化物，有机化合物，卤素化合物。此外，根据来源，还可将气态污染物分为一次污染物和二次污染物。一次污染物是指直接从污染源排到大气中的原始污染物；二次污染物是指由一次污染物与大气中已有组分或几种一次污染物之间经过一系列化学或光化学反应而生成的与一次污染物性质不同的新污染物质。

**表3－1　气态污染物的分类**

| 污染物 | 一次污染物 | 二次污染物 |
|---|---|---|
| 含硫化合物 | $SO_2$、$H_2S$ | $SO_3$、$H_2SO_4$、硫酸盐 |
| 含氮化合物 | NO、$NH_3$ | $NO_2$、$HNO_3$、硝酸盐 |
| 碳氧化物 | CO、$CO_2$ | 无 |
| 有机化合物 | $C_1 \sim C_m$化合物 | 醛、酮、过氧乙酸硝酸酯、$O_3$ |
| 卤素化合物 | HF、HCl | 无 |

### 3.1.2　大气污染的影响与危害

大气污染物对人体健康、植物、器物和材料、大气能见度、气候等均有重要影响。大气污染物可通过不同的途径对人体、其他生物和环境产生危害。对人体危害主要通过以下三条途径：与人体表面直接接触；食用含有大气污染物的食物或水致病；吸入污染的空气致病。对生物的危害主要表现在：使生物中毒或枯竭死亡；影响生物的正常发育；降低生物对病虫害的抗御能力。此外，大气污染物还通过酸雨等形式杀死土壤微生物，使土壤酸化，降低土壤肥力，危害农作物和森林、草原；腐蚀仪器、设备和建筑物；大气污染还导致全球环境破坏和环境变化，如臭氧层破坏、全球气候变暖等。

## 3.2　颗粒污染物去除技术

### 3.2.1　颗粒的物理特性

大气污染控制中涉及的颗粒物，其实际最小限界一般为0.01 μm左右。它们可以从气体介质中分离出来，呈堆积状态存在，故又称为粉体或粉尘。充分认识粉尘颗粒的大小等物理特性，是研究颗粒的分离、沉降和捕集机理以及选择、设计和使用除尘装置的基础。

**1. 颗粒的粒径及粒径分布**

描述粉尘粒径的参数有单一颗粒的粒径和颗粒群的平均粒径及粒径分布。

1)颗粒的粒径。颗粒的大小是颗粒物的基本特性之一。颗粒的大小不同，其物理、化学特性不同，对人和环境的危害也不同，并且对除尘装置的性能影响很大。如果颗粒是球形的，则可用其直径作为颗粒的代表性尺寸。但实际粉尘颗粒的形状多是不规则的，所以需要按一定的方法确定一个表示颗粒大小的代表性尺寸，作为颗粒的直径，简称为粒径。

不规则形状的颗粒粒径的测定和定义方法可以归纳为两类：一类是按颗粒的几何性质直接测定和定义的，如显微镜法和筛分法；另一类是根据颗粒的某种物理性质间接测定和定义的，如沉降法和光散射法等。颗粒的测定方法和定义方法不同，得到的粒径数值也不同，很难进行相互比较。实际中多根据应用目的来选择粒径的测定和定义方法。

用显微镜观察粉尘颗粒的投影尺寸时，可用定向径 $d_F$、等分面积径 $d_M$或等圆投影面积径 $d_H$等方式；用筛分法测定时所指的粒径是颗粒能通过的筛孔宽度；几何当量径中还有等体积径、等表面积径、等周长径等，都是以与之相对应的球形粒子的直径为等效关系的表示法。

因为与颗粒在流体中的动力学行为密切相关，所以采用沉降法得到的斯托克斯直径和空气动力学当量直径是除尘技术中应用最多的两种直径。

(1)斯托克斯直径(Stokes) $d_s$。系在同一流体中与颗粒的密度相同、沉降速度相等的圆球的直径。在颗粒雷诺数 $Re_p \leqslant 1$ 时，根据斯托克斯公式[见式(3-17)]，可以得到斯托克斯直径的定义式：

$$d_s = \sqrt{\frac{18\mu u_s}{(\rho_p - \rho)g}} \quad \text{m} \tag{3-1}$$

式中：$\mu$——流体的黏度，Pa·s；

$\rho$——流体的密度，$kg/m^3$；

$\rho_p$——颗粒的真密度，$kg/m^3$；

$u_s$——在重力场中颗粒在该流体中的终末沉降速度，m/s；

$g$——重力加速度，$m/s^2$。

(2)空气动力学当量直径 $d_a$。系在空气中与颗粒的沉降速度相等的单位密度($\rho_p = 1\ g/cm^3$)的圆球的直径。由于 $\rho_p \gg \rho$，当其他物理量单位换为相应的 cm、g、s 制单位时，则有：

$$d_a = \sqrt{\frac{18\mu u_s}{g}} \quad \text{cm} \tag{3-2}$$

因此，可以得到空气动力学粒径 $d_a$ 与斯托克斯粒径 $d_s$（单位均用 μm）两者的关系：

$$d_a = d_s \rho_p^{1/2} \tag{3-3}$$

式中：$\rho_p$ 是颗粒的真密度以 g/cm$^3$ 为单位时的数值。

此外，粒径的测定结果还与颗粒的形状密切相关。通常用球形系数（或圆球度）来表示颗粒形状与圆球形颗粒不一致程度的尺度。球形系数（或圆球度）是指与颗粒体积相等的圆球的表面积和颗粒的表面积之比，用 $\Phi_s$ 表示。对于非球形颗粒，$\Phi_s$ 的值总是小于1。对于正八面体 $\Phi_s = 0.846$，正立方体 $\Phi_s = 0.806$，正四面体 $\Phi_s = 0.670$。

2）颗粒群的平均粒径。粉尘是由粒径不同的颗粒组成的颗粒群。在除尘技术中，为了简明地表示颗粒群的某一物理特性或其与除尘器性能的关系，往往需要采用粉尘的平均粒径。常用的颗粒群平均粒径的计算方法及应用见表3-2。

**表3-2 颗粒群平均粒径的计算方法和应用**

| 名称 | 表达公式 | 物理意义 | 物理、化学现象 |
|---|---|---|---|
| 算术平均径 | $\bar{d}_L = \dfrac{\sum n_i d_i}{\sum n_i}$ | 粉尘直径第 $i$ 个直径 $d_i$ 与其个数 $n_i$ 乘积的总和除以颗粒总个数 | 蒸发、各种尺寸的比较 |
| 平均表面积径 | $\bar{d}_s = \left(\dfrac{\sum n_i d_i^2}{N}\right)^{\frac{1}{2}}$ | 粉尘表面积总和除以粉尘颗粒数，再取其平方根 | 吸收 |
| 体积（或质量）平均径 | $\bar{d}_m = \left(\dfrac{\sum n_i d_i^3}{N}\right)^{\frac{1}{3}} = \left(\dfrac{6}{\rho\pi N}\sum m\right)$ | 各种粒径体积的总和除以颗粒总数开立方或者按颗粒总质量除以真密度和颗粒总数 $N$，再乘以 $6/\pi$（按球体计直径） | 气力输送、燃烧 |
| 线性平均径 | $\bar{d}_i = \dfrac{\sum n_i d_i^2}{\sum n_i d_i}$ | 各种粒级表面积总和除以各粒级总长度 | 吸附 |
| 几何平均径 | $d_g = (d_1 d_2 d_3 \cdots d_n)^{1/N}$ | 指 $n$ 个粉尘粒径乘积的 $N$ 次方根 | |

3）粒径分布。粒径分布是指某种粉尘中不同粒径范围内的颗粒的个数（或质量、表面积等）所占的比例。以颗粒的个数表示所占的比例时，称为个数分布；以颗粒的质量表示时，称为质量分布。除尘技术中多采用粒径的质量分布。表示粒

径分布的方法有如下几种，其中的众径 $d_d$ 和中位径 $d_{50}$ 也属于颗粒群的平均粒径，且是除尘技术中常用的两种平均粒径。

（1）频率分布 $\Delta D$。粒径 $d_p$ 至 $(d_p+\Delta d_p)$ 之间的粉尘质量（或个数）占粉尘试样总质量（或总个数）的百分数 $\Delta D$（%），称为粉尘的频率分布（见图 3-1）。

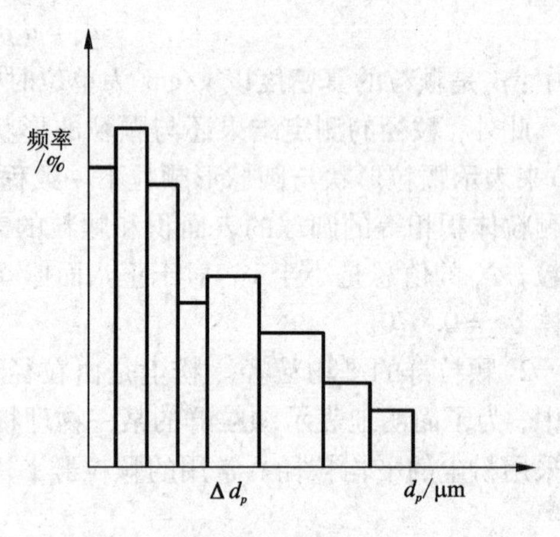


图 3-1　频率分布

（2）频率密度分布 $f$。简称频度分布，是指粉尘中某粒径的颗粒质量（或个数）占其试样总质量（或总个数）的百分数 $f$（%/μm）。

$$f=\Delta D/\Delta d_p \tag{3-4}$$

频度 $f$ 为最大值时对应的粒径 $d_d$，称为众径（见图 3-2）。

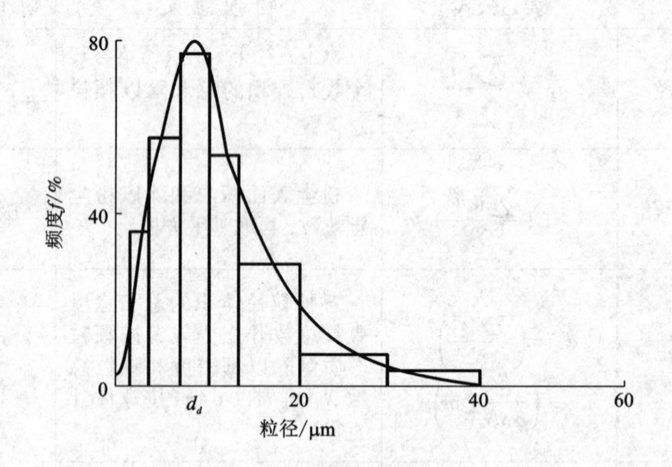


图 3-2　频度 $f$ 和众径 $d_d$

（3）筛上累计分布 $R$。筛上累计分布 $R$ 是指大于某一粒径 $d_p$ 的所有颗粒质量（或个数）占粉尘试样总质量（或总个数）的百分数，即：

$$R=\sum_{d_p}^{d_{p\max}}\left|\frac{\Delta D}{\Delta d_p}\right|\Delta d_p$$

或者：

$$R=\int_{d_p}^{d_{p\max}}f\mathrm{d}d_p=\int_{d_p}^{\infty}f\mathrm{d}d_p \tag{3-5}$$

反之，将小于某一粒径 $d_p$ 的所有颗粒质量（或个数）占粉尘试样总质量（或总个数)的百分比，称为筛下累计分布 $D$，因而有：

$$D = 100 - R \tag{3-6}$$

筛下(或筛上)累计分布与频度分布之间的关系为：

$$f = \frac{\mathrm{d}D}{\mathrm{d}d_p} = -\frac{\mathrm{d}R}{\mathrm{d}d_p} \tag{3-7}$$

由累计频率分布定义可知：

$$D + R = \int_0^{\infty} f \cdot \mathrm{d}d_p = 100 \tag{3-8}$$

即粒径频度分布曲线下面积等于100%。根据前面所述的众径 $d_d$ 的定义，可知众径发生的条件是：

$$\frac{\mathrm{d}f}{\mathrm{d}d_p} = \frac{\mathrm{d}^2 D}{\mathrm{d}d_p^2} = -\frac{\mathrm{d}^2 R}{\mathrm{d}d_p^2} = 0 \tag{3-9}$$

粒径分布的累计频率 $D = R = 50\%$ 时对应的粒径 $d_{50}$ 称为中位径(见图3-3)。

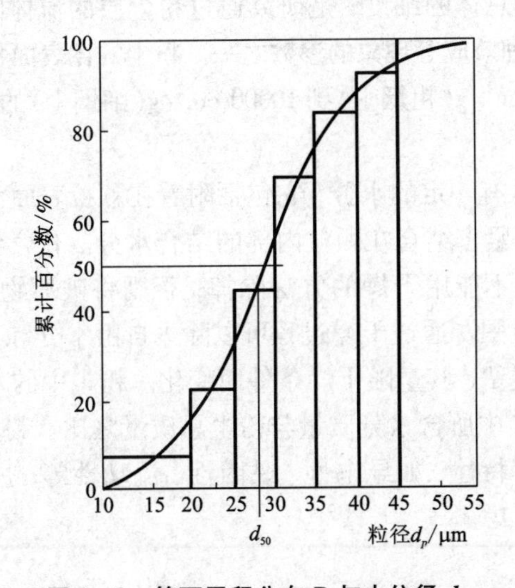


**图3-3　筛下累积分布 $D$ 与中位径 $d_{50}$**

(4)粒径分布函数。采用某种数学函数来描述粒径分布曲线，应用时更方便。大量粉尘粒径分布数据的统计分析结果表明，对数正态分布函数、罗辛-拉姆勒(Rosin-Ramler)函数等适用面较广。对数正态分布适用于描述大气中的气溶胶和各种生产过程排出的粉尘；罗辛-拉姆勒分布，简称 $R-R$ 分布，适用于描述破碎、研磨、筛分等过程产生的分布很广的各种粉尘及雾滴的粒径分布。

**2. 粉尘的密度**

单位体积粉尘的质量称为粉尘的密度，单位为 $kg/m^3$ 或 $g/cm^3$。粉尘的密度包括真密度和堆积密度两种。若所指的粉尘体积不包括粉尘颗粒之间和颗粒内部的空隙体积，而是粉尘自身所占的真实体积，则求得的密度称为粉尘的真密度，并以 $\rho_p$ 表示。呈堆积状态存在的粉尘，其堆积体积包括颗粒之间和颗粒内部的空隙体积，以此求得的密度称为粉尘的堆积密度，并以 $\rho_b$ 表示。可见，对于同一种粉尘，$\rho_p \geqslant \rho_b$。

将粉尘颗粒间和颗粒内部空隙的体积与堆积粉尘的总体积之比称为空隙率 $\varepsilon$，则粉尘的真密度 $\rho_p$ 与堆积密度 $\rho_b$ 之间关系为：

$$\rho_b = (1 - \varepsilon)\rho_p \tag{3-10}$$

粉尘的真密度 $\rho_p$ 用在研究尘粒在气体中的运动、分离和去除等方面，堆积密度主要用于贮仓或灰斗的容积确定等方面。

**3. 粉尘的比表面积**

粉体物料的许多理化性质，往往与其表面积大小有关，细颗粒表现出显著的物理、化学活性。粉尘的比表面积是指单位体积(或质量)粉尘所具有的表面积。比表面积常用来表示粉尘总体的细度，是研究通过粉尘层的流体阻力以及研究化学反应、传质、传热、生理效应等现象的参数之一。粉尘的比表面积值的变化范围很广，大部分烟尘在 1000 $cm^2/g$(粗烟尘)到 10000 $cm^2/g$(细烟尘)的范围内变化。

**4. 粉尘的含水率**

粉尘中一般均含有一定的水分，它包括附着在颗粒表面和包含在凹面及细孔中的自由水分，以及紧密结合在颗粒内部的结合水分。化学结合水，如结晶水等是颗粒的组成部分，不能用干燥的方法除掉，否则将破坏物质本身的分子结构，因而不属于水分的范围。通过干燥过程可以除去自由水分和部分结合水分，其余部分作为平衡水分残留，其量随干燥条件而变化。粉尘中的水分含量一般用含水率 $W$ 表示，是指粉尘中所含水分质量与粉尘总质量之比。粉尘含水率的大小，影响到粉尘的其他物理特性，如导电性、黏附性、流动性等，所有这些在设计除尘装置时都必须加以考虑。

**5. 粉尘的润湿性**

粉尘颗粒与液体接触后能否相互附着或附着难易程度的性质称为粉尘的润湿性。当尘粒与液体接触时，接触面趋于扩大而相互附着的粉尘称为润湿性粉尘；如果接触面趋于缩小而不能附着，则称为非润湿性粉尘。粉尘的润湿性与粉尘的种类、粒径和形状、生成条件、组分、温度、含水率、荷电性等因素有关。通常，粉尘的润湿性随压力的增大而增大，随温度的升高而下降。此外，大颗粒和球形颗粒的润湿性较好。某些细粉尘，特别是粒径小于 1 μm 的粉尘，则很难被水润湿。

粉尘的润湿性可以用液体(通常是水)对试管中粉尘的润湿速度来表征。润湿时间通常取 20 min，根据其润湿高度 $H_{20}$，可按下式计算出湿润速度：

$$v_{20} = \frac{H_{20}}{20} \quad \text{mm/min} \tag{3-11}$$

按润湿速度 $v_{20}$ 作为评定粉尘润湿性的指标，可将粉尘分为4类，见表3－3。粉尘的润湿性是选用湿式除尘器的主要依据。对于润湿性好的亲水性粉尘，可选用湿式除尘器净化；对于润湿性差的疏水性粉尘，则不宜采用湿式除尘器。

**表3－3　粉尘润湿性的分类**

| 粉尘类型 | Ⅰ | Ⅱ | Ⅲ | Ⅳ |
|---|---|---|---|---|
| 润湿性 | 绝对疏水 | 疏水 | 中等亲水 | 强亲水 |
| $v_{20}/(\text{mm}\cdot\text{min}^{-1})$ | <0.5 | 0.5~2.5 | 2.5~8.0 | >8.0 |
| 粉尘举例 | 石蜡、沥青、聚四氯乙烯 | 石墨、煤、硫 | 玻璃微球、石英 | 锅炉飞灰、石灰 |

**6. 粉尘的安息角与滑动角**

粉尘从漏斗连续落到水平面上，自然堆积成一个圆锥体，锥体母线与水平面的夹角称为粉尘的安息角(也叫动安息角或堆积角)。许多粉尘的安息角一般为35°~40°。粉尘的滑动角是指自然堆放在光滑平板上的粉尘，随平板做倾斜运动时，粉尘开始发生滑动时的平板倾斜角，也称静安息角，一般为40°~55°。粉尘的安息角和滑动角是评价粉尘流动特性的一个重要指标。安息角越小，粉尘的流动性越好。粉尘的安息角与滑动角是设计除尘设备灰斗(或粉料仓)的锥度及除尘管道或输灰管路倾斜度的主要依据，与粉尘粒径、形状、含水率、表面光滑程度及粉尘黏性等因素有关。

**7. 粉尘的黏附性**

粉尘附着在固体表面上，或尘粒彼此相互附着的现象称为黏附。附着的强度，即克服附着现象所需要的力称为黏附力。粉尘的黏附是一种常见的实际现象。就气体除尘而言，一些除尘器的捕集机制是依靠施加捕集力后尘粒在捕集表面上的黏附，但在含尘气体管道和净化设备中，又要防止粉尘在壁面上的黏附，以免造成管道和设备的堵塞。粉尘颗粒间的黏附力主要包括分子力、毛细力和静电力，这三种力的综合作用形成粉尘的黏附力。黏附力与粉尘的粒径大小、形状、含水率、表面粗糙程度和荷电量等因素有关。

**8. 粉尘的自燃性和爆炸性**

粉尘的自燃是指粉尘在常温下存放过程中自然发热并积累热量达到粉尘的燃点而引起燃烧的现象。粉尘自燃的原因在于自然发热，且产热速率超过排热速率，使物系热量不断积累所致。影响粉尘自燃的因素，除了决定于粉尘本身的结构和物理化学性质外，还取决于粉尘的存在状态和环境。处于悬浮状态的粉尘的自燃温度要比堆积状态粉体的自燃温度高很多。悬浮粉尘的粒径越小、比表面积越大、浓度越高，越容易自燃。堆积粉体较松散，且环境温度较低、通风良好时，就不易自燃。

有些粉尘分散在空气或其他助燃气体中所形成的粉尘云达到一定浓度时，若遇到能量足够的火源，可发生爆炸，这种性质称为粉尘的爆炸性。引起可燃粉尘爆炸必须具备两个条件：一是可燃粉尘悬浮于空气中达到一定的浓度；二是存在能量足够的火源。能引起爆炸的粉尘浓度称为爆炸浓度。能够引起爆炸的最低含尘浓度称为爆炸下限；最高浓度称为爆炸上限。气体与粉尘混合物的爆炸危险性是以其爆炸下限($g/m^3$)来表示的。爆炸上限的浓度太高，在多数场合都达不到，故实际意义不大。粉尘混合物的爆炸下限不是固定不变的，它与粉尘的分散度、湿度、温度，火源的性质、混合物中可燃气含量与氧含量、惰性粉尘和灰分等因素有关。一般说来，粉尘分散度越高，可燃气体和氧的含量越大，火源强度和原始温度越高，湿度越低，惰性粉尘及灰分越少，爆炸浓度范围也就越大。此外，有些粉尘与水接触后会引起自燃或爆炸，如镁粉、碳化钙粉等；有些粉尘相互接触或混合后也会引起爆炸，如溴与磷、锌粉与镁粉等。

**9. 粉尘的荷电性与导电性**

天然粉尘和工业粉尘多数都带有一定的电荷(正电荷或负电荷)。使粉尘荷电的因素很多，如电离辐射、高压放电或高温产生的离子或电子被尘粒捕获，固体颗粒相互碰撞或它们与壁面发生摩擦产生静电等。粉尘荷电后，将改变其某些物理性质，如凝聚性、附着性及其在气体中的稳定性等，对人体的危害也将增强。粉尘的荷电量随温度升高、比表面积增大及含水率减小而增大，此外还与其化学成分有关。

粉尘的导电性通常用比电阻$\rho_d$来表示：

$$\rho_d = V/(J \cdot \delta) \tag{3-12}$$

式中：$\rho_d$——比电阻，$\Omega \cdot cm$；

$V$——通过粉尘层的电压，V；

$J$——通过粉尘层的电流密度，$A/cm^2$；

$\delta$——粉尘层的厚度，cm。

粉尘的导电机制有两种，取决于粉尘、气体的温度和组成成分。在高温(一般在200℃以上)范围内，粉尘层的导电主要靠粉尘本体内部的电子或离子进行，这种本体导电占优势的粉尘比电阻称为体积比电阻。在低温(一般在100℃以下)范围内，粉尘的导电主要依靠尘粒表面吸附的水分或其他化学物质中的离子进行，这种表面导电占优势的粉尘比电阻称为表面比电阻。在中间温度范围内，两种导电机制均起作用，粉尘比电阻是体积、表面比电阻的合成。粉尘比电阻对电除尘器的运行有很大影响，最适宜于电除尘器运行并获得较高除尘效率的粉尘比电阻范围为$10^4 \sim 10^{10}\ \Omega \cdot cm$。粉尘比电阻过大或过小，均不利于电除尘操作，此时需采取措施进行调节。

### 3.2.2　颗粒捕集的理论基础

除尘过程的机理是，将含尘气体引入具有一种或几种力作用的除尘器，使颗粒相对其运载气流产生一定的位移，并从气流中分离出来，最后沉降到捕集器表面上。

颗粒的粒径大小、种类不同，所受作用力不同时，颗粒的动力学行为亦不同。颗粒捕集过程所要考虑的作用力包括流体阻力、外力和颗粒间的相互作用力。作用在运动颗粒上的流体阻力，对所有捕集过程来说，都是最基本的作用力；外力一般包括重力、离心力、惯性力、静电力、磁力、热力、泳力等；颗粒之间的相互作用力，在颗粒浓度不很高时可以忽略。这里简要介绍流体阻力，并以外力是重力时的情况为例简单介绍颗粒的沉降规律。颗粒在离心力、静电力等外力场中的沉降规律与重力场中的基本分析思路一致。

**1. 流体阻力**

在不可压缩的连续流体中，运动的颗粒必然受到流体阻力的作用。这种阻力由两种现象引起：一是由于颗粒具有一定的形状，运动时必须排开其周围的流体，导致其前面的压力较后面的大，产生了所谓形状阻力；二是颗粒与其周围流体之间存在着摩擦，导致了所谓摩擦阻力。通常把两种阻力同时考虑，称为流体阻力。阻力的大小决定于颗粒的形状、粒径、表面特性、运动速度及流体的种类和性质。阻力的方向总是和速度向量方向相反，其大小可按下式计算：

$$F_D = C_D A_p \frac{\rho u^2}{2} \quad \mathrm{N} \tag{3-13}$$

式中：$C_D$——由实验确定的阻力系数(无因次)；

$A_p$——颗粒在其运动方向上的投影面积，$m^2$，对球形颗粒，$A_p = \frac{1}{4}\pi d_p^2$；

$\rho$——流体的密度，$kg/m^3$；

$u$——颗粒对流体的相对运动速度，m/s。

根据相似理论，阻力系数$C_D$是颗粒雷诺数$Re_p$的函数，即$C_D = f(Re_p)$，其中$Re_p = d_p \rho u/\mu$，$d_p$为颗粒的定性尺寸(m)，对球形颗粒为其直径，$\mu$为流体的黏度(Pa·s)。颗粒在流体中运动时，有三种不同的状态：层流、湍流过渡区、湍流。不同状态下，$C_D$与$Re_p$的关系表达式不同。当颗粒运动处于层流状态($Re_p \leqslant 1$)时，$C_D$与$Re_p$近似呈直线关系，$C_D = 24/Re_p$。对于球形颗粒，将$C_D = 24/Re_p$代入式(3-13)可进一步得到：

$$F_D = 3\pi\mu d_p u \quad \mathrm{N} \tag{3-14}$$

该式即是著名的斯托克斯(Stokes)阻力定律。通常把 $Re_p \leqslant 1$ 的层流区域称为斯托克斯区域。

当颗粒运动处于湍流过渡区($1 < Re_p < 500$)时，$C_D$与 $Re_p$呈曲线关系，$C_D$的计算式有多种，如伯德(Bird)公式 $C_D = 18.5/Re_p^{0.6}$；当颗粒运动处于湍流状态($500 < Re_p < 2 \times 10^5$)时，$C_D$几乎不随 $Re_p$变化，近似取 $C_D \approx 0.44$。

当颗粒粒径小到接近气体分子平均自由程时，颗粒开始脱离与气体分子接触，颗粒运动发生所谓“滑动”。这时相对颗粒来说，气体不再具有连续流体介质的特性，流体阻力将减小。坎宁汉(Cunningham)提出了对这一影响的修正。对于空气中运动的颗粒，只有当粒径约为 1 μm 或更小时，这种修正才有意义。此时，式(3-14)变为：

$$F_D = 3\pi\mu d_p u/C \quad \text{N} \tag{3-15}$$

式中，$C$ 为坎宁汉修正系数，与气体的温度、压力和颗粒大小有关，计算公式有多种。作为粗略估计，在 293 K 和 101325 Pa 下，$C = 1 + 0.165/d_p$，其中 $d_p$用 μm 作单位。

**2. 粉尘颗粒的重力沉降**

在静止流体中的单个球形颗粒，在重力作用下沉降时，所受到的作用力有重力 $F_G$、流体浮力 $F_B$和流体阻力 $F_D$，三力平衡关系式为：

$$F_D = F_G - F_B = \frac{\pi d_p^3}{6}(\rho_p - \rho)g \tag{3-16}$$

对于斯托克斯区域的球形颗粒，将式(3-14)代入式(3-16)，得到颗粒的重力沉降末端速度：

$$u_s = \frac{d_p^2(\rho_p - \rho)g}{18\mu} \quad \text{m/s} \tag{3-17}$$

当流体介质是气体时，$\rho_p \gg \rho$，则沉降速度公式可简化为：

$$u_s = \frac{d_p^2 \rho_p g}{18\mu} \quad \text{m/s} \tag{3-18}$$

对于坎宁汉滑动区域的小颗粒，应修正为：

$$u_s = \frac{d_p^2 \rho_p g C}{18\mu} \quad \text{m/s} \tag{3-19}$$

同理，对于湍流过渡区和湍流区的颗粒，代入相应阻力系数 $C_D$计算式，可得到对应的重力沉降末端速度 $u_s$的表达式。斯托克斯公式(3-14)或(3-19)的应用范围是 $Re_p < 1$，但在实际工程中，当 $Re_p \leqslant 2$ 时，斯托克斯公式仍可近似采用。此外，研究表明对于粒径小于 60 μm 的尘粒，即使密度很大，一般也不超出层流范围，而气体除尘的主要对象是粒径小于 60 μm 的粉尘，所以气体除尘时一般都可用斯托克斯公式计算沉降速度。

### 3.2.3 净化装置的性能

评价净化装置性能的指标，包括技术指标和经济指标两方面。技术指标主要有处理气体流量、净化效率和压力损失等；经济指标主要有设备费、运行费和占地面积等。工程实践中，应同时考虑净化装置的技术和经济两方面的性能指标，综合评定后再进行选择。

### 3.2.4 除尘装置

从气体中去除或捕集固态或液体微粒的设备称为除尘装置或除尘器。根据主要除尘机理，目前常用的除尘器可分为机械除尘器、袋式除尘器、电除尘器和湿式除尘器等。

**1. 机械除尘器**

机械除尘器是指利用质量力（如重力、惯性力和离心力等）的作用使颗粒物与气流分离的装置，包括重力沉降室、惯性除尘器和旋风除尘器等。

1）重力沉降室。重力沉降室是利用重力作用使尘粒从气流中沉降分离的除尘装置。常见的重力沉降室有单层和多层两种结构，如图3－4所示。含尘气流通过横断面较大的沉降室时，流速大大降低，使较重颗粒在重力作用下缓慢向灰斗沉降。多层沉降室可显著降低尘粒的沉降高度，提高沉降室的去除效率，但考虑到清灰较难，实际隔板数一般不多于3块。

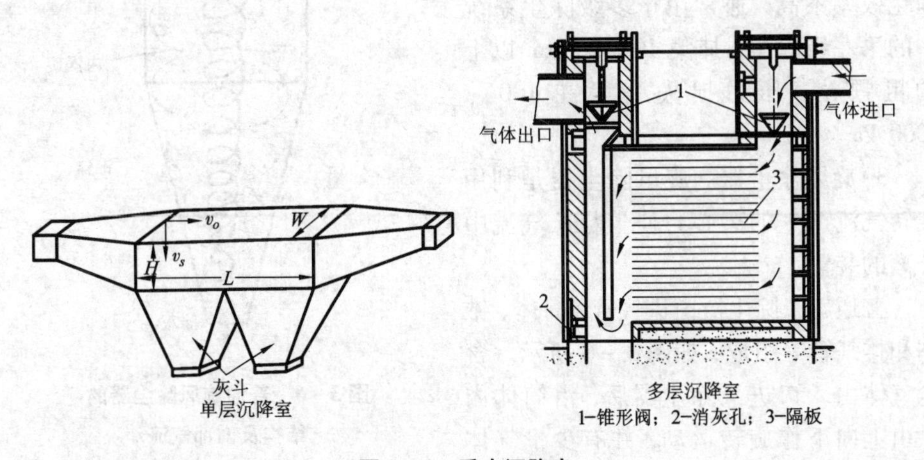


图3－4　重力沉降室

重力沉降室具有结构简单、投资省、维护管理容易及压力损失小（一般为50～130 Pa）等优点，但其占地面积大、除尘效率低，只适宜于捕集粒径在50 μm以上的密度大、颗粒粗的粉尘，特别是磨损性很强的粉尘。常作为高效除尘的预除尘装置。

2) 惯性除尘器。惯性除尘器是使含尘气流冲击在挡板上，气流方向发生急剧转变，借助尘粒本身的惯性力作用使其与气流分离的一种除尘装置。惯性除尘器的结构形式较多，主要包括冲击式和反转式两大类，如图3－5所示。冲击式是指气流中粒子冲击挡板从而捕集较粗颗粒；反转式是指通过改变气流流向而捕集相对较细尘粒。

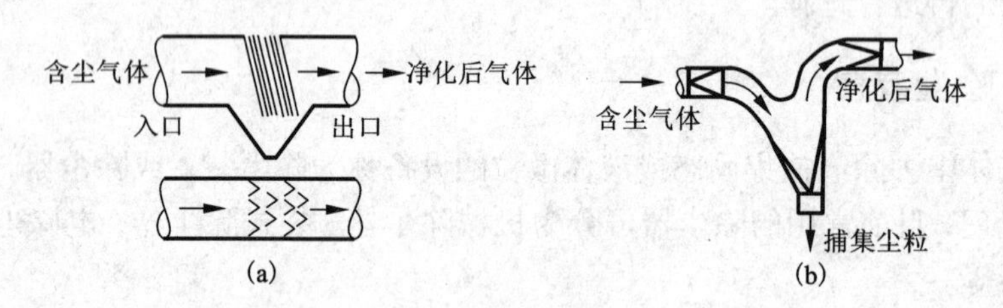


**图3－5 惯性除尘器**

(a)冲击式；(b)反转式

对于惯性除尘器，气流速度越高，气流方向转变角度越大，转变次数越多，净化效率越高，但压力损失也越大。惯性除尘器一般用于去除密度和粒径较大的金属或矿物性粉尘。由于该类型除尘器净化效率不高，通常用于多级除尘系统中的第一级除尘，捕集10～20 μm以上的粗颗粒，压力损失一般在100～1000 Pa。

3) 旋风除尘器。旋风除尘器是利用旋转气流产生的离心力使尘粒从气流中分离的装置。

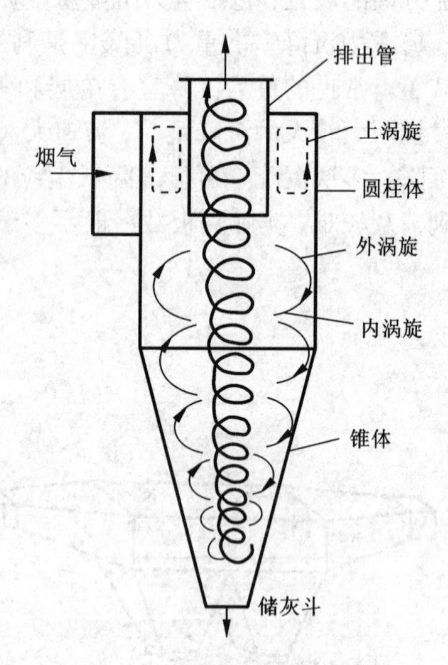


**图3－6 普通旋风除尘器的结构及内部气流**

普通旋风除尘器由进气管、筒体、锥体和排气管等组成，如图3－6所示。含尘气体由入口进入除尘器后，沿筒体内壁由上向下作旋转运动，并有少量气体沿径向运动到中心区域。向下旋转的气流大部分到达锥体顶部附近时折转向上，沿轴心旋转上升，最后由排气管排出。一般将旋转向下的外圈气流称为外旋流，将旋转向上的内圈气流称为内旋流，两者旋转方向相同，在整个流场中起主导作用。把外旋流变为内旋流的锥顶附近区域称为回流区。内、外旋流气流作旋转运动时，尘粒在离心力作用下，逐渐向外壁移动。到达外壁的尘粒，在外旋流的推力和重力的共同作用下，沿器壁落至灰斗中，实现了与气流的分离。

此外，当气流从除尘器顶部向下高速旋转时，顶部压力下降，致使一部分气流带着微细尘粒沿筒体内壁旋转向上，到达顶盖后再沿排气管外壁旋转向下，最后汇入排气管排走。通常将这股旋转气流称为上旋流。

旋风除尘器内气流和粒子运动状态非常复杂，影响因素很多，准确测定较困难，至今在理论研究方面仍不够完善。但作为一种中效除尘装置，旋风除尘器结构简单，制造、安装和维护管理方便，投资少，体形和占地面积小，因此广泛应用于各种工业部门中。单个旋风除尘器处理风量有一定的局限，当处理风量较大时，可考虑采用多个旋风除尘器并联，即多管式旋风除尘器，此时气流均匀分布是保证其除尘效率的关键。

**2. 袋式除尘器**

袋式除尘器属于过滤式除尘器。过滤式除尘器是使含尘气流通过过滤材料将粉尘分离捕集的装置，主要包括空气过滤器、颗粒层除尘器和袋式除尘器3大类。空气过滤器采用滤纸或玻璃纤维等填充层作为滤料，主要用于通风和空气调节方面的气体净化；颗粒层过滤器以砂、砾、焦炭等廉价颗粒物作为滤料，在高温烟气除尘方面应用较多；袋式除尘器采用纤维织物作滤料，属于表面过滤，在工业尾气除尘方面应用较广。

图3－7所示是一种简单的机械振动袋式除尘器。含尘气流从下部进入圆筒形滤袋，在通过滤料的孔隙时，粉尘被捕集于滤料上，通过滤料的清洁气体由排出口排出。沉积在滤料上的粉尘，在机械振动的作用下从滤料表面脱落，进入下部灰斗。常用滤料由棉、毛、人造纤维等加工而成，滤料本身网孔较大，一般为20～50 μm，表面起绒的滤料为5～10 μm，因此新鲜滤料的除尘效率较低，只有当颗粒逐渐在滤袋表面形成粉尘初层后，除尘效率才会迅速提高。因此，粉尘初层成为主要过滤层，滤袋仅起着形成粉尘初层和支撑它的骨架作用。

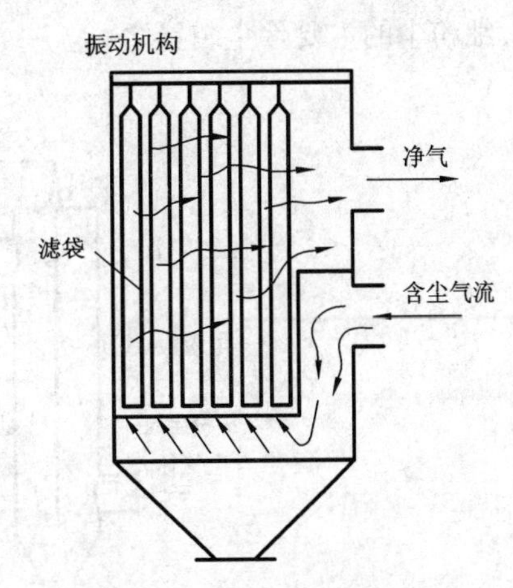

**图3－7　机械振动袋式除尘器**

袋式除尘器的滤尘机制包括截留、惯性碰撞、筛滤、扩散效应、静电效应和重力沉降等。影响袋式除尘器除尘效率的主要因素包括滤布的积尘状态、滤料的结构及过滤速度。过滤速度是表征袋式除尘器处理气体能力的重要技术经济指标，它的选择应综合考虑经济性和除尘效率要求等多方面的因素。通常，过滤速度取值偏低，这样虽然一次性投资大，但运行费用小，除尘器使用寿命长，保证了除尘效率。

袋式除尘器种类较多，按滤袋形状，可分为圆筒形和扁形；按进气方式，可分为上进气和下进气；按含尘气流进入滤袋的方向，可分为内过滤和外过滤；按清灰方式，可分为简易清灰、机械振动清灰和气流清灰，气流清灰又可分为逆气流清灰和脉冲喷吹清灰两类。

袋式除尘器的除尘效率一般可达99%以上，正常工作的袋式除尘器的压力损失应控制在1500~2000 Pa。虽然它是最古老的除尘方法之一，但由于它效率高、性能稳定可靠、操作简单，因而获得越来越广泛的应用。目前，袋式除尘器在结构型式、滤料、清灰方式和运行方式等方面仍在不断发展中，显示出较大的生命力。

**3. 电除尘器**

电除尘器是利用高压电场产生的静电力，将粉尘从含尘气流中分离出来的一种除尘设备。与其他除尘方法的根本区别是，其分离力(主要是静电力)直接作用在尘粒上，而不是整个气流上，因此分离尘粒时能耗较低、气流阻力小。由于作用在尘粒上的静电力相对较大，所以电除尘器对微小粒子也能进行有效捕集，是收集微细粉尘的主要除尘装置之一。

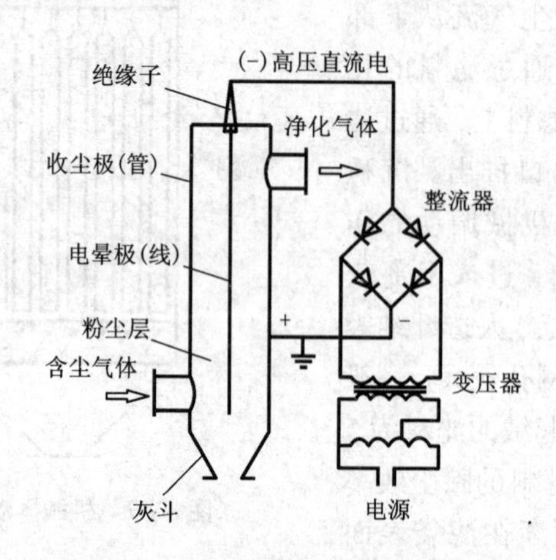


**图3-8　电除尘器的基本原理示意图**

工程实践中应用的电除尘器种类繁多，但都基于相同的工作原理。电除尘器的工作原理主要涉及四个基本过程：气体的电离与电晕的产生，粉尘粒子荷电，荷电粒子在电场中的运动和捕集，被捕集粉尘的清除。如图3－8所示，产生电晕的电极称为电晕极或放电极，供尘粒沉积的电极称为集尘极或收尘极，工业生产中的电除尘器常采用负电晕(电晕极与高压电源的负极相连接)运行。电除尘器由除尘器本体和供电装置组成。除尘器本体是实现气体净化的场所，包括电晕极系统、集尘极系统、烟箱系统、壳体系统、储卸灰系统等。供电装置包括将交流低压变换为直流高压的电源和控制部分，以及低压控制装置，如电极清灰振打、灰斗卸灰、绝缘子加热、安全连锁等。

电除尘器种类较多，根据集尘极的不同，可分为管式和板式电除尘器；根据沉降尘粒的清除方式，可分为干式和湿式电除尘器；根据含尘气体进入除尘器方向的不同，可分为立式和卧式电除尘器；根据粒子荷电和分离的空间布置不同，还可将板式电除尘器分为单区和双区电除尘器。

电除尘器具有压力损失小(一般为200～500 Pa)、处理烟气量大(可达$10^5$～$10^6$ $m^3/h$甚至更高)、能耗低(0.2～0.4 $kWh/km^3$)、对微细粉尘的捕集效率高(可高于99%)、能在高温或强腐蚀性气体下操作等优点。但是，电除尘器设备庞大，耗钢多，一次性投资较高，占地面积大，对尘粒的导电性有一定要求，另外对制造、安装和管理的技术水平要求也较高。

**4. 湿式除尘器**

湿式除尘器主要是利用液体(通常为水)与含尘气流接触，借助于惯性碰撞、拦截、扩散等作用将尘粒与气体分离的装置。在工程上使用的湿式除尘器型式很多，总体上可分为低能和高能两类。低能湿式除尘器的压力损失为200～1500 Pa，包括喷淋塔、水浴除尘器、旋风水膜除尘器、泡沫除尘器和冲击水浴式除尘器等，耗水量(液气比)为0.5～3.0 $L/m^3$，对10 μm以上的颗粒的净化效率可达90%～95%；高能湿式除尘器的压力损失为2500～9000 Pa，净化效率可达99.5%以上，如文丘里洗涤器等。

湿式除尘器具有结构简单、造价低、占地面积少、操作及维修方便、净化效率高等优点，能够处理高温、高湿的烟气以及黏性大的粉尘，可以将粒径0.1～20 μm的粒子有效地从气流中去除，同时还能脱除部分气态污染物。然而，湿式除尘器也存在很多缺点：其排出的污水和泥浆可能造成二次污染，需要进行再处理；当净化有腐蚀性的气体时，除尘系统和污水处理设施要防腐处理；耗水量较大，水源不足的地方使用比较困难；湿式除尘过程不利于副产品的回收。此外，如果设备安装在室外，还必须考虑在冬天设备可能结冻等问题。

### 3.2.5　除尘器的选择

选择除尘器时必须综合考虑各种因素，如除尘效率、压力损失、基建投资、运行费用、维护管理等。以下问题要特别引起注意：

1）选用的除尘器必须满足排放要求。

2）气体含尘浓度。含尘浓度高时，在电除尘器或袋式除尘器前应设置低阻力的预除尘装置，降低含尘浓度，以便后面高效除尘器更好地发挥作用。通常，对于文丘里、喷淋塔等湿式除尘器，含尘浓度不宜高于10 $g/m^3$，以免过度磨损或造成喷嘴堵塞；对于袋式除尘器，含尘浓度在0.2～10 $g/m^3$较为合适；电除尘器希望含尘浓度在30 $g/m^3$以下。

3）粉尘颗粒的物理特性对除尘器性能有较大影响。黏性大的粉尘容易黏结在除尘器表面，不宜采用干法除尘；比电阻过大或过小的粉尘，不宜采用电除尘；纤维性、憎水性或水硬性粉尘不宜采用湿法除尘。

4）收集粉尘的处理。如果粉尘本身为生产原料或有回收利用价值，一般应考虑干法收尘。若粉尘不具回收利用价值，且工厂已设有泥浆废水处理系统，则可考虑采用湿法除尘。

5）烟气温度及成分。对于高温、高湿气体不宜采用袋式除尘器。如果含尘烟气中同时含有 $SO_2$、NO 等气态污染物，可以考虑采用湿式除尘器，但应重视腐蚀问题。

6）其他因素。除尘器的选择还必须考虑设备的位置、可利用的空间、环境条件等因素，以及设备的投资费用和操作、维修费用等因素。表3－4给出了常见除尘设备投资费用和运行费用的比较，表3－5列出了常见除尘设备的综合性能，可供设计选用除尘器时参考。

**表3－4　常见除尘设备的投资费用和运行费用比较**

| 除尘设备 | 投资费用/万元 | 运行费用/万元 |
|---|---|---|
| 高效旋风除尘器 | 100 | 100 |
| 塔式洗涤器 | 270 | 260 |
| 文丘里除尘器 | 220 | 500 |
| 电除尘器 | 450 | 150 |
| 袋式除尘器 | 250 | 250 |

表3-5　常见除尘设备的综合性能

| 除尘设备 | 适用粒径/μm | 效率/% | 压力损失/kPa | 设备费用 | 运行费用 |
|---|---|---|---|---|---|
| 重力沉降室 | >50 | <50 | 0.05~0.13 | 低 | 低 |
| 惯性除尘器 | 20~50 | 50~70 | 0.3~0.8 | 低 | 低 |
| 旋风除尘器 | 5~30 | 60~70 | 0.8~1.5 | 低 | 中 |
| 旋风水膜除尘器 | >5 | 95~98 | 0.8~1.2 | 中 | 中 |
| 冲击式除尘器 | >5 | 95 | 1.0~1.6 | 中 | 中上 |
| 文丘里除尘器 | 0.5~1 | 90~98 | 4~9 | 低 | 高 |
| 电除尘器 | 0.5~1 | 90~98 | 0.2~0.5 | 高 | 中 |
| 袋式除尘器 | 0.5~1 | 95~99 | 1.0~1.5 | 中上 | 高 |

## 3.3　气态污染物净化技术

### 3.3.1　气态污染物净化方法

**1. 吸收法**

吸收是利用液体吸收剂将混合气体中的一种或几种组分(吸收质)有选择性地吸收分离出来的过程。它是利用混合气体中不同组分在吸收剂中溶解度的不同，或者利用与吸收剂发生选择性化学反应来达到分离的目的。在吸收过程中，物质从气相到液相或从液相到气相发生传质过程。

含 $SO_2$、$H_2S$、$NO_x$、HF 等污染物的工业废气都可以利用吸收法加以处理。根据吸收过程是否发生化学反应，可分为物理吸收和化学吸收两大类。物理吸收较为简单，可看成是单纯的物理溶解过程，吸收剂一般为水，吸收限度取决于气体在液体中的平衡浓度，吸收速率主要取决于污染物从气相转入液相的扩散速度；化学吸收过程中，组分与吸收剂发生化学反应，吸收限度同时取决于气液平衡和液相反应的平衡条件，吸收速率同时取决于扩散速度和反应速度，常用吸收剂有碱性吸收液、酸性吸收液、氧化吸收液、还原吸收液和有机溶剂等。

在大气污染控制工程中，需要净化的废气往往流量大、污染物组分浓度低、成分复杂，单纯用物理吸收法难以达到排放标准要求，而化学反应可增大吸收传质系数和推动力，加大吸收速率，因而通常多采用化学吸收法。

吸收操作多采用塔式设备实现气、液传质。吸收塔主要为填料塔、板式塔两类。根据气液两相的流动方向，可分为逆流操作和并流操作两类。工业生产中多采用逆流操作。

**2. 吸附法**

利用多孔性固体表面存在的分子引力或化学键力把气体混合物中的某一或某些组分吸留在固体表面并浓集保持于其上，这种分离气体混合物的过程称为气体吸附。吸附质被吸附到多孔固体表面的过程称之为吸附；固体表面吸附了吸附质后，部分被吸附的吸附质从吸附剂表面脱离，逃逸到另一相中的过程叫解吸或脱附。

根据吸附作用力的性质不同，可将吸附分为物理吸附和化学吸附。物理吸附，又称为范德华力吸附，吸附作用力主要是吸附剂与吸附质之间的分子间相互吸引力，吸附质与吸附剂之间不发生化学反应，二者之间吸附力不强，其吸附过程是可逆的；化学吸附是由吸附质分子与吸附剂表面的分子发生化学反应而引起的一种吸附，又称为活性吸附，它涉及分子中化学键的破坏与重新结合，化学吸附较稳定，一般不可逆，被吸附的气体不易脱附。

通常，吸附过程既有物理吸附又有化学吸附，物理吸附常发生在化学吸附之前。低温时物理吸附占主导地位，高温时化学吸附占主导地位，这是因为吸附剂必须具备足够高的活化能，才能发生化学吸附。

影响吸附过程的因素较多，如操作条件、吸附剂和吸附质性质、吸附设备结构型式等。常用的吸附剂有活性炭、分子筛、硅胶等，其中活性炭在工程实践中应用较多。

吸附法对低浓度气体的净化能力很强，并且可以回收有用物质并使吸附剂得以再生，属于干法工艺。与湿法净化工艺相比，干法工艺具有流程较短、净化效率高、无腐蚀性、无二次污染等优点，所以在废气治理工程中应用较广泛，如吸附法净化 $SO_2$、含氮氧化物尾气、含氟废气、有机蒸气及其他有毒、有害气体等。

**3. 催化转化法**

催化转化法主要是利用催化剂的催化作用，使废气中的污染物质转化为非污染物质或比较容易与载气分离的物质。将污染物质转化成非污染物质直接完成了对污染物的净化，这种催化转化与吸收、吸附等净化方法的根本不同之处在于无需使污染物与主气流分离而把它直接转化为无害物，既避免了其他方法可能产生的二次污染，又使操作过程得到简化。因此，用催化转化法净化气态污染物已成为目前控制气态污染物的一种重要方法。将污染物转化成比较容易与载气分离的物质，也可以实现对气态污染物的净化，但必须辅之以诸如吸收、吸附等其他操作工序，需要多步组合，不仅工艺复杂、运行费较高，而且操作管理也比较麻烦，在实际使用中相对较少。

催化剂是催化转化反应的关键，也是影响催化反应器性能的关键因素。工业催化剂通常是由多种物质组成的复杂体系，也有的只是一种物质。一般情况下为固体催化剂，其组成可以分为主活性物质、助催化剂和载体三部分，有的还加入成型剂和造孔物质，以制成所需要的形状和孔结构。

**4. 冷凝法**

冷凝法是利用气态污染物在不同温度及压力下具有不同饱和蒸气压，通过降低温度或加大压力，使某些污染物凝结出来，以达到净化或回收目的的方法。该法多用于有机废气的回收，特别适合于高浓度有机蒸气废气，如焦化厂回收沥青蒸气，氯碱生产中回收汞蒸气等均采用冷凝法。该法不适宜处理低浓度废气，可作为吸附等净化高浓度废气的前处理，以便减轻处理负荷。

两种最通用的冷凝方法是接触冷凝和表面冷凝。接触冷凝又称直接冷却，是用冷却介质(常采用冷水)与被冷却的废气直接接触进行热交换，使蒸气态的污染物凝结出来的方法。该法冷却效果好，设备简单，但要求废气中的组分不与冷却介质发生化学反应，也不能互溶，否则难以分离回收。为防止二次污染，冷凝液要进一步处理。常用的接触冷凝器有喷射式、喷雾式、填料式和塔板式，几乎所有吸收设备都可用作直接冷凝器。

表面冷凝又称间接冷却，废气与冷却液通过器壁分开，依靠器壁传递热量，因而被冷凝的液体很纯，可直接回收利用。该法设备相对复杂，冷却介质用量较大，要求被冷却污染物中不含有微粒物或黏性物，以免在器壁上沉积而影响换热。常用的表面冷凝设备有列管式、翅管空冷式、淋洒式及螺旋板式等。常用冷却介质有空气、水等。

**5. 燃烧法**

燃烧净化是利用某些废气中污染物可燃烧氧化的特性，将其燃烧变成无害或易于进一步处理和回收的物质，同时可回收热量的方法。燃烧净化时发生的化学作用主要是燃烧氧化作用和高温下的热分解。

燃烧净化方法主要有直接燃烧、热力燃烧和催化燃烧三种。直接燃烧是把浓度高于爆炸下限的可燃废气作为燃料，在一般的炉、窑中直接燃烧并回收热能的方法。当废气中可燃物浓度较高，燃烧产生的热量足以维持燃烧过程连续进行时，可采用直接燃烧。热力燃烧是指当废气中可燃物含量较低时，把其作为助燃气或燃烧对象，依靠辅助燃料产生的热量将废气温度提高，从而在燃烧室中使废气中可燃有害组分氧化分解达到净化目的的方法。

可燃污染物燃烧产生的热能应尽量回收利用，其热能回收利用有如下几个途径：

1)预热废气。利用出炉的高温净化气预热待燃烧的冷废气以提高废气温度，节约辅助燃料。

2)热净化气再循环。将热净化气先用于预热待燃烧的冷废气，随后全部或部分再循环至烘烤、干燥炉作为热介质使用，进一步回收热能，经济效果十分明显。

3)废热利用。将热净化气直接用于蒸馏塔的再沸器、废热锅炉，用来生产蒸汽或其他需热的地方。

燃烧法处理含可燃物的废气时，应注意：将废气中可燃物含量控制在爆炸下限的25%以下(直接燃烧法除外)；在可能爆炸的容器上设置防爆膜；设阻火器，以防回火。

**6. 生物法**

生物净化是指利用微生物的生物化学作用使废气中的气态污染物分解，转化成少害甚至无害物质的一种废气处理方法。微生物分解有机物时，将一部分分解物同化合成为新细胞，而另一部分则产生能量以供其生长、运动和繁殖，最后转化成无害或少害物质。

根据微生物需氧还是厌氧，生物净化可分为需氧生物氧化和厌氧生物氧化两大类。利用微生物净化废气中的有机物时，微生物生长所需的环境条件(如营养物供应、溶解氧量、温度、pH、有毒物浓度等)的改变将影响净化效率，应根据微生物种类来选择适宜的操作条件。

生物净化废气有两种方式，一种是把污染物从气相转移到水中，然后再进行废水的微生物处理，称为生物吸收法；另一种是直接用附着在固体过滤材料表面的微生物来完成，称为生物过滤法。生物过滤装置常用于含有臭味的废气的降解，其适用条件为：废气中所含污染物必须能被过滤材料所吸附，并被微生物所降解，且生物转化产物不妨碍主要转化过程。

废气的生物净化法与其他处理方法相比，具有处理效果好、设备简单、运行费用低、安全可靠、无二次污染等优点，但不能回收利用气态污染物。现阶段主要用于净化挥发性有机气体(VOC)，特别是除臭。

**7. 膜分离法**

膜分离法是使含有气态污染物的废气在一定压力梯度下透过特定薄膜，利用不同气体组分具有不同的透过速度而使其分离的方法。

不同结构的膜，分离的气态污染物不同。根据构成膜物质的不同，气体分离膜主要有固体膜和液体膜两种。液膜技术是近二十年发展起来的，它可以分离废气中的$SO_2$、$NO_x$、$H_2S$及$CO_2$等。当前，一些工业部门中应用的主要是固体膜。固体膜种类较多，按膜孔隙率的大小可分为多孔膜和非多孔膜，多孔膜的孔径一般在0.50~3 μm，如烧结玻璃及多孔醋酸纤维素膜等，非多孔膜实际上也有小孔，只是孔径很小，如离子导电性固体、均质醋酸纤维、硅氧烷橡胶、聚碳酸酯等；按膜的结构可分为均质膜与复合膜，复合膜一般是由非多孔质体与多孔质体组成的多层复合体；按膜的形状可分为平板式、管式、中空纤维式以及螺旋式等；按膜的制作材料，还可分为无机膜和高分子膜。

**8. 电子束照射法**

电子束照射法是20世纪80年代末90年代初发展起来的同时脱硫脱氮的烟气净化方法。脱硫、脱氮整个反应大致可分为三个过程进行，这三个过程在反应器内相互重叠，相互影响。

1)用高速电子束照射，反应器内具有很高能量的电子与废气中的主要成分$N_2$、$O_2$、$H_2O$分子发生碰撞反应，生成了氧化能力很强的OH/O和$HO_2$自由基。

2)生成的氧化活性物质将$SO_x$和$NO_x$氧化成雾状硫酸和硝酸分子。

3)生成的硫酸和硝酸分子与掺入废气中的氨发生中和反应生成微粒状硫酸铵和硝酸铵，这些微粒从反应器进入收尘装置而被捕集回收。

## 3.3.2　低浓度二氧化硫烟气脱硫

工业生产排放的废气中，$SO_2$的浓度视具体工艺、燃料种类等因素而定。通常，当工业生产排放的废气中$SO_2$浓度超过2%或更高时，对其进行回收生产硫酸具有较好的经济效益。当废气中$SO_2$浓度低于2%或更低时，称为低浓度$SO_2$烟气，主要进行脱硫净化处理，并根据生成物是否回收，可分为抛弃法和回收法。

目前，烟气脱硫净化方法有一百多种，工业应用的有十余种，可概分为干法脱硫和湿法脱硫两大类。

**1. 干法脱硫**

干法脱硫采用粉状或粒状脱硫剂，或脱硫后的产物为干态，如烟气循环流化床法、旋转喷雾干燥法、荷电干式喷射法、固相吸附再生法、催化法、等离子体烟气脱硫技术等。干法脱硫后，烟气温度降低少，从烟囱排出后易于扩散，无洗涤废水。

**2. 湿法脱硫**

湿法脱硫采用液体脱硫剂洗涤烟气以除去$SO_2$，在工业实践中应用较多，如氨法、石灰法、钠碱法、双碱法、镁法及碱式硫酸铝法等均有工业应用。湿法脱硫效率高，技术相对成熟，易于操作控制，但洗涤废水需要处理，且烟气净化后温度降低较多，不利于烟囱排放后的扩散稀释。

1)氨法。氨法主要是用氨水为吸收剂来吸收废气中的$SO_2$，这是一种较为成熟的方法。氨与其他吸收剂相比，具有易得、价廉的特点，同时吸收液中的$NH_4^+$是氮肥的主要原料，经适当处理就可制得氮肥，因而氨法应用广泛。根据具体工艺，可分为直接吸收法和喷雾吸收法。喷雾吸收法又称半干式氨法，将约10%浓度氨水脱硫剂进行加压雾化后，与烟气中的有害气体发生快速的硫氨反应，生成硫酸铵晶体。半干式氨法主要由脱硫反应器、静电捕收器、供氨系统等装置组成。直接吸收法，按吸收液的再生方法可分为氨－酸法、氨－亚硫酸铵法等。氨－酸法是将吸收$SO_2$后的吸收液用酸分解，可副产$SO_2$气体和氮肥；氨－亚硫

酸铵法是将吸收 $SO_2$后的吸收液直接加工为亚硫酸铵产品。

2）石灰法。石灰法是采用石灰石、石灰或白云石等作为脱硫剂脱除废气中的 $SO_2$。由于石灰石料源广泛，价格低廉，到目前为止，在各种脱硫方法中以石灰石法的运行费用最低，应用也最为普遍。石灰石法所得副产品可以回收，也可以废弃，因而有回收法和抛弃法之分。在美国多采用抛弃法，在日本由于堆渣场地紧张，多采用回收法。应用石灰石法进行脱硫，可以采用干法，将石灰石直接喷入锅炉炉膛内；也可以采用湿法，将石灰石等制成浆液洗涤含硫废气，产出石膏。石灰石－石膏法系统由石灰石浆液制备、吸收、石膏脱水等工序组成，脱硫效率可达93%。

3）钠碱法。钠碱法是采用氢氧化钠或碳酸钠吸收烟气中 $SO_2$的方法，按吸收液再生方法的不同，可分为亚硫酸钠法、亚硫酸钠循环法和钠盐－酸分解法等。与用其他碱性物质吸收 $SO_2$相比，该法具有如下优点：与氨法比，它使用固体吸收剂，碱的来源限制小，便于输送、储存，且由于阳离子为非挥发性的，不存在吸收剂在吸收过程中的挥发问题，因而耗碱少；与钙法比，钠碱的溶解度更高，因而吸收系统不存在结垢、堵塞等问题；与使用钾碱法比，钠碱比钾碱来源丰富，且价格要低得多；钠碱吸收剂吸收能力大，吸收剂用量小，可获得较好的净化效果。钠碱法的主要缺点是与氨法及钙碱法相比，处理成本相对较高。

4）双碱法。双碱法是在克服石灰石－石膏法缺点的基础上发展起来的。石灰石－石膏法由于整个工艺过程都采用了含有固体颗粒的浆状物料，因此容易结垢，造成堵塞。双碱法先采用可溶性的碱性清液作为脱硫剂吸收 $SO_2$，然后再用石灰乳或石灰对吸收液进行再生。由于在吸收和吸收处理过程中使用了不同类型的碱，故称为双碱法，其明显优点是由于采用液相吸收，从而不存在结垢及浆料堵塞等问题，另外副产的石膏纯度较高，市场销售范围更为广泛。

5）金属氧化物吸收法。一些金属如 Mg、Zn、Fe、Mn、Cu 等的氧化物可作为 $SO_2$的吸收剂，常见的有氧化镁法、氧化锌法、氧化锰法等。金属氧化物吸收 $SO_2$可采用干法或湿法工艺。干法脱硫效率一般较低，目前正致力于研究如何增加其活性、提高吸收效率；湿法脱硫多采用浆液吸收，吸收 $SO_2$后的亚硫酸盐－亚硫酸氢盐浆液在较高温度下易分解，释出 $SO_2$气体供后续加工利用，吸收液返回使用。也可将亚硫酸盐进一步氧化制取金属硫酸盐副产品。在金属氧化物，特别是含上述金属氧化物的烟尘、灰渣、焙砂等易于取得时，可考虑采用此类方法，脱硫效率可达90%以上。

6）有机胺法。有机胺法烟气脱硫是一种再生型烟气脱硫技术，具有脱硫效率高（可达96%以上）、胺液循环使用周期长等特点，发展前景广阔。其基本原理是低浓度 $SO_2$烟气通过胺液吸收和蒸汽加热解吸，生产出纯净的 $SO_2$气体，用于生产工业硫酸或硫磺。脱硫系统由预洗涤及 $SO_2$吸收工序、解吸再生工序、胺液过滤及净化工序、胺液回收工序等装置组成。预洗涤及$SO_2$吸收工序设备有文丘里洗涤器、$SO_2$吸收塔等；解吸工序设备有胺罐、胺换热器、胺液再冷器、解吸塔等；胺液过滤及净化工序设备有膜过滤器、离子交换树脂净化器等。

### 3.3.3　含氮氧化物废气的净化

氮氧化物废气治理技术，又称烟气脱硝技术，是指对燃烧后烟气中的$NO_x$进行治理，是大气$NO_x$污染控制中的关键措施。烟气脱硝工艺很多，可概分为干法和湿法两大类。

**1.干法**

1)还原法。还原法是指在还原剂存在的条件下，将$NO_x$还原成无毒无害的$N_2$从而消除污染的一种氮氧化物治理方法。目前，国内外常用的还原法有选择性催化还原法、选择性非催化还原法、炽热碳还原法等。

选择性催化还原法(Selective Catalytic Reduction，SCR)是指在催化剂存在下，利用各种还原性气体如$H_2$、CO、烃类、$NH_3$等与$NO_x$反应，使之转化为$N_2$。该技术20世纪80年代初开始逐渐应用于燃煤锅炉烟气中$NO_x$的净化。

选择性非催化还原法(Selective Non-catalytic Reduction，SNCR)是向高温烟气中喷射氨或尿素等还原剂，将$NO_x$还原成$N_2$，其主要化学反应与SCR法相同，一般可获得30%～60%的脱$NO_x$率，所用的还原剂可为氨、氨水和尿素等，也可添加一些增强剂与还原剂联用。因为需要较高的反应温度(930～1090℃)，还原剂通常注入炉膛或紧靠炉膛出口的烟道。

炽热碳还原法是利用碳质固体还原废气中的$NO_x$，属于无触媒非选择性还原法。与以燃料气为还原剂的非选择性催化还原法相比，其优点是不需要价格昂贵的铂、钯贵金属催化剂，避免催化剂中毒所引起的问题；与选择性催化还原法相比，碳质固体价格较便宜，来源亦广。

2)吸附法。吸附法是利用吸附剂对$NO_x$的吸附量随温度或压力的变化而变化的原理，通过周期性地改变反应器内的温度或压力，来控制$NO_x$的吸附和解吸反应，以达到将$NO_x$从气源中分离出来的目的。根据再生方式的不同，吸附法可分为变温吸附法和变压吸附法两种。吸附法既能比较彻底地消除氮氧化物的污染，又能将氮氧化物回收利用。常用的吸附剂为分子筛、硅胶、活性炭和含氨洗煤等。

3)其他方法。如光催化法、电子束照射法等，目前研究较多，在工业应用上很少。

**2.湿法**

湿法主要是指吸收法。可选择的吸收剂很多，如水吸收(效果不好，特别对NO吸收效果很差)、酸吸收(如浓硫酸、稀硝酸)、碱液吸收(如氢氧化钠、氢氧化钾)和熔融金属盐吸收等。

为提高 $NO_x$ 的吸收效率，还可采用氧化吸收法、吸收还原法及配合吸收法等。对以 NO 为主的氮氧化物，可利用强氧化剂先进行氧化，将废气的氧化度提高后，再进行吸收。氧化剂有气相氧化剂和液相氧化剂，气相氧化剂有 $O_2$、$O_3$、$Cl_2$、$ClO_2$等，液相氧化剂有 $HNO_3$、$KMnO_4$、$NaClO_2$、NaClO、$H_2O_2$、$KBrO_3$、$K_2Cr_2O_4$、$(NH_4)_2Cr_2O_7$等水溶液。

吸收还原法是利用亚硫酸盐、硫化物、硫代硫酸盐、尿素等水溶液吸收氮氧化物，并使其还原为 $N_2$。亚硫酸铵具有较强的还原能力，可将 $NO_x$ 还原为无害的氮气，而亚硫酸铵则被氧化成硫酸铵，可作为化肥使用。亚硝酸与尿素反应生成氮气、$CO_2$和水，它与亚硫酸铵法一样，尿素作为还原剂对 $NO_2$进行还原。

配合吸收法是利用液相配合剂直接同 NO 反应，故其适于处理以 NO 为主的烟气，生成的配合物在加热时又重新放出 NO，从而使 NO 富集回收。目前，研究过的 NO 配合吸收剂有硫酸亚铁、亚硫酸钠、乙二胺四乙酸等溶液。

### 3.3.4 挥发性有机物的控制

挥发性有机化合物(Volatile Organic Compounds, VOCs)是一类有机化合物的统称，在常温下它们的蒸发速率大，易挥发，且大多数是有毒有害的。VOCs 污染控制技术基本上可分为两大类：第一类是以改进工艺技术、更换设备和防止泄漏为主的预防性措施；第二类是以末端治理为主的控制性措施。

**1. VOCs 污染预防**

为了采取有效的预防性措施，必须编制 VOCs 控制计划，明确生产部门、使用部门和管理部门的职责，调查整理 VOCs 排放清单，包括 VOCs 种类、强度、设备工作条件和运行状态、生产管理状况等，为进一步决策提供依据。

通常，工艺技术改进和设备更新是减少 VOCs 排放的最佳选择，主要包括替换原材料，以减少引入到生产过程中的 VOCs 总量；改变运行条件，减少 VOCs 的形成和挥发；更换设备，减少 VOCs 的泄漏。

**2. VOCs 的末端治理**

VOCs 废气的治理方法有冷凝法、吸收法、吸附法、催化法和燃烧法以及上述方法的不同组合，此外近年来还出现了一些新技术，如膜分离法、低温等离子体法和光催化氧化法等。

1)冷凝法。冷凝法是利用 VOCs 在不同温度和压力条件下具有不同的饱和蒸气压这一性质，采用提高系统压力或降低系统温度的方法，使污染物转变为液态并从气相中分离的净化方法。冷凝法需要较高的压力和较低的温度才能保证较高的回收效率，因此运行费用一般较高，适用于高沸点和高浓度 VOCs 的回收。该方法一般不单独使用，常与吸附、吸收、膜分离法等联合使用。

2）吸收法。吸收法是采用低挥发或不挥发溶剂对 VOCs 进行吸收，然后利用 VOCs 与吸收剂物理性质的差异将二者分离的净化方法。吸收效果主要取决于吸收剂的性能和吸收设备的结构特征。吸收剂的选取原则是：对 VOCs 选择性强、溶解度大，蒸气压低，化学稳定性好及无毒性等；吸收设备的选取原则是：运行稳定，易操作，气液接触面积大，阻力小。此外，气液比、VOCs 入口浓度、运行温度和吸收剂解吸性能等也是影响吸收效果的因素。

3）吸附法。吸附法是利用多孔性吸附剂处理、吸附气相中的 VOCs，从而达到气体净化的目的。吸附法主要用于低浓度、大气量 VOCs 废气的净化，目前应用较为广泛。研究表明，活性炭吸附 VOCs 性能最佳，应用最广。与其他方法相比，吸附法具有能耗低、工艺成熟、去除效率高、净化彻底等特点，有着良好的环境和经济效益。但当废气中含有胶体物质或其他杂质时，吸附剂容易失效。

4）燃烧法。燃烧法是氧化有机物最剧烈的方法，用于净化高温下可以分解或可燃的有害物质。对化工、喷漆、绝缘材料等行业的生产装置中所排出的有机废气，广泛采用燃烧净化的手段。目前在实际中使用的燃烧净化方法有直接燃烧、热力燃烧和催化燃烧。

直接燃烧法，又称直接火焰燃烧，是把废气中可燃有害组分当作燃料直接燃烧。因此，该方法只适用于净化含可燃有害组分浓度较高的废气，或者用于净化有害组分燃烧时热值较高的废气。直接燃烧的设备包括一般的燃烧炉、窑，或通过某种装置将废气导入锅炉作为燃料气进行燃烧。燃烧温度一般在1100℃左右，最终产物是 $CO_2$、$H_2O$ 和 $N_2$ 等。

热力燃烧用于 VOCs 浓度较低的废气的净化处理。这类废气因可燃有机组分含量较低，本身不能维持燃烧。因此，在热力燃烧中，被净化的废气不是作为燃烧所用的燃料，而是在含氧量足够时作为助燃气体，不含氧时则作为燃烧的对象。进行热力燃烧时，一般需燃烧其他燃料（如煤、天然气等），把废气温度提高到热力燃烧所需的温度，使其中的 VOCs 进行氧化，分解成 $CO_2$、$H_2O$ 和 $N_2$ 等。热力燃烧温度较直接燃烧低，在 540 ~ 820℃即可进行。

催化燃烧是有机气体在较低的温度下（250 ~ 300℃），通过催化剂的作用，被氧化分解成无害气体并释放热量。催化剂在催化燃烧系统中起着重要作用。常用催化剂主要有贵金属、非贵金属和金属盐。由于 VOCs 中常含有杂质，容易引起催化中毒，另外催化剂通常只针对特定类型的化合物，使得催化燃烧法在一定程度上受到限制。

5）生物法。VOCs 废气生物净化过程的实质是附着在滤料介质中的微生物在适宜的环境条件下，利用废气中的有机成分作为碳源和能源，维持其生命活动，并将有机物分解为 $CO_2$、$H_2O$ 的过程。气相主体中 VOCs 首先经历由气相到固/液相的传质过程，然后才在固/液相中被微生物分解。生物法控制 VOCs 是近些年发展起来的大气污染控制技术，该技术在国外特别是欧洲已得到规模化应用，有机物去除率在90%以上。与常规处理方法相比，生物法具有设备简单、运行费用低、较少形成二次污染等优点，尤其在处理低浓度、生物可降解性好的气态污染物时更具有优势。

### 3.3.5 酸雾治理

通常所说的酸雾是指雾状的酸类物质。在空气中酸雾的颗粒很小，粒径为0.1~10 μm，是介于烟气与水雾之间的物质，具有较强的腐蚀性。酸雾主要产生于冶金、化工、电子、电镀、纺织、机械制造等行业的用酸过程中，如制酸、酸洗、电镀、电解、酸蓄电池充电等。由于这些用酸过程往往使用多种酸的混合物，因此排放出的废气也大多是几种酸雾的混合。

酸雾的形成机理主要有两种：一种是酸液表面蒸发，酸分子进入空气，与空气中的水分凝并而形成雾滴；另一种是酸溶液内有化学反应，形成气泡上浮到液面后爆破，将液滴带出。另外，伴随酸雾排放过程不可避免地会有呈分子态的酸性气态污染物如$SO_2$和$NO_x$等的排放，所以其排放过程和排放物成分比较复杂。

当前控制酸气排放的方法主要有液体吸收法、固体吸附法、过滤法、静电除雾法、机械式除雾法及覆盖法等。

**1. 液体吸收法**

液体吸收一般包括水洗法和碱液中和法。碱液吸收常用的吸收剂有10%的$Na_2CO_3$、4%~6%的NaOH和$NH_3$等的水溶液。所采用的净化处理设备主要有洗涤塔、泡沫塔、填料塔、斜孔板塔、湍球塔等。其主要净化机理是使气、液充分接触，酸、碱中和，从而提高净化效率。液体吸收法的优点是设备投资较低，工艺较简单。缺点是：耗能耗水量大、运行费用高；容易带来二次污染；在北方的冬天还容易因结冰而导致设备无法正常运行。此外，由于硝酸雾中含有难溶于水的NO，因此对硝酸雾的净化效率较低。

**2. 固体吸附法**

常用的吸附剂有活性炭、分子筛、硅胶、含氨煤泥等。吸附法净化酸雾的优点是：能较好地去除伴随硝酸雾产生的氮氧化物的污染；设备简单，操作方便；干式工艺，不产生二次污染。然而，吸附剂的吸附容量有限，会造成设备庞大，且过程为间歇操作。因此，吸附法仅适用于净化处理酸雾浓度较低的废气。

**3. 过滤法**

酸雾过滤器的滤层主要有板网、丝网和纤维三种型式。板网除雾器的滤层通常由聚氯乙烯材料制作，交错叠置于设备内；丝网除雾器中的丝网一般由聚乙烯或耐腐蚀不锈钢材料制作而成；纤维除雾器的纤维材料则以聚丙烯和玻璃纤维居多。

**4. 其他方法**

静电除雾法：酸雾静电捕集器是静电收尘器系列产品中的一个种类，静电收尘成为专利技术后，第一次成功的实际应用便是1907年用于硫酸雾的捕集。

机械式除雾法：这类方法的原理是借助重力、惯性力或离心力等作用使雾滴与气体分离，从而达到净化目的。常用的设备有折流式除雾器、离心式除雾器等。

### 3.3.6　恶臭控制

恶臭是损害人类生活环境、产生令人难以忍受的气味或使人产生不愉快感觉的气体的通称，它使人呼吸不畅，恶心呕吐，烦躁不安，头晕脑胀，浓度高时还会使人窒息而死。迄今凭人的嗅觉能感觉到的恶臭物质有4000多种，其中对人体健康危害较大的有几十种。

恶臭物质发臭与其分子结构有关，如两个烷基同硫结合时，就会变成二甲基硫[$(CH_3)_2S$]和甲基乙基硫（$CH_3 \cdot C_2H_5S$）等带有异臭的硫醚。若改变某些化合物分子结构中S的位置，其臭味的性质也会改变，例如将有烂洋葱臭味的乙基硫氰化物($C_2H_5SCN$)中的S与N的位置对调，就会变成芥末臭味的硫代异氰酸酯($C_2H_5NCS$)。各种化合物分子结构中的硫(=S)、巯基(—SH)和硫氰基(—SCN)是形成恶臭的原子团，通称为“发臭团”。另有一些有机物如苯酚($C_6H_5OH$)、甲醛(HCHO)、丙酮($C_2H_6C=O$)和酪酸($C_3H_7—COOH$)等，其分子结构虽不含硫，但含有羟基、醛基、羰基和羧基，也散发各种臭味，起“发臭团”的作用。

恶臭气体的控制技术较多，如物理法、化学法、生物法等，实际中也可将几种脱臭方法联合起来，以达到较好的除臭效果。

**1. 物理法**

1)密封法。采用固体、无臭气体或液体隔断恶臭物质发生源，使恶臭物质不能进入或允许不可避免的极少量进入空气中，如污水站进水泵房、污泥堆贮场等可采用密封罩来减少恶臭气体排放。

2)稀释扩散法。稀释扩散法是将恶臭气体高空排放或以干净的空气将其稀释，以保证在下风区和恶臭发生源附近工作和生活的人们不受恶臭干扰。该方法必须根据当地气象条件和地形，正确设计烟囱高度，保证受控点恶臭物质浓度不超过环境标准。稀释扩散法主要适用于浓度比较低的有组织排放源的恶臭处理，费用低，运行简单，但它仅仅是污染物质的转移，并没有实现恶臭物质转化或降解，因此通常不提倡使用稀释法处理恶臭废气。

3)掩蔽法。通过喷洒掩蔽剂来掩盖臭味。掩蔽的过程可能是物理过程，也可能发生化学作用，即掩蔽剂破坏恶臭物质的发臭基团，达到除臭效果。由于恶臭浓度和大气条件经常变化，掩蔽剂除臭效果不可靠，仅作为临时应急措施或者应用于臭气成分未知的场所，即适用于需立即、暂时地消除恶臭气体的场合。

4)物理吸附法。采用比表面大、孔隙大且具有较强吸附能力的物质吸附恶臭物质。常用的吸附剂有活性炭、沸石、硅胶等多孔物质，以及超细氧化锌等。其中活性炭应用最广。

**2. 化学法**

1)燃烧法。包括直接燃烧、热力燃烧和催化燃烧，详见前面“3.3.4 挥发性有机物的控制”章节内容。

2)化学吸附法。把产生恶臭的物质通过氧化、还原、分解、中和、加成、缩合以及离子交换等化学反应，使之变成无臭味的物质。吸附法适用于处理成分复杂、浓度低、净化要求高的场合。该方法设备简单，动力消耗少，运行管理容易，但吸附剂费用昂贵，并且对待处理的恶臭废气的湿度和含尘量要求严格，通常吸附之前要对气体进行预处理。

3)氧化法。包括化学氧化法和光催化氧化法。化学氧化法采用强氧化剂，如臭氧、高锰酸钾、次氯酸盐、氯气、二氧化氯、过氧化氢等来氧化恶臭物质，将其转变成无臭或弱臭物；光催化氧化用超微粒状(纳米材料)二氧化钛、氧化锌吸收紫外线后产生电子和正穴，使吸附的水氧化为·OH 自由基，空气中的氧被还原为·$O^{2-}$离子，再进一步生成 $H_2O_2$。$H_2O_2$可与·$O^{2-}$生成·OH，或在紫外光照射下生成·OH。·OH 具有极强的氧化活性，对作用物无选择，可以彻底氧化恶臭气体，在恶臭控制方面具有广阔应用前景。

4)湿式洗涤法。由于氨气易溶于酸性溶液，$H_2S$、VFAs 易溶于碱性溶液，因此可采用多级吸收系统去除这些恶臭气体。湿式洗涤器按型式分为逆流循环式填充塔、错流循环式填充塔和薄雾型洗涤器。最常用的是逆流循环式填充塔，适用范围广，但废液需处理。

5)液体吸收法。这是采用低挥发或不挥发溶剂对恶臭气体进行吸收，再利用有机分子和吸收剂物理性质的差异将二者分离的净化方法。常用的吸收剂有柴油、煤油、664 消泡剂、碳酸丙烯酯等。该法适用于浓度高、温度较低和压力较高的恶臭气体的去除。

**3. 生物法**

生物脱臭的基本原理是利用微生物的生物化学作用，使污染物氧化降解，转化为无害或少害的物质。

1)生物过滤法。生物过滤法是研究较早且技术相对比较成熟的一种大气污染控制技术。含污染物的气体首先进入增湿器进行润湿，然后进入生物滤池。当润湿的废气通过土壤或植物纤维等填料层时，被附着在填料表面的微生物吸附、吸收，在生物细胞内分解为 $CO_2$、$H_2O$、S、$SO_4^{2-}$、$SO_3^{2-}$、$NO_3^-$ 等无害小分子物质。该方法可以去除大多数自然生成的恶臭物质，如氨、硫化氢、甲基硫醇、二甲基硫化物和二甲基二硫化物等。

2)生物洗涤法。生物洗涤法是一个悬浮活性污泥处理系统,对恶臭气体的去除过程分为吸收和生物降解反应两个过程。

3)生物滴滤池法。生物滴滤池法是结合生物滤池和生物洗涤池的生物除臭技术,含有恶臭物的气体经过或不经过预处理,进入生物滴滤池。当湿润的废气通过附有生物膜的填料层时,气体中的恶臭物质溶于水,被循环液和附着在填料表面的微生物吸附、吸收、分解,从而达到净化除臭的目的。

## 3.4　温室气体减排与控制

### 3.4.1　温室气体的种类及来源

温室气体,是在地球大气中能让太阳短波辐射自由通过,同时吸收地面和空气放出的长波辐射,从而造成近地层增温的微量气体。常见的温室气体除 $CO_2$ 外,还有甲烷($CH_4$)、臭氧($O_3$)、一氧化二氮($N_2O$)、全氟碳化物(PFCs)、氢氟碳化物(HFCs)、含氯氟烃(HCFCs)及六氟化硫($SF_6$)等,其中 $CO_2$ 量最多,是对增强温室效应贡献最大的气体。目前,$CO_2$ 排放量对全球变暖的贡献率超过50%,$CH_4$ 贡献率约占19%,$N_2O$ 贡献率约占4%。

温室气体的来源十分广泛,既有天然源,如海洋、陆地、火山活动、太阳活动等;也有人为源,主要是各种生产与生活活动。20世纪50年代以来,人为产生的温室气体排放量不断增加,土地利用状况急剧变化以及人工合成化学氮肥的产量和用量日益增加,打破了原来温室气体成分源和汇的自然平衡,大气中温室气体浓度不断增加。人为因素造成的温室效应"增强"被认为是全球变暖的主要原因,其中 $CO_2$、$CH_4$、$N_2O$ 和氟氯烷烃(CFCs)是与人类活动有密切关系的主要温室气体。

### 3.4.2　温室气体减排及控制措施

为了积极应对气候变化,减少温室气体的排放,需综合运用多种措施:

1)合理控制人口增长,实行可持续发展战略。人类发展、消耗化石能源都会释放 $CO_2$。因此,应将可持续发展与全球气候变化结合起来,合理控制人口数量增长。

2)调整产业结构,使经济向低碳转型。如降低高能耗的原材料产业和制造业在国民经济中的比重,发展低排放的金融、服务、信息等产业。

3)优化能源结构,强化节能和提高能效。采用替代能源,减少使用化石燃料,如传统化石能源中,相同热值的天然气燃烧的 $CO_2$ 排放量约比石油低25%,

比煤炭低40%。

4)发展核电和可再生能源。开发太阳能、风能、海洋能、水能、地热能等无碳新能源，减少对化石燃料的依赖，从而缓解因燃烧化石燃料释放$CO_2$对大气的压力。

5)保持和增加碳汇。通过植树造林和加强森林管理，保持和增加碳汇，吸收$CO_2$，是减少温室气体排放的重要手段。

6)重视碳捕集与封存技术(CCS)的研发。目前该技术仍处于研究阶段，如果取得技术突破，使成本和能源消耗大幅降低，则未来大规模商业化应用时的减排潜力巨大。

7)减少非二氧化碳温室气体的排放。除$CO_2$外，京都议定书控制的温室气体还包括甲烷、氧化亚氮等其他5种，非二氧化碳温室气体减排也很重要。

8)全世界共同关注。加强政府部门或国际组织的调控作用，是减缓温室效应的重要措施。全球环境问题的解决需要世界各国、全人类的共同参与，离开政府行为和国际合作的支持，不可能实现全球范围温室效应的有序减缓。

### 3.4.3 有色冶金过程温室气体的减排与控制

根据2011年我国《“十二五”控制温室气体排放工作方案》要求，到2015年全国单位国内生产总值$CO_2$排放要比2010年下降17%。为实现该目标，《方案》提出要推动行业开展减碳行动，钢铁、有色、建材、电力、煤炭、石油、化工、纺织、食品、造纸、交通、铁路、建筑等行业要制定控制温室气体排放行动方案，对重点企业要提出温室气体排放控制要求。

有色金属工业温室气体排放是我国主要温室气体排放的工业领域之一，有关专家预测，全行业温室气体年排放可能超过3亿吨(折合$CO_2$)，因此温室气体减控已成为我国有色金属工业能否可持续健康发展的关键因素之一。为此，应积极开展有关温室气体减排方面的研究，并着重从以下几个方面入手：一是加快调整产业结构，加快淘汰落后产能；二是大力推进节能降耗；三是积极合理利用低碳能源，调整优化能源结构，推进煤炭清洁利用；四是控制行业内非二氧化碳温室气体的排放。

# 第 4 章　有色冶金过程废水治理基础

## 4.1　概　述

在有色冶金过程中，废水主要有两类来源：一是生产过程中产生的废水，称为工业废水；二是为生产服务的生活中产生的废水，称为生活污水。

废水来源不同，废水中所含的污染物质也千差万别。水质指标是评价水质污染程度、反映废水治理效果、开展水污染控制的基本依据。根据废水中污染物质的种类，通常可将水质指标分为物理指标、化学指标和生物指标三大类。物理指标主要有温度、色度、嗅和味、固体物质等；化学指标主要包括生化需氧量 BOD、化学需氧量 COD、总有机碳 TOC、油类污染物、酚类污染物、苯类化合物、pH、植物营养元素、重金属和无机非金属有害有毒物等；生物指标主要有细菌总数、大肠菌群和病毒等。废水治理就是通过一定的技术方法，将废水中的污染物去除，使出水水质指标满足相关排放或回用标准的过程。有色冶金过程产生的废水中污染物复杂多变，通常可采用几种治理方法的组合而不是单纯一种方法，以获得较好的废水处理效果。

## 4.2　物理处理

### 4.2.1　格栅和筛网

**1. 格栅**

格栅是一种最简单的过滤设备，用一组或多组平行的金属栅条制成的框架，斜置于废水流经的渠道上，或放在水泵等设备的前端，用来截留废水中粗大的悬浮物或漂浮物。

格栅种类很多，根据形状可分为平面格栅、曲面格栅和阶梯式格栅三种，根据栅条间隙可分为粗格栅(50 ~ 100 mm)、中格栅(10 ~ 50 mm)和细格栅(3 ~ 10 mm)三种。此外，根据清渣方式，还可分为人工清除格栅和机械清除格栅。

格栅截留污物的数量与格栅栅条间隙有关。栅条间隙与截留污物量见

表4－1。

表4－1　格栅栅条间隙与截留污物量

| 栅条间隙/mm | 截留污染物/(L·人$^{-1}$·d$^{-1}$) |
|---|---|
| ≤20 | 4～6 |
| ≤40 | 2.7 |
| ≤70 | 0.8 |
| ≤90 | 0.5 |

**2.筛网**

筛网也称滤网，常用于去除废水中既不能被格栅截留，也难于沉淀去除的纤维、纸浆、藻类等细小悬浮物。筛网孔径不同，用途也不一样。孔径小于10 mm的筛网主要用于工业废水的预处理，可将大于3 mm的漂浮物截留在网上；孔径小于0.1 mm的细筛网则用于出水的最终处理或回用水的处理。筛网主要包括振动筛网和水力筛网两大类，目前我国已有很多定型的筛网设备出售，可根据具体处理要求进行选择。

## 4.2.2　沉淀池

**1.沉砂池**

沉砂池主要用于去除水中砂粒、煤渣等相对密度较大的无机颗粒，也可去除少量较大、较重的有机物。沉砂池通常设在泵站或沉淀池之前，以减少粗大颗粒物对泵和管道的磨损，减轻后续沉淀设备的处理负荷。

沉砂池主要有平流式、竖流式和曝气式三种类型。平流式沉砂池是早期废水处理系统常用的一种形式，池的主体是一个加宽、加深的明渠，由入流渠、沉砂区、出流渠、沉砂斗等部分组成，两端设有闸板以控制水流，在池的底部设有沉砂斗，下接排砂管。平流式沉砂池具有截留无机颗粒效果好、构造简单等优点，但也存在流速不易控制、沉砂中有机物含量较高、排砂时需要洗砂等缺点。

曝气沉砂池由于能去除沉砂中夹杂的有机物，避免洗砂处理操作，目前应用较为广泛。其基本构造如图4－1所示，池的主体是一个长形渠道，在池的一侧设有曝气装置，压缩空气经空气管和空气扩散板释放到水中，使废水在池中以螺旋状向前流动，从而产生与主流垂直的横向环流。曝气沉砂池排出的沉渣中有机物含量较低，约为5%。此外，曝气沉砂池还具有预曝气、脱臭、除泡及加速水中油类和浮渣的分离等作用，为后续处理创造了有利条件。

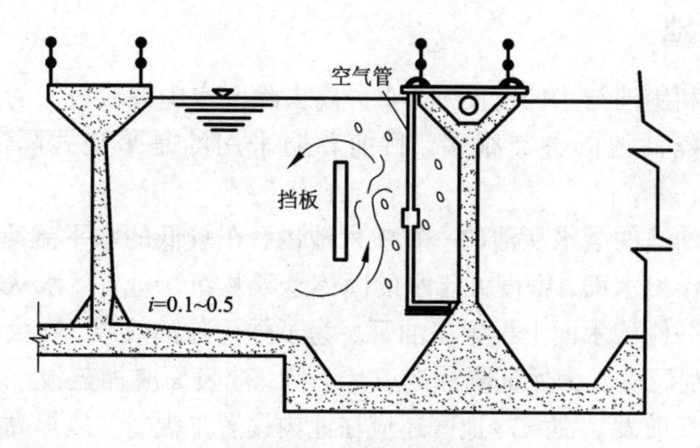


图4-1　曝气沉砂池

**2. 沉淀池**

沉淀池是分离悬浮物固体的一种常用处理构筑物。它构造简单，分离效果好，应用非常广泛。在各种类型的废水处理系统中，沉淀池几乎是不可缺少的，而且在同一处理系统中可多次采用。

工程实践中常用的沉淀池主要有平流式沉淀池、竖流式沉淀池、辐流式沉淀池和斜板(管)沉淀池四种类型。几种常用沉淀池的优缺点及适用条件见表4-2。

表4-2　常用沉淀池的优缺点及适用条件

| 类型 | 优点 | 缺点 | 适用条件 |
|---|---|---|---|
| 平流式 | 沉淀效果好；对冲击负荷和温度变化有较强的适应能力；施工方便，造价较低 | 占地面积大；配水不易均匀；采用多斗排泥时，每个泥斗需单独设排泥管，工作量大；采用机械排泥时，机件浸入水中，易锈蚀 | 适用于地下水位高及地质条件差的地区；适用于大中小型废水处理厂 |
| 竖流式 | 占地面积小；排泥方便；运行管理简单 | 池深大，施工困难，造价较高；对冲击负荷和温度变化的适应能力较差；池子直径不宜过大 | 适用于小型废水处理厂(站) |
| 辐流式 | 排泥方便；沉淀分离效果好；管理简单 | 水流不宜均匀，沉淀效果差；排泥设备复杂，要求较高的运行管理水平和施工质量 | 适用于地下水位较高地区；适用于大中型废水处理厂 |
| 斜板(管)式 | 沉淀效果好；停留时间短；占地面积小；维护管理方便 | 构造较复杂，造价偏高 | 适用于小型废水处理厂(站) |

### 4.2.3 隔油池

隔油池是利用油与水的密度差异，分离去除废水中颗粒较大的悬浮油的一种处理构筑物。隔油池的种类很多，目前普遍采用的是平流式隔油池和斜板隔油池。

平流式隔油池的废水从池的一端流入池内，在较低的水平流速下流动，密度小于水的油粒浮出水面，密度大于水的固体悬浮物沉于池底，水从池子的另一端流出。在出水一侧的水面上设置集油管。为了强化除油效果，在大型隔油池中还常设置刮油、刮泥机。为保证隔油池正常工作，池表面应加盖板，以防火、防雨、保温及防止油气散发。在寒冷地区还应在池内设置加温管，以提高除油效果。平流隔油池具有构造简单、运行管理方便、除油效率高等优点，但占地面积较大，且受水流不均匀性的影响较大。

斜板隔油池通常是在隔油池中倾斜放置平行板组，废水沿板面向下流动，从出水管排出。水中油珠沿板面向上流动，然后由集油管汇集排出。由于单位池容的分离表面积得到提高，斜板隔油池能够去除粒径更小的油滴，且占地面积小。

### 4.2.4 气浮池

气浮池是一种使微气泡与水中悬浮颗粒充分混合、接触、黏附，并使带气絮体与水分离的处理设施。根据水质特点及具体处理要求，目前已经开发出多种形式的气浮池，同时也出现了气浮与反应、气浮与沉淀、气浮与过滤等工艺一体化的综合形式。

平流式气浮池是目前最常用的一种形式，通常反应池与气浮池合建。废水进入反应池完全混合后，经挡板底部进入气浮接触室，延长絮体与气泡的接触时间，然后由接触室上部进入分离室进行固－液分离。此类气浮池的优点是池浅、造价低、构造简单、运行管理方便，但存在与后续处理构筑物在高程上配合相对困难、分离部分的容积利用率不高等缺点。竖流式气浮池的优点是接触室在池中央，水流向四周扩散，水力条件较好，便于与后续构筑物配合；缺点是气浮池与反应池较难衔接，容积利用率低。

## 4.3 生物法

### 4.3.1 活性污泥法

活性污泥法是当前应用最广的一种废水处理技术，它是利用悬浮生长的活性污泥来处理废水的一种好氧生物处理方法。对于活性污泥法的研究迄今已有近百年的历史，随着科技发展、工程应用及废水处理要求的提高，活性污泥法已从传统活性污泥工艺发展到现在多种多样的工艺流程。在城市污水和一些工业废水的处理中，活性污泥法占有极大的优势，成为废水生物处理的首选方法。

**1. 活性污泥法的基本流程**

活性污泥法通常由初沉池、曝气池、二沉池、污泥回流及剩余污泥排出系统等组成，其基本流程如图4-2所示。由初沉池流出的废水与从二沉池底部流出的回流污泥混合后进入曝气池。曝气池是一个生物反应器，由曝气设备提供空气，空气中的氧气溶入废水中，废水中的有机物被活性污泥吸附、吸收和氧化分解。曝气设备不仅可以使曝气池处于好氧状态，保证好氧微生物的正常生长及代谢，而且还使活性污泥处于悬浮状态，保证废水与其充分混合接触。二沉池沉淀分离得到的污泥一部分(即回流污泥)与原水混合后重新返回曝气池，用于维持曝气池内的污泥浓度，另一部分(即剩余污泥)从二沉池底部由排泥管排出，再经浓缩、脱水后，进行资源化利用或最终处置。

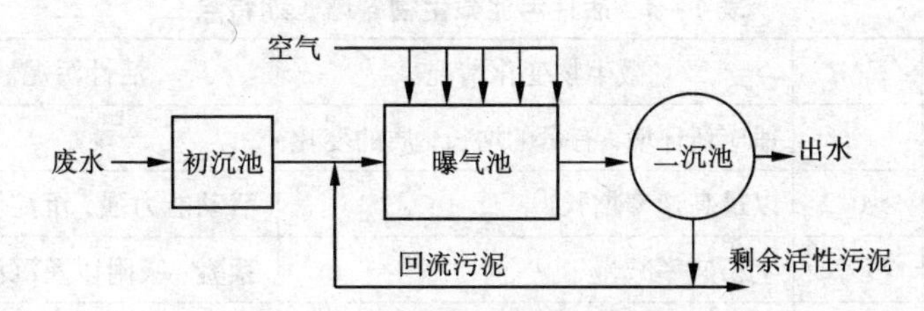


**图4-2　活性污泥法基本工艺流程**

**2. 活性污泥法的评价指标**

1)混合液悬浮固体浓度(MLSS)。混合液悬浮固体浓度是指单位体积混合液中所含有的活性污泥固体物质的总量。工程实践中常以MLSS作为间接计量活性污泥微生物的指标。混合液悬浮固体中的有机物固体物质的浓度称为混合液体挥发性悬浮固体浓度(MLVSS)，一般用它来表示活性污泥微生物量，比MLSS更切合实际。

2)污泥沉降比(SV)。污泥沉降比是指曝气池混合液在100 mL量筒中，静置沉降30 min后，沉降污泥与混合液的体积比(%)。对于一般城市污水，SV值为20%~30%，如果SV数值突然出现变化，需要检查原因，看是否出现故障。若是污泥浓度过大，则要排除部分污泥；若是污泥凝聚沉降性差，则要结合污泥指数情况，采取相应措施。

3)污泥体积指数(SVI)。曝气池出口处的混合液在静置30 min后，每克干污泥所占的湿污泥体积(mL)称为污泥体积指数(SVI)，单位是mL/g。SVI值是判断污泥沉降浓缩性能的一个重要参数，能准确地评价污泥的凝聚性能和沉降性能。如果 SVI 值过低，说明污泥颗粒细小而紧密，无机物较多，污泥的活性较差；如果 SVI 值过高，说明其沉降性能不好，污泥可能将发生或已经发生膨胀现象，这时的污泥以丝状菌为主。处理生活污水时，活性污泥 SVI 值一般在 50 ~ 150 mL/g 之间为宜。

4)污泥龄($\theta$)。污泥龄是指活性污泥在曝气池中的平均停留时间，即曝气池内活性污泥的总量与每日排放的剩余污泥量之比。污泥龄是活性污泥系统设计与运行管理的重要参数，它直接影响曝气池内活性污泥的性能与功能。

5)污泥负荷率。污泥负荷率是影响活性污泥法处理效果的一个重要因素。它是废水有机底物量($F$)与微生物量($M$)的比值，即 $F/M$。

**3. 活性污泥微生物的增长特点**

活性污泥微生物的增长分为适应期、对数增长期、减速衰亡期和内源呼吸期四个阶段，各期的特点见表 4－3。

**表 4－3　活性污泥微生物各增长期特点**

| 增长期 | $F/M$ | 微生物变化情况 | 活性污泥性能 |
|---|---|---|---|
| 适应期 | | 适应新环境，有量的增长，质的变化 | |
| 对数增长期 | >0.2 | 以最高速率增长 | 活动能力强，沉淀性能差 |
| 减速衰亡期 | 变小 | 生长速率减慢 | 絮凝、吸附以及沉淀性能提高 |
| 内源呼吸期 | 最低 | 开始分解代谢微生物本身 | 数量较少，絮凝、吸附及沉淀性能好，处理水质好 |

废水中的有机物相当于微生物的养料，曝气过程中控制活性污泥增长的决定因素就是污泥负荷率 $F/M$。任一时段内的 $F/M$ 值对相应时段内的活性污泥增长及其性质起主要作用。活性污泥法要求污泥既要有很强的活性和吸附性能，又要有很好的絮凝、沉降性能。对数增长期的活性污泥活性强但沉降性能较差，而内源呼吸期的活性污泥虽然沉降性能很好，但是吸附能力和活性差。因此，在实际工程中，常通过控制 $F/M$ 值使活性污泥微生物的生长处于减速增长期的后期或内源呼吸期的初期，以获得性能良好的活性污泥。

**4. 活性污泥法降解有机物的机理**

活性污泥去除废水中有机物的过程包括两个不同的阶段。第一阶段为吸附阶段，主要是污水中的有机物转移到活性污泥上。由于活性污泥具有很大的表面积，因而具有很强的吸附能力，在很短的时间内就能够去除废水中大量的呈悬浮和胶体状态的有机污染物，使废水的 BOD 值大幅度下降，但这并不是真正的降解，只是有机物从废水中转移到活性污泥表面，为第二阶段的生物化学转化做准备。

第二阶段为稳定阶段，主要是转移到活性污泥上的有机物被微生物所利用。随着曝气过程的延续，微生物对大量被吸附的有机物进行氧化分解，并利用有机物合成细胞体原生质进行自身繁殖，同时继续吸附废水中残存的有机物。与吸附阶段相比，稳定阶段所需的时间要长很多。实际上曝气过程中大部分时间是在进行有机物的氧化分解和微生物的细胞合成。

在实际运行中，上述两个阶段并不是全然分开的，吸附阶段以吸附为主，但也存在稳定作用；稳定阶段以稳定为主，但也存在一定的活性污泥对有机物的吸附作用。

**5. 活性污泥法的影响因素**

1)营养物。营养物质除了碳源外，还有氮、磷和其他微量元素。生活污水中含有微生物生长繁殖所需要的各种元素，但工业废水常缺乏氮、磷等元素，因此需要投加适量的营养物。对于好氧处理，通常要求碳、氮、磷的比例为 $BOD_5:N:P=100:5:1$。

2)温度。一般来说，温暖季节、水温适宜时，微生物的生长良好，废水生物处理运行较为正常，出水水质也较好；在寒冷季节、水温过低时，处理效果则变差。

3)供氧。为了使微生物正常代谢，并获得良好的沉淀分离性能，一般要求溶解氧维持在 2 mg/L 左右。

4)pH。一般控制 pH 在6.5～7.5。当 pH 低于6.5 时，会导致霉菌大量繁殖，破坏活性污泥的结构，引起污泥膨胀；当 pH >9 时，微生物将由活跃转为呆滞，菌胶团黏性物质解体，活性污泥结构遭到破坏，处理效果显著下降；当废水的 pH 变化较大时，应设置调节池，以保持生物反应器中的 pH 在适宜的范围内。

5)有毒物质。有毒物质的存在会影响微生物的正常代谢，进而影响废水处理效果。主要有毒物质包括重金属离子(如锌、铜、镍、铅、铬等)和一些非金属化合物(如酚、醛、氰化物、硫化物等)。此外，油类物质亦应加以限制。

**6. 活性污泥法的运行方式**

活性污泥法自发明以来，根据反应时间、进水方式、曝气设备、反应池等的不同，已经演变出多种工艺。应用时须慎重区别对待，因地因时地加以选择。

1)普通活性污泥法。普通活性污泥法又称传统活性污泥法。废水和回流污泥在曝气池首端进入，水流形态为推流式，有机物被活性污泥微生物吸附后，在沿池长方向的曝气过程中逐渐被氧化分解。普通活性污泥法对有机物和悬浮物的去除率高，可达到 85%～95%，因此特别适用于处理要求高而水质比较稳定的废水。

2)渐减曝气活性污泥法。充氧设备的布置可沿池长方向与需氧量匹配，即前段多供氧，后段少供氧，使其尽可能接近需氧速率，而总的空气用量有所减少，从而可以节省能耗，提高处理效率。

3)阶段曝气活性污泥法。废水沿池长分多段多点进入，使原来由池首承担的较高有机负荷沿池长均匀承担，有机负荷分布比较均匀，对氧的需求也变得比较均匀，微生物能充分发挥分解有机物的能力。此外，污泥浓度沿池长逐渐降低，出流污泥浓度低，有利于二沉池的运行。阶段曝气法可以提高耐冲击负荷的能力，但由于最后一点进入曝气池的废水在池中的停留时间很短，控制不好时会导致出水水质变差。

4)完全混合活性污泥法。完全混合活性污泥法也是较常采用的一种运行方式。它与普通活性污泥法的不同之处在于：废水与回流污泥进入曝气池后立即与池内全部液体充分混合，进行吸附和氧化分解，因此具有较大的抗冲击负荷能力。

5)吸附再生活性污泥法。此法又称接触稳定法，主要适用于处理含悬浮物和胶体物质较多的废水。基本思路是使废水和活性污泥接触达到吸附饱和状态，大部分有机物被吸附在活性污泥颗粒的表面时，就进行泥水分离；同时设置再生池，对吸附饱和的回流污泥进行曝气，使有机物得到降解。

6)高负荷活性污泥法。受经济发展水平等因素影响，有时对废水只需进行部分处理，因此产生了高负荷曝气法，又称短时曝气。曝气池污泥负荷高，曝气的时间比较短，为 2 ~4 h，处理效率仅在 65% 左右，剩余污泥量大，但运行费用较低。

7)延时曝气活性污泥法。延时曝气的特点是曝气时间可长达 24 h 甚至更长，活性污泥处于内源呼吸状态，剩余污泥少而稳定，无需消化，可直接排放。适用于废水量较小的场合。

8)氧化沟法。在流态上，氧化沟介于完全混合与推流之间，这种特性有利于活性污泥的生物凝聚作用，而且可以将其分为好氧区、缺氧区，进行硝化和反硝化，取得较好的脱氮效果。氧化沟法具有以下特点：对水温、水质和水量的适应能力强；污泥产率低，且多已达到稳定状态，不需要再进行硝化处理。

9)SBR 法。SBR 法去除有机污染物的机理与普通活性污泥法相同，但在工艺上将曝气池和沉淀池合为一体，在运行模式上按时间顺序由进水、反应、沉淀、排水、闲置 5 个基本操作组成。

10)纯氧曝气活性污泥法。纯氧曝气活性污泥法是以纯氧代替空气，通过提高废水中氧的溶解推动力来增强氧的转移速率，从而提高生物处理的速度。在纯氧曝气活性污泥法中，曝气池目前大多采用有盖密闭式，池内分隔成几个小室，每室的流态为完全混合型，各室串联运行。池顶加盖密闭，是为了充分利用氧气。池内气压比池外的略高，以保证池外空气不渗入，并使池中废气(主要是含有二氧化碳的混合气体)得以排出。

**7. 曝气池池型**

曝气池实质上是一个生物反应器，池型与所需反应器的水力特征密切相关，主要分为推流式、完全混合式及结合型三大类。曝气设备的选用及布置需要和池型及水力要求相配合，以便达到好的曝气效果。

1)推流式曝气池。推流式曝气池为长方廊道形池子，常与鼓风曝气设备结合使用，扩散器安装在池子的一侧，使水流在池内呈螺旋状前进，前段水流与后段水流不发生混合。为了便于布置，长池可以两折或多折，废水从一端进，另一端出，出水口设置溢流堰。

2)完全混合式曝气池。废水进入反应池与池中混合液充分混合，池内废水组成、*F/M*、微生物群的组成和数量完全一致。池型可以为圆形、方形或矩形，曝气设备多采用叶轮式机械曝气。根据曝气池与沉淀池的组合形式，可分为分建式(图4-3)和合建式(图4-4)。分建式将曝气区与沉淀区分开，虽然不如合建式用地紧凑，且需专设的污泥回流设备，但运行上便于调节控制。合建式是将沉淀池与曝气池合建于一个圆形池中，故又称为曝气沉淀池，其结构紧凑，但由于曝气池和沉淀池合建，难于分别控制和调节，运行不灵活，出水水质难于保证，国外已趋淘汰。

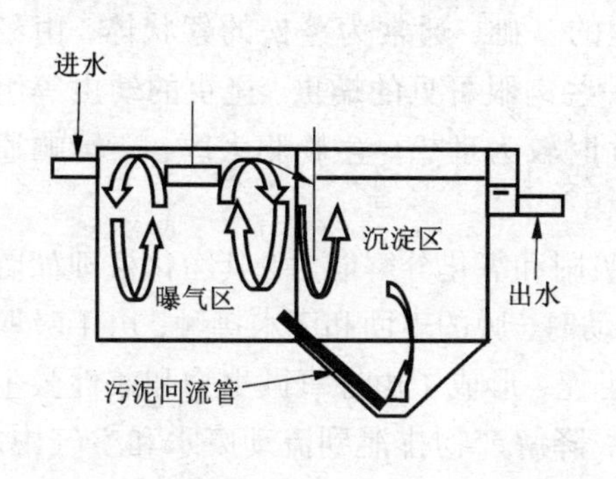


图4-3 分建式

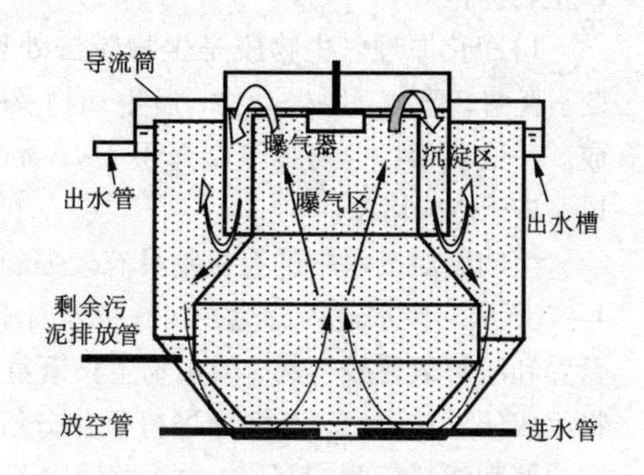


图4-4 合建式

3)结合型。在推流曝气池中可以用多个表曝机充氧和搅拌，在每一个表曝机所影响的范围内为完全混合的流态，而对全池而言，又近似推流，故称之为结合型，见图4-5。结合型曝气池相邻表曝机的旋转方向相反，以避免形成短流。也可用横向挡板在表曝机之间隔开，避免互相干扰，见图4-6。

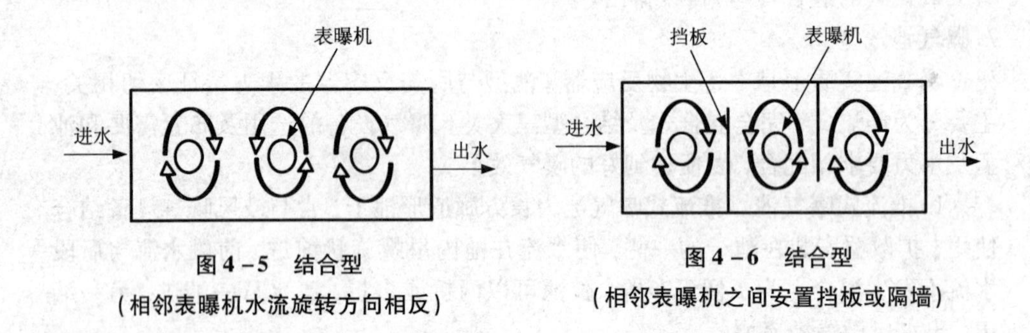


图 4-5　结合型
（相邻表曝机水流旋转方向相反）

图 4-6　结合型
（相邻表曝机之间安置挡板或隔墙）

## 4.3.2　生物膜法

生物膜法是与活性污泥法并列的一类生物处理技术，主要有三类：润壁型生物膜法，即废水和空气沿固定的或转动的生物膜流过，如生物滤池法和生物转盘法等；浸没型生物膜法，即接触滤料固定在曝气池内，完全浸没在水中，采用鼓风曝气，如接触氧化法；流动床型生物膜法，使附着有生物膜的活性炭、砂等小粒径接触介质悬浮流动于曝气池中。

**1. 生物滤池**

1）净化原理。生物膜是生物膜法处理的基础，通常为蓬松的絮状体，由细菌、真菌、藻类、原生动物、后生动物及一些肉眼可见的蠕虫、昆虫的幼虫等组成。一般认为，生物膜厚度介于 2～3 mm 时较为理想。生物膜太厚，会影响通风，甚至造成堵塞。

生物膜对废水中的有机物具有较强的吸附和氧化分解能力，其净化机理如图 4-7 所示。废水进入滤池并在滤料表面流动时，膜的表面和废水接触，由于吸取营养和溶解氧比较容易，微生物生长繁殖迅速，形成了由好氧微生物和兼性微生物组成的好氧层，对有机物进行氧化分解，降解产物排泄到流动废水和空气中。在内部和滤料接触的部分，由于营养物和溶解氧的供应能力有限，微生物生长繁殖受到限制，好氧微生物难以生存，兼性微生物转为厌氧代谢，某些厌氧微生物恢复了活性，从而形成了由厌氧微生物和兼性微生物组成的厌氧层。随着厌氧层的逐渐增厚，内层微生物不断死亡，大大降低了膜与滤料的黏附力。老化的生物膜在重力和废水冲刷作用下自行脱落，此后滤料表面又重新生长新的生物膜。

2）生物滤池构造。生物滤池主要由池体、滤料、布水装置和排水系统四部分组成。

（1）池体。池体由砖石砌成，也可用混凝土浇筑，在生物滤池中起围挡滤料的作用。池壁可有孔洞，有利于滤料的内部通风，但冬季易受低气温的影响。一般要求池壁高于滤料0.5 m。在寒冷地区需要考虑防冻，而夏天则需考虑防蚊蝇滋生。

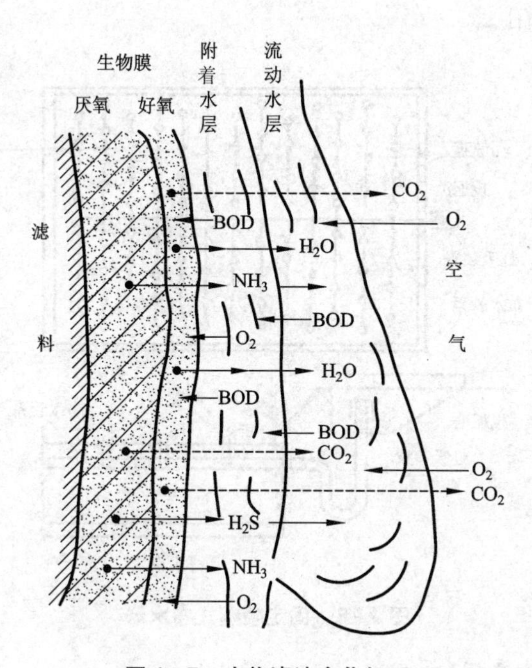


图4-7 生物滤池净化机理

(2)滤料。滤料是生物膜赖以生长的载体，应具有以下特点：大的表面积，利于微生物附着；能使废水以液膜状均匀分布于其表面；有足够大的孔隙率，使脱落的生物膜能随水流到池底，同时维持良好的通风；适于生物膜的形成与黏附，且既不被微生物分解，又不抑制微生物的生长；有较好的机械强度，不易变形或破碎。长期以来，国内外常采用碎石、卵石、煤渣、焦炭等作滤料。近年来，大量应用塑料、玻璃钢等滤料，其形状有波纹板形、蜂窝形等，一般制成一定体积的个体，便于在滤池内安装。

(3)布水装置。布水装置的目的是将废水均匀地喷洒在滤料上，可分为两种形式：固定喷嘴式布水器和旋转布水器，其结构分别见图4-8和图4-9。固定喷嘴式由于布水不均匀，不能连续地冲刷生物膜，易导致滤池堵塞，现已逐渐被旋转布水器代替。旋转布水器虽然布水均匀，水力冲刷能力强，但由于布水水头和横管上的小孔孔径较小，易产生堵塞问题。此外，在北方的冬季，要采取措施防止布水器冻结。

(4)排水系统。排水系统处于滤床的底部，其作用是收集排出处理后的废水，并保证良好的通风。排水系统一般由渗水顶板、集水沟和排水渠组成。渗水顶板用于支撑滤料，其排水孔的总面积应不小于滤池表面积的20%。渗水顶板的下底与池底之间的净空高度一般应在0.6 m以上，以利于通风，一般在出水区的四周池壁均匀布置进风孔。

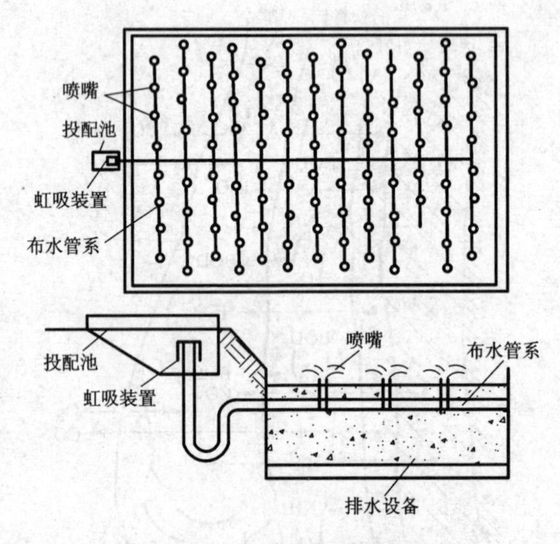


图4-8　固定喷嘴式布水器

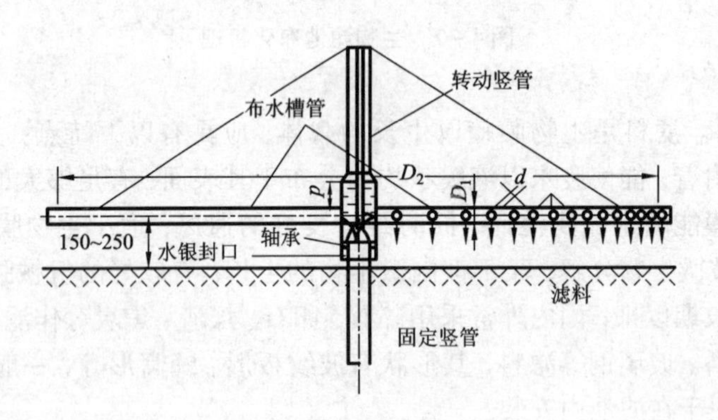


图4-9　旋转布水器

$D_1$—布水横管直径；$D_2$—布水直径；$d$—布水小孔直径；$p$—配水短管高度

3)生物滤池的类型。生物滤池主要有普通生物滤池、高负荷生物滤池、塔式生物滤池等，不同类型生物滤池的性能比较见表4-4。

表 4－4　不同类型生物滤池的性能比较

| 项目 | 普通生物滤池 | 高负荷生物滤池 | 塔式生物滤池 |
|---|---|---|---|
| 表面负荷/($m^3 \cdot m^{-2} \cdot d^{-1}$) | 0.9～3.7 | 9～36(包括回流) | 16～97(不包括回流) |
| $BOD_5$负荷/($kg \cdot m^{-3} \cdot d^{-1}$) | 0.11～0.37 | 0.37～1.084 | 高达 4.8 |
| 深度/m | 1.8～3.0 | 0.9～2.4 | 8～12 或更高 |
| 回流比 | 无 | 1～4 | 回流比较大 |
| 滤料 | 多用碎石等 | 多用塑料滤料 | 塑料滤料 |
| 比表面积/($m^2 \cdot m^{-3}$) | 43～65 | 43～65 | 82～115 |
| 孔隙率/% | 45～60 | 45～60 | 93～95 |
| 蝇 | 多 | 很少 | 很少 |
| 生物膜脱落情况 | 间歇 | 连续 | 连续 |
| 运行要求 | 简单 | 需要一定技术 | 需要一定技术 |
| 投配时间的间歇 | 不超过 5 min | 一般连续投配 | 连续投配 |
| 剩余污泥 | 黑色，高度氧化 | 棕色，未充分氧化 | 棕色，未充分氧化 |
| 处理出水 | 高度硝化，$BOD_5 \leqslant 20$ mg/L | 未充分硝化，$BOD_5 \geqslant 30$ mg/L | 未充分硝化，$BOD_5 \geqslant 30$ mg/L |
| $BOD_5$去除率/% | 85～95 | 75～85 | 65～85 |

**2. 生物转盘**

生物转盘是 20 世纪 60 年代开发出来的一种生物处理技术，在构造形式、系统组成等方面均具有独特之处。它具有结构简单、运转安全、电耗低、抗冲击负荷能力强、不发生堵塞等优点，目前在我国已广泛应用于生活污水及多种工业废水处理中，取得了良好效果。

1)生物转盘的构造。生物转盘由盘片、氧化反应槽、转轴及驱动装置等部分组成，其构造如图 4－10 所示。生物转盘由固定在转轴上的许多间距很小的圆盘组成，盘片是生物转盘的主体。作为生物膜的载体，盘片应具有质轻、强度高、耐腐蚀、抗老化、比表面积大等特点。氧化反应槽一般采用钢板或钢筋混凝土制成，做成与盘片外形相吻合的半圆形，以避免水流短路和污泥沉积。在氧化反应槽两端设有进出水设备，槽底有放空管。

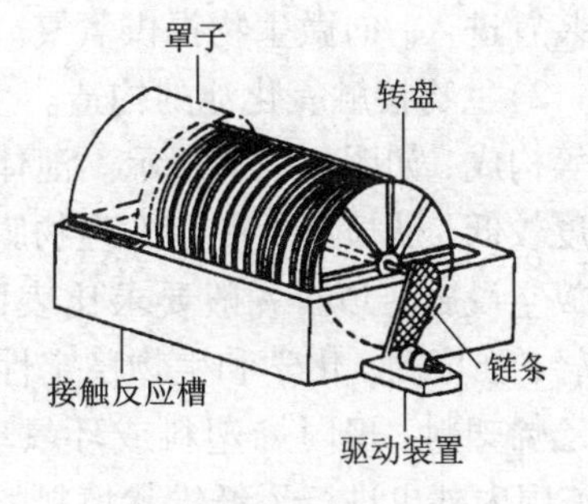


图 4－10　生物转盘

2)净化机理。生物转盘降解有机物的机理(见图4-11)与生物滤池基本相同。当盘片浸没在废水中时，废水中的有机物被盘片上的生物膜吸附，当盘片离开废水时，盘片表面形成一层薄薄的水膜。水膜从空气中吸收氧气，生物膜氧化分解有机物。这样，盘片每转动一圈，即进行一次吸附-吸氧-氧化分解过程。盘片不断转动，废水得到净化，同时盘片上的生物膜不断生长、增厚。老化的生物膜靠盘片旋转时产生的剪切力脱落下来，使生物膜得以更新。如运行得当，生物转盘系统还具有硝化、脱氮及除磷的功能。

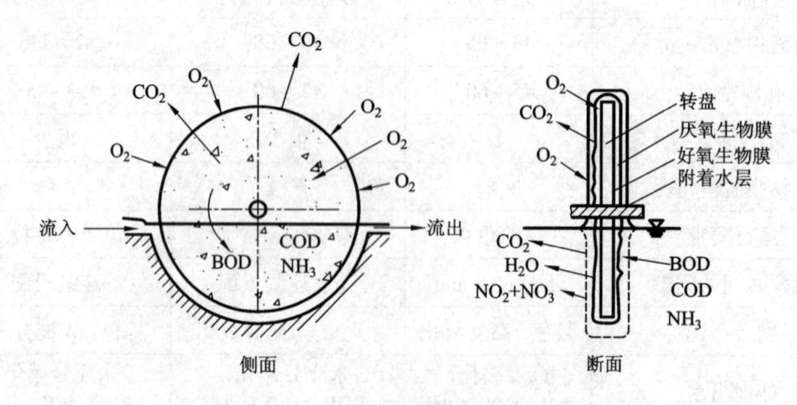


**图4-11　生物转盘降解有机物的机理**

### 3. 生物接触氧化法

生物接触氧化法又称为浸没式生物滤池，它将填料浸没于水中，在填料表面和填料间的空隙生成膜状生物性污泥，废水与其接触并得到净化。

1)净化机理。生物接触氧化池内设置填料，填料淹没在废水中，填料上长满生物膜，废水与生物膜接触时，水中的有机物被微生物吸附、氧化分解，废水得到净化。填料上脱落的生物膜随水流到二沉池后被除去。空气通过设在池底的布水装置进入，向微生物提供氧气。

2)生物接触氧化池的构造。生物接触氧化池主要由池体、填料和布水布气装置等构成，如图4-12所示。池体可为钢结构或钢筋混凝土结构。由于池中水流速度较低，从填料上脱落的生物膜有一部分沉积在池底，因此应在池底设置排泥和放空设施。填料一般要求比表面积大，孔隙率大，对微生物无毒害，易挂膜，质轻，强度高，化学和生物稳定性好，经久耐用等特点，工程实践中常采用由聚氯乙烯塑料、聚丙烯塑料或环氧玻璃钢等做成的蜂窝状或波纹板状填料。近年来，国内外也进行了纤维状填料的研究，纤维状填料是用尼龙、维纶、腈纶、涤纶等化学纤维编结成束，呈绳状连接。

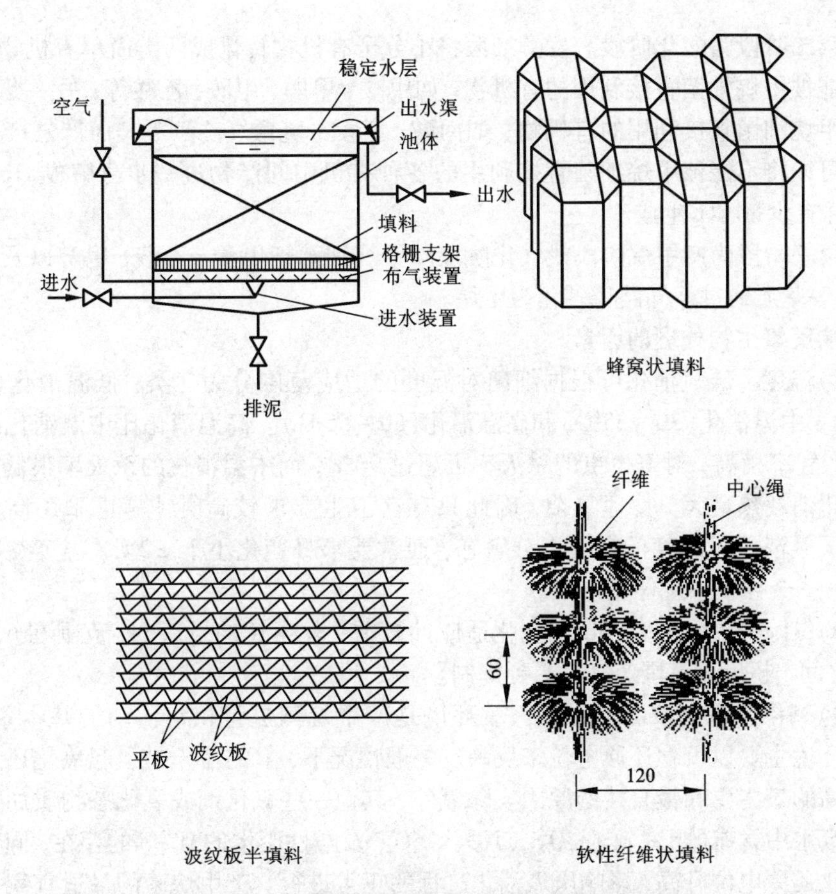


**图4-12　生物接触氧化池的基本构造及填料类型**

## 4.3.3　厌氧生物处理法

厌氧生物处理法是在无氧的条件下，利用兼性菌和厌氧菌的代谢作用分解有机物的一种生物处理方法。厌氧生物处理最初主要用于处理城市污水处理厂产生的污泥，但近些年来由于对浓度较高的有机废水采用好氧法很不经济，而且厌氧生物处理分解的最终产物主要是沼气，可作为能源回收利用，因此厌氧生物处理法越来越受到人们的关注。

**1. 基本原理**

有机物的厌氧分解过程可分为三个阶段：水解阶段，酸化阶段，气化阶段。

第一阶段为水解阶段。废水中不溶性复杂大分子有机物，如蛋白质、多糖类、脂肪等被细菌的胞外酶水解为小分子可溶性有机物。有水解作用的发酵细菌将蛋白质分解为氨基酸，将纤维素、淀粉等碳水化合物水解成单糖。

第二阶段为酸化阶段。发酵细菌将小分子有机物转化成两类简单有机物：一类是能被甲烷细菌直接利用的有机物，如甲酸、甲醇、甲胺、乙酸等；另一类是不能被甲烷细菌直接利用的有机物，如丙酸、丁酸、乳酸、乙醇等。而产氢产乙酸细菌可以将不能被甲烷细菌直接利用的各种有机中间产物进一步分解成 $H_2$ 和乙酸，并有少量 $CO_2$ 生成。

第三阶段为产甲烷阶段或气化阶段。甲烷细菌把甲酸、乙酸、甲醇以及 $CO_2$ 和 $H_2$ 等基质通过不同路径转化为甲烷。

**2. 影响厌氧生物处理的因素**

1)温度。厌氧消化可根据细菌对温度的适应范围分为三类：低温消化(5 ~ 15℃)、中温消化(30 ~ 35℃)和高温消化(50 ~ 55℃)。高温消化比中温消化时间短，产气率稍高，对寄生虫的杀灭率可超过90%，而中温消化的杀灭率很低。高温消化消耗热量大，管理复杂，因此只有在卫生要求较高时才考虑采用高温消化。厌氧消化对温度的突变十分敏感，通常要求日变化小于 ±2℃，温度突变幅度太大，会导致系统停止产气。

2)pH。产甲烷菌对 pH 的变化适应性较差，其生长的最适 pH 范围在 6.8 ~ 7.2 之间，超出该范围产气会受到抑制。

3)氧化还原电位。绝对的厌氧环境是产甲烷菌进行正常活动的基本条件。厌氧环境主要以氧化还原电位来反映。一般情况下，氧的溶入是引起氧化还原电位升高的最主要和最直接的原因。除氧外，其他一些氧化剂或氧化态物质如某些工业废水中含有的 $Fe^{3+}$、$Cr_2O_7^{2-}$、$NO_3^-$、$SO_4^{2-}$ 及酸性废水的 $H^+$ 等的存在，同样可使氧化还原电位升高，影响厌氧消化过程的正常进行。产甲烷菌的最适宜氧化还原电位为 -400 ~ -150 mV。在培养产甲烷菌的初期，氧化还原电位不能高于 -300 mV。

4)营养物。一般要求 BOD 大于 1000 mg/L，BOD∶N∶P = 200∶5∶1 时较为合适。

5)有机负荷率。正常运行的厌氧处理装置多处于甲烷发酵阶段，污泥和废水在厌氧反应器内的停留时间是一定的，如果投加生污泥或有机物过多，则产酸速率将超过产甲烷速率，导致有机酸积累。当超过缓冲能力后，反应器发生酸化，产甲烷细菌将受到抑制。

6)搅拌。搅拌有利于新投入的新鲜污泥(或废水)与消化污泥的充分接触，使反应器内的温度、有机酸、厌氧菌分布均匀，并可防止消化池表面形成污泥壳，有利于沼气的释放。搅拌可提高沼气产量，缩短消化时间。

7)有毒物质。有毒物质会对厌氧微生物产生不同程度的抑制，使厌氧消化过程受到影响甚至破坏。常见抑制性物质为硫化物、氨氮、重金属、氰化物及某些人工合成的有机物。

### 3. 厌氧生物处理工艺

早期用于处理废水的厌氧消化构筑物是化粪池和双层沉淀池。近些年来，发展了多种用于处理有机废水的高效厌氧生物处理设备，如厌氧接触法、厌氧生物滤池、厌氧生物转盘、升流式厌氧污泥床反应器（UASB）等。

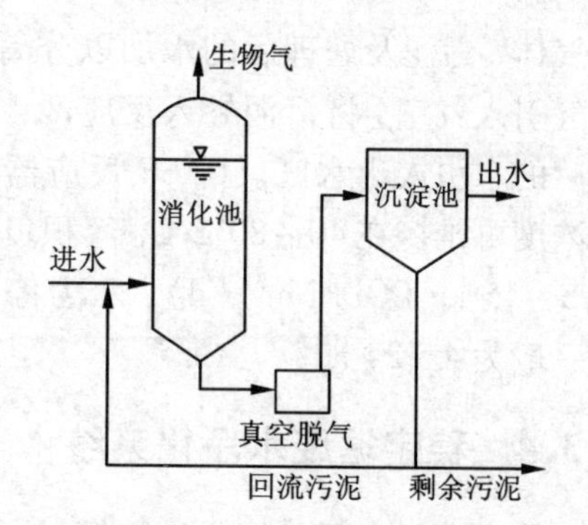

图4-13　厌氧接触法

1）厌氧接触法。厌氧接触法是对普通消化池的改进，工艺流程如图4-13所示。在普通消化池后段设置污泥沉淀池，将沉淀污泥回流至消化池，形成了厌氧接触法。该系统能够降低污泥流失率，出水水质稳定，水处理效率得以提高。但是，消化池出水进行固液分离较为困难，其原因是：混合液污泥中附着大量沼气泡，引起污泥上浮；混合液中的污泥仍具有产甲烷活性，沉淀池中继续产气。为提高沉淀池固液分离效率，需要在消化池与沉淀池之间设置脱气装置，如真空脱气器等。

2）厌氧生物滤池和厌氧生物转盘。为了防止消化池的污泥流失，可在池内设置挂膜介质，使厌氧微生物生长在上面，由此出现了厌氧生物滤池和厌氧生物转盘。

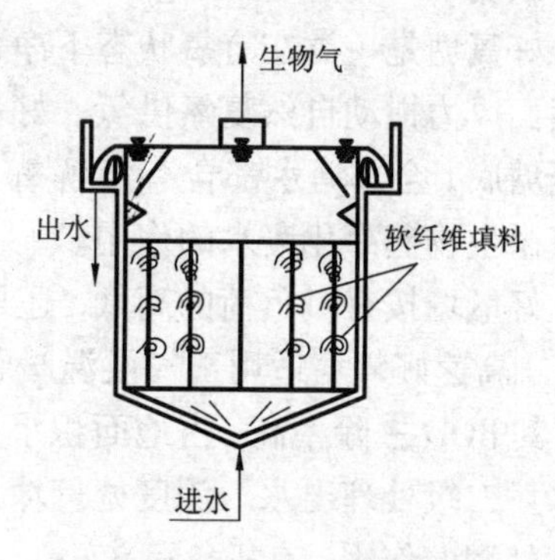

图4-14　厌氧生物滤池

厌氧生物滤池（见图4-14）内装有粒径为30～50 mm的滤料（如碎石、焦炭、塑料球等），或充填软性或半软性填料。在滤料/填料表面附生着一层厌氧生物膜。废水从池底连续进入并从池顶连续排出，在通过填料层时与微生物接触，微生物吸附废水中的有机物，并将其分解为甲烷和二氧化碳。厌氧生物滤池主要适用于处理含悬浮物较少的中低浓度有机废水。

厌氧生物转盘与好氧生物转盘大致相同，只是它完全淹没在废水中。厌氧微生物生活在旋转的盘面上，同时在废水中还保持一定数量的悬浮态厌氧污泥。旋转的盘片能促进有机物与微生物充分接触，并可防止堵塞。

3）升流式厌氧污泥床反应器（UASB）。这种反应器是目前应用非常广泛的一种厌氧生物处理装置，其结构如图4-15所示。废水自下而上通过厌氧污泥床反应器。在反应器的底部有一个高浓度、高活性的污泥层，大部分有机物在这里被转化为$CH_4$和$CO_2$。由于气态产物的搅动和气泡黏附污泥，在污泥层上方形成一个污泥悬浮层。反应器的上部设有三相分离器，其主要作用是将反应过程中产生的气体、污泥及处理后的水加以分离，将沼气引入气室，将污泥导入反应区，将处理后的水引入出水区。UASB 反应器内污泥浓度可维持在 40 ~ 80 g/L，容积负荷可达 5 ~ 15 kg COD/($m^3$ · d)，水力停留时间一般为 4 ~ 24 h。

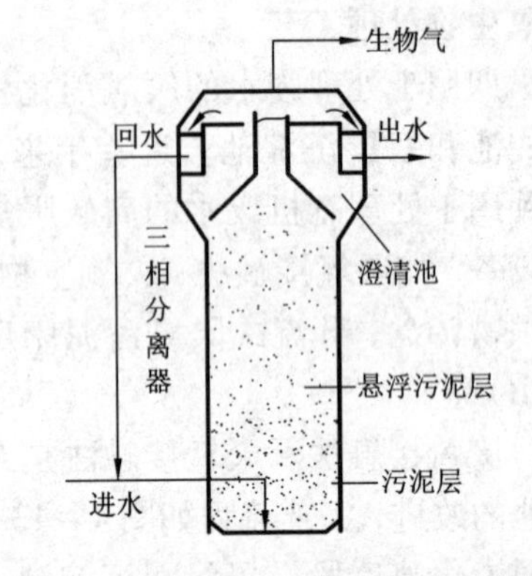


图 4 – 15　升流式厌氧污泥床反应器

### 4.3.4　稳定塘废水净化系统

稳定塘又名氧化塘或生物塘，是一种天然的或经一定人工构筑的废水净化系统。稳定塘按塘水中微生物优势群体类型和塘水的溶解氧状况可分为好氧塘、兼性塘、厌氧塘和曝气塘。按用途又可分为深度处理塘、强化塘、储存塘和综合生物塘等。上述不同性质的塘组合成的塘称为复合塘。这里主要介绍按溶解氧状况分类的方式。

**1. 好氧塘**

好氧塘是一类在有氧状态下净化废水的稳定塘，它完全依靠藻类光合作用和塘表面风力搅动自然复氧供氧。好氧塘的深度较浅，一般在 0.5 ~ 1.0 m，阳光能透至塘底，全部塘水都含有溶解氧，塘内菌藻共生，溶解氧主要是由藻类供给，好氧微生物起净化废水的作用。

好氧塘按有机负荷的高低，还可分为高速好氧塘、低速好氧塘和深度好氧塘 3 种。高速好氧塘适用于气候温暖、阳光充足地区，可生化性较好的工业废水处理，其 BOD 去除率高，占地面积小。低速好氧塘用于处理低浓度有机废水和城市污水厂二级处理出水。深度处理塘用于接纳经过二级生化处理的出水，并对之起深度处理的作用，有机负荷较小。

废水一般在好氧塘内停留 2 ~ 6 d，$BOD_5$ 去除率可达到 80% 以上。好氧塘出水中含有大量藻类，排放前要沉淀或过滤去除。

**2. 兼性塘**

兼性塘是指在上层有氧、下层无氧的条件下净化废水的稳定塘，是最常用的塘型。兼性塘深度通常为 1.2 ~ 2 m，上层为好氧区，藻类的光合作用和大气复氧作用使其溶解氧浓度较高，由好氧微生物起净化污水作用；中层的溶解氧逐渐减少，称兼性区(过渡区)，由兼性微生物起净化作用；下层塘水无溶解氧，称厌氧区，沉淀污泥在塘底进行厌氧分解。

废水在兼性塘的停留时间一般规定为 7 ~ 180 d，低值适用于我国南方地区，高值适用于我国北方地区。除小规模的处理系统可以采用单塘外，一般采用多塘串联系统。

**3. 厌氧塘**

厌氧塘是一类在无氧状态下净化废水的稳定塘，有机负荷高，以厌氧反应为主。厌氧塘最初被作为预处理设施使用，并且特别适用于处理高温高浓度的废水，在处理城镇生活污水方面已取得了成功。厌氧塘的塘深一般在 2 m 以上，有的深达 4 ~ 5 m，全部塘水均无溶解氧，呈厌氧状态，由厌氧微生物起净化作用，净化速度慢，废水在塘内停留时间长。

**4. 曝气塘**

通过人工曝气设备向塘中废水供氧的稳定塘称为曝气塘，是人工强化与自然净化相结合的一种形式，适用于土地面积有限，不足以建成完全以自然净化为特征的塘系统。塘深在 2 m 以上，全部塘水有溶解氧，由好氧微生物起净化作用，废水停留时间较短，$BOD_5$去除率可达到 50% ~ 90%。但由于出水中常含有大量微生物，因此不宜直接排放，一般需后续连接沉淀分离设施进一步处理。

### 4.3.5　废水土地处理系统

废水土地处理是利用农田、林地等土壤 - 微生物 - 植物组成的生态系统对污染物进行综合净化处理的生态工程；在污染物得以净化的同时，水中的营养物质和水分也得以循环利用，促进绿色植物生长，是使废水资源化、无害化和稳定化的处理系统。

**1. 净化机理**

废水土地处理系统的净化机理十分复杂，它包含了物理过滤、物理吸附与物理沉积、物理化学吸附、化学反应与沉淀、微生物代谢及有机物降解等过程(见表 4 - 5)。

**表 4 - 5　废水土地处理系统的净化机理**

| 净化过程 | 作用机理 |
| --- | --- |
| 物理过滤 | 土壤颗粒间的空隙可滤除废水中的悬浮颗粒。土壤颗粒的大小、颗粒间空隙形状、大小分布及水流通道形状都影响物理过滤效率。废水悬浮颗粒过大、有机物代谢产物会使土壤堵塞。因此，应加强管理、控制，维持土壤截污、过滤能力 |
| 物理吸附与物理沉积 | 非极性分子间范德华力的存在使土壤中黏土矿物质等能吸附土壤中的中性分子；由于阳离子交换作用，废水中部分重金属离子在土壤胶体表面被置换、吸附并生成难溶物质而被固定在矿物晶格中 |
| 物理化学吸附 | 金属离子与土壤中的交替由于螯合作用而形成螯合化合物；有机物与无机物的复合化而生成复合物；重金属离子与土壤进行阳离子交换而被置换吸附，有些有机物与土壤中重金属生成可吸性螯合物而固定于土壤矿物晶格中 |

续表 4-5

| 净化过程 | 作用机理 |
|---|---|
| 化学反应与沉淀 | 金属离子与土壤某些组分进行化学反应生成难溶化合物而沉淀。另一些化学反应能生成金属磷酸盐和有机重金属而沉淀于土壤中 |
| 微生物代谢及有机物降解 | 土壤中含有大量异养型微生物能对颗粒中悬浮性有机固体和溶解性有机物进行生物降解；厌氧状态时，厌氧菌能对有机物进行厌氧发酵分解，此外，亚硝酸盐和硝酸盐进行生物反硝化脱氮 |

## 2. 工艺类型

根据系统中水流运动的速率和流动轨迹的不同，废水土地处理可分为五种类型：慢速渗滤、快速渗滤、地表漫流、地下渗滤和湿地。各种废水土地处理工艺的性能参数见表 4-6。

表 4-6　各种废水土地处理工艺的性能参数

| 项　目 | 慢速渗滤 | 快速渗滤 | 地表漫流 | 地下渗滤 | 湿地 |
|---|---|---|---|---|---|
| 布水方式 | 投灌；地表布水 | 地表投配布水 | 喷灌；地表布水 | 地下管道水 | 地表布水 |
| 水力负荷/($m \cdot a^{-1}$) | 0.6~6.0 | 6.0~170 | 3~20 | <10 | 1~30 |
| 周负荷率/($cm \cdot 周^{-1}$) | 1.3~10 | 10~240 | 6~40 | 5~20 | 2~64 |
| 有机负荷率/($kgBOD \cdot 10^{-4} \cdot m^{-2} \cdot d^{-1}$) | 50~500 | 150~1000 | 40~120 | 18~140 | |
| 预处理最低程度 | 一级处理 | 一级处理 | 格栅及筛滤 | 一级处理 | 一级处理 |
| 要求土地面积/($hm^2 \cdot 10^{-4} m^{-3}$) | 60~600 | 2~60 | 15~120 | 13~150 | 10~275 |
| 投入废水的去向 | 下渗、蒸散 | 下渗、蒸散 | 径流、下渗、蒸散 | 下渗、蒸散 | 下渗、蒸散 |
| 对植物的要求 | 谷物、牧草、森林 | 无要求 | 牧草 | 无要求 | 草皮、花木 |
| 对气候的要求 | 较温暖 | 无限制 | 较温暖 | 无限制 | 较温暖 |
| 土壤类型 | 沙壤土、黏壤土 | 沙、沙壤土 | 黏土、黏壤土 | 沙壤土、黏壤土 | |
| 地下水位最小深度/m | -1.5 | -4.5 | 无规定 | 2.0 | 无规定 |
| 对地下水水质的影响 | 可能会有一些影响 | 一般会有影响 | 可能有轻微影响 | 一般会有影响 | 影响不太大 |

续表4-6

| 项　目 | 慢速渗滤 | 快速渗滤 | 地表漫流 | 地下渗滤 | 湿地 |
|---|---|---|---|---|---|
| 可能达到的出水水质/($mg \cdot L^{-1}$) | BOD ≤2<br>TSS ≤1<br>TN ≤3<br>TP ≤0.1 | BOD ≤5<br>TSS ≤2<br>TN ≤10<br>TP ≤1 | BOD ≤10<br>TSS ≤10<br>TN ≤10<br>TP ≤6 | $BOD_5$约40<br>$TSS_5$约20<br>$TN_5$约20 | BOD ≤10<br>TSS ≤10 |
| 运行管理特点 | 严格管理作物，延长系统使用寿命 | 管理运行较简单，磷可能限制系统的寿命 | 运行管理较严格，系统使用寿命长 | | |

# 4.4　化学法

## 4.4.1　中和法

中和法是利用酸性药剂或碱性药剂将废水从碱性或酸性调整到中性的一类处理方法。在废水处理中，中和处理既可以作为主要的处理单元，也可以作为预处理单元。

**1. 中和原理**

由于酸性废水中常溶解有重金属盐，在用碱进行中和处理时，可生成难溶的金属氢氧化物。中和过程的主要反应是酸与碱生成盐和水的中和反应。当酸和碱的当量相等时，达到等当点。由于作用的酸、碱的强弱不同，等当点时的 pH 不一定等于7。当强酸与弱碱中和时，等当点时的溶液 pH 小于7，当弱酸与强碱中和时，等当点时的溶液 pH 大于7。需要投加的酸、碱中和剂的量，理论上可按化学反应式进行计算。

**2. 中和方法**

酸性废水的中和方法可分为药剂中和法、过滤中和法及碱性废水中和法三种。药剂中和法能处理任何浓度、任何性质的酸性废水，对水质和水量波动适应性强，中和药剂利用率高，主要的药剂有石灰、苛性钠、碳酸钠、石灰石、电石渣等，最常用的是石灰；过滤中和法是选择碱性滤料填充成一定形式的滤床，酸性废水流过此床即被中和，常用的滤料有石灰石、大理石、白云石等；利用排出的碱性废水来中和酸性废水，可以达到以废治废的目的。必须注意对于弱酸或弱碱，由于反应生成盐的水解，尽管反应达到等当量点，但溶液并非中性，pH 取决于生成盐的水解度。

碱性废水的中和方法可分为药剂中和法和废酸性物质中和法两种。药剂中和法常用的药剂有硫酸、盐酸等。硫酸价格较低，应用最广；盐酸反应物溶解度高，沉渣量少，但价格较高。利用酸性废水中和法和利用碱性废水中和酸性废水原理基本相同。废酸性物质主要包括含酸废水、酸性烟道气等。

### 4.4.2 混凝法

混凝是向废水中投加一定量的药剂，经过脱稳、架桥等反应过程，使水中的污染物凝聚并沉降。混凝可除去自然沉淀难以去除的细小悬浮物及胶体微粒，还可降低废水中的浊度和色度，去除某些重金属、放射性物质及高分子有机物。此外，还可以改善污泥的脱水性能，减轻后续处理的负荷。可以作为单独的处理手段，也可以与其他的水处理方法结合使用，作为预处理、中间处理或最终处理单元。

**1. 混凝原理**

化学混凝的机理至今仍未完全清楚。废水中杂质的成分和浓度、水温、pH、碱度，以及混凝剂的性质和混凝条件等均影响混凝效果。但归结起来，可以认为主要是四方面的作用：压缩双电层作用、吸附架桥作用、电性中和作用及网捕作用。在实际水处理中，各种机理往往同时发挥作用，但根据条件的不同而以某一种起主导作用。

1）压缩双电层作用。压缩双电层是指在胶体分散系中投加能产生高价反离子的电解质，通过增大溶液中的反离子强度来减小扩散层厚度，从而使电动电位降低的过程。由于扩散层的厚度变小，电动电位相应降低，胶粒间的相互排斥力也因此减弱。另外，扩散层变薄，使胶体粒子间的距离也减少，相互间的吸引力变大，因此胶体间的作用合力由以排斥力为主转变为以引力为主，胶体会失去原有的平衡而脱稳并迅速凝聚。

2）电性中和作用。胶粒表面对电性相异的胶粒、离子或链状分子吸附，会中和电位离子所带电荷，导致静电斥力减弱，电动电位降低，从而使胶体脱稳并发生凝聚。当投加的电解质为铁盐、铝盐时，它们能在一定的条件下离解、水解，生成各种配合离子。这些配合离子不但能压缩双电层，而且能够通过胶核外围的反离子层进入固液界面，并中和电位离子所带电荷，使电动电位也随之减小，达到胶粒的脱稳和凝聚。显然，其结果与压缩双电层作用相同，但作用机理是不同的。

3）吸附架桥。吸附架桥也称为吸附桥联，是指在悬浮液中加入链状高分子化合物，由于其架桥作用使悬浮液中的胶体粒子脱稳的现象。例如，三价铝盐、铁盐或其他高分子混凝剂溶于水后，经水解和缩聚反应形成高分子化合物，这些高分子化合物一般都具有很长的分子链，且链上有很多活性基团，能够通过静电键合、氢键键合或共价键键合等作用对颗粒产生吸附作用，且因其线性程度较大，当一端吸附颗粒后，另一端又吸附另一胶粒，在相距较远的两胶粒间进行吸附架桥，使颗粒逐渐结大，形成肉眼可见的粗大絮凝体。这种由高分子物质吸附架桥作用而使微粒相互黏结的过程称为絮凝。

4)网捕作用。当用铁盐、铝盐等高价金属盐类作混凝剂，而且投加量和介质条件足以使它们迅速生成难溶性氢氧化物时，沉淀就能把胶粒或细微悬浮物作为晶核或吸附质而将其一起除去。

**2. 混凝剂与助凝剂**

1)混凝剂。若要取得良好的混凝效果，应选择适宜的混凝剂。混凝剂应具有以下特点：混凝效果好，对人类健康无害，价廉易得，使用方便等。混凝剂的种类很多，按其化学成分可分为无机盐类混凝剂和有机高分子混凝剂两大类。

(1)无机盐类混凝剂。目前应用最广的是铁系和铝系等高价金属盐，可分为普通铁、铝盐和碱化聚合盐。其他还有碳酸镁、活性硅酸、高岭土、膨润土等。

(2)有机高分子混凝剂。有机高分子混凝剂可分为有机合成高分子混凝剂和天然高分子混凝剂两大类。天然高分子混凝剂的应用不太广泛，主要是因为电荷密度小、分子量较低，且容易发生降解而失去活性。有机高分子混凝剂由许多链节组成且常含带电基团，故又被称为聚合电解质。有机高分子混凝剂中，以聚丙烯酰胺应用最为普遍。

2)助凝剂。为了强化混凝效果，生成粗大、结实、易于沉降的絮凝体，有时在投加混凝剂的同时，还投加一些辅助药剂以提高混凝效果。这些辅助药剂即为助凝剂，通常为高分子物质，主要作用是改善絮凝体结构，促使细小而松散的絮粒变得粗大密实而易于沉降，调整溶液的pH，避免其他物质对混凝反应的干扰。

**3. 影响混凝效果的主要因素**

1)水温。无机盐类混凝剂的水解是吸热反应，水温低时，尤其低于5℃，水解速率非常缓慢，且水温低时，黏度大，不利于脱稳胶粒相互絮凝，影响絮凝体的结大，进而影响后续的沉淀处理效果。改善办法有投加助凝剂或采用气浮法代替沉淀法作为后续处理。

2)pH。水的pH对混凝剂的影响程度视混凝剂的品种而异。用硫酸铝时，最佳pH范围6.5～7.5；用于除色时，pH范围4.5～5。用三价铁盐时，最佳pH范围6.0～8.4。有机高分子混凝剂的混凝效果受pH的影响较小。

3)水中杂质的成分、性质和浓度。水中杂质的成分、性质和浓度对混凝效果有明显的影响。如天然水中含黏土类杂质，需投加的混凝剂量较少；而污水中含有大量有机物时，需投加的混凝剂量较多，为10～1000 mg/L。在实际生产中，通常靠混凝试验来选择合适的混凝剂和最佳投药量。

4)水力条件。混凝过程可分为混合、反应两个阶段。混合阶段要求快速和剧烈搅拌，在几秒钟或一分钟内完成；反应阶段搅拌强度或水流速度应随着絮凝体的结大而逐渐降低，以免打碎结大的絮凝体。

**4. 混凝设备**

1)混合设备。混合设备是完成凝聚过程的重要设备。它能保证在较短的时间内将药剂扩散到整个水体中，并使水体产生强烈的紊动，为药剂在水中水解和聚合创造良好的条件。混合设备种类较多，归纳起来可分为3类：水泵混合、隔板混合和机械混合。

水泵混合是最常用的一种方法。将药剂投加在水泵的吸水管内或喇叭口处，利用水泵叶轮高速旋转达到快速混合的目的。该方法混合效果好，不需另建混合设备。但水泵到构筑物的管线过长时，可能会过早形成絮体并被打碎。另外，如用三氯化铁作混凝剂时，对水泵叶轮具有一定的腐蚀作用。

隔板混合依靠水流通过隔板孔道时产生急剧的收缩和扩散，形成涡流，使药剂和原水充分混合。处理水量稳定时，隔板混合效果较好。如流量变化较大时，隔板混合效果不稳定。

机械混合是用电动机带动浆板或螺旋桨进行强烈搅拌，这是一种有效的混合方法。浆板的外缘线速度一般用2 m/s，混合时间10～30 s。其优点是搅拌强度可以调节，比较机动。但由于使用了机械设备，增加了维修保养工作和动力消耗。

2)反应设备。混合完成后，水中已经产生细小的絮体，但还未达到自然沉降的粒度，反应设备的任务就是使小絮体逐渐絮凝成大絮体而便于沉降。反应设备形式较多，概括起来分为两大类：水力搅拌和机械搅拌。常用的有隔板反应池和机械搅拌反应池。

(1)隔板反应池。隔板反应池有往返式和回转式两种，见图4－16和4－17。往返式隔板反应池利用水流断面上流速分布不均匀所造成的速度梯度，促使颗粒相互碰撞进行絮凝。为了避免絮凝体破碎，隔板反应池廊道内的流速及转弯处水流流速沿池长减小。回转式隔板反应池是在往返式隔板反应池的基础上改进而成。在往返式隔板絮凝池内，水流作180°转弯，局部水头损失较大，不利于絮凝效果的提高，将180°转弯改为90°转弯，形成回转式隔板反应池，局部水头损失大为减小，絮凝效果也有所提高。根据絮凝池容积大小，往返式隔板絮凝池总水头损失一般为0.3～0.5 m，回转式总水头损失比往返式约小40%。

目前，往往把往返式和回转式两种形式组合使用，前为往返式，后为回转式。因絮凝初期，絮凝体尺寸较小，无破碎之虑，采用往返式较好；絮凝后期，絮凝体尺寸较大，采用回转式较好。

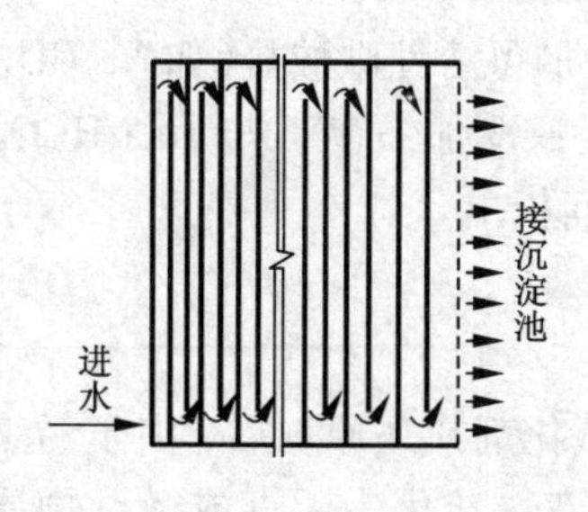


图4-16　往返式隔板反应池

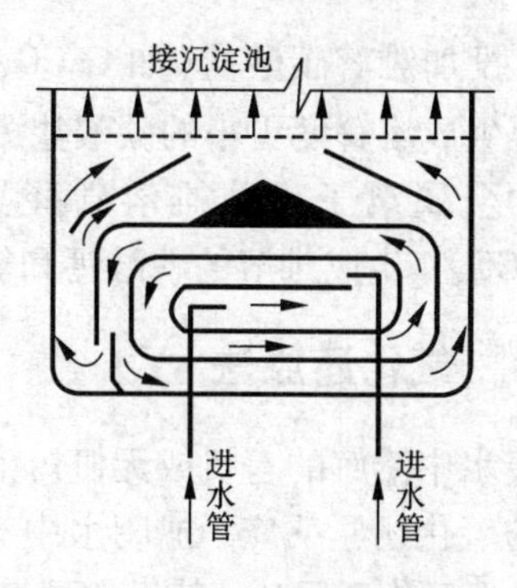


图4-17　回转式隔板反应池

(2)机械搅拌反应池。机械反应池是利用电动机经减速装置驱动搅拌器对水进行搅拌，水流的能量消耗来源于搅拌机的功率输入。根据旋转轴的安装位置，可分为水平轴和垂直轴两种形式。水平轴式通常用于大型水厂，垂直轴式通常用于中、小型水厂。

### 4.4.3　化学沉淀法

化学沉淀法是往水中投加某种化学药剂，与水中的溶解物质发生互换反应，生成难溶于水的盐类，形成沉渣，从而降低水中溶解物质的含量。废水处理中，常用化学沉淀法去除废水中的阳离子，如$Hg^{2+}$、$Ca^{2+}$、$Pb^{2+}$、$Cu^{2+}$、$Zn^{2+}$、$Cr^{2+}$等，阴离子如$SO_4^{2-}$、$PO_4^{3-}$等。

1)氢氧化物沉淀法。除了碱金属和部分碱土金属外，其他金属的氢氧化物大都是难溶的，因此可用氢氧化物沉淀法去除废水中的金属离子。废水中的金属离子很容易生成各种氢氧化物，其中包括氢氧化物沉淀及各种羟基配合物，这些产物的生成条件和存在状态与溶液的pH有直接的关系。沉淀剂为各种碱性药剂，如石灰、碳酸钠、苛性钠、石灰石、白云石等，最常用的是石灰。

2)硫化物沉淀法。金属硫化物是比金属氢氧化物的溶度积更小的一类难溶化合物，所以在废水处理中也可采用生成硫化物的方法来去除水中的重金属离子，同时溶液中$S^{2-}$离子浓度受$H^+$浓度的制约，所以可以通过控制酸度，用硫化物沉淀法把溶液中不同金属离子分步沉淀而分离回收。常用的沉淀剂有$H_2S$、$Na_2S$、NaHS、$CaS_x$、$(NH_4)_2S$等。根据沉淀转化原理，难溶硫化物MnS、FeS等亦可作为处理药剂。

3)碳酸盐沉淀法。碱土金属(Ca、Mg等)和重金属(Mn、Fe、Co、Ni、Cu、Zn、Ag、Cd、Pb、Hg、Bi等)的碳酸盐都难溶于水，所以可用碳酸盐沉淀法将这些金属离子从废水中去除。对于不同的处理对象，碳酸盐沉淀法有三种不同的应用方式：投加难溶碳酸盐（如 $CaCO_3$），与废水中重金属离子如 $Pb^{2+}$、$Cd^{2+}$、$Zn^{2+}$、$Ni^{2+}$ 等生成溶解度更小的碳酸盐沉淀而析出；投加可溶性碳酸盐（如 $Na_2CO_3$），与废水中金属离子生成难溶碳酸盐沉淀而析出；投加石灰，与 $Ca(HCO_3)_2$ 和 $Mg(HCO_3)_2$ 生成难溶的碳酸钙和氢氧化镁沉淀而析出。

### 4.4.4 氧化还原法

废水中溶解的有机或无机污染物，在投加氧化剂或还原剂后，由于污染物与药剂的氧化还原反应，把废水中有毒有害的污染物转化为无毒或微毒物质的方法，称为氧化还原法，其目的是将污染物氧化还原成无害的终端产物或较易被生物降解的中间产物，通过氧化还原，可使水中的有机物和无机物氧化还原分解，减低水中的 BOD 和 COD。根据有毒有害物质在氧化还原反应中能被氧化或还原的不同，废水的氧化还原法可分为氧化法和还原法两大类。

**1. 氧化法**

1）空气氧化法。空气氧化法是指把空气吹入废水中，利用空气中的氧气氧化废水中有害物质的方法。氧的化学氧化性很强，并且 pH 降低，氧化性会增强。但是，用 $O_2$ 进行氧化反应的活化能很高，反应速度很慢，这样在常温、常压或无催化剂时，空气氧化法所需反应时间较长，使其应用受到限制。如果采用高温、高压、催化剂、$\gamma$ 射线辐照等方法，能断开氧分子中的氧—氧键，则氧化反应速度将大大加快。

2）臭氧氧化法。臭氧是氧的同素异形体，常温下是一种具有特殊气味的淡紫色气体，密度是氧的 1.5 倍，溶解度是氧的 10 倍。臭氧在酸性溶液中稳定，而在碱性溶液中不稳定，常温下即可逐渐分解，分解时放出生态氧，并迅速和被氧化的物质发生反应。臭氧的氧化性很强，能把大多数单质和化合物氧化到它们的最高氧化态。臭氧对有机物有强烈的氧化作用、脱色和消毒作用。影响臭氧氧化法处理效果的主要因素除污染物的性质、浓度、臭氧投加量、溶液 pH、温度、反应时间外，气态药剂 $O_3$ 的投加方式亦很重要。目前，臭氧氧化法已得到了较为广泛的应用。

3）氯氧化法。氯是氧化能力较强且普遍使用的氧化剂。在废水处理中，氯氧化法主要用于含氰化物、硫化物的废水，还有脱色、除臭、杀菌、消毒等功效。常用的药剂有漂白粉、液氯、次氯酸、漂白精等，它们在水溶液中可电离产生次氯酸根离子，$HClO$、$ClO^-$ 具有很强的氧化能力。

**2. 还原法**

还原法主要用于处理废水中的 $Cr^{6+}$、$Hg^{2+}$、$Cu^{2+}$ 等重金属离子，如六价铬毒性很大，可以用还原法将其还原成毒性较小的三价铬 $Cr^{3+}$，再使其生成 $Cr(OH)_3$ 沉淀而除去。

1）还原法除铬。将废水中毒性大的六价铬还原成毒性极小的三价铬 $Cr^{3+}$，常用的还原剂有亚硫酸氢钠、二氧化硫、硫酸亚铁。还原反应在酸性溶液中进行(pH <4 为宜)。还原剂的用量与 pH 有关。例如，若用亚硫酸作还原剂，pH 为 3~4时，氧化还原反应进行得最完全，还原剂用量也最少；pH 为 6 时，反应不完全，用量较大；pH 为 7 时，反应难以进行。

2)还原法除汞。常用的还原剂有铁屑、锌粒、铝粉、铜屑、硼氢化钠、醛类、联胺等。

废水中的有机汞通常先用氧化剂将其破坏，使之转化为无机汞后，再用金属置换。用金属还原除 $Hg^{2+}$ 时，将含汞废水通过金属屑滤床，或与金属粉混合反应，置换出金属汞。置换反应速度与接触面积、温度、pH 等因素有关。通常将金属破碎成 2~4 mm 的碎屑，并用汽油或酸去掉表面的油污或锈蚀层。温度升高，能使反应速度加快；但温度过高，会有汞蒸气逸出，故反应一般在 20~80℃范围内进行。

### 4.4.5 超临界处理技术

任何物质可以气态、液态、固态三种状态存在，气态物质在温度降低或压力增加时可以转变为液态或固态。但是当温度和压力超过临界值时，不论二者如何变化，气体不再凝结为液体，气、液间没有明显的界限，成为浑然一体的“流体”，即超临界流体。

近年来，超临界流体技术引起了人们的广泛关注，主要是因为它具有许多诱人的特性。例如：超临界流体分子的扩散系数比一般液体高 10~100 倍，有利于传质和热交换；临界流体具有可压缩性，温度或压力较小的变化也引起超临界流体的密度发生较大的变化。大量的研究表明，超临界流体的密度是决定其溶解能力的关键因素，改变超临界流体的密度可以改变超临界流体的溶解能力。

超临界流体具有一些特性，其与气体、液体的物理性质比较如表 4-7 所示。由表 4-7 数据表明，超临界流体兼具气体和液体的双重特性，密度接近于液体，黏度和扩散系数接近于气体，渗透性好。

**表 4-7 超临界流体、气体、液体的物理性质比较**

| 流体(压力，温度) | 密度/($g \cdot cm^{-3}$) | 黏度/($g \cdot cm^{-1} \cdot s^{-1}$) | 扩散系数/($cm^{-3} \cdot s^{-1}$) |
|---|---|---|---|
| 气体(常压，常温) | $(0.6 \sim 2) \times 10^{-3}$ | $(1 \sim 3) \times 10^{-4}$ | $0.1 \sim 0.4$ |
| 超临界流体($p_c$，$t_c$) | $0.2 \sim 0.5$ | $(1 \sim 3) \times 10^{-4}$ | $0.7 \times 10^{-3}$ |
| 液体(常压，常温) | $0.6 \sim 1.6$ | $(0.2 \sim 3) \times 10^{-2}$ | $(0.2 \sim 2) \times 10^{-5}$ |

在环境保护中，常用的超临界流体有水、$CO_2$、氨、乙烯、丙烷、丙烯等。由于水的化学性质稳定，且无毒、无臭、无色、无腐蚀性，因此得到了最为广泛的应用。

**1. 超临界水及其特性**

超临界水是温度、压力在临界点($t_c=374.3$℃, $p_c=22.05$ MPa)以上的高温高压水。在超临界条件下，水的性质发生了极大的变化，其密度、介电常数、黏度、扩散系数、电导率和溶剂化性能都不同于普通水，如表4-8所示。

**表4-8　各种状态下水的物理性质**

| 物理性质 | 水(液体)<br>(25℃, 0.1 MPa) | 水蒸气(气体)<br>(100℃, 0.1 MPa) | 超临界水<br>(600℃, 25 MPa) |
|---|---|---|---|
| 介电常数 | 80 | 1 | 2 |
| 黏度/($kg \cdot m^{-1} \cdot s^{-1}$) | $891\times10^{-6}$ | $12.3\times10^{-6}$ | $34.5\times10^{-6}$ |
| 密度/($kg \cdot m^{-3}$) | 997 | 0.59 | 71 |

**2. 超临界水氧化技术**

20世纪80年代中期，美国学者 Modell 提出了超临界水氧化技术。超临界水氧化技术是有机废物与空气、氧气等氧化剂在超临界水中进行氧化反应而将其去除的过程。超临界水氧化反应是在高温、高压下进行的均相反应，反应速率很快(可小于1 min)，处理彻底，有机物被完全氧化成$CO_2$、$H_2O$、$N_2$以及盐类等无毒的小分子化合物，且无机盐可从水中分离出来，处理效率高，完全达到国家一级排放标准，实现直接排放或回收利用。另外，当有机物质量分数超过2%时，超临界水氧化过程可以形成自热而不需额外供给热量。因此，该技术受到国内外研究工作者的普遍关注，被誉为“绿色清洁”技术。

它利用超临界水作为反应介质，能彻底氧化破坏有机物。与其他处理技术相比，超临界水氧化技术具有其明显的优越性：分解效率高；无二次污染；氧化反应速度迅速；设备小型化；可处理的废水浓度广；高效节能。这些特点使得超临界水氧化技术无论在适用性和后续处理，还是在停留时间和去除率等方面，要优于传统的空气氧化法和焚烧法。但是超临界技术目前还存在着制约其广泛应用的难题，如设备及工艺技术要求高，一次性投资较大；关键设备的防腐和盐沉积问题并未完全解决；在反应机理上，还需要进一步探讨。相信今后随着对制约因素的解决，超临界氧化技术势必得到越来越广泛的应用，并产生巨大的经济和社会效益。

## 4.5　传质法

### 4.5.1　离子交换法

离子交换法是一种借助于离子交换剂上的离子和水中的离子进行交换反应而

除去水中有害离子的方法。离子交换法用于水处理特别是水的软化与除盐已较为普遍，近年来在工业废水处理中也应用较广，主要用于回收贵重金属离子，也用于放射性废水和有机废水的处理。

**1. 离子交换原理**

离子交换的实质是不溶性的电解质(树脂)与溶液中的另一种电解质所进行的化学反应。这一化学反应可以是中和反应、中性盐分解反应或复分解反应：

$$R-SO_3H+NaOH \longrightarrow R-SO_3Na+H_2O\text{(中和反应)}$$

$$R-SO_3H+NaCl \rightleftharpoons R-SO_3Na+HCl\text{(中性盐分解反应)}$$

$$2R-SO_3Na+CaCl_2 \rightleftharpoons (R-SO_3)_2Ca+2NaCl\text{(复分解反应)}$$

**2. 离子交换剂**

离子交换剂按母体(骨架)的材质，可分为无机和有机两大类。天然的有机阳离子交换剂主要有煤、褐煤及泥煤等；天然无机离子交换剂最常见的是沸石。水处理中常用的离子交换剂有磺化煤和离子交换树脂。磺化煤利用天然煤为原料，经浓硫酸磺化处理后制成，但交换容量低，机械强度差，化学稳定性较差，已逐渐被离子交换树脂所取代。

离子交换树脂是人工合成的高分子化合物，由树脂本体(又称母体)和交换基团组成。交换基团由固定离子和活动离子组成，固定离子固定在树脂的骨架上，活动离子则依靠静电引力与固定离子结合在一起，二者电性相反，电荷相等。

**3. 离子交换树脂的性能**

1)粒度、密度。树脂颗粒一般为0.3~1.2 mm(相当于50~160目)。离子交换树脂的密度一般用湿视密度(堆积密度)和湿真密度来表示。各种商用树脂的湿视密度为0.6~0.85 g/mL树脂，湿真密度一般为1.04~1.03 g/mL树脂。

2)物理与化学稳定性。树脂的物理稳定性是指树脂受到机械作用时(包括在使用过程中的溶胀和收缩)的磨损程度，还包括温度变化对树脂影响的程度。树脂的化学稳定性包括承受酸碱度变化的能力、抵抗氧化还原的能力等。树脂稳定性是选择和使用树脂时必须注意的因素之一。

3)交换容量。离子交换树脂交换能力的大小以交换容量来衡量，它表示树脂交换能力的大小，单位为mol/kg(干树脂)或mol/L(湿树脂)。

交换容量又可分为全交换容量、平衡交换容量与工作交换容量。全交换容量指离子交换树脂内全部可交换的活性基团的数量。此值决定于树脂内部组成，与外界溶液条件无关。这是一个常数，通常用滴定法测定。平衡交换容量指在一定的外界溶液条件下，交换反应达到平衡状态时，交换树脂所能交换的离子数量，其值随外界条件变化而异。工作交换容量是指树脂在给定条件下实际的交换能力。树脂的全交换容量最大，平衡交换容量次之，工作交换容量最小。后二者只是全交换容量的一部分。离子交换容量的单位，可用每单位质量干树脂所能交换的离子数量来表示，例如 mol/g(干)。也可用每单位体积湿树脂所能交换的离子数量来表示，例如 mol/mL(湿)。

4)溶胀性。树脂由于吸水或转型等条件改变而引起的体积变化现象称为溶胀性。溶胀程度常用溶胀率(溶胀前后的体积变化/溶胀前的体积)表示。树脂的交联度越小、交换容量越大、活性基团越易离解、可交换离子水合半径越大，其溶胀率越大；水中电解质浓度越高，由于渗透压增大，其溶胀率越小。树脂的这种溶胀性直接影响树脂的操作条件和使用寿命，因此在交换器的设计和使用过程中，都应注意这一因素。

**4. 离子交换工艺及设备**

1)离子交换过程。离子交换的运行过程包括四个步骤：交换、反洗、再生、清洗。

(1)交换。交换过程主要与树脂层高度、水流速度、原水浓度、树脂性能以及再生程度等因素有关。当出水中的离子浓度达到限值时，应进行再生。

(2)反洗。反洗是在离子交换树脂失效后，逆向通入冲洗水和空气。其目的是松动树脂层，使再生液能均匀渗入树脂层中，与交换剂颗粒充分接触，同时把过滤过程中产生的破碎离子和截留的污物冲走。冲洗水可以用自来水或废再生液，反洗时树脂层膨胀 40% ~60%。反洗流速约 15 m/h，大约需要 15 min。

(3)再生。再生过程也是交换反应的逆过程。使具有较高浓度的再生液流过树脂层，将交换过程中交换的离子置换出来，从而使树脂的交换能力得到恢复。再生时间一般不小于 30 min。再生液浓度越大，再生程度越高；但超过一定范围，再生程度反而下降。例如阳离子交换树脂的食盐再生液浓度一般为 5% ~10%，盐酸再生液浓度则为 4% ~6%。

(4)清洗。清洗时将树脂层内残留的再生废液清洗掉，直至出水水质符合要求为止。清洗水由交换柱的进水端进入，故又称正洗。清洗水用量通常为树脂体积的 4 ~13 倍，过流速度约 2 ~4 m/h。

2)离子交换设备。离子交换设备按照进行方式的不同，可以分为固定床、移动床和流动床三种。

固定床离子交换器在工作时，床层固定不变，水流由上而下流动。根据树脂在交换柱中的分层情况，又分为单层床、双层床和混合床三种。单层床中只装一种树脂，可以单独使用，也可以串联使用。双层床是在同一个柱中装两种类型相同电性的树脂，由于密度差异而分为两层。混合床是把阴、阳两种树脂混合装成一床使用。在废水处理中，单层固定床离子交换设备是最常用、最基本的一种形式。

移动床交换设备包括交换柱和再生柱两个主要部分，工作时，定期从交换柱排出部分失效树脂，送到再生柱再生，同时补充等量的新鲜树脂进入交换柱。移动床是一种半连续式的交换设备，其交换作用的树脂层在间断移动过程中完成交换和再生的往复循环过程。

流动床是树脂层在连续移动中实现交换和再生的循环过程。

移动床和流动床只有单床形式。与固定床相比，具有交换速度快、生产能力大和效率高等优点。但是由于设备复杂、操作麻烦、对水质水量变化的适应性差，以及树脂磨损大等缺点，故限制了它们的应用范围。

### 4.5.2 吸附法

吸附法是指利用多孔性固体吸附剂的表面吸附特性，分离废水中多种污染物的废水处理方法。在水处理领域中，吸附法主要用于脱除水中的微量污染物，应用范围包括脱色、除臭、脱除重金属离子、各种溶解性有机物、放射性元素等。在处理流程中，吸附法可作为离子交换、膜析法等方法的预处理，以去除有机物、胶体及余氯等；也可以作为二级处理后的深度处理手段，以保证回用水的质量。

**1. 吸附机理**

吸附过程是一种界面现象，其作用在两个相的界面上进行。具有吸附能力的多孔性固体物质称为吸附剂，而废(污)水中被吸附的物质称为吸附质。根据固体表面上吸附剂以及吸附质之间产生吸附作用的吸附力不同，吸附过程可分为物理吸附和化学吸附两大类。两种吸附特征的比较见表4-9。

**表4-9 物理吸附和化学吸附特征比较**

| 项目 | 物理吸附 | 化学吸附 |
|---|---|---|
| 作用力 | 分子引力(范德华力) | 剩余化学键力 |
| 选择性 | 一般无选择性 | 有选择性 |
| 吸附层 | 单分子层或多分子层均可 | 只能形成单分子层 |
| 吸附热 | 较小，一般在41.9 kJ/mol以内 | 较大，一般为83.7～418.7 kJ/mol |
| 吸附效率 | 快，几乎不要活化能 | 慢，需要一定的活化能 |
| 可逆性 | 较易解析 | 吸附不可逆 |
| 温度 | 放热过程，低温有利于吸附 | 温度升高，吸附速度增加 |

在实际吸附过程中，物理吸附和化学吸附通常相伴发生。大部分的吸附往往是几种吸附综合作用的结果，只是由于吸附剂、吸附质以及吸附温度等具体吸附条件的不同，使得某种吸附作用占主要地位。例如，同一吸附体系在低温条件下可能主要发生的是物理吸附，而在中、高温条件下则可能主要发生化学吸附。

**2. 吸附剂**

广义而言，一切固体物质都有吸附能力，但是只有多孔物质或磨得极细的物质由于具有很大的比表面积，才能作为吸附剂。在水处理中常用的吸附剂种类很多，常用的有活性炭、活性炭纤维、磺化煤、白土、硅藻土、活性氧化铝、焦炭、木炭、泥煤、高岭土、硅胶、炉渣、木屑以及其他合成吸附剂等。

**3. 吸附工艺和设备**

吸附工艺操作分为静态间歇式和动态连续式两种。

静态间歇式是将废水和吸附剂放在吸附池内搅拌 30 min 左右，然后静置沉淀，排除澄清液。若一次吸附的出水不符合要求，可增加吸附剂用量，延长吸附时间，或进行二次吸附，直至符合要求。静态间歇式吸附主要用于小量废水的处理和试验研究。

动态连续式是在废水不断地流经装填有吸附剂的吸附柱(或塔)的过程中，使废水中的污染物与吸附剂接触并被吸附，使出水中污染物的浓度降至处理要求值以下，直接获得净化出水。实际工作中的吸附工艺一般都采用动态连续式。

连续吸附可以采用固定床、移动床和流化床。固定床连续吸附方式是废水处理中最常用的。吸附剂固定填放在吸附柱(或塔)中，故称为固定床，结构示意图见图 4 – 18。固定床根据处理水量、原水的水质和处理要求可分单床式、多床串联式和多床并联式三种(图 4 – 19)。移动床(见图 4 – 20)是指在操作过程中定期地将接近饱和的一部分吸附剂从吸附柱排出，并同时将等量的新鲜吸附剂加入柱中。所谓流化床是指吸附剂在吸附柱内处于膨胀状态，悬浮于由下而上的水流中。由于移动床和流化床的操作较复杂，在废水处理中较少使用。

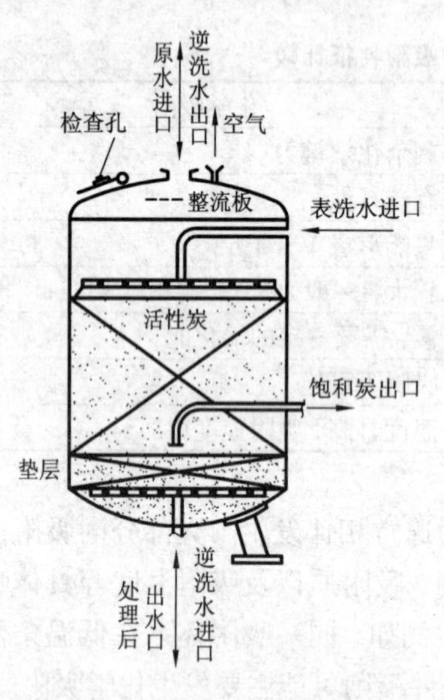


图 4 – 18　固定床吸附塔构造

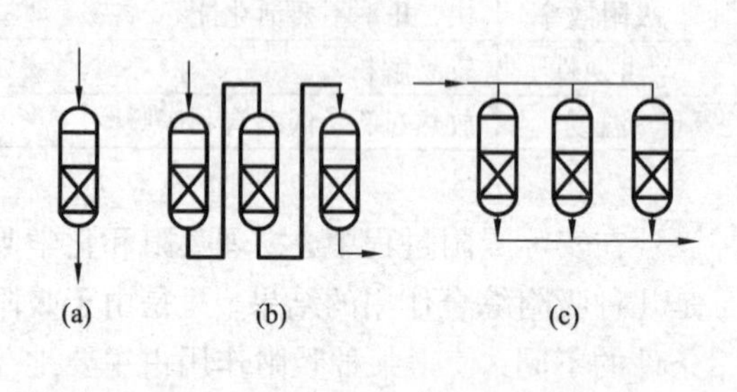


图 4 – 19　固定床操作示意图

(a)单床式；(b)多床串联式；(c)多床并联式

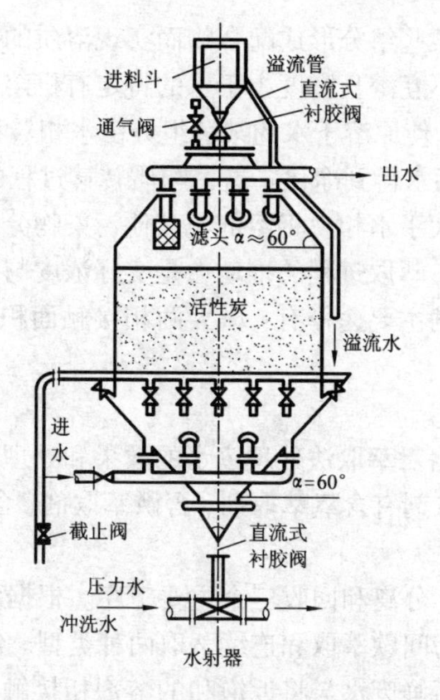


图4-20　移动床吸附塔构造

**4. 吸附剂的再生**

吸附饱和后的吸附剂，经再生后可重复使用。再生的目的就是在吸附剂本身结构不发生或极少发生变化的情况下，用某种方法将吸附质从吸附剂的细孔中除去，使吸附剂能够重复使用。通过再生使用，可以降低处理成本，减少废渣排放，同时回收吸附质。

目前吸附剂的再生方法有加热再生、药剂再生、化学氧化再生、湿式氧化再生、生物再生等。在选择再生方法时，主要考虑三方面的因素：吸附质的理化性质、吸附机理及吸附质的回收价值。

## 4.5.3　萃取法

萃取法用于水处理过程，主要以含高浓度重金属离子的废水与某些高浓度有机工业废水(如含酚或染料废水等)为对象，提取回收其中的有用资源，从而达到综合治理的目的。该法具有使用浓度范围广、传质速率快、适于连续操作、产品纯度高、能量消耗少等优点，因此在污染物治理和资源回收利用过程中应用广泛。

**1. 基本原理**

萃取过程中所采用的溶剂称为萃取剂，被萃取的污染物称为溶质；萃取后的溶剂相称为萃取液(相)，萃取后的废水称为萃余液(相)。若溶剂的萃取过程是利用废水中各组分在溶剂中溶解度的不同而实现溶质的分离，则称为物理萃取。

若利用溶剂与废水中的某些组分形成配合物而实现溶质的分离，称为化学萃取。

萃取过程是将与水不互溶且密度小于水的特定有机溶剂和废水接触，在物理萃取或化学萃取作用下，使原溶于水的某种组分由水相转移至有机相的过程。然后分离污水和溶剂，使污水得到净化。这一物质转移过程的必要条件是被萃取组分在有机相中的溶解度大于水相。将溶剂与其他污染物分离可使溶剂再生，分离的污染物也可回收利用。萃取过程的推动力是实际浓度与平衡浓度之差。提高萃取速度和设备生产能力的主要途径有：增大两相接触面积；增大传质系数；增大传质推动力。

**2. 萃取剂**

萃取剂的性能及价格对萃取法处理废水的效果和处理成本有直接的影响。在废水处理中，常用的萃取剂有含氧萃取剂、含磷萃取剂、含氯萃取剂等。

**3. 萃取工艺设备**

萃取工艺包括混合、分离和回收三个主要工序。根据萃取剂与污水的接触方式不同，萃取操作可分为间歇萃取和连续萃取两种类型。间歇萃取在工艺上一般采用对端逆流方式，使新鲜废水与将近饱和的溶剂相接触，而新鲜溶剂则与经过几段萃取后的低浓度废水接触，这样可节省溶剂用量，同时又有较高的萃取效率。目前，在污水处理中常用的连续逆流萃取设备有填料塔、筛板塔、喷淋塔、外加能量的脉冲塔、转盘塔和离心萃取机等。

### 4.5.4 膜析法

膜析法是利用某种特殊的半透膜对溶液中的某种溶质或者溶剂(水)进行选择性分离、浓缩或提纯的技术方法。半透膜是指在溶液中一种或几种成分不能透过，而其他成分能透过的膜。在膜析法中，溶质透过膜的过程称为渗析，溶剂透过膜的过程称为渗透。根据渗析或渗透过程推动力的不同，膜析法可分为微滤、超滤、反渗透、渗析、电渗析和液膜分离等。

**1. 电渗析**

1)基本原理。电渗析是在直流电场的作用下，利用阴、阳离子交换膜对溶液中阴、阳离子的选择透过性(即阳膜只允许阳离子通过，阴膜只允许阴离子通过)，而使溶液中的溶质与水分离的一种物理化学过程。

电渗析的分离原理见图4－21。电渗析器由置于正、负电极之间的一系列阴、阳膜隔开的小水室组成，在电场作用下，阴、阳离子要发生定向迁移。阳离子在向阴极移动的过程中可透过阳膜进入相邻的水室，或是被阴膜截留在原来的水室；阴离子在向阳极移动的过程中可透过阴膜进入相邻的水室，或是被阳膜截留在原来的水室。离子减少的水室称为淡水室，其出水为淡水；相反，离子增多的水室称为浓水室，其出水为浓水。与电极板接触的水室称为极室，其出水为极水。需要注意的是，每个水室内离子的正负电荷仍是平衡的。

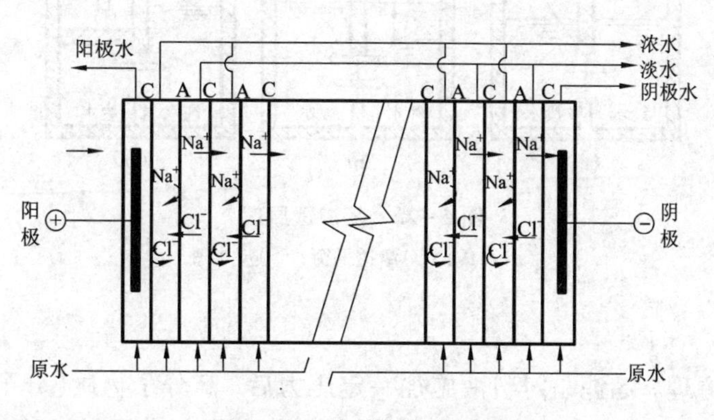


图 4－21　电渗析分离原理

对于给水处理，我们需要的是淡水，浓水则排走；对于工业废水处理，浓水可回收有用物质，淡水可无害化排放，也可重复利用。

2）设备。电渗析器由压板、电极托板、电极、极框、阳膜、阴膜、隔板甲、隔板乙等部件组成，这些部件按照一定的顺序组装并压紧即组成电渗析器。

用于隔开阴阳膜的隔板是水流通道，可分为回流式和无回流式两种。隔板上有配水孔、布水槽、流水道以及搅动水流用的隔网；电极材料应具有导电性好、耐腐蚀、强度大、质轻、价廉等特点。常用的电极材料有铅板或石墨，还可用钛涂钌、钛镀铂和钽镀铂等。极框用于防止膜贴到电极上，以保证极室水流畅通。电极托板用来承托电极并连接进、出水管。

**2. 反渗透法**

1）原理。反渗透法是一种借助压力促使水分子反向渗透，以浓缩溶液或废水的方法。如图 4－22 所示，如果将纯水和盐水用半透膜隔开，此半透膜只有水分子能够透过而其他溶质不能透过，则水分子将透过半透膜进入溶液（盐水），溶液逐渐从浓变稀，液面则不断上升，直到某一定值为止。这个现象叫渗透，高出于水面的水柱高度（决定于盐水的浓度）是由于溶液的渗透压所致。如果我们向溶液的一侧施加压力，并且超过它的渗透压，则溶液中的水就会透过半透膜，流向纯水一侧，而溶质被截留在溶液一侧，这就是反渗透。

由此可见，实现反渗透必须具备两个条件：一是必须具有高选择性和高透水性的半透膜；二是操作压力必须高于溶液的渗透压。

2）反渗透装置。工业上应用的反渗透装置有平板式、管式、螺旋卷式和中空纤维式四种。根据膜材料化学组成的不同，反渗透膜可分为纤维素酯类膜和非纤维素酯类膜两大类。

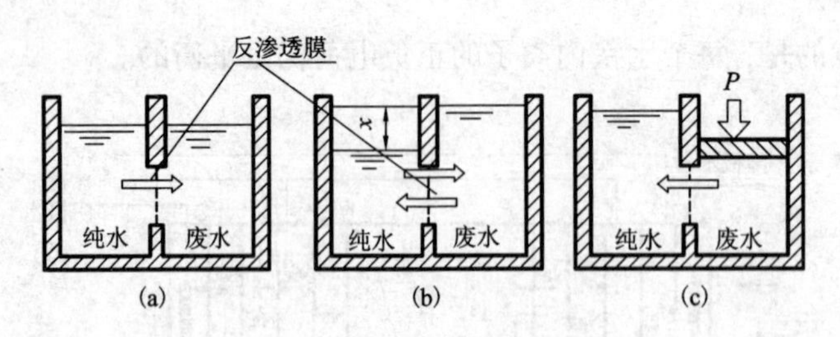


**图4-22 反渗透原理**

(a)渗透；(b)渗透平衡；(c)反渗透

**3. 超滤**

1)基本原理。超滤是对料液施加一定压力后，高分子物质(分子量>500)、胶体、蛋白质等被半透膜所截留，而溶剂和低分子物质(分子量<500)则透过膜。超滤分离机理主要包括膜表面孔径筛分机理、膜孔堵塞的阻滞面机理和膜面及膜孔对粒子的一次吸附机理。

超滤过程中，由于高分子的低扩散性和水的高渗透性，被截留的溶质组分会在膜表面上积聚，使膜上的溶质浓度高于溶液主体的浓度，这种现象称为浓差极化。浓差极化是一种可逆过程，可以通过降低超滤膜两侧的压力差，或是通过提高超滤料液湍流速度以降低膜表面的溶质浓度等方法，减轻浓差极化现象，使膜的透水通量得到较好的恢复，缓和其对超滤过程的负面影响。

2)超滤膜及超滤装置。我国主要商品化的超滤膜有二醋酸纤维素、聚砜、聚砜酰胺和聚丙烯腈。国外已经商品化的超滤膜品种还有聚氯乙烯、聚酰胺及聚丙烯膜等。超滤装置和反渗透装置一样，主要有平板式、管式、螺旋卷式和中空纤维式四种。

## 4.6 传热、蒸发、结晶

### 4.6.1 传热

传热又称热量传递，是能量转移过程。根据热力学第二定律，凡是有温度差存在的地方，热量就能自发地从高温处传到低温处，传热过程的推动力就是温度差。

在自然界、工农业生产和人们的日常生活中，传热过程无处不在。根据传热机理的不同，可将热量传递方式分为三种，即热传导、对流传热和热辐射。在实际传热过程中，这三种传热方式往往同时存在，或以某两种方式存在。如果有两种以上的方式进行热传递称之为复合传热。如热交换器传热是对流传热和热传导联合作用的结果，同时还存在着热辐射。

在环境工程中，传热过程主要有两种情况：一是强化传热过程，如环境治理过程中各种热交换设备涉及的强化传热；二是削弱传热过程，如对设备和管道的保温，以减少热量损失。

### 4.6.2　蒸发

蒸发法处理废水的实质是加热废水，使水分子大量汽化，废水浓缩并进一步回收利用；汽化水蒸气冷凝后可获得纯水。废水进行蒸发处理时，既有传热过程，又有传质过程。

供沸腾蒸发的设备叫做蒸发器。废水处理中用到的蒸发器主要有以下几种：列管式蒸发器，薄膜式蒸发器，螺旋卷板式蒸发器。列管式蒸发器可分为内循环型与外循环型两种；薄膜式蒸发器可分为升膜型与降膜型两种，也可根据循环形式的差异分为自然循环与强制循环两种。由于蒸发器结构种类繁多，每种结构又各有其操作特性与效率，在选择蒸发器时，应根据废水的性质、浓缩要求等进行确定。

### 4.6.3　结晶

结晶法用以分离废水中具有结晶性能的固体溶质，其实质是通过蒸发浓缩或降温冷却，使溶液达到过饱和，从而使溶质以结晶方式析出、回收，并使废水得到净化。

## 4.7　中水回用技术

### 4.7.1　回用途径及回用水水质标准

中水回用的用途决定了污水处理的程度、处理工艺和运行管理制度的可靠程度。目前，中水回用大致范围为：城市市政污水回用、灌溉水回用、工业循环水回用和景观水回用等。

回用水水质标准是保证水安全及经济合理的水处理流程的基本依据。由于回用水使用途径的广泛性，对水质的要求也不同。目前，我们国家已制定了一系列回用水水质标准，包括《城市污水再生利用　工业用水水质》(GB/T 19923—2005)、《城市污水再生利用　城市杂用水水质》(GB/T 18920—2002)和《城市污水再生利用　景观环境用水水质》(GB/T 18921—2002)等。

### 4.7.2　预处理技术

污水中含有相当数量的漂浮物和悬浮物质，通过物理方法去除这些污染物的方法称为预处理，又称为一级处理或物理处理。通过预处理，$BOD_5$的去除率可达到25%～45%。因此，在污水回用中预处理起到相当重要的作用。

随着对环保要求的提高，不仅要求去除污水中的悬浮物，还有 $BOD_5$。污水二级处理出水水质主要指标基本上能达到回用于农业的水质控制要求。除浊度、固体物质和有机物等指标外，其他各项指标已基本接近于回用工业冷却水水质控制指标。《污水再生利用工程设计规范》指出：出水供给回用水厂的二级处理的设计应安全、稳妥，并应考虑低温和冲击负荷的影响。当回用水水质对氮磷有要求时，宜采用二级强化处理。

### 4.7.3 深度处理技术

由于回用水用途的多样性，对城市污水二级处理后的出水进行深度处理，其目的是进一步去除悬浮物、有机物、氮磷、胶体物质、重金属以及可溶的无机盐等。由于适用对象、水质控制要求与给水处理有所不同，不能简单地套用给水处理的工艺方法和参数，而应根据回用水处理的特殊要求采用相应的深度处理技术。

目前常用的城市污水回用深度处理技术有混凝沉淀、快滤、消毒等传统技术，以及活性炭吸附和膜技术等。活性炭含有大量微孔，具有很大的比表面积，可有效去除色素、臭味，去除大多数无机物、有机物及部分重金属，在回用深度处理中应用广泛，但活性炭的再生过程较复杂。应用较广泛的膜技术有微滤、超滤、反渗透和电渗析等，该技术污染物去除率高，随着膜价格的不断下降，使膜分离技术在回用深度处理中的应用越来越广泛。

### 4.7.4 组合技术

回用水的用途不同，采用的水质控制指标和处理方法也不同。同样的回用用途，由于源水水质的不同，所采用的处理工艺和参数也有差异。因此，污水回用处理工艺应根据处理规模、回用水水源的水质、用途及当地的实际情况，经全面的技术经济比较，将各单元处理技术进行合理组合，成为技术可行、经济合理的处理工艺。

**1. 传统组合工艺**

1）二级出水→砂滤→消毒

2）二级出水→混凝→沉淀→过滤→消毒

3）二级出水→混凝→沉淀→过滤→活性炭吸附→消毒

此类工艺是目前常用的城市污水处理技术，在实际运行过程中可根据二级污水处理效果及回用水质要求对工艺进行具体调整。

**2. 以膜分离为主的组合工艺**

1）二级出水→混凝沉淀、砂滤→膜分离→消毒

2）二级出水→砂滤→微滤→纳滤→消毒

3）二级出水→臭氧→超滤或微滤→消毒

此类以膜分离为主的工艺中以超滤膜分离技术替代传统工艺中的沉淀、过滤单元，以生物反应器和膜分离有机组合为核心的膜生物反应器是一项有前途的废水回用处理系统。

**3. 活性炭、滤膜分离为主的组合工艺**

1）二级出水→活性炭吸附或氧化铁微粒过滤→超滤或微滤→消毒

2）二级出水→混凝沉淀、过滤→膜分离→（活性炭吸附）→消毒

3）二级出水→臭氧→微滤→消毒

4）二级出水→混凝沉淀→曝气→超滤→消毒

此类处理工艺将粉末活性炭与超滤或微滤相结合，组成吸附—固液分离工艺流程，再进行净水处理。粉末活性炭可有效吸附水中低分子量的有机物，使溶解性有机物转移到固相，再利用超滤和微滤膜截留去除微粒的特性，可将低分子量的有机物从水中去除，更重要的是，粉末活性炭还可以有效地防止膜污染。

### 4.7.5　回用安全措施

用水安全是城市污水回用的基础，需采取严格的安全措施和监测控制手段，保障回用安全。主要安全措施如下：

（1）污水回用必须采取有效措施保证供水水质稳定、水量可靠。污水厂二级处理能力应大于回用水厂能力20%以上。工业用水采用回用水系统时，应保留原新鲜水系统。

（2）回用水厂与各用户应保持畅通的信息传输系统。

（3）回用水管道严禁与饮用水管道连接。回用水管道必须防渗防漏，埋地时应做特殊的带状标志，明装时应涂上规定的标志颜色。闸门井井盖应铸上“回用水”字样。回用水管道严禁安装饮水器和龙头。

（4）回用水管道与给水管道、排水管道平行埋设时，其水平净距不得小于0.5 m；交叉埋设时，回用水管道应位于给水管道的下面、排水管道的上面，其净距均不得小于0.5 m。

（5）不得间断运行的供水泵房，应设两个外部独立电源或设置备用动力设备。

（6）回用水厂主要设施应设故障报警装置。

（7）在回用水水源收集系统中，对水质特殊的接入口，应设置水质监测点和控制闸门。

（8）回用水厂和用户应对水质和用水设备进行监测，监测项目和监测频率应符合有关标准的规定。

（9）回用水厂主要处理构筑物和用户用水设施，宜设置取样装置，在回用水厂出厂管道和各用户进户管道上应设计量装置。回用水厂宜采用自动化控制。

（10）回用系统管理操作人员应经专门培训。各工序应建立操作规程。操作人员应执行岗位责任制，做到持证上岗。

# 第5章 有色冶金过程固体废物处置与利用基础

## 5.1 概 述

### 5.1.1 固体废物的定义及分类

**1. 固体废物的定义**

固体废物的定义很多，在《中华人民共和国固体废物污染环境防治法》(1995年颁布，2004年修订，简称《固废法》)中明确提出：固体废物，是指在生产、生活和其他活动中产生的丧失原有利用价值或者虽未丧失利用价值但被抛弃或者放弃的固态、半固态和置于容器中的气态的物品、物质以及法律、行政法规规定纳入固体废物管理的物品、物质。此外，《固废法》还指出：液体废物的污染防治，适用本法，但是排入水体的废水的污染防治适用有关法律，不适用本法。这表明置于容器中的液态物品、物质也属于固体废物的范畴。

**2. 固体废物的特点**

总体来看，固体废物主要具有以下三方面的特点：

1)资源和废物的相对性。固体废物具有鲜明的时间和空间特征。从时间方面看，随着时间的推移、科技的发展以及人们要求的变化，今天的废物可能成为明天的资源；从空间角度看，一种过程产生的废物，往往可以成为另一过程的原料。因此说，固体废物是放错地方的资源。

2)富集终态和污染源头的双重性。固体废物往往是很多污染成分的终极状态，如一些有害气体或飘尘，通过治理最终富集成为固体废物。如果不对固体废物进行妥善处置，这些“终态”物质中的有害成分，在长期自然因素作用下会转移进入到大气、水体和土壤中，又成为大气、水体和土壤环境的污染“源头”。

3)危害具有潜在性、长期性和灾难性。固体废物对环境的危害不同于废水、废气和噪声。固体废物呆滞性大、扩散性小，它在进入人们生活环境后的降解过程漫长而复杂，难以控制，其危害可能在数年甚至数十年后才能发现。

此外，固体废物问题与其他环境问题相比较，还具有“四最”特点：最难处置的环境问题，固体废物来源广泛，物理性状千变万化，处置难度很大；最具综合性的环境问题，固体废物的处理处置具有综合性特征；最晚得到重视的环境问题；最贴近生活的环境问题，即最贴近人们日常生活，是与人类生活息息相关的环境问题。

**3. 固体废物的分类**

固体废物来源广泛，种类繁多，为了便于固体废物管理并采取适宜的处理处置方法，须对其进行分类。固体废物分类方法很多，常见的有以下4种。

1）按其化学特性分类。根据化学特性的不同，可将固体废物分为无机废物和有机废物两类。有机废物又包括可生物降解废物和不可生物降解废物。

2）按其危险性分类。根据其危险性，可将固体废物分为一般固体废物、危险废物和放射性废物三类。

危险废物是指列入国家危险废物名录或者根据国家规定的危险废物鉴别标准和鉴别方法认定的具有危险特性的固体废物。危险特性包括腐蚀性、毒性、易燃性、反应性和感染性5种。若废物具有其中的一种或者几种特性，则属于危险废物。危险废物对环境和人类的危害性很大，需要进行妥善处置。

放射性废物是指含有放射性核素或者被放射性核素污染，其浓度或者比活度大于国家确定的清洁解控水平，预期不再使用的废弃物。根据相关标准，按放射性活度水平可将废物分为豁免废物、低水平放射性废物、中水平放射性废物和高水平放射性废物4类；按其物理性状可分为气载废物、液体废物和固体废物3类，并可进一步细分。放射性废物对生态系统和人群的潜在危害极大，不同种类的放射性废物必须严格按照国家相关法规、标准及规范等进行妥善处置。

3）按其赋存形态分类。根据赋存形态的不同，可将固体废物分为固态废物（如粉状、粒状和块状等）、半固态废物（如污泥）以及置于容器中的气态或液态废物。

4）按其来源分类。根据来源不同，可将固体废物概分为矿业固体废物、工业固体废物、农业固体废物、生活垃圾和环境工程废物5大类。

（1）矿业固体废物。来自于矿山开采与选矿加工过程，主要为覆盖土、废矿石、尾矿、废渣、灰分等。其性质因矿物成分不同而有较大差异，量大类多。

（2）工业固体废物。是指在工业生产活动中产生的固体废物，包括轻、重工业生产和加工、精制等过程中产生的固态和半固态废物。近年来，大量使用后报废的工业产品和部件等废物也归入此类。工业固体废物常常具有毒性，对生态系统和人体健康的危害较大，因而越来越引起人们的重视，其中很多废物需划入危险废物进行管理和处置。

（3）农业固体废物。来自于农林牧渔业生产、加工和养殖过程中所产生的固态和半固态废物。这类废物常常可作为养殖业或农业肥料进行回收利用或能源回收等。

(4)生活垃圾。是指在城市日常生活或者为城市日常生活提供服务的活动中产生的固体废物，以及法律、行政法规规定视为生活垃圾的固体废物，包括城市居民家庭、城市商业、餐饮业、旅馆业、旅游业、服务业以及市政环卫系统、城市交通运输、文教机关团体、行政事业等单位所排出的固体废物。

(5)环境工程废物。是指在废水、废气等治理过程中产生的污泥、粉尘等。随着人们对环境治理的重视和大量环保设备的投入运营，这类废物产生量越来越大。

### 5.1.2 固体废物的环境危害

固体废物是各种污染物的最终形态，如果处理处置不当，其中的化学有害成分，如重金属、病原微生物等，可以通过环境介质，如土壤、水体和大气，进入到生态系统，破坏生态环境，并对人体产生危害。固体废物污染的途径是多方面的，具体情况取决于固体废物本身的物理、化学和生物性质，并与固体废物处置场地的地质、水文条件等因素有关。通常，主要有以下几种途径：通过填埋或堆放渗漏到地下污染地下水源；通过雨水冲刷流入江河湖泊造成地面水污染；通过废物堆放或焚烧会使臭气、粉尘与烟雾等进入大气，造成大气污染；通过食物链传递和富集进入食品，最后进入人体。

### 5.1.3 固体废物的处置及利用

#### 1.固体废物的处置

固体废物的处置，是指将固体废物焚烧和用其他改变固体废物的物理、化学、生物特性的方法，达到减少已产生的固体废物数量、缩小固体废物体积、减少或者消除其危险成分的活动，或者将固体废物最终置于符合环境保护规定要求的填埋场的活动。

通常，改变固体废物物理特性的方法包括压实、破碎、分选、脱水等；改变固体废物化学特性的方法包括热解、固化、氧化还原、浸出、酸碱中和等；改变固体废物生物特性的方法主要有厌氧发酵、好氧堆肥等。对于特定固体废物，视其具体情况和要求，可以采取一种或几种上述方法，将其转化为便于运输、贮存、资源化利用、无害化处置或填埋的形态。

填埋场主要包括生活垃圾填埋场和危险废物安全填埋场。对于工矿企业生产过程中产生的大量废土渣、废矿石、尾矿等，可以修建排土场、尾矿库等场所设施进行贮存，也可采用土地耕作、土地复垦或矿井回填等技术进行处理。此外，在一些国家和地区，对固体废物还采取海洋倾倒、海上焚烧等海洋处置方式，对此我国基本持谨慎的、不支持的态度，并在2000年修订出台的《中华人民共和国海洋环境保护法》中明确指出“禁止在海上焚烧废弃物”、“禁止在海上处置放射性废弃物或其他放射性物质”。

**2. 固体废物的利用**

固体废物的利用，是指从固体废物中提取物质作为原材料或者燃料的活动。固体废物具有容易造成环境污染等有害的一面，但其“资源和废物的相对性”表明它又有可利用的一面。固体废物不同程度地含有各种可利用物质，可以作为“二次资源”加以利用，故固体废物的利用也可称为资源化利用、综合利用等。

**3. 有色冶金过程固体废物**

在有色金属采选、冶炼及加工各个生产过程中排出的固体废物包括采矿废石、选矿尾矿、冶炼渣、炉渣、粉尘、碎屑、生产泥渣以及环境治理产生的废物(如污泥)等。我国有色金属资源矿产品位较低，伴生元素多，选冶生产技术水平不高，加上近些年来有色金属行业产能剧增，使得我国有色金属行业固体废物的产生量持续快速增长。其中，除部分进行了综合利用外，其他大部分固体废物，尤其是有毒有害废物，大多没有进行无害化处理，仅采取简单堆存方式进行处置，由此引发了严重的环境问题。

有色冶金过程产生的固体废物种类繁多，性质各样，涉及的处理处置及资源化利用内容极为广泛。本章仅对固体废物的共性处置及有色冶金过程典型废物的处置进行简要介绍，包括固体废物的压实、破碎、分选等预处理，固体废物的生物处理、焚烧及热解处理，固体废物资源化利用原则及途径，数量巨大的采矿废石、选矿尾矿的贮存，危害性较大的危险废物、放射性废物的处置。

## 5.2　固体废物的收运、压实、破碎与分选

### 5.2.1　固体废物的收运

固体废物收运是固体废物收集和运输的简称，是固体废物处置系统的第一环节，也是一项困难而复杂的工作。在我国，工矿企业固体废物处理的基本原则是“谁污染，谁治理”。通常情况下，产生废物较多的工厂在厂内外建有自己的堆场，收集、运输工作由工厂负责。

### 5.2.2　固体废物的压实

压实亦称压缩，即利用机械方法增加固体废物的聚集程度，增大容重和减小体积，便于装卸、运输、贮存和填埋。压实的原理主要是减少空隙率，将空气压掉，如采用高压压缩，除减少空隙外，在分子间还可能产生晶格的破坏，使物质变性。

适合压实处理的固体废物应具有压缩性能大而复原性能小的特点，如金属碎

片、废金属丝、废电器、废纸张等。而玻璃、金属块等密实的固体废物则不适于压实处理。此外，含有易燃易爆物质的固体废物也不能进行压实处理。

通过压实处理，可以实现以下目的：减少体积，便于装卸和运输，降低运输成本；减轻环境污染；制取高密度惰性块料，快速安全造地；节省填埋或贮存场地。

固体废物压实设备很多，可以分为固定式压实器和移动式压实器两大类。固定式压实器一般设在废物转运站、高层住宅滑道的底部以及需要压实废物的场合。移动式压实器一般安装在收集固体废物的车上，接受废物后即行压缩，随后送往处置场所。此外，根据废物种类，压实设备还可分为金属类压实器和城市垃圾压实器。

### 5.2.3 固体废物的破碎

破碎是指通过人力或机械等外力的作用，克服固体废物质点间的凝聚力而使大块固体废物分裂成小块的过程。若进一步加工，将小块固体废物颗粒分裂成细粉状的过程称为磨碎。破碎是固体废物最常用的预处理工艺之一。

通过破碎处理，可以达到以下目的：减少容积，便于压缩、运输、贮存和高密度填埋，以及加速复土还原；原来组成复杂且不均匀的固体废物经破碎或磨碎后容易均匀一致，可以提高焚烧、热解、焙烧、压缩等作业的稳定性和处理效率；固体废物破碎或磨碎后，原来的伴生矿物或联结在一起的异种材料等单体分离，便于从中分选、拣选回收有价值的物质和材料；可以有效防止大块、锋利的废物损坏后续分选、焚烧、热解等设备。

破碎方法可分为干式破碎、湿式破碎、半湿式破碎 3 种。其中，湿式破碎与半湿式破碎是在破碎的同时兼有分级分选的处理。干式破碎即通常所说的破碎，按所用的外力即消耗能量形式的不同，又可分为机械能破碎和非机械能破碎两种方法。机械能破碎是利用工具对固体废物施力而将其破碎的；非机械能破碎则是利用电能、热能等对固体废物进行破碎的新方法，如低温破碎、热力破碎，低压破碎或超声波破碎等。低温冷冻破碎已用于废塑料及其制品、废橡胶及其制品、废电线(塑料橡胶被覆)等的破碎处理。

目前，广泛应用的机械破碎方法有压碎、劈碎、剪切、磨削和冲击破碎等，见图 5-1。选择破碎方法时，需要考虑固体废物的机械强度特别是废物的硬度。对于坚硬性废物，如各种废石和废渣等，多采用挤压、劈碎、冲击和磨削破碎；对于柔硬性废物，如废橡胶、废钢铁和废器材等，多采用剪切和冲击破碎。当废物体积较大不能直接将其供入破碎机时，需先将其切割到可以装入进料口的尺寸，再送入破碎机内。

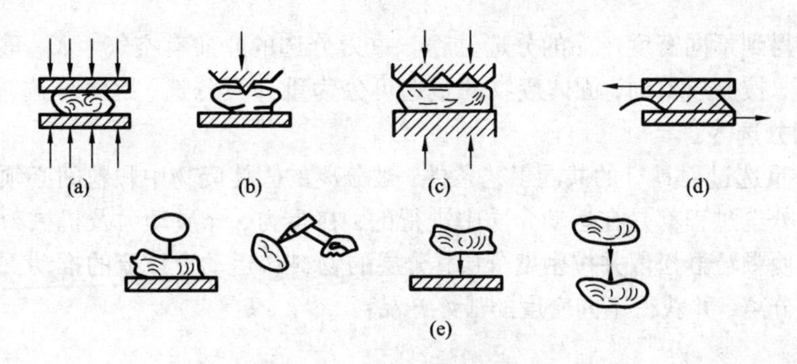


**图 5－1　常用机械破碎方法**

(a)压碎；(b)劈碎；(c)剪切；(d)磨削；(e)冲击

破碎固体废物常用的破碎设备有颚式破碎机、冲击式破碎机、辊式破碎机、剪切式破碎机、球磨机及特殊破碎机等。通常，一种破碎机兼有多种破碎方法。当一台破碎机不能达到预定目的时，可以采取多台多段破碎方式进行，但这会造成投资增加，使流程变得复杂，因此在满足要求的前提下，应尽量减少破碎段数。

## 5.2.4　固体废物的分选

分选的目的是将废物中可回收利用的或不利于后续处理、处置工艺要求的物料用人工或机械方法分门别类地分离出来。通常，根据物料的物理或化学性质(包括粒度、密度、电性、磁性、光电性、摩擦性、弹性和表面润湿性等)的差异，可以采用不同的分选方法，包括筛分、重力分选、浮选、磁选、电选、光电选，以及人工拣选等。

**1. 筛分**

筛分是利用筛子将物料中小于筛孔的细粒物料透过筛面，而大于筛孔的粗粒物料留在筛面上，完成粗、细粒物料分离的过程。该分离过程可看做是由物料分层和细粒过筛两个阶段组成的。物料分层是完成分离的条件，细粒透筛是分离的目的。

由于筛分过程较复杂，影响筛分效率的因素也很多，如筛孔的大小及形状、颗粒与筛孔的相对大小、颗粒的湿度及含泥量、筛子的有效面积、筛子的运动方式等。在实际应用时，应根据物料的性质选取合适的筛分设备。适用于固体废物处理的筛分设备主要有固定筛、筒形筛、振动筛和摇动筛。其中，前三种应用最多。

**2. 重力分选**

重力分选简称重选，是根据固体废物中不同物质颗粒间的密度差异，在运动介质中受到重力、介质动力和机械力的作用，使颗粒群产生松散分层和迁移分离，从而得到不同密度产品的分选过程。重力分选的介质有空气、水、重液及重悬浮液等，按介质不同，固体废物的重选可分为重介质分选、跳汰分选、风力分选和摇床分选等。

各种重选过程具有的共同工艺条件：被分离的固体废物中颗粒间必须存在密度差异；分选过程都是在运动介质中进行的；在重力、介质动力及机械力的综合作用下，使颗粒群松散并按密度分层；分层的物料在运动介质流的推动下互相迁移，彼此分离，并获得不同密度的最终产品。

**3. 浮选**

浮选是在固体废物与水调制的料浆中加入浮选药剂并通入空气形成无数细小气泡，使欲选物质颗粒黏附在气泡上，随气泡上浮于料浆表面成为泡沫层，然后刮出回收，不浮的颗粒仍留在料浆内，从而达到分选的目的。

在浮选过程中，固体废物各组分对气泡黏附的选择性，是由固体颗粒、水、气泡组成的三相界面间的物理化学特性所决定的。其中物质表面的湿润性起着决定性作用。若固体废物中有些物质表面的亲水性较弱，则易黏附在气泡上而上升，而另一些物质表面的亲水性较强，则不易黏附在气泡上。物质表面的亲水、疏水性能，可以通过调节浮选药剂的品种及含量而改变。因此，在浮选工艺中正确选择合适的浮选药剂调整物料的可浮性非常关键。根据药剂在浮选过程中的作用不同，可将浮选药剂分为捕收剂、起泡剂和调整剂 3 大类。

**4. 磁力分选**

磁力分选简称磁选，它主要用于分选或去除固体废物中的铁磁性物质。磁选有两种类型：一种是传统的电磁和永磁磁系磁选法；另一种是磁流体分选法，是近二十年发展起来的一种新的分选方法。磁流体分选常用来从工厂废料中分离回收铝、铜、铅、锌等有色金属。

**5. 电力分选**

电力分选简称电选，是利用固体废物中各种组分在高压电场中电性的差异而实现分选的一种方法。通常，物质大致可分为电的良导体、半导体和非导体，它们在高压电场中有着不同的运动轨迹，加上机械力的协同作用，即可将它们互相分开。

**6. 其他分选方法**

如光电分选和摩擦与弹跳分选等。光电分选的原理是当欲选颗粒的颜色与背景颜色不同时，光电系统喷射出压缩空气，将电子电路分析出的异色颗粒（即欲选颗粒）吹离原来的下落轨道，加以收集。而颜色符合要求的颗粒仍按原来的轨道自由下落加以收集，从而实现分离。摩擦与弹跳分选是根据固体废物中各组分的摩擦系数和碰撞系数的差异，在斜面上运动或与斜面碰撞弹跳时，产生不同的运动速度和弹跳轨迹而实现彼此分离的一种处理方法。

## 5.3 固体废物的生物处理

人类通过各种手段，借助于生物体的生物能，对固体废物进行处理，实现废物稳定化、无害化与资源化的技术统称为固体废物的生物处理。

固体废物经生物处理后，便于贮存、资源化利用或最终处置。与其他处理方法相比，生物处理一般比较经济，应用也很普遍。生物处理包括微生物处理、动物处理和植物处理三大类。目前应用较广的是微生物处理技术，主要有好氧堆肥、厌氧消化和微生物浸出三种。

### 5.3.1 好氧堆肥

好氧堆肥是在有氧条件下，利用自然界广泛存在的细菌、放线菌、真菌以及人工培育的工程菌等，有控制地促使可被生物降解的有机物转化为稳定的腐殖质的生物化学过程。可生物降解固体废物经过堆肥化处理，制得的成品叫做堆肥。堆肥是一类呈深褐色、质地疏松、有泥土气味的物质，形同泥炭，腐殖质含量很高，故也称为“腐殖土”，是具有一定肥效的土壤改良剂和调节剂。

现代化堆肥工艺，基本上都是好氧堆肥。这是因为好氧堆肥具有温度高、基质分解比较彻底、堆制周期短、异味小、可以大规模采用机械处理等优点。厌氧堆肥是利用厌氧微生物完成分解反应，其特点是空气与堆体相隔绝、温度低、工艺简单以及产品中氮保存量比较多，但堆制周期较长、产生恶臭、工艺过程难以控制。好氧堆肥过程原理如图5-2所示。

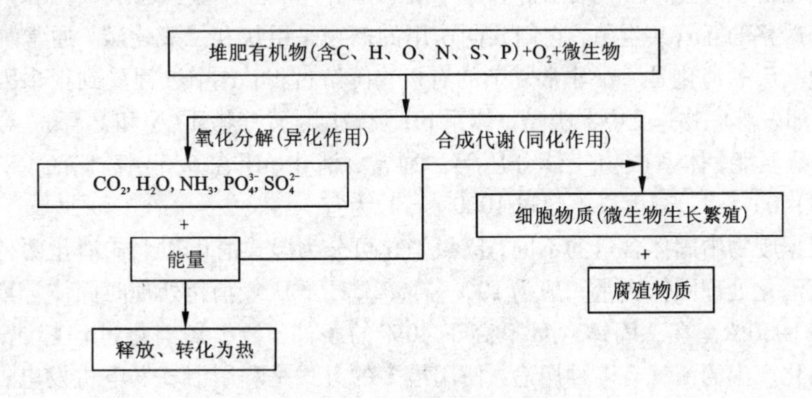


图5-2　好氧堆肥过程原理

好氧堆肥从固体废物堆积到腐熟的微生物生化过程比较复杂，但大致可分为4个阶段：中温阶段，高温阶段，降温阶段，腐熟保肥阶段。现代化堆肥生产，通常由前处理、主发酵、后发酵、后处理、脱臭及贮存等工序组成(见图5-3)。堆肥设备包括预处理设备、翻堆设备、堆肥发酵主设备、后处理设备、除臭设备等。其中，堆肥发酵主设备是堆肥系统的主体，目前常用的有多段竖炉式发酵塔、达诺式发酵滚筒、搅拌式发酵装置和筒仓式堆肥发酵仓等。底料是堆肥系统处理的对象，主要包括污泥、有机废渣、农林废物、城市垃圾等。调理剂可分为两种类型：结构调理剂，是一种加入堆肥底料的物料，主要目的是减少底料容重，增加底料空隙，从而有利于通风；能源调理剂，是加入堆肥底料的有机物，用于增加可生化降解有机物的含量，从而增加混合物的能量。

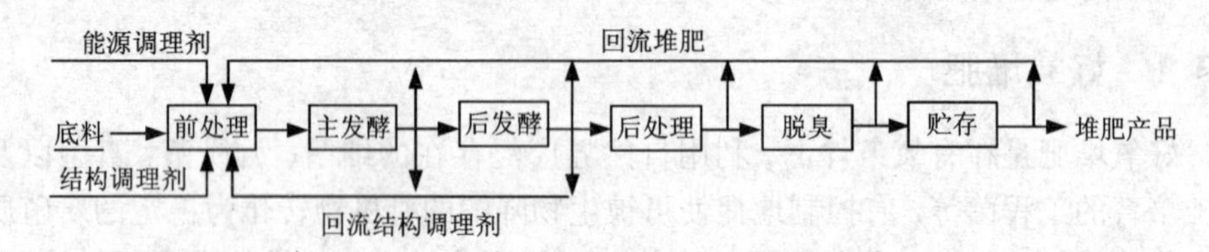


**图5-3 堆肥过程的流程示意图**

## 5.3.2 厌氧消化

厌氧消化，又称厌氧发酵或沼气发酵，是指有机物质在厌氧条件下，通过种类繁多、数量巨大、功能不同的各类微生物的分解代谢，最终产生沼气的过程。

厌氧消化过程可依次分为液化(水解)、产酸和产甲烷3个阶段，分别由水解发酵细菌群、产氢产乙酸细菌群和产甲烷细菌群完成。产氢产乙酸细菌和产甲烷细菌是严格的互营共生菌，它们共同作用的产物是甲烷和二氧化碳，通常统称为甲烷菌。厌氧消化是一个非常复杂的有机物降解过程，这个过程受到很多因素的影响，如发酵底物、反应器类型、体系pH及碱度、营养物质(N和P等)、金属离子、发酵温度、体系产物气体分压等。通常，消化pH在6.5~7.5，C∶N∶P=(100~150)∶5∶1，碱度以不超过1000 mg/L为宜。

根据废物中固体含量的不同，厌氧消化可分为湿式消化和干式消化两种。湿式厌氧消化处理固体含量一般为10%~15%，干式厌氧消化处理时固体含量一般为20%~30%。在总固体含量不高于40%的条件下，厌氧消化过程都能进行。厌氧消化产生的沼气有多种用途，使用最多的方式是利用沼气发电机发电，或净化处理后加压装罐，生产天然气汽车燃料，也可以输入城市燃气管网用于民用燃气。有机固体废物的厌氧消化处理正成为固体废物处理的一种新趋势。目前，比较典型的厌氧消化系统日处理有机固废100 t左右，每日可以产生12000 $m^3$左右沼气，同时产生25 t左右的优质有机肥。

厌氧消化工艺的研究已有百年历史，其技术已相当成熟。现代化的大型工业沼气发酵工艺以处理有机废物为目的，能够更好地利用沼气和堆肥产品，对周围的环境不造成破坏性污染，具有良好的环境效益、经济效益和社会效益。

### 5.3.3 微生物浸出

微生物浸出，又称生物浸出，是指在浸矿微生物存在的情况下，通过微生物的直接或间接作用，将原料中的有价金属以离子形式溶解到浸出液中，然后加以回收，或者将原料中多余的成分氧化溶解除去。微生物浸出主要用来处理复杂的低品位矿石、废矿及尾矿，这些原料通常金属品位较低，难以采用浮选等方法富集，难以用传统火法工艺处理或经济性较差。

微生物浸出技术在最近三四十年已陆续应用于工业化生产，并由于具有以下优点而逐渐得到重视：原料利用范围广，几乎所有的硫化矿都可以应用该技术，并且还能使更多种类及低品位的矿石、废渣、尾矿等得到有效、经济的利用；工艺流程简单，通常只需生物浸出、金属回收、菌液再生三步即可，投资少，运行成本低，能耗小，环境污染轻；能够进行大规模工业化应用，如大型的生物堆浸，甚至整个矿山原位生物浸出。

普遍认为硫化矿生物浸出机理包括微生物的直接作用和间接作用。直接作用是指微生物吸附于矿物表面并通过蛋白分泌物或其他代谢产物直接将硫化矿氧化分解；间接作用是指微生物将硫化矿氧化过程中产生的亚铁离子氧化成三价铁离子，由于产生的三价铁离子具有强氧化作用，可以对硫化矿进行氧化，硫化矿氧化后产生有价金属及亚铁离子，产生的亚铁离子再被微生物氧化，如此循环。直接作用和间接作用发生的化学反应如下：

直接作用

$$MS + 2O_2 \xrightarrow{\text{浸矿菌}} M^{2+} + SO_4^{2-} \qquad (5-1)$$

间接作用

$$4Fe^{2+} + 4H^+ + O_2 \xrightarrow{\text{浸矿菌}} 4Fe^{3+} + 2H_2O \qquad (5-2)$$

$$MS + 2Fe^{3+} \longrightarrow M^{2+} + S^0 + 2Fe^{2+} \qquad (5-3)$$

$$2S^0 + 3O_2 + 2H_2O \xrightarrow{\text{浸矿菌}} 2H_2SO_4 \qquad (5-4)$$

目前，微生物浸出已应用于铜、铀和金的浸出，特别是铜和金的生物冶金技术已经有较大的产业化应用，全世界每年利用细菌浸出从贫矿、尾矿等原料中回收的铜超过40万t，此外还能浸出锌、锰、砷、镍、钴、钼等金属。近年来，采用细菌浸出处理放射性废渣也取得了较大的进展。

工业实践中，常用的微生物浸出工艺有3种：搅拌槽浸出，地浸和堆浸。搅拌槽浸出主要用于处理精矿或高品位矿（如硫化金精矿等），通常在浸出之前先将矿石粉碎研磨，然后进入一系列串联的搅拌槽进行微生物浸出。搅拌的目的是提高浸出过程的传质效率，并使矿石颗粒悬浮在浸出液中，增加与浸矿液的接触面积和接触时间，同时也提高了气体的传质效率，为浸矿菌的生长提供充足的氧气和二氧化碳。

地浸也叫原位浸出法，常用于铀矿的生物浸出。该工艺通常是由地面钻孔，或利用天然形成的地面裂缝，将含有微生物的酸性溶液注入金属矿床中，有价金属溶解于浸矿溶液后再抽回至地面，然后进行金属回收。

堆浸可分为两类，即老矿堆浸出和筑堆浸出。老矿堆浸出时，通常是直接将矿山的酸性水引入老矿堆中，在原堆积位置对废石、尾矿进行浸出，使其自然发生微生物作用。筑堆浸出是指将开采出来的矿石经过破碎后，堆置在天然形成的致密底面或人工修建的不透水地基上，形成矿石堆，然后在矿堆顶部设置喷淋管路，连续或间歇地喷洒含有微生物的浸矿液进行浸出，然后在地势较低的地方构建集液池收集浸出的含有金属离子的富液，再经萃取、电积得到金属。

## 5.4 固体废物的热处理

目前，固体废物热转化处理技术主要有两种形式：一是焚烧处理，直接将固体废物作为燃料，既可以大大降低固体废物的体积和质量，又能回收热量；二是热解处理，将固体废物转化为燃料和化工原料进行间接利用。

### 5.4.1 焚烧处理

**1. 概述**

焚烧处理是一种高温热转化技术，即在充足的氧化剂条件下固体废物完全氧化的过程。在焚烧过程中，废物中的有害物质在800～1200℃的高温下被氧化分解而彻底破坏，从而实现废物减量化、无害化的目的，同时回收利用废物焚烧过程中所释放出的能量。

焚烧处理技术的最大优点在于显著地减少了需要最终处置的固体废物量，具有减容(80%～95%)、减量(20%～80%)、灭毒及能量回收等作用。焚烧处理的主要缺点包括：投资及运行费用昂贵，操作复杂、严格，对工作人员技术水平要求高；产生二次污染物，如渗滤液、$SO_x$、$NO_x$、HCl、二噁英和焚烧飞灰等，需要进一步处置；对固体废物的热值有一定的要求，一般不能低于3000～4000 kJ/kg。

固体废物焚烧热能的利用方式是供热和发电。可利用的热能应从固体废物的理论热值(即单位质量的固体废物完全燃烧释放出来的热量)中减去各种热量损失，如空气的对流辐射、可燃组分的不完全燃烧、炉渣飞灰和烟气显热等。固体废物焚烧发电多采用蒸汽锅炉－蒸汽透平－发电机联合系统，而供热常采用焚烧炉－废热锅炉系统。

自世界上第一台固体废物焚烧炉1870年在英国投入运行以来，固体废物焚烧处理已经历了一百多年的发展历程。根据处理对象的不同，固体废物焚烧厂可分为城市生活垃圾焚烧厂、一般工业废物焚烧厂和危险废物焚烧厂等。目前，焚烧技术日臻完善，并在世界各国特别是欧洲、美国、日本等发达国家和地区得到了广泛应用。

**2.焚烧系统**

大型固体废物焚烧厂的焚烧系统主要由受料和给料系统、燃烧室、废气排放和污染控制系统、排渣系统、热能利用系统、中央控制系统等组成。焚烧炉是整个焚烧系统的主体设备，主要有机械炉排焚烧炉、流化床焚烧炉和回转窑焚烧炉3种。

1）机械炉排焚烧炉。机械炉排焚烧炉的最大优势在于技术成熟，运行稳定可靠，适应性广，大多数有机固体废物不需要任何预处理可直接进炉燃烧。其焚烧过程如下：物料落在炉排上，被吹入的热风烘干，同时吸收燃烧气体的辐射热，使水分蒸发；干燥后的物料逐步点燃，在向前运动的过程中将可燃物质燃尽；灰分与其他不可燃物质一起排出炉外。

机械炉排焚烧炉种类很多，按结构形式可分为移动式、往复式、摇摆式、翻转式和辊式等。

（1）移动式炉排。通常使用持续移动的传送带式装置，通过调节填料炉排的速度来控制物料的干燥和点燃时间，点燃的物料在移动翻转过程中完成燃烧，炉排燃烧的速度可根据物料组分及其焚烧特性进行调整。

（2）往复式炉排。由交错排列在一起的固定炉排和活动炉排组成，它以推移形式使燃烧床始终处于运动状态。炉排有顺推和逆推两种方式，马丁式焚烧炉的炉排是一种典型的逆推往复式炉排，这种炉排适合处理不同组分的低热值物料。

（3）摇摆式炉排。由一系列块形炉排有规律地横排在炉体中，操作时炉排有次序地上下摇动，使物料运动。相邻两炉排之间在摇摆时相对起落，从而起到搅拌和推动物料的作用，完成燃烧过程。

（4）翻转式炉排。由各种弓形炉条构成，炉条以间隔的摇动使垃圾物料向前推移，并在推移过程中得以翻转和拨动。这种炉排适合于轻质物料的焚烧。

（5）回推式炉排。它是一种倾斜的来回运动的炉排系统。物料在炉排上来回运动，始终交错处于运动和松散状态，由于回推形式可使下部物料燃烧，故适于低热值废物的焚烧。

（6）辊式炉排。由高低排列的水平辊组合而成，物料通过转动的辊子输入，在向前推动的过程中完成烘干、点火、燃烧等过程。

2）流化床焚烧炉。流化床焚烧炉的最大优点是可以使物料充分燃烧，并对有害物质进行最彻底的破坏，一般焚烧炉渣的热灼减率低于1%，有利于环境保护。

在流化床焚烧炉中，物料常处于沸腾流动层状态。通常将粉碎后的物料投入到炉内，物料和炉内的高温流动砂(650～800℃)接触混合，瞬间气化并燃烧。未燃烬成分和轻质物料一起飞到上部燃烧室继续燃烧。一般认为上部燃烧室的燃烧占40%左右，但容积却占流化层的4～5倍，同时上部的温度也比下部流化层高100～200℃，又称为二燃室。不可燃物和流动砂沉到炉底，一起被排出，混合物分离成流动砂和不可燃物，流动砂可保持大量热量，流回炉内循环使用。

由于流化床焚烧炉主要靠空气托住物料进行燃烧，因此对进炉的物料有粒度要求，通常希望进入炉中垃圾的颗粒不大于50 mm，否则大颗粒的垃圾或重质的物料会直接落到炉底被排出，达不到完全燃烧的目的，因此流化床焚烧炉都配备了大功率的破碎装置。另外，物料在炉内沸腾全部靠大风量高风压的空气，不仅电耗大，而且将一些细小的灰尘全部吹出炉体，造成锅炉处大量积灰，并给后续烟气净化增加了除尘负荷。流化床焚烧炉的运行和操作技术要求高，若物料在炉内的沸腾高度过高，则大量的细小物质会被吹出炉体；相反，鼓风量和压力不够，沸腾不完全，则会降低流化床的处理效率。

3)回转窑焚烧炉。回转窑焚烧炉是一种成熟的技术，如果待处理的物料中含有多种难燃烧的物质，或物料水分变化范围较大，回转窑是理想的选择。回转窑因为转速的改变，可以影响物料在窑中的停留时间，并且对物料在高温空气及过量氧气中施加较强的机械碰撞，能得到可燃物质及腐败物含量很低的炉渣。

回转窑炉种类较多，根据燃烧气体和物料前进方向是否一致，可分为顺流炉和逆流炉，处理高水分物料选用逆流炉，而高挥发性物料常用顺流炉；根据炉内物料是否熔融，可分为熔融炉和非熔融炉，炉内温度在1100℃以下的正常燃烧温度域时为非熔融炉，当炉内温度高达1200℃以上，物料将会熔融；根据窑炉是否带耐火材料，可分为带耐火材料炉和不带耐火材料炉。最常用的回转窑一般是顺流式、带耐火材料的非熔融炉。

回转窑可处理的固体废物种类较广，特别是在工业固体废物的焚烧领域应用广泛。为了提高焚烧炉渣的燃烬率，将废渣完全燃尽以达到炉渣再利用时的质量要求，一般将回转窑炉安装在机械炉排炉后。

### 5.4.2 热解处理

热解在工业上也称为干馏。固体废物的热解是利用废物中有机物质的热不稳定性，在无氧或缺氧条件下，使有机物质在高温下热裂解，最终生成可燃气、油、固态炭(或残渣)的过程。虽然热解在煤炭、化工、炼油等行业的应用已有相当长的历史，但将其应用在固体废物的处理上还是近几十年的事。

热解与焚烧的区别在于：焚烧是需氧氧化反应过程，热解则是无氧或缺氧反应过程；焚烧产物主要是$CO_2$和$H_2O$，热解产物则包括可燃气态低分子物质(如氢气、甲烷、一氧化碳)、液态产物(如甲醇、丙酮、乙酸、乙醛等有机物及焦油、溶剂油等)以及焦炭或炭黑等固态残渣；焚烧是一个放热过程，而热解是吸热过程；焚烧产生的热能量大时可用于发电，热能量小时可作为热源或产生蒸汽，适于就近利用，而热解产生的贮存性能源产物诸如可燃气、油等可以贮存或远距离输送。

与焚烧相比，固体废物热解还具有如下一些优点：受原料成分波动的影响小，操作弹性大；由于是缺氧分解，排气量少，简化了烟气净化系统；残渣量较少，不溶出重金属；反应温度较焚烧法低，产生的$NO_x$较少；热解处理设备构造比焚烧炉简单，投资费用低。热解与焚烧相比的不足之处在于：由于热解温度低，并且是还原性反应，因此在彻底减容及无害化方面与焚烧有一定差距；热解应用范围比焚烧小，几乎所有有机物质都可以进行焚烧处理，而热解目前主要集中在废橡胶、废塑料、农业废物、污泥等方面的应用或研究上。

固体废物的热解过程是一个极其复杂的化学反应过程，包含大分子的键断裂、异构化和小分子的聚合等化学反应。在热解过程中，其中间产物存在着两种变化趋势，一方面有从大分子变成小分子的裂解过程，另一方面又有小分子聚合成较大分子的缩聚过程。固体废物热解的前期以裂解过程为主，而后期则以缩聚过程为主。缩聚过程对固体废物的热解生成固态产品(半焦)影响较大。

影响热解过程的因素很多，主要包括热解温度、升温速率、固体废物性质、固体废物预处理方式、固体废物停留时间、反应器类型等。

我国对固体废物热解处理的研究起步较晚，主要是进行了固体废物中热值相对较高的典型成分热解特性的研究、热解动力学研究，以及小型单组分热解系统的研制。近年来，固体废物热解处理技术在我国得到了迅速发展，各种热解处理装置得以大力开发。虽然固体废物热解处理技术正在起步时期，但随着我国固体废物产量的增加、热值的提高，利用热解方法处置固体废物将有更广阔的发展空间。

## 5.5　危险性废物的土地处置

### 5.5.1　危险废物安全填埋场

**1. 危险废物的预处理**

固化/稳定化技术是处理重金属废物和其他非金属危险废物的重要手段，危险废物从产生到处置的全过程可以用图5-4表示。可以看出，固化/稳定化技术是危险废物管理中的一项重要技术，在区域性集中管理系统中占有重要的地位。

经其他无害化、减量化处理的危险废物，都要全部或部分地经过固化/稳定化处理后，才能进行最终处置或加以利用。固化/稳定化作为废物最终处置的预处理技术在国内外已得到广泛应用。

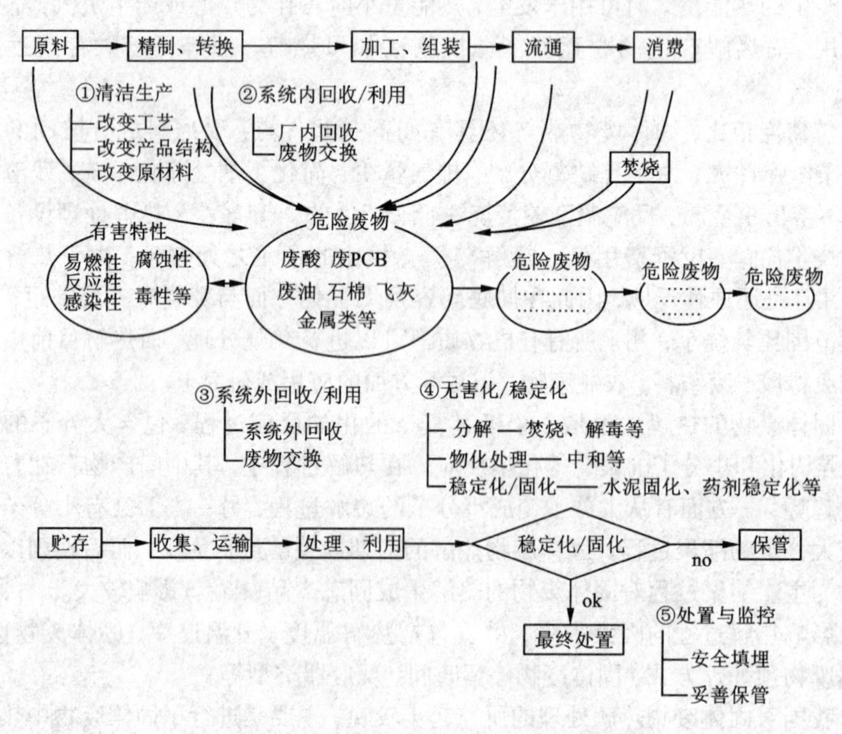


**图 5-4　危险废物从产生到处置全过程示意图**

危险废物固化/稳定化处理的目的，是使危险废物中的所有污染组分呈现化学惰性或被包容起来，以便运输、利用和处置。在一般情况下，稳定化过程是选用某种适当的添加剂与废物混合，以降低废物的毒性和减少污染物自废物到生态圈的迁移率。因而它是一种将污染物全部或部分地固定于作为支持介质、黏结剂上的方法。固化过程是一种利用添加剂改变废物的工程特性(例如渗透性、可压缩性和强度等)的过程。固化可以看作是一种特定的稳定化过程，可以理解为稳定化的一个部分，但它们在概念上又有所区别。无论是稳定化还是固化，其目的都是减小废物的毒性和可迁移性，同时改善被处理对象的工程性质。

1)水泥固化。水泥固化是以水泥为固化剂将危险废物进行固化的一种处理方法。水泥是最常用的危险废物固化剂，固化时水泥与废物中的水分或另外添加的水分发生水化反应生成凝胶，将废物中的有害物质分别包容起来，并逐步硬化成水泥固化体。

用做固化剂的水泥种类很多，如普通硅酸盐水泥、矿渣硅酸盐水泥、矾土水泥、沸石水泥、火山灰质硅酸盐水泥等。根据危险废物的具体特性，水泥固化时可采用外部混合法、容器内混合法、注入法等方式操作。水泥固化法应用实例较多，如以水泥为基础的固化/稳定化技术已经用来处置电镀污泥，含多氯联苯、油和油泥等复杂的污泥，含氯乙烯和二氯乙烷的废物，以及放射性废物等。实践表明，用水泥进行的固化/稳定化处置对 As、Cd、Cu、Pb、Ni、Zn 等的稳定化都是有效的。

2)石灰固化。通常是在污泥中加入氢氧化钙(熟石灰)，石灰中的钙与废物中的硅铝酸根会产生硅酸钙、铝酸钙的水化物，或者硅铝酸钙。加入石灰同时向废物中加入少量添加剂，可以获得额外的稳定效果(如存在可溶性钡时加入硫酸根)。使用石灰作为稳定剂具有提高 pH 的作用。此方法基本上应用于处理重金属污泥等无机废物。

3)塑性材料固化。塑性材料固化法属于有机固化处理技术。根据使用材料性能的不同，可分为热固性塑料包容和热塑性包容两种方法。热固性塑料是指在加热时会从液体变成固体并硬化的材料，热塑性材料是加热后变成液体而冷却后变为固体的材料。常用的沥青固化即属于热塑性固化。

4)熔融固化。熔融固化又称玻璃固化。将待处理的危险废物与细小的玻璃质经混合造粒成型后，在1500℃高温熔融下形成玻璃固化体。熔融固化可以得到高质量的建筑材料，但熔融固化需要将物料加温到熔点以上，因此对能源的需求及固化费用均较高。

5)药剂稳定化技术。药剂稳定化技术可以在实现危险废物无害化的同时，达到固化体少增容或不增容的目的。通过改进螯合剂的结构和性能，可以使其与废物中的有害成分的化学螯合作用得到加强，从而提高稳定化产物的长期稳定性，减少最终处置后对环境的潜在危害。根据废物中的有害成分，通常采用的稳定化药剂有石膏、漂白粉、硫代硫酸钠、硫化钠、磷酸盐、硅酸盐和高分子有机稳定剂等。

**2. 危险废物安全填埋场**

安全土地填埋处置是利用工程技术手段，按照一定的土工要求和安全标准，使经过预处理(如固化/稳定化)后的危险废物最大限度地同生物圈隔离的一种土地填埋处置方法。填埋处置场所即称为危险废物安全填埋场。

安全填埋场的综合目标是要达到尽可能将危险废物与环境隔离，通常要求必须设置防渗层，且其渗滤系数不得大于 $10^{-8}$ cm/s；最底层一般应高于地下水位；应设置渗滤液收集、处理和检测系统；一般由若干个填埋单元构成，单元之间采用工程措施相互隔离，隔离层通常由天然黏土构成，能有效地限制有害组分纵向和水平迁移。典型的安全填埋场如图 5－5 所示。

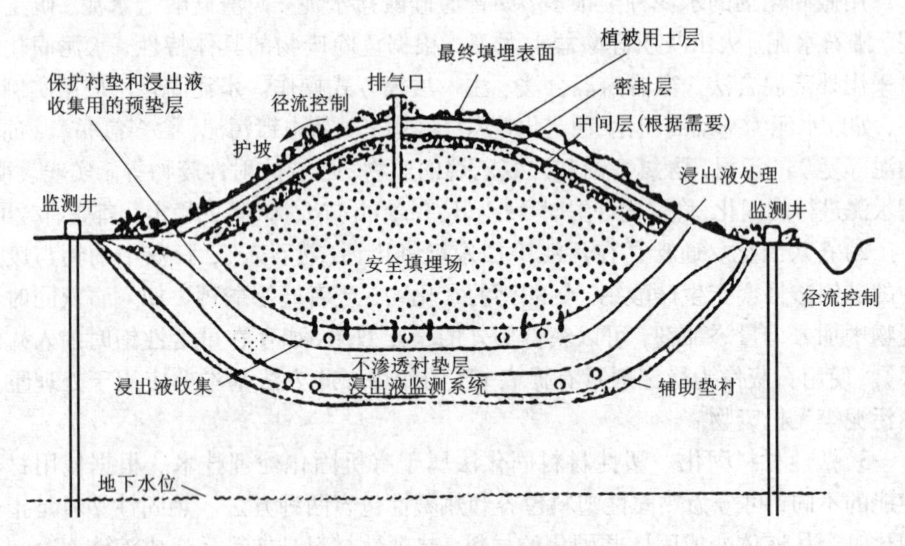


图 5-5 安全填埋场剖面图

安全填埋场的建设是一个复杂的工程，其规划、选址、设计、筹建和运营管理与其他填埋场相似，如卫生填埋场、一般工业废物填埋场等，但有诸多独特性，应严格按照国家有关法律、法规和标准的要求执行。危险废物安全填埋场的建设包括：废物接收和贮存系统、分析与鉴别系统、预处理系统、防渗系统、渗滤液控制系统、监测系统和应急系统等。

## 5.5.2 放射性废物的处置

**1. 放射性废物的来源**

一切生产、使用和操作放射性物质的部门和场所都可能产生放射性废物。其来源主要有以下 7 个方面：铀(钍)矿山、水冶厂、精炼厂、铀浓缩厂、钚冶金厂、燃料元件厂等；各种类型反应堆，包括研究堆、核电站、核动力舰船、核动力卫星等；反应堆辐照过燃料元件后处理与提取裂变元素和超铀元素的过程；核废物处理与核燃料和核废物运输过程；放射性同位素的生产和应用过程，包括中高能加速器的运行，医院、研究所及大专院校的相关研究活动；核武器的生产、试验和爆炸过程；核设施(设备)的退役过程等。

**2. 放射性废物的处置**

根据相关标准，按放射性活度水平可分为豁免废物、低水平放射性废物、中水平放射性废物和高水平放射性废物 4 类。放射性废物以各种形态存在，其物理和化学特性、放射性浓度或活度、半衰期和生物毒性可能差别很大。放射性废物与别的有害废物不同，它的危害作用不能通过化学、物理和生物的方法消除，而只能通过其自身固有的衰变规律降低放射性水平，而最后达到无害化。因此，放射性废物管理有特殊的要求和需要专门的措施。

放射性废物管理系统见图5-6，管理的目标是尽可能地减少放射性废物对工作人员和居民的危害，保护环境不受污染，为子孙后代造福。对放射性固体废物进行管理控制与处理，对免管废物或处理后达到清洁解控水平的，进行排放或再利用；不能达到清洁解控水平的短寿命，低、中放射性废物近地表处置；长寿命，低、中放射性废物和高放射性废物地质处置。

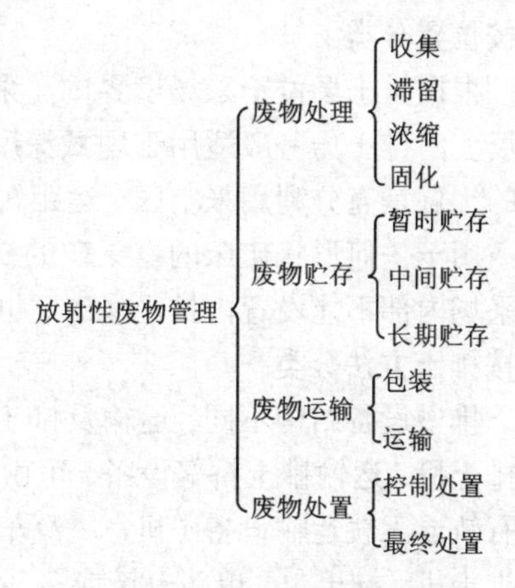


**图5-6　放射性废物管理系统**

铀矿山开采及铀矿冶炼厂产生的废矿石及尾矿，其放射性比活度通常居于低放射性固体废物标准下限值，但由于其数量一般很大，为安全起见，按照我国有关规定，必须对其进行妥善处置和管理。对于此类废物，通常按照国家相关设计标准和设计方法进行建坝或建库处置。

地下埋藏处置是指将放射性废物放置或贮存在土层的处置设施中。根据废物中所含放射性比活度、核素半衰期、射线类型，可将其置于近地表层或地下层内（浅地层处置），或置于深部地质结构层（深地质处置）。地下埋藏处置法虽然耗资颇多，但可以有效减少和消除放射性废物对环境和人体健康的危害，因而是国际上普遍采用的一种处置放射性废物的方法。通常，对于低水平放射性废物，国际上通常采用焚烧、压缩或不作处理而与经蒸发处理后的中水平放射性废液残渣固化物一并进行浅地层处置。深地质处置，即将放射性废物封入坚固耐久的容器内并置于深层地质建造中，再以人为和天然多层屏障加以屏蔽使之与外界隔离。采用这种处置系统，有可能以目前的或不久将来可以达到的技术实现高放射性废物与生物圈的长期隔绝，因此深地质处置是国际公认的处置高放射性废物的合适方法。

## 5.6　采矿废石的排土场贮存

### 5.6.1　排土场的类型

排土场，是指矿山采矿排弃物集中排放的场所。排弃物一般包括腐殖表土、风化岩土、坚硬岩石以及混合岩土，有时也包括可能回收的表外矿、贫矿等。排土场的选择、应用和管理不仅直接关系到矿山的经济效益，而且对生态环境也有重要影响。

排土场种类较多，可根据不同的方法进行分类。

**1. 按位置分类**

根据排土场位于采场境界内（采空区）或境界外，分别称为内排土场及外排土场。内排土场一般适用于埋藏深度不大的水平矿层或缓倾斜矿层。内排土场最大的优点是充分利用采空区、运距短、不占用土地，有利于边坡的稳定。外排土场适用于任何形状矿床的露天矿的初建时期，当矿床地质条件或运输条件在露天矿采场内部不能设置内排土场时，也可设置外排土场。

**2. 按排土方法分类**

排土设备结构不同，运输及排土方法也不同。如采用巨型电铲、吊斗铲、皮带排土机、运输排土桥等设备，可由剥离工作面直接把剥离物排到采空区。而采用有轨或无轨运输设备（机车、汽车、铲运机）将剥离物运到外排土场，卸载后再由推土机、推土犁、单斗电铲或多斗电铲、前装机等进行倒堆。

1）推土机排土场。其特点是工序简单，堆置高度大，设备灵活，受气候影响小，基建工程量少，投产快，安全性好。不受区域及岩石硬度的限制，适用于由自卸汽车运输的中、小露天矿的内、外排土场。

2）推土犁排土场。适用于准轨运输的各种大、中型露天矿的内、外排土场。

3）电铲排土场。适用于准轨铁道运输的大、中型露天矿在各种地质条件、岩石硬度的内、外排土场。

4）多斗或轮斗铲排土场。其特点是设备庞大，一般受岩石硬度及块度的限制，适用于松软岩石，另外受气候的影响很大，气温低时工作困难甚至停工。多用于内排土场，外排土场很少使用。因生产能力很大，特别适用于大型露天矿。

5）吊斗铲排土场。其特点是工艺简单，岩石块度可较大，受气候影响小，没有基建工程量，投产快，就近倒堆，不需另外的运输设备，适用于内排土场。

6）皮带输送机或排土桥排土场。连续生产能力大，但受冬季结冻影响明显。适用于水平或缓倾斜煤层的软岩石、煤层厚度小于 35 m 的大型露天矿的内排土场。

7）钢绳皮带输送机排土场。钢绳皮带输送机排土连续生产力大，可爬陡坡，运距大。适用于高差较大的大、中型深凹和山坡露天矿的内、外排土场。

8）铲运机排土场。铲运机设备灵活，能铲能运，特别适用于小型露天矿内排土场。

9）前装机排土场。其特点是设备灵活，一机兼有装、运、推、卸 4 种功能，受外界因素影响较少。其缺点是设备结构复杂，检修要求高，使用寿命短。一般适用于大、中型露天矿的高台阶排土及电力不足的地区。

**3. 按排土工作水平分类**

按工作水平分为单层式、双层式及多层式。当排土工作量很大时，为了增加排土场的容量，减少占用土地面积，常采用多层式排土场。

**4. 按同一排土台阶铺设排土线分类**

按同一排土台阶铺设排土线的数量而划分为单线及多线两类。

此外，还有其他分类方式，例如按区域地形，可划分为平地排土场和山坡排土场等。

## 5.6.2　排土场的发展方式

排土场的发展方式是指排土场内各排土线在时间、空间上的发展程序，一般分为两类，即单排土线发展和多排土线发展。排土场的发展方式及其特点和适用条件见表5-1。

表5-1　排土场的发展方式及其特点和适用条件

| 方式 | 特　点 | 适用条件 |
| --- | --- | --- |
| 平行式 | 步距固定；卸车好；线路逐步缩短 | 缓山坡排土场 |
| 扇形式 | 步距不定；线路逐步缩短；铺设、移道简单 | 山坡排土场 |
| 曲线式 | 步距不定；线路增长；铺设复杂，需接短轨 | 山坡排土场 |
| 环形式 | 线路不断增长；能容纳较多列车；生产集中；发生故障时易堵塞线路 | 平地排土场 |

单排土线发展是指在每个排土场内同一标高上只有一条排土线，排土线有相互轮流工作的可能性，大多数的排土线在工作时，少数排土线则在进行准备工作。有平行、扇形、曲线形以及环形4种方式。

多排土线发展是指在一个排土平盘上布置有若干条排土线，这些线相互联系发展，一般只有曲线形和环形两种发展方式。多排土线发展既可用于山坡排土场（多半采用单侧曲线发展），又可用于平地排土场（采用环形发展方式）。多排土线发展方式有较大的排土能力，在露天煤矿中应用较普遍，台阶数目根据地形或需要而决定。

## 5.6.3　排土场的设计及运行管理

**1. 排土场的设计原则**

1）选址原则。排土场位置的选择应遵守以下原则：

（1）排土场位置的选择应保证排弃土岩时不致因大块滚石、滑坡、塌方等而威胁到采矿场、工业场地、居民点、铁路、道路、输电通讯干线、耕种区、水域、隧洞等设施的安全。

(2)排土场不宜设在工程地质或水文地质条件不良的地带，如因地基不良而影响安全，必须采取有效措施。

(3)排土场选址时应避免成为矿山泥石流的重大危险源，无法避开时要采取切实有效的措施防止泥石流灾害的发生。

(4)排土场址不应设在居民区或工业建筑的主导风向的上风向和生活水源的上游，废石中的污染物要按照国家相关标准进行处置。

2)设计原则。排土场在设计时，应本着全面规划与分期建设、开发与治理并重方针，除了上述选址原则外，一般还应遵循以下原则：

(1)贯彻安全第一的方针，对排土场的位置选择必须进行多方面论证，保证其基础可靠，对场址进行必要的工程地质和水文地质勘察，做好基底的清理和排水工程，同时设置排土场的监测孔以便随时注意排弃物料的应力变化等。

(2)对剥离物钻探岩芯进行分类分析，对含有酸性等有害物质的剥离物、表土及次生土表土或有可能利用的伴生物料应考虑分区存放，以便于集中处理或利用。

(3)排土与土地复垦相结合，配置必要的设备和人员，把复垦规划纳入开采过程中。

(4)排土场最终状态应与当地环境景观谐调，创造有利于生态环境恢复和利用的条件。

(5)尽量少占良田和充分利用采空区排土。

(6)内部排土场不得影响矿山正常开采和边坡稳定，排土场坡脚与矿体开采点和其他构筑物之间应有一定的安全距离，必要时应建设滚石或泥石流拦挡设施。

(7)在矿山建设过程中，修建公路和工业场地的废石应选择场地集中排放，不能就近排弃在公路边和工业场地边，以避免形成泥石流。

(8)排土场的阶段高度、总堆置高度、安全平台宽度、总边坡角、相邻阶段同时作业的超前堆置高度等参数，应满足安全生产的要求，在设计中要明确规定。

**2. 排土场的运行**

排土场排土方式不同，其生产运行也有不同的规定。下面以汽车运输排土场、推土机排土场和列车排土场为例，对排土场的运行规则做一简单介绍。

1)汽车运输排土场。汽车运输排土场及排弃作业应遵守下列规定：

(1)汽车排土作业时，应有专人指挥，非作业人员一律不得进入排土作业区，凡进入作业区内的工作人员、车辆、工程机械必须服从指挥人员的指挥。

(2)排土场平台必须平整，排土线应整体均衡推进，坡顶线应呈直线形或弧形，排土工作面向坡顶线方向应有 3% ~5% 的反坡。

(3)排土卸载平台边缘要设置安全车挡，其高度不小于轮胎直径的 2/5，车挡顶部和底部宽度分别不小于轮胎直径的 1/3 和 13 倍，设置移动车挡设施的，要按移动车挡要求作业。

(4)排土安全车挡或反坡不符合规定、坡顶线内侧 30 m 范围内有大面积裂缝或不均匀下沉时，禁止汽车进入该危险区，排土场作业人员需对排土场作出及时处理。

(5)推土时，在排土场边缘严禁推土机沿平行坡顶线方向推土，卸土时，汽车应垂直于排土工作线，严禁高速倒车、冲撞安全车挡。

(6)汽车进入排土场内应限速行驶，距排土工作面 50 ~ 200 m 限速 16 km/h，小于 50 m 限速 8 km/h，排土作业区内应设置一定数量的限速牌等安全标志牌。

(7)应按规定顺序排弃土岩，在同一地段进行卸车和推土作业时，设备之间必须保持足够的安全距离。

(8)排土场作业区内烟雾、粉尘、照明等因素使驾驶员视距小于 30 m 或遇暴雨、大雪、大风等恶劣天气时，应停止排土作业。

(9)排土作业区照明必须完好，灯塔与排土挡墙距离 15 ~ 25 m，照明角度必须符合要求，夜间无照明禁止排土。

(10)排土作业区必须配备足够数量且质量合格、适应汽车突发事故应急的钢丝绳（不少于 4 根）、大卸扣(不少于 4 个)、灭火器等应急工具。

2)列车运输排土场。列车在卸车线上运行和卸载时，应遵守下列规定：

(1)列车进入排土线后，由排土人员指挥列车运行，机械排土线的列车运行速度准轨不得超过 10 ~ 15 km/h，窄轨不得超过 8 km/h，接近路端时不得超过 5 km/h。

(2)严禁运行中卸土(曲轨侧卸式和底卸式除外)，卸车顺序应从尾部向机车方向依次进行，必要时，机车应以推送方式进入。

(3)翻车时必须 2 人操作，操作人员应位于车厢内侧。

(4)列车推送时，应有调车员在前引导，新移设线路后，首次列车严禁牵引进入。

(5)清扫自翻车应采用机械化作业，人工清扫时必须有安全措施。

(6)卸车完毕，必须在排土人员发出出车信号后，列车方可驶出排土线。

3)排土机排土场。排土机排土时，必须遵守下列规定：

(1)排土机必须在稳定平台上作业，外侧履带与台阶坡顶线之间须保持一定安全距离。

(2)工作场地和行走道路的坡度必须符合排土机的技术要求。

(3)排土机长距离走行时，受料臂、排料臂应与走行方向成一直线，并将其吊起、固定，配重小车在前靠近回转中心一端，到位后用销子固定，严禁上坡转弯。

**3. 排土场的管理维护**

1)排土场安全管理。主要包括以下几个方面:

(1)确定企业主要负责人是排土场安全生产第一责任人。主要负责人应指定或设立相应的机构负责实施有关排土场安全规定的各项要求，配备与实际工作相适应的专业技术人员或有实际工作能力的人员负责排土场的安全管理工作，保证安全生产所需经费。

(2)建立健全适合本单位排土场实际情况的规章制度，包括：排土场安全目标管理制度；排土场安全生产责任制度；排土场安全生产检查制度；排土场安全技术措施实施计划；排土场安全操作以及有关安全培训、教育制度和安全评价制度等。

(3)未经技术论证和安全生产监督管理部门的批准，任何单位和个人不得随意变更排土场设计或设计推荐的有关参数。

(4)企业必须严格按照设计文件的要求和有关技术规范，做好排土场安全检查和监测工作。严禁在排土场作业区或排土场边坡面捡矿石和其他石材。排土场滚石区应设置醒目的安全警示标志。

(5)排土场最终境界应排弃大块岩石以确保排土场结束后的安全稳定，防止发生泥石流等灾害。

2)排洪与防震。主要包括以下几个方面:

(1)应在山坡排土场周围修筑可靠的截洪和排水设施以拦截山坡汇水。在排土场平台修筑排水沟以拦截平台表面山坡汇水。

(2)当排土场范围内有出水点时，必须在排土之前采取措施将水疏出。排土场底层应排弃大块岩石，并形成渗流通道。

(3)汛期前应采取相关措施做好防汛工作，包括：明确防汛安全生产责任制，建立紧急预案；疏浚排土场内外截洪沟；详细检查排洪系统的安全情况；备足抗洪抢险所需物资，落实应急救援措施；及时了解和掌握汛期水情和气象预报情况，确保排土场和下游泥石流拦挡坝道路、通讯、供电及照明线路可靠和畅通等。

(4)应加强汛期对排土场和下游泥石流拦挡坝的巡视，发现问题及时修复，防止连续暴雨后发生泥石流和垮坝事故。洪水过后应对坝体和排洪构筑物进行全面认真的检查、清理和维修。

(5)处于地震烈度高于 6 度地区的排土场，应制订相应的防震和抗震的应急预案，内容包括：抢险组织与职责；排土场防震和抗震措施；防震和抗震的物资保障；排土场下游居民的防震应急避险预案；震前值班、巡查制度等。

(6)排土场泥石流拦挡坝原设计抗震标准低于现行标准时，必须进行加固处理。

(7)地震后，必须对排土场、排土场下游的堆石坝进行巡查和检测，及时修复和加固破坏部分，确保排土场及其设施的运行安全。

3）排土场封场。矿山企业在排土场结束时，必须整理排土场资料，编制排土场关闭报告。排土场资料包括排土场设计资料、排土场最终平面图、排土场工程水文地质资料、排土场安全稳定性评价资料、排土场复垦规划资料等；排土场关闭报告包括结束时的排土场平面图、结束时排土场安全稳定性评价报告、结束时排土场周围状况、排土场复垦规划等。排土场复垦规划要包括场地的整备、表土的采集与铺垫、覆土厚度、适宜生长植物的选择等。关闭后的排土场未复垦或未完全复垦时，应留有足够的复垦资金。

关闭后的排土场安全管理工作由原企业负责，破产企业关闭后的排土场，由当地政府落实负责管理的单位或企业。关闭后的排土场重新启用或改作他用时，必须经过可行性设计论证，并报安全生产监督管理部门审查批准。

4）其他。排土场的管理维护除上述内容外，还包括排土场的安全检查、安全评价等。安全检查的内容主要包括排土参数、变形、裂缝、底鼓、滑坡等，实际生产中应严格按照相关规定要求认真做好做实。对排土场进行安全评价，可根据相关规定对排土场进行安全度分类，主要根据排土场的高度、排土场地形、排土场地基软弱层厚度和排土场稳定性等进行分类，安全度分为危险、病级和正常。

## 5.7　选矿废物的尾矿库贮存

### 5.7.1　尾矿库设施及类型

#### 1. 尾矿库设施

尾矿是指金属或非金属矿山开采出的矿石，经选矿厂选出有价值的精矿后排放的“废渣”。尾矿库是指筑坝拦截谷口或围地构成的，用以堆存金属或非金属矿山进行矿石选别后排出的尾矿或其他工业废渣的场所。

尾矿的堆存包括干式堆存和湿式堆存两种方式。干式堆存，是指干法选矿后的尾矿或经脱水后的粗粒尾矿，采用带式输送机或其他运输设备运到尾矿库堆存；湿式堆存，是指湿法选矿的尾矿矿浆采用水力输送至尾矿库，再采用水力冲积法筑坝堆存。目前，我国绝大多数选矿厂的尾矿都采用湿式堆存法。

选矿厂的尾矿处置设施一般包括尾矿输送系统、尾矿贮存系统、回水系统以及尾矿水净化系统等。尾矿贮存在尾矿库中，其结构如图5-7所示。

1）尾矿坝。包括初期坝和堆积坝。初期坝是支撑棱体，具有支撑后期堆积体和疏干堆积坝的作用；堆积坝是选矿厂投产后，在初期坝的基础上利用尾矿本身逐年堆筑而成，是拦挡细粒尾矿和尾矿水的支撑体。尾矿坝使尾矿库形成一定容积，便于尾矿矿浆堆存其内。

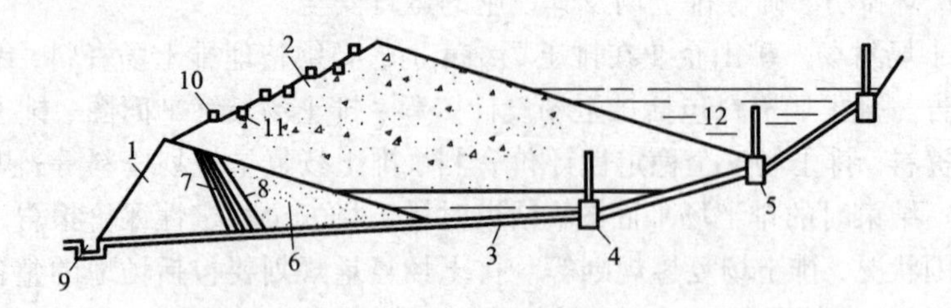


**图 5-7　尾矿库纵剖面示意图**

1—初期坝；2—堆积坝；3—排水管；4—第一个排水井；5—后续排水井；6—尾矿沉积滩；7—反滤层；8—保护层；9—排水沟；10—观测设施；11—坝坡排水沟；12—尾矿池

2)排渗设施。汇积并排泄尾矿堆积坝内渗流水的构筑物，起降低堆积坝浸润线的作用。

3)排洪设施。排泄尾矿库内澄清水和洪水的构筑物，由溢水、排水两部分构筑物组成。

4)观测设施。监测尾矿库在生产中的运行情况。

5)回水设施。回收尾矿库内澄清水。

6)其他设施。如通讯照明设施、管理设施、交通设施、筑坝机具等。

**2. 尾矿库的类型**

尾矿库是堆存尾矿的场所，多由堤坝和山谷围截而成。按照地形条件及建筑方式，尾矿库可分为山谷型、山坡型、截河型和平地型等 4 种(见图 5-8)。

1)山谷型尾矿库。山谷型尾矿库是在山谷谷口处筑坝形成的尾矿库，如图 5-8(a)所示。它的特点是初期坝相对较短，坝体工程量较小；后期尾矿堆坝相对容易管理和维护，当堆坝较高时，可获得较大的库容；库区纵深较长，澄清距离及干滩长度易于满足设计要求。缺点是汇水面积较大，导致流入尾矿库内的洪水量大，使排水构筑物复杂。目前我国大中型尾矿库大多属于这种类型的尾矿库。

2)山坡型尾矿库。山坡型尾矿库是在山坡脚下依山筑坝所围成的尾矿库，如图 5-8(b)所示。特点是初期坝相对较长，初期坝和后期尾矿堆坝工程量较大；由于库区纵深较短，澄清距离及干滩长度受到限制，后期堆坝高度一般不太高，故库容较小；汇水面积虽小，但调洪能力较小，排洪设施的进水构筑物较大；由于尾矿水的澄清条件和防洪控制条件较差，管理、维护相对比较复杂。国内低山丘陵地区的尾矿库大多属于这种类型。

3)截河型尾矿库。截河型尾矿库是截取一段河床，在其上、下游两端分别筑坝形成的尾矿库，如图 5-8(c)所示。有的在宽浅式河床上留出一定的流水宽度，三面筑坝围成尾矿库，也属此类。它的特点是不占农田；库区汇水面积不太

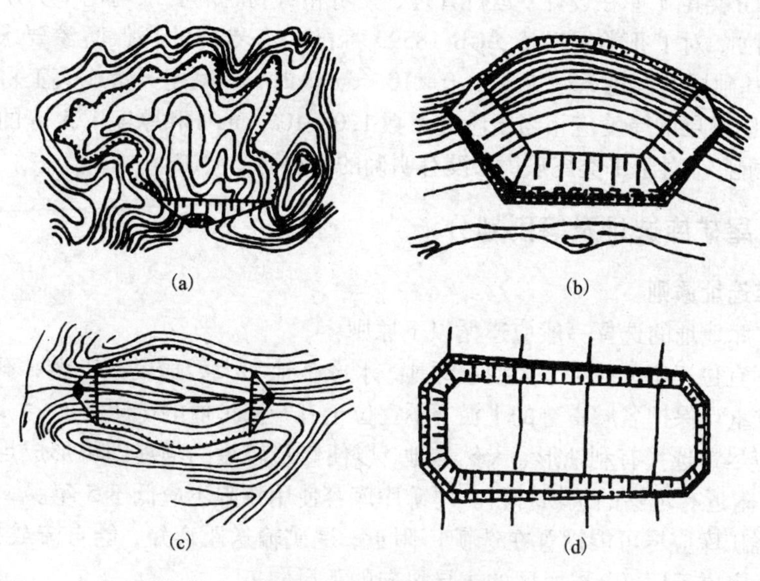

**图 5－8　尾矿库的类型**

（a）山谷型尾矿库；（b）山坡型尾矿库；
（c）截河型尾矿库；（d）平地型尾矿库

大，但库外上游的汇水面积通常很大，库内和库上游都要设置排水系统，配置较复杂，规模庞大。这种类型的尾矿库维护管理比较复杂，国内采用者不多。

4）平地型尾矿库。平地型尾矿库是在平坦地面四面筑坝围成的尾矿库，如图 5－8（d）所示。其特点是初期坝和后期尾矿堆坝工程量大，维护管理比较麻烦；由于周边堆坝，库区面积越来越小，尾矿沉积滩坡度越来越缓，因而澄清距离、干滩长度以及调洪能力都随之减少，堆坝高度受到限制，一般不高；但汇水面积小，排水构筑物相对较小。这类尾矿库通常是在当地缺乏适当的山谷、河滩、坡地或在上述两类尾矿库都不适合时才采用，国内平原或沙漠地区多采用这类尾矿库，例如金川、包钢和山东省一些金矿的尾矿库。

此外，根据筑坝方式，尾矿库可分为一次筑坝型和尾矿堆坝型两种；根据尾矿的性质，又可分为Ⅰ类尾矿库和Ⅱ类尾矿库两种。尾矿在进行贮存、处置前，需要进行性质鉴别。根据鉴别结果，凡属于危险废物的尾矿，应按危险废物管理和处置法规进行安全处置，不宜进行尾矿库贮存。对于属于一般工业固体废物（非危险废物）的尾矿，则应按照现行的《一般工业固体废物贮存、处置场污染控制标准》（GB 18599—2001）并结合 GB 5086 规定方法再进行分类，即第Ⅰ类和第Ⅱ类一般工业固体废物。若尾矿属于第Ⅰ类一般工业固体废物，则对应的尾矿库即为Ⅰ类尾矿库；若尾矿属于第Ⅱ类一般工业固体废物，则对应的尾矿库为Ⅱ类尾矿库。Ⅱ类尾矿库在设计、运行管理、关闭和封场时的要求均比Ⅰ类尾矿库的严格。例如，对于Ⅱ类尾矿库，GB 18599 标准中有专门的环保防渗要求，规定“当天然基础层的渗透系数大于 $1.0\times10^{-7}$ cm/s 时，应采用天然或人工材料构筑防渗层，防渗层的厚度应相当于渗透系数 $1.0\times10^{-7}$ cm/s 和厚度 1.5 m 的黏土层的防渗性能”。对于Ⅰ类尾矿库，没有明确的环保防渗要求。

## 5.7.2 尾矿库选址及等别划分

### 1. 尾矿库选址原则

尾矿库地址的选择一般应遵循以下原则：

1) 不宜位于工矿企业、大型水源地、水产基地和大型居民区上游，不应位于全国和省重点保护名胜古迹的上游，不宜位于有开采价值的矿床上面。

2) 应尽量选择有利地形、天然洼地，以便修筑较短的坝堤即可形成足够的库容，库区附近有足够的筑坝材料。尾矿库库容使用年限不应低于 5 年。

3) 尾矿库应尽可能设置在选矿厂附近，尾矿输送距离短，能自流或扬程小，尾矿堆置应位于厂区、居民区的主导风向的下风向。

4) 汇雨面积应当小，如若较大，在坝址附近或库岸应具有适宜开挖溢洪道的有利地形。

5) 坝址和库区应具有较好的工程地质条件，坝基处理简单，两岸山坡稳定，避开溶洞、泉眼、淤泥、活断层、滑坡等不良地质构造或地质构造复杂的区域。

6) 库址、尾矿输送和贮存方式、设施的确定，应多方案综合比较后确定。

7) 应不占或少占农田，不迁或少迁村庄。

### 2. 尾矿库等别划分

尾矿库各使用期的设计等别应根据该期的全库容和坝高分别按表 5-2 确定。当两者的等差为一等时，以高者为准；当等差大于一等时，按高者降低一等。尾矿库失事将使下游重要城镇、工矿企业或铁路干线遭受严重灾害，因此其设计等别可提高一等。

**表 5-2 尾矿库的等别划分**

| 等别 | 全库容 $V$/万 $m^3$ | 坝高 $H$/m |
|---|---|---|
| 一 | 二等库具备提高等别条件者 | |
| 二 | $V\geqslant10000$ | $H\geqslant100$ |
| 三 | $1000\leqslant V<10000$ | $60\leqslant H<100$ |
| 四 | $100\leqslant V<1000$ | $30\leqslant H<60$ |
| 五 | $V<100$ | $H<30$ |

说明：1. 库容指校核洪水位以下尾矿库的容积；

2. 坝高指尾矿堆积标高与初期坝轴线处坝底标高的高差。

尾矿库失事造成灾害的大小与库内尾矿量的多少以及尾矿坝的高矮成正比。尾矿库使用的特点是尾矿量由少到多，尾矿坝由矮到高。在不同使用期失事，造成危害的严重程度是不同的。因此，同一个尾矿库在整个生产期间根据库容和坝高划分为不同的等别是合理的。此外，在尾矿库使用过程中，初期调洪能力较小，后期调洪能力较大。同一个尾矿库初期按低等别设计，中期及后期逐渐将等别提高，这样一次建成的排洪构筑物就能兼顾各使用期的防洪要求，设计更加经济合理。因此，我国制定的设计规范允许按上述原则划分尾矿库等别。

尾矿库构筑物的级别根据尾矿库等别及其重要性按表5-3确定。

**表5-3　尾矿库构筑物的级别**

| 等　别 | 构筑物的级别 | | |
|---|---|---|---|
| | 主要构筑物 | 次要构筑物 | 临时构筑物 |
| 一 | 1 | 3 | 4 |
| 二 | 2 | 3 | 4 |
| 三 | 3 | 5 | 5 |
| 四 | 4 | 5 | 5 |
| 五 | 5 | 5 | 5 |

说明：主要构筑物指尾矿坝、库内排水构筑物等实施后难以修复的构筑物；次要构筑物指失事后不致造成下游灾害或对尾矿库安全影响不大并易于修复的建筑物；临时构筑物指尾矿库施工期临时使用的构筑物。

## 5.7.3　尾矿库的设计及管理维护

### 1. 尾矿库的设计原则

尾矿库设计时，除考虑到尾矿库选址的原则外，还应注意以下几个方面：

1）尾矿库设计应对不良地质条件采取可靠的治理措施。

2）对于用停采的露天采矿场改作尾矿库的，应对其稳定性进行专门论证，若尾矿库下部仍进行采矿作业的，应保证地下采矿安全。

3）尾矿库施工设计文件应给出生产运行安全控制参数，主要包括：尾矿库设计最终堆积高程、最终坝体高度、总库容，尾矿坝堆积坡比，尾矿坝不同堆积标高时，库内控制的正常水位、调洪高度、安全超高及干滩长度，尾矿坝浸润线控制等。

4）尾矿库设计应列安全专篇，安全专篇需要论证尾矿库位置是否存在安全隐患，如库区汇水面积、排洪能力、最大暴雨及洪水频率，地形地貌特点，下游的居民区可能受到的危害程度分析，尾矿库初期坝和堆积坝的稳定性分析，尾矿库的安全管理及尾矿坝动态监测和通讯设备配置的可靠性分析等。

**2. 尾矿库的管理维护**

尾矿库是一种边施工边生产的工业设施，其管理维护过程既是生产管理过程，又是尾矿库加高的施工过程，因此尾矿库的生产管理具有重要意义。尾矿库的管理部门既是生产组织机构，又是施工组织机构。

尾矿库管理维护的基本任务是根据尾矿库生产运行的客观规律和设计要求，组织好尾矿堆积坝的堆坝施工、尾矿的正常排放、尾矿澄清水的回收、尾矿设施检查维修、尾矿库防汛抗震、闭库设计及再利用等。

## 5.8 固体废物的资源化利用

### 5.8.1 资源化的意义

随着地球上人口数量的不断增加，全球尤其是发展中国家工业化、城镇化的快速发展，导致资源消耗增长过快，形成资源供给短缺问题，经济发展受到资源供给的困扰和制约。即使若干年后大部分发展中国家城镇化建设和基础设施建设基本完成，产业结构得到调整，高能耗、高资源消耗的产业得到压缩，资源消费的快速增长得以减缓，但庞大的人口基数以及要维持和提高这一数量巨大人口的物质生活水平，对资源的需求仍然巨大，这就是所谓资源需求的刚性约束，它造成了经济发展与资源短缺之间的尖锐矛盾。

固体废物资源化就是采取工艺措施从固体废物中回收有用的物质和能源。固体废物具有可资源化的性质，故又被称为“放错地点的原料”。因此，将人类生产生活中产生的废物资源化，大力发展循环经济，实现资源的循环使用，可有效解决经济发展与资源短缺之间的矛盾，缓解资源短缺压力。此外，如果不对固体废物进行合理处置或资源化利用，又会污染环境和危害人类健康。因此，固体废物的资源化，必将成为固体废物处理的发展处置的方向，对于全人类的发展都有着十分重要的意义。在我国《固废法》中特别强调指出：“国家对固体废物污染环境的防治，实行减少固体废物的产生量和危害性、充分合理利用固体废物和无害化处置固体废物的原则，促进清洁生产和循环经济发展。国家采取有利于固体废物综合利用活动的经济、技术政策和措施，对固体废物实行充分回收和合理利用。”

### 5.8.2 资源化原则及途径

**1. 资源化的原则**

固体废物的资源化利用必须遵守以下 3 个基本原则：

1)资源化的技术必须是可行的，且经济效益要好，有较强的市场竞争力。

2)资源化处理的固体废物应尽可能在排放源附近处理利用，以减少固体废物在存放、运输等方面的投资。

3)资源化产品符合国家相应产品的质量标准。

**2. 资源化的基本途径**

固体废物资源化的途径很多，其基本途径归纳起来有以下五个方面：

1)提取各种有价组分。把有经济价值的各种有价组分提取出来是固体废物资源化的重要途径。如从有色金属废渣中可提取金、银、钴、锑、硒、碲、铊、钯、铂等，其中某些稀有贵重金属的价值甚至超过主金属的价值。

2)生产建筑材料。利用工业固体废物生产建筑材料，是一条较为广阔的资源化途径。目前主要有以下几个方面：利用高炉渣、钢渣、铁合金渣等生产碎石，用作混凝土集料、道路材料、铁路道渣等；利用粉煤灰、经水淬的高炉渣和钢渣等生产水泥；在粉煤灰中掺入一定量炉渣、矿渣等集料，再加石灰、石膏和水拌合，制成蒸汽养护砖、砌块、大型墙体材料等硅酸盐建筑制品；利用部分冶金炉渣生产铸石，利用高炉渣或铁合金渣生产微晶玻璃；利用高炉渣、煤矸石、粉煤灰生产矿渣棉和轻质集料。

3)生产农肥。可利用固体废物生产或代替农肥。如城市垃圾、农业固体废物等经堆肥化可制成有机肥料；粉煤灰、高炉渣、钢渣和铁合金渣等，可作为硅钙肥直接施用于农田；而钢渣中含磷较高时可生产钙镁磷肥。

4)回收能源。很多工业固体废物热值较高，如粉煤灰中碳含量可达10%以上，可加以回收利用。德国拜尔公司每年焚烧2.5万t工业固体废物用以生产蒸汽。有机垃圾、植物秸秆、人畜粪便等经过发酵可生产沼气。

5)取代某些工业原料。工业固体废物经一定加工处理后可代替某种工业原料，以节省资源。如煤矸石代替焦炭生产磷肥；高炉渣代替砂石作为滤料处理废水，还可作为吸收剂从水面回收石油制品；粉煤灰可作塑料制品的填充剂，还可作过滤介质，如用于过滤造纸废水，不仅效果好，而且还可以从纸浆废液中回收木质素。

# 第6章　有色金属矿物采选过程中的污染控制与资源化

有色金属矿物采选是整个有色金属工业产业链的初始，也是整个产业链造成环境污染较为严重的一个环节。同时，矿山生态系统也是陆地生态系统的一个特殊的重要的子系统。目前，我国有色金属采选过程中的"三废"排放形势仍不容乐观。矿山排出的"三废"使地表植被破坏，农业用地减产，污染土壤，耕地废弃，淤积河流，形成地下水污染源，土壤沙化，水土流失。采矿造成地表塌陷或崩落，地下水位下降，露天矿边坡失稳或滑坡，并使矿山生态结构破坏，生态功能丧失或降低，生态环境恶化，生态平衡受到破坏。更为严重的是，矿山开采将导致数倍于开采面积的区域发生根本变化。所以，控制有色金属采选过程中的"三废"污染，对排出的各种形态的废物加以资源化利用，并对矿区土地复垦以恢复矿区生态平衡，已经成为刻不容缓的问题，也是我国实施可持续发展战略应优先关注的问题之一。

## 6.1　大气污染控制

### 6.1.1　大气污染物主要来源及特点

大气污染物按赋存状态可分为颗粒污染物和气态污染物，具体到有色金属采选矿过程，大气中的颗粒污染物主要是以"矿尘"为主的各种粉尘，而气态污染物主要是选矿作业中浮选药剂挥发出来产生的含药剂气体(也可以在大范围内归属于有毒有害气体)、柴油设备尾气及特殊矿自身产生的有毒有害气体。

**1.颗粒污染物来源及危害**

1)颗粒污染物的来源。有色金属采选矿过程中的颗粒污染物主要是指矿尘，即采选矿过程中产生的大量能长时间悬浮于空气中的矿物与岩石的细微颗粒。按赋存状态，矿尘可划分为悬浮于矿内空气中的浮游矿尘和从矿内空气沉降下来的沉积矿尘。矿尘来源众多，贯穿采矿和选矿的多个环节流程，主要来源于凿岩、爆破、装矿、运输、卸矿、放矿、二次破碎、筛分及工作面放顶、自溜运输和皮带运输机转载等工艺环节。据测定，在湿式作业凿岩时，井下粉尘产生的比例是：凿岩占41.3%，爆破占45.6%，装运矿(岩)石占13.1%。

(1)凿岩石时产生粉尘。目前的凿岩工程基本采用机械破碎法。根据破碎作用的方式不同，机械破碎凿岩法可分为冲击式凿岩、回转式凿岩及回转－冲击式凿岩。对金属矿山来说，主要是用冲击式凿岩法，此法在凿岩时，形成炮孔有冲击、转钎、排粉三个基本动作。其中，钻机、凿岩机和电钻在钻眼作业中产尘量最大，约为总产尘量的40%。凿岩产尘量的大小除了与矿岩的物理性质(硬度、破碎性、湿度)及炮孔方向(水平、向上、向下)和深度有关，同时也随工作的钻机台数、凿岩速度、炮孔的横断面积增大而增加。同时，凿岩产尘时随着凿岩时间的延长，空气中的粉尘不断累积，浓度越来越高。

(2)爆破过程产生粉尘。爆破作业时，矿岩因受到药包爆破的巨大压力、高温及应力波作用而粉碎，矿岩的细微颗粒悬浮于空气中形成粉尘。爆破过程瞬时产尘量最大，但由此形成高粉浓度空气的维持时间较短。爆破时的产尘量与一次爆破的爆孔数目、炮孔跨度、炸药种类、矿岩性质、地质构造、含湿量等许多因素有关。通常爆破产尘散移开采区的时间较长，且爆破产尘表面吸附爆破生成的有毒有害气体，对人体危害更大。

(3)铲装作业产尘。铲装作业中，首先电铲挖掘矿岩时，沉落在矿岩表面上的和摩擦、碰撞产生的粉尘因振动而扬起形成二次扬尘；其次，铲斗在向电动轮车斗卸下矿岩时，由于落差，会产生巨大粉尘；此外，电铲在清扫爆堆时也会产生粉尘。据测，在干燥季节、无防尘措施而又有自然风流时，电铲司机室内最高粉尘浓度达40 $mg/m^3$，室外则超过45 $mg/m^3$。因此，电铲作业对采区带来的粉尘量也是较大的，影响着采区粉尘合格率。

(4)采装、运输过程产生粉尘。矿岩在装载、运输和卸载的过程中，由于矿岩相互的碰撞、冲击、摩擦及矿岩与铲斗、车厢的相互碰撞、摩擦而造成二次扬尘。装运作业产尘量的大小与矿岩的湿润程度、装岩方式(人工或机械)以及矿岩的力学性质等因素有关。随着装运作业机械化程度的提高，其产尘量将越来越大。露天矿运输方式主要有铁路运输、汽车运输和间断－连续运输。铁路运输适用于大型矿山，现在一般都采用汽车运输方式，但这样容易遇风产生扬尘，增大空气中粉尘质量浓度。有关露天矿大气质量监测表明，汽车运输矿岩时，路面行车扬尘是露天矿采区最大的粉尘污染源，扬尘量占采区总产尘量的70%～90%，是造成采矿场空气污染的最大污染源。

(5)溜矿井放矿作业时产生粉尘。溜矿井是有色金属矿井下主要的产尘区之一，特别是多中段开采时尤为突出。由于溜矿井多设于进风巷道中，所以其产生的粉尘不但污染溜井作业区，还会随风流进入其他工作面。溜井产尘的特点是在卸矿时，由于矿石加速下落，空气受到压缩，此受压空气带着大量粉尘流经下部中段出矿口向外泄出而污染矿井空气。当矿石经溜井下落时，在矿石的后方又产生负压。此时，在卸矿口将产生瞬间入风流，造成风流短路。当主溜井多中段作业时，很可能造成风流反向。

(6)旋回破碎作业时产生粉尘。在旋回破碎作业和放矿作业中，一是电动轮汽车向旋回卸矿时因落差产尘；二是动锥在挤压、碰撞矿石时形成粉尘；三是皮带向大矿堆放矿时因矿堆料位低落差大，矿石上的粉尘扬起形成二次粉尘。以上原因造成破碎站经常粉尘浓度高，加之破碎站人员较集中，所以危害性很大。

(7)井下破碎硐室产生粉尘。破碎硐室是井下产尘最集中的地方。因为在此要大量、连续地进行矿石破碎工作，以满足箕斗提升设备对矿石块度的要求。破碎硐室往往靠近提升主井，主井又常作为进风井，特别是采用抽出式通风的矿山，主井形成负压，使矿尘更有利于混入新鲜风流中，影响风流质量。

(8)排土场排土作业产尘。排土场在汽车卸岩时因岩石的碰撞、摩擦而产尘。特别是采矿场采区高段排土的排土场，排土落差较大，且排放量又大，所形成的二次扬尘量很大，对周边环境污染严重。

(9)边坡清理、道路修筑、工作平面整理的二次扬尘。这些部位的粉尘受到振动和气流作用时，飞散到空气中形成二次扬尘。

(10)其他作业产生粉尘。如喷锚作业、挑顶刷帮、干式充填等作业产尘。

2)颗粒污染物的危害。矿尘的危害是多方面的，主要体现在以下几个方面：

(1)引发肺部疾病，危害人体健康。有色金属矿山开采过程中产生的粉尘含有高浓度的游离态二氧化硅，对人体伤害极大。吸入者，轻则患呼吸道炎症，重则会患上一种职业病——硅肺病，不但严重威胁矿工的人身健康，还给国家与企业带来巨大的经济损失和不良的社会影响，已日益引起国内外的广泛关注。

(2)引发矿区爆炸，危及生命财产安全。在一定条件下，一些具有爆炸性的粉尘在瞬间会发生爆炸，在有限空间内产生高温、高压，对矿区有巨大的摧毁力和破坏性，从而引发伤亡事故及巨大的经济损失。某些矿尘在一定条件下或与其他矿尘混合后会发生爆炸，如镁粉、钙化粉等与水接触后会引起自燃或爆炸，还有溴与磷、锌粉与镁粉等相互接触或混合后也会引起爆炸。

(3)加速机械磨损，缩短仪器寿命。沉降于机器设备表面的矿尘，不但会加速机器、仪表的运转部件磨损，缩减精密仪器的使用寿命，造成经济损失，还会造成设备散热不畅，从而导致设备事故。随着矿山机械化、电气化、自动化程度的提高，矿尘对设备性能及其使用寿命的影响将会越来越突出，应引起高度的重视。

(4)降低大气能见度，增加不健康、不安全因素。采掘等粉尘作业环境中，当粉尘在工作面中的累积达到一定浓度时，会造成矿工视野不清，直接影响矿工的操作和判断，进一步导致误操作，从而引发工伤事故。此外，大气能见度的降低，还会引发人的负面情绪，为交通事故的发生埋下祸根。长时间的能见度降低还会使视力疲劳，造成眼疾。

（5）引起降水变化。漂浮于较低大气层中的矿尘会充当水蒸气的“凝结核”。当大气中水蒸气达到饱和时，就会发生凝结现象。在较高温度下，水蒸气凝结成液态小水滴；而在温度很低时，则会形成冰晶。这种“凝结核”作用有可能导致降水的增加或者减少。对特殊情况的研究尚未取得一致结果，一些研究证明降水将增加，也有研究得出相反的结论，即降水减少。

为了减少粉尘对环境的污染，响应构建和谐社会的号召，国家制定了更加严格的粉尘排放质量浓度标准，如表6－1所示。

**表6－1　粉尘排放浓度（标态）限值比较（$mg/m^3$）**

| 污染源（矿山） | 原标准（二级，1997年1月） | | 新标准（2010年10月） | |
|---|---|---|---|---|
| | 现有项目 | 新建项目 | 现有企业 | 新建企业 |
| 铝工业 | 150 | 120 | 120 | 50 |
| 钛镁 | 150 | 120 | 100 | 50 |

**2. 气态污染物来源及其危害**

有色金属采矿过程中的气态污染物主要来自于炸药爆炸、柴油及汽油设备、矿区燃煤所释放出来的有毒有害气体。而选矿过程中的气态污染物主要源自选别作业中浮选药剂挥发出来产生的含药剂气体（也可以在大范围内归属于有毒有害气体）和特殊矿物自身产生的有毒有害气体。气态污染物会造成环境污染；人体吸入后会破坏人体机能，危害人体健康，严重时导致死亡；对附近森林、农作物生长也有危害作用。一般情况下，质量浓度不高的气态污染物可以无组织排放，借助大气自净能力净化，但必要时应给作业工人配备防毒用具。井下作业要注意做好矿井通风工作。

矿井下常见的有害气体有 CO、$CO_2$、$NO_2$、$SO_2$、$H_2S$、$NH_3$、$CH_4$、Rn 等。我国化学矿山工业卫生管理规定（1991年）的井下空气中有毒有害气体最高允许浓度见表6－2所示。下面主要介绍这些有毒有害气体的危害和来源。

**表6－2　井下空气中有毒有害气体最高允许浓度**

| 序号 | 有毒有害气体 | 符号 | 最高允许浓度 | |
|---|---|---|---|---|
| | | | 体积分数/% | 质量浓度/（$mg \cdot m^{-3}$） |
| 1 | 一氧化碳 | CO | 0.0024 | 30 |
| 2 | 氮氧化物（换算成 $NO_2$） | $NO_2$ | 0.00025 | 5 |
| 3 | 二氧化硫 | $SO_2$ | 0.0005 | 15 |
| 4 | 硫化氢 | $H_2S$ | 0.00066 | 10 |
| 5 | 氨 | $NH_3$ | 0.064 | 30 |

(1)一氧化碳(CO)。CO 为无色、无臭、无味的气体，微溶于水，化学性质不活泼，但体积分数为13% ~75%时能引起爆炸。对人体的最大危害是使人体中毒：当空气中 CO 体积分数为0.4%时，人在很短的时间内就会失去知觉，抢救不及时便会因缺氧身亡。这就是日常生活中人们所说的“煤气中毒”。其原因是人体血液中氧的载体血红蛋白与 CO 结合能力非常强，一般来说是与氧气结合能力的250~350倍，当进入人体血液后能够从含氧血红蛋白($HBO_2$)中把氧气挤出去，导致人体缺氧。井下 CO 来源于爆破作业、坑木燃烧、矿井火灾、柴油设备尾气等。

(2)二氧化碳($CO_2$)。$CO_2$是无色、无味的气体，其相对密度为1.52，是一种较重的气体，不易与空气均匀混合，故常积存于巷道底板，在静止的空气中有明显的分界。$CO_2$对人的呼吸有刺激作用，当空气中 $CO_2$ 浓度增大时，氧的浓度降低，可以引起缺氧窒息。我国《矿山安全法实施条例》规定：井下采掘工作面进风流中的氧气体积分数不得低于20%，二氧化碳体积分数不得超过0.5%。井下$CO_2$主要来源于人员呼吸、爆破作业、矿岩的氧化水解、坑木的氧化、矿井火灾、硫化矿的自燃以及内燃机排放的尾气。

(3)氮氧化物($NO_x$)。炸药爆炸及柴油设备排放的尾气中都含有大量的 NO 和 $NO_2$。NO 极不稳定，遇空气中的 $O_2$ 即转化为 $NO_2$。$NO_2$是一种棕色、有强烈窒息性的气体，易溶于水，生成腐蚀性很强的硝酸。所以它对人的眼睛、呼吸道和肺部组织等有强腐蚀破坏作用，危害最大的是破坏肺组织，引发肺水肿。

(4)硫化氢($H_2S$)。$H_2S$ 是一种无色、有臭鸡蛋气味的气体，易溶于水。通常情况下1体积的水可以溶解2体积的 $H_2S$，故 $H_2S$ 常积存于巷道积水中。$H_2S$ 能燃烧，当其体积分数达到6%时，具有爆炸性。井下的 $H_2S$ 主要来源于坑木腐烂，硫化矿的水解、自燃，硫化矿尘的爆炸，坑内采空区、旧巷的积水，硫化矿泉，岩层裂隙与空洞中逸出的气体等。$H_2S$ 有很强的毒性，能使人体中毒，对眼睛黏膜及呼吸道有强烈刺激作用。当空气中的 $H_2S$ 体积分数达到0.01%时，人就能闻到气味并流唾液、清鼻涕；其体积分数达到0.05%时，持续0.5~1 h 会引起人体严重中毒；当其体积分数达到0.1%时，人在短时间内就会有生命危险。

(5)二氧化硫($SO_2$)。$SO_2$是一种无色、有强烈硫磺味及酸味的气体，易溶于水，比空气重，常存于巷道底部，对眼睛有强烈刺激作用。井下 $SO_2$ 主要来源于硫化矿物的氧化及自燃、硫化矿中的爆破作用、硫化矿尘的爆炸以及井下橡胶制品(电缆、电线)的燃烧等。$SO_2$与水蒸气接触氧化后生成硫酸，对呼吸系统有腐蚀作用，使喉咙及支气管发炎，呼吸麻痹，严重时引起肺水肿。当空气中 $SO_2$的体积分数为0.0005%时，嗅觉器官能闻到刺激味；$SO_2$的体积分数为0.002%，有强烈刺激作用，可引起头疼和喉痛；$SO_2$的体积分数为0.05%时，引起支气管炎和肺水肿，短时间内就可致人死亡。

(6)氡气(Rn)。Rn 是一种无色、无味、无臭的放射性气体，它的质量密度为

9.73 g/L，是目前已知最重的气体。Rn 属于惰性气体，很不活泼，能溶于水、油等液体，尤其易溶于脂肪，能被固体物质所吸附，有强扩散性，具有衰变性，是由镭衰变来的，而自身又能继续衰变产生一系列的子体。氡对人体的主要危害源于其放射性，如衰变过程中所放出的 $\alpha$、$\beta$、$\gamma$ 射线能使物质分子产生电离与激发作用，引发人体内生化反应，使其代谢功能发生障碍。医学研究已经证明，氡及其子体辐射是矿工患肺癌的主要原因。

(7)柴油设备尾气污染。与风动、电动设备相比，柴油机驱动功率大、移动速度快、不拖尾巴、不架天线、有独立能源，因而它具有生产能力大、效率高、机动灵活等优点。这使得柴油设备在矿山被广泛应用，但是它排放的尾气对矿山空气有较严重的污染。柴油设备所排出的尾气成分很复杂，是一种混合物，主要包括：氮氧化物($NO_x$，如 NO、$NO_2$、$N_2O_4$、$N_2O_5$等)；含氧碳氢化合物(如甲醇、甲醛、乙醛、丙醛、丙烯醛、丁醛、丙酮和酚等)；低分子碳氢化合物；硫的氧化物(如 $SO_2$、$SO_3$)；碳氧化合物(如 CO、$CO_2$)；油烟、油雾、碳烟、杂环、芳烃化合物及苯并[a]芘等。以上有害物质以 NO、$NO_2$、CO、醛类及油烟含量较高且毒性大，其中又以 $NO_x$及 CO 为主。

### 6.1.2　污染控制技术

#### 1. 矿尘的防治

矿尘的防治应该从矿尘的产生源头、传播途径和危害对象三个方面采取措施。

1)在矿尘的产生源头要“抑”和“堵”。

(1)“抑”即是对采矿和选矿中的产尘源头，从产尘数量和质量上入手，减少产尘总量、产尘强度及呼吸性粉尘所占的比例。对于有色金属露天矿，可采取的主要措施包括：①洒水车定时喷洒路面、采场、输送机各装载点以及转载点，以防止粉尘飞扬产生污染，但冬季不能采用洒水抑尘，建议使用防冻剂(氯化钙)渗入水中或添加磺化木质素抑尘；②在防尘用水中添加湿润剂(降尘剂)；③用喷雾泡沫降尘和喷雾净化风流(如光电自动水幕、超声波和荷电水幕)；④在运输过程中，向矿石表面洒水，使其表面保持湿润，以减少在一定风速下的扬尘，或者采取临时性措施——对矿石车表层进行化学处理或浇一层废油；⑤将尾矿废石堆、运输机等用苫布遮盖；⑥对尾矿库采用洒水、水幕法、覆盖法、种植树木法、尾矿库表面固化等方式防止扬尘；⑦密闭尘源，采用湿式钻眼、旁侧给水凿岩，尽可能减少炮孔数量及炸药用量，避免岩石过度粉碎，防止微细粉尘飞扬；⑧选择适宜的采矿方法和工艺，采用水封爆破，改革钻具，爆破前后冲洗岩壁，装岩前后洒水等；⑨加强矿区交通路面的管理，经常修理和保持路面平整，及时清除路面的尘土，降低粉尘量；⑩根据不同的矿岩的物理化学性质，选择适宜的机械设备，尽量减少粉碎过程中粉尘的产生。

（2）“堵”就是对产尘设备进行密封，主要包括以下几个方面：

①胶带机密闭。胶带机在输送破碎矿石时，由于胶带机在托辊作用下颠簸，胶带上方扬起粉尘，特别是在不能喷水的北方，粉尘浓度常大大超过车间的卫生标准。例如北方某矿山，运输采用胶带机，全长超过 800 m，胶带宽 1400 mm，不能洒水，实测粉尘浓度 48 ~ 100 mg/m$^3$，同时粉尘随胶带机运动方向在硐内产生烟囱效应，形成烟气流。此外，在大多数选矿厂均有皮带机的拉紧装置，该处的二次扬尘较大，污染环境。

胶带机的密闭方法有多种，最为实用的方法有整体密闭和双层半密闭罩。整体密闭是胶带机常见的一种形式，粉尘控制效果好，但由于影响到胶带机托辊的检修，工人操作视线受到影响，现在很少采用。双层半密闭罩是将胶带上方密闭，现在矿山企业多采用这种半密闭形式，此种密闭简单可靠，易于实现，但易受胶带跑偏等因素影响，密闭效果差，所用吸风量大，能耗高。

②筛分机密闭。根据筛子的规格大小和操作方法来定，一般规格大的多采用整体密闭和大容积密闭，其结构形式见图 6 – 1。

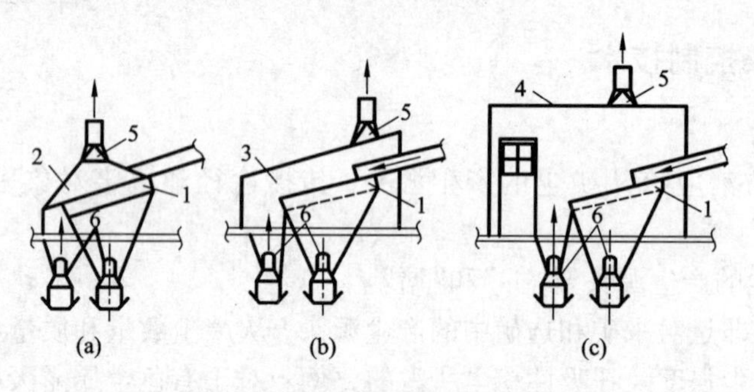


**图 6 – 1　振动筛密封罩**

(a)局部密闭；(b)整体密闭；(c)大容积密闭

1—振动筛；2—局部吸风罩；3—整体密闭罩；4—大容积密闭罩；

5—上部吸风罩；6—下部吸风罩

③移动料车密闭。向料槽卸料时，由于物料带入空气与物料间相互挤压，使料槽内产生正压，造成含尘空气从槽口和其他不严密处外溢，污染环境，移动料车是当前比较难控制的产尘点，现使用较多的有移动通风槽、“Л”形槽口胶带密封吸尘净化等(见图 6 –2)。

④密闭新材料。矿山生产设备的密闭是防尘的主要环节，密闭形式尽管多种多样，但对矿山来说，防尘的同时，必须不能影响工人操作和设备维修维护，因此产尘设备密闭材料的选择尤为重要。以前密闭材料基本上是钢板，易成型易焊接安装，强度高，但对密闭要求较高的产尘点，无法密闭严密。新型玻璃钢或钢

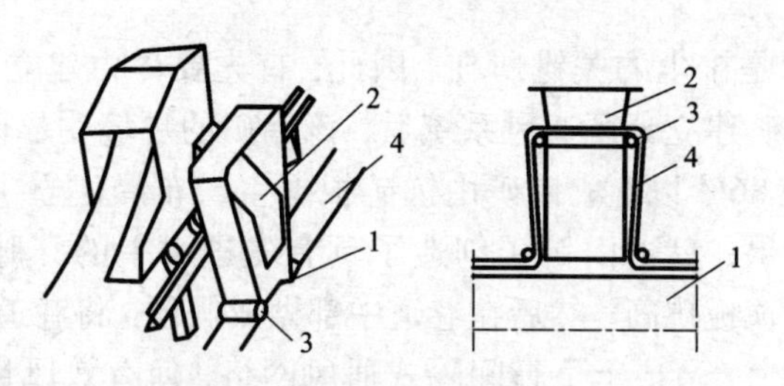


**图6-2　移动料车槽口密封**

1—料槽；2—卸料流槽；3—辊；4—胶带

化玻璃材料是其替代品，该材料透明，不影响操作视线，强度也可达到要求。

2)在矿尘的传播途径中对矿尘要“排”、“降”、“除”。矿尘的主要传播途径就是大气，故对于散布于空气中的矿尘，要通过“排”、“降”、“除”的方式减小工作空间中浮尘的浓度。主要通过新鲜空气流通将矿尘排出，或利用液体对矿尘的附着作用加速空气中矿尘的沉降，或利用除尘器将空气中的矿尘聚集起来处理，以达到降低工作空间中的矿尘浓度的目的。

(1)“排”是指通风除尘，即利用流动的新鲜气流稀释并排除空气中尚未沉降的那部分浮游粉尘。

排除井巷中的粉尘需要有一定的风速。我们把能使对人体危害最大的微小粉尘(5 μm以下)保持悬浮状态并随气流运动而排出的最低风速称为最低排尘风速。按规定，掘进中的岩巷风速不得低于0.15 m/s。提高排尘风速，粒径稍大的颗粒也能悬浮并被排走，同时也增强了稀释作用，在产尘量一定的条件下，粉尘质量浓度将降低。当风速增加到一定值时，作业地点的粉尘质量浓度将降到最低值，此时风速被称为最优排尘风速；风速再增高时，将扬起沉降的粉尘，使风流中粉尘的质量浓度增高。一般来说，掘进工作面的最优风速为0.4~0.7 m/s。

扬起落尘的风速取决于粉尘粒径、形状、湿润程度、附着情况等许多因素。根据实验观测，在矿井条件下，风速大于1.5~2 m/s时，就具有二次扬起粉尘的作用，风速越高，扬起粉尘的作用越强。粉尘二次扬起会严重污染矿井空气。按规定，采掘工作面的最高允许风速为4 m/s。

在风速满足要求的情况下，对于连续产生的地点，使风流中粉尘的质量浓度小于允许质量浓度所需要的风量可按下式计算：

$$Q = G/(C - C_0) \tag{6-1}$$

式中：$Q$——除尘通风所需风量，$m^3/s$；

$G$——产尘强度，mg/s；

$C$——粉尘允许质量浓度，$mg/m^3$；

$C_0$——进风流中的粉尘质量浓度，$mg/m^3$(要求不超过0.5 $mg/m^3$)。

矿井通风技术是排尘的关键所在，因此，首先要尽力建立和完善通风系统。具体如，西华山钨矿建立分区通风系统后，该钨矿的环境明显改善，粉尘质量浓度合格率都稳定在86%以上；锡矿山锑矿根据生产布局建立了棋盘区的通风网络，提高了通风效果；盘古山钨矿创造了具有先进水平的穿脉假巷梳式通风网络，即将穿脉巷的顶板挑高，然后在巷道中部做成假顶，将巷道隔成上下两部分，新、污风流各行其道，造成上下行间隔式通风网络，使有效风量达72%以上，消除了薄矿脉多中段作业深部开采时污风串联。此外，还有网络系统，如篦式通风网络、穿脉风桥梳式通风网络、中段间隔式通风网络、竖式通风网络和混合通风网络等，避免了井下各中段、各采区间的污风串联，提高了回采工作面的有效风量率。

因此，应该密切关注通风设备与自动化及新技术发展动向，如矿山通风设备轴流式风机的更新，遥控遥测技术的应用。在通风网络计算与分析方面，电子计算机的应用促进了通风计算技术的新发展。法国研制的计算机软件，可对400条分支、255个节点的网络进行快速计算，并可在对话式图形终端上将网络显示出来；德国开发了利用电子计算机自动绘制通风平面图EDP程序，能将计算数据清晰地反映在图上。

(2)净化风流是“降”尘的主要手段之一，即在巷道顶部或两旁的水管上以一定间隔安装数个喷雾器，喷雾形成水幕以净化入风流和降低污风流矿尘浓度，从而捕获矿尘，可将工作面粉尘质量浓度降到50 mg/m$^3$ 以下，总回风粉尘质量浓度降到20 mg/m$^3$ 以下。喷雾器的布置应以水幕能布满巷道断面且尽可能靠近尘源为原则，可在矿井以下位置设置水幕：在距井口20～100 m的巷道内设置矿井总入风流净化水幕；在风流分叉口支流里侧20～50 m的巷道内设置入风流净化水幕；在距工作面回风口10～20 m回风巷内设置回风流净化水幕；在距工作面30～50 m的巷道内设置掘进回风流净化水幕；在尘源下风侧5～10 m的巷道内设置产尘源净化水幕。

(3)“除”是将空气中浮游粉尘聚集起来处理的一项聚集性措施，它主要是利用除尘器来完成。现在常用的除尘器有旋风除尘器、布袋除尘器、电除尘器等。应根据选矿厂的规模、类型等实际情况选择适宜的除尘器或除尘机组。一般的选矿厂在设计时就拟订了解决治理粉尘超标的技术方案，在物料的破碎、筛分设备可设置防尘罩，在运矿设备的落料点设排尘点，用风管将这些尘料吸入除尘器排除。通常，选矿厂收尘多采用布袋除尘器收尘，排尘质量浓度达标率约为90%。

近些年来，随着国家对粉尘治理力度的加大，一些新的、效果较好的除尘设备与技术又涌现出来，如新型过滤材料及除尘器、超声雾化器、新型就地抑尘过滤除尘技术等。

①新型过滤材料及除尘器。除尘器的微孔膜过滤材料采用新型的高分子材料

为基材，通过独特加工工艺和处理方法制成。该除尘器原理：含尘气体由管路进入除尘器进气口，气体中较大颗粒的粉尘由于气流速度减慢，在自重力作用下沉降在除尘器箱体内，较小的颗粒随气流进入微孔膜滤料，在压差作用下，含尘气流在微孔膜上过滤，粉尘截留在微孔膜上，而过滤干净的空气穿过微孔膜进入除尘器上箱体，通过出口管排出，当微孔膜表面的粉尘积聚到一定的厚度时，靠粉尘自重脱落下来，黏在微孔膜上的粉尘由 PLC 定时控制的高频振打电机振打脱落，由于微孔膜过滤不同于普通的滤料（袋）过滤，粉尘即使是潮湿的情况下，经振打后也可脱落，达到良好的清灰目的。

②超声雾化器。超声雾化抑尘技术是国际上20世纪80年代发起来的基于空气动力学和云物理学原理的新型除尘技术。其原理是应用压缩空气冲击共振腔产生超声波，超声波把水雾化成浓密的、直径只有1~50 μm的微细雾滴，雾滴在局部密闭的产尘点内捕获、凝聚微细粉尘，使粉尘迅速沉降下来实现就地抑尘，见图6-3。

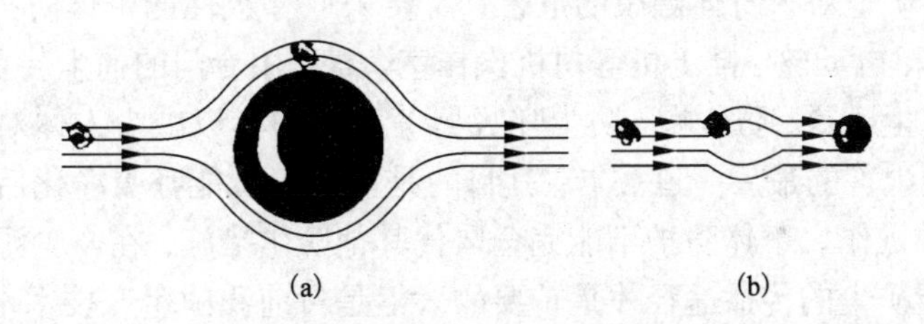


**图6-3　雾化抑尘粉尘捕集原理示意图**

(a)雾滴直径远大于尘料直径时；(b)雾滴直径接近尘料直径时

③新型就地抑尘过滤除尘技术。就地抑尘过滤除尘技术是胶带机扬尘控制较有效的方法，有全自动胶带除尘器、移动尘源粉尘控制器等。

(Ⅰ)全自动胶带除尘器。全自动胶带除尘器工作原理是：来自胶带机运输的落差（转运站）造成物料在转运过程中，由于冲击气流影响，使细粒物料飞扬，产生大量的粉尘，与此同时，该除尘装置利用冲击气流的动能作用，使含尘气流通过蜗壳底部控制粉尘外溢。在蜗壳底部与运动胶带间安装了动态密封装置，有效地阻止了粉尘在胶带两侧及蜗壳尾部外溢。为了进一步有效地控制在物料下落出口及胶带前部外溢，在此处安装了具有吸尘作用的软帘，因此绝大部分可能飞扬的粉尘被软帘吸附。

(Ⅱ)移动尘源粉尘控制器。在矿山移动尘源最典型的是选矿布料小车，由于移动卸料小车在卸料时具有多料仓和不定点卸料等特点，使周围环境受到污染。移动尘源粉尘控制器工作原理是移动卸料车在卸料时，移动料车的除尘装置通过铺设好的轨道与移动料车一起移动。在机头位置因物料下落，产生一部分含尘气体，设置在机头上的除尘器工作，使机头位置形成负压区，空气流动带动粉尘进入除尘器，通过除尘器滤袋除去。小车对料仓卸料，由于料仓的高落差，形成冲击气流，携带粉尘飞扬，通过安装在下料口两侧的除尘器捕集。除尘装置由机头除尘器、下料口两侧除尘器、仓面轨道、风机、控制装置及专用滑线构成。

(Ⅲ)胶带清扫器。胶带运输机表面残留物料是造成二次扬尘的主要原因，如不加以控制，即便是产生设备密封再好，也无法保证除尘效果，特别是北方干燥季节，二次扬尘更为严重，该装置可清除胶带机表面的残留物。设备特点为通过驱力轴将胶带的直线运动转化为旋转运动，但不用配置新的动力，清扫刷通过组合装配形式，更换清扫刷极为容易。

由于排尘、降尘、除尘的手段方式较多，采、选矿过程中传播矿尘的环节也较多，且各具特点。各企业应根据自己生产工艺及设备的特点，综合采用多种手段和除尘装置，进行除尘方案的优化配置，以达到有效控制矿山粉尘的目的。

3)针对矿尘的危害对象要“防”。人是矿尘在产生、传播过程中的主要受害对象，为减少矿尘对人身体健康的危害，需要采取补救性的个体防护措施，对密封钻机、电铲、电动轮、推土机等司机操作室，需采用专门的捕尘装置；通过佩戴防尘口罩、防尘风罩、防尘帽、防尘呼吸器等防护面具以减少人体对矿尘的吸入量，这是防止尘害的最后一道关卡，其目的是使佩戴者能呼吸净化后的清洁空气而不影响正常操作。个体防护不能完全取代其他防尘措施，在产尘源头抑制矿尘的产生和切断矿尘的传播途径才是首要的。但是目前我国生产技术水平有限，部分矿井尚不能达到国家规定的卫生标准，故采取一定的个体防护措施也是必要的。

粉尘的防治是一项综合性工作，单纯依靠技术进步措施是难以达到预期效果的，必须从提高认识、加强教育、严格管理等各方面开展工作。

**2. 气态污染物的防治**

对选矿过程中气态污染物的防治需采用通风排放和个人防护相结合的方式。由于选矿过程中气态污染物排放量相对采矿过程少得多，通常只需采用局部排气系统将有毒有害气体及时排出选矿车间即可，外排后的气态污染物经大气稀释扩散，不会影响周围环境。这就要求选矿厂一定要设计合理的通风系统以保证车间的气态污染物浓度达标。若经排放后，车间的有毒有害气体浓度仍然较大，无法达标，则需给工人配备相应的防护用具进行个人防护。

另有研究表明，气态污染物与林木覆盖率、林木密度、平均树高、绿量之间的相关性是极显著的。因此，造林种草、增加绿色植物覆盖度也是治理矿区气态污染物、改变矿区空气质量的重要手段。在污染严重的地段，要采取绿化措施，树种选择上以乔木为主，兼顾植物对污染物的抗性和净化能力以及管理费用；以提高林木密度，增加植物盖度和叶面积为主要手段，配置方式上注重乔灌草结合。

此外，对采矿过程中产生的柴油废气的治理主要从三方面着手，即净化废气、加强通风和个体防护。废气净化可分为机内净化和机外净化，前者是控制污染源，降低废气生成量，后者是进一步处理生成的有害物质。机内净化主要从以下几方面着手：正确选择机型；推迟喷油；选用高标号的柴油；严格维修保养，保证柴油机完好率；严禁超负荷运转，尽量避免满负荷运转。机外净化方法则主要通过添加催化剂、水洗、废气二次燃烧等方法减少废气排放量。在目前的技术条件下，柴油机的废气经过机内、外净化后仍无法达到国家标准，因此矿井的通风是必要的，应建立完善、有效的通风系统。我国《金属非金属矿山安全规程》规定：矿井通风系统的有效风量率不得低于60%，在使用柴油设备的矿井，井下作业地点有毒有害气体的体积分数应符合以下规定：CO 小于$50\times10^{-6}$；$CO_2$小于$5\times10^{-6}$；甲醛小于$5\times10^{-6}$；丙烯醛小于$0.12\times10^{-6}$。个体防护的具体措施可参见矿尘治理中个体防护部分。

目前，加强通风以稀释有毒气体以及采用稀土催化剂、金属丝载体及低污染的柴油仍是今后气态污染物的防治措施中积极研究的方向。

### 6.1.3　案例

**1. 辽宁某铜矿厂卸矿溜井系统防尘工艺**

1）工艺改造背景。抚顺某铜矿厂1958年开坑，是目前国内金属矿山采矿深度超过1000 m的少数典型深井金属矿山之一。井下矿石运输采用多中段（中段高60 m）分别放矿，经主溜井汇集后集中提升至地表的方式。卸矿时，松散的矿石受到井壁的限制，在下落过程中主溜井内空气急剧压缩，通过各中段的支岔溜井时，冲击气流携带大量粉尘喷出，造成卸矿后巷区域的高浓度污染，而且时常有部分污风溢出后巷，随风流进入风源一侧的生产巷道，使污染面扩大。针对上述问题，矿山曾经采取了多种办法，也取得了较好的效果，但随着采深的进一步增加，竖井的不断延伸，原有的一些措施已经无法适应现实的要求，需要研究更加可行的系统性解决方案。

在充分分析国内外以及矿山长期以来的实践经验的基础上，并经多次改进和完善，最终形成了以开凿粉尘井卸压井为基础技术措施，利用风机高效排尘，依靠水雾湿式净化，通过硐室自然降尘的综合系统技术方案。其工艺技术可以概括为“卸”、“堵”、“排”、“除”四个关键环节。

2）改造后的卸矿溜井系统防尘工艺。

（1）卸。在各中段距离主矿石溜井6～8 m一侧，分别开凿一条平行的防尘卸压井，每隔15 m左右施工联络川与主溜井相贯通。溜井系统放矿时，矿石的下落方向前方的空气被急剧压缩（为正压区），产生冲击风压，由于有了防尘卸压井（联络川），冲击风流很大一部分自然地通过“联络川—卸压井—联络川—主溜井—联络川”这样一个环形风路，使得污风在矿石与卸压粉尘井构成的系统内部实现封闭循环，从而大大降低支岔溜井井口的冲出风量(风压、风速)，减少暴风的危害，根本上减轻对中段卸矿巷道区域(后巷)的污染程度(参见图6-4)。

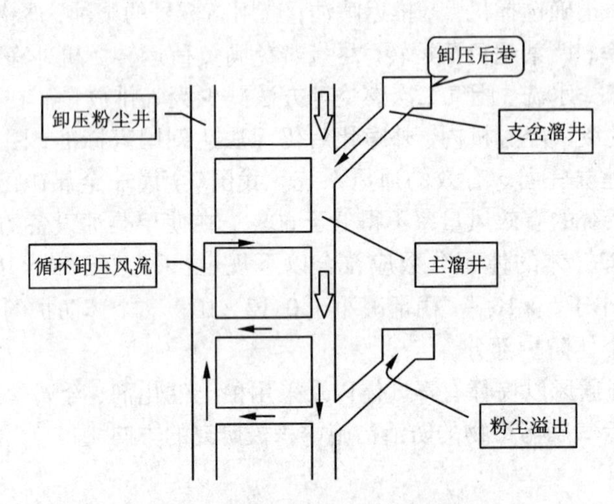


**图6-4　平行卸压粉尘井作用原理示意图**

(2)堵。尽管经过卸压，溜井放矿时，各中段的支岔溜井井口的冲出暴风已经大为减弱，但残余的冲击风流仍然夹带部分污风，同时吹起后巷积尘造成二次扬尘，使得后巷区域甚至风源部分的风质仍然时常受到不同程度污染。对此，有针对性地提出了封闭后巷的办法，即在后巷接近与主石门巷道的交汇处安装一电动风门，平时为关闭状态，只有当本中段需要进行卸矿作业时，由电机车驾驶员随时控制风门的开闭，从而实现了最大限度减少污风的溢出，进一步缓解了污风对风源的影响。

(3)排。上述堵的措施，尽管效果明显，但是仍然存在明显的不足，主要表现在两个方面：一是，污风被封闭在后巷狭小的区域内，恶化了局部工作环境，对放矿的作业人员仍然容易造成危害；二是，当封闭的风门需要开启时，经常恰好遇到上中段主溜井翻矿，短时间内，风门将失去其封堵的作用，也就无法实施对风源的保护。对此，提出了进一步完善改进的措施：在中段合适的部位，开凿硐室，安装风机，将封闭在后巷中的粉尘，用风机抽出排走。经过比较分析，将风机安装在-707 m中段成为最佳方案。该中段出矿量大，又接近于采矿的最深部，由于主溜井的储矿基本上动态地居于-767 m至-827 m两种段之间，使得-707 m和-767 m中段(特别是-707 m中段)为污染最为严重的作业中段。风机安设在-707 m中段不但可以最大限度满足本中段排尘要求，而且在理论上能够实现一台风机对上中下三个中段进行可调控排尘。工程改造顺利实施，系统运行可靠，较好地解决了后巷中少量的污风积聚和溢出的问题，使后巷作业环境的净化水平大大提高。

(4)除。利用风机将后巷中的粉尘抽排掉比较而言是易于实现的，但排出的污风必须经过除尘净化，否则将造成新的污染。实践上，对于“排出污风(粉尘)的净化处理”，矿山曾先后采用了多种办法，最终选择水雾净化和硐室自然沉降相结合的技术措施。实践中，在排尘风机的出口安设两道喷水管，形成近似封闭的水帘，当含尘风流通过时，在高速的强风吹动下，水帘被强烈地扰动，在一定的空间范围内形成超饱和水雾，使得大量的粉尘被高效率地捕集，从而实现了第一步的净化；净化后的“风雾”被继续向上输送到经过改造的已经停用的原碎矿硐室，通过两段连续硐室的巨大空间，此时风速已经大为降低，继续完成污风的两级沉降作用，原来的“风雾”已经得到彻底的净化，随后汇入上部中段( -647 m 中段)进入风源，实现了风量的回用(改造后的系统工艺流程参见图 6 -5)。

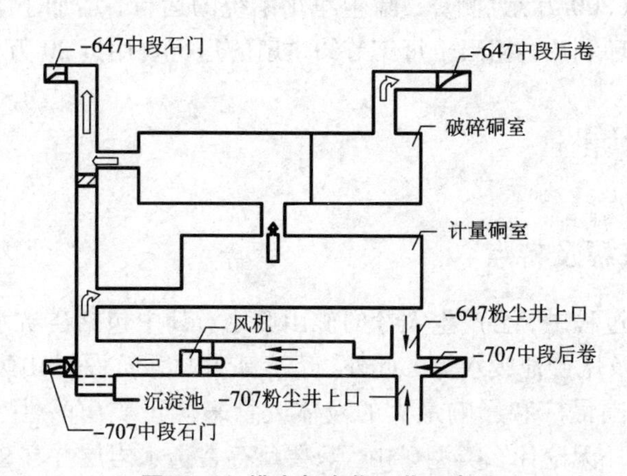


图 6 -5 排尘与净化工艺示意图

3)改造效果的评述。上述改造全面实施后，整个系统的除尘净化效果水平大为提高，现场的作业环境得到根本性改善。

(1)通过开凿卸压粉尘井，初期实测时溜井冲击风速(风量)可降低约 50%，经过后期的完善改造，冲击暴风强度可降低 70% ~80%，使污风的溢出强度大为降低。

(2)通过测试，整个系统装置以及多种设施的综合除尘净化效率可以达到 99.5%，可以使 10 $m^3/s$ 的污风净化后达到了国家卫生标准，粉尘浓度低于 0.5 $mg/m^3$，可进入风源直接回用。曾经严重污染的卸矿硐室(后巷)粉尘短时间就能够抽净，实现了作业环境的显著改善。

(3)风机排出的“风雾”依次经过计量、破碎硐室后，不但使噪音、水汽问题得到很好解决，而且硐室成为理想的容积巨大的自然降尘室，对于风机排出的含有残留粉尘的“风雾”而言，其中的粉尘在上行过程中继续被很好地捕集并实现高效的大范围两次沉降，进一步强化了净化的效果。

(4)上述措施很好地解决了作业环境，特别是出矿后巷的粉尘污染问题，实践中粉尘井卸压各个联络川的积尘清理问题很快凸现出来，由于作业环境太恶劣，清理过程中的扬尘使得作业工人受到较严重的粉尘危害，人工清理的积极性大受影响，如果清理不及时，必将从根本上影响系统的除尘效果。为此，相应地提出了“压风清尘”的办法，实践表明效果良好，使得系统真正成为了一个相当完善的有效运转系统。

4)改造后获得的效益。该项改造工程，改善了工人工作环境，加强了劳动保护，从根本上确保了工人作业过程中的身体健康，降低了职业病的发生，必将减轻企业和社会负担；从经济效益角度，比照目前矿井主扇(总供风量100 $m^3/s$)全年所需通风费用(200万元)测算，除尘净化系统的运行，增加了10 $m^3/s$左右的新鲜风在井下循环利用，相当于每年节约主扇的运行费用近20万元。

## 6.2 废水治理

### 6.2.1 废水来源及特点

在矿山开采过程中，会产生大量的矿山废水，其中包括矿坑水、废石场淋滤水、选矿废水以及尾矿池废水等。此外，废弃矿井排水亦是矿山废水的一种。采矿工业中存在范围最广和影响最大的液体废物来源于矿山酸性废水(Acid Mine Drainage, AMD)。无论什么类型矿山，只要赋存在透水岩层并穿越地下水位或水体，或只要有地表水流入矿坑，且在矿体或围岩中有硫化物(特别是黄铁矿)存在，都会产生矿山酸性废水。此外，尾矿池排出的废水也是选矿工业遇到的一种主要液体废物，该排出水中含有一些悬浮固体，有时候还会有低浓度的氧化物和其他溶解离子，氧化物是由各种不同矿物进行浮选和沉淀时所用药剂带来的。

**1.采矿工艺与废水来源**

采矿工艺是矿物资源工业的首道工艺，包括露天开采工艺及坑内矿山采掘工艺两种方法。虽然我国近年来引进了国外的先进采矿技术装备，但矿山建设和采矿生产仍然是有色金属工艺的一个薄弱环节。

采矿废水按污染程度可分为两类：一是采矿工艺废水；二是矿山酸性废水。采矿工艺废水主要是指设备冷却水，如矿山空压机冷却水等。这种废水基本无污染，冷却后可以回用于生产。此外，另一种工艺废水是凿岩除尘等废水，其主要污染物是悬浮物，经沉淀后可回用。而矿山酸性废水具有如下特点：含多种金属离子，pH 多在2.5～4.5；废水量大，水流时间长；排水点分散，水质及水量波动大。可见，矿山酸性废水是采矿废水中主要的治理对象。

矿山废水通常是因氧（空气中的氧）、水和硫化物（MeS）发生化学反应生成的，相关化学反应如下所示，其中，微生物也可能发挥一定的作用：

$$2MeS_2 + 2H_2O + 7O_2 \longrightarrow 2MeSO_4 + 2H_2SO_4$$

$$4MeSO_2 + 2H_2SO_4 + 5O_2 \longrightarrow 2Me_2(SO_4)_3 + 2H_2O$$

$$Me_2(SO_4)_3 + 6H_2O \longrightarrow 2Me(OH)_3 + 3H_2SO_4$$

矿山酸性废水能使矿石、废石和尾矿中的重金属溶出而转移到水中，造成水体的重金属污染。矿山酸性废水可能含有各种各样的离子，如 $Al^{3+}$、$Mn^{2+}$、$Zn^{2+}$、$Cd^{2+}$、$Pb^{2+}$等。此外，这些废水中还含有悬浮物和矿物油等有机物。

**2. 选矿工艺及废水来源**

选矿是矿物资源工业的第二道工艺，通过选矿可以将有价金属含量低、多金属共生的矿石中的有价金属富集起来，并彼此分开，加工成相应的精矿，以利于后序的冶炼工艺的高效率及金属产品的高质量。选矿生产包括洗矿、破碎和选矿三道工序。因而，选矿废水主要包括四种：洗矿废水、破碎系统废水、选矿废水和冲洗废水。表6－3列出了选矿工业各工段废水的特点。

选矿废水的特点：水量大，约占整个矿山废水量的34%～79%；废水中的SS主要是泥沙和尾矿粉，含量高达几千～几万mg/L，悬浮物粒度极细，呈细分散的胶态，不易自然沉降；污染物种类多，危害大。选矿废水中含有各种选矿药剂（如氢化物、黑药、黄药、煤油等）、一定量的金属离子及氟、砷等污染物，若不经处理排入水体，危害很大。如采用浮选、重选法处理1 t原铜矿石，其废水排放量为27～30 $m^3$。一般选矿用水量为矿石处理量的4～5倍，大量含有泥沙和尾矿粉的选矿废水可使整条河流变色。

**表6－3 选矿各工段废水的特点一览表**

| 选矿工段 | | 废水特点 |
|---|---|---|
| 洗矿废水 | | 含有大量泥沙矿石颗粒，当 pH < 7 时，还含有金属离子 |
| 破碎系统废水 | | 主要含有矿石颗粒，可回收 |
| 选矿废水 | 重选和磁选 | 主要含有悬浮物，澄清后基本可全部回用 |
| 选矿废水 | 浮选 | 主要来源于尾矿，也有部分来源于精矿浓密溢流水及精矿滤液，该废水主要含有浮选药剂 |
| 冲洗废水 | | 包括药剂制备车间和选矿车间的地面、设备冲洗水，含有浮选药剂和少量矿物颗粒 |

### 6.2.2 污染预防措施

矿山废水污染控制办法主要是清洁生产，从源头上削减矿山废水的产生量。同时，应采取最有效、简便、经济的处理方法，使处理后的水和重金属等物质都能回收利用。

**1. 采矿工艺与清洁生产**

采矿工业应注重工艺革新，提倡清洁生产，以减少污水量的产生，并减少污染物的排放量。具体措施有：

1）更新设备，加强管理，减少整个采矿系统的排污量。选择适当的矿床开采方法，控制水蚀及渗透，控制废水量，平整矿区及植被，减少水土流失。如：采用疏干地下水的作业，就可减少井下酸性废水的排放量；做好废石堆场的管理工作，避免地表水浸泡、淋雨等，以减少其排水量；对废弃矿井也要做好管理工作，应截断地下径流及地表水渗滤，避免废弃矿井长时间污染附近水域。

2）化害为利，变废为宝。开展系统内有价金属的回收工作，这既可以减少污染物的排放量，同时又降低了废水的污染程度。比如矿山废水中含有的大量的砷、铬、汞等物质本身就是重要的工业原料，如能正确回收利用，则会收到非常大的经济效益和环境效益。

3）加强整个系统各个污水排放口的监测工作，做到分质供水，一水多用，提高系统水的复用率和循环率；同时也可以利用废弃矿井等作为矿山废水的处理场所，达到因地制宜、以废治废的目的。

**2. 选矿工艺与清洁生产**

选矿工业在清洁生产方面，应做到：尽量采用无毒或低毒选矿药剂替代剧毒药剂（如含氰的选矿剂等），避免产生含毒性的难治理废水；采用回水选矿技术，使选矿系统形成密闭循环体系，达到零排放；加强内部管理，做到分质供水，一水多用，提高系统水的复用率和循环率。

**3. 采选工艺与清洁生产**

有许多有色金属矿山往往是采选并举，这时应充分利用采选废水水质的差异进行清污分流，回水利用，达到消除污染、综合治理、保护环境的目的。

如辽宁省红透山铜矿采选废水的综合治理，其具体措施为：清污分流，硫精矿溢流水返回利用；在硫精矿溢流水分流后，矿区混合废水由矿口外排水、生活废水、自然水组成，将这部分废水截流沉淀后用于选矿生产。该措施省能耗，节约新鲜水，回水利用率达65%。

### 6.2.3 治理技术

矿山废水是矿山工业生产的主要污染源之一，其中含有大量的污染物，个别矿山废水中甚至还含有放射性物质等，未经处理或处理不当的矿山废水，若排入江河、农田、水库或渗透进入地下水系，会对周边生态环境造成严重破坏。

根据冶金矿山废水的酸碱性，把矿山废水分为酸性废水和碱性废水两个部分。酸性废水主要包括矿坑水、废石场淋滤水和尾矿坝废水，其成分随矿物种类及开采方法而异，统称矿山酸性废水。碱性废水主要是选矿过程中产生的废水，称选矿废水，选矿废水中含有大量的悬浮物、药剂和重金属离子等。下面分别介绍针对矿山酸性废水和选矿废水这两种废水的处理技术。

**1. 矿山酸性废水的处理**

矿山酸性废水不仅包括酸性矿井水，还包括酸性的露天采场废水、矸石山和尾矿堆淋滤水等。酸性矿山废水会对矿业生产、生态环境造成负面影响，是采矿业面临的最严重的环境污染之一。为消除矿山酸性废水的危害，综合回收有价金属，保护生态环境，使水资源得到充分利用，科技工作者对矿山酸性废水的处理进行了大量的研究。目前，矿山酸性废水的处理方法主要有中和法、硫化法、置换中和法、沉淀浮选法、萃取电积法、生化法、联合处理法等，此外还有一些其他尚未成熟的新工艺、新方法。

1）中和法。下面分别从中和法的原理和工艺流程两方面进行介绍。

（1）中和法的原理。矿山酸性废水一般 pH 为 1.5 ~6，硫酸含量低，无回收价值，故中和处理法是处理矿山酸性废水的主要方法。其基本原理是向酸性污水中投入中和剂，使重金属离子与氢氧根离子反应，生成难溶于水的氢氧化物沉淀，使水净化，最后使污水达到排放标准。

用中和法处理时，应知道各种重金属形成氢氧化物沉淀的最佳 pH 及处理后溶液中剩余的重金属浓度。设 $M^{n+}$ 为重金属离子，若想降低污水中的 $M^{n+}$ 浓度，只要提高 pH，增加污水中的 $OH^-$ 即能达到目的。pH 增加量可用下式计算：

$$\lg[M^{n+}] = \lg K_{sp} - n\lg K_w - n\mathrm{pH} \quad (6-2)$$

式中：$[M^{n+}]$——重金属离子的浓度；

$K_{sp}$——金属氢氧化物浓度积；

$K_w$——水的离子常数。

若以 pM 表示 $-\lg[M^{n+}]$，则上式变为：$\mathrm{pM} = n\mathrm{pH} + n\mathrm{p}K_w - \mathrm{p}K_{sp}$

由公式知，水中残存的重金属离子浓度随 pH 增加而减少。对某金属氢氧化物而言，$K_{sp}$ 与 $K_w$ 均为常数，故上式为一直线方程式。

根据上述化学平衡式和各种氢氧化物浓度积 $K_{sp}$，可以导出不同 pH 条件下污水中各种重金属离子浓度（见表 6－4）。

**表 6-4　单一金属离子溶液中重金属含量达标要求 pH**

| 金属离子 | 排放标准 /($mg \cdot L^{-1}$) | 要求 pH | 金属离子 | 排放标准 /($mg \cdot L^{-1}$) | 要求 pH |
|---|---|---|---|---|---|
| $Cu^{2+}$ | 1.0 | 9.01 | $Zn^{2+}$ | 5.0 | 7.89 |
| $Pb^{2+}$ | 1.0 | 9.47 | $Cd^{2+}$ | 0.1 | 10.18 |

显然，不同种类的重金属完全沉淀的 pH 有明显的差别，据此可以分别处理与回收各种金属。但对锌、铅、铬、锡、铝等两性金属，pH 过高会形成配合物而使沉淀物发生返溶现象。如 $Zn^{2+}$ 在 pH 为 9 时几乎全部沉淀，但 pH 大于 11 时则生成可溶性 $[Zn(OH)_4]^{2-}$ 配合离子或锌酸根离子 $(ZnO_2)^{2-}$。因此，要严格控制和保持最佳的 pH。

(2)中和法处理工艺流程。中和沉淀反应可采用一次沉淀反应和晶种循环反应。前者为单纯的中和沉淀法，后者是向系统中投加良好的沉淀晶种(回流污泥)，促使形成良好的结晶沉淀。其处理流程如图 6-6 所示。

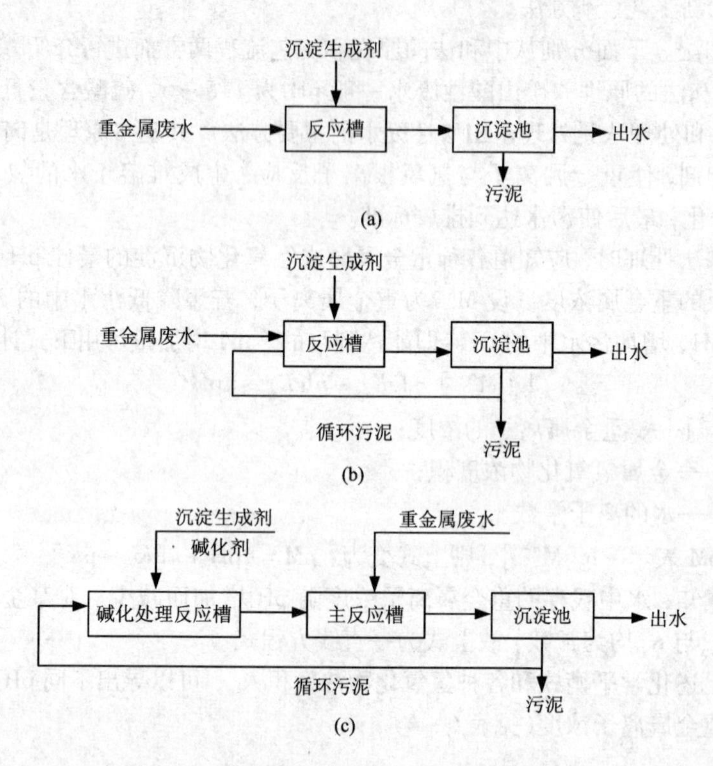


**图 6-6　含重金属离子污水中和沉淀处理流程**

图6－6(a)是将重金属污水引入反应槽中，加入中和沉淀剂，混合搅拌使其反应，再添加必要的凝聚剂使其形成较大的絮凝，随后流入沉淀池，进行固液分离。这种处理方法由于未提供沉淀晶种，形成的沉淀物常为微晶结核，故污泥沉降速度慢，且含水率高。

图6－6(b)是晶种循环处理法，其特点是除投加中和沉淀剂外，还从沉淀池回流适当的沉淀污泥，而后混合搅拌反应，经沉淀池浓缩形成污泥后，其中一部分再次返回反应槽。此法处理生产的沉淀污泥晶粒大，沉淀快，含水率低，出水效果好。

图6－6(c)是碱化处理晶种循环反应法。即在主反应槽之前设一个沉淀物碱化处理反应槽，定时向其中投加碱性药剂进行反应，生成的泥浆是一种碱化剂，它在反应槽内与重金属污水混合反应，而后导入沉淀池进行固液分离，将沉淀浓缩的污泥一部分再返回碱化处理反应槽内。近年来，日本用这种方法处理含$Cu^{2+}$污水或含$Zn^{2+}$污水，回收沉淀物分别是黑褐色的CuO、ZnO或$Zn(OH)_2$。而用一般反应方法，则往往反应形成无定形氢氧化物。

工业上常用的中和剂有石灰石、石灰、苛性钠、苏打和氧化亚铁等。由于石灰具有来源广泛、操作简单的优点，成为常用的中和剂。石灰石与石灰相比较，中和时产生的泥渣体积小、占地面积小，成本低，含水量较低，易于脱水，能产生高浓度污泥，但中和反应速度没有石灰快，因此常常与石灰串联使用。用石灰和石灰石处理矿山酸性废水适应性强，但渣量大，不利于有价金属的回收，且易造成二次污染。苏打和苛性钠虽然中和反应快，效果好，但价格昂贵，一般不予采用。

2)硫化物沉淀法。硫化物沉淀法指加入硫化物沉淀剂使废水中重金属离子生成硫化物沉淀除去的方法。金属硫化物溶解度通常比金属氢氧化物低几个数量级，因此，在廉价可得硫化物的场合，可向污水中投入硫化剂，使污水中的金属离子形成硫化物沉淀而被除去。

与中和沉淀法相比，硫化物沉淀法的优点是：重金属硫化物溶解度比其氢氧化物的溶解度更低，而且反应的pH为7～9，处理后的废水一般不用中和。硫化物沉淀法的缺点是：硫化物沉淀物颗粒小，易形成胶体；硫化物沉淀剂本身在水中残留，遇酸生成硫化氢气体，产生二次污染。如果把硫化物排至尾矿库，日后风化和氧化，可导致硫酸生成和金属溶解，造成环境污染。因此，采用硫化沉淀法要进行综合考虑。

3)置换中和法。在水溶液中，较负电性的金属可置换出较正电性的金属，达到与水分离的目的，此即称之为置换法。由于铁较铜负电性高，利用铁屑置换污水中的铜可以得到品位较高的海绵铜。

$$Fe + Cu^{2+} \longrightarrow Cu + Fe^{2+}$$

但单独使用置换法无法降低污水的酸度，必须配合中和法使用，才能使处理过的污水达到排放或回放标准。以下以某铜矿处理采矿污水的实例对置换中和法进行说明。

某铜矿污水主要来自矿坑和废石堆场，水量约为3000 $m^3/d$。具体水质指标见表6－5。

表6－5　铜矿污水处理前、后水质指标(mg/L)

| 项目 | Cu | Zn | Cd | Mn | Fe | Pb | Al | pH |
|---|---|---|---|---|---|---|---|---|
| 处理前 | 100～250 | 2～16 | 0.1～0.4 | 1～10 | 250～450 | 10 | 50～150 | 2～3 |
| 处理后 | <0.08 | <0.08 | 0.00007 | — | 11.0 | <0.02 | — | 8.2 |

从污水水质来看，根据污水中铜含量高的特点，可采用如图6－7所示的铁粉置换－石灰中和工艺。可以看出，来自矿井和废石堆的污水用泵加压后送入装有铸铁粉的流态化置换塔，利用水流的动力使铁粉膨胀。铁粉的流动摩擦，使其不断有足够的新鲜表面进行置换反应。置换的结果是形成海绵铜，海绵铜定期从塔底放出，消耗的铁粉可从塔顶补加。置换后的出水采用石灰中和处理。出水经一、二段石灰中和后，再到投加有高分子絮凝剂聚丙烯酰胺的反应槽，然后经沉淀池最后澄清。澄清水达到排放标准。沉淀泥渣部分回流至碱化槽，经投加的石灰乳碱化后再入一次中和槽。泥渣回流的目的是减少石灰用量、缩小泥渣体积和改善污泥脱水性能。

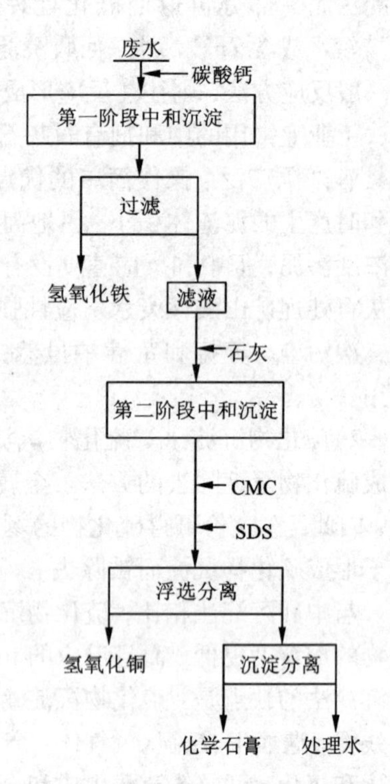


图6－7　铁粉置换－石灰中和工艺

该矿山污水经置换中和工艺处理后，污水水质达到国家外排标准。运行实践证明，用置换中和工艺处理该矿污水是成功的。

4)沉淀浮选法。沉淀浮选法就是用沉淀剂将废水中的金属离子转化为不溶性或难溶性沉淀，然后加入活性剂改变沉淀物表面的疏水性，疏水性沉淀物与起泡剂发生黏附上浮，从而达到去除或回收溶液中金属离子的方法。沉淀浮选法包括离子浮选、吸附胶体浮选、中和沉淀浮选及硫化沉淀浮选。

沉淀浮选法处理矿山废水，不但适应范围广、去除率高，而且投资省、占地少，还能回收废水中有价金属，是一种处理矿山废水的好方法。下面以某铜矿酸性矿坑废水的处理为例，对沉淀浮选法进行说明。

某铜矿酸性矿坑废水的水质分析结果见表6-6。从表中数据可知，酸性矿坑废水中含有较高的铜、铁等金属离子和大量的硫酸根离子。在处理废水的同时，应考虑综合回收这些有价值成分。

**表6-6　废水水质分析结果(mg/L)**

| pH | Cu | TFe | Pb | Zn | $SO_4^{2-}$ |
|---|---|---|---|---|---|
| 2.0 | 145.0 | 1850 | 0.185 | 1.68 | 8012 |

采用阶段中和沉淀-浮选法处理该废水的工艺流程如图6-8所示。其步骤是首先通空气进行曝气处理，使废水中的亚铁离子($Fe^{2+}$)转化为铁离子($Fe^{3+}$)，然后再进行阶段中和沉淀和浮选处理。

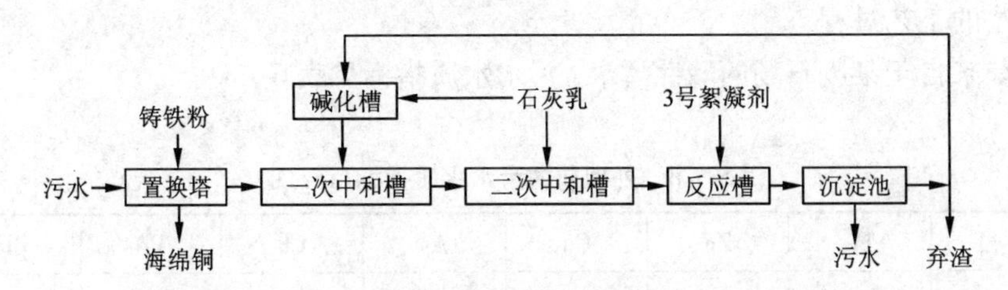


**图6-8　阶段中和沉淀-浮选法处理铜矿酸性矿坑废水流程**

对该酸性矿坑废水中重要离子的中和沉淀特性的研究表明，废水中$Fe^{3+}$的沉淀pH区间与$Cu^{2+}$和$SO_4^{2-}$的沉淀互不重叠。所以，首先用碳酸钙进行第一阶段的废水中和并控制中和pH为1.0~3.5，即可完全将废水中的铁离子去除。铁离子以$Fe(OH)_3$的形式产出后可以回用。废水经除铁以后，用石灰继续中和并控制pH在8.0左右，使$Cu^{2+}$离子沉淀完全，并尽可能使废水中的$SO_4^{2-}$离子转化为化学石膏($CaSO_4 \cdot 2H_2O$)。由于$Cu^{2+}$的沉淀产物氢氧化铜和$SO_4^{2-}$的沉淀产物化学石膏共沉淀而混杂，若要分别回收这两种产物的话，可采用浮选法对其进行分离。最终可使铜回收率大于90%，得到铜含量大于50%的氢氧化铜和含$CaSO_4 \cdot 2H_2O$大于99%的化学石膏两种副产品。其品质分别符合直接冶炼和商品的要求。

从以上流程可见，酸性矿坑废水经第一阶段中和沉淀除铁和第二阶段中和沉淀浮选回收铜以后，再将留在废水中的化学石膏进行沉淀分离。这样在获得氢氧化铁、氢氧化铜和化学石膏3种副产品的同时，废水也得到了相应的处理。废水经处理后的化学分析结果如表6－7所示。可以看出，阶段中和沉淀－浮选法处理酸性矿坑废水的效果是令人满意的。

表6－7　阶段中和沉淀－浮选法处理废水后各成分含量(mg/L)

| 成分 | pH | TFe | Cu | Pb | Zn | $SO_4^{2-}$ |
|---|---|---|---|---|---|---|
| 原废水 | 2.0 | 1850 | 145.0 | 0.185 | 1.68 | 8012 |
| 处理水 | 8.0 | 0.07 | 0.02 | 0.072 | 未检出 | 3030 |

5)萃取电积法。萃取电积法是近年来新兴的一种污水处理方法，其原理是利用分配定律，用一种与水互不相溶，而对污水中某种污染物溶解度很大的有机溶剂，从污水中分离去除该污染物。该法的优点是设备简单，操作简便，萃取剂中重金属含量高，反萃取后可以电解得到金属。缺点是要求污水中的金属含量较高，否则处理效率低，成本高。下面以某废石场酸性污水的处理为例，说明萃取电积法的工艺过程。

如来自于某废石场的酸性污水，污水水质指标见表6－8。

表6－8　处理前的污水水质指标(mg/L)

| 项目 | Fe | Zn | Cu | As | Cd | Pb | pH |
|---|---|---|---|---|---|---|---|
| 浓度 | 26858 | 133 | 6294 | 33 | 7 | 0.97 | <1.5 |

污水水质表明，污水中含Fe、Cu高，pH低，适合采用萃取电积法工艺。具体的工艺流程见图6－9。污水经萃取、反萃取及电积等过程处理后得到含99.95% Cu的二级电解铜，萃取和反萃取剂可得到回收。加氨水于萃余相中除铁得到铁渣，铁渣经燃烧后获得用做涂料的铁红。除铁后的滤液因酸度较高，加入石灰连续中和两次，以提高pH，使污水达到排放标准。

污水处理后的排放浓度见表6－9，结果表明污水处理工艺达到预期效果。

6)生化法。生化法是利用自然界中自养细菌对重金属的氧化、吸附、浓缩作用来处理含有重金属的矿山废水的方法。自养细菌是细菌的一种，可从氧化无机化合物中取得能源，从空气中的$CO_2$中获得碳源。

氧铁菌(Thiobaciiius Ferrooxidans)是目前研究和应用较多的自养细菌，这种细菌在矿坑废水中是自然存在的，一般不需接种。其外形为短杆状，尺寸为0.5×1.0 μm，革兰氏染色呈阴性，能运动。生长在pH为1.3～4.5的酸性废水中。

最佳 pH 为2.5～3.8，生长温度为10～37℃，最佳温度为30～35℃。氧铁菌可氧化硫化型矿物，其能源是二价铁和还原态硫。该细菌的最大特点是，它可以利用在酸性水中将二价铁离子氧化为三价而得到的能量将空气中的碳酸气体固定从而生长，与常规化学氧化工艺比较（如曝气法和氧化法），可以廉价地氧化二价铁离子。

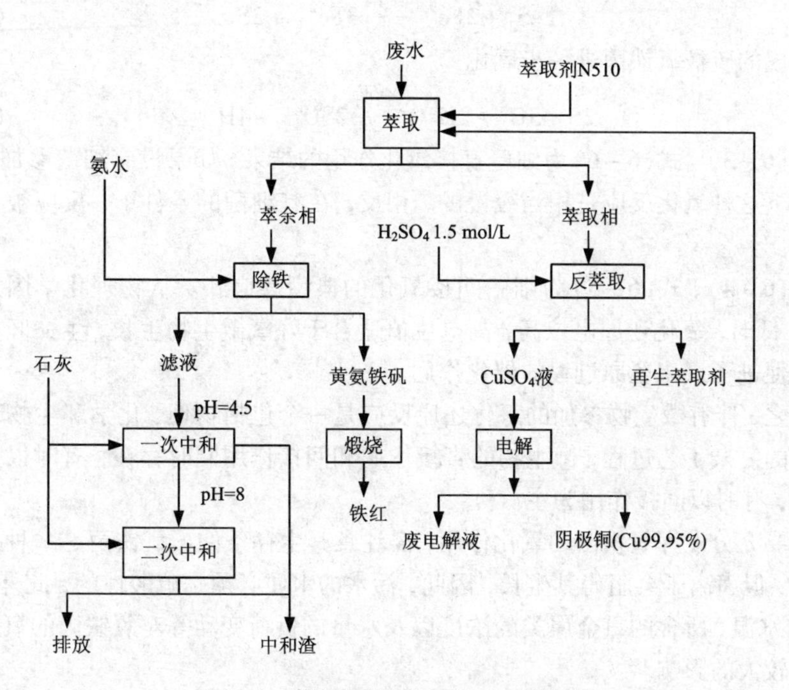


**图6－9　萃取电积法处理污水工艺流程**

**表6－9　处理后的污水水质指标（mg/L）**

| 项目 | Fe | Zn | Cu | As | Cd | Pb | pH |
|---|---|---|---|---|---|---|---|
| 浓度 | 痕量 | 0.47 | 0.02 | 痕量 | 0.08 | 痕量 | 8.5 |

对含有$Fe^{2+}$、$Fe^{3+}$、$Zn^{2+}$、$Cu^{2+}$、$Pb^{2+}$、$Cd^{2+}$等重金属离子的酸性矿坑废水而言，直接处理二价铁离子与二价铁离子氧化为三价离子再处理这两种方法比较，后者在某些方面具有优点：如$Fe^{3+}$较$Fe^{2+}$、$Cu^{2+}$、$Zn^{2+}$可在较低的 pH 下沉淀，将$Fe^{2+}$氧化为$Fe^{3+}$后可减少分步沉淀法处理废水时所得沉渣中 Fe 的含量，从而提高沉渣中 Zn 和 Cu 的含量；$Fe(OH)_3$比$Fe(OH)_2$沉淀速度更快，若采用碳酸钙作中和剂，与石灰相比$Fe(OH)_3$的沉降速度更快且沉渣体积缩小很多，这样就减小了所需的沉淀池沉淀面积及沉渣脱水的设备和费用。

对于黄铁矿型酸性污水，氧铁菌氧化机理一般来说有直接作用和间接作用两种，主要反应是：

$$2FeS_2 + 7O_2 + 2H_2O \xrightarrow{细菌} 2Fe + 4SO_4^{2-} + 4H^+ \tag{6-3}$$

$$4Fe^{2+} + O_2 + 4H^+ \xrightarrow{细菌} 4Fe^{3+} + 2H_2O \tag{6-4}$$

$$FeS_2 + 2Fe^{3+} \xrightarrow{细菌} 3Fe^{2+} + 2S \tag{6-5}$$

生成的硫被氧铁菌进一步氧化：

$$2S + 3O_2 + 2H_2O \xrightarrow{细菌} 2SO_4^{2-} + 4H^+ \tag{6-6}$$

式(6-3)、式(6-6)为细菌直接氧化作用的结果，如果没有细菌参加，在自然条件下这种氧化反应是相当缓慢的，相反，在有细菌的条件下，反应被催化快速进行。

式(6-4)、式(6-5)为细菌间接氧化的典型反应式。从物理化学因素上分析，pH 低时，氧化还原电位高，高电位值适合于好氧微生物生长，生命旺盛的微生物又促进了氧化还原过程的催化作用。

总之，伴有微生物参加的氧化还原反应是一个包括物理、化学和生物现象相互作用的复杂工艺过程，微生物的直接作用和间接作用同时存在，有时以直接作用为主，有时以间接作用为主。

若要充分发挥氧铁菌的氧化作用，需注意其生存条件。氧铁菌是一种好酸性的细菌，但卤离子会阻碍其生长，因此，污水的水质必须是硫酸性的，此外，污水的 pH、水温、所含的重金属类的浓度以及水量的负荷变动等对氧铁菌的氧化活性也具有较大的影响。

生化法处理矿坑废水原理与好氧法处理普通有机废水类似，因此，处理构筑物也基本相同。目前国外应用的有普通曝气池、生物转盘、塔式生物滤池等。利用生化法将矿山废水中的 $Fe^{2+}$ 氧化成 $Fe^{3+}$ 的工艺流程如图 6-10 所示。

可以看出，前一半流程与生化好氧法处理有机废水基本相当，细菌氧化槽相当于普通曝气池，细菌回收槽相当于二沉池，细菌回收槽的沉淀物回流相当于活性污泥回流，所不同的是细菌回收槽只要求回流细菌，不要求出水澄清，因此，沉淀的要求较二沉池低。在实验室试验一般采用自来水人工配制废水，因此需投加营养剂，但实际矿坑废水中往往不需要投加营养剂。后一半流程与中和流程一样，但投加乳状石灰石粉末替代用消石灰制备的石灰乳。沉降槽的回流沉渣相当于中和法的晶种回流，使 $Fe^{3+}$ 生成 $Fe(OH)_3$ 时不析出新的微细晶粒，而是使回流的晶种长大，从而有利于沉淀和沉渣脱水。

7)联合处理法。联合处理法就是多种污水处理方法联合使用。因为对于成分复杂的矿山酸性污水，只用中和法、硫化法、沉淀浮选法、置换法、生化法等一

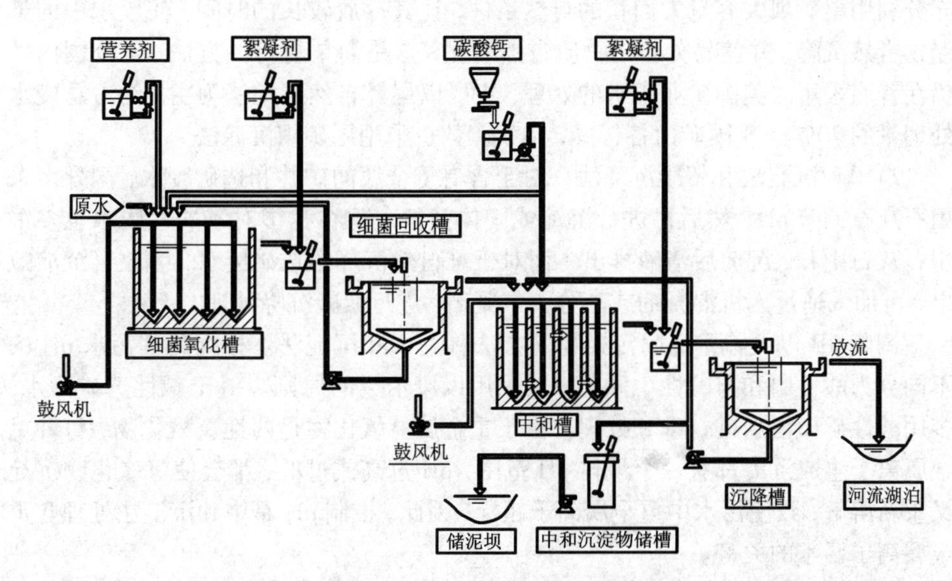


**图6-10 生化法基本流程**

种方法进行处理可能难以达到水的净化目的，需要多种方法联合运用。因此，对于水质复杂的矿山污水来说，要根据实际情况，进行合理的流程组合。

除了以上几种已经在矿山酸性废水治理中得到广泛应用的处理技术外，各国的科研工作者还提出了新的方法，但这些方法目前都还是处于实验室研究阶段，如铁氧体法等，也许这些新方法会在未来的矿山酸性废水处理领域发挥大的作用。

**2. 选矿废水的处理**

选矿厂的污水中含有多种物质，这是由于选矿时使用了大量的各种表面活性剂及品种繁多的其他化学药剂而造成的。由于矿山矿石类型不同和选矿处理工艺要求，造成了选矿污水的pH过高或过低，所含Cu、Pb、Zn、Cd等重金属离子和其他有害成分大大超过工业排放标准。如要实现污水达标排放或循环利用，则必须进行进一步的物理、化学处理。

根据水质水量不同，选矿废水处理应采用不同的治理方法。对于以悬浮物为主的废水多采用自然沉淀或絮凝沉淀的方法，对于含重金属和其他有害物成分较高的废水，分别采用中和法、硫化法、还原法、氧化法、离子交换法、活性炭吸附法、离子上浮法、铁氧体法、电渗析法以及反渗透法，有时还采用这些方法的联合流程进行处理。目前，在选矿废水治理上，仍以自然沉淀法、中和沉淀法和絮凝沉淀法、硫化沉淀法、氧化法和人工湿地法为主。

1）自然沉淀法。所谓自然沉淀法，即把废水打入尾矿坝、尾矿池或尾砂场中充分利用尾矿坝大容量大面积的自然条件，让其存放较长的时间，使废水中的悬浮物自然沉降，并使易分解的物质自然氧化，这是简单易行的方法，至今国内外仍在普遍采用。美国矿业废水的处理，主要以尾矿自然沉淀法为主，约占总废水处理量的70%。我国矿山各选厂，绝大多数也采用尾矿坝沉淀法。

2）中和沉淀法和絮凝沉降法。对于含有重金属的矿井和选矿废水，国外多采用石灰石调节 pH，然后再进行沉淀或固体截留。现在我国对于酸性废水也多采用石灰石中和，沉淀后清液排出。而对于难自然沉降的选矿废水，为改善沉淀效果，可加入适量无机混凝剂或高分子絮凝剂，进行絮凝沉降处理。

调节 pH 以去除重金属污染物的方法称为中和沉淀法。根据处理污水 pH 的不同分为酸性中和与碱性中和，一般采用以废治废的原则。对于碱性选矿污水，多用酸性矿山污水进行中和处理。由于重金属氢氧化物是两性氢氧化物，每种重金属离子生成沉淀都有一个最佳 pH 范围，pH 过高或过低，都会使氢氧化物沉淀又重新溶解，致使污水中重金属离子超标，因此，控制 pH 是中和沉淀法处理含重金属离子污水的关键。

絮凝沉降法广泛应用于金属浮选选矿污水处理。由于该类型污水 pH 高，一般在 9～12，有时甚至超过 14，存在着沉降速度很慢的悬浮固体颗粒、大量胶体、部分微量可溶性重金属离子及有机物等。在实际污水处理中，根据污水及悬浮固体污染物的不同特性，采用不同的絮凝剂，既可单独采用无机絮凝剂（如聚合氯化铝、三氯化铝、硫酸铝、硫酸亚铁、三氯化铁等），或者通过有机高分子絮凝剂，有阴离子型、阳离子型和两性型的高分子絮凝剂（如聚丙烯酰胺及其一些衍生物等）进行沉降分离，也可将两者联合使用进行絮凝沉降。该方法是将无机絮凝剂的电性中和作用和压缩双电层作用，以及高分子絮凝剂的吸附作用、桥联作用和卷带作用结合起来，故其沉降效果显著，污水处理工艺流程简单。

3）硫化沉淀法。重金属硫化物的溶度积都很小，因此添加硫化物可以比较完全地去除重金属离子。硫化沉淀法处理重金属污水具有去除率高，可分步沉淀泥渣中的金属，沉淀物品位高而便于回收利用，沉渣体积小、含水率低、适应 pH 范围广等优点，得到广泛应用。但存在产生的硫化氢对人体有害、对大气造成污染等缺点。

4）氧化法。氧化法包括生物氧化法和化学氧化法。这类方法主要用于消除浮选尾矿水中的残余药剂，现在处理浮选尾矿水化学氧化法用得较多。在国外应用生物氧化法处理尾矿水也有报道，例如，英国的一些选矿厂应用生物氧化法从尾矿池溢流水中消除残余选矿药剂，使有机碳含量降至 11～13 mg/L。日本采用了细菌氧化法处理矿坑酸性废水。国内用化学法处理浮选废水的研究报道较多，通常是活性氯或臭氧使黄药中的硫氧化成硫酸盐，用高锰酸钾氧化黑药，使二硫化磷酸氧化成磷酸根离子。另外，还可用超声波（强度为 10～12 $W/cm^3$）分解黄药，用紫外线（波长为210～570 nm）破坏黄药、松油、氰化铁等，但这些多属试验阶段，还很少用于工业规模处理选矿废水。

对于含氰浓度较低的选矿废水，可采用碱性氯化法进行氧化处理，所用的氯化剂有氯气、液氯、次氯酸钙和次氯酸钠等。实际上它们在溶液中都生成次氯酸（HClO），然后进行氧化，其中以液氯用得最广泛。一般在碱性溶液中进行，因而称为碱性氯化法。

5）人工湿地法。人工湿地的基本原理是利用基质、微生物、植物这个复合生态系统的物理、化学和生物的三重协调作用，通过过滤、吸附、共沉、离子交换、植物吸收和微生物分解来实现对污水的高效净化，同时通过营养物质和水分的生物地球化学循环，促使绿色植物生长并使其增产，实现污水的资源化与无害化。它具有出水水质稳定，对含N、P等营养物质去除能力强，基建和运行费用低，技术含量低，维护管理方便，耐冲击负荷强等优点。

一般来说，要根据实际情况诸如污水水质和污水处理后的走向来决定采用哪种污水处理方法。上述方法可以单独使用，也可联合使用。

### 6.2.4　案例

#### 1. 某矿山污水处理工程

1）污水来源及水质。某矿山为硫化铁矿山，1991年停采。污水主要来源于采场，污水量较小，但含铁量高，另外锌和铜等重金属也超标。污水处理前的水量、水质见表6-10。

表6-10　处理前的污水水质

| 污水种类 | 通常水量/($m^3 \cdot d^{-1}$) | 最大水量/($m^3 \cdot d^{-1}$) | pH | SS/($mg \cdot L^{-1}$) | Zn/($mg \cdot L^{-1}$) | Cd/($mg \cdot L^{-1}$) | Cu/($mg \cdot L^{-1}$) | Mn/($mg \cdot L^{-1}$) | $Fe^{2+}$/($mg \cdot L^{-1}$) | As/($mg \cdot L^{-1}$) |
|---|---|---|---|---|---|---|---|---|---|---|
| 坑内A水 | 670 | 1500 | 2.5 | 20 | 100 | 0.4 | 15 | 5 | 900 | 0.15 |
| 坑内B水 | 1520 | 2320 | 3.0 | 100 | 50 | 0.1 | 10 | 10 | 100 | — |
| 其他污水 | 90 | — | 4.5 | 100 | 150 | 0.005 | 8 | 5 | 30 | — |

2）污水处理工艺。污水处理场随着水量、水质的变化，几经改造，不断地寻求最经济合理的方法。1920—1952年，该矿山的坑内水采用石灰中和法处理。1952年以后，改为二段中和处理，即一段石灰石中和，二段石灰中和。20世纪60年代后，增添了用一氧化氮氧化的工艺，先将亚铁氧化成为三价铁，再进行二段中和。1970年，研究开发了细菌氧化法的新技术。从1974年至今，一直采用细菌氧化和二段中和的处理流程，效果很好，其工艺流程详见图6-11。

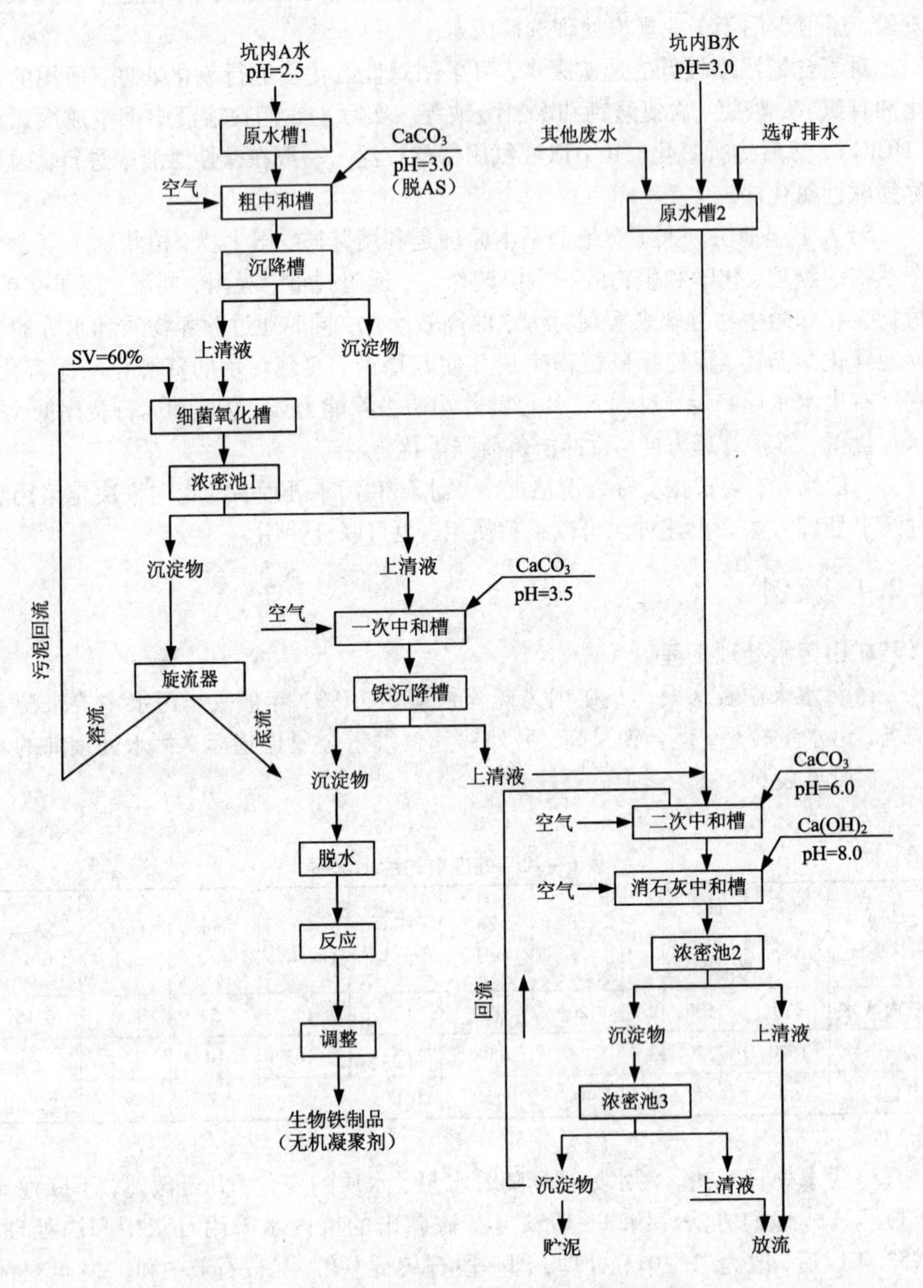


**图 6-11　某矿山污水处理工艺流程**

3)主要处理设施。处理场的主要构筑物规格如下：原水槽1为500 $m^3$；原水槽2为500 $m^3$；粗中和槽为5.6 $m^3$；沉降槽为54.3 $m^3$；细菌氧化槽为200 $m^3$[空气量为0.3 $m^3/(m^2 \cdot min)$]；浓密池1为180 $m^3$($\phi$9 m)；一次中和槽为360 $m^3$；铁沉降槽为82 $m^3$ ×2；二次中和槽为40 $m^3$ ×7；消石灰中和槽为40；浓密池2共三座，分别为390 $m^3$($\phi$12 m)、350 $m^3$($\phi$10 m)、300 $m^3$($\phi$9.5 m)；浓密池3为170 $m^3$($\phi$8.6 m)。沉淀物最终贮存于泥库和废坑道。

4)运行效果。处理后水质见表6-11。

**表6-11　处理后的水质(mg/L)**

| pH | COD | SS | Zn | Cu | Mn | Fe | As |
|---|---|---|---|---|---|---|---|
| 8.0 | 2.5 | 15 | 0.4 | 0.01 | 1.5 | 0.5 | 0.005 |

从处理后水质指标看，处理效果很好。一次中和用的石灰石为某矿山生产石灰的废弃物，即石灰石烧成前，水洗工序中洗出来的岩粉。以前这种岩粉输送到旧矿井堆积处理，现在用旋流器分离出粗颗粒后，调整为0.0043 mm占85%的产品，压滤脱水后，以滤饼状态用卡车运到厂内。为了进一步降低处理费用，正在试验采用电石渣代替石灰，进行二次中和。此外，中和、沉淀工艺中采用了渣回流技术，即将中和沉淀渣部分返回中和反应槽，可以提高沉降速度。回流前的沉降速度为1.2 m/h，回流后的沉降速度为1.5 m/h，同时，回流后石灰石的用量可节省5% ~10%。

## 6.3　固体废物处理

随着矿山开发力度的增大，矿山产生的废石、尾矿等固体废物将大量增加，对生态环境造成的影响日趋严重。如何处理矿山固体废物，既能使矿山生态环境得到改善，又可变废为宝，充分利用矿山固体废物中的有用成分，缓解矿产资源供需紧张矛盾，是人类社会面临的重要课题。

### 6.3.1　固体废物的来源及特点

**1.矿山固体废物的相关概念**

矿山固体废物是指矿山开采过程中所产生的废石及矿石经选冶生产后所产生的尾矿或废渣，其以量大、处理工艺比较复杂而成为环境保护的一大难题。

矿山固体废物可分为两大类：废石和尾矿。废石，即在开采矿石过程中剥离出的岩土物料，堆放废石的场地称之为排土场。尾矿，即在选矿加工过程中排放的固体废物，其储存场地称为尾矿库。

**2. 矿山固体废物的主要成分**

对于矿山固体废物而言，量大面广的组成矿物为含氧盐矿物、氧化物、硫化物和氢氧化物矿物等。认识和掌握矿山固体废物中的矿物组成及其特点，对于制定合理的处理和资源化工艺具有重要的指导意义。

1) 含氧盐矿物。含氧盐矿物占已知矿物总量的2/3左右，在地壳里的分布极为广泛。含氧盐矿物可分为硅酸盐矿物、碳酸盐矿物、硫酸盐矿物和其他含氧盐矿物四类。

(1) 硅酸盐是组成岩石的最主要成分，已知的硅酸盐矿物约有800种之多，约占矿物种类总数的1/4，占地壳总质量的80%。它们是许多非金属矿产和稀有金属矿产的来源，如云母、石棉、长石、滑石、高岭石以及Be、Li、Zr、Rb、Cs等。硅酸盐矿物的性质随其结构的不同变化较大。

(2) 碳酸盐矿物在自然界中分布较广，已知的矿物约有80种之多，占地壳总质量的1.7%。这其中以Ca、Mg碳酸盐矿物最多，其次为Fe、Mn等碳酸盐矿物。碳酸盐矿物有的是非金属矿产的原料，如白云石、菱镁矿等，有的则是金属矿产的重要原料，如菱铁矿、菱锰矿等，在金属矿石中，碳酸盐矿物是常见的脉石矿物。碳酸盐矿物多为无色或者浅色(含色素离子Fe、Mn者颜色较深)，玻璃光泽，透明至半透明，硬度大多为中等(3~4)，相对密度随阳离子变化而异(2.7~5左右)，无磁性，电热的不良导体。矿物表面亲水，化学稳定性较差，在水中溶解度较大。

(3) 硫酸盐矿物在自然界中产出约有260种，但其仅占地壳总质量的0.1%。其中常见和具工业意义的矿物不多，主要是作为非金属矿物的原料(如石膏)。此类矿物一般颜色较浅，透明至半透明，多数有玻璃光泽，硬度较低(1.5~3.5)，除Pb、Ba的硫酸盐外，相对密度均较小，不具磁性，电热的非导体，易溶于水且化学性质不稳定，含水的硫酸盐溶液具导电性。

(4) 其他常见的含氧盐矿物有磷酸盐、钨酸盐和钼酸盐，其他不常见的有硼酸盐、砷酸盐、钒酸盐、硝酸盐矿物等。

2) 氧化物和氢氧化物矿物。氧化物和氢氧化物是地壳的重要组成矿物，是由金属和非金属的阳离子与阴离子$O^{2-}$和$OH^-$相结合得到的化合物，如石英、氢氧镁石等。氧化物和氢氧化物矿物有200种左右，约为地壳总质量的17%。其中以$SiO_2$分布最广，约占12.6%，Fe的氧化物和氢氧化物占3.9%，其次是Al、Mn、Ti、Cr的氧化物和氢氧化物。氧化物和氢氧化物是许多金属(Fe、Mn、Cr、Al、Sn等)、稀有金属和放射性金属(Ti、Nb、Ta、Te、U、Th等)矿石的重要来源。此外，它们还是许多非金属原料(如耐火材料)和许多宝石(如玛瑙、宝石)的矿物来源。

3) 硫化物及其类似化合物矿物。此类矿物主要为金属硫化物，也包括金属与硒、碲、砷、锑等的化合物，其总数约为350种，约占地壳总质量的0.15%，其中以铁的硫化物为主，有色金属铜、铅、锌、锑、汞、镍、钴等也以硫化物为主要来源，因此该类矿物在工业上具有重大意义。

4）其他矿物。矿山固体废物中除了含以上三类矿物外，还有的含卤化物和单质矿物，但是数量较小。自然界中最常见和最重要的卤化物矿物为萤石、石盐和钾盐，常见的自然元素矿物是自然金、铂族矿物、金刚石和石墨等。

**3. 矿山固体废物的危害**

1）占用土地、损伤地表。矿山固体废物的危害，首先突出地表现在对土地的占用和破坏上。例如原苏联的露天矿，仅仅用于排废石所占用的土地面积就以每年2万~2.5万 $hm^2$ 的速度增加；据统计，在美国矿山破坏土地的总面积中，约59%是由于采矿挖成的采空区而遭到破坏的；20%被露天废石堆占据；13%被选厂尾矿库占据；5%被地下采出的废石堆所占据；3%处于塌陷危险区。

2）污染水质和土壤、危害生物并影响农业生产。固体废物在露天场所长期堆放，其所含的重金属元素、一些放射性的物质及其他多种有毒有害物质会随着雨水流失，与有毒的残留浮选药剂以及剥离废石中含硫矿物引发的酸性废水一起污染水体和土壤，并被植物的根部所吸收，影响农作物生长，造成农业减产，还可能通过食物链进入人体，危及人体健康。矿山废石和尾矿的长期堆积，还会导致固体废物的大量流失，堵塞水溪、河流，污染水体，危害农业生产。矿山固体废物中的重金属元素，由于各种作用渗入到土壤之后，使土壤中的微生物大量死亡，土壤逐渐失去腐解能力，最终土壤越发贫瘠，最后砂化变成“死土”。

3）引发重大地质与工程灾害。矿山固体废物长期堆放，不仅在经济上带来巨大的损失，还会诱发排土场滑坡、泥石流、尾矿库溃坝等重大的地质与工程灾害，给社会带来极大的损失。由于尾矿库安全设计标准较低、设计不规范、违反建设程序、监管不到位、企业违法违规生产等原因，进入21世纪以来，我国发生多起重大尾矿库溃坝事故。表6－12所列为近年来国内外比较典型的尾矿库溃坝事故。

4）污染环境，破坏生态平衡。长期堆放于矿山地表的固体废物，由于终年暴露在大气中，往往会因风化作用而变成粉状，干旱季节，在一定的风速作用下扬起大量粉尘而污染矿区的大气环境。另外不少金属矿山的固体废物中还含有放射性物质。据实测资料统计，在非铀金属矿山当中，有30%以上矿山的矿岩中含有放射性物质。由于放射性元素易引发各种癌症，危及人体健康，因此，含放射性元素的矿山固体废物不但不宜作建筑材料使用，而且还必须进行严格的处理，否则会使矿区环境污染的范围扩大，引起严重的后果。

表 6-12　近些年来国内外比较典型的尾矿库溃坝事故

| 时间 | 发生地点 | 泄出物种类及数量 |
|---|---|---|
| 2010 年 10 月 | 匈牙利奥考依市 | 70 万 $m^3$ 赤泥 |
| 2010 年 9 月 | 广东信宜银岩锡矿区 | 27 万 $m^3$ 尾矿 |
| 2008 年 9 月 | 山西襄汾县 | 26.8 万 $m^3$ 尾矿和泥浆 |
| 2007 年 11 月 | 辽宁省鞍山市 | 54 万 $m^3$ 尾矿 |
| 2007 年 5 月 | 山西省忻州市繁峙县 | 近 100 万 $m^3$ 尾砂和泥浆 |
| 2006 年 4 月 | 陕西省商洛市镇安县 | 20 万 $m^3$ 尾矿砂 |
| 2005 年 11 月 | 山西临汾 | 近百万 t 尾矿 |
| 2000 年 10 月 | 广西南丹县大厂镇 | 水和尾砂 14300 $m^3$ |
| 2000 年 9 月 | 瑞典阿尔蒂克矿 | 180 万 $m^3$ 水 |
| 2000 年 3 月 | 罗马尼亚博尔沙 | 2.2 万 t 尾矿 |
| 2000 年 1 月 | 罗马尼亚巴亚马雷 | 10 万 $m^3$ 水、尾矿 |

5)矿山固体废物的大量排放造成资源的严重浪费。矿山的固体废物中常含有多种金属元素，如果长期堆放和流失，不及时进行回收和综合利用，不仅污染环境，而且对于国家矿产资源来说也是一个极大的浪费。我国矿产资源利用率很低，国有有色金属矿山采选综合回收率只有 60% ~70%，造成大量有价金属及可利用的非金属矿物损失。

## 6.3.2　处理技术

### 1. 尾矿的综合利用

尾矿是一种具有很大开发利用价值的二次资源，其综合利用主要包括两方面：一是尾矿作为二次资源再选，回收有用矿物；二是将未经再选的尾矿直接利用，即将尾矿按其成分归类为某一类或者某几类非金属矿来进行利用。这两种途径密切相关，矿山可根据自身条件进行选择，也可二者结合共同开发，如先回收尾矿中的有价组分，再将余下的尾矿直接利用，从而实现尾矿的整体综合利用。

1)从尾矿中回收有用金属和矿物。有色金属矿山的尾矿中往往含有多种有价金属。在选矿技术水平落后的条件下，可能会有 5% ~40% 的目的组分留在尾矿中。另外矿石中还有一些重要的伴生组分，当初选矿时就没有再进行回收。尾矿再选是尾矿利用的两个主要途径之一，它包括老尾矿的再选利用，还包括新产生尾矿的再选，以大力减少新尾矿的堆存量并改进现行技术减少新尾矿的产生量。尾矿再选可减少尾矿坝的建设和维护费用，节省破磨、开采、运输等费用，还可节省设备及新工艺研制的更大投资，因此尾矿的再选受到越来越多的重视。目前，尾矿再选已经在铁、铜、铅锌、锡、钨、钼、金、铌钽、铀等许多金属尾矿的方面取得了进展，得到了明显的经济、环境及资源保护效益。

2)用尾矿回填矿山采空区。尾矿粒度细而均匀，用于作矿山地下采空场的充填料具有输送方便、无需加工、易于胶结等优点。尾矿的回填可以大大减少占地。传统的水力充填(包括高浓度充填)均选用分级粗尾砂作为充填料；近年来发展起来的全尾砂膏体充填工艺，在减轻或消除尾矿对地表或井下环境污染方面，效果非常显著。

3)尾矿生产建筑材料。金属矿山尾矿的物质组成虽然千差万别，但其中基本的组分及开发利用途径是有规律可循的。矿物成分、化学成分及其工艺性能这三大要素构成了尾矿利用可行性的基础。磨细的尾矿构成了一种复合矿物原料，再加上其中微量元素的作用，使其具有许多工艺特点。目前，我国建筑业仍处于不断发展之中，对建材的需求量有增无减，这无疑为利用尾矿生产建材提供了一个良好契机。利用尾矿生产建筑材料主要用于制砖、生产水泥、生产新型玻璃材料、生产建筑微晶玻璃等。

4)尾矿的其他用途。尾矿中含有一些植物所需的微量元素，将尾矿直接加工即可当做微肥使用，或用做土壤改良剂。如尾砂中的钾、锰、磷、锌、钼等组分，常常可能是植物的微量营养组分。尾砂中含有方解石、长石或者矾类盐，可生产工业污水絮凝剂、捕收剂等；用花岗闪长岩类尾砂生产絮凝剂或水玻璃，在工业中具有广泛用途。另外，尾砂还可作杀虫剂等用于农业生产。

**2. 废石的综合利用**

1)从废石中提取有价金属。废石中有价金属很多，目前提取的主要有铜、金等比较昂贵的金属。江西德兴铜矿利用酸性废水浸出废石中的铜，既充分利用了矿山资源，又保护了水体和土地环境免遭酸性废水的污染。而在黄金矿山的生产过程中，大量的围岩(含金1 g/t左右)以及达不到最低工业要求品位(3 g/t)的矿石被视为废石而排弃在废石场。为充分利用资源，张家口金矿利用堆浸技术从废石中提取金，取得了较好的效果。

2)废石用做井下充填料。用废石回填矿山井下采空区是废石利用中经济又常用的方法。回填采空区有两种途径：一种是直接回填，将上部中段的废石直接倒入下部中段的采空区，这样可节省大量的提升费用，无需占地，大部分的矿山都采用了这种回填方法；另一种方法则是将废石提升到地表后，进行适当的破碎加工，用尾矿和水泥拌和后回填采空区，这种方法安全性好，但处理成本较高。我国山东的招远金矿和焦家金矿就是采用拌和水泥回填采空区的方法。

3)废石的其他用途。废石还可代替黏土生产硅酸盐水泥和低碱水泥，有的单位还用废石生产微晶玻璃和水处理混凝剂等。

### 6.3.3 案例

**1. 湖北某有色公司尾矿库综合治理**

湖北某有色公司以采选金铜为主业，年处理矿石量达100万t，年产黄金近1.4 t、矿山铜1.3万t、铁精矿5万t、硫精矿6万t等，除了将近20万t的可利用金属和非金属产品外，其余80多万t的尾砂处理是不容忽视的问题。再加上该公司处于丘陵地带，水系发达，雨量充沛，是典型的地质灾害易发区，对尾矿库的安全也造成了严重威胁。

针对尾矿库安全问题，该公司在加强日常综合管理的同时，运用先进的科技手段，研发新材料，引进新工艺，对选矿之后产生的尾矿，通过加入新型胶固料充填至采空区及尾矿压滤干排技术进行合理利用，很大程度上缓解了尾矿库的不安全问题，实现了企业与自然的和谐安全稳定发展。

1)开发井下充填新型胶固料。该公司年产80万t尾矿中，有50万t充填至井下采场采空区。过去，公司采空区充填材料的胶固料为标号325的普通硅酸盐水泥(以下简称“水泥”)，主要存在运输困难、充填成本大、充填质量不稳定等缺点，与尾砂混合后往往使采空区的充填强度达不到要求，矿柱以及厚大矿体的回采率下降，矿石损失率和贫化率上升，造成了严重的资源浪费。更重要的是，地质围岩的稳固度达不到要求，地面塌陷经常发生。

针对水泥填充的缺点，2002年该公司联合其他固结材料公司研究出一种适用于胶结充填工艺的新型胶固料。这种新型胶固料利用工业废渣进行生产，物理形态如普通水泥，呈白色粉末状态，主要成分为二氧化硅、氧化钙、三氧化二铝等，无毒无害。工业试验表明，相同的生产条件下，将新型胶固料和水泥分别按照同样的配比与尾砂混合，充填至采空区，新型胶固料混合后的充填强度是水泥的2倍，同时，新型胶固料具有强度高、稳定性好以及充填体分层离析不明显等优点，不仅解决了井下采空区塌陷的问题，而且使井下采空区充填的主料——尾砂也得到了充分的利用，尾砂的对外排放量减少了一半以上。

2)引进尾矿压滤干排技术。虽然公司尾矿充填利用率达到近70%，但是由于生产规模扩大，尾砂的排放量依然达到每年30万t左右。为了进一步解决尾砂排放量大的问题，该公司引进了先进的尾矿压滤干堆技术。其原理就是通过压滤机将低浓度矿浆实行固液分离，形成含水量12%～18%的滤饼，然后选址进行尾矿干堆堆放。

2010年11月，该公司投入巨资建设尾矿压滤车间，引进了7台国内最先进的KJZ600－2000－U型节能高效的尾矿压滤机，并与充填车间分级后的泥状尾砂相连接，泥状尾砂经砂浆泵打至压滤机压成干饼状，这种尾砂饼的尾砂浓度达到了82%以上，含水率在17%左右，然后经车辆转运到城市建设施工场地，用推土机进行碾压堆放。自此，该公司在湖北省境内的非煤矿山行业建起了首个尾矿压滤项目，杜绝了尾矿直接排放，实现了尾矿的安全环保堆放。

3)综合治理尾矿库。公司在实现尾矿安全环保排放的同时，加大了对所管辖的4个尾矿库的综合治理力度。目前，其中1座尾矿库已经根据专家设计的方案，完成了土质回填，草皮以及树木的栽种，即将进行专家评审。待尾矿库复垦后，将交由地方管理，使尾矿库的安全隐患彻底得到消除。

同时，该公司在另2座尾矿库各加装一套尾矿回砂输送系统，将2尾矿库存放的大量粗颗粒尾砂输送至公司的充填系统，进行分级后填充至井下采空区。在其他3个尾矿库得到有效治理的同时，公司邀请设计院及相关专家对最后1个尾矿库(也是最大的一个尾矿库)进行了加固设计，以保证该尾矿库的安全运行。对主副坝进行了宽50 m和高30 m的土方碾压加固，将主副坝体内侧进行水泥硬化，这项工程目前已经完工。据有关专家预测，该尾矿库的安全防灾能力可提升到抵御百年一遇灾害的级别。

## 6.4　矿区土地复垦

传统的矿产资源开发过程只包括采前工作和采矿生产两部分。矿业可持续发展理论认为，矿产资源开发过程必须包括采前准备工作、采矿生产工作和生态治理工作三大部分，并且生态治理工作渗透于前两项工作之中。土地复垦即为生态治理工作的一部分。

### 6.4.1　土地复垦的概念

土地复垦是指对在生产建设过程中因挖损、塌陷、占压、污染等造成破坏的土地或因自然灾害造成破坏的土地，采取整治措施，使其达到可供利用状态或恢复生态的活动。长期以来，伴随着世界各国采矿业的不断发展，土地破坏问题日趋严重，土地复垦工作在矿区土地利用中显得格外重要。

采矿活动及其废弃物的排放不仅破坏和占用大量的土地资源、日益加剧我国人多地少的矛盾，而且矿山废弃物的排放和堆存也带来了一系列影响深远的环境问题，如土地退化、生态系统和景观受到破坏，对土地的侵占和环境污染进而制约了当地的社会经济发展并危害到人体的健康等。因此，矿业废弃地的复垦已成为我国当前所面临的紧迫任务之一，也是我国实施可持续发展战略应优先关注的问题之一。中国的土地复垦始于20世纪50年代。多年来，在中央和地方各级政府的领导下，土地复垦已取得了一定成效。

### 6.4.2 土地复垦的原理

土地复垦是一项庞大的、具有很强系统性的工作，在研究和发展过程中，逐渐和其他学科交融，不断地丰富了土地复垦的理论体系。水土保持原理、生态演替理论、环境保护与可持续发展理论、景观生态学原理、生态经济学理论的引入，进一步扩展了土地复垦的研究视野，不断地充实了土地复垦的研究方法。

**1. 水土保持原理**

由于自然界各个地理要素在地球表面相互作用，正是这种规律性的组合与分布导致了水土流失，进而水土流失也呈现出一定的区域规律性特征，表现出水土流失的地带性规律。区域不同，水土流失原因、因素、类型、类型组合及侵蚀强度等不同，水土流失的治理方案也不相同。水土保持原理的引入，为分析土壤侵蚀的形成原因和工程量的计算，科学开展土地复垦提供了科学的理论依据。在土地复垦中引入水土保持学理论，无疑将使得土地复垦工作更具科学性。

**2. 生态演替理论**

生态演替可以理解为生态系统特征随时间变化的过程。生态系统利用它可获得的能量得以发展结构和过程的有组织的过程称为演替，演替是生态系统的时间维。演替可以通过活生物量、养分库存量、总有机质、多样性、总代谢等生态系统主要参数来量度。既然演替反映生态系统的动态特征，它就存在变化速率问题，无论是达到顶极还是退化，都有可能是快速的，也可能是缓慢的，这一过程可以通过人类干预作用来控制，而应该注意的是某些受胁迫的生态系统，人类干预作用容易实现，而另外一些则不容易实现，对同一生态系统来说，某些要素容易控制，而另外一些要素则不容易控制。

根据这一原理，提出在矿区生态恢复过程中：首先，选择耐旱、耐贫瘠、速生的作物或牧草，以便在矿山上迅速生长，并获得持久的植被；其次，在基质得到一定程度改良后，可采用混播草种使之迅速覆盖废弃地，或与豆科作物轮作、套作的方式达到“种地、养地相结合”的目的；然后，根据土壤的元素组成和肥力，辅之一定的水肥(尤其是微生物肥)措施，建立可以维持的土壤生态系；最后，发展多种作物与果树，因地制宜地开展农林牧副业，综合利用矿山废弃地，从而加速演替或改变演替方向。

**3. 环境保护与可持续发展理论**

随着人类环境保护意识的增强和“科学发展观”的提出，全民开始意识到矿区开采所引发的巨大环境问题和可持续发展的重要性。因而，在土地复垦中应用环境保护和可持续发展理论，为解决矿区环境问题，实现土地资源的永续利用，有着重要的现实意义。

**4. 景观生态学原理**

景观生态学是地理学与生态学之间的交叉学科。景观定义为一个空间异质性的区域，由相互作用的斑块或生态系统组成，以相似的形式重复出现。景观是高于生态系统的自然系统，是生态系统的载体。生态系统是相对同质的系统，景观则是异质的。根据其定义可提出一系列景观生态学原理，如景观结构与功能原理、生物多样性原理、物种流动原理、养分再分布原理、能量流动原理、景观变化原理、景观稳定性等原理，这些原理是目前应用较为广泛的，它所能涉及的问题正是定义中所提出的景观结构、景观功能和景观变化三方面。虽然景观生态学理论体系还在完善中，但它在环境保护、土地利用规划和资源管理等方面得到了广泛应用。景观生态学原理在土地复垦中用于生态重建规划与土地利用方向选择。

**5. 生态经济学理论**

可以说，最初的土地复垦来源于人类对土地的需求，更多考虑的是经济效益。随着土地复垦的进行，特别是生态恢复的进行，生态效益开始越来越多地受到关注。在土地复垦过程中，要实现生态经济的协调发展，生态经济学理论的应用意义巨大。

生态经济学研究的是生态经济系统，主要是人类社会经济系统和地球生态系统之间的关系。对生态经济学的研究对象与重点有人们不同的看法，目前主要有两种观点：一种观点强调生态系统的经济方面，这种观点认为生态经济学是以生态经济这个复合系统为研究对象，从中探索人类经济活动和自然生态之间的相互关系。其特点是从经济学的角度，根据经济学原理，对这一复合系统进行研究，并以经济系统为主。另一种观点强调生态经济学应该研究生态变化的社会经济因素，这种观点认为，生态经济学把生态系统和社会经济系统作为一个整体来研究，从生态系统来看待社会经济问题，研究生态变化的社会经济因素，用生态方法来计量经济效益。无论何种观点都不可否认，生态经济学的最终目的就是实现人类经济系统和整个地球生态系统的可持续发展，当然这需要我们充分地了解人类的经济系统和生态系统之间的相互作用关系，以及社会经济系统对生态系统的影响。

### 6.4.3　土地复垦技术方法

尽管矿区土地复垦技术因复垦目标的不同而异，但大致可分为两类技术体系，即环境要素（包括土地、土壤、水资源、大气等）的重建、利用技术，以及生物要素（包括物种、种群和群落等）的恢复、再生技术。具体而言，针对我国矿区生态环境特点，土地复垦主要包括以下几方面的典型技术：

**1. 剥离—采矿—复垦一体化工程技术**

该项技术指在编制矿山采掘计划时，综合考虑生产供矿和土地复垦要求，融复垦与采矿于一体，统筹规划采剥作业与复垦覆土作业。该技术是采矿工艺的有机构成，是矿区土地复垦与采矿工程最直接有效的结合形式，适用于大矿山、地形较平坦的矿区。该技术的关键，在于对采场复垦进行远景规划和实施方案设计，搞清能用于复垦的表土量及其平面位置与采出时间，确定采场表土层剥离和复垦参数。

我国目前采用的剥离—采矿—复垦一体化工程技术，主要应用条带剥离、强化采矿、条带复垦及循环道路等先进技术，即首先将矿区划分为若干区段，在每个区段中划分剥离条带，每年根据剥离量具体确定剥离位置及条带数量。同时，采矿作业采取条带开采，采场外部进行配矿及强化采矿等先进技术；然后，利用大型铲运机将剥离的条带岩石和表土“剥皮式”分开铲装，沿着循环道路运行，在复垦条带分别按顺序“铺洒式”排放，岩石排放在下部，表土排放在上部，并利用大型平地机进行平整，一次达到复垦的土地标准要求，从而“边开采，边复垦”，实现“采掘—运输—排弃—整形—复垦”的良性循环。

**2. 矿区废弃物综合利用技术**

主要包括对废弃矿坑、矿井水和尾矿进行的综合利用。

1) 废弃矿坑综合利用技术。废弃矿坑是伴随着采矿活动结束而产生的人为遗迹，根据不同矿坑的不同特点，可以有许多不同的用途，主要包括：用做地下仓库，储存液体燃料、武器、农副产品；堆存有毒、放射性废料，或用于垃圾处理；将古矿坑改造成博物馆、研究中心、档案馆；将废矿坑及周围环境加以改造，建成旅游区；废矿坑坑塘养殖、种植开发等。

2) 矿井水综合利用技术。按污染物的特性，矿井水一般可分为洁净矿井水、含悬浮物矿井水、高矿化度矿井水、酸性矿井水、碱性矿井水及含特殊污染物的矿井水。各类矿井水根据不同的物理、化学特性，经简单或深度处理后可分别回用于工、农业生产或达标排放。

3) 尾矿综合利用技术。按利用程度与工艺，尾矿综合利用包括尾矿再选、尾矿砂制建材、尾砂改良土壤、尾矿充填 4 个方面，即根据各类尾矿的性质，分别进行二次资源筛选伴生矿，或用于制造建材、改良土壤，或充填尾矿。

**3. 地表整形工程技术**

地表整形工程技术指对复垦土地地形地貌的整理，以适于农业开发，主要包括梯田法复垦技术、疏排法复垦技术、挖深垫浅法复垦技术和泥浆泵充填复垦技术等。

1) 梯田法复垦技术。即沿等高线平整矿区塌陷土地，改造成环形宽条带水平梯田或梯田绿化带，一般适用于潜水位较低的沉陷区、积水沉陷区的边坡地带、露天矿剥离物堆放场等。梯田平台应修整为略向内倾的反坡，以挡蓄雨水保持水土。梯坎高度与田面宽度，则应根据地面坡度、土层薄厚、工程量大小、种植作物种类、耕种机械化程度等因素综合确定。

2)疏排法复垦技术。即在地面标高高于外河水位的沉陷区，通过强排或自排的方式疏干积水后复垦，一般适用于我国东部河湖水系发达地区。该技术的关键在于疏排水方案的选择及排水系统的设计，并需重点防洪、除涝和降渍。

3)挖深垫浅法复垦技术。即将积水沉陷区下沉较大的区域再挖深，形成水塘，用于养鱼、栽藕或蓄水灌溉，再用挖出的泥土垫高开采下沉较小地区，达到自然标高，经适当平整后作为耕地或其他用地，从而实现水产养殖和农业种植并举的目的，一般适用于局部或季节性积水的塌陷区(见图6－12)。

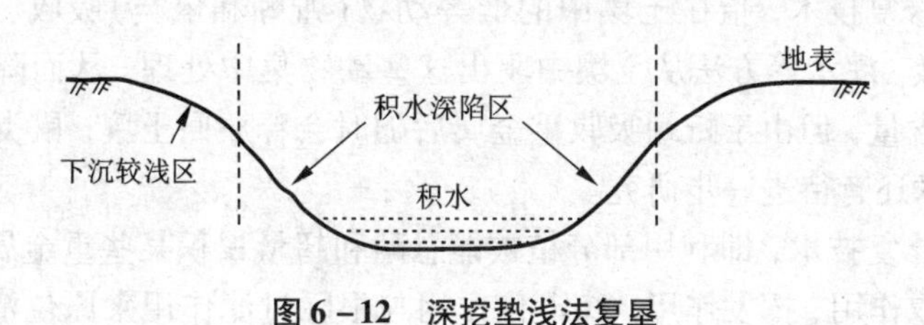


图6－12　深挖垫浅法复垦

4)泥浆泵充填复垦技术。即模拟自然水流冲刷原理，运用水力挖塘机组将塌陷地低洼处的沙土冲成泥浆，然后用泥浆泵抽进要平整的地域内，沉淀后成为耕地，主要适用于常年积水且洼地多沙质土的沉陷区。由于该技术从本质上讲是一类特殊的挖深垫浅法复垦技术，故也被称作泥浆泵挖深垫浅复垦技术。

**4. 土壤重金属污染治理技术**

从技术的方法原理来看，国内外矿区土壤重金属污染治理主要包括物理、化学和生物治理技术三类。其中，生物治理技术包括微生物修复技术、动物修复技术与植物修复技术，设施简便、投资少、对环境扰动也少，被认为是最有生命力的治理技术。

目前，国内外矿区土壤重金属污染治理的具体技术主要包括以下9类：

1)机械工程技术，即应用机械工程措施，对被污染土壤进行物理转移或隔离，降低土壤重金属浓度，或减少重金属污染物与植物根系的接触。该技术具体包括客土、换土、翻土、去表土和隔离等措施，一般适用于小面积、重污染土壤。

2)电动力学技术，即基于重金属的电动力学特性，在污染土壤中通电，以电流打开金属－土壤链，从而使土壤中的重金属在电解、电迁移、电渗和电泳等作用下在阳(或阴)极被移走。该技术不适于渗透性高、传导性差的土壤，而特别适用于其他方法难以处理的、适水性差的黏土类土壤。

3)热解吸技术，即将污染土壤加热，使重金属污染物产生热分解、挥发，然后进行回收处理。该技术适用于受热易分解挥发的重金属污染，主要是汞污染。

4)化学淋洗技术，即用清水或能提高重金属水溶性的化学溶液来淋洗土壤，吸附固定在土壤颗粒上的重金属形成稳定的溶解性离子、金属－试剂配合物或生成沉淀，然后收集淋洗液回收重金属。该技术的关键是淋洗试剂的选择，表面活性剂是近年来研究的重点，较适合于砂土、砂壤土、轻壤土等轻质土壤，但易造成地下水污染、土壤养分流失及土壤变性。

5）化学改良技术，即向污染土壤投加化学改良剂，与重金属发生氧化、还原、沉淀、吸附、配合、抑制等化学作用，降低重金属污染物的水溶性、扩散性和生物有效性，从而降低它们进入植物体、微生物体和水体的能力。该技术对污染不太重的土壤特别适用，但需防止重金属的再度活化。

6）动物修复技术，指在土壤中的低等动物（蚯蚓和鼠类）吸收、富集重金属后，采用电激、灌水等方法从土壤中驱出这些动物集中处理，从而降低污染土壤中重金属的含量，但由于蚯蚓吸收重金属后随时会释放回土壤，鼠类对庄稼又有危害，该技术还有待进一步研究。

7）植物修复技术，即利用部分植被能忍耐和超量累积某些重金属的特性，通过植物的提取作用、挥发作用、稳定化作用与根际过滤作用来原位清除、稳定污染土壤中的重金属。这是一种很有希望的、可有效和廉价处理土壤重金属污染的新技术。

8）微生物修复技术，即利用土壤中某些微生物对重金属的吸收、沉淀、氧化和还原等作用，降低重金属的毒性与生物有效性。运用基因工程培育对重金属具降毒能力的微生物，并运用于污染治理是目前环境科学研究最活跃的领域之一。

9）农业耕作管理技术，即因地制宜地改变受污染农田的耕作管理制度，如增施有机肥、控制土壤水分、选择合适形态的化肥、选育优良作物品种等，以减轻重金属对农作物的危害，避免重金属离子进入人类食物链。该技术具有费用低、实施方便等优点，但周期长，效果不显著，适于中、轻度污染土壤的治理。

**5. 土壤培肥改良技术**

土壤培肥改良技术就是对土壤团粒结构、pH 等理化性质的改良及土壤养分、有机质等营养状况的改善，这是矿区农用地复垦的最终目标之一，具体包括表土转换、客土覆盖、土壤物理性状改良、土壤 pH 改良和土壤营养状况改良等技术措施。

1）表土转换。为维持质地好、易培肥的土壤剖面，在采矿前先把表层（30 cm）及亚表层（30 ~ 60 cm）土壤取走并加以保存，待工程结束后再放回原处。这样虽破坏了植被，但土壤的物理性质、营养条件与种子库基本保持原样，本土植物能迅速定居。该技术的关键在于表土的剥离、保存和复原，应尽量减少对土壤结构的破坏和养分的流失。

2）客土覆盖。废弃地土层较薄时，可采用异地熟土覆盖，直接固定地表土层，并对土壤理化特性进行改良，特别是引进氮素、微生物和植物种子，为矿区重建植被提供了有利条件。该技术的关键在于寻找土源和确定覆盖的厚度，土源尽量当地解决，也可考虑底板土与城市垃圾、污泥；覆土厚度则依废弃地类型、特点及复垦目标而定，一般覆土5～10 cm即可。

3）土壤物理性状改良。土壤物理性状改良的目标是提高土壤孔隙度、降低土壤容重、改善土壤结构。短期内可采用犁地和施用农家肥等方法，但植被覆盖才是解决这个问题的永久性方法。此外，粉煤灰可以变重土和轻沙土为中间结构土壤，增加土层保水能力和孔隙度；降雨能有效淋浸出土壤中的盐分，覆盖有机物料、修筑梯田都是常用的增加淋漓效果的方法；深耕能有效解除土壤压实，对容重和水分入渗率的影响比穿透阻力和土壤水分含量要大。

4）土壤pH改良。对于pH不太低的酸性土壤可施用碳酸氢盐或石灰来调节酸性，既降低土壤酸碱度，又能促进微生物活性，增加土壤中的钙含量，改善土壤结构，一定程度上可以避免磷被活性铁、铝等离子固定。但在pH过低或产酸较久时，宜少量多次施用碳酸氢盐或石灰，也可施用磷矿粉，既提高土壤肥力，又能在较长时间内控制土壤pH。

5）土壤营养状况改良。土壤营养状况改良可采取施用化学肥料、施用有机废弃物肥田、种植固氮植物和施用绿肥等措施改良土壤营养状况。

**6. 植被恢复技术**

1）植被品种筛选。按照复垦规划，对计划植被的作物、牧草、林木品种进行的选择工作，是矿区植被恢复成败的关键因素之一。根据矿区的气候和土壤条件，植被筛选应着眼于植被品种的近期表现，兼顾其长期优势，通过实验室模拟试验、现场种植试验、经验类比等过程筛选确定。一般筛选的原则是：速生能力好、适应性强、根系发达、抗逆性好；优先选择固氮植物；当地优良的乡土品种优于外来速生品种；树种选择宜突出生态功能，弱化经济价值。具体而言，我国各矿区土地复垦的适宜植被差异较大，但多年生豆科牧草、一年生和两年生禾本科、茄科植物与刺槐、沙棘、柠条等乔灌木是主要的适选品种。

2）植被工艺。采用科学合理的植被顺序、植被结构、植被密度和植被格局可有效提高植物对矿区脆弱生态环境的承受能力。

合理的植被顺序安排主要取决于不同植物对土地肥力的贡献。农业复垦一般先种植豆科牧草培肥土壤，然后耕种豆科作物增加土壤氮素，在土地达到一定肥力后再种植一般农作物。林业复垦一般直接进行绿化种植，也可先种植豆科牧草，而后栽种林木。

科学的植被结构是提高植物存活率的重要前提。不同植物对矿区生态环境的适应性有限，其生存离不开一定的植物群落。植被品种筛选好后只能作为先锋品种来种植，要达到长久治理目的，必须乔、灌、草、藤组合，进行多植被间种、套种、混种，并有目的地进行生物接种。

不同立地条件、不同植被恢复目的、不同植被品种的种植密度是不同的，即速生喜光植物宜稀一些，耐阴且初期生长慢的植物宜密一些；树冠宽阔、根系庞大的宜稀一些，树冠狭窄、根系紧凑的宜密一些；高海拔、高纬度、低温、土壤瘠薄地区的植被密度应大一些；在栽植技术精细、水分供应良好、管理好的地区，密度宜稀一些；水土保持林可密一些，农田防护林、用材林则宜稀一些。

在废弃地上普遍种植植物，无疑是一种快速恢复植被的良好方法。但在人、财、物力不足的情况下，依据景观生态学原理，最优的植被格局应由几个大型的自然植被斑块组成本底，并由周围分散的小斑块及其中的小廊道所补充、连接。这样既节约了人工和经费，又为植被的自然恢复提供了空间。

**7. 水土流失综合治理技术**

1)工程治理技术。工程治理是矿区水土流失综合治理的一种快速有效的临时方法，主要包括坡面整治、涂层、网席和抗侵蚀被等方法。

坡面整治法首先沿平台眉线修筑梯形土石埂，拦截平台汇水，避免形成径流冲刷边坡；再沿平台内缘或缓坡坡底线挖掘纵向排水沟，用以导出坡地和平台的汇水；最后在坡面上沿垂直等高线方向，以 1 m 间距修建若干平行于等高线的小台阶，与地表水流方向垂直，从而紊乱、改变坡面径流方向，缓解径流强度，并拦截径流携带的大部分泥沙。同时，还能给植物提供一定的土壤水分和阴凉环境，为植被生长创造良好的条件。

涂层法是国外广泛采用的方法之一，以沥青乳液和棉籽醇树脂乳液等黏性物质作涂层材料，对松散易蚀的排土场表面作固结处理，可有效防止风蚀和水蚀，可用于新排弃尚不稳定的岩土表面。网席法是将易侵蚀的坡面用草席或纤维织网压草覆盖坡面，防止坡面侵蚀。抗侵蚀被法与网席法类似，侵蚀被由一面能光降解、一面能生物降解的草与椰子纤维等材料织成，使用时将其铺于坡面，不回收，可在其上直接播种草籽。

2)生物治理技术。植被稀少、土壤裸露是矿区水土流失的直接诱因，植被恢复后能迅速固定疏松土层，大大减少降水对土壤的溅蚀和径流的冲刷作用，从而有效地控制采矿遗迹地的水土流失，是最根本的治理方法。矿区水土保持林草的建设要做到因地制宜，宜林则林宜草则草，根据当地自然状况，选择合适的植物种类。缓坡地上最适选用的护坡植被一般包括：乔灌木中的银合欢、木豆、金合欢；多年生禾本科牧草中的宽叶雀稗、糖蜜草、狗牙根、苇状羊茅；多年生豆科牧草中的小叶银合欢、大翼豆、紫花圆叶舞草、柱花草、铺地木兰；田菁、竹豆、合萌等一年生护坡植物；以及宽叶雀稗、银合欢、木豆和狗牙根等生长速度稍慢，但根系发育、网络性好、覆盖度高的护坡植物。研究表明，油松、沙棘、豆科、禾本科牧草配置模式是典型的乔灌草护坡植被结构，生长结构稳定，水土保持效果好，在矿区水土流失生物治理中较为常用。

# 第 7 章　重有色金属冶炼行业的污染控制与资源化

重有色金属是指密度大于 4.5 g/cm$^3$ 的有色金属，包括铜、镍、铅、锌、锡、锑、钴、汞、镉、铋等纯金属及其合金。其中，应用最广泛的是铜及其合金，是机械制造和电气设备的基本材料。其他如铅、锡、镍、锌、钴等及其合金，在国民经济发展和国防建设中的用量也非常大。本章将对重有色金属冶炼行业“三废”的产生及其治理技术进行介绍。

## 7.1　大气污染控制

### 7.1.1　大气污染物主要来源

**1. 铜、镍、钴冶炼过程**

1) 概述。这里简要介绍铜的冶炼工艺，关于镍、钴的冶炼工艺不再展开介绍。目前，国内外用铜矿石或铜精矿生产铜的方法主要有火法和湿法两大类。火法是生产铜的主要方法，世界上 80% 的铜是用火法冶金生产的。特别是硫化铜矿，基本上全是用火法处理，其原则工艺流程见图 7－1。火法冶炼一般是先将含铜原矿石，通过选矿提高铜品位到 20% ~30% 后，在密闭鼓风炉、反射炉、电炉、熔池熔炼炉或闪速熔炼炉进行造锍熔炼，产出的锍(冰铜)送入转炉进行吹炼成粗铜，再经精炼炉脱杂和铸成阳极板送电解，获得品位高达 99.9% 的电解铜。该流程适应性强，铜的回收率可达 95%，但由于造锍和吹炼两阶段矿石中的硫被氧化成二氧化硫，容易造成大气污染。

现代湿法炼铜主要有焙烧—浸出—电积、浸出—萃取—电积、细菌浸出等方法，一般适用于低品位复杂矿、氧化铜矿、含铜废矿石的堆积、槽浸或就地浸出。湿法炼铜是指在常温常压或高压下，用溶剂浸出矿石或焙烧矿中的铜，经过净化使铜和杂质分离，再用萃取—电积法将溶液中的铜提取出来。湿法生产铜的原则工艺流程见图 7－2。对氧化矿和自然铜矿，大多数工厂用溶液直接浸出；对硫化铜矿，一般先焙烧，再浸出。与火法冶炼相比较，湿法冶炼设备更简单，成本较低，但是杂质含量较高，并且由于矿石的品位及类型的差异，湿法冶炼有一定的局限性。

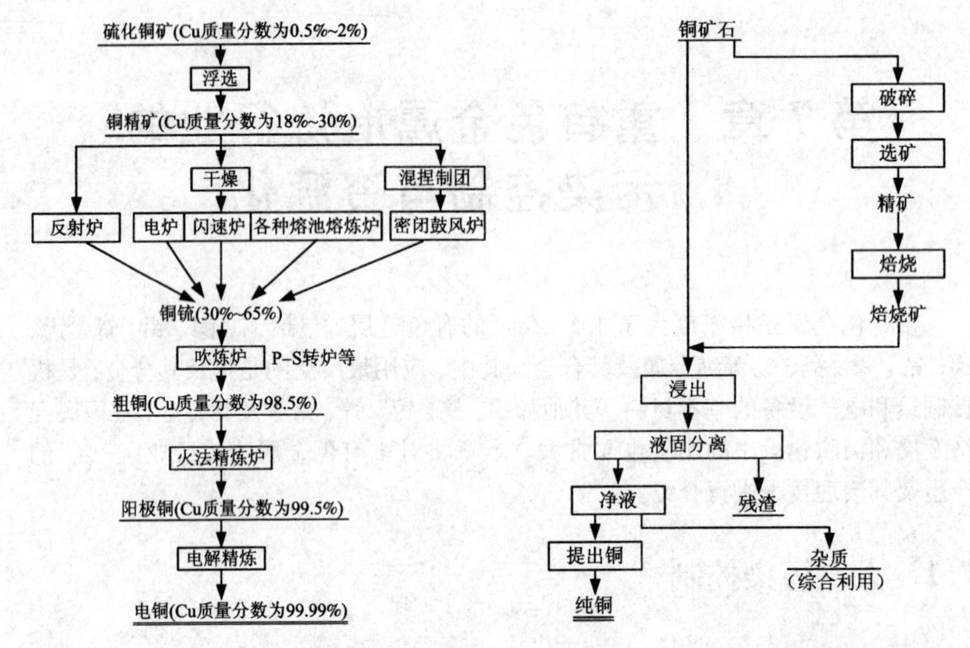


**图7-1　硫化铜矿火法冶炼原则工艺流程**

**图7-2　铜矿石湿法冶炼原则工艺流程**

2)主要废气来源及污染物种类。在铜镍钴的生产过程中，产生了大量的废气或烟气，主要来源于以下几个方面：

(1)熔炼废气或烟气。由于我国铜、镍、钴的硫化物矿存在较多，在冶炼过程中会产生大量的$SO_2$烟气。熔炼炉不同，所产生的废气或烟气的性质就有所差别。例如用闪速炉排出的烟气中$SO_2$体积分数≥15%，而用反射炉排出的烟气中$SO_2$体积分数≤3.5%。铜、镍、钴冶炼中各种熔炼炉产生的烟尘量和成分也不相同，见表7-1。

**表7-1　铜、镍、钴冶炼烟气含尘量**

| 冶炼炉名称 | 烟尘质量浓度(标态)/($g·m^{-3}$) | 烟尘占炉料比例/% |
|---|---|---|
| 圆筒干燥机 | 20~30 | 0.1~1 |
| 氧化沸腾焙烧炉 | 200~300 | 40~50 |
| 酸化沸腾焙烧炉 | 100~200 | 30~40 |
| 电炉 | 20~80 | 5~7 |
| 密闭鼓风炉 | 15~40 | 2~6 |
| 闪速炉 | 50~100 | 5~7 |
| 反射炉 | 30~40 | 3~7 |
| 转炉 | 3~15 | 1~5 |
| 连续吹炼炉 | 1~5 | <1 |

目前，$SO_2$回收制酸工艺为接触法制酸，其基本工艺流程见图7-3。烟气经余热锅炉降温、净化和干燥后，$SO_2$转化为$SO_3$，再被工业水吸收，形成$H_2SO_4$，最后排出的尾气中$SO_2$的质量浓度大大减少，达标排放。该过程中硫的转化率可达99.5%，吸收率为99.9%，回收率大于99%。净化工艺为酸洗湿性净化，对$SO_2$体积分数小于3.5%的低浓度烟气可采用氨酸法、碱性硫酸铝-石膏法或酸钙法等进行处理。

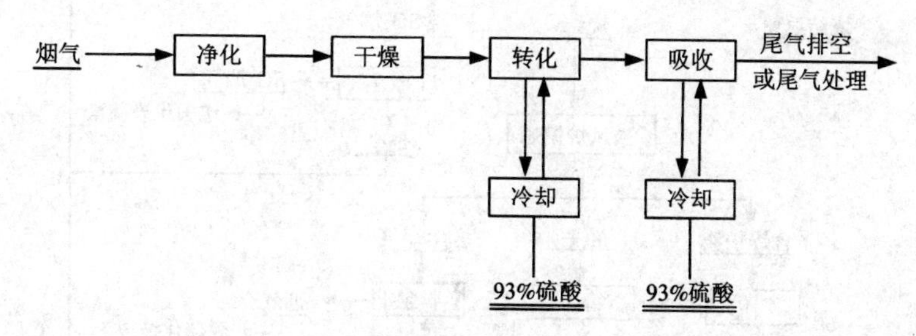


**图7-3 冶炼烟气用接触法制酸工艺流程**

(2)含酸或氨雾废气。在湿法冶炼过程中，用$H_2SO_4$或氨浸出铜时产生的$H_2SO_4$及$NH_3$废气，其$H_2SO_4$及$NH_3$数量较大，且含量均超过国家排放标准。

(3)萃取排出废气。在$H_2SO_4$介质中用萃取剂萃取铜时，由于萃取设备需要进行搅拌，因此极易产生含少量萃取剂及$H_2SO_4$的废气，但其浓度不大。

(4)含氯废气。在镍冶炼净化除Co和沉淀Co过程中，分别用氯气作为氧化剂将Co氧化，这些过程都会产生含氯尾气，其氯的质量浓度为0.31~0.54 g/m$^3$，有的高达10 g/m$^3$。

**2.铅、锌、铋冶炼过程**

1)概述。关于锌的冶炼工艺详见第11章11.2.1“金属锌及金属锌粉的传统生产工艺”部分，这里简要介绍铅、铋冶炼工艺。

图7-4为传统的鼓风炉熔炼生产工艺流程，硫化铅精矿经烧结焙烧得到铅烧结块后进入鼓风炉还原熔炼，最终产出粗铅。该工艺稳定可靠，对原料适应性强，经济效果较好。但该工艺具有以下不足之处：产生的烧结烟气中$SO_2$的质量浓度较低，很难采用常规制酸工艺处理$SO_2$；烧结过程中产生的热量不能得到充分利用；由于原料(制备返粉)要经过多段破碎、筛分，使得工艺流程增长，物料量大，扬尘点分散，造成劳动作业条件恶劣。20世纪80年代以来许多直接炼铅工艺开始得到重视，并于近些年在工业生产上得到推广应用。硫化铅精矿直接熔炼生产金属的工艺流程如图7-5所示。目前，我国主要采用火法炼铅，主要有鼓风炉炼铅法、QSL炼铅法、ISA炼铅法、SKS炼铅法、基夫赛特炼铅法、闪速炉炼铅法等。

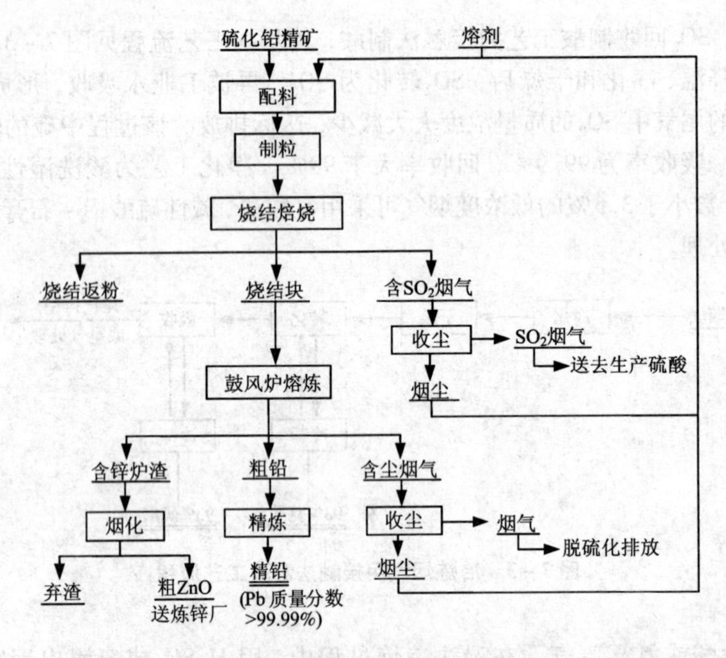


图7－4　硫化铅精矿烧结焙烧－鼓风炉熔炼生产工艺流程

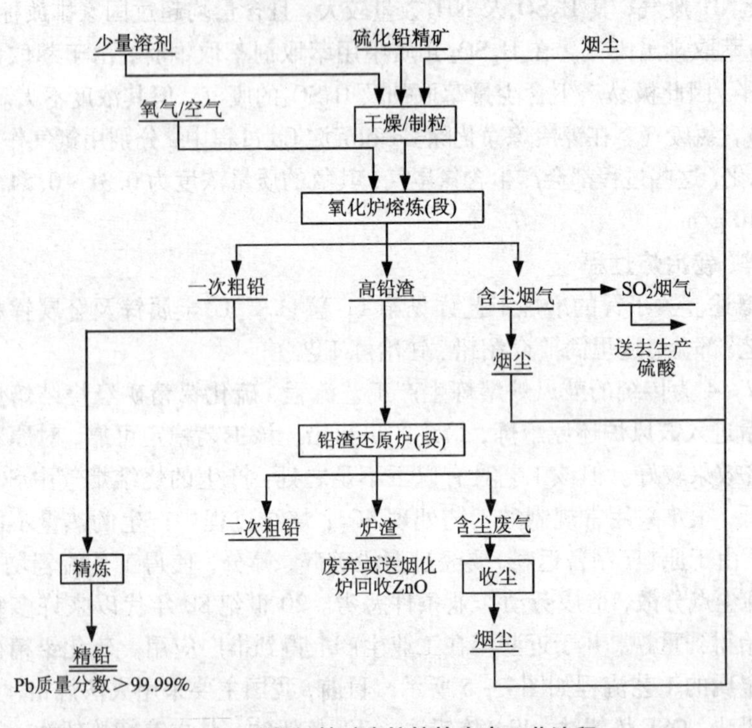


图7－5　硫化铅精矿直接熔炼生产工艺流程

铋在自然界中很少形成单独的矿床，多数与锡、铜、钨、钼等矿物共生，其中与钨、钼共生的辉铋矿、铋华等用选矿的方法可分离得到铋精矿，而与铅、锡、铜共生的铋，一般都是从铅、锡、铜的冶炼副产物中提取铋。目前，世界各国生产的铋，一部分以铋精矿为原料，其他都是从铅、锡、铜的冶炼中间产物中获得。铋的冶炼分为粗炼和精炼两部分。处理原料产出粗铋（或铋合金）的过程称为粗炼。粗炼有两种方法，即火法和湿法。火法适用于含铋较高的原料，而湿法适用于铋含量较低、成分复杂的原料。精炼是指除去粗铋中的杂质生产商品铋。精炼有火法和电解法两种。火法精炼主要包括熔化、除砷锑铜、氧化精炼、碱性精炼、除银、脱锌、最终精炼和铸锭等过程。铋电解精炼有氯盐电解和硅氟酸盐电解两种方法。氯盐电解采用三氯化铋和盐酸水溶液作为电解液，而硅氟酸盐电解采用硅氟酸铋和游离硅氟酸水溶液作为电解液。我国在20世纪五六十年代曾采用过氯盐电解精炼，但目前大多已采用火法精炼。粗铋火法精炼和电解精炼工艺流程分别见图7－6和图7－7。

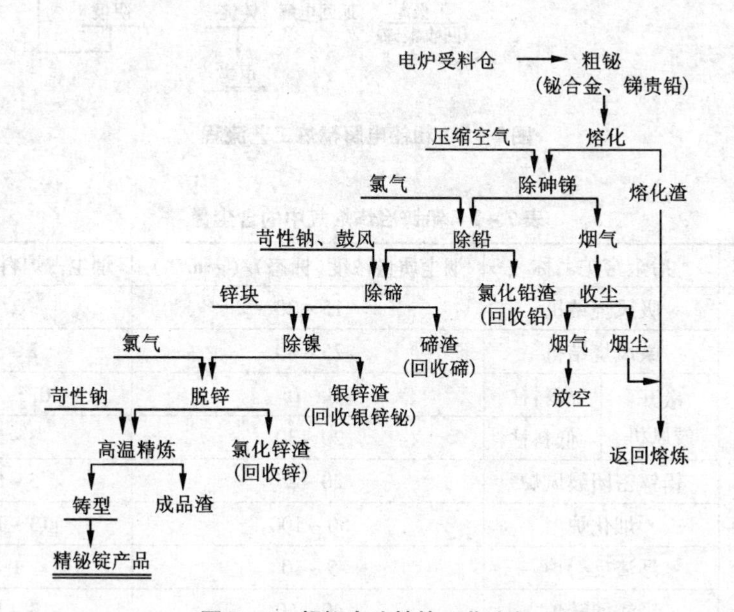


图7－6　粗铋火法精炼工艺流程

2）主要废气来源及污染物种类。铅锌冶炼烟气主要来源于精矿干燥、烧结、焙烧、熔炼和火法精炼作业过程，所产生的烟气量大小取决于冶金窑炉和冶炼过程的不同。铅锌冶炼烟气中的含尘量见表7－2，铅锌冶炼烟气中的$SO_x$体积分数见表7－3。

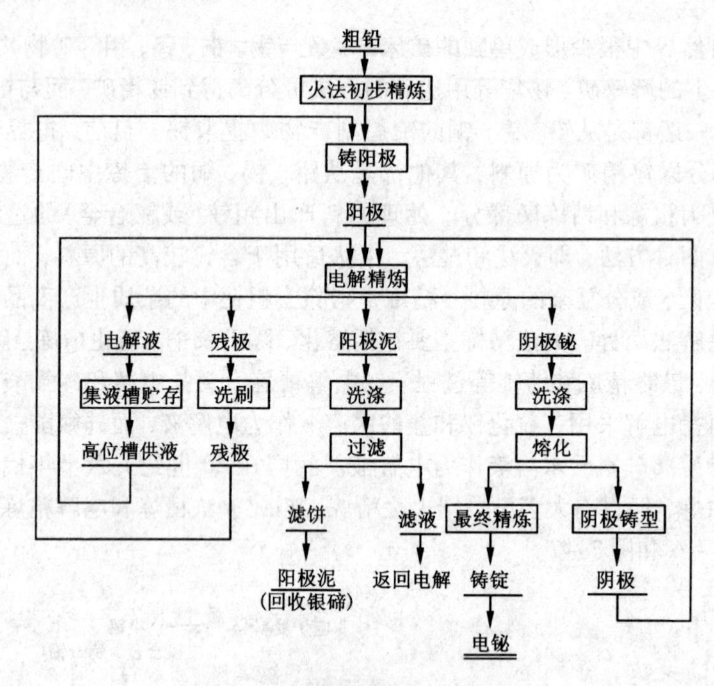


图 7-7　粗铋电解精炼工艺流程

表 7-2　铅锌冶炼烟气中的含尘量

| 冶炼过程 | 冶金窑炉名称 | | 烟尘质量浓度(标态)/($g·m^{-3}$) | 烟尘占炉料比例/% |
|---|---|---|---|---|
| 铅冶炼 | 吸风烧结机 | | 15~20 | 2 |
| | 鼓风烧结机 | | 25~40 | 2~3 |
| | 敞开鼓风机 | 高料柱 | 8~15 | 0.5~2 |
| | | 低料柱 | 20~30 | 3~5 |
| | 铅锌密闭鼓风炉 | | 20~25 | 5~6 |
| | 烟化炉 | | 50~100 | 13~17 |
| | 浮渣反射炉 | | 5~10 | 1 |
| | 铅渣回转炉 | | 40~60 | 13~15 |
| 锌冶炼 | 圆筒干燥机 | | 20~30 | 0.4~1 |
| | 氧化沸腾焙烧炉 | | 110~130 | 18~25 |
| | 酸化沸腾焙烧炉 | | 200~300 | 40~50 |
| | 浸出渣回转窑 | | 50~100 | 25 |
| | 焦结矿 | | 8~12 | 1.5~1.6 |
| | 蒸馏炉 | | 50~60 | 2 |

表7-3　铅锌冶炼烟气中的$SO_x$体积分数

| 冶炼过程 | 冶金窑炉名称 | 烟气中$SO_x$体积分数/% |
|---|---|---|
| 铅冶炼 | 吸风烧结机 | $SO_2$　0.5~1 |
| | 鼓风烧结机 | $SO_2$　3~7 |
| | 烧结矿熔炼 | $SO_2$　<0.5 |
| | 氯化矿熔炼 | $SO_2$　<0.2 |
| | 密闭鼓风机 | $SO_2$　<0.2 |
| | 浮渣反射炉 | $SO_2$　<1 |
| 锌冶炼 | 氧化沸腾焙烧炉 | $SO_2$　>10；$SO_3$　0.1~0.3 |
| | 酸化沸腾焙烧炉 | $SO_2$　8~9 |
| | 浸出渣回转窑 | $SO_2$　<1 |

**3.锡、锑、汞冶炼过程**

1)概述。目前，我国炼锡厂大多采用“锡精矿还原熔炼-粗锡火法精炼-焊锡电解或真空蒸馏-锡炉烟化处理”的工艺流程，还原熔炼设备主要有澳斯麦特炉、反射炉和电炉等。由于近年来锡精矿品位逐年下降，有害杂质的含量明显升高，各炼锡厂均重视锡精矿的炼前处理，以提高入炉精矿的品位和质量。我国锡冶炼技术在很多方面居于世界先进水平。例如“云锡氯化法”，即高温氯化焙烧工艺，是我国特有的用于处理常规锡冶炼系统难以处理的低品位(Sn约1.5%)和高杂质(尤其是高砷高铁)含锡物料的方法，1985年就通过了国家级鉴定，而在其他国家，该工艺还停留在试验阶段；电热连续结晶机是昆明理工大学和云南锡业公司联合研制开发成功的，目前已出口到巴西、英国、泰国、马来西亚、玻利维亚和荷兰等国，该设备是我国对世界锡冶金事业的杰出贡献，已成为锡火法精炼的标准设备，被誉为20世纪锡冶金工业最重大的发明之一。

现代金属锑的冶金生产方法可分为火法炼锑与湿法炼锑两大类。火法炼锑主要是挥发焙烧(挥发熔炼)-还原熔炼法，即先生产三氧化锑，再进行还原熔炼生产粗锑，此外还有铁沉淀熔炼直接生产粗锑。湿法炼锑主要分为碱性浸出炼锑和酸性浸出炼锑两种方法。在锑冶炼过程中，主要采用火法炼锑，在冶炼过程中排出大量废气，烟尘是主要的污染源之一，具有产生量大、成分复杂、不同工段排出的烟尘化学成分不同等特点。

汞冶炼有火法和湿法两种。火法是在450~800℃的温度下，将汞矿石或精矿进行焙烧后直接将汞还原成气态分离出来，然后冷凝成液态汞。该方法是目前国内外炼汞的主要方法，具有工序简单、技术经济指标较高等特点。湿法是指利用硫化钠或次氯酸盐溶液浸出汞精矿，浸出液净化后用电解或置换等方法获得金属汞。该方法能减少汞的污染，但流程复杂，技术经济指标较低，因而未被广泛采用。目前我国汞冶炼多采用浮选精矿—蒸馏炉工艺，具体工艺流程如图7-8所示。

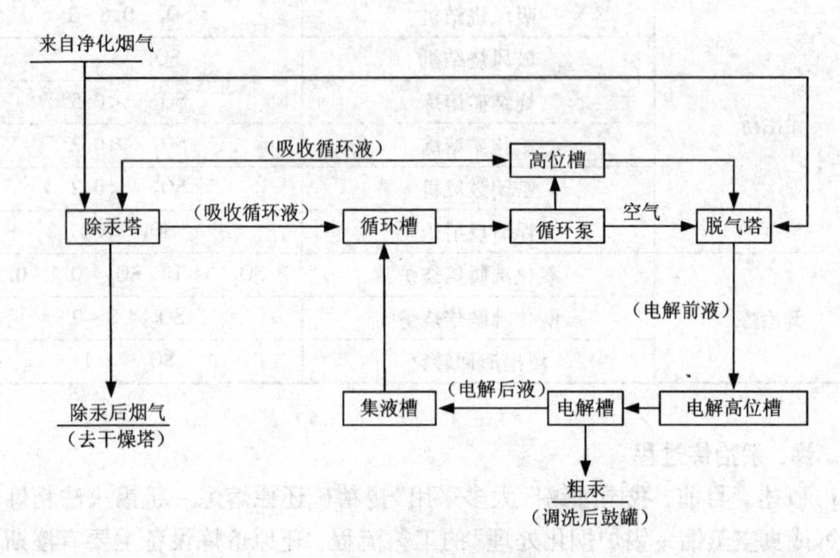


图7-8　汞生产工艺流程

2)主要废气来源和污染物种类。在锡精矿的焙烧和还原熔炼、粗锡火法精炼和熔析及析渣的焙烧、富渣和矿的烟化炉硫化挥发、粉煤制备、电热回转窑处理高砷烟尘回收白砷等过程中，都会不同程度地产生含有毒物质的烟尘和气体，特别是澳斯麦特炉和烟化炉产生的烟气量最大。炼锡厂澳斯麦特炉和烟化炉的烟气和烟尘除具有烟气量大、含尘率高、烟尘粒度细并多为凝聚性烟尘(由气体凝聚而成)等特点外，还具有烟气量波动较大、烟气温度高及烟气中的烟尘属中等导电性，对提高电除尘的收尘效率不利的特点，因此必须在电除尘器之前配置淋洗塔，可起到对烟气增湿、降温和湿式除尘的作用。

## 7.1.2　污染控制技术

### 1. 铜、镍、钴冶炼过程

在铜、镍、钴生产过程中产生了大量的有害废气，废气来源及其污染物种类随具体生产过程而异，因此需要采取不同的污染控制技术。

1)冷稀酸洗涤净化工艺。工艺流程见图7-9。该净化工艺采用10%~20%及30%~40%稀硫酸将烟气中的砷、氟等污染物除去，然后将烟气的酸雾去除后进入干式转化，用$V_2O_5$作催化剂将$SO_2$氧化成$SO_3$，生成浓度为93%和98%的浓硫酸，废酸处理后达标排放。转化、吸收工艺，可采用一转一吸和二转二吸工艺，其中一转一吸工艺吸收尾气中 $SO_2$体积分数达不到排放标准，需将尾气再进行处理，而二转二吸工艺吸收尾气中 $SO_2$体积分数可达到国家标准，可直接排放。

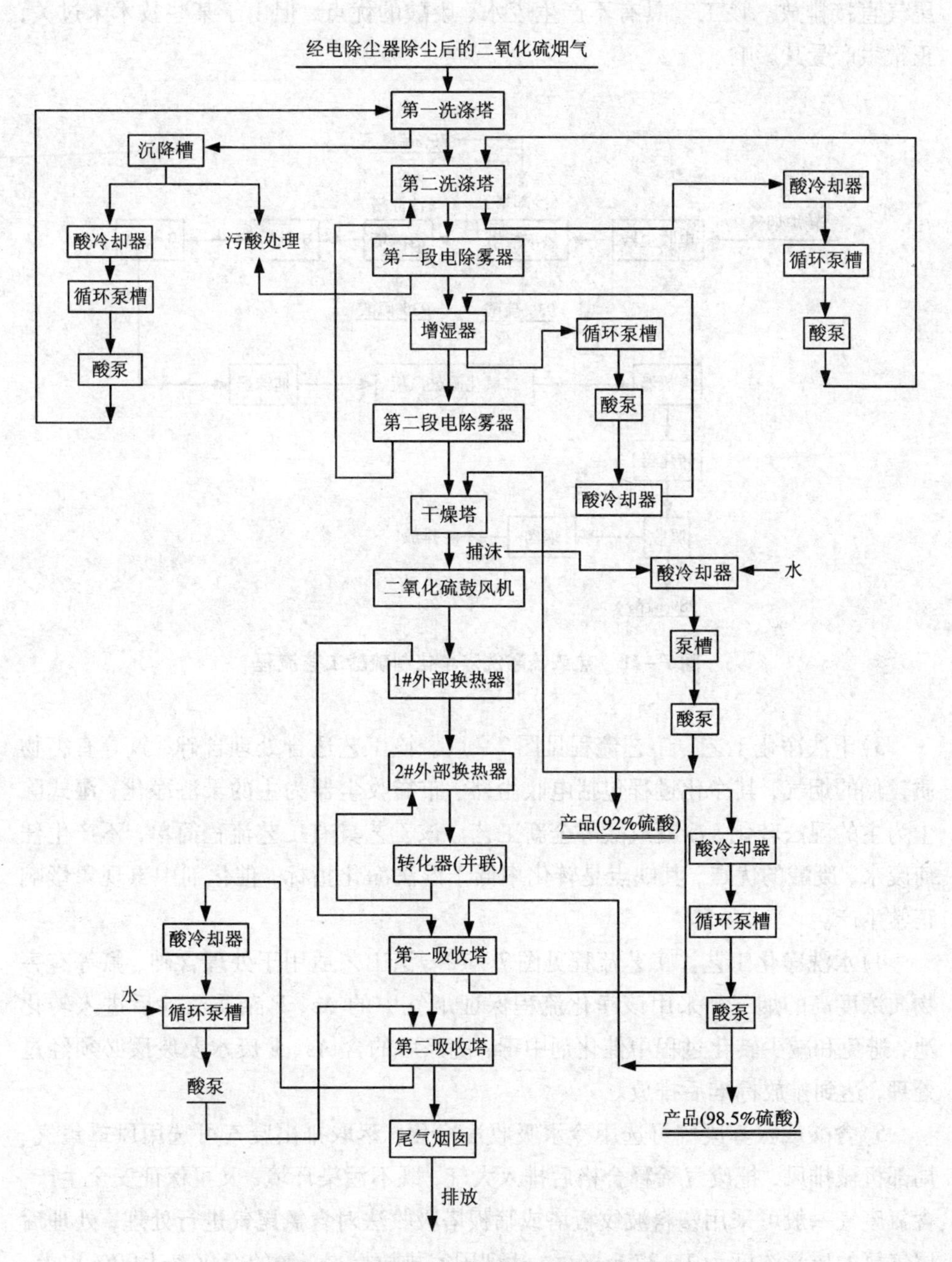


图 7－9　冷酸洗涤冶炼烟气制酸工艺流程

2)热浓硫酸洗涤净化工艺。工艺流程见图7-10。该净化工艺是采用一转一吸工序，用76%的热浓硫酸进行洗涤净化，产品为93%和98%的硫酸，吸收后的尾气直接排放。该工艺具有不产生废水、废酸的优点，但由于某些技术未过关，正常生产受其影响。

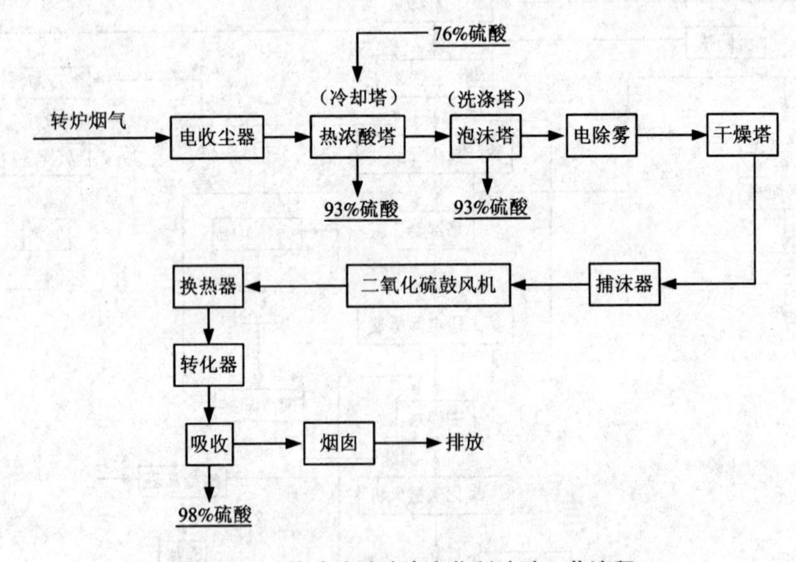


图7-10 热浓硫酸洗涤净化制硫酸工艺流程

3)干法净化工艺。工艺流程见图7-11。该工艺适合处理含砷、氟等有害物质较低的烟气，其净化过程包括电收尘器、布袋收尘器为主的干法净化，湿式除尘为主的湿法转化，冷凝成酸等全新工艺。该工艺具有工艺流程简单，不产生任何废水、废酸的优点，其缺点是转化率低于湿法净化指标，催化剂中毒现象影响正常生产。

4)水洗净化工艺。工艺流程见图7-12。该工艺适用于处理含砷、氟等有害物质浓度高的烟气。采用该净化流程保证烟气中的As、F杂质清除后进入转化池，避免和减少转化过程中催化剂中毒，洗涤后的含As、F废水及废酸必须经过处理，达到排放标准后排放。

5)含酸或氨雾废气可选用冷水吸收法净化；萃取排出废气可选用风罩集气、局部机械排风，把废气稀释合格后排入大气，既不污染环境，又可保证安全生产；含氯废气一般可采用塑料波纹板塔或筛板塔吸收法对含氯尾气进行处理，处理后尾气氯的质量浓度为2~37 $mg/m^3$，达到国家排放标准，氯的净化率达99%以上。

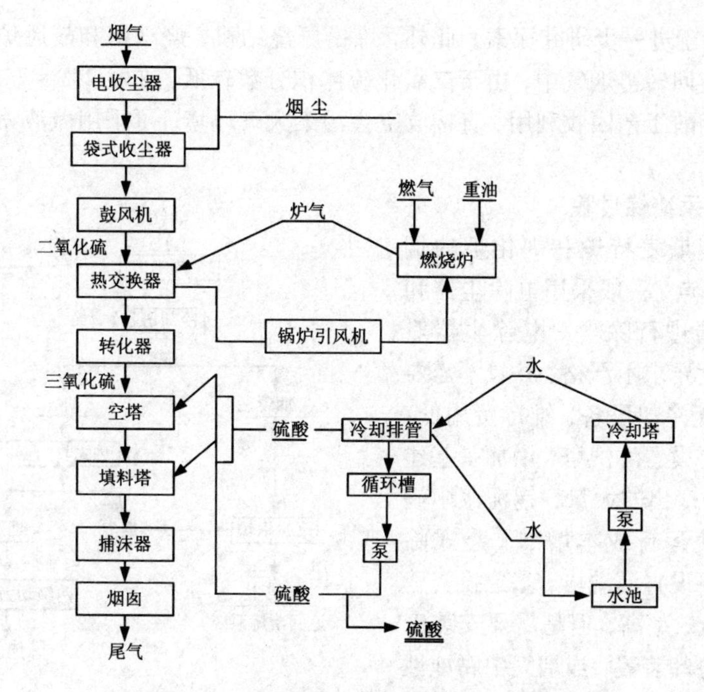


图7-11　干法净化冶炼烟气制酸工艺流程

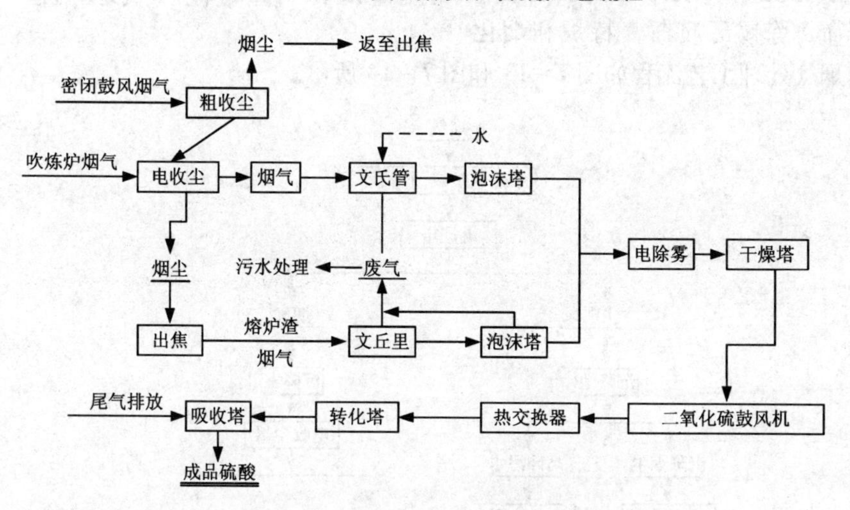


图7-12　水洗净化烟气制酸工艺流程

## 2. 铅、锌、铋冶炼过程

铅、锌冶炼烟气的治理技术与铜、镍、钴冶炼烟气治理技术大致相同。但主要问题是铅烧结机烟尘电阻率大，且烟气中含有一定的 $SO_2$ 及水分，如用滤袋进行除尘，会发生腐蚀，并且劳动条件差。改用电除尘器后，除尘效率不高且不稳定，还有待于进一步研究探索。此外，炼铅厂烧结机、烧结锅和鼓风炉烟气及炼锌厂浸出渣回转窑烟气中，由于二氧化硫体积分数较低，在0.2%～2%之间，很难用常规制酸工艺回收利用，直接放空会污染大气环境，可采用碱液喷淋吸收法进行处理。

**3. 锡、锑、汞冶炼过程**

针对澳斯麦特炉和烟化炉的烟气、烟尘特点，一般采用电除尘器和袋式除尘器进行除尘。电除尘器对烟气的温度要求不严格，并且不需要庞大的烟气冷却设备，维持费用低，但由于需要设置淋洗塔，增加了基建费用，另外产出的大量含锡泥浆中锡的回收也使运行成本增加。袋式除尘器不需要设置淋洗塔，基建投资费用低，除尘效率高，但是需要安装庞大的烟气冷却装置，当烟气中腐蚀性气体浓度较高时，还会缩短滤袋的使用寿命。炼锡厂澳斯麦特炉和烟化炉的烟气处理工艺流程如图7－13和图7－14所示。

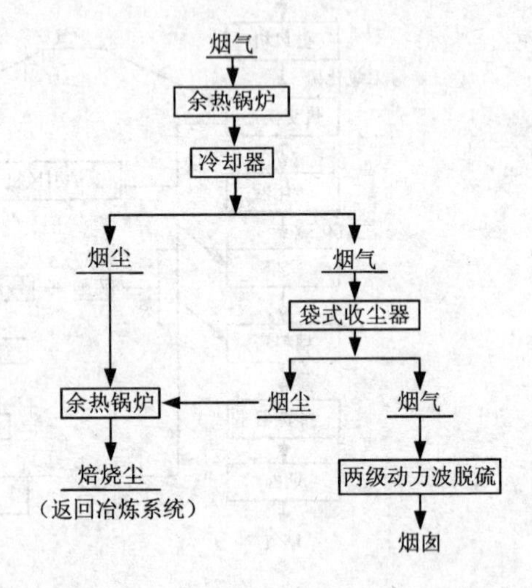


**图7－13　澳斯麦特炉烟气处理流程**

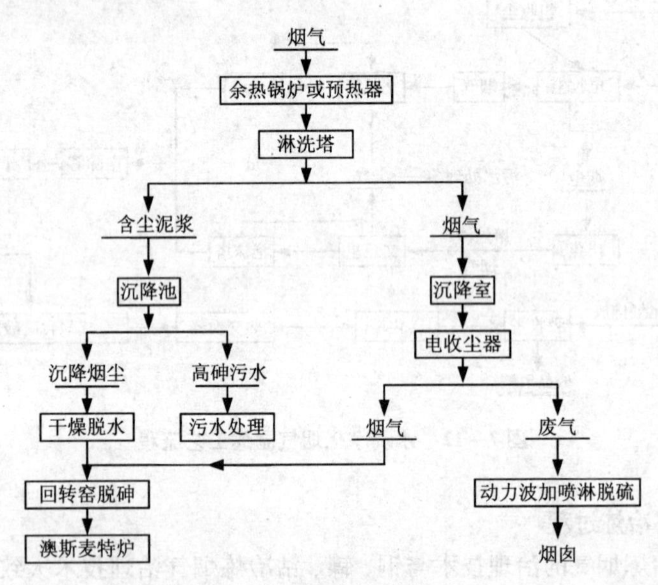


**图7－14　烟化炉烟气处理流程**

在锑汞冶炼过程中排出的烟气，经除尘后仍含有大量的 $SO_2$ 气体，而且不同工序排出的烟气中 $SO_2$ 浓度相差很大。沸腾炉烟气中含 $SO_2$ 最高，达到3% ~6%，鼓风炉熔炼烟气中 $SO_2$ 体积分数为 3% ~5%，烧结烟气含 $SO_2$ 很低，反射炉吹炼和还原熔炼烟气几乎不含 $SO_2$。含 $SO_2$ 烟气处理方法很多，当烟气中 $SO_2$ 体积分数达到 3.5% 以上且烟气量大时，用于制取硫酸是较为经济有效的。对于 $SO_2$ 体积分数低于 3.5% 的低浓度烟气，可生产其他含硫工业产品，但一般重点考虑净化后达标排放。

## 7.1.3　案例

### 1. 某铅锌冶炼厂除汞工艺改造实践

1) 概况。某铅锌冶炼厂硫酸车间硫酸产量 20 万 t/a，由于精矿含汞量高，故采用碘化钾除汞工艺。烟气中的汞由末级电除雾器和干燥塔之间的除汞塔完成汞的脱除。含汞烟气进入除汞塔后，与塔内喷洒的碘化钾溶液接触，汞与循环液中的碘反应生成碘汞配合物，从而将烟气中的汞除掉。但由于精矿成分中含汞量波动很大，平均含汞量达 300 g/t，最高达到 1500 g/t，超过原设计的几十倍，烟气中的汞还没有进入碘化钾除汞塔就在净化设备中冷凝下来，造成间冷器、电除雾器及管道内有大量的冷凝汞析出，并且车间内汞含量严重超标，环境污染严重并危及生产人员的健康。碘化钾除汞工艺，没有达到预期的效果，需要进行改造。

2) 工艺流程。为消除汞对设备和环境的污染，降低成品酸中的汞含量，采用瑞典玻利登公司的硫化 - 氯化法除汞技术分两次将烟气中的汞脱除。其工艺流程见图 7 - 15。

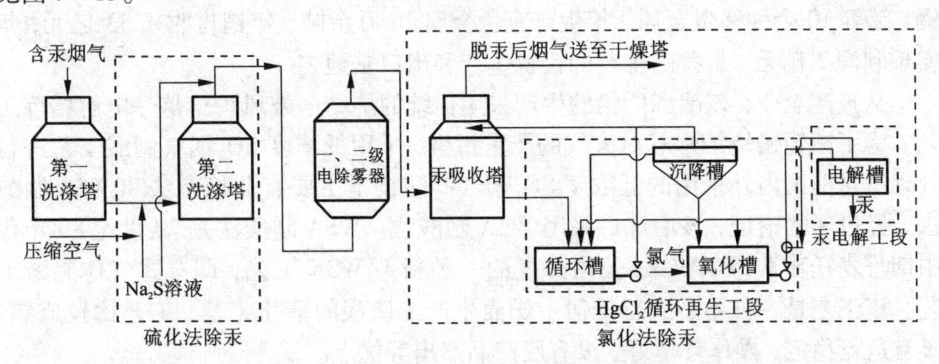


**图 7 - 15　玻利登 - 诺金克除汞工艺流程**

(1) 净化工段烟气除汞。净化工段采用硫化法，在原有净化系统第一洗涤塔出口烟道处增设喷嘴，用硫化钠溶液喷洗烟气，使烟气中的部分汞与硫化钠溶液反应生成硫化汞，再被洗涤酸带出系统。经硫化处理后的烟气中汞的含量降至

30 ~ 35 mg/m³。由于汞蒸气分压低于净化系统出口时的饱和蒸气压，在净化过程中没有冷凝汞，消除了汞对环境的污染。除汞过程中生成的不溶性硫化汞含量较高，可作为汞生产的原料出售，而滤液中汞含量低于5 mg/m³，配套的污酸、污水处理设施可直接处理。

(2)烟气最终除汞。烟气经硫化法初步处理后，仍有汞蒸气进入干吸、转化系统，致使成品酸污染。为保证成品酸中汞含量达到国家标准或更低，采用氯化法进行第二次除汞。在汞吸收塔顶部喷淋 $HgCl_2$溶液，逆流洗涤烟气，在 30 ~ 40℃的条件下使汞氧化生成 $Hg_2Cl_2$沉淀，生成的 $Hg_2Cl_2$沉淀不再具有吸收汞的作用。为使溶液循环使用，在出塔液中通入 $Cl_2$，使 $Hg_2Cl_2$氧化重新生成 $HgCl_2$。循环液中的 $HgCl_2$与 $Hg_2Cl_2$应符合一定的比例关系。理论上认为，从系统中引出的 $HgCl_2$和 $Hg_2Cl_2$循环液中汞的含量，需与除下来的汞量相当才能维持工艺正常运行。因此，当烟气中汞含量过低，而排出液带出的汞过多时，需向排出液中加入适量的锌粉，将 $Hg_2Cl_2$还原成 $HgCl_2$并生成沉淀，降低排出液中汞的含量，而沉淀下来的 $Hg_2Cl_2$返回系统。分离出来的 $Hg_2Cl_2$氯化成 $HgCl_2$后送到电解槽进行电解，可得到纯度99.99%的产品汞。

3)运行效果。含汞烟气经硫化法处理后，第一洗涤塔出口处汞含量由原来的 60 ~ 100 mg/m³降至 30 ~ 35 mg/m³，达到了预期效果，解决了冷凝汞析出和环境污染问题；进吸收塔的烟气中汞含量为 30 ~ 35 mg/m³时，出塔烟气中汞含量仅为 0.05 ~ 0.1 mg/m³，使得成品酸中汞含量不大于 $1 \times 10^{-6}$。

**2. 湖南某铅锌冶炼厂低浓度 $SO_2$制酸工艺实例**

1)概况。该冶炼厂主要生产铅、锌系列产品，并综合回收铜、金、银、铟、镉、铋等10余种稀贵金属，年生产有色金属36万余吨，年销售收入33亿元，年实现利润2亿元，是我国主要的铅锌生产和出口基地之一。

从投产至今，该冶炼厂铅的生产采用传统的烧结—鼓风炉熔炼—电解精炼工艺。为了减轻铅烧结烟气对大气的严重污染，采用低浓度 $SO_2$烟气制酸工艺进行处理。目前国内外采用的低浓度 $SO_2$烟气制酸技术主要有非稳态法和 WSA 制酸法。经过考察论证，该冶炼厂采用 WSA 制酸法。WSA 制酸法是20世纪80年代中期丹麦托普索(TOPSOE)公司开发的一种新型 WSA 工艺，即湿式气体制酸工艺。该工艺是一种不必进行任何干燥而生产浓硫酸的催化工艺，工艺比较成熟，具有运行稳定、操作环境好、没有废产品产出等优点。

2)烟气条件。铅冶炼焙烧工段与6#沸腾炉的混合烟气化学成分见表7-4。

**表7-4 烟气主要成分**

| 成分 | $SO_2$ | $SO_3$ | $O_2$ | $CO_2$ | $N_2$ | $H_2O$ | 其他 |
|---|---|---|---|---|---|---|---|
| 含量/% | 4.2 | 0.184 | 0.14 | 1.93 | 2.18 | 12.82 | 78.546 |

3)工艺流程。低浓度 $SO_2$ 制酸工艺流程见图7-16。

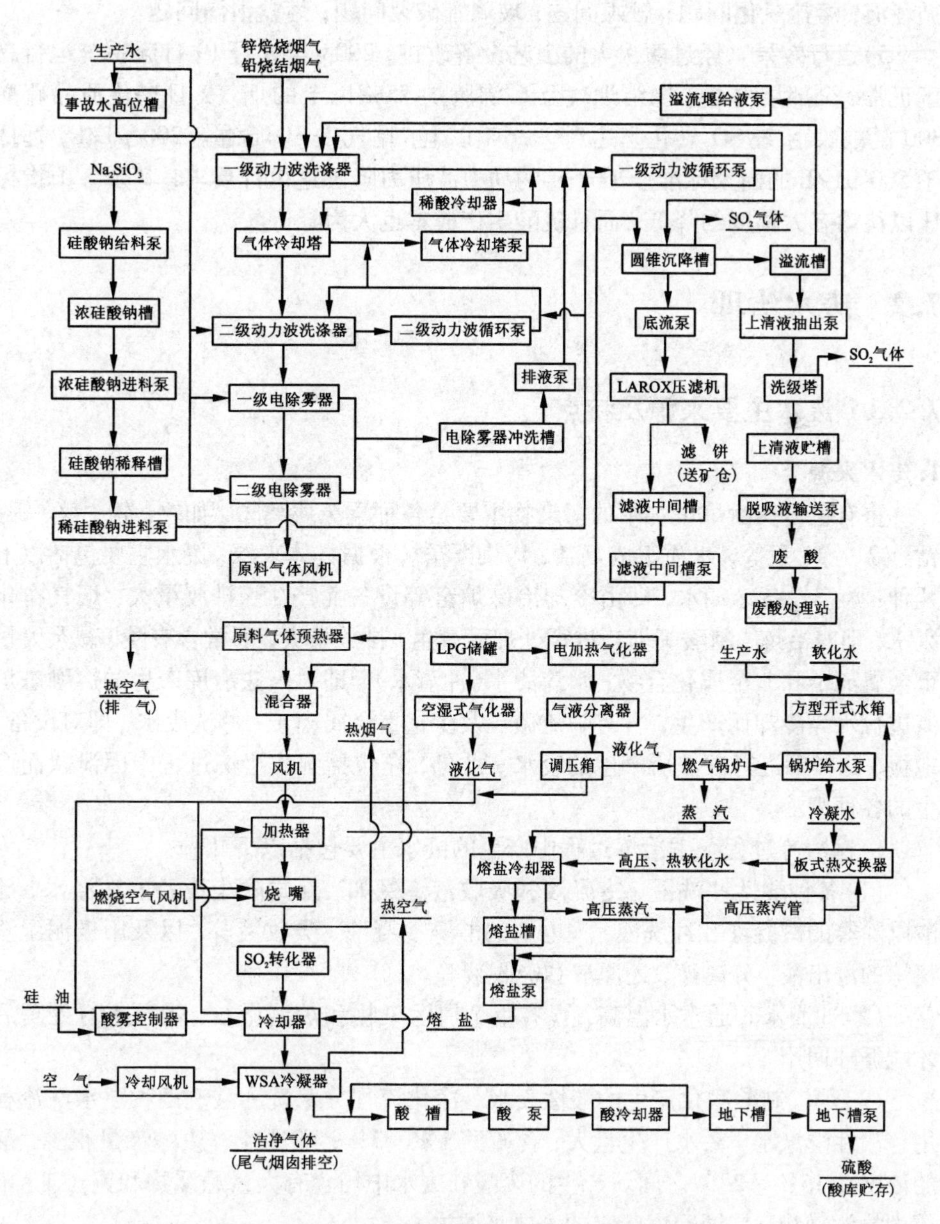


**图7-16 动力波—电除雾气体净化系统工艺流程**

4)技术改造。针对试生产期间出现的各种问题，主要改造项目有：改造圆锥沉降槽；优化电除雾操作；优化动力波参数；优化气体填料塔；6#炉烟气旁路设一级动力波，实现锌烟气可以同时进动力波洗涤系统，并增设空塔；改造泵及优化循环液；熔盐氧化问题；触媒问题；玻璃管破裂问题；熔盐泄漏问题。

5）运行效果。经过两次大的工艺设备改进，2003 年 3 月 19 日起系统运行趋于正常，全部接收了铅烧结烟气及 6#沸腾炉 75% 以上的烟气，日产优质品硫酸 300 t 左右，系统 $SO_2$转化率达到 99.6% 以上，尾气中 $SO_2$含量 <200 μL/L，远低于 500 μL/L 的国家标准。2003 年的动力波压力降已达设计要求，其余各项指标比以往均有大幅度的降低，而且硫酸生产成本也大为降低。

## 7.2 废水治理

### 7.2.1 废水主要来源及特点

**1. 废水来源**

重有色金属冶炼废水中的污染物主要是各种重金属离子，如铜、铅、锌、镍、钴、锡、锑、汞等，水质组成复杂、污染严重。根据具体来源，废水主要包括以下几种：炉窑设备冷却水，即由冷却冶炼炉窑等设备而产生，排放量大；烟气净化废水，即对冶炼、制酸等烟气进行处理而产生，排放量大，通常含有酸、碱及大量重金属离子和非金属化合物；水淬渣水（冲渣水），即对火法冶炼产生的熔融态炉渣进行水淬冷却而产生，含有炉渣微粒及少量重金属离子；冲洗废水，即对设备、地板、滤料等进行冲洗所产生的废水。此外，还包括湿法冶炼过程中因泄漏而产生的各种废液。

1）铜冶炼过程。铜冶炼过程中产生的废水主要包括以下几种：

（1）各种酸性冲洗液、冷凝液和吸收液。例如，湿式除尘设备的洗涤水，硫酸电除雾的冷凝液和冲洗液，铜电解的酸雾冷凝液、吸收液等，以及阳极泥湿法精炼的浸出液、分离液、还原液和吸收液等。

（2）冲渣水。通常水温高，含有重金属污染物和炉渣微粒，需要进行处理后才能循环回用。

（3）烟气制酸净化产生的酸性废水。净化流程分水洗和酸洗两种。水洗流程用一次性洗涤水，污水产生量大，含硫酸 1% ~2%；酸洗流程废酸产量很少，酸的浓度在 15% ~25% 之间。产生的废酸和废水中均含有大量悬浮物和铜、砷、氟等大量污染物，是铜冶炼废水的主要来源之一。

（4）车间清洗排水。电解车间清洗极板排水，跑、冒、滴、漏电解液及地面冲洗水，含有重金属及酸。

（5）场面冲洗水。火法冶炼区域因烟尘、含铜物料无组织飞扬在地面的降尘，烟气制酸及铜湿法精炼区域的跑、冒、滴、漏等，由于地面冲洗或雨水形成酸性离子废水。

2）铅冶炼过程。铅冶炼过程中产生的废水主要包括以下几种：

（1）冷却水。此类废水只受热污染，主要包括鼓风炉水套冷却水等生产设备和附属设备的冷却水。

（2）冲渣水。在水淬炉渣时，炉渣细粒、粉尘呈悬浮物进入水中，使冲渣水受到污染，此外还含有炉渣中的其他污染物。

（3）烟气净化废水。此类废水包含可溶性污染物与悬浮物，来源于铅烧结车间排放的废气经各种净化设备净化除尘后排放的废水，其中湿式除尘设备排放的烟气净化用水直接与烟尘接触，污染严重。

3）锌冶炼过程。锌的冶炼方法有火法与湿法两种，不同冶炼技术的废水来源也不同。

（1）火法冶炼废水主要来源于烟气净化废水。锌精矿在焙烧过程中铁、铜、镉、砷、锑等硫化物被氧化成氧化铁、氧化铜、氧化镉、三氧化二砷、二氧化二锑等的微尘气体，在经过除尘设备后用水洗涤降温，废气用来制酸，洗涤制酸过程中产生的大量废水。

（2）湿法冶炼废水主要来源于冲洗水。锌精矿经焙烧后，在浸出、净化、电解过程中，以及清洗压滤机滤布，冲洗操作现场均有含重金属的废水产生。特别是浸出液、净化液、废电解液等的跑、冒、滴、漏，产生含大量重金属的酸性废水。

4）其他重有色金属冶炼过程。其他重有色金属，如镍、钴、锡、锑等的冶炼方法与铜、铅、锌的冶炼方法相似，废水来源及污染物种类相差不大，这里不再一一赘述。

**2. 废水特点**

1）大量废水多为冷却水，经冷却后可循环使用，通常只有少量冷却系统的排污水外排。

2）火法冶炼一般都有冲渣水，这部分水悬浮物含量较大，并含有少量的重金属离子。冲渣用水对水质要求不高，通常经过沉淀后即可循环使用。

3）烟气洗涤、湿式除尘及冲洗地面、洗布袋、洗设备等废水，水质多呈酸性，不仅含有硫酸，还含有多种重金属离子和砷、氟等有害元素，此类废水不能直接排放。经过适当处理，不仅可以使废水达到排放标准，处理后的废水可以部分回用，还可以从废水中回收有价金属或进行综合利用。

4）有色金属矿物常伴有砷、氟、镉等有害元素，烟气洗涤、湿式除尘的废水水质常随原矿成分的不同而不同。在重有色金属冶炼过程中，砷污染往往比较严重。

### 7.2.2 治理技术

除有机污染物外，重有色金属冶炼废水中常存在多种重金属离子，通常的处理方法包括中和法、化学沉淀法、电解法、反渗透法、吸附法、离子交换法、氧化还原法、铁氧体法、膜分离法及生化法等。这些方法可根据水质和水量单独或组合使用。

**1. 中和法**

中和法是向含重有色金属离子的废水中投加中和剂，如石灰、石灰石、碳酸钠等，金属离子与氢氧根发生反应，生成难溶的金属氢氧化物沉淀，再加以分离除去。中和剂以石灰或石灰石在实际应用中最为普遍。沉淀工艺有一次沉淀和分步沉淀两种方式。一次沉淀就是一次投加中和剂，达到较高的 pH，使废水中的各种金属离子均以氢氧化物沉淀析出；分步沉淀就是分段投加中和剂，利用不同金属氢氧化物在不同 pH 下沉淀析出的特性，依次沉淀回收各种金属氢氧化物。

中和法处理重有色金属废水具有去除污染物范围广、处理效果好、操作管理方便、处理费用低廉等优点；但其缺点是泥渣量大、含水率高，脱水困难。

**2. 化学沉淀法**

化学沉淀法常用的方法有混凝沉淀法和硫化物沉淀法两种。混凝沉淀法是在重有色金属离子的废水中加入混凝剂，如石灰、铁盐、铝盐等，在 pH 为 8 ~ 10 的弱碱性条件下，形成氢氧化物絮凝体或沉淀物质析出；硫化物沉淀法是利用弱碱性条件下 NaS、MgS 中的 $S^{2-}$ 与某些重有色金属离子之间有较强的亲和力，生成溶度积极小的硫化物沉淀而从溶液中除去。硫加入量要适当，如加入过量不仅会造成硫的二次污染，而且过量的硫可能会与重有色金属离子生成可溶物质而降低处理效果。

1)混凝沉淀法。混凝沉淀法是工业上处理含铜等重有色金属离子酸性废水应用较为广泛的一种方法。其机理主要是向废水中添加混凝剂(一般是石灰)来提高其 pH，使铜等重有色金属离子与石灰生成难溶的氢氧化物沉淀析出，从而降低废水中铜等重有色金属离子的含量而达到排放标准。其处理工艺为：重有色金属离子→沉砂池→混合反应池→沉淀池→净化池→排放。混凝沉淀法能去除废水中大量的铜等重有色金属离子，且方法简单，处理成本低，处理效果好；缺点是处理后水的 pH 及钙硬度较高，有严重的结垢趋势，必须采取一定的措施进行阻垢后才能实现回用。此外，混凝沉淀法可以用来去除废水中的锌，其原理是在含锌废水中投加混凝剂，如石灰、铁盐、铝盐等，将 pH 调整到 8 ~ 10 的弱碱性条件下，对锌离子有絮凝作用，而共沉淀析出。

2)硫化物沉淀法。向废水中投加硫化钠或硫化氢等硫化剂，使金属离子与硫离子反应，生成难溶的金属硫化物沉淀，再分离除去。根据金属硫化物溶度积的大小，其沉淀析出的次序为：$Hg^{2+} > Ag^{+} > As^{3+} > Bi^{3+} > Cu^{2+} > Pb^{2+} > Cd^{2+} > Sn^{2+} > Zn^{2+} > Co^{2+} > Ni^{2+} > Fe^{3+} > Mn^{2+}$，次序靠前的金属硫化物，其溶解度小，处理比较容易。因此，用石灰法处理含汞废水难以达到排放标准时，采用硫化剂处理更为有利。

硫化物沉淀法的优点是通过硫化物沉淀法把溶液中不同金属离子分步沉淀，所得泥渣中金属品位高，便于回收利用。此外，硫化法还具有适应 pH 范围大的优点，甚至可在酸性条件下把许多重金属离子和砷沉淀去除。但硫化钠价格高，处理过程中产生的硫化氢气体易造成二次污染，处理后的水中硫离子含量超过排放标准，还需作进一步处理。另外，生成的细小金属硫化物粒子不易沉降。

**3. 还原法**

向废水中投加还原剂，使金属离子还原为金属或还原成价数较低的金属离子，再加石灰使其成为金属氢氧化物沉淀，从而使废水得到净化，金属得以回收。常用的还原剂有铁屑、铜屑、锌粒和硼氢化钠、醛类、联胺等。采用金属屑作还原剂，常以过滤方式处理废水；采用金属粉或硼氢化钠等作还原剂，常通过混合反应处理废水。

含铬废水主要以六价铬的酸根离子形式存在，一般将其还原为微毒的三价铬后，投加石灰，生成氢氧化铬沉淀分离除去。用还原法处理含铬废水，不论废水量有多大，含铬浓度有多高，都能将铬较好地除去，操作管理也较简单方便，应用较为广泛，但值得注意的是，还原法未能彻底消除铬离子，生成的氢氧化铬沉渣，可能会引起二次污染，沉渣体积也较大，低浓度时投药量大。含铜废水的处理可采用铁屑过滤法，铜离子被还原成为金属铜，沉积于铁屑表面而加以回收。

**4. 电解法**

电解法处理含铬废水的基本原理是：采用铁板作阳极，在电解槽液通入直流电，使其析出亚铁离子，再将六价铬还原成三价铬，亚铁变为三价铁。阴极主要为氢离子放电，析出氢气，废水逐渐由酸性变为碱性。pH 由 4.0～6.5 提高至 7～8。相关的化学反应式如下：

$$Fe - 2e \longrightarrow Fe^{2+}$$

$$Cr_2O_7^{2-} + 6Fe^{2+} + 14H^{+} \longrightarrow 2Cr^{3+} + 6Fe^{3+} + 7H_2O$$

$$CrO_4^{2-} + 3Fe^{2+} + 8H^{+} \longrightarrow Cr^{3+} + 3Fe^{3+} + 4H_2O$$

电解法处理含铬废水的技术指标见表7－5。此法的优点是处理水质稳定，操作工艺简单，同时在设备的设计方面具有较成熟的经验。电解法产生的污泥是当前亟待解决的问题。另外，电解法需要较高的电耗，使处理成本增加。

对于 $Ag^{+}$、$Cu^{2+}$、$Ni^{2+}$ 等其他金属离子可在阴极放电沉积进行回收；或用铝、铁作阳极，用电凝聚法形成浮渣除去。

表 7－5 电解法处理含铬废水的技术指标

| 废水中六价铬的质量浓度/(mg·L$^{-1}$) | 槽电压/V | 电流浓度/(A·L$^{-1}$) | 电流密度/(A·dm$^{-2}$) | 电解时间/min | 食盐投加量/(g·L$^{-1}$) | pH |
|---|---|---|---|---|---|---|
| 25 | 5～6 | 0.4～0.6 | 0.2～0.3 | 20～10 | 0.5～1.0 | 6～5 |
| 50 | 5～6 | 0.4～0.6 | 0.2～0.3 | 25～15 | 0.5～1.0 | 6～5 |
| 75 | 5～6 | 0.4～0.6 | 0.2～0.3 | 30～25 | 0.5～1.0 | 6～5 |
| 100 | 5～6 | 0.4～0.6 | 0.2～0.3 | 35～30 | 0.5～1.0 | 6～5 |
| 125 | 6～8 | 0.6～0.8 | 0.3～0.4 | 35～30 | 1.0～1.5 | 5～4 |
| 150 | 6～8 | 0.6～0.8 | 0.3～0.4 | 40～35 | 1.0～1.5 | 5～4 |
| 175 | 6～8 | 0.6～0.8 | 0.3～0.4 | 45～40 | 1.0～1.5 | 5～4 |
| 200 | 6～8 | 0.6～0.8 | 0.3～0.4 | 50～35 | 1.0～1.5 | 5～4 |

### 5. 离子交换法

离子交换法是将废水通过离子交换树脂，利用树脂对废水中的铬酸根和其他离子的吸附交换作用，达到净化和回收的一种物理化学方法。树脂的种类较多，可处理不同水质的废水。实际生产中，处理含铬废水常采用双阴柱全饱和流程，如图 7－17 所示。这种流程能使离子交换树脂保持较高的交换容量，大大减少氯和硫酸根离子，增大铬酐浓度。

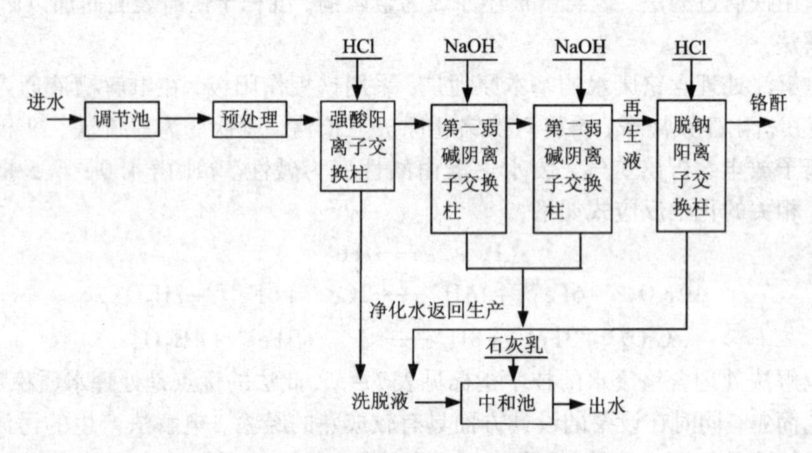


图 7－17 离子交换法处理含铬废水工艺流程

OH 型阴离子交换树脂、铁型和钼型阳离子树脂都可有效地去除废水中的砷离子。例如处理含砷废水时，在直径为 70 mm，高为 1700 mm 的交换柱中填充苯乙烯已胺型强碱性阴离子交换树脂，采用固定床时，树脂的交换容量为砷17.55 mg/mL，吸附流速为10 m/h，出水含砷为0.025 mg/L。树脂再生采用浓度为5%的氢氧化钠溶液，再生效率在95%以上。

**6. 铁氧体法**

铁氧体法实际上是硫酸亚铁法的演变和发展。向废水中添加亚铁盐后再加入氢氧化钠溶液，将pH调整至9～10，加热至60℃～80℃，并吹入空气，进行氧化，即可形成铁氧体晶体并使其他金属离子进入铁氧体晶格中。由于铁氧体晶体密度较大，又具有磁性，因此无论采用沉降过滤法、气浮分离法还是采用磁力分离器，都能获得较好的分离效果。铁氧体法可以除去铜、锌、镍、钴、砷、银、锡、铅、锰、铬、铁等多种金属离子，出水符合排放标准，可直接外排。铁氧体法处理金属离子废水效果见表7-6。

**表7-6　铁氧体法处理重金属离子废水效果**

| 金属离子 | 处理前质量浓度/($mg \cdot L^{-1}$) | 处理后质量浓度/($mg \cdot L^{-1}$) |
|---|---|---|
| 铜 | 9500 | <0.5 |
| 镍 | 20300 | <0.5 |
| 锡 | 4000 | <10 |
| 铅 | 6800 | <0.1 |
| 六价铬 | 2000 | <0.1 |
| 镉 | 1800 | <0.1 |
| 汞 | 3000 | <0.02 |

铁氧体法处理重金属废水具有处理效果好、投资省、设备简单、沉渣量少，且化学性质稳定、不易造成二次污染等优点。但是，上清液中硫酸钠含量较高，如何处理回收，尚需进一步研究，沉渣需加温曝气，运行成本较高。

**7. 吸附法**

吸附剂有无机型和有机型两种，无机吸附剂吸附过程发生的推动力是固体表面分子或原子因受力不均衡而具有剩余的表面活性能，有机型以离子交换树脂为主。

吸附剂的选取是处理过程的关键环节。传统吸附剂有活性炭和磺化煤等，近些年来人们逐渐开发出多种吸附能力较强的吸附材料，包括陶粒、硅藻土、浮石、泥煤、天然海泡石、沸石分子筛等，其中有些材料已经应用到工业生产中。活性炭具有良好的吸附性能及稳定的化学性能，用于水和废水处理已有几十年历史。活性炭是一种多孔结构的物质，它的比表面积很大，一般高达700～1600 $m^2/g$，用于废水处理的活性炭比表面积一般在1000 $m^2/g$左右，对水中的溶质有很强的吸附能力。有资料显示活性炭对钾、钠、钙、镁等金属及其化合物的吸附效果非常小，甚至无效，但对某些金属及其化合物如六价铬、银、汞、铅、镍等却有较强的吸附能力。现在，国外正在研究一些天然的吸附剂，用于处理含铬废水，如玉米棒、花生壳、秸秆等，能有效去除水中的六价铬，而且吸附性能较好，为含铬废水的治理提供了新的思路。

### 7.2.3 案例

**1.湖北某铜冶炼厂废水处理工程实例**

1）水质指标。该冶炼厂以铜精矿为原料，引进加拿大诺兰达炉冶炼技术并以原有反射炉辅助处理诺兰达炉渣。该厂每年产生32万t酸性废水。酸性废水成分复杂，除含有$H_2SO_4$外，还含有Cu、Cd、Pb、Zn等重金属离子以及As、F等离子，其中As、F等物质含量较高。酸性废水的主要水质指标见表7－7。

**表7－7　酸性废水主要水质指标**

| 项目 | $H_2SO_4$ | Cu | Cd | Pb | As | F |
|---|---|---|---|---|---|---|
| 浓度/($mg \cdot L^{-1}$) | 18290 | 17.0 | 8.6 | 7.4 | 987 | 878 |

2）废水处理工艺流程。该厂将厂区生产废水和生活污水混合后，采用预沉—中和—澄清—过滤—两段加药的工艺流程进行处理，具体处理工艺流程见图7－18。

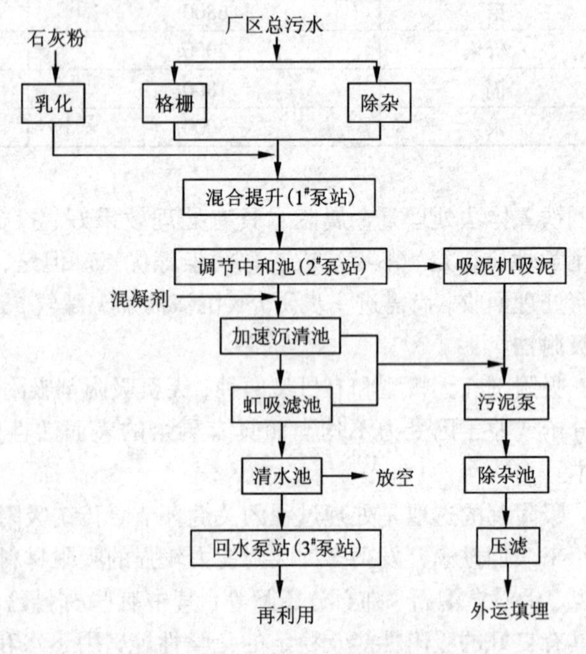

图7－18　污水处理工艺流程

3）运行效果及评价。采用石灰中和法治理冶炼厂的生产废水，整个废水处理过程为封闭循环过程，具有工艺简单、易于操作、设备简单、石灰价廉易得、投资省等特点。处理后的排水符合《污水综合排放标准》(GB 8978－1996)有色金属冶炼及加工行业一级企业排放标准，使冶炼厂投产后一直存在的废水污染问题得到了彻底解决，环境效益显著。废水处理后，回收至厂区作为生产用水，设计回收率可达80%，每年可回收水量$5.27\times10^6$ t，节省水费约300万元，减少排污费30万~40万元。

**2. 浙江某铜冶炼厂废酸处理工程实例**

1）废水水质。该厂是集铜矿采集，粗铜冶炼，铜精炼，黄金、白银、硫酸生产于一体的有色冶炼企业。公司制酸装置采用文丘里洗涤器—空塔—石墨间冷器—两级电除雾器净化——转一吸工艺流程。原设计中，废酸处理系统的废酸量为30.5 $m^3/d$，As为1.48 g/L，从文丘里洗涤器循环槽送入。1997年，铜冶炼系统扩产，废酸产量增加到45 $m^3/d$左右，同时废酸中砷含量增加到13~20 g/L，最高达23.5 g/L。该厂废酸处理系统采用$Na_2S$法，由于在生产实践中采用了合理的操作控制方法，处理后废酸中砷含量一直保持在50~150 mg/L，取得了较好的环境效益和社会效益。废水水质指标见表7-8。

**表7-8　废水水质主要指标**

| 项目 | As | Cu | Zn | Fe | F | $H_2SO_4$ |
|---|---|---|---|---|---|---|
| 浓度/($g\cdot L^{-1}$) | 1.48~20 | 0.24 | 1.25 | 0.10 | 0.57 | 30.55 |

2）废水处理工艺。根据水质特点，该厂废酸处理系统采用$Na_2S$法进行处理。从净化工序产生的含砷废酸废水，经脱吸塔吹脱，除去约90% $SO_2$溶气后，废水流入废酸贮槽，然后用泵送入$Na_2S$反应槽。经过充分的搅拌，使废酸废水与质量分数13.6%的$Na_2S$溶液进行充分的化学反应。反应生成的$As_2S_3$和CuS悬浮在废酸溶液中，由反应槽溢流口经溜槽流入浓密机。经浓密后，浓度为50 g/L的底流由泵打入压滤机。压滤后的滤饼送往仓库堆存，而滤液则返回浓密机与浓密机上清液一起由溜槽排至滤液槽，然后再送往废水处理站经中和-铁盐氧化工艺进一步中和处理。脱吸塔吹出的$SO_2$气体返回净化工序石墨间冷器入口。在废酸处理过程中，凡可能逸出$H_2S$的设备，如$Na_2S$贮槽、$Na_2S$反应槽、浓密机和滤液槽等，均设置导气管，由引风机将$H_2S$气体导入清洗塔，然后用10%的NaOH碱液吸收后排放大气。废酸处理工序的工艺流程如图7-19所示。

3）废酸处理系统主要设备。废酸处理系统主要设备见表7-9。

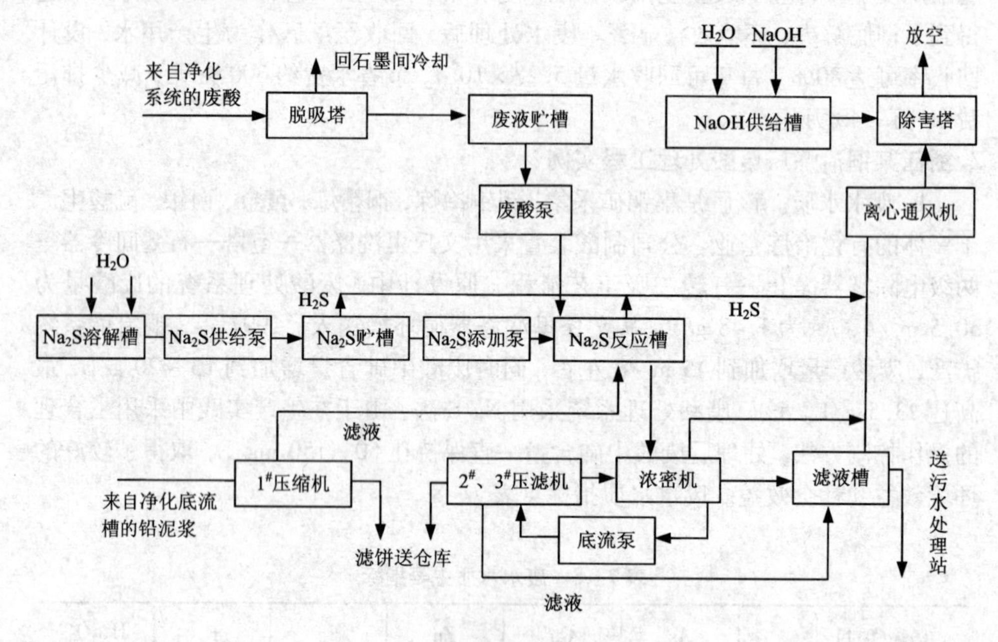


图 7-19　废酸处理系统工艺流程

表 7-9　废酸处理系统主要设备

| 设备名称 | 型号规格 | 数量 |
| --- | --- | --- |
| 耐腐耐磨泵 | 32UHB-ZK-5-20-K | 4 |
|  | 65UHB-ZK-30-32-K | 2 |
| 离心通风机 | Fs-40，$Q=13.7\ m^3/min$，$p=3700$ Pa | 1 |
| 板框压滤机 | XM20/800-UK | 2 |
| $Na_2S$ 反应槽 | $\phi$1800 mm×1400 mm | 2 |
| 浓密机 | $\phi$3000 mm×1850 mm | 2 |
| 除害塔 | $\phi$1000 mm×1000 mm，$\phi$350 mm×1300 mm | 1 |
| NaOH 供给槽 | $\phi$1000 mm×1000 mm | 1 |
| $Na_2S$ 贮槽 | $\phi$1800 mm×1600 mm | 1 |
| $Na_2S$ 溶解槽 | $\phi$1800 mm×1600 mm | 1 |
| 废酸贮槽 | $\phi$5000 mm×3000 mm | 1 |
| 脱吸塔 | $\phi$350 mm×2000 mm | 1 |
| 衬胶离心泵 | 50FJ-40，$Q=15\ m^3/h$，$p=500$ kPa | 1 |

4）运行效果。通过合理调节氧化还原电位给定值，可以达到良好的废酸处理效果，As、Cu沉淀率平均可达到99%以上，即使废酸原液含砷量有较大波动，反应槽出口处的砷含量也能保持在50～150 mg/L。废酸处理运行结果见表7－10，砷滤饼成分见表7－11，$Na_2S$消耗量见表7－12。

表7－10　废酸处理运行数据

| 项目 | As | Cu | Zn | Fe | F | $H_2SO_4$ |
|---|---|---|---|---|---|---|
| 处理前/($g \cdot L^{-1}$) | 1.48～20 | 0.24 | 1.25 | 0.10 | 0.57 | 30.55 |
| 处理后/($g \cdot L^{-1}$) | 0.05～0.15 | 0.0044 | 1.03 | 0.097 | 0.522 | 25.57 |

表7－11　砷滤饼成分

| 项目 | As | S | Sb | 含水率 |
|---|---|---|---|---|
| 含量/% | 39.06（干基） | 40.50（干基） | 2.56（干基） | 50 |

表7－12　$Na_2S$消耗数据

| 年份 | 总耗/($t \cdot a^{-1}$) | 单耗/($kg \cdot t^{-1}$硫酸) |
|---|---|---|
| 1997 | 91.58 | 3.5 |
| 1998 | 101.8 | 4.0 |
| 1999 | 85 | 3.0 |

# 7.3　废渣处理

## 7.3.1　废渣主要来源及特点

重有色金属冶炼废渣是指重有色金属在冶炼过程及其环境保护设施中排出的固体或泥状的废物，具有种类多、数量大、成分复杂等特点。废渣包括湿法渣和火法渣两大类，由于冶炼金属的不同，具体有铜渣、铅渣、锌渣、镍渣、钴渣、锡渣、锑渣、汞渣等。在冶炼过程中，每生产1 t金属大约产生几吨至几十吨不等的炉渣。

**1.铜渣**

冶金行业铜渣主要来自于火法炼铜过程，当前世界上80%的铜是用火法冶金方法获得的，其他铜渣则是炼锌、炼铅过程的副产物。目前，我国粗铜产量每年为52万t左右，产出炉渣约150万t，再加上其他副产废铜渣，数量相当大。这些铜渣对环境有污染，但却含有铜、锌等重金属和Au、Ag等贵金属，利用潜力很大。

由于炼铜原料的产地、成分、组成及冶炼方法不同，铜渣的组成有较大的差别。表7-13为典型铜渣的化学组成。可以看出，铜渣的含铁量很高，还含有不同量的Cu、Pb、Zn、Cd等金属，铜渣中的主要矿物包括硅酸铁、硅酸钙和少量硫化物、金属元素等。可从铜渣中回收金属元素或者提取有价金属进行资源化利用。

表7-13　铜冶炼渣的组成

| 渣的名称 | Fe | Cu | Pb | Zn | Cd | As | S | $SiO_2$ | CaO |
|---|---|---|---|---|---|---|---|---|---|
| 铜鼓风炉渣/% | 25~30 | 0.21 | 0.52 | 3.2 | 0.004 | 0.033 | — | 30~35 | 10~15 |
| 铜反射炉渣/% | 31~36 | 0.40 | — | — | 0.0127 | 0.273 | 1.25 | 38~41 | 6~7 |

**2. 铅渣**

自然界中铅矿含铅仅为1%~9%，一般不是以单一的铅矿存在，而是与锌、铜等共生，此外还常含有金、银、铋、镉、铟等金属。铅矿石一般经过选矿后，得到铅精矿，然后再将铅精矿送往冶炼厂进行处理。常规的炼铅法为焙烧还原熔炼，其工艺流程见图7-4。可以看出，生产工艺主要包括三部分，即铅精矿烧结焙烧、烧结块鼓风炉还原熔炼和粗铅精炼。铅渣主要来源于铅阳极泥、铜转炉烟灰矿渣、锌厂废渣等。

(1)铅阳极泥。铅阳极泥是粗铅在电解精炼过程产出的阳极沉积物。沉积物中除了富集有Au、Ag等贵金属外，还含有大量Pb、Sb等金属，其产率为粗铅的1.2%~1.8%。不同冶炼厂产出的铅阳极泥成分不同，表7-14是某铅冶炼厂产出的铅阳极泥的化学组成。

表7-14　铅阳极泥的化学组成

| 组分 | Au/($g \cdot t^{-1}$) | Ag | As | Bi | Cu | Pb | Sb | Sn | $H_2O$ |
|---|---|---|---|---|---|---|---|---|---|
| 含量/% | 31.08 | 5.60 | 4.93 | 0.27 | 6.8 | 13.59 | 32.14 | 4.8 | 19.83 |

(2)铜转炉烟灰矿渣。铜冶炼厂炼铜转炉静电收集烟尘经稀硫酸浸出提取Zn、Cd、Cu等有价金属后，产生的浸出渣中含有Pb、Bi、As等金属，称为铅铋

渣。铅铋渣一般含 Pb 30% ~40%、As 4% ~5%、Bi 5% ~7%，其中 Pb 主要以 $PbSO_4$的形态存在。

(3)锌厂废渣。湿法生产锌的工艺通常包括硫酸浸出—溶液净化—电解沉积金属三段工艺流程。在浸出过程中与 Zn 伴生的金属 Pb 进入到浸出渣中。表 7 - 15为锌浸出渣的元素分析结果，浸出渣的粒度很细，小于 74 μm 含量超过 95%，含铅物相主要是白铅矿和铅铁矾。

**表 7 - 15　锌浸出渣的化学组成**

| 组分 | Zn | Pb | S | Fe | $SiO_2$ | $Al_2O_3$ | Cu | CaO | MgO | Cd |
|---|---|---|---|---|---|---|---|---|---|---|
| 含量/% | 4.48 | 6.68 | 9.66 | 13.45 | 18.32 | 3.38 | 0.14 | 3.11 | 0.31 | 0.14 |

**3. 锌渣**

在硫化锌精矿的湿法冶金过程中，在不同的处理操作过程中会产生含锌的浸出渣、净化渣、熔锅撇渣等。用稀硫酸浸出硫化物精矿的焙砂时，得到的浸出渣主要由铁、锌的硫酸盐和铁酸锌组成，此外还含有金、银等贵金属及稀散金属锗等。净化渣是在用锌粉净化浸出液的过程中得到的，这种沉淀物中含有净化时过剩的锌粉、元素状态的铜、镉细粒和其他杂质粒子等，是提取铜、镉、铊、铟或其他稀散元素的原料。阳极泥是在电解锌过程中产生的，主要由 $MnO_2$和大量的铅、银组成，还含有其他如锌、钴、镍和镉等杂质。一般在锌浸出车间的中性浸出段，用阳极泥来氧化铁。熔锅撇渣是在熔锅中熔融电积锌金属时，锌氧化而产生的，其中含金属 Zn 18.0%、ZnO 59.6%、ZnS 22.4%，此外还含二氧化硅、氯化物、碳等。

**4. 铬渣**

铬渣是冶金与化工行业在生产金属铬及红矾铬(重铬酸钠)等铬盐过程中排出的固体废物。铬渣因含有大量的钙镁化合物而呈碱性，其组成随原料产地和生产配方不同而有所改变，我国铬盐生产工业多采用纯碱焙烧硫酸法，并添加石灰石、白云石等炉料填充剂，其组成随所用原料产地、工业和生产配方的不同，所产生的铬渣的数量及其组成也有所差异。例如，每生产 1 t 红矾钠将排出 1.7 ~ 3.2 t铬渣，每生产 1 t 金属铬将排出 7 t 铬渣，全国每年排出 10 余万吨铬渣。与国外相比，我国铬盐生产及污染有以下几个特点：厂规模小，布点多，污染范围广；工艺落后，管理不善，设备陈旧老化，加剧了铬盐行业的污染；污染物排放量大，随意排放严重，处理率低。

**5. 砷渣**

含砷废渣主要来源于冶金废渣、含砷废水和废酸的沉渣、电子工业的含砷废物以及电解过程中产生的含砷阳极泥等。冶炼炉渣，尤其是锑冶炼过程中产生的砷碱渣中砷的含量较高、污染较严重。从整个有色冶金系统来看，进入冶炼厂的砷有些直接回收成产品白砷，如从高砷烟灰中直接提取白砷，其他的含砷中间产物最终几乎都进入到含砷废渣中。在碱性精炼中会产生炉渣，这种炉渣含有一定量的砷，水溶液呈碱性，故称之为碱渣。砷碱渣的主要成分有亚锑酸钠($Na_3SbO_3$)、砷酸钠($Na_3AsO_3$)、碳酸钠($Na_2CO_3$)、硫酸钠($Na_2SO_4$)以及耗渣时夹带的少量金属锑等。

**6. 铋渣**

铋渣冶炼有火法和湿法两种。火法由于具有工艺流程长，金属的回收率偏低，生产成本较高，经济效益偏低的缺点，目前铋渣以湿法处理为主，生产过程中总体情况良好，生产运行顺利。铋渣湿法处理工艺流程见图 7－20。

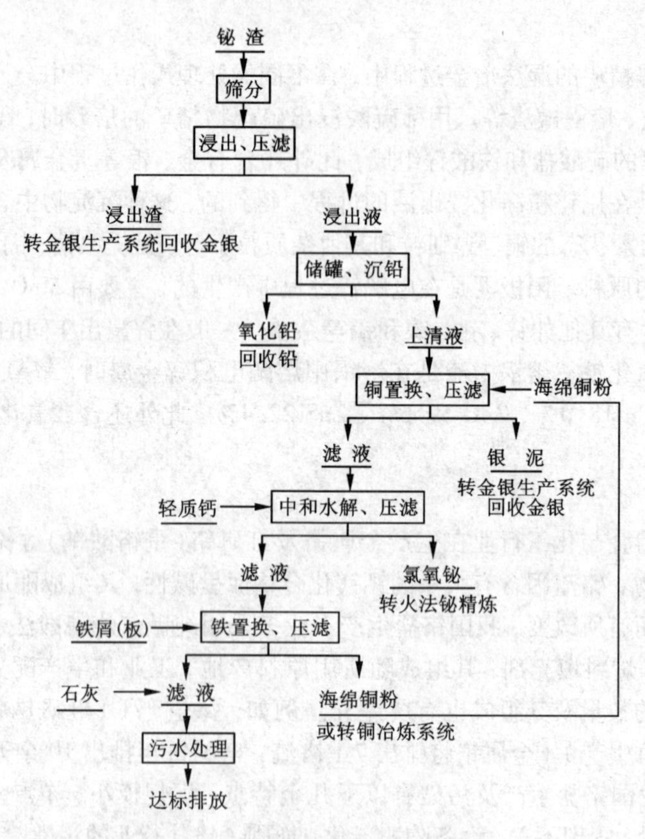


图 7－20　铋渣湿法处理工艺流程

## 7.3.2　处理技术

目前，重有色冶炼固体废渣的处理技术向两个方向发展，首先是资源化利用，从废渣中提取有价金属，或综合利用，做建筑材料；其次是根据渣的性质、种类、组成，经鉴别确定，分清一般固体废渣和有毒固体废渣，分别进行处理或处置。一般固体废渣的处理方法很多，如堆存法、填埋法、焚烧法等；有毒固体废渣的处理，因其形态、性质各不相同，处理方法也千差万别，如安全填埋法、焚烧法、化学法、固化法等。在选择冶金废渣处理技术时，除了要根据废渣的成分、性质及企业的现有设备、附属条件等，同时要考虑基建投资、投资利率、回收金属的价值、能耗、环保、成本、经济效益等综合因素。

**1. 挥发法**

挥发法是根据废渣中某些金属在高温下易于挥发的特点而采用的一种处理方法，该法的优点是工艺流程简单，综合回收较好，经济效益高，但存在能耗高、使用氯化挥发时还存在二次污染及设备腐蚀等问题。

挥发法是处理锌渣的一种常用方法。将锌渣加入回转窑或烟化炉中，在高温、还原的条件下，渣中的氧化锌被还原成金属或低价氧化物而挥发出去，经除尘装置以烟尘的形式回收氧化锌。例如某厂用还原挥发法处理锌浸出渣，原渣中含锌19% ~20%，铅3% ~4.6%，挥发温度在1200℃，焦比45% ~50%，从挥发烟尘中回收氧化锌，锌挥发率达96%，铅挥发率80%，取得了较好效果。用烟化法处理铅锌密闭鼓风炉渣是我国的首创，但要控制渣含锌在4%以上，含锌量低时经济上不合算。此外，还可用挥发法处理铅渣、汞渣等。

**2. 浮选法**

浮选法是先将待处理的废渣破碎、磨细后制成浆，然后在浮选槽中进行浮选。浮选时要通入空气，加入各种浮选药剂，进行机械搅拌，使金属随气泡上浮，浮选产出精矿后剩下尾矿。浮选法处理废渣具有流程短、处理成本低、精矿产品可返回生产系统等特点。

铜转炉渣和闪速炉渣可采用浮选法处理。浮选法用于处理含贵金属的废渣，金、银回收的效果好。某厂锌浸出渣采用浮选法回收银，银回收率95.6%，铅回收率91.24%。某厂采用浮选 - 电解流程处理铜渣，产品为铜粉，铜回收率90%，取得了良好的经济效益。浮选法也是国外普遍使用的处理废渣的方法，如日本闪速炉渣几乎全部用浮选法回收铜。

**3. 熔炼法**

熔炼法处理废渣的过程是先将废渣加入熔炼炉内熔化，再加入还原剂、贫化剂，在高温下熔炼，使渣中金属还原、硫化生成硫化金属后加以回收，一般称之为“还原贫化”法。常用的贫化剂有黄铁矿、硫化钠、各种硫化精矿等。熔炼法工艺过程简单，适于处理含贵金属的铅浮渣，使贵金属富集于铅中加以回收，也能处理铜渣、钴渣、铅渣、镍渣及锑渣等。

熔炼法还可用于处理铬渣，将有毒物质在高温下通过添加剂对 Cr(Ⅵ)还原解毒，主要包括炭还原法、烧结矿法、干式还原法和旋风炉熔烧法等。其中，干式还原法是将铬渣与还原煤粉按比例充分混合后，在温度高达 900℃的条件下密封焙烧，利用该过程中产生的 $CO_2$ 和 $H_2$ 作为还原剂对 Cr(Ⅵ)进行还原解毒，并在密封条件下水淬后形成玻璃体，或投加过量的硫酸亚铁与硫酸混合，以巩固还原效果。经过解毒处理后渣中 Cr(Ⅵ)降至 $8\times10^{-6}$，可进行堆存处置或直接利用；炭还原法是利用炭作还原剂，把有毒的 Cr(Ⅵ)还原成无毒的 $Cr^{3+}$。例如，在 800℃左右的弱氧化环境中，将铬渣和无烟煤粉按一定比例混合，持续一段时间，直至将 Cr(Ⅵ)转化为无毒的 $Cr^{3+}$。

熔炼法是一种传统的炼砷工艺，将高砷废渣通过氧化焙烧制取粗白砷，或者将粗白砷进行还原精炼以制取单质砷。砷渣在 600～800℃时氧化焙烧可使其中 40%～70%的砷得以挥发，加入黄铁矿等氧化剂可挥发 90%～95%的砷，在适度真空中对磨碎砷渣进行焙烧，脱砷率可达 98%。该法处理量大，特别适于含砷量大于 10%的含砷废渣，但具有环境污染较重、投资较大和原料适应范围小等缺点。

**4. 湿法冶金处理**

根据所用溶剂的不同，可将湿法冶金处理废渣分为酸浸法、碱浸法及各种盐溶液浸出法。湿法处理废渣在浸出前一般都要经过焙烧或磨矿等预处理过程，然后进行浸出。根据浸出液的性质选择某种工艺从浸出液中分离金属或金属化合物、配合物，如置换、沉淀、离子交换、萃取、热分解、电化学、电解等方法，采用的工艺不同，回收的产品也不一样，有金属粉、纯金属和各种金属化合物或合金。

湿法处理基本上不排出废气，但排出的废水需要进行处理。用湿法处理含稀贵金属的废渣时，在回收重金属的同时还可回收稀贵金属，所以被越来越多的厂家采用。国内某厂用湿法处理废电池和镀锌渣，将湿法炼锌和电解二氧化锰结合在一起，锌回收率为 95.74%，锰回收率 93.4%。湿法可处理各种冶金废渣，具有适应性强、所用溶剂易于解决，综合回收好等优点，但处理有时流程过长，中间渣需进一步处理，从而增加了处理成本。

**5. 化学处理法**

通过投放化学药剂将有毒的化学物质转化成无毒的形式，或是破坏固体废物中的有害成分的方法称为化学处理法。该方法必须确保化学脱毒步骤后的产物比起始化学物质的危害小且稳定，为废物在运输、焚烧和填埋前作预处理。

配合法和还原法是铬渣化学处理最常用的两种方法。配合法是将铬渣与含有肟、聚合氨基酸、氨基苯氧基、氨基萘氧基等的有机物进行配合反应，将 Cr(Ⅵ)

转变为 $Cr^{3+}$ 后，形成稳定的配合物，使铬渣解毒后再做进一步处理；还原法是利用还原剂，如 $SO_2$、$NaHSO_3$、$Na_2SO_3$、$FeSO_4$、$FeCl_2$ 等药剂来还原六价铬。铬渣湿法还原解毒是利用还原剂或沉淀剂，在水介质中使渣中六价铬转移至水相，然后用还原剂将有毒的六价铬还原为无毒的 $Cr^{3+}$，或者使用沉淀剂使六价铬转变为稳定的水不溶铬酸盐，即完成铬渣治理。例如用碳酸钠溶液进行湿式还原法处理铬渣，化学反应方程式为：

$$8Na_2CrO_4 + 3Na_2S + (8 + 4x)H_2O = 4(CrO_3 \cdot xH_2O) + 3Na_2SO_4 + 16NaOH$$

$$8Na_2CrO_4 + 6Na_2S + (11 + 4x)H_2O = 4(CrO_3 \cdot xH_2O) + 3Na_2SO_4 + 22NaOH$$

$$Na_2S + FeSO_4 = FeS + Na_2SO_4$$

首先用碳酸钠溶液处理经湿磨后的铬渣，使其中的酸溶性铬酸钙与铬铝酸钙转化为水溶性铬酸钠而被浸出，回收铬酸钠产品；再用硫化钠溶液处理余渣，使剩余的六价铬还原为 $Cr^{3+}$，加入硫酸中和，并用硫酸亚铁固定过量的硫。

根据还原剂所处状态的不同可分为气相、液相和固相还原法；根据还原时的铬渣 pH 不同，可在酸性条件下采用 $SO_2$、$NaHSO_3$、$Na_2SO_3$、$FeSO_4$ 作为还原剂，在碱性条件下采用 $Na_2S$、NaHS 等作为还原剂。

### 7.3.3 案例

#### 1. 新疆某冶炼厂铜渣处理工艺实例

1）概况。新疆某冶炼厂采用国际上先进的硫酸选择性浸出－黑镍除钴－不溶阳极电积的湿法精炼新工艺处理水淬高镍锍，生产优质0#和1#电镍。投产以来，选择性浸出所产生的浸出铜渣含铜65%、镍4%、硫22%～24%，以及约10 g/t 的金和少量银、铂、钯等贵金属。为了充分回收铜渣中的铜、镍及贵金属，提高镍金属回收率，生产优质阴极铜，富集并提取贵金属，获得更好的经济效益和社会效益，经过大量的铜渣冶炼工艺试验研究和多方面的收集论证、可行性研究，采用国际上先进的焙烧浸出与电积相结合的生产工艺，1999 年主体工程建设完成，2000 年配套工程运行，并顺利打通了全流程，实现了铜、镍系统的良好衔接。氧化焙烧—浸出—电积工艺成熟简单，铜的浸出率高，渣率低，药剂消耗少，工艺过程有浸出后还原焙烧工序，可充分回收铜渣中的氧化镍，工程总投资费用降低，焙烧所产生的烟气中二氧化硫的浓度可达8%，便于回收制酸。

2）处理规模及产品品种。铜渣处理规模及铜渣成分、产品品种和冶炼回收率分别见表7－16、表7－17 和表7－18。

表 7-16　铜渣处理规模及成分

| 处理规模 | 铜渣成分/% | | | | | | | | | |
|---|---|---|---|---|---|---|---|---|---|---|
| | Cu | Ni | Co | S | Fe | 贵金属/($g·t^{-1}$) | | | | |
| 7500 t/a | | | | | | Au | Ag | Pt | Pd | Se |
| | 62~67 | 3~5 | 0.06 | 23.5 | 1.5 | 5.6 | 339.3 | 3.6 | 3.1 | 420 |

表 7-17　产品品种

| 产品 | 副　产　品 | | | | | | | |
|---|---|---|---|---|---|---|---|---|
| 电铜 | 93%硫酸 | 金属(113 t/a) | | | | | | |
| 4385 t/a | 5251 t/a | Cu | Ni | Co | Au | Ag | Pt | Pd |
| | | 11.86% | 3.98% | 0.06% | 353g/t | 2.14% | 196g/t | 227g/t |

表 7-18　冶炼回收率

| 金属 | Cu | Ni | Co | S |
|---|---|---|---|---|
| 回收率/% | 97.22 | 93.28 | 88.50 | 94.44 |

3)工艺流程。铜渣精炼工艺流程见图 7-21。铜渣进入焙烧炉后，为了使铜渣中的硫化铜、硫化亚铜氧化，铜、镍生成难浸的氧化物和亚铁酸盐，向焙烧炉中鼓入空气进行氧化焙烧脱硫，产生的二氧化硫烟气经过除尘后用稀酸进行洗涤净化，稀酸和酸泥一起进入铜的浸出工序，净化烟气经过干燥、转化、吸收生产工业硫酸，尾气净化后达标排放。

氧化焙烧产物在循环硫酸液的作用下，浸出其中的铜，而镍和铁被留在浸铜后渣中，浸出富铜滤液后进入电积铜的再循环溶液，生产优质的阴极铜，根据其中的杂质含量，取一部分溶液进行蒸发浓缩、结晶分离镍和铁。浸铜后渣在氢还原剂的作用下，有色金属和铁被还原成金属相，如铜-镍及镍-铁合金。在氧化剂的作用下，用分离镍、铁结晶母液中的硫酸浸出其中的铜、镍、铁，浸出液氧化除铁后，注入碱液进行沉积生产碳酸铜和碳酸镍后分别转入铜和镍的生产工艺，而还原浸出渣则是富集了金、银、铂和钯的贵金属渣。

4)操作技术条件。氧化焙烧—浸出—电积工艺处理铜渣的主要操作技术条件见表 7-19。

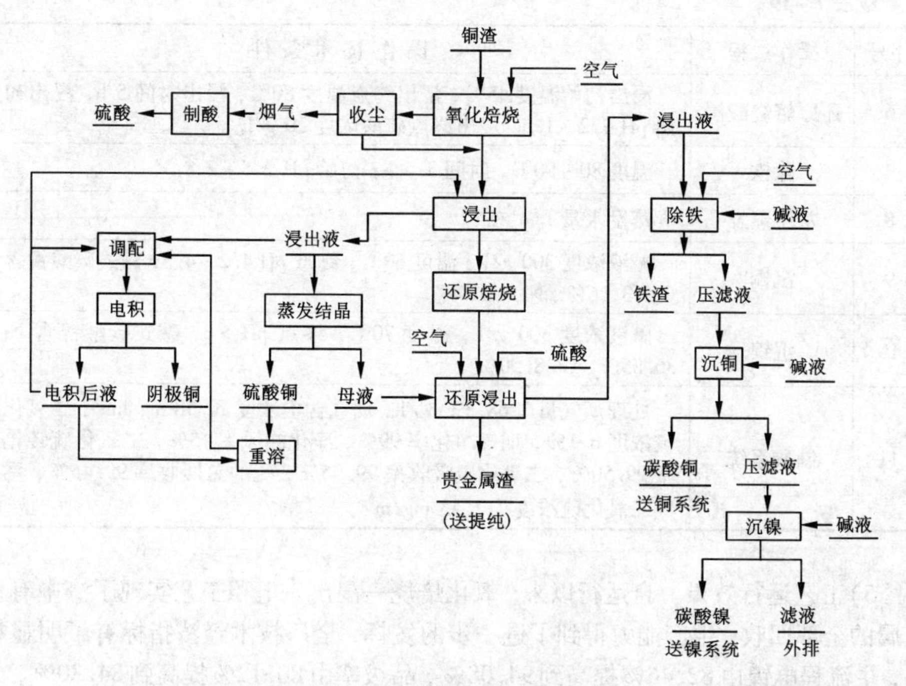


图7-21 铜渣精炼工艺流程

表7-19 铜渣处理工艺过程主要操作技术条件

| 序号 | 操作过程 | 操作技术条件 |
|---|---|---|
| 1 | 氧化焙烧 | 给料量1.0~1.5 t/h，进料粒度<2 mm，沸腾层温度860~880℃，床能力5.1~6.1 t/m²，鼓风强度5.5~6.5 m³/(m²·min)，炉底压力2~3 kPa，炉顶压力0~50 Pa，烟尘率20%，燃料率1.6%~2.1%，脱硫率96.5%，焙砂残硫1%，烟尘残硫5% |
| 2 | 酸浸 | 浸出温度70~75℃，浸出时间2~3 h，终点pH 2.5，渣率9%~10%，铜浸出率98.5%，镍浸出率30%~40%，铁浸出率<2% |
| 3 | 电积 | 新液流量3~4 m³/(台·h)，电流强度12000 A，槽电压2.1 V，阴极电流密度220~230 A/m²，电积温度50℃，电解槽台数44台，同极距100 mm，阳极尺寸840 mm×940 mm，阴极尺寸800 mm×850 mm，阴极周期6 d，铜浓度降4~5 g/L，电流效率94%，电解液成分Cu 45 g/L、Ni 15 g/L、Fe<1.5 g/L、Na 12 g/L、$H_2SO_4$ 110 g/L |
| 4 | 电解液净化 | 蒸发温度95~97℃，真空度90.6 kPa，结晶终点温度25~27℃，结晶时间6 h，重溶温度80℃ |
| 5 | 还原焙烧 | 烘干温度350℃，还原焙烧温度850℃，还原焙烧时间3h，还原介质氢气 |

**续表 7 - 19**

| 序号 | 操作过程 | 操作技术条件 |
|---|---|---|
| 6 | 还原焙烧酸浸 | 浸出初始温度45℃，浸出终点温度80℃，浸出时间5 h，浸出初始 pH 1.2 ~ 1.5，浸出终点硫酸浓度20 g/L |
| 7 | 除铁 | 温度80 ~ 90℃，时间3.5 h，初始 pH 2.5 ~ 2.8 |
| 8 | 常压蒸发 | 蒸发水量1 $m^3$/h |
| 9 | 沉铜 | 碱液浓度300 g/L，温度60℃，终点 pH 4.2 ~ 4.5，碱式碳酸铜含 Cu 13.26%、Ni 4.02% |
| 10 | 沉镍 | 碱液浓度 300 g/L，温度 70℃，终点 pH > 8，碱式碳酸镍含 Ni 36.85%、Cu 8.50% |
| 11 | 制酸系统 | 处理烟气量2268.39 $m^3$/h，烟气含尘浓度10.58 mg/$hm^3$，二氧化硫浓度6.1%，烟气净化率99%，净化漏风率15%，二氧化硫转化率99.50%，二氧化硫吸收率99.95%，硫的总回收率99.45%，尾气二氧化硫浓度717.43 mg/$m^3$ |

5)工艺运行效果。自运行以来，氧化焙烧—浸出—电积工艺实现了渣中有价金属的全部回收，生产能力得到了进一步的发挥，全厂技术经济指标有了明显提高，主流程电镍由82.46%提高到94.08%，品级率由80.12%提高到84.30%，开发了硫酸镍、电铜、硫酸和贵金属金、银、铂、钯产品，铜的回收率和标准阴极铜品级率分别达到95.05%和94.36%。

**2. 陕西某炼锌厂利用铜渣生产五水硫酸铜工艺实例**

1)概况。该炼锌厂采用湿法工艺生产锌，年产电锌3万t，副产镉锭100 t，提镉后产生的铜渣将近400 t/a，其中铜含量为30% ~ 35%。为了实现铜渣的资源化利用，逐步落实循环经济战略，建成了利用提镉后铜渣生产五水硫酸铜产品的生产线，投产以来运行正常。

2)工艺流程。炼锌厂投资40万元建成了利用提镉后铜渣生产工业五水硫酸铜的生产线。该生产线的处理规模为400 t/a，五水硫酸铜产量为300 t/a，其工艺流程见图7 - 22。

3)五水硫酸铜生产工艺。该工艺主要包括氧化焙烧、一次浸出、二次浸出和水洗、浓缩和结晶。

(1)氧化焙烧。提镉后的铜渣在1台4 $m^3$的反射炉内焙烧氧化，反应过程中将温度控制在550 ± 50℃，炉内料厚5 cm左右，20 min翻动一次料层，反应时间为2 h。铜的氧化率可通过测定可溶铜的比率进行判断，一般情况下可溶铜率不低于99%。

(2)一次浸出。经过氧化焙烧后产生的氧化铜干块料用1台 $\phi$2 m的电碾子破碎后进行浸出。一次浸出的控制条件为：初始酸 $\rho(H_2SO_4)$ 140 ~ 170 g/L，温度

25 ~ 40℃，时间 3 ~ 4 h，终点酸 $\rho(H_2SO_4)$ 12 ~ 17 g/L，$\rho(Cu^{2+})$ 140 ~ 170 g/L，pH 2 ~ 3。

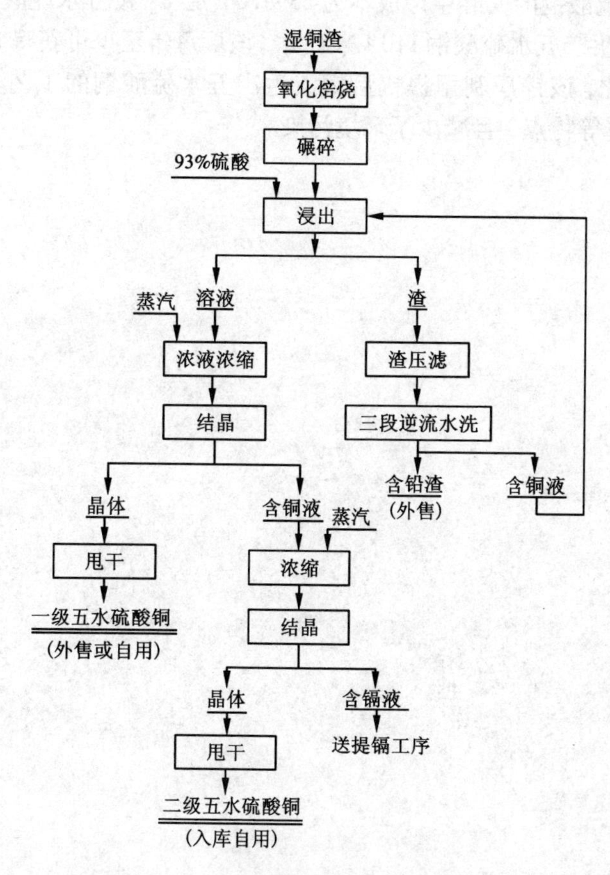


**图 7 – 22　五水硫酸铜生产工艺流程**

(3)二次浸出和水洗。一次浸出渣用 1 台 40 $m^2$ 的厢式压滤机进行液固分离。对压滤渣进行二次加温浸出和水洗后可提高铜的回收率。二次浸出的控制条件为：$\rho(H_2SO_4)$ 180 ~ 200 g/L，温度 60 ~ 70℃，反应时间 1.5 ~ 2 h，体积 3.5 $m^3$。二次浸出后压滤液进一次浸出罐循环使用。

(4)浓缩和结晶。采取蒸汽间接加热的方式，将硫酸铜净液浓缩到密度为 1.38 ~ 1.40 g/$cm^3$ 后，将澄清液放入浓缩反应釜，开蒸汽搅拌蒸发浓缩，当密度达到预设值后停止浓缩，将浓缩液进行适当冷却后放至结晶池。结晶池中的母液进行自然冷却后就会出现蓝色的五水硫酸铜晶体，将晶体甩干后分类包装，母液则返回浓缩罐。当母液中含镉较高时则送入提镉工序。

4)运行效果。实践证明，在正常生产期间，铜渣的焙烧氧化率平均为

99.35%，产品合格率为89.57%，总铜的回收率达到89.01%。生产1 t五水硫酸铜耗煤1.24 t，耗电56 kWh，耗汽4.91 t，耗水15.14 t，消耗滤布2.2 $m^2$，消耗硫酸0.5 t，五水硫酸铜的实际生产成本为2395.04 元/t。按五水硫酸铜的市场价格1.5 万元/t，年生产五水硫酸铜110 t来计算，该厂每年至少可获得138.65 万元的经济效益。因此，该锌厂利用提镉后铜渣生产五水硫酸铜的工艺具有生产成本低、经济效益好等特点，且减少了环境污染。

# 第 8 章　轻有色金属冶炼过程中的污染控制与资源化

轻有色金属指密度小于 4.5 g/cm$^3$的有色金属材料，包括铝、镁、钠、钾、钙、锶、钡等纯金属及其合金，这类金属的共同特点是密度小，化学活性大，与氧、硫、碳和卤素结合的化合物都相当稳定。当前在工业上应用最为广泛的是铝、镁及其合金。本章将重点介绍氧化铝、电解铝和镁生产过程中产生的污染物控制与资源化途径。

## 8.1　大气污染控制

### 8.1.1　大气污染物的主要来源及特点

**1. 氧化铝生产工艺、污染物产生节点及产污量**

1）概述。铝工业作为国民经济发展的主要基础原料产业，自 1954 年建成了新中国第 1 家铝冶炼厂抚顺铝厂以来，经过几十年的发展，我国已成为世界铝生产、消费大国，居世界第 1 位，2005—2011 年我国氧化铝产量见表 8 - 1。但我国铝工业配置资源能力、产业集中度、技术装备水平、产品竞争力、技术创新等方面与世界铝工业强国相比，仍有一定差距。尤其是我国铝土矿资源贫乏和能源紧缺问题日益凸显，废弃物排放和环境保护的问题更加紧迫。

表 8 - 1　2000—2006 年我国氧化铝产量

| 年份 | 2005 | 2006 | 2007 | 2008 | 2009 | 2010 | 2011 |
|---|---|---|---|---|---|---|---|
| 氧化铝产量/万 t | 851 | 1384 | 2101 | 2570 | 2420 | 3119 | 3900 |
| 氧化铝进口量/万 t | 699.2 | 689 | 509.2 | 454.2 | 507.1 | 425.5 | 188 |

2）氧化铝生产工艺类型。氧化铝生产以铝土矿为原料，世界上主要采用碱法工艺。其生产工艺有烧结法、拜耳法和联合法。国外 90% 以上的铝土矿均为高铝、低硅、高铁、易溶出的三水铝石，其氧化铝生产工艺多采用拜耳法生产。而我国虽铝矿资源丰富，但除占矿石储量 1.54% 的三水铝石外，其余全部是高铝、

高硅、低铁、难溶的一水硬铝石，品位较低。氧化铝生产大都采用溶出条件苛刻、流程长而复杂、能耗高、成本较高的混联法或烧结法工艺。近年来国家鼓励发展氧化铝生产，各厂普遍采用国际先进的技术和设备，技术装备已经达到或接近世界先进水平。已成功开发了选矿拜耳法和石灰拜耳法，使中低铝硅比矿石的应用得到了突破。今后建设氧化铝厂必将以技术经济指标先进的拜耳法工艺为重点。

(1)烧结法。该法适用于处理铝硅比低(氧化铝与氧化硅质量比 Al∶Si > 3)、碱浸出性能较差的铝矿石。将铝土矿破碎后与石灰、纯碱、无烟煤及返回母液按比例混合，磨成生料浆，喷入烧成窑制成熟料，再经熟料溶出、赤泥分离、铝酸钠分解、氢氧化钠焙烧等工序，制得成品氧化铝。该工艺流程长、能耗高、污染物产生量大。但利用低品位铝土矿是该工艺最大优点，符合我国铝土矿资源的特点。

(2)拜耳法。该法适于处理铝硅比高(氧化铝与氧化硅质量比 Al∶Si > 10)的铝矿石。利用较高品位的铝矿石与碱液、石灰及返回母液按比例混合后磨制成料浆，经预脱硅后在高温高压的条件下直接溶出铝酸钠，再经赤泥分离、种子分解、氢氧化铝焙烧等工序制得成品氧化铝。该工艺流程短，没有熟料烧成过程，综合能耗低、废气排放量少、物耗低、赤泥产生量少、经济技术指标先进。该法可生产砂状氧化铝，产品活性强，比表面积大，有利于电解铝烟气干法净化系统使用。

(3)联合法。该法适于处理铝硅比适中(氧化铝与氧化硅质量比 Al∶Si ≈ 6 ~ 8)的铝矿石，它将传统的烧结法和拜耳法结合起来。高品位矿石拜耳法赤泥与低品位矿石一道进入烧结法生产系统。整个工艺流程复杂，但氧化铝实收率高。能耗、物耗比单纯烧结法低，比常规拜耳法高，单位产品排污量介于二者之间。

3)主要大气污染物产生节点及产污量。氧化铝厂废气和烟尘主要来自熟料窑、焙烧窑、水泥窑等生产设备。烧结和联合法工艺的大气污染源主要是熟料烧成窑，其次是氢氧化铝焙烧炉。拜耳法工艺没有熟料烧成窑，氢氧化铝焙烧炉是主要污染源。

(1)熟料窑。主要用于烧结和联合法工艺。熟料窑烟气温度高，湿度和黏度大，烟气含硫，其含硫浓度取决于燃料煤含硫量。由于熟料碱度较高，相当于燃料烟气的脱硫剂，所以烟气中的 $SO_2$ 可得到一定程度的净化，排放烟气中 $SO_2$ 浓度较低。

(2)氢氧化铝焙烧炉。我国氢氧化铝焙烧炉燃料有天然气、人工煤气和重油。采用回转窑焙烧氢氧化铝配备立式收尘器尾气达标比较困难。目前新建厂及老厂改造均采用气态悬浮焙烧炉技术，用煤气或重油为燃料，用旋风器回收氧化铝后，通过电除尘器处理。

(3)自备热电站。氧化铝厂无论采用烧结法还是拜耳法生产工艺，其基本原理都是采用碱液浸出铝土矿中的氧化铝，在溶出工段需消耗大量高温高压蒸汽，所以氧化铝生产企业均设有自备热电站。燃煤锅炉吨位比较大，烟尘和$SO_2$排放量大，是氧化铝厂重要的废气污染源。

此外，物料破碎、筛分、运输等过程也散发大量粉尘，包括矿石粉、熟料粉、氧化铝粉、碱粉、煤粉和煤粉灰等。这些粉尘排放节点较多且分散，也是造成环境污染的重要原因。

据统计，每生产1 t氧化铝排放各类粉尘30～70 kg。一个生产规模为年产400 kt的氧化铝厂，每小时有组织排放含尘废气150万～250万$m^3$。表8－2列出了某氧化铝厂（石灰拜耳法工艺，规模为800 kt/a）废气污染物产生及排放情况。

表8－2　某氧化铝厂废气污染物产生及排放(t/a)

| 污染源 | 烟(粉)尘 | $SO_2$ |
| --- | --- | --- |
| 焙烧炉 | 150303 | 905 |
| 热电站 | 211554 | 9390 |
| 石灰炉 | 1800 | — |
| 原料系统 | 7913 | — |
| 氧化铝包装贮运 | 4104 | — |

**2. 电解铝生产工艺、原料消耗、污染物产生节点及产污量**

1）概述。我国是世界最大的电解铝生产国，2007年我国电解铝产量已占世界总产量1/3以上。然而我国电解铝行业生产集中度低，小铝厂遍地开花，造成环境管理困难。

2）电解槽类型。铝电解主要设备是电解槽。按电解槽所用阳极类型和加工方式的不同可分为两大类、四种槽型：一类是自焙阳极电解槽，分上部导电（上插）自焙槽和侧部导电（侧插）自焙槽；第二类是预焙阳极电解槽，分边部加工预焙槽和中间加工预焙槽。

（1）自焙阳极电解槽。电解槽是在一个钢制槽壳内部衬耐火砖和保温棉，压型炭块镶于槽底，充作电解槽的阴极。使用糊状阳极材料，导入电流时浸没在电解质中的部分因高温而“自行”焙烧成坚硬的炭素阳极，从上部散发出大量沥青挥发分。电流经由炭质槽底（阴极）与插入电解质中的炭质阳极（自焙阳极）通过电解质，完成电解过程。生产过程中阳极不断消耗，需及时转换阳极棒，以保持导入电流的稳定。阳极是连续工作的，需定期添加阳极，氟化盐消耗量大，槽容量较小，单位产品能耗高，环境污染严重。

（2）预焙阳极电解槽。所用炭素阳极在阳极车间成型，经焙烧去除沥青挥发分和杂质，再与阳极导杆组装成阳极组，定期更换到电解槽上。大量沥青挥发分在焙烧过程中排出，电解烟气相对“干净”，便于进行治理。

自焙阳极在电解槽上焙烧时，会散发出有害的沥青烟气，污染厂房内外的空气。根据国家产业政策，由于环境污染和技术经济指标落后等原因，自焙槽生产工艺及装备已列入即刻淘汰之列。大型预焙槽是国内外重点发展的槽型，国家鼓励发展 280 kA 以上大型预焙槽。今后新建或改扩建铝厂，将全部采用大容量中间加工预焙槽。

3)工艺流程。主要包括电解铝生产工艺和预焙阳极生产工艺两种。

(1)电解铝生产工艺。金属铝的生产采用冰晶石 - 氧化铝融盐电解法，电解过程在电解槽内进行，直流电经过电解质使氧化铝分解。依靠电流的焦耳热维持电解温度 950 ~ 970℃。电解产物，在阴极上是液体铝，在阳极上是氧，它使炭阳极氧化而析出气体 $CO_2$ 和 CO。铝液用真空抬包抽出，经净化澄清后，浇注成铝锭，含 99.5% ~ 99.7% 铝。

(2)预焙阳极生产工艺。预焙阳极生产工艺是以石油焦为主要原料，液体沥青为黏结剂。生产过程分为石油焦煅烧、配料混捏及成型、焙烧及阳极组装四大部分。石油焦经粗碎后送入回转窑，在 1150 ~ 1250℃高温下进行煅烧，利用石油焦中的挥发分充分燃烧，实现无燃料煅烧。煅烧后的石油焦进入冷却机，冷却后得到锻后焦。

改质沥青经破碎并加热熔化，煅后焦、电解返回残极以及回收的生料碎经破碎筛分，按一定配比进入连续混捏机混捏，经振动成型机制成一定规格的生阳极块，送入焙烧炉进行焙烧，制得的预焙阳极块送仓库堆存或送阳极组装车间组装后待用。焙烧炉产生的含沥青烟、粉尘、$SO_2$ 和氟化物的烟气经净化处理后排放。

4)电解铝生产的原料消耗。电解铝生产所需原材料主要有氧化铝、冰晶石、氟化铝和预焙阳极等，而预焙阳极生产所需的主要原料有石油焦、煤沥青等，其消耗指标列于表 8 - 3。

**表 8 - 3　电解铝生产原料消耗指标**

| 项目 | | | 单位 | 吨产品单耗 | 备注 |
|---|---|---|---|---|---|
| 电解生产系统 | 氧化铝 | | kg/t Al | 1920 ~ 1950 | |
| | 氟化铝 | | kg/t Al | 22 ~ 27 | |
| | 冰晶石 | | kg/t Al | 4 ~ 5 | |
| | 阳极炭块 | 毛耗 | kg/t Al | 520 ~ 580 | |
| | | 净耗 | | 410 ~ 450 | |
| | 直流电 | | kW·h/t Al | 13200 ~ 13500 | |

续表8-3

| 项目 | | 单位 | 吨产品单耗 | 备注 |
| --- | --- | --- | --- | --- |
| 预焙阳极生产系统 | 石油焦 | kg/t 阳极 | 920~960 | |
| | 改质沥青 | kg/t 阳极 | 190~210 | |
| | 残极 | kg/t 阳极 | 250 | |
| | 重油 | kg/t 阳极 | 70 | |
| | 燃气 | $m^3$/t 阳极 | 2800 | 热值 5024 kJ/$m^3$ |

5）主要大气污染物产生节点及产污量。铝电解烟气成分比较复杂，其中气态污染物包括 HF、$CF_4$、$SiF_4$、CO、$CO_2$、$SO_2$等，颗粒污染物有氧化铝、氟化盐、炭粉尘，相对浓度低，处理烟气量大，所以处理设备庞大，投资和运行费高。

（1）电解槽烟气净化系统。电解铝生产系统的主要污染源是电解槽，由于冰晶石、氟化盐等含氟物质在电解过程中的分解、挥发以及加工过程中粉状物料的无组织扬散，会产生含氟化物和粉尘的烟气，散氟量与氟化盐消耗有直接关系。另外，阳极炭块生产原料含有硫元素，也随阳极消耗而释放出来。

（2）电解车间厂房天窗排烟。电解过程中产生的含氟烟气不可能全部捕集到净化系统，尚有2%左右散发于车间内，其中也含有粉尘和少量 $SO_2$，属于面源污染，对近距离环境污染大。

（3）石油焦煅烧烟气。石油焦经粗碎后送入回转窑，在1150~1250℃高温下进行煅烧，出窑高温烟气含粉尘和 $SO_2$。从回转窑出来的熟料温度约600℃，卸入冷却机进行冷却，可产生大量粉尘和水蒸气。

（4）生阳极制造。生阳极制造工段由粗破碎、筛分、配料、混捏成型等工段组成，产生的主要污染物为粉尘。

（5）沥青熔化。预焙阳极采用含量20%左右的高温沥青做黏结剂。沥青经破碎后加入沥青熔化槽中，采用导热油间接加热，加热过程中产生沥青烟气。

（6）混捏成型。沥青熔化、混捏成型工段排出的烟气中，主要有害物是沥青烟。由于该工序加热温度不高，沥青散发量较少。

（7）阳极焙烧烟气。阳极焙烧一般采用环式焙烧窑，这种炉型的特点是炉室之间的火道互相连通，燃料的热量得以充分利用，热效率高，焙烧炉焙烧温度为1200℃，是沥青挥发分集中排放的污染源。

（8）主要产尘点的通风除尘。电解生产系统主要产尘点有阳极组装、氧化铝输送等，预焙阳极生产系统主要产尘点有物料储运、破碎、磨粉、下料、石油焦仓库等生产工序。

**3. 镁冶金生产工艺及污染物产生节点**

1) 概述。我国镁资源丰富，菱镁矿和白云石矿储量在70亿t以上。从资源上看，我国有大力发展镁冶金工业的优势，但是从能源与环境方面考虑，目前镁冶金技术还很落后。

2) 镁冶金生产工艺。镁的冶炼方法分氯化镁熔盐电解法和热还原法。目前，我国金属镁生产几乎完全采用皮江法工艺技术。但该工艺能耗很大，国家已明确不鼓励发展。

(1) 氯化镁熔盐电解法。主要包括以菱镁矿石高温氯化生产的无水氯化镁为原料的熔盐电解法和以水氯镁石脱水后制成的氯化镁为原料的熔盐电解法。电解法的特点是工艺要求高，易实现自动化和规模化生产，但投资高。美国、加拿大、俄罗斯等国都采用这种方法。该方法存在的主要问题有制备无水氯化镁困难、原镁产品的纯度较低及生产安全等问题。

(2) 硅热还原法炼镁。按照所用设备装置，目前在工业上应用的硅热还原法炼镁分为皮江法、马格内姆法和波尔扎诺法。由于我国99%以上的金属镁生产厂采用皮江法工艺，这里做简要介绍。皮江法工艺以为白云岩、硅铁合金和萤石为原料，以硅(75% Si - Fe 合金)为还原剂，在高温和真空条件下，使白云灰中的氧化镁还原为镁蒸气，然后经冷凝结晶、精炼制得镁锭。该工艺原料白云石来源广泛，工艺简单，投资少，产品质量高，但不能连续生产，燃料消耗较大，还原过程热利用率低，煤燃烧过程中产生大量粉尘和废气，环境污染严重。

根据几种炼镁方法的特点，可以从能耗与环境方面进行比较，如表8-4所示。

3) 主要的废气来源。主要包括以下两种：

(1) 精炼过程中产生的燃烧烟气。镁精炼过程大多使用电加热坩埚，尤其是部分技术先进的企业使用蓄热式燃烧技术，使得烟气中的含尘量和烟气温度已经大大降低，现在使用的蓄热式精炼坩埚的排烟温度都在200℃以下，烟气温度的降低使得容易通过增加布袋除尘器或旋风除尘器脱除烟气中的粉尘。另外，因为生产发生炉煤气或焦炉煤气时已经将煤中的大部分硫预先脱除了，所以烟气中含硫量少，能达到国家允许排放标准，可以直接排放。

(2) 精炼过程中产生的废气。镁的精炼及浇注过程尤其是在精炼的初期，会产生含酸性气体的废气。现在镁及镁合金生产过程中常采用熔剂覆盖及熔剂吸附的方法来防燃阻燃及精炼处理，采用的RJ系列熔剂，主要由碱金属及碱土金属的氯化物和氟化物组成。在高温条件下，RJ系列熔剂会发生分解生成$Cl_2$、HCl、HF等气体物质，氯化炉废气以HCl为主，镁电解槽阴极气体中主要是$Cl_2$，同时还产生一定量的粉尘。

**表8-4　几种炼镁方法之能耗和对环境影响的对比(生产1 t金属镁)**

| 炼镁方法 | 原料/t | 能耗/kWh | 能耗合计/kWh | 废气/t | 废渣/t | 辅助材料/kg |
|---|---|---|---|---|---|---|
| 熔盐电解法(菱镁矿) | 菱镁矿：4.84<br>石油焦：0.57<br>$MgCl_2$：4.4 | 电解：11000<br>精炼：1000<br>石油焦：1600<br>三废治理：1500 | 15100 | >15<br>其中阳极气体可返回氯化炉循环利用 | 0.29 | 石墨阴极：30~50 |
| 熔盐电解法(水氯镁石) | 水氯镁石：10<br>无水氯化镁：4.6 | 电解：11000<br>精炼：1000<br>脱水：6900<br>三废治理：1300 | 20200 | >5<br>阳极气体压缩后可作商品出售 | 0.29 | 石墨阴极：80~100 |
| 皮江法(煤加热) | 白云石：10~12<br>硅铁：1.1 | 生产还原剂：9000<br>燃料：24000~30000<br>精炼：1000 | 34000~40000 | 5 t $CO_2$<br>烟尘可以净化 | 炉渣可作水泥原料 | 反应缶：150 |
| 皮江法(电加热) | 白云石：10~12<br>硅铁：1.1 | 生产还原剂：9000<br>还原：12000~15000<br>精炼：1000 | 22000~25000 | 无 | 炉渣可作水泥原料 | 反应缶：150 |
| 半连续法 | 白云石+菱镁矿+铝土矿(锻后)：6.4<br>硅铁：1.02 | 生产还原剂：9000<br>还原：8850<br>精炼：1000 | 18850 | 无 | 炉渣可作水泥原料 | 石墨电极 |
| 热元件内电阻加热法 | 白云石：11<br>硅铁：1.1 | 生产还原剂：9000<br>还原：8000<br>精炼：1000 | 18000 | 无 | 炉渣可作水泥原料 | 无 |

注：1. 表中数据未包括白云石煅烧的能耗；2. 煤耗和石油焦消耗按3 kWh/kg ce折算；3. 未考虑工厂动力用电消耗。

在镁的浇注中，为了防止镁燃烧起火，常常使用 $SF_6$、$SO_2$以及硫磺粉作为防燃气体。而 $SF_6$在高温下会发生分解，形成 HF、$SO_2$、$SF_4$、$S_2F_{10}$等污染物，$SF_6$还是一种具有很强的温室效应的气体，所以很多厂家都放弃了使用 $SF_6$作为防燃气体，转而使用危害性相对小的 $SO_2$气体或直接喷硫磺粉的方法，但是 $SO_2$也是一种酸性气体，同样必须治理。

熔剂产生的气体及粉尘的吸湿性和腐蚀性极强，若直接排放大气，不仅对车间操作人员的健康产生危害，而且对生产设备和厂房结构产生腐蚀和破坏。

### 8.1.2 污染控制技术

**1.氧化铝废气污染治理技术及清洁生产工艺**

1）污染物治理技术。氧化铝厂的主要大气污染物是粉尘和二氧化硫。下面对这两类污染物的治理技术分别进行讨论。

（1）氧化铝系统粉尘治理。烧结法和联合法生产氧化铝，最主要的废气污染源是两窑（熟料烧成窑和氢氧化铝焙烧窑），熟料窑烟气量大，含尘浓度高，熟料粉尘比电阻大，难于处理。成熟的治理工艺是旋风收尘器加电除尘器，回收下的粉尘物料可直接返至工艺流程中利用。即使用旋风加电除尘器两级收尘，排放烟尘仍然超标。拜耳法工艺取消了熟料烧成工序，从根本上解决了这一难题。

氢氧化铝焙烧是氧化铝生产的最后一道工序，氧化铝粉尘流动性好，比电阻适宜，采用电除尘器回收氧化铝可以收到比较满意的效果。早期采用棒纬式电除尘器是从苏联移植过来的老式设备，规格较小，钢材耗量多，一条窑需要配备几台电除尘器，占地面积大。另外，设备性能也较差，如气流分布不均匀，漏风严重，收尘效率较低，输灰系统复杂等。目前的新建工程在电除尘器选型上有较大突破，一般采用三电场新型板式阳极、框架式阴极，电场面积可达 100 $m^2$以上的电除尘器，配备可控硅自动跟踪调压装置，基本上可做到一台窑配备一台电除尘器。这样管路得到简化，钢材用量减少，阴极坚挺不易摆动，收尘比表面积和烟气通过速度更加合理，收尘效率明显提高（可达 99.5%）。近年来，随着气态悬浮焙烧技术、窑外分解和沸腾焙烧新工艺的采用，生产炉窑利用率得到提高，废气温度降低，燃料燃烧的过剩空气系数小，产生的废气量减少。电除尘器收尘效率明显提高，收尘效率可高达 99.9%，排尘浓度降至 60～100 $mg/m^3$，符合排放标准要求，并且多回收了氧化铝，可降低生产成本。

通风除尘系统，广泛采用布袋除尘器，除尘效率达到 99%，可以达到排放标准。熟料粉尘因温度高，研磨性强，捕集比较困难。利用熟料粉亲水性强的特点，配备大直径水浴除尘器，用赤泥洗水收尘，效果较好。洗后泥浆可返到生产流程中利用，水浴筒内结疤定期清理也比较方便。

目前我国氧化铝企业除原料堆场及物料输送扬尘仍存在较严重的无组织排放

问题外，其他各设备产尘点基本得到控制，尤其是20世纪90年代较为复杂的熟料破碎和石灰炉除尘问题，均已得到妥善解决。

自备热电站排放烟尘占全厂总排放量的2/3以上，早期采用煤粉炉配备麻石水膜除尘器，很难满足排放标准的要求。近期新建或改扩建工程中，锅炉选型上优先采用循环流化床炉，综合利用氧化铝生产系统不能使用的碎石灰石进行炉内脱硫除尘，并配备三电场电除尘器，除尘效率可达99.3%。但依据《火电厂大气污染物排放标准》(GB 13223—2003)，仍难满足第3时段的要求，新建氧化铝厂必须考虑加大电除尘面积或改用高效布袋除尘器。

(2)自备热电站二氧化硫治理。自备热电站排放二氧化硫占全厂总排放量的2/3以上。随着我国脱硫技术的进步和发展，可供选择的脱硫技术和方法已有很多，大致可分为两类：一类为干法，即采用粉状或粒状吸收剂、吸附剂或催化剂来脱除烟气中的二氧化硫，该法的优点是流程短，无污水、废酸排出，且净化后烟气温度降低少，有利于烟囱排气扩散，缺点是脱硫效率低，设备庞大，操作技术要求高；另一类为湿法，即采用液体吸收剂洗涤烟气，以吸收烟气中所含的$SO_2$。这种方法的优点在于设备小，操作较容易，且脱硫效率高，缺点是脱硫后烟气温度低，不利于烟囱排气的扩散。

氧化铝生产企业需根据企业自身的特点及当地能源、环境质量要求，在满足国家和地方污染物排放标准和总量控制要求的前提下，经技术经济指标比较后选择最佳的脱硫措施。

2)清洁生产技术。为评价铝企业清洁生产水平，提供清洁生产技术指导，国家发改委组织编制了《铝行业清洁生产评价指标体系》(试行)(2006年)，其中给出的评价基准值代表铝行业清洁生产的平均先进水平。氧化铝生产工艺有烧结法、拜耳法和联合法，其中拜耳法因其在工艺流程、基建投资、物耗能耗及排污等方面的优点，成为氧化铝行业的清洁生产技术，表8-5为拜耳法生产氧化铝企业定量评价指标。

**表8-5　拜尔法生产氧化铝企业定量评价指标**

| 一级指标 | 权重分值 | 二级指标 | 权重分值 | 评价基准值 |
|---|---|---|---|---|
| 能耗指标 | 30 | 综合能耗 | 10 | 490 kg ce/t |
| | | 工艺能耗 | 10 | 470 kg ce/t |
| | | 新蒸汽消耗<br>(若溶出用熔盐新蒸汽消耗) | 5 | 2.8 t/t<br>(1.5 t/t) |
| | | 电耗 | 4 | 250 kWh/t |
| | | 焙烧工序能耗 | 1 | 105 kg ce/t |

续表 8-5

| 一级指标 | 权重分值 | 二级指标 | 权重分值 | 评价基准值 |
|---|---|---|---|---|
| 资源指标 | 20 | 氧化铝总回收率 | 8 | 81% |
| | | 碱消耗 | 3 | 65 kg/t |
| | | 石灰消耗 | 1 | 250 kg/t |
| | | 新水消耗 | 5 | 5 $m^3$/t |
| | | 企业工业水重复利用率 | 3 | 95% |
| 生产技术指标 | 25 | 溶出装置运转率（若熔盐加热溶出运转率） | 39 | 95%（90%） |
| | | 氧化铝相对溶出率 | 3 | 93% |
| | | 外排赤泥附碱含量 | 3 | 4.0 kg/t |
| | | 分解产出率 | 3 | 90 kg/$m^3$ |
| | | 成品氢氧化铝含水率 | 2 | 4.5% |
| | | 蒸发汽水比 | 3 | 0.33 t/t |
| | | 循环效率 | 2 | 145 kg/$m^3$ |
| | | 循环母液碱与全碱之比 | 2 | 7 |
| | | 氧化铝一级品率 | 2 | 100% |
| | | 氧化铝粒度 -45 μm 含量 | 1 | 12% |
| | | 氧化铝比表面积 | 1 | 70 $m^2$/g |
| 综合利用指标 | 10 | 蒸发结晶碱利用率 | 3 | 100% |
| | | 赤泥附液利用率 | 3 | 100% |
| | | 二次蒸汽利用率 | 2 | 100% |
| | | 新蒸汽冷凝水利用率 | 2 | 100% |
| 污染物指标 | 15 | 外排生产废水量 | 5 | 0 $m^3$/t |
| | | $SO_2$排放量 | 5 | 0.2 kg/t |
| | | 烟（粉）尘排放量 | 5 | 0.6 kg/t |

目前，我国新建拜耳法氧化铝厂主要技术经济指标已经达到国际先进水平。其先进性主要表现在以下几个方面：①拜耳法生产工艺简单，流程短，便于实现设备大型化和过程自动化控制；②基建投资省，成本低，比烧结法和联合法低20%以上；③原料清洁，物耗低，使用高铝硅比矿石，氧化铝回收率高，新水和循

环水用量仅为联合法的一半左右，碱耗比联合法低 1/3；④拜耳法工艺在溶出、蒸发、焙烧三个主要耗能工序采用了节能降耗新技术，显著减少能耗；⑤排污量少。拜耳法流程简单，大部分工序为湿式作业，尤其是取消了熟料烧成工序，使得干法加工过程特有的粉尘污染源相应减少，数量大、难处理的熟料粉尘消失了，而能耗降低间接减少了自备热电站的燃煤和排污量，烟(粉)尘、$SO_2$排放量也相应减少约 1/2；⑥产品清洁。拜耳法生产的氧化铝全部符合一级品标准，产品质量高，$SiO_2$含量低，且属砂状氧化铝，为电解烟气净化创造了条件。

**2. 电解铝废气污染治理技术及清洁生产工艺**

1)污染物治理技术。主要包括含氟烟气的治理和沥青烟气的治理。

(1)含氟烟气治理。铝电解含氟烟气是指铝电解过程中产生的含有氟化氢(HF)、四氟化碳($CF_4$)和四氟化硅($SiF_4$)等的烟气。含氟烟气治理分湿法净化和干法净化两类，由于湿法净化存在处理成本高、产生废水、废渣二次污染等问题，尤其在北方还存在保温防冻问题，因此在铝行业内已经很少使用，取而代之的是干法净化工艺。

①"干法"除氟。俗称吸附法，主要适用于预焙槽烟气净化，是以粉状的吸附剂吸附废气中的氟化物，而后利用除尘技术使之从烟气中除去。典型的干法除氟工艺见图 8－1。吸附剂从料仓用输送设备送到加料装置，连续均匀加入反应器内，含氟烟气与吸附剂颗粒在反应器内湍动混合，充分接触吸附除氟，而后烟气和吸附剂在气固分离设备中分离，净化后烟气排空；分离下的固体吸附剂一部分返回反应器循环使用，另一部分作为原料返回生产工艺中(如 $Al_2O_3$法)或作为废渣处理，吸附剂的循环次数视工艺而定。该法净化效率高、可回收氟、工艺简单、不存在水的二次污染及设备腐蚀问题等，但净化设备的体积较大。

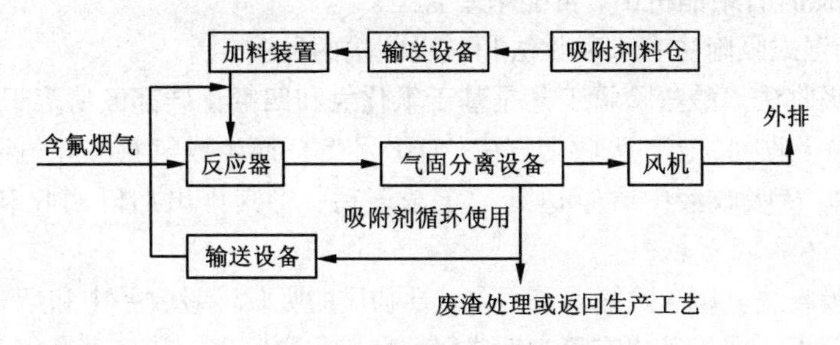


**图 8－1　干法除氟工艺流程**

一般按吸附剂的不同，将干法除氟分为 $Al_2O_3$法、CaO 法和 $CaCO_3$法等；其中 $Al_2O_3$法在铝电解行业中广泛使用。

处理预焙槽烟气优先采用吸附法。氧化铝有很强的活性(比表面积可达 30～

$70\ m^2/g$)，而 HF 的沸点高，负电性强，当烟气和氧化铝充分接触时就发生吸附反应，在氧化铝表面产生氟－铝配合物，称为“载氟氧化铝”，加入电解槽熔入电解质后，可以替代部分氟化盐。目前我国所有的预焙槽均配备烟气干法净化系统，而且净化装置已经成为工艺流程的一部分，生产用的新鲜氧化铝首先经过吸附反应器，在很短时间完成吸附(0.1 s)，载氟氧化铝一部分在净化系统中循环使用，维持一定的固气比以获得较高净化效率，另一部分输入贮槽，通过超浓相输送系统分别送到各电解槽上的料斗供电解使用。该法流程简单，运行稳定，无二次污染，净化效率高，也不受气候的影响。目前我国氧化铝采用拜耳法生产工艺(包括选矿拜耳法和石灰拜耳法)，可生产砂状氧化铝，比表面积大，为到达 99% 以上的吸附效率提供了保证。

衡量电解烟气治理水平依据两个指标，即电解槽集气效率和氧化铝吸附效率。前者取决于电解槽结构、加工操作制度、集气罩型式、罩内流场分布、排烟量及调节能力等因素，目前设计集气效率为 98%；后者则与氧化铝物理性质、吸附装置结构、吸附参数(固气比、反应时间)有关，一般可达 98% ~99%。吨铝排氟量小于 1.0 kg，排放浓度和排放速率均可满足排放标准的要求。但长期运行或维护不及时，电解槽集气罩易产生变形或破损，将引起集气效率下降。另外，布袋除尘器性能好坏也是影响净化效果的重要因素，国内自行开发的专用设备运行良好，排尘浓度在 $30\ mg/m^3$ 以下。

②“湿法”除氟。湿法净化技术采用水或碱性溶液来吸收含氟废气中的氟化物，从而达到净化回收的目的。该技术的优点是净化设备体积小，易实现，净化工艺过程可连续操作和回收各种氟化物，净化效率高、效果好。湿法净化存在的问题是经过一段时间(约半年)运行后，循环液中硫酸钠含量逐渐增大，影响净化效果，温度低时有结晶析出，可能堵塞管道。

常用的湿式吸附法有水吸收法和碱吸收法两种：

Ⅰ. 水吸收法。酸法除氟工艺是基于氟化氢和四氟化硅都极易溶于水的特性，采用 $H_2O$ 做吸收剂，循环吸收烟气中的 HF 和 $SiF_4$ 而生成氢氟酸和氟硅酸，吸收液呈现酸性，待吸收液中含氟达到一定浓度后，将其排出加以回收利用或中和处理。

Ⅱ. 碱吸收法。碱法除氟即采用含碱性物质的吸收液吸收并中和烟气中的氟化物，在实际运行中吸收液也有呈中性或弱酸性。主要原理一是基于氟化氢和四氟化硅极易溶于水的特性，二是基于酸碱中和的原理。常用的碱性物质有 $NH_3 \cdot H_2O$、NaOH、$Na_2CO_3$、CaO 等。

③湿法和干法的比较。湿法净化和干法净化系统两者之间的比较见表 8－6。

表8-6　湿法净化系统与干法净化系统比较表

| 湿法净化系统 | 干法净化系统 |
| --- | --- |
| 对细粒子的收集效率低 | 总氟化物净化效率极高，可达98% |
| 需要冰晶石回收系统 | 散发的氟化物可全部回收再利用 |
| 产生羽状物和二次腐蚀 | 排放热、干燥的气体，能上升扩散 |
| 对符合某些散发物标准有问题 | 没有液体溢出物 |
| 有腐蚀的危害 | 没有腐蚀问题 |
| 电力消耗高 | 操作简单可靠 |
| 设备多且复杂 | 电力消耗合理 |
| 能去除二氧化硫 | 对氧化铝质量要求严格 |

(2)沥青烟气治理。工业上主要有四种方法治理沥青烟气，即电捕法和吸附法、吸收法、燃烧法。主要采用前两种方式。

①电捕法。沥青烟中的颗粒及大分子进入电场后，在静电场的作用下可以载上不同的电荷，并驱向极板，被捕集后聚集为液体状，靠自身重顺板流下，从静电捕集器底部定期排出，净化后的烟气再经烟囱排出。目前，在世界上占85%的焙烧的沥青烟都是采用电捕法治理的。焦油捕集率达90%以上(最高为97%)，出口处焦油含量在55～60 mg/m$^3$之间，基本达到50 mg/m$^3$的排放标准。

沥青烟气处理效果取决于进入电捕的烟气温度，因为电收尘器对气态沥青没有捕集效果，为提高净化效率，烟气在进入干法电捕前，须根据温度自动调节喷水量，可采用干底冷却塔将烟气温度降至85℃±5℃。在干底冷却塔中，用压力为200～300 kPa的压缩空气将水雾化，气态沥青烟可以凝聚成液滴，捕集效率可达95%左右。但温度过低会黏附极板影响捕集效率，喷水量要控制在烟气中水分不达到饱和，降温塔中无水流可避免设备腐蚀。

②吸附法。吸附法是针对焙烧烟气中沥青烟和HF容易被活性物质吸附的特点，采用颗粒小或多孔具有较大比表面积的物质作吸收剂，对沥青烟进行物理吸附。用氧化铝吸附称之"白法"，可同时吸附沥青烟和HF，吸附后的氧化铝可直接返回电解生产使用。用焦炭粉吸附称之为"黑法"，只能吸附沥青烟，而对HF和$SO_2$无效。吸附后的焦粉直接回到炭素生产系统配料，不产生二次污染。采用吸附法时，需要喷水降温使沥青烟冷凝成液滴吸附于吸附剂表面上，但不能过湿以免堵塞布袋，当烟气温度过高时，为保护布袋需将烟气引入旁通烟道，直接从烟囱排放，短时间要发生超标排放。

2)清洁生产技术。根据电解铝生产的特点，《电解铝行业清洁生产标准》

(2006 年)从生产工艺和装备水平、资源能源利用、污染物产生及排放、废物回收利用等几个方面给出了电解铝企业实现清洁生产所需具备的条件，清洁生产指标见表 8－7。

**表 8－7　铝电解行业清洁生产指标**

<table>
<tr><th colspan="2">项目</th><th>一级</th><th>二级</th><th>三级</th></tr>
<tr><td colspan="2">生产工艺及装备要求</td><td colspan="3">生产工艺采用计算机控制；物料输送采用浓相/超浓相输送系统；电解烟气采用干法净化处理</td></tr>
<tr><td rowspan="8">资源、能源利用指标</td><td>原辅材料的消耗</td><td colspan="3">电解铝生产原料为氧化铝，辅助原料氟化盐、冰晶石、炭块。使用其他代用品或添加剂时，在生产过程中应减轻对人体健康损害和生态环境的负面影响</td></tr>
<tr><td>原辅材料入厂合格率/%</td><td>100</td><td>100</td><td>100</td></tr>
<tr><td>电流效率/%</td><td>≥94</td><td>≥93</td><td>≥91</td></tr>
<tr><td>原铝直流电耗/($kWh \cdot t^{-1}$ Al)</td><td>≤13300</td><td>≤13400</td><td>≤14000</td></tr>
<tr><td>氧化铝单耗/($kWh \cdot t^{-1}$ Al)</td><td>≤1930</td><td>≤1930</td><td>≤1940</td></tr>
<tr><td>氟化铝单耗/($kWh \cdot t^{-1}$ Al)</td><td>≤22</td><td>≤27</td><td>≤28</td></tr>
<tr><td>冰晶石单耗/($kWh \cdot t^{-1}$ Al)</td><td>≤4</td><td>≤5</td><td>≤5</td></tr>
<tr><td>阳极单耗/($kWh \cdot t^{-1}$ Al)</td><td>≤410</td><td>≤420</td><td>≤500</td></tr>
<tr><td rowspan="2">污染物产生指标</td><td>全氟产生量/($kWh \cdot t^{-1}$ Al)</td><td>≤16</td><td>≤18</td><td>≤20</td></tr>
<tr><td>粉尘产生量/($kWh \cdot t^{-1}$ Al)</td><td>≤30</td><td>≤30</td><td>≤40</td></tr>
<tr><td rowspan="4">废物回收利用指标</td><td>集气效率/%</td><td>≥98</td><td>≥98</td><td>≥95</td></tr>
<tr><td>废电解质</td><td>100% 回收利用</td><td>100% 回收利用</td><td>100% 回收利用</td></tr>
<tr><td>废阳极</td><td>100% 回收利用</td><td>100% 回收利用</td><td>100% 回收利用</td></tr>
<tr><td>冷却水</td><td>100% 循环利用</td><td>100% 循环利用</td><td>100% 循环利用</td></tr>
</table>

大型预焙阳极电解槽技术由于采用清洁原料、原材料消耗少、清洁阳极焙烧工艺、污染物排放量少、末端治理费用少、电流效率高、电解槽寿命长及自动化程度高等特点，是一种新型的、在国际电解铝业广为接受的清洁生产工艺，它保证了打壳下料、阳极处理、出铝等工序比自焙槽有较高的集烟气效率，减少了含氟烟气的排放量，电解槽容量越大，清洁生产的程度越高。

自焙槽与预焙槽烟气排放量比较如表 8－8 所示。

表8-8　自焙槽与预焙槽烟气排放量比较

| 槽型 | 排氟量/($kg \cdot t^{-1}$) | 排尘量/($kg \cdot t^{-1}$) | 排沥青烟量/($kg \cdot t^{-1}$) |
| --- | --- | --- | --- |
| 自焙槽 | 3.5~9 | 8.6~17 | 4.13~11.8 |
| 预焙槽 | 0.53~2 | 1.13~5 | 0.45~0.5 |

由上表可以看出，生产每吨铝预焙槽的排氟量是自焙槽的1/7~1/5，排尘量是1/7~1/3，排沥青烟量是1/5~1/23，可见对电解槽进行改进，改自焙槽为预焙槽是治理氟污染的重要途径。

**3. 镁冶金烟气污染治理技术**

镁冶炼烟气一般治理方法是先用袋式除尘器或文丘里洗涤器去除氯化炉烟气中的烟尘和升华物，然后与电解阴极气体汇合，引入多级洗涤塔，用清水洗涤吸收水溶性气体，再用碱性溶液洗涤吸收酸性气体。常用的吸收设备有喷淋塔、填料塔、湍球塔等，吸收效率可达99%以上。下面简要介绍氯化氢及氯气的治理净化。

1）氯化氢废气治理。氯化氢在水中的溶解度相当大，1体积的水能溶解450体积的氯化氢，因此用水吸收（或多次循环吸收）含氯化氢废气效果比较好，吸收效率可达99.9%以上。吸收设备有喷淋塔、填料塔、膜式吸收塔、穿流板塔等。该法净化氯化氢废气的优点是吸收设备和工艺都很简单，净化效率高，操作方便，并且可回收HCl自用或作为产品外售，有一定的经济效益，是目前含HCl废气的主要净化方法。

根据工业实践，水循环吸收氯化氢时，只要盐酸质量分数不超过稀盐酸的恒沸浓度20.2%，对进口氯化氢质量浓度约为1200 $mg/m^3$的废气而言，吸收后废气中氯化氢质量浓度将小于30 $mg/m^3$。进口氯化氢质量浓度小于30 $mg/m^3$的废气，经水吸收后其质量浓度可降至0.0025 $mg/m^3$，并产出稀盐酸。

水吸收氯化氢是一个放热反应，吸收放热量为75.339 kJ/mol（氯化氢气体）。因此，吸收过程中盐酸的温度将升高，盐酸水溶液上方氯化氢的分压随温度升高而增大，用水吸收氯化氢浓度较高的废气时，需用冷却方式移去溶解热，以提高吸收效率。水吸收含氯化氢废气一般用于制取盐酸，自用和作为产品销售。

2）氯气治理。

（1）氢氧化钠溶液净化法。目前，国内外治理含氯废气一般采用氢氧化钠吸收法。反应装置采用喷淋塔或填料塔，用质量分数为15%~20%的氢氧化钠为吸收剂，与氯气接触发生如下化学反应，反应过程中保持吸收剂的pH大于10。

$$Cl_2 + 2NaOH \Longrightarrow NaClO + NaCl + H_2O$$

氢氧化钠溶液净化含氯废气工艺流程如下图8-2所示，烟气首先进入喷淋塔，用水吸收除去酸雾，然后进入波纹板填料塔即第二级氯气吸收塔，以氢氧化钠作为吸收液进行吸收。碱液经过多次循环吸收，当吸收液体中有效氯达45～60 g/L时，用泵将其送至次氯酸钠溶液储槽供生产中作氧化剂使用。

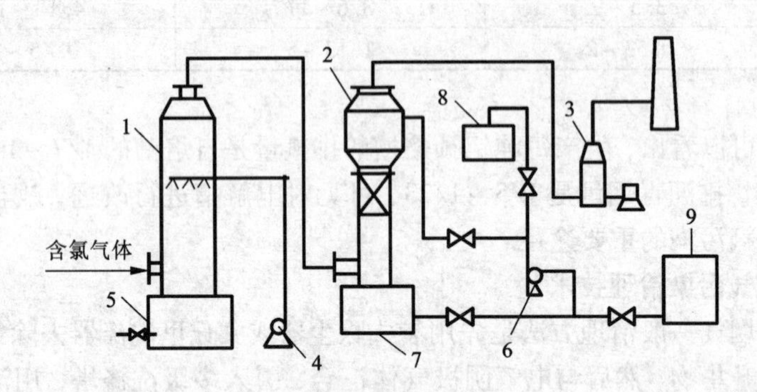


图8-2 含氯废气的碱液净化流程

1—喷淋塔；2—波纹板填料塔；3—风机；4—泵；5—水循环槽；
6—碱液循环泵；7—碱液循环槽；8—高位槽；9—碱液储槽

该方法吸收氯气效果好，氯气去除率较彻底，而且吸收快，流程短，所用设备和工艺流程简单，便于维护管理，碱液价格较低，又能回收氯气生产中间产品或成品。但技术复杂，设备需要防腐，运转费用高，且存在二次污染问题。

(2)氯化亚铁溶液净化法。该方法采用氯化亚铁为吸收剂，与含氯废气接触发生如下化学反应：

$$2FeCl_2 + Cl_2 = 2FeCl_3$$

氯化亚铁溶液净化含氯废气工艺流程如下图8-3所示，含氯废气先进入喷淋塔，用水吸收酸雾、水溶物和颗粒物，以提高回收三氯化铁的纯度。然后将废

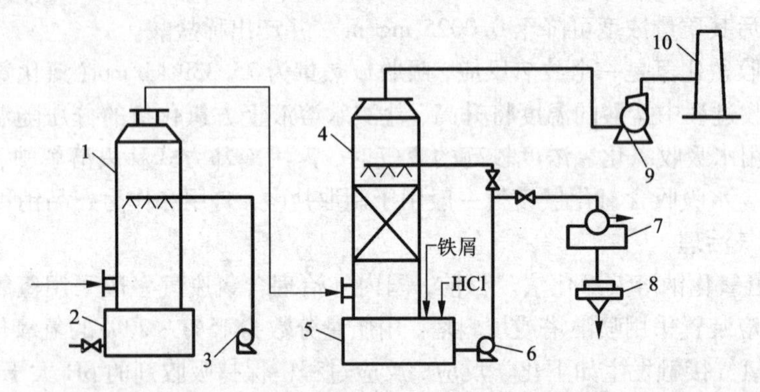


图8-3 含氯废气的氯化亚铁溶液净化流程

1—喷淋塔；2—水循环槽；3、6—循环泵；4—填料塔；5—氯化亚铁溶液槽；
7—过滤机；8—蒸发器；9—排烟机；10—烟囱

气引入第二级吸收塔，以氯化亚铁溶液吸收含氯废气。当吸收液中三价铁占总铁 98% 以上时，将吸收液送去过滤、蒸发浓缩、结晶，最后得到固体三氯化铁成品。

该方法流程简单，操作也不复杂，所使用的主要原料为铁屑，价格便宜。缺点是净化效率不高且设备需要防腐。

### 8.1.3　案例

**1. 山东某氧化铝厂氧化铝熟料窑粉尘的特性和电收尘技术的应用**

1）概述。山东某氧化铝厂氧化铝生产工艺采用烧结法，熟料烧结作为其中一个重要工序，主要作用是将用湿磨磨制好的含水率 40% ~44% 的生料浆烧制成合格的熟料，其主要设备为湿法回转窑，燃烧介质为干法磨制的煤粉。

由于烧结温度高达 1200 ~ 1300℃，料浆水分大，窑尾产生大量高温、高湿、高浓度含尘气体。虽经旋风除尘，仍含有 3 ~ 10 g/m$^3$ 有价值的含碱物料，这种含碱烟气必须经进一步有效除尘后才能排空，否则生产成本将大幅上升且污染环境。2000 年以前，约有近半数的熟料窑窑尾电收尘器采用仿苏联的棒帏式电收尘器。随着熟料产量年年提高，电场风速加大，排放状况日益恶化。2000 年 9 月的测定结果显示，6 台熟料窑窑尾电除尘器排放口的平均粉尘质量浓度为 302 mg/m$^3$，大大超过了国家标准。从 2000 年底开始至 2002 年底，该厂共新投用了 6 台新式电除尘器，彻底淘汰棒帏式电除尘器。改造前后情况见表 8 -9。

**表 8 -9　熟料窑窑尾电收尘器改造前后情况对比**

| 窑号 | 改造前 | | | | 改造后 | | | |
|---|---|---|---|---|---|---|---|---|
| | 电收尘截面积/m$^2$ | | 电场数 | 电场平均风速/(m·s$^{-1}$) | 电收尘截面积/m$^2$ | | 电场数 | 电场平均风速/(m·s$^{-1}$) |
| | 板卧式 | 棒帏式 | | | 板卧式 | 棒帏式 | | |
| 1# | | 90 | 18 | 1.0 | | 90 | 18 | 1.0 |
| 2# | | 90 | 15 | 1.17 | 180 | | 6 | 0.59 |
| 3# | 118 | | 6 | 0.6 | 145 | | 6 | 0.49 |
| 4# | | 90 | 18 | 1.04 | 100 | | 3 | 0.93 |
| 5# | 53 | 45 | 12 | 1.26 | 160 | | 3 | 0.77 |
| 6# | 120 | | 6 | 1.29 | 120 | | 6 | 1.29 |
| 7# | 130 | | 6 | | 225 | | 3 | 0.75 |

注：7#熟料窑原为水泥窑，后改为氧化铝熟料窑。

2）电除尘器改造情况介绍。经过两年的改造，新投用的电除尘器排出口粉尘浓度大大降低，从 2005 年开始，公司进一步对 1#窑棒帏电位式电除尘器和其他已运行10余年的早期卧式电除尘器陆续进行改造，改善收尘效果。改造过程中，对电除尘器的地上钢支架增加了多处斜撑处理，使电除尘器本体产生的水平推力通过钢支架的调整加以吸收，减少了对基础产生的弯矩，从而大大减少了土建基础的面积，使施工得以顺利进行。

3）新投用电除尘器的特点。

（1）技术参数的确定（以5#熟料窑电除尘器为例）。处理烟气量440000 $m^3/h$；烟气温度200～250℃；进口烟气浓度≤40 $g/m^3$；出口烟气浓度≤60 $mg/m^3$；允许CO含量<1%，壳体承压能力为5.5 kPa，压力损失≤298 Pa，漏风率≤3%，总集尘面积9792 $m^2$，设计工况烟气流速为0.78 m/s。为了抑制反电晕的产生，提高粉尘的驱进速度，新投用的电除尘器采用400 mm的宽极间距。从而有效避免了两极间的电场击穿，使除尘效率大大提高。

（2）驱进速度$\omega$的确定。有效驱进速度$\omega$是影响除尘效率的决定因素。根据粉尘性质、电阻率和电场截面积等有关已知条件，计算得出驱动进度$\omega$为0.09～0.1 m/s。根据几个已投产的电除尘器的实际工况进行修订，将$\omega$取值范围缩小到0.089～0.91 m/s，最后$\omega$取0.09 m/s。

（3）电晕电极的选择。由于熟料粉尘的安息角为52°～56°，黏性大，吸附性强，阴阳极所需振打力比一般性粉尘大，需选用具有较大刚度和电流密度的电晕电极。BS芒刺线可满足这一要求，但原RS芒刺线中央支撑管对应的阳极板面处有一个“阴影区”，该区域电流密度极小，板面上收尘少而薄。因此，对BS芒刺线进行改造，在中心管正对极板的两个弧面上冲出放电芒刺，减少齿距并增加齿长，使得BS芒刺线的电流密度均匀性大大提高，从而提高收尘效率。

（4）多重防爆设计。采用多重措施：①设置防爆阀以备爆炸时泄压，保护内件；②设置CO分析仪，控制入口CO含量，含量达到0.5%报警，达到1%断电；③结构上作防积灰设计，灰斗夹角采用圆角，各积灰面设置导灰斜板。

（5）提高电场有效输入功率。电晕电极采用BS电极线，起晕电压低，放电电压高，工作范围宽，有效地避免了“电晕盲区”，电场力均匀；采用恒流源供电，提高了电晕电流；更改电晕线固定方式，使原来的管夹结构变为螺栓张紧结构和弹性可调节悬挂结构，提高了张紧力和平直度，保证了安装精度，并且振打力传递效果变好，线尖不积灰，能保持电场高效供电。

（6）阴阳极选择。BS电极线和480C－50极板均采用SPCC材质，在强度、刚度和几何尺寸方面更有效；阳极采用避免二次扬尘的振打排序和低压控制的程序振打，使得积灰成片状落下，且不相互碰撞，用较小的振打力可实现有效清灰。

另外，灰斗采用双层锁风，即料位锁风和刚性分割轮锁风，在防漏风和抗结露方面性能有所提高。振打采用“免维护，等寿命”的设计原则，避免掉锤现象，提高运转效率。

公司通过进一步改造，每年可减少数千吨熟料粉尘的排放，具有显著的经济、社会和环境效益。

**2. 河南某铝业公司 300 kA 预焙电解槽烟气干法净化技术实践**

1）概述。河南某铝业公司 300 kA 大型预焙电解槽的烟气采用干法技术净化回收。净化系统位于两个电解厂之间，每个净化系统由两个小系统组成，每个小系统包括 7 台袋式除尘器。净化系统 3 年多来运行平稳，除氟效率达99.61%，除尘效率达 99.99%。

2）工艺流程。电解烟气由电解槽的集气罩收集后，从端部支管汇集到墙外的排烟总管，经地下烟道进入定向喷射器，与定量加入的$Al_2O_3$吸附剂进行吸附反应，烟气中的 HF 气体被 $Al_2O_3$表面吸附，随烟气一起进入布袋除尘器进行气固分离而去除。烟气中的氟化盐、炭粉等固体也进入除尘器完成气固分离而去除，干净的气体通过风机由烟囱排入大气，分离下来的载氟氧化铝一部分作为吸附剂循环使用，另一部分经风动溜槽和气力提升机输送至载氟氧化铝料仓，供电解生产使用。

3）操作实践。干法净化系统的操作，必须严格按照操作规程进行，以确保系统高效、平稳运行，并达到节能效果。

（1）加强管理，确保净化系统高效运行。保证干法净化系统高效运行的关键在于电解烟气能否高效回收、烟气管道是否严密以及各径向喷射反应器能力是否发挥等。为此，在操作中首先应规范操作方法，最大程度地收集电解烟气，确保集气效率 98% 以上；通过物料分流器控制，使各径向喷射反应器的新氧化铝均衡供给达 1.2 t/h，同时确保 2 t/h 的氧化铝循环供给；为保证径向喷射反应器不受渣块沉淀等原因而影响物料流化和溢流喷射，在系统的料路前端增加了筛网，既减少反应器的清洁频率，又可提高其使用寿命。

（2）均衡阻力，高效除尘。随着净化系统长时间的运行，布袋除尘器的粉尘附着层逐渐加厚，除尘器阻力逐渐增大，应及时调整反吹清灰的 PLC 控制系统。通过调整烟气风速等办法，使各除尘器的阻力值在同一范围内，系统整体始终处于低阻力、高捕集效率的平稳状态下。同时，通过运行巡视、对除尘器进行定期揭盖检查、观察除尘器阻力差值的突然变化等手段，确保布袋除尘器高效运行。

4）先进的技术设备。包括采用 LLZB—1850（Ⅲ）袋式除尘器、径向喷射反应器、密闭物料输送技术及分料技术四个方面的技术设备。

（1）LLZB—1850（Ⅲ）袋式除尘器。

①有效过滤面积大。设备采用独特沟槽设计，每台除尘器有 10 个分室，各分室装有 12 条布袋，每台除尘器有效过滤面积高达 1750 $m^2$。除尘器底部为尖状，有效地回避了氧化铝的冲刷磨损问题，并使气体在布袋内均匀分布，提高了单位空间的过滤面积。

②除尘效率高。除尘器选用阻力小、强度高、有一定容尘量、过滤效率高的

无针刺滤袋，及先进的橡胶活口软密封工艺，使其除尘效率能达到99.99%以上。

为了降低氧化铝粉破损率，保证超浓相系统平稳高效供料，对LLZB型袋式除尘器进行了创新改造，去掉沸腾床及罗茨风机，这样既降低了氧化铝粉的破损率，又节约大量能源。

③先进的清灰技术。为了降低跑、冒、滴、漏，减轻员工劳动强度，对除尘器反吹风机系统进行改造，即去掉反吹风机，利用引风机负压直接清灰。除尘器压差为1000～1700 Pa。

(2)径向喷射反应器。沸腾的氧化铝由径向喷射反应器的锥形喷射器多孔眼溢流出来，在立管式烟道内形成一个均匀的水平截面，使烟气与氧化铝充分混合进行吸附反应，这样既减少了氧化铝的破损率，又降低了反应器本身的阻力损失，提高了反应效率。

(3)密闭物料输送技术。氧化铝水平输送采用风动溜槽，采用气力提升机垂直输送，大大减少了氧化铝在输送过程中的飞扬损失，物料输送效率高。

(4)分料技术。通过对14个分料器的流量进行控制，以确保单位时间内加入每个径向喷射反应器的氧化铝量为恒定，保证整个系统的净化效率。

5)运行结果。经过两年多的运行，监测结果显示所有污染物的排放指标均低于国家标准，达标率均为100%。同时本套干法净化系统年回收氟化盐864.267 t左右，回收氧化铝1106 t左右，取得了良好的经济、环境和社会效益。

**3. 山西某镁业公司烟气、粉尘的治理**

1)概述。山西某镁业公司是金属镁及其深加工产品的企业，镁冶炼采用皮江法工艺，现已形成年产金属镁锭5万t、镁基合金2万t的生产规模。公司拥有竖窑27座、回转窑生产线1条、球磨机9台、还原炉136台、精炼炉35台，燃料结构以烟煤、无烟煤为主。污染物以烟尘、二氧化硫和粉尘为主。

为削减企业排污总量，公司对老厂进行异地搬迁改造。在厂址选择和厂区规划时充分考虑到污染物的排放总量、当地的环境空气质量和污染物的扩散能力。

2)采用清洁生产工艺源头治理。皮江法炼镁工艺粗放，污染物排放总量大、治理难度大，所以应采取清洁生产工艺，从源头治理环境污染。

(1)提升原料车间工装水平。镁冶炼原料车间是将破碎后的硅铁和煅白进行混磨压球制成球团，工艺密封性差，无组织排放的粉尘浓度较大。为此，公司对原料车间进行改造，采用电脑配料装置自动控制。硅铁和煅白经破碎后，分别进入硅铁料仓和煅白料仓，经微机配料后进行混磨压球，另外，将球磨机安装于地下可有效降低噪声、粉尘的排放。

(2)采用先进的白云石煅烧工艺。公司之前主要采用竖窑煅烧白云石，该工艺技术落后、污染物排放量大。为此，公司决定采用回转窑生产线替代现有竖窑煅烧白云石，共设计5条回转窑生产线，生产能力为14 t/h 条窑。改造后可大幅提高公司的机械化程度，削减排污总量。

(3)加快炉窑改造。公司采用燃煤还原炉还原粗镁，单炉装还原罐支数达 26 支。为节约粗镁还原过程中燃料的消耗，相继开发了单炉装还原罐支数 30、34、38 支的新炉型。通过炉窑改造节约了燃料的消耗，从源头上降低了烟尘和二氧化硫的排放。

(4)采用半连续浇铸工艺。公司之前采用人工浇铸、洒硫磺粉保护的方式进行铸锭，铸锭过程中产生的二氧化硫气体属于无组织排放，难以收集。为此，采用半连续浇铸的方式进行铸锭，即采用抽液泵将镁液从精炼坩埚抽入电保温炉内，并于浇铸机上方安装集气罩，收集浇铸过程中产生的酸性有害气体，由引风机引入碱液中和塔经中和处理后排放。

(5)综合利用烟气余热。镁冶炼还原炉烟气温度高达 900℃，可利用烟气余热。为此，公司采用余热锅炉回收利用还原炉高温烟气生产蒸汽来驱动蒸汽射流真空机组。采用余热锅炉替代传统的机械真空泵抽真空，可节约 350 kWh/t 镁，生产成本可节约 100 元/t 镁，同时提高抽真空速度。

3)采取措施治理烟气、粉尘。废气主要来自于白云石煅烧、还原炉烟气、精炼炉冶炼过程中产生的烟尘和二氧化硫；原料车间球磨压球、还原炉扒渣、燃料堆场扬尘的无组织排放以及精炼浇铸过程中二氧化硫的无组织排放。公司在源头治理的同时，狠抓末端治理，相继研发了一系列点源和面源污染治理设施，具体见表 8－10，大气污染物经治理后全部实现达标排放，排放浓度见表 8－11。

**表 8－10　大气污染治理设施**

| 序号 | 污染源 | 主要污染物 | 治理措施 |
|---|---|---|---|
| 1 | 白云石煅烧 | 烟尘、$SO_2$<br>烟气黑度 | 回转窑：喷淋塔湿式除尘器<br>竖窑：沉降式湿式除尘器 |
| 2 | 原料破碎、球磨压球 | 粉尘 | 高压静电除尘器收集 |
| 3 | 还原炉 | 烟尘、$SO_2$<br>烟气黑度 | ①高效射流脱硫除尘器；<br>②喷淋式除尘器；<br>③二级文丘里洗涤除尘器 |
| 4 | 还原炉扒渣 | 粉尘 | ①喷淋塔除尘器；<br>②集气罩＋引风机＋湿式除尘器 |
| 5 | 精炼炉 | 烟尘、$SO_2$<br>烟气黑度 | ①高效射流脱硫除尘器；<br>②旋风湿式脱硫除尘器 |
| 6 | 精炼铸锭 | $SO_2$ | 集气罩＋引风机＋碱式中和塔 |
| 7 | 原燃料堆场 | 扬尘 | 轻型钢棚封闭，场地硬化，<br>设自动洒水装置 |

表 8－11　废气污染物排放浓度

| 标准名称 | 污染物 | 无组织排放最高允许浓度/(mg·m$^{-3}$(标态)) | 最高允许排放浓度/(mg·m$^{-3}$(标态)) | 最高允许排放浓度 | | 备注 |
|---|---|---|---|---|---|---|
| | | | | 排气筒高/m | 标准值/(kg·h$^{-1}$) | |
| 《工业炉窑大气污染物排放标准》GB 9078—1996 | 烟(粉)尘 | | 200 | | | 煅烧窑 |
| | | 25 | 200 | | | 还原炉<br>精炼炉 |
| | $SO_2$ | | 850 | | | 煅烧窑<br>还原炉<br>精炼炉 |
| 《大气污染物综合排放标准》GB 16297—1996 | $SO_2$ | 0.4 | 550 | 50 | 39 | 无组织排放允许浓度最高点 |
| | 颗粒物 | 1.0 | 120 | 15 | 3.5 | |
| | | | | 50 | 60 | |

## 8.2　废水治理

### 8.2.1　废水主要来源及特点

#### 1. 氧化铝废水

由于国内铝土矿资源的铝硅比普遍偏低，因此在氧化铝的生产过程中一般都需要使用大量的水，同时也产生大量外排废水。据有关资料统计，国内大型氧化铝厂日外排废水可达 4 万 ~6 万 $m^3$。一方面，水作为溶剂几乎贯穿于整个生产过程，伴随着各种浆液或溶液进行各种物理化学反应。另一方面，水作为冷却水，用于各个生产工序的设备冷却。某氧化铝生产企业废水水质见表 8－12。

氧化铝生产过程中主要水污染物产生环节如下：①氧化铝系统主要用水单位为石灰制备、原矿浆磨制、溶出、预脱硅、赤泥分离洗涤、母液蒸发、氢氧化铝过滤等工艺用水，水中主要含碱；②煤气站产生冷却排水、酚油废水；③自备热电站的凝汽机、空冷机、油冷机等冷却水，主要污染物是 pH、SS；化学水处理间树脂再生(酸洗和碱洗)时产生的酸碱废水；④焙烧炉、空压机、真空泵等设备间接冷却水；⑤选精矿浓密机溢流水含有矿浆、碱等污染物；⑥各车间均有生活污水排出，污水中主要污染物为 COD 和悬浮物。

**表8-12 氧化铝生产废水水质**

| 序号 | 项目 | 全厂总排出口废水 | | | 循环水 | | | 石灰炉 $CO_2$ 洗涤排水 |
|---|---|---|---|---|---|---|---|---|
| | | 烧结法 | 拜耳法 | 联合法 | 烧结法 | 拜耳法 | 联合法 | |
| 1 | pH | 7~8 | 9~10 | 9~10 | 7~9 | >10 | 7~11 | 6.2~8.0 |
| 2 | 悬浮物/($mg·L^{-1}$) | 400~500 | 62 | 400~500 | 800 | | 300 | 400 |
| 3 | 总固形物/($mg·L^{-1}$) | 1000~1100 | 354 | 1100~1400 | 900~1300 | | 4000 | 180~1100 |
| 4 | 灼烧残渣/($mg·L^{-1}$) | 300~400 | 230 | 1200 | | | | |
| 5 | 总硬度/($mmol·L^{-1}$) | 3.21~5.35 | | 1.43~1.79 | 2.14~12.5 | 0.8 | 0.29 | 10~16.1 |
| 6 | 碱度/($mmol·L^{-1}$) | 2~4 | 3 | 7.86~10 | 9.26 | 12.5 | 50 | 3.93~7.86 |
| 7 | $SO_4^{2-}$/($mg·L^{-1}$) | 500~300 | 54 | 50~80 | 170~600 | | 180 | 500~900 |
| 8 | $Cl^-$/($mg·L^{-1}$) | 100~200 | 35 | 35~90 | 17~60 | | 44 | 60 |
| 9 | $HCO_3^-$/($mg·L^{-1}$) | 183 | | 122~732 | 336~448 | | 0 | 506~610 |
| 10 | $CO_3^{2-}$/($mg·L^{-1}$) | 84 | | 102~270 | 360 | 6.8 | 750 | |
| 11 | $SiO_2$/($mg·L^{-1}$) | 13~15 | 2.2 | 1.5 | 7~12 | | 10 | 8 |
| 12 | $Ca^{2+}$/($mg·L^{-1}$) | 150~240 | 3.4 | 14~23 | 16~180 | | | 16~300 |
| 13 | $Mg^{2+}$/($mg·L^{-1}$) | 40 | 11.5 | 13 | 12~42 | | 0.3 | 36 |
| 14 | $Al^{3+}$/($mg·L^{-1}$) | 40~64 | 5.3 | 90 | 9~37 | 65 | 170 | |
| 15 | $K^+$/($mg·L^{-1}$) | | | 25~45 | | | 140 | |
| 16 | $Na^+$/($mg·L^{-1}$) | 170~190 | | 180~270 | 60~190 | 276 | 460 | 38~160 |
| 17 | 总 Fe/($mg·L^{-1}$) | 0.02~0.1 | 0.07 | | | | 微量 | |
| 18 | 耗氧量/($mg·L^{-1}$) | 8~16 | 5.6 | 21 | | | | |
| 19 | 酚/($mg·L^{-1}$) | | | | | | | 3.1 |
| 20 | 游离 $CO_2$/($mg·L^{-1}$) | | | | | | | 160 |

**2. 电解铝废水**

1)电解铝生产系统。铝电解过程本身并不使用水也不产生废水。废水主要来源于配套设施，如：整流所、铝锭铸造、阳极组装车间、空间压缩站以及煤气站等工段的设备冷却或产品洗涤水。其中不与产品接触的间接冷却水一般不受污染，只是水的温度升高。而铝锭铸造环节用水串级冷却铝锭，排水含有少量浮油和铝渣。

铝电解生产时会散发以 HF 为主的有害烟气，通过烟气湿法净化产生浓度较低的含氟废水。若采用干法净化含氟烟气，废水量将大大减少。

2)预焙阳极生产系统。预焙阳极生产系统的主要用水有两类，一类为设备间接冷却水，如煅烧回转窑冷却水、空压站冷却水、沥青熔化设备及真空泵冷却用水等，这类水较为清洁，仅温度升高。另一类水为与物料直接接触的冷却水，如成型工段冷却水，水中含有少量焦油和粉尘。

某电解铝厂生产废水排放情况见表 8-13。

**表 8-13　某电解铝厂生产废水来源及排水特点**

<table>
<tr><th colspan="2">废水产生源</th><th>水质特点</th><th>排放规律</th><th>相对排放量</th></tr>
<tr><td rowspan="3">循环水排污<br>(不含封闭循环系统)</td><td>旁滤反洗排水</td><td>含泥砂等大量泥污</td><td>间断</td><td>处理能力的 5%</td></tr>
<tr><td>离子交换器再生排水</td><td>含盐量高</td><td>间断</td><td>处理能力的 1.5% ~5%</td></tr>
<tr><td>吸水池清污排泥</td><td>含泥砂等大量泥污</td><td>间断</td><td></td></tr>
<tr><td colspan="2">系统连续或间断排污</td><td>清洁，含盐量增加</td><td>间断或连续</td><td>连续排污循环水量的 1% ~3%</td></tr>
<tr><td rowspan="4">余热锅炉房及软水站</td><td>过滤预处理反洗排水</td><td>含泥砂等大量泥污</td><td>间断</td><td rowspan="4">锅炉或软水需要能力的 20% ~25%</td></tr>
<tr><td>离子交换器再生排水</td><td>含盐量高</td><td>间断</td></tr>
<tr><td>除氧器磁流机排污水</td><td>含盐量高</td><td>间断</td></tr>
<tr><td>锅炉排污水</td><td>含盐量高</td><td>间断</td></tr>
<tr><td colspan="2">实验室排水</td><td></td><td>间断</td><td></td></tr>
<tr><td colspan="2">车间地面冲洗、拖把槽等非直接生产性排水</td><td>含油污等</td><td>间断</td><td></td></tr>
<tr><td colspan="2">初期雨水</td><td>泥砂、氟化盐、油污等</td><td></td><td>按截留倍数 1 ~2 计</td></tr>
</table>

**3. 镁冶炼废水**

氯在氯化工序作为原料参与生成 $MgCl_2$ 的反应，而在 $MgCl_2$ 电解中从阳极析出，再被送往氯化工序参与氯化反应，这样氯被往复循环使用。因此，镁冶炼(电解法)废水中能对环境造成危害的成分主要是盐酸、次氯酸、氯盐和少量游离氯。

镁厂的整流所、空压站及其他设备间接冷却排水未受污染，仅温度升高。氯化炉(竖式电炉)尾气洗涤废水、排气烟道和风机洗涤废水以及氯气导管冲洗废水均呈酸性(盐酸)，其中还含有氯盐。电解阴极气体在清洗室用石灰乳喷淋洗涤，排出废水含有大量氯盐。镁锭酸洗镀膜虽废水量少，但含有重铬酸盐和氯化物等。

镁冶炼废水的特征见表 8－14。

**表 8－14　镁冶炼废水特征**

| 废水类别 | 来　源 | 废水特点 |
|---|---|---|
| 间接冷却水 | 镁厂的整流所、空压站及其他设备间接冷却水 | 未受污染，仅温度升高 |
| 尾气洗涤水 | 氯化炉尾气 | 呈酸性(盐酸)，含有氯盐 |
| 洗涤水 | 排气烟道和风机洗涤水 | |
| 氯气导管冲洗废水 | 氯气导管 | |
| 电解阴极气体洗涤水 | 电解阴极气体经石灰乳喷淋洗涤而得 | 排出的废水含有大量氯盐 |
| 镁锭酸洗镀膜废水 | 镁锭酸洗镀膜车间 | 量少，但含有重铬酸钾、硝酸、氯化铵等 |

镁生产废水通常是含酸性较强和浓度较高的氯盐废水，其水质见表 8－15、表 8－16 和表 8－17。

**表 8－15　竖式电炉(氯化炉)尾气洗涤废水水质**

| 序号 | 项目 | 含量 | 序号 | 项目 | 含量 |
|---|---|---|---|---|---|
| 1 | pH | 0.5～2.0 | 13 | 总铁/($mg\cdot L^{-1}$) | 30～200 |
| 2 | 嗅味 | 刺激性氯臭 | 14 | 溶解性铁/($mg\cdot L^{-1}$) | 50 |
| 3 | 悬浮物/($mg\cdot L^{-1}$) | 150～500 | 15 | 铬/($mg\cdot L^{-1}$) | 0.03 |
| 4 | 总固形物/($mg\cdot L^{-1}$) | | 16 | 锰/($mg\cdot L^{-1}$) | 2.2 |
| 5 | 总固形物灼烧减重/($mg\cdot L^{-1}$) | 350～810 | 17 | 砷/($mg\cdot L^{-1}$) | 0.4 |
| 6 | 总酸度/($mmol\cdot L^{-1}$) | 35～150 | 18 | 硫酸盐/($mg\cdot L^{-1}$) | 100～216 |
| 7 | 总硬度/($mmol\cdot L^{-1}$) | 6.43～7.86 | 19 | 氯化物/($mg\cdot L^{-1}$) | 1400～2500 |
| 8 | $K^+$/($mg\cdot L^{-1}$) | 4.25 | 20 | 游离氯/($mg\cdot L^{-1}$) | 34 |
| 9 | $Na^+$/($mg\cdot L^{-1}$) | 48.1 | 21 | 酚/($mg\cdot L^{-1}$) | 10～20 |
| 10 | $Ca^{2+}$/($mg\cdot L^{-1}$) | 16～70.72 | 22 | 油/($mg\cdot L^{-1}$) | 70～80 |
| 11 | $Mg^{2+}$/($mg\cdot L^{-1}$) | 16～99 | 23 | $BOD_5$/($mg\cdot L^{-1}$) | 28 |
| 12 | $Al^{3+}$/($mg\cdot L^{-1}$) | 6.0～45.0 | 24 | 吡啶/($mg\cdot L^{-1}$) | 13 |

表 8-16　氯气导管冲洗废水水质

| 项目 | HCl | $Cl_2$ | $Cl^-$ | $MgCl_2$ | $CaCl_2$ |
|---|---|---|---|---|---|
| 含量/($mg \cdot L^{-1}$) | 1280 | 21 | 3890 | 5190 | 2780 |

表 8-17　净气室排出废水水质

| 项目 | 有效氯 | $MnCl_2$ | $SiCl_4$ | $FeCl_3$ |
|---|---|---|---|---|
| 含量/% | 0.04 | 0.02 | 0.44 | 0.35 |
| 项目 | $CaCl_2$ | $MgCl_2$ | $K_2SO_4 + Na_2SO_4$ | |
| 含量/% | 29.4 | 0.45 | 0.085 | |

## 8.2.2　治理技术

### 1. 氧化铝废水污染治理技术

1)工艺废水治理。各类槽、罐发生冒槽、溢流事故时物料外排，这部分废液直接返回工艺系统；循环水，由于氧化铝生产过程中碱不可避免地进入循环水系统，易造成设备及管道结垢，宜设置单独的循环水处理站，并对补充水进行软化，除去 $Ca^{2+}$、$Mg^{2+}$ 离子；另外，空压站、自备电站、焙烧炉等清洁设备的冷却水，设独立循环水系统，实现水的循环使用。预脱硅、溶出、种分、氢氧化铝洗涤过滤等工序的设备冷却水水质较好，集中设循环水系统统一调配使用。

2)热力车间废水治理。氧化铝生产需要大量的蒸汽，热电车间属于氧化铝厂的配套工程。这部分废水含盐量较高，需采用软化处理，常用处理方式包括离子交换、反渗透、电渗析及其组合工艺。采用反渗透－离子交换法联合脱盐工艺，可比传统的离子交换工艺减少 95% 的废水量，这部分含盐废水单独净化处理后，用于煤场、道路喷洒。

3)煤气车间含酚废水治理。煤气车间工业废水主要是间冷器产生的含酚废水，含酚废水由酚类、油类、悬浮物及水等组成，其中酚类以一元酚为主，以苯酚含量最高，其次还有间对甲苯酚。由于煤种、气化设备、生产工艺和操作条件等不同，煤气车间排放的废水水质差别很大，处理方法也因之而异。

含酚废水在酚水池内经沉淀、除油、过滤等预处理工艺后进行生化处理。含酚废水生化处理多采用活性污泥法、生物转盘和生物接触氧化法。

4)生产废水处理站。各氧化铝厂均设有工业废水处理站来集中处理生产废水，包括各车间工艺跑、冒、滴、漏和冲洗地坪废水、雨水、设备冷却水、水槽溢流、悬浮物浓度较大的赤泥回水、高压溶出车间及蒸发器的酸性废水等。一般采用混凝沉淀工艺。各生产系统的生产排水经汇集后进入废水处理站，经加药、沉淀去除废水中的悬浮物、泥沙和油。表 8-18 为国内氧化铝厂工业废水处理站的情况。

表 8-18　工业废水处理站处理能力及水质排放一览表

| 厂名 | 处理能力 /($m^3 \cdot d^{-1}$) | 处理站出水水质(浓度单位：除 pH 外，为 $mg \cdot L^{-1}$) | | | |
|---|---|---|---|---|---|
| | | pH | SS | COD | 油类 |
| 山东铝业公司 | 72000 | 9.5~11.4 | 10~50 | 10~20 | 3~5 |
| 长城铝业公司 | 330000 | 9~11 | 15~60 | 25~60 | 1 |
| 平果铝厂 | 10000 | 11~12 | 5~47 | 8~68 | 0.74 |
| 中州铝厂 | 12000 | 8~9 | 10~50 | 10~20 | 0.5 |

目前常用的混凝剂按化学组成包括无机盐类和有机高分子类，无机盐类如三氯化铁、硫酸亚铁、硫酸铝、聚合氯化铝、聚合硫酸铁。高分子絮凝剂分为天然和人工两种，根据高分子聚合物所带基团能否离解及离解后所带离子的电性，有机高分子混凝剂可分为阴离子型、阳离子型和非离子型。国内各大氧化铝厂运行结果表明：用高效絮凝剂代替聚合氯化铝，絮凝效果稳定、可靠、高效。

另外，将提升泵由固定式改为活动式，便于检修，保证了废水站的正常运转；赤泥回水悬浮物浓度较大，不经过提升泵集水池，直接进预沉池进行处理。处理后的工业废水仍含有一定的碱度，使系统设备管道结垢速度降低。

5）生活污水。生活污水主要来源于各工段卫生间、食堂、浴室的排水，其水质与城市生活污水相似，主要污染物为 SS、COD、$NH_3-N$。按处理程度划分，生活污水处理技术可分为一级、二级和三级处理。一级处理主要去除废水中的悬浮固体和漂浮物质，同时还通过中和等预处理措施对废水进行调节，然后排入受纳水体或二级处理装置。一级处理设施主要包括筛滤、沉淀等物理处理。一级处理的废水 BOD 去除率在 30% 左右，达不到排放标准，仍需进行二级处理。二级处理主要去除废水中呈胶体和溶解状态的有机污染物质，采用各种生物处理方法，BOD 去除率可达 90% 以上，处理水可以达标排放。三级处理是在一级、二级处理的基础上，对难降解的有机物、氮、磷等营养性物质进一步处理。采用的方法包括混凝、过滤、离子交换、反渗透、超滤、消毒等。

废水中的污染物成分相当复杂，往往需要采用几种方法的组合流程，才能达到处理要求。对于某种废水，要根据废水的水质、水量，回收其中有用物质的可能性，经过技术经济比较后才能决定采用哪种处理方法。具体生活污水治理工艺见相关章节。

**2. 电解铝废水污染治理技术**

电解铝厂生产用水不直接进入产品，所以耗水量不大，用水点比较集中，便于设置独立的循环水系统。含氟废水主要由电解槽烟气湿法净化产生，其废水量、废水成分和湿法净化设备及流程有关。吨水废水量一般在 1.5~15 $m^3$。

1)循环水系统。一般设备冷却水使用前后只有水温升高的净循环水系统，只设冷却塔和冷水池即可满足生产要求，长时间运行后因含盐量增加需少量排污。与产品直接接触的冷却等用水点，水质较差，循环系统须设置沉淀池，沉淀池设撇油机，将浮油撇出后循环使用。

而少量零散用水点的排水及部分车间地坪冲洗水等，可以设置全厂工业废水处理站集中处理，达标排放或者统一调度作为各用水点的补充水。

2)含氟废水处理。国内外处理工业含氟废水的方法有多种，常用的方法主要有两大类，即沉淀法和吸附法。除此之外，还有冷冻法、离子交换法、液膜法、反渗透法、超滤、电渗析法、电凝聚法、共蒸馏法等。这里重点介绍沉淀法和吸附法。

(1)沉淀法。沉淀法分为化学沉淀法和混凝沉淀法。

①化学沉淀法。化学沉淀法主要在高浓度含氟废水中采用，废水 pH 一般为 2 左右，其常规处理采用钙盐沉淀法，即向废水中投加石灰乳、石灰粉来中和废水的酸度，并投加适量的其他可溶性钙盐如 $CaSO_4$ 和 $CaCl_2$ 等，使废水中的 $F^-$ 与 $Ca^{2+}$ 反应生成 $CaF_2$ 沉淀而除去。

$$Ca^{2+} + 2F^- = CaF_2$$

石灰和硫酸钙价格便宜，但溶解度小，只能以乳状液投加，由于生成的 $CaF_2$ 沉淀包裹在 $Ca(OH)_2$ 或 $CaSO_4$ 颗粒的表面，使之不能被充分利用，因而用量很大。$F^-$ 与 $Ca^{2+}$ 反应生成 $CaF_2$ 的反应速度较慢，达到平衡所需的时间较长。为加快反应，需加入过量的 $Ca^{2+}$，使投加的钙盐与水中 $F^-$ 的摩尔比达到 2 以上。

石灰法除氟工艺具有方法简单、处理方便、成本费用低等优点，但存在处理后泥渣沉降缓慢、脱水困难、出水很难达标等缺点。

用电石渣替换石灰除氟，效果与石灰法类似，但泥渣易于沉淀和脱水，处理成本较低。

②混凝沉淀法。混凝沉淀法一般只适用于含氟较低的废水处理。在强酸性高氟废水处理中，混凝沉淀法常与中和沉淀法配合使用。

混凝沉淀法主要采用铁盐和铝盐两大类混凝剂除去工业废水中的氟。其机理是利用混凝剂在水中形成带正电的胶粒吸附水中的 $F^-$，使胶粒相互聚集为较大的絮状物沉淀，以达到除氟的目的。

铝盐类混凝剂除氟效率可达 50% ~80%，可在中性条件(一般 pH 6 ~7.5)下使用。铝盐除氟是利用 $Al^{3+}$ 与 $F^-$ 配合以及铝盐水解中间产物和最后生成的 $Al(OH)_3$ 矾花所产生的物理吸附、卷扫作用除去废水中的 $F^-$。常用的铝盐混凝剂有硫酸铝、聚合氯化铝、聚合硫酸铝，均能达到较好的除氟效果。使用硫酸铝时，混凝最佳 pH 为 6.4 ~7.2，但投加量大，根据不同情况每吨水需投加 150 ~1000 g，这会使出水中含有一定量的对人体健康有害的溶解铝。使用聚合铝(聚合氯化铝、聚合硫酸铝等)后，用量可减少一半左右，混凝最佳 pH 范围扩大到5～8。

与钙盐沉淀法相比，铝盐混凝沉降法具有药剂投加量少、处理水量大、成本低、一次处理后出水即可达到国家排放标准的优点，适用于工业废水的处理。但铝盐混凝沉淀法除氟效果受搅拌条件、沉降时间等操作因素及水中$SO_4^{2-}$、$Cl^-$等阴离子浓度的影响较大，出水水质不够稳定。

铁盐类混凝剂一般除氟效率不高，仅为10%～30%。铁盐要达到较高的除氟率，需配合$Ca(OH)_2$使用，要求在较高的pH条件下（pH>9）使用，且排放废水需用酸中和调节pH才能达到排放标准，工艺较复杂。

（2）吸附法。由于吸附法的成本较低，而且除氟效果较好，一直是含氟废水处理的重要方法，且主要用于处理低浓度含氟工业废水。

含氟废水通过装有氟吸附剂的装置，$F^-$与吸附剂中的离子或基团交换而被吸附在吸附剂表面，以达到除氟的目的。吸附剂则可通过再生恢复交换能力。

吸附剂是一种多孔性物质，可分为无机类、天然高分子类、稀土类和羟基磷灰石等，无机类吸附剂主要有活性氧化铝、载铝离子树脂、铝土矿、聚合铝盐、分子筛、活性氧化镁、活性炭等。天然高分子类吸附剂主要有褐煤吸附剂、功能纤维吸附剂、粉煤灰吸附剂、壳聚糖和茶叶质铁等。稀土类吸附剂，大部分是由稀土元素的水合物负载组分与$F^-$相互作用以达到除氟目的。

吸附法处理含氟工业废水的影响因素主要为pH（不宜太高，pH最好为5左右）、吸附剂的性质和吸附温度（因吸附过程是放热反应，温度高对吸附不利）。

**3. 镁冶炼废水污染治理**

在金属镁冶炼生产过程中产生的废水一般均回收二次利用，不外排；生活污水由污水处理设施处理后排至复用水池回用。

还原法冶炼镁过程产生的各种排水基本不污染水环境，可以直接或经沉淀后外排。电解法冶炼镁过程产生气体净化废水和氯气导管及设备冲洗废水，含盐酸、硫酸盐、游离氯和大量氯化物，常用石灰乳或石灰石粒料作中和剂中和后排放。

### 8.2.3　案例

**1. 河南某氧化铝企业废水治理实例**

河南某氧化铝企业年产80万t氧化铝。该企业设置循环水系统，各种小型、分散设备间接冷却排水均作为循环水系统的补充水，循环水系统的排污水排入污水处理厂处理，处理后的水用于拜尔法种子分解中间降温和热电厂锅炉冲渣、除尘，使该企业工业用水和排水实现封闭循环，废水实现零排放，避免碱的流失和污染，较好地解决了生产废水污染问题。

1）净循环水系统。氧化铝系统中熟料溶出、压煮脱硅、分离洗涤、母液蒸发、烧成窑、焙烧炉以及电厂凝汽机、空冷机、油冷机等环节需要冷却，产生设备间接冷却水，此部分废水除水温变化外，基本不含有害物质，通过设置净循环水系统，经冷却塔冷却后循环利用。

2）氧化铝生产循环水系统。生产设备冷却、溶出、控制过滤、赤泥沉降洗涤、过滤及输送、精液降温种子分解、氢氧化铝过滤等工序冷却用水均排入该循环系统。保持循环水在一定的浓缩倍数下运行，对10%的循环水进行分流澄清处理，保证循环水悬浮物含量符合循环水水质标准。

3）选矿浊循环水系统。选矿车间铝土矿选矿浮选工艺用水主要含悬浮物及选矿药剂，设置选矿浓密机溢流水循环系统，回收的溢流水进入回水池，返回选矿浊循环水系统使用的水量为3.4万 $m^3/d$。

4）煤气站循环水系统。煤气站洗涤水中含有酚、氰、硫化物等多种污染物，需设置独立的循环水系统。循环水系统包括沉淀池、循环水泵房和冷却水装置。在沉淀池中定期投入硫酸铝等絮凝剂，洗涤水经除油、沉渣后再依次进入热水池、冷却塔、冷水池循环使用。为改善循环水水质，该系统设有旁流20%循环水的处理设施，即污水经沉淀、除油后，80%的废水送冷却塔降温后循环使用，另外20%的废水用次氯酸钠作深度氧化处理，处理后仍返回循环水系统使用。

5）酚油废水焚烧处理。煤气站循环水系统每天收集28.8 $m^3$ 酚油废水，该废水中含有大量的酚类等有机污染物，可送入煤气厂配套的酚油废水焚烧炉焚烧。

6）含碱水的综合利用。对车间跑、冒、滴、漏产生的含碱水的工艺物料，以及地坪、设备冲洗水，经专门的污水泵站送往原矿浆磨制工序回收利用。另外，氧化铝生产过程产生的含碱水、母液、硅渣及其附液、赤泥洗液以及赤泥堆场返回的附液也送往原料磨制工序综合利用。

7）赤泥逆向洗涤，减少用水量。赤泥是氧化铝生产过程中提取氧化铝后的固体废物，采取逆向洗涤方式，可减少用水量，洗涤后的溶液作为工艺回水用于配料，其中的含碱液为可回收碱液。这样可控制用水量，避免工艺回水饱和造成含碱废水排放。

8）工业废水处理站。目前国内各氧化铝厂均设有生产废水集中处理的工业废水处理站，各系统生产排水经全厂排水管网汇入总管，然后排入工业废水处理站。经加药、混凝沉淀工序去除废水中的悬浮物、泥沙和油。

废水处理站处理系统SS去除率为97%～98%，COD去除率为60%，净化后水中SS <50 mg/L。

9）生活污水处理站。生活污水处理站日处理能力达240 $m^3$，由竖流式斜管沉淀池、两级接触氧化池、二沉池、消毒池以及快滤池组成污水处理站BOD净化效率大于80%，处理后的出水BOD浓度小于30 mg/L。处理后的生活废水送生产污水处理设施二次处理后作为氧化铝生产补充水，污泥排入赤泥堆场。

只有控制了氧化铝生产过程中的新水用量，才能减少生产过程产生的污水量，从而减少进入工业废水处理站的水量，使得工业用水做到良性循环。本厂采取上述各项积极措施后，氧化铝新水耗量仅为 11.94 t/t $Al_2O_3$，用水指标处于国内先进水平。

**2. 辽宁某铝厂镁生产酸性废水的处理**

1）酸性废水来源。氯化炉（竖式电炉）尾气洗涤废水是酸性废水的主要来源，排气烟道和风机洗涤废水以及氯气导管冲洗废水均属于酸性废水。废水产生量 4000 ~ 5000 $m^3/d$，水质 pH 1.4 ~ 2.1，主要物质为盐酸，浓度在0.92 g/L，另外还含有少量氯盐及浮渣（由焦油、挥发分及氯化镁等组成）。

2）处理工艺及构筑物。废水处理采用升流式膨胀滤池 + 曝气工艺。氯化工段产生的含盐酸洗涤废水经耐酸排水管道排入均化沉淀池，在除去废水中的悬浮物和浮渣后，废水由玻璃钢离心泵送入升流式膨胀滤池，盐酸、次氯酸与石灰石进行中和反应，生成的氯化钙及次氯酸钙由滤池上部溢出，碳酸部分则随溢流水进入曝气装置，以脱除 $CO_2$ 气体提高 pH。废水经曝气装置后再经沉淀池澄清处理，出水 pH 可达 6 以上，并最终排入全厂排水管网。

该废水处理站的构筑物包括均化沉淀池、升流式膨胀滤池、曝气系统及沉淀池，详见表 8 - 19。均化沉淀池及中和后沉淀池是根据苏联的设计而改建的，升流式膨胀滤池按负荷 50 ~ 80 kg/($m^2$ · h)、滤速 60 ~ 100 m/h、进水 pH 2 ~ 3 设计。

**表 8 - 19　主要构筑物及尺寸**

| 名称 | 数量 | 设计参数 | 尺寸/m | 结构形式 |
|---|---|---|---|---|
| 均和沉淀池 | 1 座 | 利用原中和池改建，容积 50 $m^3$，分为四格 | 每格 6.5 × 5.2 × 4.5 | 钢筋混凝土 |
| 升流式膨胀滤池 | 3 座 | 处理量 4500 $m^3/d$，进水 pH 2 ~ 3，滤速 60 ~ 100 m/h，滤料层厚度 1 m | 外径 1.2 | 钢 |
| 曝气塔 | 1 座 | 流量 125 ~ 150 $m^3/h$ | 扩散区直径 2.4 | 钢筋混凝土 |
| 阶梯曝气设备 | 1 座 | 总高 4 m，宽度 3 m | 2.1 × 2.1 × 6.0 | 钢结构、刷防腐漆 |
| 沉淀池 | 1 座 | 利用原中和池改建，分为四格 | 每格 6.5 × 5.2 × 4.5 | 钢筋混凝土 |
| 耐腐蚀泵 | 4 台 | 100FS - 12 - 31 型 | | |
| 鼓风机 | 2 台 | 流量 4020 ~ 7420 $m^3/h$，扬程 2001 ~ 1314 Pa | 4# B4 - 72 型 | |
| 电动单轨葫芦 | 1 台 | | | |
| 电磁振动给料机 | 1 台 | | DZ3 型 | |

## 8.3 废渣处理

### 8.3.1 废渣主要来源及特点

**1. 赤泥**

赤泥是铝土矿提取氧化铝后的废弃物，也是氧化铝的生产过程中产生的主要固体废物。赤泥废液含碱，pH 11~13，属腐蚀性危险废物。国外用拜尔法每生产1 t氧化铝产生赤泥0.3~2 t，国内烧结法每生产1 t氧化铝赤泥产量为1.8 t/t $Al_2O_3$，联合法为0.96 t/t $Al_2O_3$，拜耳法赤泥产生量为0.9~1.1 t/t $Al_2O_3$。全世界年产赤泥量约5000万t以上，2003年，我国赤泥年排放500万t以上。大多赤泥采取堆场湿法存放或脱水干化进行简单处置，因而后果日趋严重：建造堆场需占用大片土地，使基建投资增加；赤泥中含碱和少量放射性物质，长期堆存经晒干后造成粉尘飞扬，严重污染大气；由于风吹雨淋致使赤泥流入江河湖泊，造成淤塞、毒化水质，直接影响农业和渔业生产，成为重要的污染源。因生产工艺与产品种类不同，所生产的固体废物赤泥亦各不相同，如烧结法赤泥主要矿物成分为硅酸二钙、硅酸钙和铝硅酸钙。拜尔法赤泥矿物组成为铝硅酸钙、硅酸钙和铝硅酸钠。另外，热电站排放煤灰渣，煤气站也产生部分炉灰渣，这些灰渣属于一般工业固体废物Ⅱ类。

**2. 电解铝废渣**

铝电解槽内衬的寿命约1500天，4~5年需大修一次，在阴极内衬大修时，槽内衬中的炭块、耐火砖、氧化铝保温料、绝热板、石膏板等内衬需全部刨出来，这些废阴极内衬由于长期在高温下与电解质发生电化学反应，吸附了大量的有害物质，生成一些有毒物质。这些废渣是电解铝生产过程中产生的主要固体废物。据郑州研究院对我国不同电解铝厂、不同内衬结构的电解槽外排废槽衬的分析结果，氟化物和耐火保温材料各占其总固体质量的30%左右，炭质材料占37%左右，氰化物占0.2%，其他占2%左右。废渣浸出液试验表明，电解槽废内衬主要危害为氟污染，氟化物主要以氟化钠、冰晶石形式存在，浸出液含氟量平均在2000 mg/L左右，最高可达6000 mg/L，氰化物以NaCN和$Na_4[Fe(CN)_6]$形式存在，$CN^-$约15 mg/L，根据《危险废物鉴别标准》判别属于危险废物，若不妥善处理将造成严重危害。

以年产20万t铝厂为例，废渣排放情况如表8-20所示，由表可见，每生产1 t铝，废渣中的氟含量达5 kg以上，需要处理回收。

表 8-20　电解铝废渣情况

| 项目 | 废渣量/($t \cdot a^{-1}$) | 含氟量/% | 含氟量/($t \cdot a^{-1}$) | 含氟量/($kg \cdot t^{-1}$ Al) |
|---|---|---|---|---|
| 耐火砖 | 5400 | 8 | 450 | 2.25 |
| 炭块 | 4600 | 4 | 650 | 3.25 |
| 合计 | 10000 | 11 | 1100 | 5.50 |

**3. 镁冶金废渣**

在镁及镁合金生产过程中，熔体中往往含有大量的氧化物和 Fe、Cu、Ni、Si 等杂质元素，这些杂质的存在将显著降低镁合金的力学性能和耐腐蚀性能，因此，必须对熔体进行精炼处理以降低杂质含量。目前普遍采用 RJ-2 精炼熔剂进行精炼处理，熔剂吸附熔体中所含杂质，形成密度较大的混合物沉淀底部，与金属液分离，从而达到去除金属液中杂质的目的。已吸附杂质的熔剂成为固体废渣，每冶炼 1 t 镁锭，将产生 0.2 t 左右的精炼废渣。

目前，企业一般只对固体废渣进行简单的破碎、磨细后，通过风选回收固体废渣中的金属镁，回收后剩余的细粉渣(40~80 目)直接排放到较为偏僻处。据报道我国 2007 年产生了大概 13 万 t 的精炼渣。

各个不同的厂家因为生产原料及生产镁合金的品种不同，其精炼渣成分会有少量差异，表 8-21 为某企业精炼镁渣的化学成分。

表 8-21　某企业精炼镁渣的化学成分

| 成分 | $MgCl_2$ | KCl | NaCl | $BaCl_2$ | MgO | $CaCl_2$ | $CaF_2$ | $Mn^{2+}$ | 铁和铜离子总和 | 其他 |
|---|---|---|---|---|---|---|---|---|---|---|
| 含量/% | 51.2 | 32.6 | 2.7 | 2.2 | 5.1 | 3.2 | 0.5 | 0.03 | 0.2 | 2.2 |

可以看出，该废渣碱性较大且大多都是氯化物，如果仅仅是将其直接排放到较为偏僻之处而得不到很好的处理，随着时间的推移，废渣将产生风化形成粉尘，污染环境；废渣中大部分氯化物是水溶性的，在雨水的自然作用下会被溶解，从而渗入地表使土壤盐碱化，尤其 $BaCl_2$ 是一种对人体有毒的污染物，溶于水后日积月累污染地下水资源；废渣中的 $MgCl_2$ 极易吸潮，导致废渣中的残留金属镁与水发生放热反应，反应过程的热若不及时排出会加剧反应进行，从而引起废渣着火或爆炸；所以镁精炼渣应经过处理后才能外排，以减少对环境和人类的危害。

而且精炼镁渣中的 $MgCl_2$、KCl 及 MgO 含量很高，若直接排放，不仅污染环境，而且浪费宝贵的镁钾资源，资源的回收可增加企业收入，降低生产成本。

## 8.3.2 处理技术

**1. 氧化铝废渣－赤泥的处理与回用**

赤泥是从铝土矿中提炼氧化铝时产生的废渣。其性能随提炼氧化铝的工艺和所采用料不同而有较大的差异，CaO 占 40% ~50%，其次是 $SiO_2$，占 20% 左右，另外，有一定数量的 $Fe_2O_3$、$Al_2O_3$ 及少量 MgO、$Na_2O$、$TiO_2$。赤泥呈粉状，容重 0.7 ~1.0 $t/m^3$，表面积 0.5 $m^2/g$ 左右。

随着铝工业的发展，赤泥的排放量将越来越大。世界上大量的赤泥是采用海洋排放与陆地堆存的方法来进行处置的。我国主要采用赤泥坝堆存法。建造赤泥坝的方法一般有两种，一种是用外来建筑材料建造完整的赤泥库，使用过程中不需要再建后期坝；另一种是最初只建造一座低坝，而后随着赤泥的不断排放，再用赤泥逐渐形成新的坝体。后期赤泥堆坝的方式只宜在含有粗砂粒的赤泥时采用。赤泥库库底须做防渗处理，避免渗漏液污染地下水，并在下游设监测井随时观察水质变化。堆场周边设截洪沟和排水渠，避免大量雨水涌入。通过集液系统收集的废液，返回生产系统使用。

废弃赤泥既占用土地，又污染环境，同时还引起有用物质如有价金属、氧化铝及碱的损失，所以，赤泥引起了越来越多的技术、经济和环境问题。铝工业者多年来不断研究和探讨赤泥综合利用的问题，概括起来包括两方面的工作：一是将赤泥作为一般矿物原料，整体加以利用；二是提取赤泥中的有用组分，回收有价金属。

1）赤泥用做建筑材料的原料。主要包括生产水泥、炼钢用保护渣、硅钙肥料和塑料填充剂等。

（1）生产水泥。烧结法和联合法生产氧化铝产出的赤泥是一种以硅酸二钙及其水化物为主要矿物组成的硅酸盐类再生渣。赤泥经过滤脱水后，输送到水泥厂与砂岩、石灰石和铁粉等共同磨制成生料浆，用流入法在蒸发机中去除大部分水分后，加入回转窑煅烧成熟料，再加入适量石膏和矿渣等活性物质磨成水泥产品。质量符合普通硅酸盐水泥国家标准，并具有早强和抗硫酸盐等优良性能。

赤泥掺加量与含碱多少有关，在脱碱较好的条件下，赤泥配比可达 30%。如果铝土矿中含有放射性物质，可能在赤泥中富集，制成水泥后需满足有关标准要求。

（2）制造炼钢用保护渣。烧结法赤泥含有 $Na_2O$、$K_2O$、MgO 等熔剂组分，具有熔体物化特性，可用做炼钢保护渣材料，根据钢种和工艺条件的不同提供不同配方。保护渣生产工艺流程是将赤泥含水率降至 35% 以下，按配比加入辅料和添加剂，研磨到一定粒度，掺入外加剂、发热剂混匀，包装即为产品。作为保护渣生产的较好原料，赤泥资源丰富，组成成分稳定，是钢铁工业浇注用保护材料的理想原料。

（3）生产硅钙肥料和塑料填充剂。赤泥中除含有较高的硅钙成分外，还含有多种对农作物生长有用的常量元素(Si、Ca、Mg、Fe、K、S、P)和微量元素(Mo、Zn、V、B、Cu),可作为碱性复合硅钙肥料,促进农作物生长,增强农作物的抗病能力,降低土壤酸性,提高农作物产量,改善粮食品质。对于南方第四纪红壤和可溶性硅胶含量低的水稻田,肥效显著。

赤泥微粉可代替常用的重钙、轻钙、滑石粉及部分添加剂作为塑料填充剂,生产工艺方法简单:赤泥脱水至35%以下,经烘干、研磨即为硅钙肥料,进一步风选分级,粒度小于44 μm的细粉可作为塑料填充料。所生产的塑料具有耐磨性和抗老化性,比普通PVC制品寿命提高3~4倍,符合材料技术规范。

2)回收有价金属。赤泥中含有钛、铁、铬、锰等有价金属,可回收。

(1)回收二氧化钛。赤泥可经过选择性酸处理、过滤、倾析、洗涤和焙烧等步骤回收二氧化钛,大致步骤为:沸腾炉还原的赤泥,经分离出非磁性产品后,加入$Na_2CO_3$或$CaCO_3$进行烧结,在pH 10的条件下,浸出形成铝酸盐,再经加水稀释浸出,使铝酸盐水解析出,铝被分离后剩下的渣在80℃条件下用50%的硫酸处理,获得硫酸钛溶液,再经水解而得到$TiO_2$。

(2)回收铁。由于铝土矿含铁量水平不同,回收赤泥中铁的方法也有所区别。对于高铁含量的赤泥回收,可采用以下几种方法:①在富铁矿中掺入5%~15%的赤泥用做高炉炉料;②将赤泥在回转窑中进行还原焙烧生产海绵铁;③将赤泥用电炉直接熔炼得到生铁。而中国除了含$Fe_2O_3$约13%的平果铝土矿等少数铝土矿外,主要都是高硅低铁的一水硬铝石高岭石型铝土矿。针对一水硬铝石型铝土矿的特点,我国有关人员研究开发了用湿法脉动高梯度磁选来回收赤泥中的铁矿物,其工艺流程见图8-4。

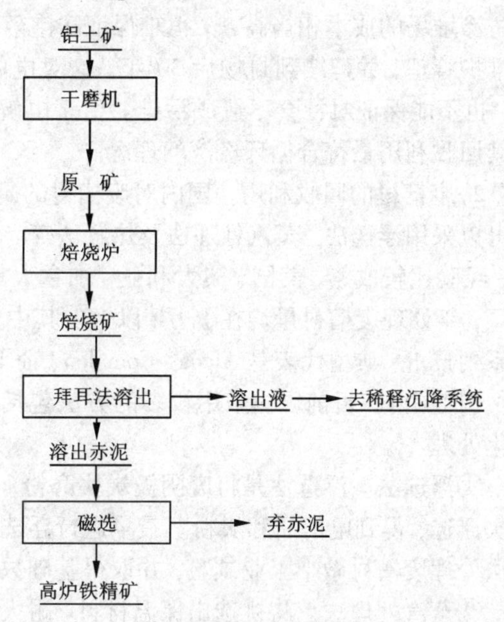


**图8-4 从拜耳法赤泥中磁选铁精矿工艺流程**

研究结果表明,含$Fe_2O_3$约13%的铝土矿,干磨后先低温焙烧,再经拜耳法溶出,所得赤泥进行磁选,磁选铁精矿含Fe 54%~56%,最高可达59%。

**2. 电解铝废渣的处理与回用**

目前我国电解铝厂外排的废槽衬基本上是露天堆放或直接掩埋,对人类健康和动、植物生存造成了较大危害，同时也造成了有用材料的浪费，急需进行安全处置或无害化利用。

1)废槽衬的填埋处理。电解槽废内衬属于固体危险废物，按照《危险废物填埋污染控制标准》GB 18598—2001 要求，此类危险废物必须送至满足其特性要求的安全填埋场进行处置。我国废内衬的平均可溶 $F^-$ 含量约 2000 mg/L，远远超过国家规定的稳定化控制限值，不能直接入场填埋，必须经预处理后方能入场填埋。

电解槽废内衬填埋场的选址和设计必须符合标准要求，如天然材料基础层和衬层不能满足要求时，须铺设人工材料衬层，一般用厚度不小于 1.5 mm 高密度聚乙烯塑料薄膜。基础层需要平整压实，防渗材料要黏接牢固，上部要铺保护垫层，设于沟谷中的堆场还要有排水导流设施，避免过多雨水侵入。废渣堆放须有专人管理分层堆放，及时覆盖压实。在适当的位置须设观察井，定期采样观察地下水受污染情况。此外，必须加强渣场日常运行管理，防止废炭块流失，避免不了解情况的居民当作燃料使用。

掩埋 1 t 废槽衬需要缴纳 1000 元排污费，而且掩埋前必须做防渗处理，而制作防渗堆场的成本相当高，又很难保证防渗效果，且当填埋场封场后必须继续进行维护管理，并延续到封场后 30 年，这对电解铝企业来说，排污成本将无法预计，也不能保证对社会不造成污染。由于电解槽废内衬含有大量的炭和氟化物，将其回收利用最符合循环经济的理念。

2)废槽衬的回收利用。国内对废槽衬的研究起步较晚，目前废阴极炭块的回收可以采用浮选法、蒸汽处理法及热解法等。而国外对废槽衬的研究比我国早很多，经验比较成熟，美国、澳大利亚、加拿大等国家已经建设废槽衬的无害化处理厂，年处理废槽衬量均在 1 万 t 以上。其中具有工业应用价值的主要是火法冶金系列技术，典型代表是 Alcoa、Comalco、前 Pechiney 和前 Reynolds 的处理技术。

(1)国内。目前国内采用较多的方法包括浮选法、蒸汽处理法、热解法及无害化处理。

①浮选法。浮选法是将废阴极炭块磨粉，与水和浮选剂一起加入浮选槽，经多次浮选，得到电解质和炭粉。最早进行浮选法研究的是东北大学。该大学用浮选法处理废槽衬做半工业试验，并取得基础数据。

②蒸汽处理法。将挑选出保温材料、耐火砖后的废炭块破碎为炭粒，送入已通蒸汽压力 $8\times10^5$ Pa 的回转窑中，加热至 200℃，除去炭粒中的碳化物和氮化物，氟、钠及其他化合物留在致密的炭粒内。这种炭粒可用于电极糊和阳极块的制作，很有经济价值，在国外已有小规模的工业化生产。

③热解法。将修槽废渣中的内衬炭块破碎后，与铝厂收尘系统收得的自焙槽烟灰混合，在 1200℃的通有空气和蒸汽的反应器内燃烧，释放的氯化氢与电收尘的烟气混合，经鞍洗塔净化，得到氯化氢溶液，在 80℃与氧化铝反应后，可生产

出含 18% $AlF_3$的氧化铝，供电解槽加料用。

④无害化处理。目前研究技术都处于小试验阶段，可喜的是国内外有关方面都在努力探索开发实现工业化规模的应用技术。如郑州研究院经多年研究，开发了国际首创的“铝电解废槽衬无害化技术研发及产业化应用”技术。该技术以石灰石为反应剂、粉煤灰为添加剂处理废槽衬，充分利用了粉煤灰中的 $Al_2O_3$和 $SiO_2$，达到了以废治废的目的，降低了处理成本。另外，中铝广西分公司于 2007 年立项建设国内首家无害化处理工厂，计划年处理废槽衬 15000 t。目前项目进展顺利。可行性研究报告已通过专家审查，现场取样、分析工作均已结束，无害化处理扩大试验已完成，经处理的无害化渣以 $Ca_4Si_2O_7F_2$、$CaF_2$ 为主，含有 $NaAl_7O_{11}$、CaO、$NaAlSiO_4$及 $\alpha-Al_2O_3$。经当地水泥厂工业生产水泥试验，其化学成分均满足水泥生产的要求，水泥厂愿意收购全部无害化渣。

(2)国外。典型工艺包括 AUSMEIT、SPLIT、SYNTHETIC SAND 及 COMTOR 等。

①Alcoa 公司开发的“AUSMEIT”工艺。该工艺目前已进入工业应用阶段，年处理废槽衬量 12000 t。工艺流程即在废槽衬中添加熔剂，混合料在处理温度为 1300℃的 AUSMELT 炉中进行处理，最终产品为玻璃态熔渣，另外回收 HF 生成氟化铝。

②前 Pechiney 公司开发的“SPLIT”技术。目前已建成年处理废槽衬 10000 t 的处理工厂。该技术在废槽衬中添加氧化钙和硫酸钙进行两段处理，处理温度在 800～1800℃范围内，使氰化物热解，氟化物转化为不溶的矿物，最终固体废料用做填土材料，处理 1 t 废槽衬约产出固体废料 1.65 t。

③Alcoa 和前 Reynolds 公司共同开发的“SYNTHETIC SAND”工艺。该工艺已进入工业应用，年处理废槽衬 100000 t。在废槽衬中加入石灰石和硅酸钙，混合料在回转窑中进行处理，处理温度 650～890℃，最终产品进行填埋处理。

④Comalco Aluminum Limited 开发的“COMTOR”工艺。该工艺现已建成年处理废槽衬 10000 t 的处理工厂。焙烧采用处理温度大于 550℃的 TORBED 炉，处理后产物包括炭粉、惰性残渣、萤石和拜耳碱液。

国外典型的废槽衬无害化处理工厂见表 8－22。

**表 8－22　国外典型的废槽衬无害化处理工厂**

| 国家 | 公司名称 | 年处理规模/$10^4$t | 工艺代码 |
|---|---|---|---|
| 美国 | Alcoa | 10 | Alcoa－SYN. SAND |
| | | 1.2 | Alcoa－AUSMELT |
| 澳大利亚 | Comalco | 1 | Comalco－COMTOR |
| 加拿大 | Alcan | 1 | Pechiney－SPLIT |
| | | 8 | Alcan－LCLL |

**3. 镁冶炼废渣的处理与回用**

1)作为镁冶炼的原材料。目前硅热法炼镁工艺使用的原料基本上都是白云石，白云石的化学成分为 $CaCO_3$ 和 $MgCO_3$，其中的 $MgCO_3$ 以 MgO 计其质量分数在 20% 左右，而镁精炼渣以 MgO 计其质量分数也大概在 20% 左右，所以可考虑将其作为再次冶炼镁的原料。

2)用作脱硫剂。利用氧化镁作为湿法脱硫工艺的脱硫剂，将氧化镁通过吸收剂浆液制备系统制成 $Mg(OH)_2$ 过饱和液，然后由泵抽入吸收塔与烟气充分接触，使烟气中的 $SO_2$ 与浆液中的 $Mg(OH)_2$ 反应生成 $MgSO_3$。干法脱硫工艺也可以使用精炼渣替代 $CaCO_3$ 混入含硫较高的煤中进行燃烧，以起到固硫的作用。

3)作为土壤改良剂。镁是植物生长的必需元素，陆地植物体内镁的平均含量可达 0.32%，我国土壤镁含量的背景值为 0.02% ~4.0%，平均为 0.78%，镁合金熔炼渣中的镁元素较高，而且多以氯化盐形式存在，易溶于水，只需要将其中的重金属离子去除掉后就可直接用做土壤改良剂，尤其适合于酸性土壤的改良，不仅添加了微量元素肥料，还有利于调节土壤的 pH。

4)用于生产建筑材料。由于镁精炼渣与镁还原渣在理化性质上相似，而镁还原渣目前已广泛应用于水泥生产和其他建筑材料中。所以，镁精炼渣同样也能应用于水泥生产、蒸养砖制作及其他建筑材料及墙体材料中。

## 8.3.3 案例

**1. 山东某氧化铝厂赤泥的综合利用**

该氧化铝厂在用烧结法生产氧化铝过程中排出大量赤泥，每生产 1 t 氧化铝产出赤泥 1.8 ~2 t，目前排出赤泥量为 750 ~800 kt/a，其烧结赤泥的密度为 2.7 ~2.9 $g/cm^3$，熔点为 220 ~1250℃，塑性系数为 16.8。该氧化铝厂赤泥的特点是 $Al_2O_3$、$Fe_2O_3$ 含量低，主要成分为 CaO、$SiO_2$，另外还伴存少量水合硅铝酸钠、水合氧化铁及铁铝酸四钙等矿物。该厂处理和利用赤泥有三种工艺：生产硅酸盐水泥、制造炼钢用保护渣以及制造硅钙肥料和塑料填充剂。

1)生产硅酸盐水泥

(1)概况。该氧化铝厂水泥产量为 100 万 t/a，水泥分厂 1988 年以前就已形成了年产 110 万 t 大型水泥厂生产能力，年利用赤泥 35 万 t，在生料中掺入 25% ~35% 赤泥生产普通硅酸盐水泥。同时还利用赤泥作为混合材料生产赤泥硅酸盐水泥和赤泥硫酸盐水泥，赤泥硅酸盐水泥中赤泥掺量为 42% 左右，水泥标号为 425 号。赤泥硫酸盐水泥是一种少熟料水泥，其配比为水泥熟料 15%、赤泥

70%、石膏 15%，水泥标号为 325 号和 425 号，主要用于盐化工业防腐蚀设施和水下工程，尤其适应沿堤坝工程。此外还能生产油井水泥，用于油井工程。这种方法大幅度降低了生产水泥所需大砂岩和石灰石的耗用量。该氧化铝厂年产掺加赤泥的普通水泥 160 万 t，年产值近 3 亿元。1965—1989 年共利用赤泥 $4.15\times10^{6}$ t，生产 425 号、525 号普通硅酸盐水泥和 75℃油井水泥。

(2)工艺流程。该厂主产水泥所用黏土质原料是赤泥，其含水率高达 60% 左右，且细度高，比表面积大，难于烘干。烘干赤泥后的熟料，不仅飞扬损失多，而且废气也不易净化处理，故采用湿法生产工艺。

烧结赤泥配以适当的硅质材料和石灰石，可作为水泥原料，赤泥配比达25% ~30%。用烧结法赤泥生产普通硅酸盐水泥工艺流程见图 8 -5。赤泥浆过滤脱水后，与砂岩、石灰石和铁粉等按照石灰石 65% ~69%，赤泥 23% ~29%，砂岩 5% ~7%，铁粉 0.4% ~1% 的配比，共同磨制成生料浆，调整到符合技术指标，用流入法在蒸汽机中除去大部分水分后(或直接喷入)进入回转窑煅烧为熟料，加石膏、矿渣等混合材料碾磨到一定细度即制得水泥产品。

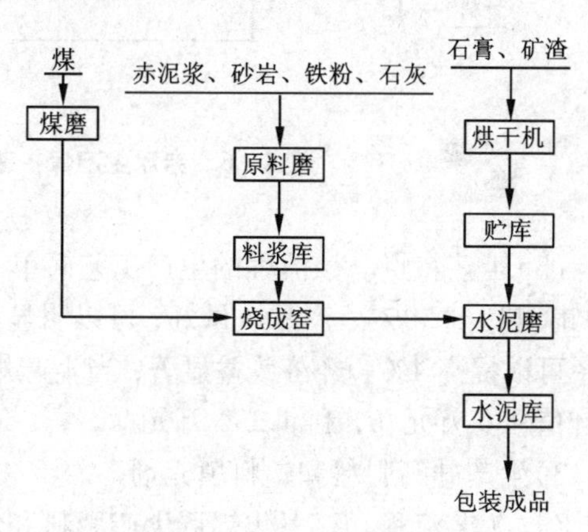


**图 8 -5　烧结法赤泥生产普通硅酸盐水泥工艺流程**

赤泥配比受原燃料质量的影响，当赤泥配比达 28% 时，需配入 65% 的石灰石和 7% 的砂石。通常控制熟料饱和系数 KH =0.90 ~0.94，$n$ =2.1 ±0.1。

(3)工艺特点。该水泥熟料采用湿法处理工艺，采用带蒸汽机的回转窑，窑的特点是料浆水分的蒸发过程在窑外进行。窑长与同类湿法窑相比短 30%，热耗降低 20%。电耗降低 10%；水泥窑单位面积产量提高 20%；水泥产品质量均符合国家质量标准，且具有早强、抗硫酸盐、水化热低、抗冻及耐磨等性能。需要注意的是对所用赤泥的毒性和放射性问题须先进行检测，以确保产品的安全。

2)制造炼钢用保护渣

(1)概况。该厂用烧结法赤泥制造炼钢保护渣工程于 1984 年竣工并投入生产。利用烧结法赤泥制造炼钢保护渣，年处理赤泥量 9000 t，是处理赤泥的有效途径之一，具有一定的推广价值。

(2)工艺流程。赤泥生产保护渣的工艺流程：首先将生产排出的赤泥浆脱水至35%以下，各种原料经干燥和质量分析，按配比批量称重配料，研磨至一定粒度，且在混料机中掺入外加剂、发热剂，混匀、包装即为成品。颗粒状产品需外加黏结剂经制粒设备制成粒。工艺流程示意图见图8-6。

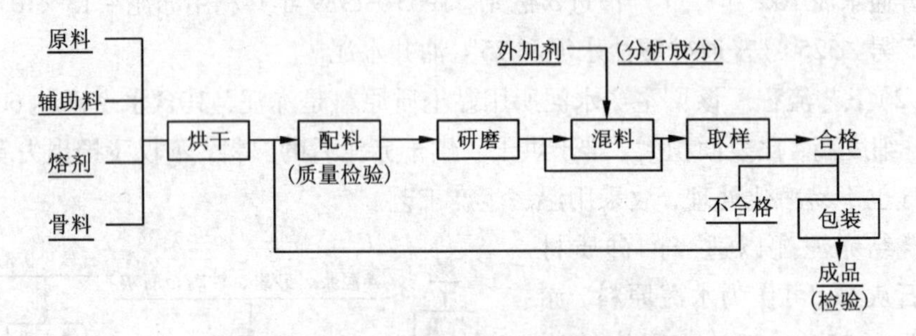


图8-6　赤泥生产保护渣工艺流程示意图

(3)工艺特点。该流程的生产工艺简单，赤泥利用率在 $CaO/SiO_2$ 比为0.6~1.0时可达到50%。产品质量好，可以明显提高钢锭(坯)质量，钢锭成材金属收得率可以提高4%；经济效益显著，当生产规模为年处理能力15000 t时，产品可创产值930万元/a，利润232万元/a。

3)生产硅钙肥料和塑料填充剂

(1)工艺流程。该氧化铝厂生产肥料和填充料已达到小规模生产能力，其生产工艺是首先将赤泥浆液脱水至35%以下，然后经烘干机烘干至含水率<0.5%，研磨至一定细度(60~120目)即可制成肥料，将研磨后的赤泥送风选式粉碎机，选出粒度小于44 μm的细粉(<320目)即可作为塑料填充剂。图8-7为赤泥生产硅钙肥料和塑料填充剂的生产流程图。

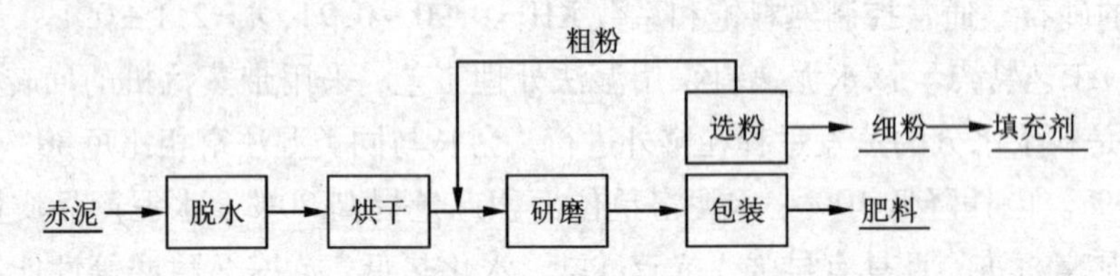


图8-7　用赤泥生产硅钙肥料和塑料填充剂的工艺流程图

(2)工艺特点。本工艺的特点是：工艺简单，一种工艺可生产多种产品，赤泥利用率100%，经济效益明显，主要技术经济指标见表8-23。

表 8－23　主要经济指标

| 类别 | 单位 | 指标 | 类别 | 单位 | 指标 |
| --- | --- | --- | --- | --- | --- |
| 赤泥处理量 | $m^3/d$ | 25～40 | 占地面积 | $m^2$ | 5500 |
| 基建投资 | $10^4$ 元 | 80 | 定员 | 人 | 35 |
| 工程造价 | 元/$m^3$(赤泥) | 55 | 处理成本 | 元/$m^3$(赤泥) | 120 |
| 设备总动力 | kW | 100 | | | |
| 电耗 | kW·h/$m^3$(赤泥) | 55～80 | | | |

## 2. 山西某铝业公司废渣治理工程

1）概况。山西某铝业公司 2006 年 4 月投产，年产电解铝 22 万 t，配套电解用预焙阳极 6 万 t。该厂排放废渣主要为电解槽炭渣（600 t/a）、中频炉渣（500 t/a）、铸造灰渣（1817 t/a）、残阳极、铸造铝灰及电解槽大修渣，其中电解槽大修渣为危险固体废物。电解槽炭渣、中频炉渣作为废旧物资出售或综合利用。公司从 2006 年起，委托其他企业合作回收铝，灰渣全部得到处理利用，截至 2007 年 11 月，共返回铝锭 230 多吨，产生效益 420 万元。危险固体废物在电解槽寿命期后年平均产生量 4217 t。固废治理存在的问题主要是危险固废较难综合利用，成本较高，拟以填埋方式处置。

2）废渣治理与综合利用。

（1）铝灰。铝灰是混合炉内注入铝液后，加入清渣剂造渣，经扒渣车将上面的漂浮物扒出所得的铝渣混合物料。公司每年产生 1817 t 铝灰，铝灰中含有一定量的金属铝，是一种可回收再利用资源。如果将铝灰直接加入电解槽中进行二次利用，铝灰中的大量原铝将被电解质中的二氧化碳气体氧化，铝的回收效果很不理想，而直接从铝灰中将铝熔化分离出来，可以极大地提高铝的回收率。

铝灰的减排主要采取就近合作，提炼铝锭，现委托具有从事铝灰回收利用的技术和能力的公司对铝灰进行回收，年产生效益 450 万元，实现了资源的综合利用。

（2）炭渣。在电解生产过程中，槽内将产生一定量的炭渣，炭渣电解质含量在 58% 左右，碳含量在 42% 左右。目前大部分厂家对炭渣没有进行处理，而是作为垃圾直接遗弃。公司炭渣产量约 600 t/a，出售给相关回收处理公司，采用浮选技术分离出电解质和炭粉循环利用。

（3）电解残极的减排。电解残极作为阳极生产原料二次利用。

（4）危险固废。300 kA 电解槽内衬寿命为 2000 天，因此，电解槽 5～6 年需大修一次。电解槽大修时，排出废阴极炭块、废耐火砖及填充料等大修渣，年平均产生量 4217 t。电解槽大修渣主要组成及产生量见表 8－24。

**表 8-24 电解槽大修渣组成部分**

| 组成部分 | 废炭块 | 耐火砖 | 保温砖 | 扎糊 | 绝热板 | 耐火颗粒 | 混凝土 | 沉积层 |
|---|---|---|---|---|---|---|---|---|
| 含量/% | 46.9 | 5.5 | 4.2 | 6.9 | 2.3 | 3.6 | 6.3 | 24.3 |
| 质量/($t \cdot a^{-1}$) | 1978 | 232 | 178 | 291 | 97 | 152 | 266 | 1025 |

电解槽大修渣中并不含对环境有特别危害的物质，但电解过程中大量的氟被吸收到槽内衬中，成为对环境危害的主要因素。实验测定，电解槽大修渣浸出液中氟浓度均超过 50 mg/L。根据《有色金属工业固体废弃物污染控制标准》，属于有害固体废物。

①提高电解槽寿命，延长电解槽大修周期，减少大修渣产量。要实现危险废物的减排，其主要途径是提高电解槽寿命，延长电解槽大修周期，从而减少大修渣的产生。300 kA 电解槽内衬寿命为 2000 天，约 5.5 年大修一次，如电解槽平均寿命延长一年，年可减排危险固废 4217 t。

②综合利用。电解槽大修渣是一种有价值的物料，其废阴极炭块含有高达 70% 的碳，发热量估计为 7000 ~ 12000 kJ/kg，而且有价值的化合物氟盐占 30% 左右，不能轻易丢弃。

电解槽大修废渣可作为水泥生产的补充燃料。其中的碱金属氟化物可在炉料烧结反应中作为催化剂，降低熟料烧结温度，并减少燃料用量。炭块中所含的氟可以作为矿化剂改善窑内烧成条件，氟生成固态 $CaF_2$ 进到水泥中，不会污染环境，达到综合利用的目的。通过与公司周边两家水泥厂的合作，实现废炭块的循环利用。

3）经济效益测算。公司每年产生废炭块及扎糊 2269 t，按 1 t 废炭块发热量估计为 7000 ~ 12000 kJ/t，价值 84 万元左右，减去收集、破碎、运输等费用 20 万元，每年可产生直接经济效益约 64 万元。

此外，掩埋大修渣成本为 50 元/t，大修渣场使用周期可延长一倍，年减少掩埋费 11.4 万元，公司直接经济效益 50 万元。公司通过与水泥厂的合作，实现了效益共享，使废物得到资源化、无害化，避免了氟化物对生态环境的污染隐患，同时，由于避免了填埋，延长了渣厂使用周期，减少了维护投入。

# 第 9 章　其他有色金属冶炼过程中的污染控制与资源化

本章所称的其他有色金属，是指除轻、重两大类金属以外的有色金属，包括稀有金属、贵金属和半金属等其他有色金属。冶炼过程产生的污染主要来源于稀有金属、贵金属、半金属及其化合物冶炼过程中所产生的废气、废水和废渣等"三废"。本章主要对钛、稀土金属、硅和金等几种典型金属冶炼过程中的污染控制及资源化技术进行重点介绍和讨论。

## 9.1　大气污染控制

### 9.1.1　大气污染物的主要来源及危害

其他有色金属在冶炼过程中产生的大气污染物，主要来自稀有轻金属、稀有难熔金属、稀土金属、贵金属、半金属及其化合物等冶炼过程。大气污染物的来源和种类很多，除了一般的污染物外，还产生一些特殊的污染物，对人体及环境有严重危害。

**1. 钛生产过程**

1) 概述。金属钛具有密度小、比强度高、导热系数低、耐高温、耐腐蚀等优点，被广泛用于航空、航天、石油、化工、海洋、建筑、体育休闲及日常用品等领域。我国是世界钛资源最丰富的国家，目前海绵钛的产能和产量均居世界第一位。据统计，2010 年我国海绵钛产量约为 53500 t，约占世界总产量的 1/3。代表我国海绵钛工业发展的遵义钛厂生产规模已从千吨迈进万吨级，成为世界上仅有的几家万吨级海绵钛企业。

钛白($TiO_2$)作为钛最主要的化合物，具有高折光系数、高化学稳定性和高耐候性以及优良的白度、消色力和遮盖力，且无毒无害，被广泛应用于涂料、油墨、塑料、橡胶、化纤、造纸、医药等行业。钛白生产近些年来在我国也获得了迅速发展，据统计，2010 年我国钛白总产量已超过 147 万 t，总产能超过 200 万 t，占世界总产能的 1/3 强，钛白粉表观消费量超过 140 万 t。我国已成为世界第一大钛白生产国和消费国。

"十二五"期间，我国国民经济仍处于强劲发展阶段，我国的航空航天计划、大飞机计划、核电站建设计划以及不断发展的化工、冶金、汽车、医疗、海水淡化和体育休闲等行业，都对钛白、钛及其合金制品提出了更多的质和量的要求。

2)海绵钛生产工艺。制备海绵钛有很多方法，但目前工业上采用的方法主要有镁还原法(Kroll 法)和钠热还原法(Hunter 法)两种。这两种方法中，钠热还原法现已逐渐被淘汰，镁还原法目前占据主导地位。镁还原法生产海绵钛的工艺流程如图 9-1 所示。

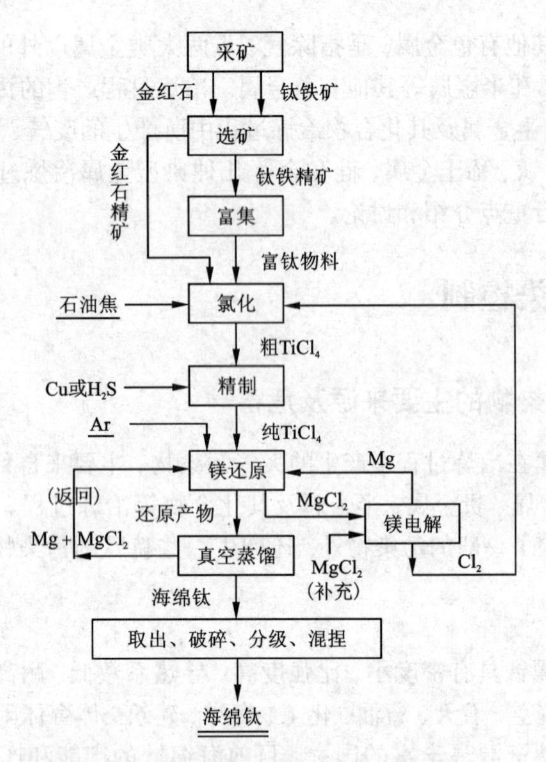


**图 9-1 镁还原法生产海绵钛的工艺流程**

从图 9-1 可以看出，含钛矿石经过采选得到钛精矿后，进入海绵钛冶炼生产过程，即钛精矿—电炉熔炼高钛渣(富集)—氯化—粗 $TiCl_4$ 精制—镁还原蒸馏—海绵钛取出破碎—分级包装。

电炉熔炼高钛渣的目的是将钛精矿中的铁和钛分离，即还原钛铁矿中的铁为金属铁，钛则富集在炉渣中，熔炼主产品为高钛渣，副产品为生铁。经过熔炼得到的 $TiO_2$ 含量大于 93% 的钛渣称为高钛渣。

氯化的目的是将高钛渣中的 $TiO_2$ 转化为 $TiCl_4$，从而得到粗 $TiCl_4$ 原料。沸腾氯化是目前生产 $TiCl_4$ 的主要方法，主要适用于钙、镁含量低的高钛渣。对于钙、镁含量高的高钛渣，一般用熔盐氯化法进行氯化。

氯化得到的粗 $TiCl_4$ 中含有许多杂质，如 $SiCl_4$、$AlCl_3$、$FeCl_3$、$FeCl_2$、$VOCl_3$、$TiOCl_2$、$Cl_2$ 和 HCl 等，它们的存在对后续还原蒸馏生产海绵钛都是有害的，因此需要通过精制工序预先将粗 $TiCl_4$ 中的有害杂质除去。$TiCl_4$ 的精制过程，即针对粗 $TiCl_4$ 中各种杂质具有的不同特性，使用不同的方法加以分离去除，主要方法包括蒸馏法、精馏法和化学法等。

镁还原制取海绵钛的原理是：在 880 ~ 950℃ 的氩气环境中，精制 $TiCl_4$ 被金属镁还原，得到海绵状的金属钛和氯化镁；用真空蒸馏除去海绵钛中的氯化镁和过剩的镁，获得纯海绵金属钛；蒸馏冷凝物经熔化可回收金属镁，氯化镁可加到电解槽中经电解回收镁和氯气，回收物料可循环使用。

由于还原、蒸馏阶段受温度、压力、炉况等多因素影响，易导致海绵钛坨中杂质元素偏析，不同部位质量差别较大。所以海绵钛生产的最后环节破碎包装方式对保证产品质量起着重要作用。海绵钛的破碎是将数立方米的钛坨加工成粒度为数十毫米的钛粒，常采用多级破碎工艺。破碎后的海绵钛应进行分级包装，按其产品质量一般可分为 3 ~ 4 种成品。需要指出，用镁还原法生产的海绵钛必须充氩保存。

3）钛白生产工艺。目前，钛白的生产工艺主要包括氯化法和硫酸法两种。

硫酸法生产钛白的工艺流程见图 9 - 2。硫酸法工艺的主要步骤包括：钛矿原料用硫酸酸解；通过沉降工序，将可溶性硫酸氧钛从固体杂质中分离出来；水解硫酸氧钛，以形成不溶水解产物偏钛酸；煅烧除去水分，生成干燥的纯 $TiO_2$；后处理，进行无机物和有机物包膜。硫酸法的优点是能以价廉易得的钛铁矿与硫酸为原料，技术较成熟，设备简单，防腐蚀材料易解决。其缺点是流程长，只能以间歇操作为主，湿法操作，硫酸、水消耗高，废物及副产物多，环境负担重。

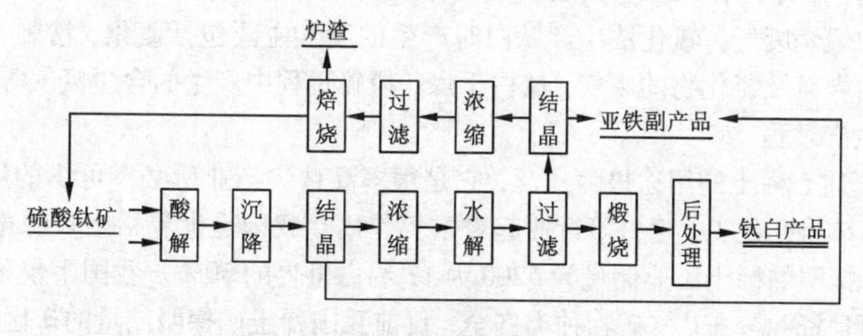


**图 9 - 2　硫酸法生产钛白工艺流程**

氯化法生产钛白的工艺流程见图 9 - 3。氯化法工艺的主要步骤包括：氯化，用氯气氯化钛原料，生成 $TiCl_4$；精馏，$TiCl_4$ 冷凝、精馏提纯；氧化，将 $TiCl_4$ 氧化

成 $TiO_2$；后处理，进行无机物和有机物包膜。氯化法中的氧化工序可使氯气重生并循环使用，即此阶段产生的氯气可回收并返回到氯化工序中。氯化法优点是流程短，生产能力易扩大，连续自动化程度高，能耗相对低，“三废”少，能得到优质产品。缺点是投资大，设备结构复杂，对材料要求高，要耐高温、耐腐蚀，装置难以维修，研究开发难度大。

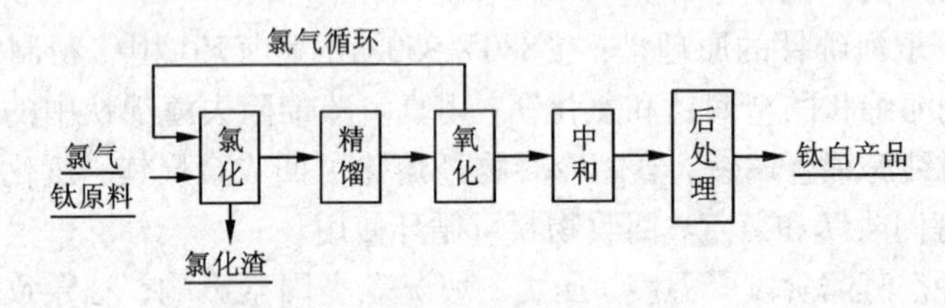


**图 9-3　氯化法生产钛白工艺流程**

4) 主要废气来源及污染物种类。钛生产过程中产生的废气主要来源于海绵钛生产和钛白生产过程。

海绵钛生产过程中产生的主要废气是指 $TiCl_4$、海绵钛在生产过程中，因破碎、筛分、运输、原料制备、氯化、电解和精制等作业过程中产生的含大气污染物的气体。按其含污染物的种类，大体上可将废气分为三大类：一是原料制备、高钛渣熔炼、原料贮运、破碎等过程产生的含工业粉尘为主的废气；二是氯化、电解、精制等过程产生的含氯气、氯化氢的废气；三是高钛渣电炉熔炼产生的含少量二氧化硫和粉尘的废气。因此，海绵钛生产时主要大气污染物控制项目为粉尘、$Cl_2$、HCl 和 $SO_2$。

钛白的工业生产方法主要有硫酸法和氯化法两种。硫酸法生产钛白时主要产生两种废气，即含有 $SO_2$、$SO_3$及水蒸气等的酸解废气和含有 $SO_2$、$SO_3$、$TiO_2$及水蒸气等的煅烧废气。氯化法生产钛白时产生的废气主要包括氯化、精制、氧化作业产生的含氯及氯化物的废气，钛白干燥、粉碎过程中产生的含尘废气等。

**2. 稀土生产过程**

1) 概述。稀土的用途极为广泛，它是很多高精尖产业所必不可少的原料，对改造传统农业、化工、建材等行业起着重要作用。我国是世界稀土资源最丰富的国家，已探明的稀土工业储量为 5200 万 t，约占世界的 50%。我国不仅稀土资源丰富，而且资源分布广，矿物种类齐全，目前我国稀土矿探明储量的矿区有 60 多处，分布于 22 个省区，其中内蒙古稀土储量最大，占全国的 83%，其余分布在四川、山东、江西、广东、广西、福建、湖南等省区。20 世纪 80 年代以来，随着科技的进步，我国稀土工业化水平迅速提高，生产量急剧增长，一跃成为世界稀土生产第一大国，不仅满足了国内需要，还成为世界稀土生产基地和稀土主要供应国。但是，随着我国稀土工业的迅速发展，稀土矿及生产厂在全国的分布越来越广泛，生产中的污染物控制存在一定的问题，对环境造成了严重污染。

2）稀土主要冶炼工艺。目前，我国工业化规模生产中大量使用的稀土矿物只有三种：包头混合稀土矿、氟碳铈矿和离子吸附型稀土矿。针对这三大稀土矿产资源，国内形成了各自独立但又彼此相互关联的稀土矿采选和冶炼分离工艺技术。稀土冶炼工艺流程较多、工艺冗长，各企业使用的流程也不尽相同，但大致可归纳为精矿分解提取，稀土分组、分离，稀土金属及其合金制备三大段。

（1）精矿分解提取。稀土种类不同，采取的精矿分解提取工艺也不同。

①包头混合稀土矿。针对包头混合型稀土矿，我国开发了多种独特的冶炼工艺技术。目前，包头矿主要采用的精矿分解提取技术有两种，即浓硫酸强化焙烧法和碱分解工艺。

浓硫酸强化焙烧法的主要工艺流程是：将采选得到的稀土精矿和浓硫酸混合均匀后，在400～500℃进行焙烧分解，稀土转变为易溶于水的硫酸盐，钍被烧结为难溶于水的焦磷酸钍，过剩硫酸全部挥发或分解，焙烧矿经水浸、中和除杂、萃取转型或碳酸氢铵沉淀转型，得到混合氯化稀土溶液。

碱分解工艺的主要工艺流程是：以含稀土氧化物60%左右的稀土精矿为原料，按一定比例加入酸洗液浸泡除钙；酸泡矿经水洗、过滤后调浆，转入碱分解槽，加入固碱（或65%液碱），采用蒸汽或电加热至约140℃分解；分解完成后碱浆泵入水洗槽洗涤、过滤；碱饼用盐酸溶解、过滤，得到混合氯化稀土溶液，可直接作为单一稀土生产原料，也可经浓缩得到固态氯化稀土产品。

上面两种技术中，硫酸强化焙烧—萃取法因具有稀土品位要求不高、处理成本低等特点，目前已经成为处理包头矿的主流工艺，90%左右的包头稀土矿均采用该方法冶炼，但污染物排放量大。随着稀土产业规模的快速发展和环保要求的日益严格，近年来国内研究院所和企业正在进行绿色冶炼工艺的开发。

②氟碳铈矿。四川氟碳铈矿的分解提取曾采用过氧化焙烧—硫酸浸取—复盐沉淀—碱转法或硫酸焙烧法处理，但目前大多都采用氧化焙烧—盐酸浸取法。

氧化焙烧—盐酸浸取法的主要工艺流程是：将稀土精矿送焙烧工序，在600℃左右的静态窑或回转窑中进行氧化焙烧，将三价铈氧化成四价铈，氟碳铈矿分解放出二氧化碳。焙烧后的稀土精矿送浸取工序经盐酸一次浸出、碱转、二次浸出得到少铈氯化稀土和铈富集物。铈富集物经干燥后出售，少铈氯化稀土液送萃取工序用P507分离，再根据市场需求经浓缩或沉淀、灼烧等工序分别制得不同规格的单一（或富集）稀土氧化物、氯化物、碳酸盐等形态的稀土产品。

③离子吸附型稀土矿。在离子型稀土矿中，稀土呈阳离子状态吸附于高岭石、白云母等黏土矿物表面。对于该类稀土，其精矿分解提取的主要工艺流程是：用硫酸铵溶液原地浸矿或交换得到稀土离子溶液；通过碳沉或草沉方式制备

得到离子型稀土精矿；精矿经过盐酸溶解、过滤除杂后得到氯化稀土；氯化稀土用P507萃取分离得到单一稀土或富集物。

(2)稀土分组、分离。稀土分组、分离作业主要包括：萃取分组、分离，单一或混合氧化物制备。

对于萃取分组、分离操作，目前我国稀土分离工业几乎全部采用液-液萃取法，而且主要是HCl体系，如$NH_4^+$皂化P507—HCl萃取体系、$Na^+$皂化P507—HCl萃取体系等。

单一或混合氧化物制备是指将反萃取得到的单一氯化稀土液(或未经萃取分离的硫酸焙烧水浸液、或氧化焙烧酸浸液)，用草酸(或碳酸氢铵)沉淀、过滤、烘干煅烧，最终得到单一或混合稀土氧化物。

(3)稀土金属及其合金制备。稀土金属及其合金的种类很多，所采用的制备方法也不相同。混合稀土金属、金属镧、铈、镨、钕及稀土合金，一般用稀土氯化物或氧化物熔盐电解法制得。钐、铕、铽、镝等中重稀土金属，一般用金属热还原法、中间合金法制备。对于稀土硅铁合金生产，我国主要有硅热还原法、碳热法和熔配法三种。

3)主要废气来源及污染物种类。稀土冶炼工艺流程很多，废气排放点也很多，废气所含的主要污染物种类也不相同。下面从稀土冶炼包含的精矿分解提取、稀土分组分离、稀土金属及合其金制备三大工段来分别进行介绍。

(1)精矿分解提取过程。该过程产生的废气分别来源于包头混合型稀土矿、氟碳铈矿、离子吸附型稀土矿的精矿分解和化合物提取过程。

①包头混合型稀土矿浓硫酸强化焙烧工艺。该工艺的废气主要来源于酸分解、水浸以及化合物提取工序。其中，酸分解、水浸工序主要产生含有HF、$SO_2$、$H_2SiF_6$的废气；化合物提取工序主要产生含有HCl、$CO_2$的废气。

②包头混合型稀土矿碱法处理工艺。该工艺的废气主要来源于酸泡、碱浆水洗和盐酸优溶工序。三个工序排放的废气所含的主要污染物均为HCl。

③氟碳铈矿氧化焙烧工艺。该工艺的废气主要来源于焙烧、化合物提取两个工序。其中，焙烧工序主要产生含有$CO_2$、$SO_2$、烟尘和精矿粉尘的废气；化合物提取工序主要产生含有HCl的废气。

④离子吸附型稀土矿分解提取工艺的废气主要来源于其酸溶工序，所含大气污染物主要是HCl。

(2)稀土分组、分离过程。稀土萃取分组、分离工艺不同，产生的废气及污染物种类也不同：$NH_4^+$皂化P507—HCl萃取工序，主要产生含有HCl、$NH_3$的废气；$Na^+$皂化P507—HCl萃取工序、环烷酸萃钇工序和碳酸氢铵沉淀工序，主要产生含有HCl的废气；钙皂化P507—HCl萃取工序和钙镁非皂化P507—HCl萃取工序，主要产生含有HCl(少量)、煤油的废气。此外，在单一或混合氧化物制备工艺中，废气主要来源于草酸（或碳酸氢铵）沉淀、过滤工序和烘干、煅烧工序。其中，沉淀、过滤工序主要产生含有 HCl 的废气；烘干、煅烧工序主要产生含有 HCl、$CO_2$、氟化物、氮氧化物、硫氧化物或烟（粉）尘的废气。

(3)稀土金属及其合金制备过程。在氯化物熔盐电解工艺中，主要产生含有氯气、氯化物或烟（粉）尘的废气。在氧化物熔盐电解工艺中，主要产生含有 $CO_2$、CO、稀土氟化物、稀土氧化物或烟（粉）尘的废气。在金属热还原工艺中，主要产生含有 HF、HCl 的废气。在热还原法制备稀土硅铁合金工艺中，主要产生含有烟（粉）尘、CO、$SiO_2$或氟及其化合物的废气。

**3. 硅生产过程**

1)概述。现代工业规模生产硅是从 20 世纪初开始的，采用碳热还原法。以硅石和碳质还原剂等为原料经碳热还原法生产的含硅 97% 以上的产品，在我国通称为工业硅。工业硅的用途非常广泛，主要分为冶金用硅和化学用硅两大类。冶金用硅是生产硅铝合金、硅镁合金、硅青铜等许多中间合金的重要原料；化学用硅是生产有机硅，加工硅树脂、硅橡胶等的原料，而纯度更高的高纯硅则主要用于生产集成电路半导体、制造太阳能电池等材料。

我国的工业硅生产，从 1957 年第一台工业硅炉投产至今已 50 多年。目前我国工业硅的生产企业超过 200 家，年产能约 120 万 t，年出口量约 70 万 t，工业硅产能、产量和出口量均居世界首位。与国外相比，我国工业硅生产具有工业硅炉容量较小、台数较多、生产企业多而分散等特点。

工业硅生产具有高资源消耗、高能耗、高污染等特点。例如，每生产 1 t 工业硅需消耗含 $SiO_2$的矿物 2.5 ~ 3.0 t；单是还原二氧化硅，每吨硅就需要消耗约 1 t 固定碳；生产过程中吨硅消耗油焦、煤等碳质物 1.5 ~ 2.0 t，实际电耗量约 12000 ~ 13000 kWh，同时产生 $SiO_2$粉尘 0.3 ~ 0.5 t。自 2004 年以来，我国相继出台了一系列宏观调控政策和措施，使工业硅产业盲目发展的势头初步受到遏制，降低能耗和治理污染等工作得到重视，并取得了初步成效。各企业从切身利益考虑，也开始意识到没有稳定的矿物、原材料和能源来源，不解决好烟气治理和节能减排等问题，企业就无法生存和发展。因此，大力推进节能减排，提高能源和原材料的利用率，解决好烟气治理等问题，已成为每个工业硅企业发展中重点考虑的问题。

2)硅生产工艺。工业硅种类及生产方法较多，这里仅对碳热还原法和改良西门子法两种生产工艺进行简单介绍。

(1)碳热还原法。采用碳热还原法生产的工业硅主要是冶金用硅，也是当前冶金用硅唯一的工业生产方法。碳热还原法是以硅石为原料，碳质原料为还原剂，通过电炉熔炼等过程最终得到含硅 97% 以上的工业硅产品。不同规模的工业硅生产企业的机械化、自动化程度相差很大，但其生产工艺过程都可大致分为原料预处理、配料、熔炼、出炉精炼、铸锭和产品破碎包装等几部分。碳热还原法生产工业硅的工艺流程见图9-4。

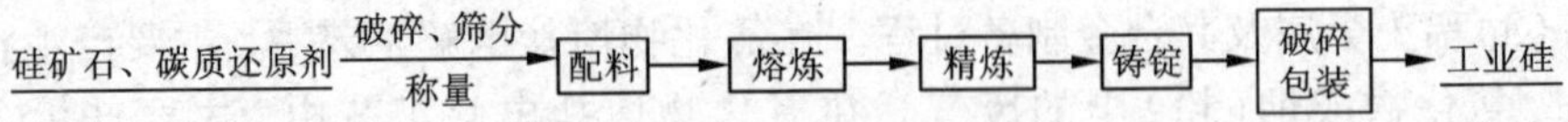

硅矿石、碳质还原剂 —破碎、筛分 称量→ 配料 → 熔炼 → 精炼 → 铸锭 → 破碎包装 → 工业硅

**图9-4　工业硅碳热还原法生产工艺流程**

(2)改良西门子法。改良西门子法主要以硅纯度较低的冶金用硅为原料，生产的工业硅是纯度极高的多晶硅。当前，国际上多晶硅的生产主要有改良西门子法、硅烷法和流化床法，而改良西门子法是主流生产方法。由于改良西门子法实现了完全闭环生产，$H_2$、$SiHCl_3$、$SiCl_4$ 和 HCl 等均循环利用，还原反应不再单纯追求最大的一次通过的转化率，而是尽量通过完善钟罩反应器的设计来提高沉积速率，物料的充分利用由完善的回收系统来保证，因此该方法特别适用于现代化的大规模多晶硅生产厂。据统计，采用改良西门子法生产的多晶硅约占全球总产量的85%。

改良西门子法生产多晶硅的主要工艺流程是：用氯和氢合成氯化氢(或外购氯化氢)；氯化氢和工业硅粉在一定温度下合成三氯氢硅；对三氯氢硅进行分离精馏提纯；提纯后的三氯氢硅在氢还原炉内进行化学气相沉积反应，生产高纯多晶硅。这种方法的优点是节能降耗显著、生产成本低、产品质量好、采用循环综合利用技术，基本对环境不产生污染。

3)主要废气来源及污染物种类。工业硅的产品种类及生产工艺不同，废气排放点及废气所含的主要污染物种类也不同。

采用碳热还原法生产工业硅时，废气主要来源于硅的熔炼过程。在熔炼过程中，在反应区会生成大量 SiO 气态产物，其中的一部分会从料面逸出并与空气中的氧反应，从而产生含有微硅粉的废气。此外，在工业硅炉密闭状态不是很好的情况下，也可能会从料面逸出含有 CO、$H_2$、还原剂挥发分等为主的废气。

采用改良西门子法生产多晶硅时，由于该方法的工艺流程是一个闭路循环系统，多晶硅生产过程中的各种物料得到充分的利用，所以排出的废料极少。同时，该方法将生产过程产生的尾气中的各种组分全部进行回收利用，既降低了生产原料的消耗，又没有废气外排。但在生产设备密闭状态不好或管道发生泄漏时，很有可能会在氢气制备、氯化氢合成、三氯氢硅合成、三氯氢硅氢还原、四氯化硅氢化、硅芯制备等工序排出含有 $H_2$、$Cl_2$、HCl、HF、$NO_x$、硅烷、砷化氢或硅粉等的气体。因此采用改良西门子法生产时，设备及管道密封情况的好坏对生产过程所产生的环境影响起着十分关键的作用。

**4. 金生产过程**

1)概述。金是人类最早发现的几种金属之一，在国家经济、金融、工业、军事、科技等方面具有十分重要的作用，在应对金融危机、保证国家经济安全中扮演着其他产品不可替代的角色。随着现代工业的发展和人民生活水平的提高，黄金在航空、航天、电子、医药等领域及传统饰品、工艺品等行业的应用越来越广泛。我国金矿资源储量潜力巨大，目前已查明资源储量6327.9 t，仅次于南非、俄罗斯，位居全球第三。改革开放以来，我国黄金工业取得了令人瞩目的成就，黄金产量迅速增加，2010年达到340.88 t，已连续4年位居全球第一，黄金行业生产技术管理水平明显提高，在细菌预氧化处理难选冶金矿等领域已达到国际领先水平。但同时，黄金工业是资源型产业，随着我国黄金产量的迅速增加，在黄金生产过程中产生大量的废气、废水和废渣，如果控制不当，将带来严重的环境问题。

2)金提炼工艺。金的提炼技术方法很多，如氰化法、混汞法、硫脲法、硝酸预氧化法、氯化法、溴化法等，其中氰化提金是黄金生产企业提金的主流工艺。

由于金矿原料的类型、成分、金粒嵌布及企业生产规模、技术装备水平等不同，黄金生产企业在氰化提金时采取的具体工艺流程也不同，但可大致分为预处理、氰化、提取与回收、粗炼与精炼四大段，见图9－5。

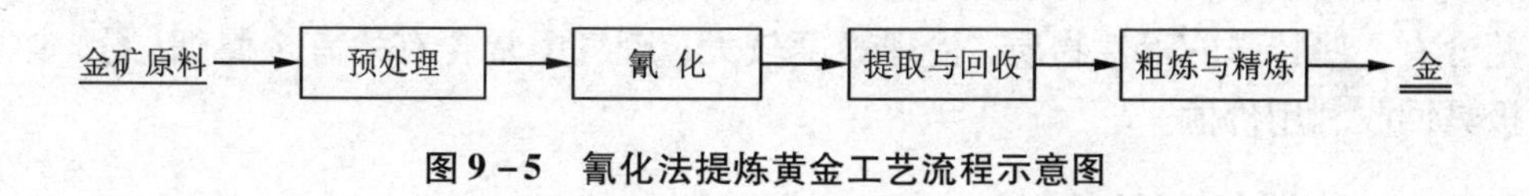


**图9－5　氰化法提炼黄金工艺流程示意图**

预处理是指矿石在氰化浸出之前，先进行磨矿，使金达到单体解离成裸露。如果是浮选精矿，则应先脱除部分浮选药剂，并使矿浆呈碱性(pH 10～11)。

氰化主要包括浸出和洗涤两个操作单元。用含氧的氰化物溶液把矿石中的金溶解的过程就叫氰化浸出。洗涤就是采用浓密机对浸出矿浆进行冲洗的过程。通过用大量洗水冲稀洗涤，使矿浆中的固体颗粒在浓密机内自行沉降，上清液中的已溶金随溢流进入金提取与回收工段。若矿石性质简单，金属单一，容易浸出，并用一台三层浓密机就能满足洗涤要求的氰化厂，一般采用一浸一洗工艺流程；若矿石成分复杂，伴生金属种类多，金难于浸出，则应采取阶段浸洗工艺流程，如两段浸出两段洗涤、三段浸出三段洗涤、多段浸出多段洗涤。

提取与回收是指利用一定的技术方法将氰化浸出的已溶金转变为单质金的过程，以利于后续金的粗炼、精炼和铸锭。目前，工业生产上较为成熟的提取与回收方法有三大类，即锌粉置换工艺、活性炭吸附工艺和离子交换树脂工艺。

粗炼与精炼的目的是得到高纯度的单质金。金的粗炼方法包括火法、湿法或湿法－火法联合流程等，一般根据粗炼原料的不同而选择相应的方法。金的精炼方法有火法、化学法、电解法和萃取法，目前主要采用电解法，电解纯金再通过熔铸最终得到高纯度金锭产品。

3)主要废气来源及污染物种类。金提炼生产工艺不同，废气排放点及废气所含的主要污染物种类也不同。金提炼的废气主要来源于金精矿的焙烧预处理和金泥精炼两个过程单元。其中，焙烧预处理主要产生含有 $SO_2$、$As_2O_3$ 和 Hg 等的废气；金泥精炼主要产生含有 $NO_x$ 和 $SO_2$ 等的废气。此外，金提炼过程中产生的废气还可能含有 HCN、$H_2S$、Cd 和 Pb 等有害成分，但一般含量较少。含有 $SO_2$、$As_2O_3$、Hg 和 $NO_x$ 等的废气量较大，是金提炼废气处理的主要对象。

**5. 大气污染物的特点及危害**

从前面叙述中可以看出，其他有色金属在冶炼过程中产生的废气来源非常广泛。根据废气所含污染物性质的不同，将这些不同来源的废气大致分为四大类：以含矿尘、氧化物粉尘为主的原料准备和烘干、煅烧过程废气；以含硫、氯、氟及化合物为主的火法焙烧、熔炼、氯化、还原等冶炼过程废气；以含酸或碱性液滴、有机溶剂蒸汽为主的湿法浸出、过滤、萃取等冶炼过程废气；以含硅烷、氢、氯化氢或砷化氢为主的硅等半导体工业生产过程废气。

此外，与轻、重有色金属冶炼过程相比，其他有色金属在冶炼过程中产生的废气还通常具有自身的特点：废气排放量一般较小，但毒性较强；废气成分复杂并含有一些特殊的毒性物质，治理难度较大；废气中常含有稀有金属烟(粉)尘，极具回收利用价值。

### 9.1.2 污染控制技术

**1. 钛生产过程**

1)海绵钛生产。海绵钛生产时，粉尘、$Cl_2$、HCl 和 $SO_2$ 是主要大气污染物控制项目。

(1)粉尘治理技术。目前，我国海绵钛生产时，含尘废气主要来自原料制备、高钛渣熔炼、原料贮运和破碎等过程。对于原料制备、破碎、筛分、输送等过程产生的生产性粉尘，目前大多采用布袋除尘器收尘，收尘后可使颗粒物排放浓度降至 100 $mg/m^3$(标态)左右。对于高钛渣熔炼过程产生的含尘气体，一般可经过重力沉降后，再采用布袋除尘器进行处理。

(2)氯气和氯化氢治理技术。海绵钛生产时，含 $Cl_2$ 和 HCl 的废气主要来自氯化、电解、精制等过程。目前，国内海绵钛企业对 $Cl_2$ 和 HCl 的控制，多采用石灰乳或碱液多次吸收的方法。当废气中 HCl 浓度较高时，可采用水循环吸收法先脱除部分 HCl，然后再用碱液脱除的工艺。当废气中 $Cl_2$ 含量较高时，常采用二段或三段脱除的工艺，此时可采用如图 9－6 所示的工艺流程：水洗塔内装拉西环，循环水使用耐酸泵喷淋，可以制得质量分数为18%～30%的盐酸，也可送入中和槽与碱液中和。洗涤塔一般采用钢混结构，内表面做防腐处理，碱液循环用铸铁耐碱泵。

采用碱液淋洗法吸收废气中的氯，既消耗了碱液，也不能使这部分氯气得到回收利用，因此该方法并不经济。有研究指出，若使废气($Cl_2+CO$)形成$COCl_2$光气，再经过氯化，则可以全部回收废气中的余氯，在防止氯气外排的同时，达到资源化利用的目的。其具体过程是：氯化炉尾气先经过玻璃纤维过滤，在有催化剂活性炭存在的条件下，尾气中的$Cl_2$和CO相互作用生成$COCl_2$。反应在110～120℃温度下进行，以便得到较快的反应速度。在正常氯化操作时，尾气中含氯量较低，因此有足够的CO量使余氯全部形成$COCl_2$。生成的光气经冷却至约－20℃时可制得液态碳酰氯，储存在罐内，并与CO等其他气体分离。$COCl_2$是良好的氯化剂，将液态的$COCl_2$汽化后可返回氯化炉直接使用。

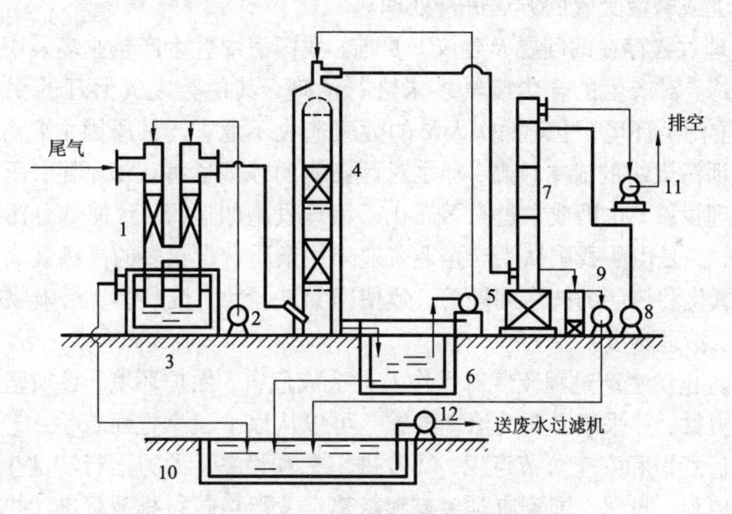


**图9－6　氯化尾气处理工艺流程**

1—水洗塔；2—耐酸泵；3—储水槽；4——次洗涤塔；5—衬胶泵；6—硝石灰液池；7—二次洗涤塔；8—铸铁泵；9—碱液池；10—中和槽；11—风机；12—泵

(3)二氧化硫治理技术。海绵钛生产时，高钛渣电炉熔炉烟气中的二氧化硫主要来自于矿石，但一般含硫率较低。这种废气可采用水循环吸收法或碱液脱除的工艺，也可送入氯气和氯化氢治理工艺一并处理。目前，国内海绵钛企业对这部分废气大多未治理而直接排放。

2)钛白生产。钛白生产时，在原料准备、输送和钛白干燥、粉碎过程中会产生含尘废气。此外，若采用硫酸法生产，还会产生含有$SO_2$、硫酸雾及水蒸气等的酸解废气，以及含有$SO_2$、$SO_3$、$TiO_2$及水蒸气等的煅烧废气；若采用氯化法生产，在其氯化、精制、氧化等过程作业时会产生含氯及氯化物的废气。

(1)粉尘治理技术。对于原料准备、输送过程产生的含尘废气，可采用袋式除尘器进行除尘，除尘效率可达99%以上。对于钛白干燥、粉碎等过程产生的含尘废气，可采用旋风－袋式除尘器两级进行处理，在满足排放标准要求的同时，还可回收钛白粉尘。

(2)酸性废气治理技术。对于酸解废气，可以先采用大量的水喷淋使废气中的水蒸气冷凝下来，然后再用碱液喷淋洗涤，有效吸收废气中的硫酸雾和$SO_2$，效率在90%以上。对于煅烧窑废气，采用旋风－喷淋－电除雾设施进行处理，处理后可经排气筒达标排放。此外，煅烧尾气处理过程中的喷淋单元可以回收硫酸副产品。其过程是：经喷淋预浓缩的稀酸进入蒸发器，采用蒸汽间接加热进一步浓缩，即可得到硫酸；加热产生的水蒸气经冷凝器冷凝进入酸性循环水，不凝气(主要是空气)经高排气筒排放。氯化法生产钛白产生的含氯及氯化氢的废气，可采用石灰乳或碱液吸收的方法进行处理。

3)治理过程存在的问题及建议。目前，我国海绵钛生产企业多采用敞开式电炉进行熔炼，对产生的含尘废气多未进行治理，其他类废气治理的积极性也不高，既严重污染环境，也对操作人员的健康造成了危害。其原因主要有两个：一是由于治理污染物的成本较高，加之对污染物的环境危害认识不足，所以即使上了污染治理设施，也因成本过高而简化了治理设施的运行，致使部分污染物不能达标排放；二是由于我国钛生产企业普遍采用杂质含量较多的高钙镁高钛渣为原料，以及氯化和精制的技术问题等，致使净氯耗量大、废料多，污染物排放浓度高，增加了治理难度。

为了防止钛生产过程废气对操作人员造成危害，保护环境，必须坚决贯彻预防为主的方针，并采取必要的治理措施。可以从以下三个方面着手：①提高企业的环境保护意识和安全防范意识；②改进工艺和设备，大力推行清洁生产；③采用高品位原料。此外，国家应对现有和新建企业严格执行排放标准，并颁布相应的法规或规章，明确企业应设置主要污染物的连续或自动监测装置，并与环境保护行政主管部门联网，以便监督管理。

**2. 稀土生产过程**

1)稀土精矿浓硫酸焙烧废气污染控制技术。浓硫酸强化焙烧工序产生的废气主要含有 HF、$SO_2$、$H_2SiF_6$、硫酸雾和烟(粉)尘。对于焙烧废气的治理，目前国内企业一般采用三级喷淋净化工艺或酸回收净化工艺。

(1)三级喷淋净化工艺。目前，国内初级原料的稀土生产企业，对焙烧废气的治理大多采用三级喷淋净化的方法。常规三级喷淋净化工艺的基本流程是：窑尾产生的废气先经过机械除尘器除尘，然后进入三级喷淋塔。前两级喷淋塔采用水喷淋，第三级采用碱喷淋。经喷淋塔净化后的废气通过气水分离器后，经高烟囱排空。

常规三级喷淋净化工艺的优点是投资规模小，操作方便，缺点是产生的废水治理费用较高，且净化效率不高。一般硫酸雾净化效率为99%，氢氟酸为93%，$SO_2$为20%。净化后废气的排放浓度分别为：硫酸雾150 mg/m$^3$，氢氟酸21 mg/m$^3$，烟尘180 mg/m$^3$，二氧化硫4000 mg/m$^3$。可以看出，采用常规三级喷淋净化工艺处理浓硫酸焙烧废气时，部分污染物排放指标可能达不到《工业炉窑大气污染物排放标准》(GB 9078—1996)和《大气污染物综合排放标准》(GB 16297—1996)新污染源二级排放标准的要求。为了实现达标排放，可以对常规三级喷淋净化操作进行调整优化和改进，主要包括调整废气处理负荷、增大液气比、提高碱液浓度、将第二级水喷淋改为碱喷淋等。其中，将常规的两级水喷淋－一级碱喷淋改为一级水喷淋－两级碱喷淋，效果比较明显，通过精准设计和操作参数的调整，基本可以实现全部污染物的达标排放。

(2)酸回收净化工艺。酸回收净化工艺是指对废气进行处理，在控制污染物排放浓度的同时，还可以回收废气中的酸。

通常该工艺包括废气净化、酸浓缩和混酸分离三部分：废气首先进行两级降温、两级净化和两级除雾操作，以保证对污染物高的捕集率和对各种污染物的高净化效率；酸循环富集形成40%～50%混酸，以保证回收的技术、经济要求；40%～50%混酸浓缩分离回收70%～93%硫酸及15%～20%含氟酸，以保证回收生产使用及二次利用要求。

酸回收净化工艺由于采用酸水循环富集技术，因此可以减少20倍以上的净化用水量，回收的主产品硫酸可返回稀土冶炼及深加工工艺，产生的含氟酸副产品可作为氟回收利用的原料。该工艺的优点是：废气净化效率高，各种污染物的净化效率一般为F＞99.5%，$SO_2$＞80%，$H_2SO_4$＞95%，同时净化尾气所产生的含酸废水直接回收利用，运行成本较低。缺点是：投资规模大，设备材料要求特殊，不易操作。根据包头地区采用浓硫酸高温焙烧稀土精矿生产的实际情况，结合实际监测数据，采用焙烧废气酸回收净化工艺，各项污染物排放指标一般在表9－1范围内。

**表9－1　酸回收净化工艺各污染物排放浓度范围**

| 污染物 | $SO_2$ | 硫酸雾 | 氟化物 | 烟尘 |
|---|---|---|---|---|
| 浓度值/(mg·m$^{-3}$) | 800～1000 | 45～80 | 10～25 | 100～120 |

2)灼烧烟气污染控制技术。对于稀土氧化物灼烧窑烟气，可采用多管除尘器进行处理。这是目前广泛采用的灼烧窑烟气处理设施，基本可以满足《工业炉窑

大气污染物排放标准》(GB 9078—1996)和《大气污染物综合排放标准》(GB 16297—1996)新污染源一级排放标准的要求。此外，通过使用煤气、液化气等清洁能源，还可进一步减少 $SO_2$ 和 $CO_2$ 产生量，使灼烧产品产生的污染物得到更为有效的控制。该工艺的优点是污染物少，操作方便。缺点是一次性成本大，灼烧产品费用较高。

3)熔盐电解法废气污染控制技术。氧化物电解法阳极过程会产生一定量的含氟气体，阳极气体逸出时夹带熔盐和氧化稀土进入烟气。此外，高温挥发也会导致一部分电解质进入烟气。目前，这些废气主要有干法、湿法两类净化技术。

(1)干法净化技术。氧化稀土熔盐电解法生产稀土金属或合金时，产生的废气可以采用多孔烧结筛板除尘器进行处理。处理后废气中烟(粉)尘浓度为52.00 mg/m$^3$，排放速率为0.16 kg/h，氟化物排放浓度为7.76 mg/m$^3$，排放速率为 $1.96\times10^{-2}$ kg/h。可以做到达标排放。

(2)湿法净化技术。湿法净化技术主要是通过碱液喷淋方法去除废气中的污染物，达到净化的目的。通常包括电解尾气收集、石灰水喷雾淋洗系统和石灰水处理池三部分。

电解尾气收集是以4台或6台电解槽为一组，在其上方设置整体集气罩，将一组电解槽都置于一个整体集气罩下，左右和后面均为砖墙封闭。通常，每8~12台电解炉配置1台风机，将尾气引入室外排风烟道。据统计，每生产1 t稀土金属大约产生1.8万 m$^3$废气，废气污染物浓度见表9-2，其中大部分烟尘经烟道沉降收集。

**表9-2　熔盐电解法废气各污染物产生指标**

| 污染物 | 烟　尘 | | 氟化物 | |
|---|---|---|---|---|
| 浓度值 | 650 mg/m$^3$ | 11.5 kg/t 稀土金属 | 490 mg/m$^3$ | 8.8 kg/t 稀土金属 |

采用石灰水喷淋方式处理电解尾气是最常用、最经济而有效的方法，含氟尾气与石灰水接触1~2 s即可达到85%以上的氟吸收去除率。主要设备为串联喷雾淋洗塔，电解尾气收集后经塔底部引入塔中，经导向板向上运动，经过高度可达11 m的行程后，与雾化后的石灰水充分接触吸收，然后经气水分离装置气水分离后经烟囱排空，所形成的氟化钙浆液经静置沉降后堆放处理，澄清废水可循环利用再调浆。

为避免因水泵故障造成尾气得不到处理的情况发生，且保证能定期清出沉淀物，一般建设两个石灰水池，交替使用。当需要清理一个池中氟化钙沉淀时，将待清理池的上清液分次作为补水加到使用池中。直至要清理的池中呈泥浆状，晾晒一段时间后清出氟化钙沉淀，晾干，堆放，回收。

湿法净化技术的工艺简单、流程短、净化效果明显，投资少。处理后的废气均能达标排放。表9－3是处理后废气中的污染物排放浓度及总量。

**表9－3　湿法处理后废气中污染物排放浓度及总量**

| 污染物 | 烟尘 | | 氟化物 | |
|---|---|---|---|---|
| 浓度及总量 | 63.3 $mg/m^3$ | 1.14 kg/t 稀土金属 | 5.6 $mg/m^3$ | 0.1 kg/t 稀土金属 |

4）盐酸雾污染控制技术。盐酸浸出和萃取盐酸配制等过程会产生盐酸雾。对于盐酸雾，目前国内主要采用碱液喷淋吸收的方法进行净化。通常，设置引风系统收集盐酸雾，然后采用二级碱液喷淋吸收处理，净化后可直接排放。由于盐酸是挥发性酸，所以在低酸优浸时，将加酸的管道插入矿浆中，可以减少盐酸的挥发。对少量挥发的盐酸气体采用废气回收塔、喷淋 NaOH 碱水进行中和吸收。可达标排放。

**3. 硅生产过程**

1）碳热还原法生产工业硅废气治理技术。该方法生产工业硅时，大气污染控制的主要对象是含有微硅粉的废气。此类废气通常采用袋式除尘烟气净化系统进行处理，在控制粉尘浓度达标排放的同时实现微硅粉的回收利用。

2）多晶硅生产时的尾气干法回收技术。多晶硅生产时，在合成、还原、氢化等一些工艺过程中会伴随产生大量的 $H_2$、HCl 及 $SiHCl_3$、$SiCl_4$ 等副产物。这些副产物的综合利用效果直接关系到多晶硅生产时的物耗、能耗及污染物排放。

多晶硅尾气干法回收技术是指设置一套尾气回收系统，将多晶硅生产时尾气中的 $H_2$、HCl、$SiHCl_3$、$SiCl_4$ 等成分，经加压冷却后，使其中的 $SiHCl_3$ 和 $SiCl_4$ 冷凝分离出来。该冷凝混合物经精馏塔后分别得到 $SiHCl_3$ 和 $SiCl_4$，$SiHCl_3$ 直接送还原系统生产多晶硅，$SiCl_4$ 则送氢化工序经氢化后转化成 $SiHCl_3$，再经精馏塔分离后得到 $SiHCl_3$，然后送还原工序生产多晶硅。压缩、冷凝后的不凝气体，主要是 $H_2$ 和 HCl，在加压低温条件下，通过特殊的分离工艺（活性炭吸附法或冷 $SiCl_4$ 溶解 HCl 法回收 HCl），使 $H_2$ 和 HCl 分离，无杂质、无水分的纯 $H_2$，返回还原工序重复利用，HCl 送合成工序生产 $SiHCl_3$。还原尾气干法回收可使尾气不接触任何水分，将其中的各种成分逐步分开，无污染地返回系统重复利用。

国外多晶硅厂的尾气工业化回收技术经过多年发展，目前主要有两种：一是冷冻分离法，采用液氮作为冷媒，将尾气中各组分逐级分离回收；二是低温分离法，将尾气经 −40℃ 氯硅烷淋洗，使尾气中大部分氯硅烷液化分离，再经吸收、解吸、吸附等手段将各组分分离。第二种方法在美、日、德等发达国家的多晶硅厂已采用多年，是一种成熟可靠的尾气回收技术，与冷冻分离法相比具有能耗低、自动化程度高、工程技术要求相对较低等特点。目前，国内多晶硅项目也已经引进了国外先进的尾气低温分离回收系统。

**4. 金生产过程**

1) $SO_2$废气治理技术。随着金矿资源的大量开采，含砷黄铁矿型金矿逐渐成为我国黄金生产的主要矿石原料。由于 As、S 元素对金的氰化浸出有很大影响，所以该类型金矿需要经过焙烧或生物氧化等处理预先脱除 S、As 元素，再进行氰化提金过程。焙烧预处理一般分为两段：第一段是较低温度下的脱砷过程；第二段是较高温度下的脱硫过程。这两个过程均产生含 $SO_2$和 $As_2O_3$的废气。

不同浓度 $SO_2$废气应采用不同的方法进行治理。一般对于浓度超过 3.5% 的高浓度 $SO_2$废气多采用接触法制酸，这样既可避免大气污染，又回收了硫酸，此类技术目前已经比较成熟而且得到了广泛应用。对于低浓度 $SO_2$废气，目前生产硫酸较为困难，一般采取适宜的净化方法进行处理以满足环保的要求。

对于 $SO_2$体积分数为 0.1% ~1% 的低浓度废气的治理方法很多，如氨吸收法、石灰乳吸收法、碱液体吸收法、活性炭吸附法、氧化锰吸收法等，需要结合实际情况进行选择。目前，工业上多采用石灰乳吸收法来净化处理低浓度 $SO_2$废气，处理后废气能够达到国家排放标准，但净化 $SO_2$后生成的石膏固体废料难以处理，并且可能含有 As、Cd、Pb 和 Hg 等有害元素，容易造成二次污染。研究表明，可以采用 $Na_2CO_3$或 NaOH 来替代石灰吸收 $SO_2$烟气，该吸收剂具有不易挥发、溶解度高、吸收能力强等特点，而且不存在吸收系统结垢和堵塞等问题。其具体工艺流程是：在低温下，利用 $Na_2CO_3$ 或 NaOH 吸收烟气中的 $SO_2$ 生成 $Na_2SO_3$；再继续吸收 $SO_2$生成 $NaHSO_3$；将含 $Na_2SO_3-NaHSO_3$的吸收液进行热再生；释放出的纯 $SO_2$气体可以制成液态二氧化硫或制硫酸，再生后的碱液返回吸收系统循环使用。

2) $As_2O_3$废气治理技术。当使用石灰、NaOH 或 $Na_2CO_3$吸收去除 $SO_2$时，一部分砷也可被除去，但通常处理后废气中的砷含量仍达不到排放标准，需要进一步去除。湿式电除尘器对砷有很好的去除效果。澳大利亚西部矿业公司采用气体清洗系统处理两段焙烧废气，效果明显。该系统采用两段热旋风器和空气热交换器，使废气进入湿式电除尘器之前冷却到 400℃，进入除尘器内的烟尘负荷约为 38 g/m³，典型的出口烟尘量在 100 mg/m³以下。静电除尘后，气体用外部空气进一步冷却到 105℃，然后通入到布袋除尘室。每间除尘室有 84 个长 5505 mm、直径 130 mm 的集尘袋。从布袋除尘室出来后的气体可达标排放。该系统处理 $As_2O_3$废气时，可将 92% ~95% 的 $As_2O_3$净化去除。

3) $NO_x$ 废气治理技术。在黄金的湿法冶炼过程中，硝酸分银、王水分金等工艺过程会产生大量的 $NO_x$ 气体。据统计，中型矿山一次冶炼会产生 100 kg 以上

的 $NO_x$ 废气，浓度高达 10 g/m$^3$，同时反应过程会带出大量 $HNO_3$ 和 HCl 气体，严重影响 $NO_x$ 的处理效果。

目前，国内外关于 $NO_x$ 废气的治理方法很多，如传统吸收法、选择性催化还原法、非选择性催化还原法、$NO_x$ 抑制法、$H_2O_2$ 氧化法和氧化还原法等，但这些单一的处理方法多适用于一些低浓度 $NO_x$ 废气的治理。针对瞬间浓度很高的 $NO_x$ 废气，将上述方法结合起来使用通常会获得较好的治理效果。辽宁天利金业有限责任公司采用传统吸收法和氧化还原法相结合的工艺处理高浓度 $NO_x$ 废气，实践表明，经综合处理后的气体可达标排放。需要指出，上述处理 $NO_x$ 气体的工艺均属于末端治理，通过研发适宜技术来预防冶炼过程中 $NO_x$ 气体的产生，即从源头进行控制一直是研究的热点。

4）汞废气治理技术。混汞法选矿得到的金精矿在焙烧预处理时会产生大量含 $SO_2$ 和汞的废气，当采用含汞废气制酸时应先进行脱汞处理。此外，在矿石混汞和汞-金蒸馏过程中也可能会有汞气泄露到工作环境中，这些场所应加强通风，抽出的空气经净化处理后排放。

工业上常用的处理含汞废气的方法主要有碘络合法、硫酸洗涤法、充氯活性炭净化法、二氧化锰吸收法、高锰酸钾吸收法和吹风置换法等。碘络合法净化含汞废气的工艺流程是：将含汞废气经吸收塔底部送入吸收塔内，并由塔顶喷淋含碘盐的吸收液来吸收汞，循环吸收汞得到的富液定量地引出并进行电解脱汞。采用该方法废气中汞的去除率可达99.5%，尾气含汞低于0.05 mg/m$^3$，废气除汞后制得的硫酸含汞量低于 $10^{-6}$。硫酸洗涤法一般是采用85% ~93%的浓硫酸对含汞废气进行洗涤沉淀，汞的回收率可达96% ~99%，沉淀物经水洗后蒸馏可得到纯度高达99.999%的汞。充氯活性炭净化法的除汞效率可达99.9%。某些汞气浓度高的场合可以采用氧化吸收法，如二氧化锰吸收法和高锰酸钾吸收法等，通过二氧化锰或高锰酸钾的吸收氧化，可以将单质汞固定为汞锰络合物，从而达到净化的目的。对于中小矿山可用吹风置换法净化汞气并回收汞，该法简单、经济实用，也可以得到较好的除汞指标。

5）粉尘治理技术。对于砷铁矿型的难浸出金矿，焙烧过程中产生的废气除了含有 $SO_2$、$As_2O_3$ 等污染物外，还含有粉尘。其实，在任何焙烧处理操作过程中，都会产生一定数量的粉尘。工业上通常利用旋风除尘器从废气中回收粉尘，但当粉尘较细时，用常规旋风除尘器无法进行有效回收，未回收的粉尘必须符合相关排放规定。当采用石灰乳法净化废气中的 $SO_2$ 时，对废气中的粉尘也能有效去除，使其符合空气排放规定。如果没能充分去除粉尘，必须采用电除尘器或者布袋除尘器降低烟尘质量浓度。此外，在焙烧时产生的极细粉尘中含金量通常比原矿或精矿含金的平均值高，不加以回收可能会造成大量的金的损失，因此旋风除尘器无法有效回收细粉尘时，需要安装电除尘器或布袋除尘器，以便减少向空气中排放的粉尘浓度，同时提高金的回收率。

### 9.1.3 案例

**1. 黑龙江某钛业有限公司海绵钛生产中含氯废气治理**

1)项目背景。黑龙江某钛业有限公司建设年产1万t四氯化钛及1000 t海绵钛项目。项目于2006年4月正式开工建设，2007年全部投产运行。公司采用较为成熟的沸腾氯化法工艺，以高钛渣和石油焦为原料生产粗四氯化钛，精制后生产精四氯化钛，再用镁还原法生产海绵钛产品，副产品氯化镁。氯化反应方程式如下：

主反应：$2TiO_2 + 4Cl_2 + 3C \longrightarrow 2TiCl_4 + CO_2 + 2CO$

副反应：$2FeTiO_3 + 7Cl_2 + 3C \longrightarrow 2TiCl_4 + 2FeCl_3 + 3CO_2$

$$4Fe + 5Cl_2 \longrightarrow 2FeCl_3 + 2FeCl_2$$

$$MnO_2 + Cl_2 + C \longrightarrow MnCl_2 + CO_2$$

2)废气成分及治理技术。项目工艺废气主要来自氯化工序和精制工序，主要污染物为氯气和氯化氢气体，此外还有少量残余 $TiCl_4$ 气体等。项目产生的废气均进入尾气处理系统。项目经过研究、设计，发现单纯使用水洗可以有效吸收氯化氢气体，并可使残余 $TiCl_4$ 气体水解，生成盐酸，但对尾气中残余的氯气并不能进行有效吸收处理。因此，采用水洗加氯化亚铁三级淋洗的方法处理尾气(见图9-7)。铁粉和盐酸溶液反应生成氯化亚铁，用其喷淋水洗后的尾气，使其中的氯气与氯化亚铁反应，生成三价的氯化铁，彻底去除尾气中的氯气。氯化铁溶液可收集后作为副产品外售。

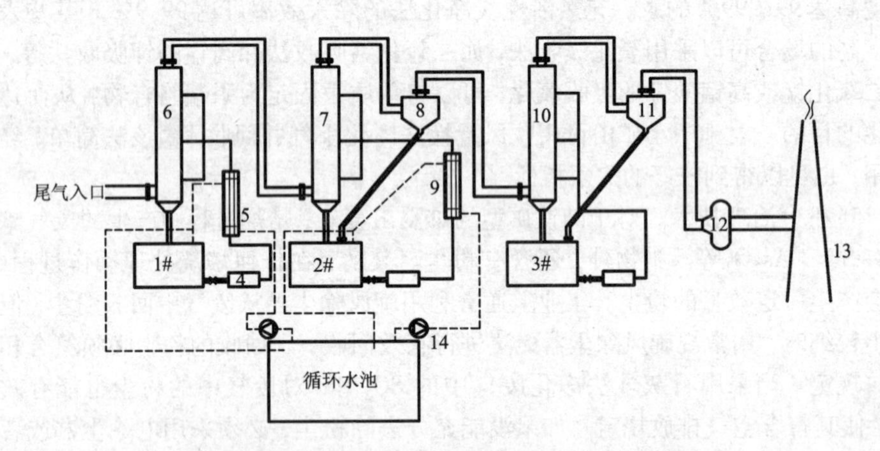


**图9-7 海绵钛生产尾气三级淋洗处理工艺流程**

1, 2, 3—循环泵槽；4—耐酸泵；5, 9—冷凝器；6, 7, 10—淋洗塔；
8, 11—汽水分离器；12—尾气风机；13—烟囱；14—水泵

3）废气治理结果。实际监测结果表明，经过尾气处理系统净化后，所排放的氯气和氯化氢的浓度及排放量均达到《大气污染物综合排放标准》（GB 16297—1996）中新污染源大气污染物排放二级限值要求。实践证明，水洗加氯化亚铁三级淋洗工艺处理海绵钛冶炼工艺尾气中的氯气和氯化氢气体效果明显。该工艺所需的处理剂来源广泛，循环喷淋可大幅度降低运行成本，设施运行稳定，在钛金属冶炼行业有一定的借鉴和推广意义。

**2. 湖南某钽铌冶炼厂含氟废气治理**

1）项目背景。湖南某冶炼厂采用湿法冶炼工艺生产钽铌，以 $HF-H_2SO_4$混合酸体系溶解钽铌矿石，溶解时间超过24 h，温度约100℃，溶解过程中产生含有较多水蒸气的高浓度含氟废气，其主要污染物是HF，同时含有少量的 $SiF_4$、硫酸雾等。该厂地处山谷，大气稀释扩散能力较差。根据当地环保部门的监测结果，厂区周围空气中氟化物浓度超过《环境空气质量标准》（GB 3095—1996）。氟过量对人体损害较大，易使人患上“氟骨症”，同时氟对植物的危害比 $SO_2$还大，相当于 $SO_2$有害浓度的1%就可使植物受害。因此，该厂污染治理的关键是控制氟污染。

2）废气治理技术及工艺过程。该厂采用湿法回收与净化工艺来治理含氟废气，即冷凝+石灰水喷淋的组合工艺。由于冷凝吸收后的废气中氟化物浓度仍较高，不能直接排入环境，因此工艺设计该废气又经两级石灰水吸收净化，达到除氟目的后高空排放。主要反应如下：

冷凝过程：

$$HF + H_2O \longrightarrow HF \cdot H_2O$$

净化过程：

$$2HF + Ca(OH)_2 \longrightarrow CaF_2 + 2H_2O$$

$$3SiF_4 + 2H_2O \longrightarrow 2H_2SiF_6 + SiO_2$$

$$3Ca(OH)_2 + H_2SiF_6 \longrightarrow 3CaF_2 + SiO_2 + 4H_2O$$

该厂根据生产布局和污染源（矿石分解槽）特征，采用分散密闭罩直接从各分解槽顶盖吸出废气，然后集中回收净化。整个湿法工艺系统包括废气收集、管道输送、冷凝回收、石灰水喷淋、风机排气以及石灰消解、水循环等。主要工艺过程如下：

（1）含氟废气的收集。根据钽铌矿溶解过程投料时间短、分解周期长、分解槽易密闭等特点，该工程在产生废气的分解槽顶盖设置密闭集气罩，采用负压作业，收集溶解过程中产生的全部废气。

（2）冷凝回收。按照双膜理论，设240 $m^2$的水冷石墨冷凝器。用冷却水将含氟废气冷却至30～35℃（冬天可冷却至20～25℃），废气中的HF分子与凝结水接触并被吸收。由于石墨冷凝器的特殊结构，增加了冷凝水与废气的接触面积，降低了吸收阻力，使HF向液相主体的传质过程变快，冷凝效果显著，因此本项目可以得到纯度较高的氢氟酸。

(3)石灰水喷淋吸收。监测数据表明，经冷凝回收后的废气中 HF 平均浓度仍高达 164 mg/m$^3$。为了进一步去除 HF、$SiF_4$和硫酸雾等污染物，根据石灰水对氟化物、硫酸雾的净化效果远优于水，以及湍流吸收塔具有处理能力大、吸收效率高、不易堵塞等优点，该工程设置湍流吸收塔 2 台，以消解后的石灰水作为吸收剂，采用逆流作业方式进行吸收废气中的 HF、$SiF_4$、硫酸雾等污染物。

(4)集气罩风量分配与控制。鉴于厂房内产生废气的分解槽布置不规则，各分支风管压力损失不等，且在生产时一般只有 5 ~ 7 个分解槽处在溶解矿石阶段，为了防止集气罩风量分配不均，该厂在净化系统集气支管上均设置调节闸门，以便调节风管阻力及风量，保证获得最佳集气效果。

(5)净化系统材料选择。由于 HF、硫酸雾具有强腐蚀性，所以净化系统风管、湍流吸收塔等均采用耐腐蚀的聚丙烯材料制作，冷凝器材质为新型石墨改性聚丙烯。

3)废气净化系统技术参数。净化系统处理废气量为 16000 m$^3$/h，系统阻力 2785 Pa；设置 9 个集气罩，集气支管流速 11.8 m/s，主管流速 15.7 m/s；石墨冷凝器的冷凝面积为 240 m$^2$，冷却温度 30 ~ 35℃，废气停留时间大于 1 s；湍流吸收塔 2 台，塔径 1200 mm，塔高 5000 mm，空塔气速 3.9 m/s，石灰水吸收剂的 pH 为 9 ~ 11，喷淋量为 8 ~ 15 m$^3$/h，喷淋速度 13 ~ 20 m/s，输液泵流量 14 m$^3$/h，扬程为 20 m；中和沉淀池的长 4.5 m、宽 3 m、高 1.5 m，反应池容积为 20.25 m$^3$；风机额定风量为 16800 m$^3$/h，风压为 2960 Pa，电机功率为 30 kW；排气筒直径为 600 mm，高度为 60 m。

4)废气治理结果。表 9 - 4 给出了该厂净化前后废气中 HF 的浓度变化情况。可以看出，在使用 HF - $H_2SO_4$混合酸体系分解矿石过程中，分解工艺废气中的 HF 浓度可高达 1781 mg/m$^3$。冷凝回收后废气中的 HF 浓度为 132 ~ 233 mg/m$^3$，经冷凝回收后的废气进入 2 台串联的湍流吸收塔，经两级塔吸收净化后，废气中的 HF 浓度为 5.3 ~ 11.2 mg/m$^3$，净化系统总净化效率达到 97.8 % ~ 99.4%，最大排放速率为 0.19 kg/h。除了 HF 初始浓度极高时(见序号 1)，治理后废气 HF 浓度超标外，正常运行时，HF 浓度和排放速率均低于《大气污染物综合排放标准》(GB 16297—1996)中二级标准(氟化物浓度 11 mg/m$^3$，排放速率 2.6 kg/h)的排放限值。

此外，在净化系统 3 个月的试运行期间，该厂共投料 90 t，结果表明：平均溶解 1 t 矿石，冷凝器可回收浓度为 19 mol/L 的氢氟酸副产品 400 kg，且质量稳定，可满足生产氟钽酸钾要求(见表 9 - 5)。按该厂年处理钽铌精矿 660 t 进行计算，仅回收氢氟酸用于生产氟钽酸钾一项，每年就可降低生产成本近 50 万元。因此，该厂采用冷凝与石灰水喷淋相结合的回收净化工艺，治理钽铌矿溶解含氟废气，取得了令人满意的效果，获得了较好的环境效益和经济效益，为该行业废气治理探索了一条可行的途径。

**表9-4　治理前后废气中的HF浓度变化**

| 序号 | 初始浓度 /($mg \cdot m^{-3}$) | 冷凝器出口浓度 /($mg \cdot m^{-3}$) | 冷凝效率 /% | 湍流塔出口浓度 /($mg \cdot m^{-3}$) | 吸收效率 /% | 总净化效率 /% |
|---|---|---|---|---|---|---|
| 1 | 1781 | 233 | 86.9 | 11.2 | 95.2 | 99.4 |
| 2 | 934 | 214 | 77.1 | 10.5 | 95.1 | 98.9 |
| 3 | 489 | 145 | 70.3 | 10.3 | 92.9 | 97.9 |
| 4 | 455 | 139 | 69.5 | 10.1 | 92.7 | 97.8 |
| 5 | 446 | 136 | 70.8 | 7.7 | 94.3 | 98.3 |
| 6 | 441 | 148 | 66.4 | 8.8 | 94.1 | 98.0 |
| 7 | 452 | 132 | 70.8 | 5.3 | 96.0 | 98.8 |

**表9-5　冷凝回收的氢氟酸质量**

| 成分 | HF | $SO_4^{2-}$ | $H_2SiF_6$ | Ca | Fe | Pb |
|---|---|---|---|---|---|---|
| 含量/% | >30 | <0.5 | <0.2 | 微 | 微 | 微 |

# 9.2　废水治理

## 9.2.1　废水的主要来源及特点

### 1. 钛生产过程

1)海绵钛生产。海绵钛生产企业的水污染源主要是指海绵钛在生产过程中产生的废水和厂区生活污水。此外，在粗$TiCl_4$精制工序中还会产生一些废液。

生产废水主要来自冷却、冲渣、烟气洗涤、铜丝洗涤、冲洗地面等作业。其中，冷却水经降温后可循环使用，冲渣水、烟气洗涤水、冲洗地面废水所含污染物的主要成分为HCl、$FeCl_3$等酸性物质，铜丝洗涤废水还含有金属铜。生活污水主要来自于倒班宿舍、食堂、浴室、厂区办公楼等生活设施，主要污染物为COD、氨氮、总磷、总氮。考虑到很多企业的生产排水与生活污水管网未分开，所以海绵钛生产企业废水的主要污染物控制项目为pH、SS、$COD_{Cr}$、石油类、氨氮、TP和TN，而采用铜丝除钒的钛厂，其废水污染物控制项目还应增加总铜。

2)钛白生产。目前，我国钛白企业多采用硫酸法生产钛白。硫酸法钛白生产过程中排出的废水可分为酸性废水和废酸两类。酸性废水主要来源于生产过程中酸解尾气洗涤、煅烧尾气洗涤、水洗、设备冲洗和地坪冲洗等作业，废水产生量在80～150 t/t钛白粉之间，废水中的硫酸含量约2%，此外还含有少量的硫酸亚铁和钛白粉。废酸主要来自于硫酸钛溶液净化过程，产生量在7～10 t/t钛白粉之间，其中硫酸含量在17%～23%、$FeSO_4$含量约80 g/L(以无水$FeSO_4$计)。通常，废酸总产量的20%可以直接返回酸解工序配酸和在浸取时用于调整钛液的酸度系数，其余废酸则无法回用，需要处理。

**2.稀土生产过程**

1)浓硫酸强化焙烧—萃取分离生产稀土氧化物工艺。在该工艺中，废水主要有两类来源：焙烧废气净化废水；碳沉废水、皂化及萃取分离废水。

(1)焙烧废气净化废水。硫酸强化焙烧产生的废气采用湿法工艺净化时，会产生一定量的废水。若焙烧废气采用三级碱液喷淋的方法，所产生的废水呈酸性，主要含有大量的氟化物、COD、$SO_4^{2-}$和总盐量。若焙烧废气采用酸回收净化工艺，则净化废气所产生的含酸废水可以直接回收利用。

(2)碳沉废水、皂化及萃取分离废水。这部分废水呈微酸性，主要污染物是氨氮和COD。目前，我国稀土行业大多采用碳酸氢氨为沉淀剂，氨水为皂化剂，碳沉废水的氨氮浓度在10～80 g/L之间，皂化及萃取分离废水的氨氮浓度为100～200 g/L。

2)碱法氯化稀土—萃取分离生产稀土氧化物工艺。该工艺生产过程中，主要产生两种废水，即碱法生产废水和萃取分离废水。

(1)碱法生产废水。废水主要来自酸泡和碱浆水洗工序，主要污染物为pH、F和SS。第一次酸泡液和酸泡矿洗液可返回酸泡工序再利用，第一、二次洗涤废水经苛化回收碱，返回碱分解工序利用。通常，将二次酸泡废水与碱性废水中和处理后排放。

(2)萃取分离废水。在萃取过程中主要产生含有氯化铵的废水。

3)氟碳铈矿盐酸法分离生产稀土产品工艺。该工艺生产稀土产品时主要排放碱转水洗废水、萃取废水、碳铵沉淀废水，主要污染物是COD、SS和氯化铵。据统计，每处理1 t氟碳铈精矿，产生废水中氯化铵约为0.37 t。

4)离子吸附型稀土萃取分离生产稀土氧化物工艺。该工艺生产过程中，产生的废水主要有盐酸净化有机相再生洗涤废水、稀土萃取废水、反萃有机相洗涤废水、草酸稀土沉淀废水及稀土沉淀洗涤水、生产车间地面冲洗水和锅炉房排水。

(1)盐酸净化有机相再生洗涤水。若按每天净化盐酸100 t，使用有机相1000 L，每3天再生有机相1次，再生时洗涤3次计算，则平均每天产生废水约10 $m^3$。洗涤废水中的主要污染物是pH、$Fe^{3+}$和$COD_{Cr}$，具体废水水质见表9-6。

表9－6　盐酸净化有机相再生洗涤水的水质

| 洗涤次数 | 酸度/[mg(KOH)·$g^{-1}$] | $Fe^{3+}$/(mg·$L^{-1}$) | $COD_{Cr}$/(mg·$L^{-1}$) |
|---|---|---|---|
| 第一次 | 2.7 | 12000 | 400～500 |
| 第二次 | 0.7 | 2000 | 300～450 |
| 第三次 | 0.1 | 1000 | 250～350 |

(2)稀土反萃有机相洗涤废水。工业生产中，稀土反萃有机相洗涤水部分返回配酸，部分外排。若以有机相洗涤水 140 $m^3$/d 计，则其中约 40 $m^3$/d 返回配酸，实际外排废水为 100 $m^3$/d。外排洗涤废水中的主要污染物是 pH、REO、Cr、$COD_{Cr}$和石油类，具体废水水质见表9－7。

表9－7　稀土反萃有机相洗涤废水的水质

| 项目 | 酸度/[mg(KOH)·$g^{-1}$] | REO/(mg·$L^{-1}$) | $COD_{Cr}$/(mg·$L^{-1}$) | Cr/(mg·$L^{-1}$) | 石油类/(mg·$L^{-1}$) |
|---|---|---|---|---|---|
| 轻有机相洗涤水 | 0.3～0.5 | 10～20 | 300～450 | 12～15 | 2～5 |
| 重有机相洗涤水 | 0.5～1 | 20～30 | 450～600 | 20～25 | 5～20 |

(3)草酸稀土沉淀废水及碳酸稀土沉淀废水。这部分废水中的主要污染物及浓度为：pH 1～1.5，$COD_{Cr}$ 500～1000 mg/L，$C_2O_4^{2-}$ 1000 mg/L，$NH_4Cl$ 10000 mg/L。废水中 $NH_4Cl$ 含量较高，可全部返回矿山浸矿，通常不外排。

(4)生产车间地面冲洗水和锅炉房排水。该部分废水中的主要污染物及浓度为：pH 4～6，REO 1～2 mg/L，$COD_{Cr}$ 100～300 mg/L，$Cl^-$ 1～5 mg/L，石油类 0.5～2 mg/L。

5)稀土金属及其合金生产工艺。稀土金属及其合金生产主要采用氟盐体系氧化稀土熔盐电解法、氯盐体系氯化稀土熔盐电解法和真空热还原法等。电解稀土金属主要用水为设备循环冷却水和溢流水，一般不含有害物。

**3. 多晶硅生产过程**

目前，我国多晶硅生产企业的废水主要有含氟酸性废水、其他生产废水和生活污水3类：含氟酸性废水主要来自洗料车间多晶硅原料的浸泡工段、清洗工段以及酸雾处理时喷淋塔排出的喷淋废水等，根据废水含氟浓度的大小，又可将含氟酸性废水分为高氟废水和低氟废水；其他生产废水主要指清洗剂、切割液等类物质的清洗废水，以及碱洗塔废水等；生活污水主要来源于生产区卫生用水、生活行政区排放的污水等。多晶硅生产企业产生的废水的水质特点是：水量、水质的变化幅度较大，pH 不稳定；氟离子浓度高，高氟废水的 $F^-$ 浓度约 1～15 g/L，

低氟废水的 $F^-$ 浓度约 200 mg/L，需要针对性去除；不含氟生产废水中的悬浮物及 $COD_{Cr}$ 含量高，而 $BOD_5$ 较低，废水的可生化性较差。

**4. 金生产过程**

黄金冶炼企业废水的来源及所含污染物的种类与企业采用的金冶炼工艺密切相关。对于采用氰化法提金的企业，废水主要来源于金的预处理、提取与回收工段(见图 9-5)，废水中主要含有氰化物、重金属离子、硫酸、硫酸盐、汞及砷等污染物。其中，含氰废水量大、成分复杂且处理较为困难，是氰化法提金时对环境影响最为严重的水体污染物。对于采用混汞法生产的企业，在混汞作业、汞膏的洗涤、过滤及蒸馏处理等工段，特别是混汞板的铺汞、刮汞、洗汞金、挤汞金等作业过程中，人与汞的接触比较频繁，厂内汞流失到废水中较多。含汞废水对人体及生态影响非常严重，是混汞法提金企业的重点治理对象。

### 9.2.2 治理技术

**1. 钛生产过程**

1)海绵钛生产。海绵钛生产企业的水污染控制，既包括生产废水和生活污水的治理，同时也包括生产过程中产生的少量废液的处理。

(1)废水的治理。废水来源及污染物种类不同，采取的治理方法也不同。

目前，国内海绵钛生产企业对其产生的各种废水采取的治理方法大致如下：对于冷却水，一般经冷却降温后循环使用；对于冲渣水、烟气净化水和冲洗地面水等酸性废水，大多采用酸碱中和的工艺进行处理，即废水经投加石灰乳液或碱液中和后排放；对于厂区生活污水，都是采用成熟的生化处理法进行处理；对于生产废水和生活污水混合收集后的水液，多采用酸碱中和 + 生化处理组合工艺进行治理。此外，有些海绵钛生产企业还将生产过程中产生的废气和废水一起治理(见图 9-8)，既节省了设备和用地，也降低了运行处理成本。

在海绵钛生产过程中，通常酸性废水量较大，一般通过添加石灰或其他碱性物质进行中和处理后直接经排污管道排走。但这种方法还不够彻底，因为在排走的水中还含有较多的盐类。可以考虑研发经济可行的处理方法，使废水经过处理后既可以返回生产工序循环利用，同时还能回收废水中的盐类物质。

此外，目前国内一些钛厂仍采用铜丝塔除钒工艺。由于铜丝表面黏附钒杂质后会影响除钒效果，因此通常用盐酸液洗涤，再生后的铜丝经水洗、烘干后返回使用。在洗涤、水洗过程中产生的含铜酸性水，由于水量小，企业普遍采用加碱中和方法进行处理。对于这种废水，可以集中收集后再进行处理，以便回收铜。通常采用铁屑置换法回收铜较为简便。

(2)废液处理。海绵钛生产时，废液主要是指在粗 $TiCl_4$ 精制工序中产生的少量低沸点杂质馏出液。在用浮阀塔精馏除硅时，其精馏馏出液含有 $SiCl_4$ 100 ~

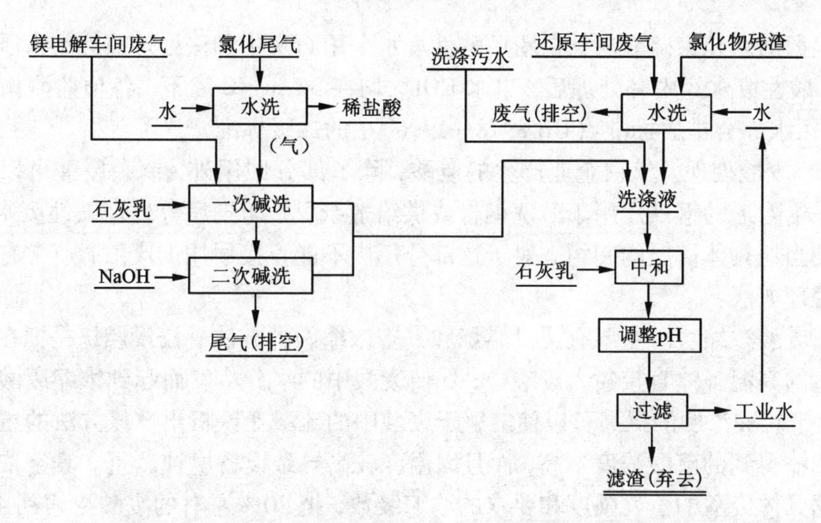


图9-8　海绵钛生产过程中废气、废水处理综合工艺流程

150 g/L、$TiCl_4$ 850～900 g/L，此外还有其他一些杂质，因此应合理回收其中的有价成分。可采用再精馏的办法将 $TiCl_4$ 和 $SiCl_4$ 分离。

2)钛白生产。硫酸法生产钛白时，主要有酸性废水和废酸两类废水需要治理。这两类废水水质差别较大，通常分别进行处理。

(1)酸性废水治理。钛白工业酸性废水的治理方法主要有石灰中和法、电石渣中和法、变速升流塔中和滤塔法等。其中，石灰中和法是目前国内外普遍采用的酸性废水处理工艺。

石灰中和法基本工艺流程见图9-9。酸性废水首先进入调节池，经水质和水量的均衡后进入中和曝气池，向池中加入石灰乳和絮凝剂，进行中和反应和絮凝反应，同时通过曝气将 $Fe^{2+}$ 转化成为 $Fe^{3+}$，然后在沉淀池中将生成的 $CaSO_4$ 和少量 $Fe_2O_3$ 沉淀下来进入集泥池，经真空脱水机压成泥饼后送至污泥堆放场，处理后的废水可达标排放。需要指出，石灰中和法工艺的关键是中和硫酸所产生的硫酸钙较难以沉降，因此应在设计中做好沉降工段的工艺设计和设备选型工作，以保证沉降和出水效果。

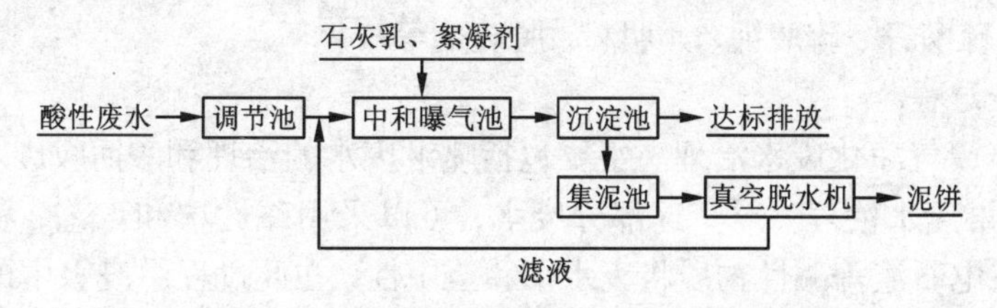


图9-9　石灰中和法处理酸性废水工艺流程

根据国内几家硫酸法钛白粉厂酸性废水采用石灰中和法处理前后的水质变化数据，酸性废水经中和处理后，出水 $COD_{Cr}$均在 30 mg/L 以下，各项监测指标均达到《污水综合排放标准》(GB 8978—1996)中的二级标准。

(2)废酸处理。钛白企业产生的废酸，除了部分回用外，剩余废酸可以因地制宜供给附近的钢铁厂用于酸洗钢材或供给造纸厂、印染厂等处理碱性废水，但这受到当地具体情况的制约。对于这部分厂内不能直接回用的废酸，通常有以下几种处理方法：

①废酸浓缩法。主要有浸没燃烧和真空浓缩两种方法。浸没燃烧是把在燃烧室产生的高温气体直接喷入废酸中，促使废酸中的水分蒸发而起到浓缩废酸的作用，由于硫酸浓度的提高可以使溶解于废酸中的硫酸亚铁析出。该方法的主要缺点是浓缩得到的硫酸浓度不高，而且因温度较高导致设备腐蚀严重。真空浓缩可以根据具体废酸的蒸发强度和要求的浓缩级数，把20%左右的废酸浓缩到40%、50%、70%甚至90%以上。该方法的主要缺点是硫酸亚铁脱水后容易堵塞蒸发器的列管。废酸浓缩法在欧洲和日本应用较多，但是废酸浓缩设备比较昂贵，能耗和操作费用也高，因此在我国应用很少。

②废酸中和生产石膏。废酸中和生产石膏工艺的流程是：用石灰乳把废酸的pH 调节到 2.5，过滤，即可得到低铁石膏。这种石膏与天然石膏的成分基本相同，可以用做建筑材料。该工艺的关键是正确掌握石膏的结晶方法，否则会造成过滤十分困难。此外，按照该方法每生产 1 t 钛白粉大约能副产 5 t 石膏，因此可靠的石膏利用或销售途径是该工艺能否得以实施的关键所在。

③废酸生产铁系颜料。废酸中除含有硫酸外，还含有硫酸亚铁。利用废酸与废铁皮、铁屑反应，可以得到硫酸亚铁溶液，该溶液可以作为生产氧化铁黑、铁红等铁系颜料的生产原料。该方法涉及的工艺较为简单，比较符合我国国情。

④氨中和生产硫酸铵和硫酸亚铁铵肥料。该方法的技术原理是：向废酸中通入液氨，然后将物料干燥，即可获得硫酸铵和硫酸亚铁铵。该方法在日本应用较多，也是符合我国国情的一种简单有效的方法。

⑤其他综合利用方法。根据废酸的具体成分，除上述方法外，还有氨中和生产偏钒酸铵、废酸回收氧化钪、废酸生产铁镁肥等方法。此外，还可利用废酸生产硫酸铝、硫酸锌、硫酸钾、元明粉、脱硫剂等。

**2.稀土生产过程**

1)焙烧废气净化废水治理。主要包括喷淋废水的治理和酸回收废水的回用。

(1)喷淋废水治理。对于这部分废水，可以采用碱性中和工艺，利用价廉易得的石灰或电石渣等碱性物质将废水中和至中性，在此过程中废水中的其他有害物质也因生成大量沉淀物而得以去除。中和后的废水再经生化或物化深度处理后，可基本实现达标排放。该方法工艺简单、流程短、投资少，比较适合中小型稀土生产企业。对于年处理稀土精矿万吨以上的大型稀土企业，若也采用中和法工艺，则年消耗的石灰量达万吨以上，原料消耗量大，处理成本高，处理后的水无法回收利用，并且排放大量无经济利用价值的废渣，造成二次污染。针对这种规模的企业，可以采用酸回收净化尾气废水回用的综合处理方法。

(2)酸回收净化废水的回用。酸回收净化技术是将尾气净化与水处理相结合的回收技术，通过尾气工艺及设备的新型设计或改造，在实现尾气净化目的的同时使尾气中的有害酸类及氟类富集，为下一步的回收废水中的物料创造经济技术条件。在废水处理工艺上，常采用蒸发及合成分离工艺，得到的70% ~93%硫酸用于稀土焙烧，氟化物则转化为以冰晶石为主的氟化盐产品。采用回收利用技术治理酸性废水，不仅符合循环经济发展模式，更重要的是在环保效果及投入产出比等方面更为合理，不仅大量减少排入环境的污染物量，同时还可以减少大量环保设施运行费用。但因基建投资较大，该工艺比较适合年处理稀土精矿在万吨以上的大规模生产企业采用。统计数据表明，采用酸回收净化技术，每处理1 t稀土精矿，净化焙烧废气所产生的酸性废水中含有硫酸超过0.3 t，氟化物在90 kg以上，SS为300 mg/L，$COD_{Cr}$为400 mg/L。治理后，硫酸回收率超过98%，pH 6~9，SS低于200 mg/L，COD低于150 mg/L，均可达到排放标准要求。受包头地区当地原水水质影响(原水$F^-$浓度一般在10~20 mg/L)，废水$F^-$浓度达到目前国家要求的排放标准(标准限值10 mg/L)比较困难。因此，需要进行深度处理，可选用的方法包括化学吸附法、电解凝聚法和离子交换法等。

(3)碳沉废水、皂化及萃取分离废水治理。这部分废水污染治理的主要对象是废水中的pH、COD和氨氮。

对于废水中的pH和COD，可以采用废水中和的方法，投加碱性中和剂的同时添加助凝剂、絮凝剂，通过板框压滤，在处理废水酸性的同时，达到降低COD的目的。通过该方法，废水pH和COD均能达到国家排放标准要求。

碳沉废水的氨氮浓度在10~80 g/L之间，皂化废水的氨氮浓度在100~200 g/L之间。对于高浓度的氨氮废水，可以采用浓缩结晶工艺来达到治理回收的目的。对于低浓度的氨氮废水，稀土企业以前常采用比较成熟的蒸发回收氯化铵工艺或碱性蒸氨回收氨水工艺，虽然投资较低，但由于能耗高、回收产品市场销路不好，使得治理成本偏高，外排废水氨氮达标存在困难。为此，可采用碳沉优化工艺和浓缩结晶的方法来处理$NH_3-N$废水，即碳铵溶液和稀土料液双项并流，二次沉淀洗涤水用于一次洗涤水，一次沉淀洗涤水用于配置碳铵溶液。该方法可以将原碳沉废水中的$NH_3-N$指标由10 g/L提高到80 g/L，然后采用浓缩结晶工艺治理，即可解决氨氮废水的达标排放问题。

(4)碱法废水治理。碱法废水中的主要污染物是pH、F和SS，这部分废水可采用如下治理方法：浓度较高的碱性废水采用成熟的苛化工艺回收碱后，残余碱液与低浓度碱性废水、苛化渣用于酸性废水中和。总排废水酸度达标，氟去除率约90%。需要指出，由于包头稀土精矿氟含量高，采用常规石灰中和法，$F^-$浓度难以达到现行环保标准。因此，可以采取如下措施：通过改进选矿工艺降低稀土精矿中氟含量，减少或消除酸泡废水；开发高效碱浆洗涤工艺及设备，削减洗涤废水产量；在水量大幅减少后，对废水中的$F^-$进行深度处理。

**3. 多晶硅生产过程**

多晶硅生产企业的废水主要包括含氟酸性废水、其他生产废水和生活污水3类，其中的含氟酸性废水是企业水污染控制的重中之重。对于含氟酸性废水的治理，主要有钙盐沉淀法、化学吸附法、电解凝聚法和离子交换法等，目前国内多晶硅生产企业基本上采用钙盐沉淀法治理含氟废水。而对于整个企业的3类废水，常根据废水的水质特点，在工艺上采取分别收集、分段处理的方法。具体可采取如下工艺流程：

高氟废水收集后进入高氟废水调节池，混合均匀后通过水泵打入一级除氟系统，投加$Ca(OH)_2$、$CaCl_2$及絮凝药剂，反应均匀后进入沉淀池，进行泥水分离，出水进入低氟废水调节池。

低氟废水收集后进入低氟废水调节池，与经过一级除氟系统处理后的高氟废水混合，通过水泵打入二级除氟系统，同样投加$Ca(OH)_2$、$CaCl_2$及絮凝药剂，反应后进入沉淀池，出水再进入综合废水调节池。

上述两级除氟系统均投加了$Ca(OH)_2$、$CaCl_2$和絮凝药剂。通常，向废水中投加石灰，可使氟离子与钙离子生成$CaF_2$沉淀而除去。该方法具有技术简单、处理方便、费用低等优点，但处理后出水很难达到排放标准要求。石灰的价格比较便宜，但溶解度低，只能以乳状液投加，由于产生的$CaF_2$沉淀会包裹在$Ca(OH)_2$颗粒的表面，使石灰乳不能被充分利用，因而石灰用量大。研究表明，投加石灰乳时，即使其用量使废水 pH 达到 12，也只能使废水中氟离子质量浓度下降到15 mg/L左右，且水中悬浮物含量很高。根据同离子效应，可向水中另外加入氯化钙、硫酸钙等可溶性的钙盐，以降低氟化钙的溶解度。实践证明，含氟废水中同时加入$Ca(OH)_2$和$CaCl_2$，经中和澄清和过滤后，废水中总氟浓度可降到10 mg/L 左右。投加絮凝药剂的目的是为了进一步降低废水中$F^-$、SS和其他有害物质的浓度。絮凝药剂主要包括絮凝剂和助凝剂，絮凝剂通常为铝盐，助凝剂常用聚丙烯酰胺。铝盐投加到废水中后，利用$Al^{3+}$与$F^-$的络合以及铝盐水解中间产物和最后生成的$Al(OH)_3$矾花对氟离子的配体交换、物理吸附、卷扫作用去除水中的氟离子，同时还可大量去除 SS 和其他有害物质。与钙盐沉淀法相比，铝盐絮凝沉淀法具有药剂投加量少、处理量大、一次处理后可达国家排放标准的优点。硫酸铝、聚合铝等铝盐对氟离子都有较好的混凝去除效果。

其他生产废水收集后进入其他废水调节池，混合均匀后通过水泵打入中和反应池，投加碱、PAC、PAM等药剂反应后进入沉淀池，出水进入综合调节池。

由于生产废水中含有大量的硝酸根，为保证出水总氮达标，需要进行反硝化反应，而反硝化需要消耗大量的碳源。生活污水中含有大量易生化的有机物，是良好的碳源，因此可以将多晶硅企业厂内的生活污水与预处理后的生产废水一同处理，以达到节省碳源、稀释出水浓度的目的，即厂内生活污水经过格栅除渣后也进入综合调节池。在综合调节池内，不同来源的废水和污水混合均匀，然后进入生化处理单元。生化处理可根据具体进水水质和出水要求，采用A/O工艺或$A^2/O$工艺，也可在前面增设水解酸化单元，以提高水的可生化性。

生化出水经二沉池泥水分离后，出水基本满足国家排放标准要求。若企业想对这部分水进行回用，则还需要将出水送入深度处理单元进一步处理。深度处理单元可选择混凝沉淀、微电解或化学氧化等方法。经深度处理后，出水满足中水回用水质要求，可在厂区回用。

整个处理系统产生的污泥包括物化污泥、生化污泥两类，分别进入物化污泥池与生化污泥池，经浓缩后由板框压滤机脱水，脱水上清液返回低氟废水调节池再处理，脱水污泥外运处置、填埋。

**4. 金生产过程**

1）含氰废水治理。目前，国内外治理含氰废水的方法主要有净化法和综合回收法两大类。

（1）净化法。净化法治理含氰废水主要是通过直接破坏作用将氰化物转化为无毒或低毒性的物质，使其达到国家排放标准要求。净化法又可分为碱性氯化法、$SO_2$－空气法、$H_2O_2$氧化法、臭氧氧化法、活性炭吸附氧化法、微生物法和自然降解法等。

①碱性氯化法。该方法的基本原理是在碱性条件下，利用漂白粉、次氯酸钠、氯气或液氯等氧化剂，将氰化物氧化成无毒的$N_2$和$CO_2$气体。由于漂白粉具有价格较低、操作简单等优点，因而被广泛用做氧化剂。碱性氯化法处理含氰废水的应用比较广泛，该方法具有反应完全、可控性好、基建投资较低等优点。但该方法的运行费用高，废液中氰化物不能回收，而且反应中存在有毒氯气，要求有良好的控制，因此需要在安全方面有更多的投入。

②$SO_2$－空气法。该方法的基本原理是在碱性条件下，以$Cu^{2+}$为催化剂，以$SO_2$和空气为氧化剂，将废水中的$CN^-$氧化为低毒性的CNO。$SO_2$－空气法除氰比较彻底，氰化物去除率可达99.9%，所需的设备多为氰化厂常用设备，投资少，工艺较简单，对药剂质量要求不高，是一种经济、安全且可靠的处理含氰废水方法。该方法的主要缺点是：$SO_2$的氧化能力较弱，需要保持较高的浓度才能达到较好的除氰效果，且不能消除废水中的硫氰化物；电耗高，一般是碱氯法的3～5倍；不能回收废水中的贵金属和重金属；对反应pH的控制要求严格。

③$H_2O_2$氧化法。该方法的基本原理是在碱性条件下，以$Cu^{2+}$为催化剂，以$H_2O_2$为氧化剂，将废水中的$CN^-$氧化为无毒物质，同时废水中的Cu、Zn、Pb、Ni、Cd 等络合氰化物也因氰化物的破坏而解离，并以相应氢氧化物或亚铁氰化物等难溶形式除去。因此，该方法处理含氰废水更为彻底，处理出水甚至能够达到渔业水域区的水质标准。但是，$H_2O_2$价格高、腐蚀性强，运输和使用有一定的危险，因此广泛推广使用还存在一定的困难。

④臭氧氧化法。该方法的基本原理是利用臭氧在水溶液中释放出原子氧的强氧化性，将废水中的氰化物和硫氰酸盐氧化为无毒的$N_2$。臭氧氧化法工艺简单，操作方便，无需药剂贩运，只需1台臭氧发生器，在整个反应过程中不增加其他污染物，污泥量少，且因增加了水中的溶解氧而使出水不易发臭。该方法的缺点是成本高昂、电耗大，臭氧发生器设备复杂、维修困难，对铁氰化物中的氰无彻底氧化破坏能力。因此，当废水中铁氰化物较多时，处理效果不理想。

⑤活性炭吸附氧化法。该方法的基本原理是向含氰废水中提供充足的氧，使吸附于活性炭上的$CN^-$在$Cu^{2+}$的催化作用下氧化分解为无毒物质。活性炭不但对氰化物具有吸附破坏作用，而且还可以吸附废水中的金、银等金属，提高了金、银等贵金属的回收率，因此经济效益比较明显。1987年，黑龙江乌拉嘎金矿采用该法成功回收了废水中的金，并申请了国家专利。但是，由于废水pH较高，需加酸调节，否则处理效果差。此外，活性炭再生问题也有待进一步解决和优化。

⑥微生物法。该方法的基本原理是利用某些微生物以氰化物和硫氰化物为C源和N源，将废水中的氰氧化为$CO_2$、$NH_3$和硫酸盐，或将氰化物水解成甲酰胺，同时重金属被微生物吸附而随生物膜脱落除去。该方法的优点是无二次污染，产泥量少，外排水质好，运行成本低；缺点是工艺流程较长，设备复杂，基建投资大，处理时间较长，对操作条件要求严格，只适合处理低浓度含氰废水，而对氰化物浓度的大范围变化适应性较差，故对进水水质要求较高。目前，已有金矿厂成功采用微生物法来处理含氰废水，使得微生物除氰实现了工业化应用。

⑦自然降解法。该方法的基本原理是借助物理、化学和生物过程的联合作用，把废水中的氰化物及金属杂质除去。通常做法是，将含氰废水排入尾矿库，依靠稀释、氧化、挥发、吸附沉淀、生物降解等作用，使氰化物分解、重金属离子沉淀，从而使废水得到净化。自然降解法具有投资少、运行费用低等优点，目前国内大多数氰化提金企业都把尾矿库自然降解法作为除氰的一种辅助手段。但是，该方法占地面积大，处理过程缓慢，受自然条件变化影响较大，且对铁氰化物的去除作用不大，排放废水难以达标。

(2)综合回收法。综合回收法主要是通过一定的技术手段来回收利用含氰废水中的氰化物，提高氰化物的资源利用率，使企业在获得较好环境效益的同时，还具有一定的经济效益。综合回收法可分为酸化回收法、三步沉淀全循环法、溶剂萃取法和液膜法等。

①酸化回收法。酸化回收法是处理含氰废水的经典方法，距今已有60多年的历史。该方法的基本原理是利用HCN极易挥发的特点，首先向含氰废水中加入适量酸使废水呈现一定的酸性，然后向废水中通入空气将HCN吹脱出来，再利用碱进行中和回收。加拿大矿物与能源研究中心利用该方法对6家不同金矿含氰废水的试验结果表明，在pH 2.5～3.0的条件下，处理废水2～4 h后，废水中的$CN^-$浓度可降到0.1 mg/L。我国招远金矿氰化厂采用该方法处理浓度为1236 mg/L的含氰废水，氰化物回收率可达95.3%。因此，酸法回收法具有除氰彻底、资源利用率高及试剂成本较低等优点。但是，该方法在处理低浓度含氰废水时，成本较高，且由于HCN蒸气剧毒，对相关设备密封性要求较高。

②三步沉淀全循环法。该方法的具体工艺流程是：采用硫酸酸化处理，沉淀去除含氰废水中的铜、铁等重金属离子；用氧化钙将酸化溶液中和至pH约为7.5，沉淀溶液中的$SO_4^{2-}$和$AsO_4^{3-}$等阴离子；向清液中加入特制试剂除去溶液中剩余的$Ca^{2+}$；清液返回氰化工序循环利用。目前，该方法已在辽宁新都黄金有限责任公司成功应用。工程实践表明，该方法对处理焙烧—氰化工艺中的含氰废水非常有效，含氰废水经过循环使用可使金的浸出率提高0.22%，银的浸出率提高0.79%。工程总投资120万元，按年处理含氰废水3万t计算，年处理成本54万元，年节水费用1.35万元，年回收节省氰化钠3.36万元，同时每年回收铜、金、银等有价金属可创收58.5万元。因此，三步沉淀全循环法具有操作简便、基建投资少、运行成本低、环境污染小和经济效益高等特点，既能综合回收废水中的Cu、$CN^-$等有价元素，又能提高金、银的氰化浸出率。该方法在国内实现了焙烧—氰化提金工艺中含氰废水的闭路循环处理，是黄金冶炼厂进行废水处理改造的有效途径，具有推广价值。

③溶剂萃取法。该方法的基本原理是采用一种胺类萃取剂萃取废水中的Cu、Zn等金属，而游离的$CN^-$则留在萃余液中，负载有机相用NaOH溶液反萃取。经过溶剂萃取法处理的含氰废水消除了有害金属对浸金指标的影响，处理后的含氰水全部回用，实现了废水的零排放，消除了废水外排对环境的污染。溶剂萃取法具有分离效果好，有机溶剂损失小，可回收废水中的有价金属、氰化物可循环使用，环境污染小等优点，但该方法只适合处理高浓度的含氰废水。

④液膜法。液膜法采用水－油－水体系，油相为煤油和表面活性剂，内水相为NaOH溶液，外水相为待处理的含氰废水。该方法的工艺流程是：首先，调节废水$pH<4$，使氰化物转化为HCN；滤去沉淀，加入乳化液膜搅拌，使HCN通过液膜进入内水相与NaOH反应生成NaCN，由于NaCN不能通过油膜返回到外水相，从而达到从废水中除氰并在内水相富集NaCN的目的；乳化液经高压静电破乳使油水分离，实现回收氰化物和油相循环使用的目的。液膜法处理含氰废水具

有效率高、速度快及选择性好等优点，缺点是处理成本高、投资大、电耗大。

2)含汞废水治理。目前，国内外处理含汞废水的方法主要有还原法、硫化法、静态吸附法、溶剂萃取法、凝聚沉淀法等。

(1)还原法。还原法处理含汞废水时，根据还原剂的不同，又可分为硼酸钠($NaBH_4$)还原法和金属还原法两种。

①硼酸钠还原法。该方法的基本原理是在 pH 为 11 时，硼酸钠与汞反应，主要生成汞和硼酸，同时放出氢气。主要化学反应如下：

$$Hg^{2+} + BH_4^- + 2OH^- \longrightarrow Hg + 3H_2 + BO_2^-$$

生成的汞粒(粒径约 10 μm)用水力旋流器分离回收，残留于溢流水中的汞经水气分离后，用孔径 5 μm 的滤器截留。

②金属还原法。理论上，可以用氧化还原电位较低的 Cu、Zn、Fe、Mn、Mg 或 Al 等金属屑来置换废水中的 $Hg^{2+}$，使废水中的汞得到净化去除。

以铁屑为例，置换时主要发生如下反应：

$$Fe + Hg^{2+} \longrightarrow Hg + Fe^{2+}$$

金属还原法可以与其他方法联合起来使用，以达到较好的除汞效果。滤布过滤和在碱液中以铝粉置换的联合方法就是其中一种，国内某黄金生产企业的工业实践表明，含汞废水汞含量 7.28 mg/L 时，滤布过滤除汞率为 81.51%，置换后总除汞率为 97.64%。应当指出，有机汞不能采用金属还原法直接处理，通常先用氧化剂(如氯)将其破坏并转化为无机汞，然后再用金属置换去除。

(2)硫化法。该方法的基本原理是向 pH 9 ~ 10 的含汞废水中加入硫化钠，使硫离子与废水中的亚汞离子结合，生成溶解度极小的硫化亚汞：

$$S^{2-} + 2Hg^+ \longrightarrow Hg_2S \longrightarrow HgS + Hg$$

反应中生成的硫化亚汞不稳定，容易进一步分解成硫化汞和汞。生成的硫化汞溶度积很小，即使在酸性条件下也能使 HgS 沉淀析出。由于废水中汞含量一般不多，为了避免硫化钠的加入造成废水中 $S^{2-}$ 过量而引发不良后果，可补加硫酸亚铁生成硫化铁沉淀。投加 $Fe^{2+}$ 还能与废水中的 $OH^-$ 结合生成 $Fe(OH)_2$ 和 $Fe(OH)_3$，对数量少且细微的 HgS 沉淀物起到共同沉淀和凝聚沉淀作用。某厂工程实践表明，处理含汞 5 mg/L 的酸性废水时，先用石灰调节 pH 为 8 ~ 9，使废水呈碱性，再加入硫化钠(30 mg/L)、$FeSO_4$(60 mg/L)。该方法可使废水中的汞含量降至 1 ~ 0.1 mg/L 以下。若再采用铁屑过滤、活性炭吸附、混凝沉淀等方法进一步处理，则可使废水含汞量降至 0.05 ~ 0.01 mg/L 以下。

(3)溶剂萃取法。目前有的企业采用三异辛胺/二甲苯对含汞废水进行萃取，经萃取后，净化液中残留汞浓度在 0.01 mg/L 以下，萃取汞后的负载萃取剂采用非酸性盐类进行反萃取，以回收汞。

(4)凝聚沉淀法。该方法的基本原理是向含汞废水中投加石灰、硫酸铁或硫酸铝等作为凝聚剂，依靠它们对汞的吸附凝聚作用，实现废水中汞的去除。经凝聚沉淀后，出水汞含量可降到0.05 mg/L以下。

(5)其他方法。除上述方法外，还有微生物法、电解法、铁氧体沉淀法、硫化物沉淀－浮选分离法、离子交换法、转化法等。

### 9.2.3　案例

**1.福建某钛白粉企业硫酸法生产钛白工艺中的废酸与废水治理**

1)项目背景。福建某钛白有限公司2005年12月建成投产，年产钛白粉1万t，采用硫酸法生产工艺，酸解、还原工序采用间歇操作方式，废水间歇排放，波动较大。公司生产线产生的酸性废水平均2000 $m^3/d$，废酸250 $m^3/d$，日产混合废水量2250 $m^3$。废水经处理后要求达到地方标准第二时段二级排放标准。要求处理的废酸和混合废水的水量、水质及出水标准见表9－8。

**表9－8　废水水量、水质及出水标准**

| 项目 | 水量 /($m^3 \cdot d^{-1}$) | 酸度 /($g \cdot L^{-1}$) | pH | $COD_{Cr}$ /($mg \cdot L^{-1}$) | SS /($mg \cdot L^{-1}$) | $Fe^{2+}$ /($g \cdot L^{-1}$) |
|---|---|---|---|---|---|---|
| 废酸 | 250 | 222 | 0.15 | 2000 | 3.6 | 34.2 |
| 混合废水 | 2250 | 11.8 | 3.2 | 400 | 192 | 6.70 |
| 出水标准 | | | 6～9 | ≤110 | ≤100 | |

2)治理工艺选择。钛白粉生产产生的废水由废酸和酸性废水两部分构成，具有水量大、含酸量大、悬浮物及$Fe^{2+}$浓度高等特点。根据其特点，将废酸和酸性废水分开处理。先采用高品质石灰乳中和法处理废酸，回收生产副产品二水硫酸钙，其出水与酸性废水混合，混合废水再进行综合处理。根据钛白粉厂混合废水的特点及处理要求，结合国内外对该类废水处理的经验，采用成熟技术“中和法＋曝气法”治理，保证出水达标排放。副产品硫酸钙采用板框压滤机压滤至含水率25%～30%，经造粒机造粒再由烘干机烘干后，得到成品二水硫酸钙。

3)工艺流程。处理工艺流程见图9－10。

公司生产排出的废酸首先进入废酸调节池，经调量均质后用耐酸泵送入中和反应池；向中和反应池通入石灰乳并控制pH，采用机械搅拌方法进行搅拌；出水自流进入机械刮泥竖流沉淀池，加入石灰乳调整混合液的pH，并根据沉淀分离效果酌情加入絮凝剂；经竖流沉淀池处理后的二次废水进入混合废水调节池。来自中和反应池、竖流沉淀池的污泥依其液位差排入污泥浓缩池，污泥浓缩后用泵抽至污泥脱水设备脱水，脱水后的污泥送到造粒机、烘干机处理后即得副产品二水硫酸钙。污泥浓缩池的上清液、污泥脱水压滤液送至混合废水调节池。

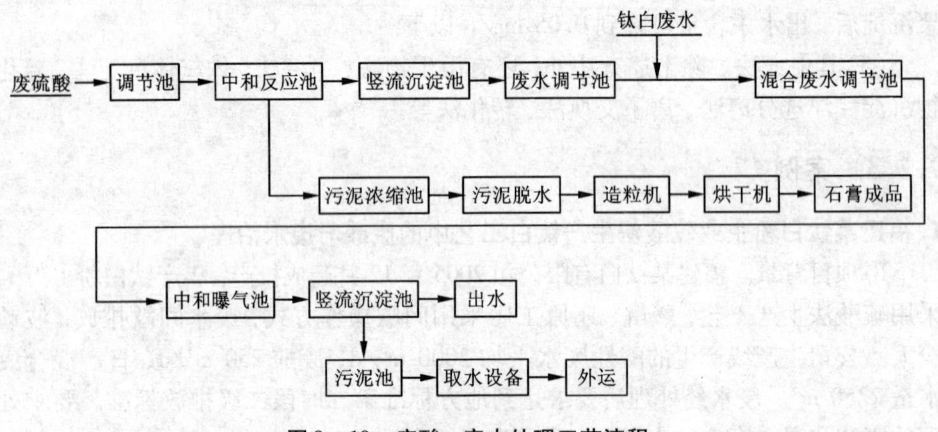


**图 9-10 废酸、废水处理工艺流程**

混合废水在调节池内调量均质后，用耐酸泵送入中和曝气池；向中和曝气池通入石灰乳，并利用压缩空气曝气搅拌，控制 pH 使 $Fe^{2+}$ 转化为 $Fe^{3+}$；出水自流进入机械刮泥竖流沉淀池，加入石灰乳调整 pH，并根据沉淀分离效果补加絮凝剂，进行沉淀分离；经沉淀处理后的水可达标排放或回用。混合废水调节池内的沉淀物定期用穿孔曝气管搅拌混合后，用污泥泵抽至中和曝气池，加石灰乳搅匀调节 pH 后自流进入污泥浓缩池。竖流沉淀池污泥自流进入污泥浓缩池。浓缩后的污泥脱水后送到专用渣场堆放。污泥浓缩池的上清液、污泥脱水压滤液送至混合废水调节池。

4)工艺处理效果及技术经济指标。该工程于 2005 年 12 月建成并投入运行。长期以来，整个处理工艺运行稳定，出水水质(见表 9-9)完全达到地方排放标准，废水中的主要污染物均得到有效去除。该工程总投资 300 万元，其中土建部分 130 万元，设备 142.9 万元，税收及其他 27.1 万元。运行成本约 2.6 元/t 废水。在处理过程中用石灰乳中和废酸，不仅对废酸进行了处理，而且还可以获得副产品二水硫酸钙，降低了企业的废水处理成本。

**表 9-9 废水处理前后主要污染指标监测**

| 项目 | | pH | $COD_{Cr}/(mg\cdot L^{-1})$ | $SS/(mg\cdot L^{-1})$ |
|---|---|---|---|---|
| 一次抽检 | 进水 | 1.65 | 352 | 198 |
| | 出水 | 7.20 | 96 | 95.4 |

续表9－9

| 项目 | | pH | $COD_{Cr}/(mg\cdot L^{-1})$ | $SS/(mg\cdot L^{-1})$ |
|---|---|---|---|---|
| 二次抽检 | 进水 | 1.60 | 350 | 200 |
| | 出水 | 7.18 | 95.6 | 96.3 |
| 三次抽检 | 进水 | 1.58 | 438 | 194 |
| | 出水 | 7.20 | 92.58 | 93.2 |
| 出水标准 | | 6～9 | 110 | 100 |

## 2. 海南某黄金生产企业含氰废水治理

1）项目概况。海南某黄金生产企业含氰废水的排放量为300 $m^3/d$，废水中$CN^-$浓度约为150 mg/L。根据厂内废水水质水量特点及国内外相关处理实践经验，该厂采用碱性氯化法处理含氰废水。

2）处理工艺流程。具体处理工艺流程见图9－11。

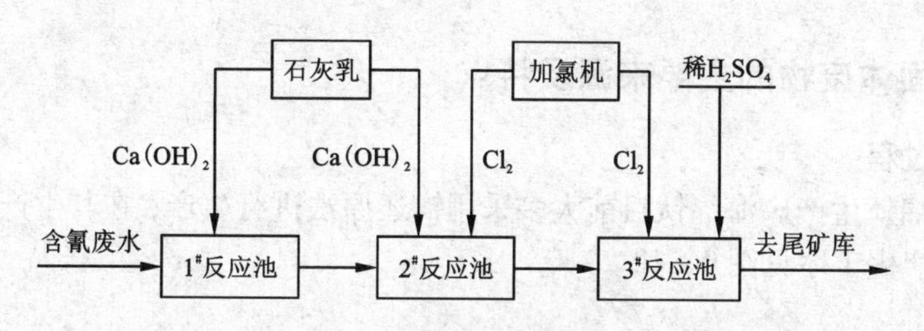


图9－11　碱性氯化法处理含氰废水工艺流程

该处理工艺共设置1#、2#、3#三个反应池，反应池均为玻璃钢质搅拌池，有效容积均为2.3 $m^3$，废水在每个反应池的停留时间约11 min。

含氰废水首先进入1#反应池，由石灰乳贮罐向1#池内加入石灰乳溶液，搅拌混合并调节pH约11，然后废水进入2#反应池，由投氯机向2#池内投加氯气，并不断补加石灰乳溶液，使反应的pH维持在11左右。在2#反应池中，废水中的$CN^-$主要被氧化成$CNO^-$，需要进入3#反应池进一步处理。废水进入3#反应池后pH仍在10以上，加入硫酸溶液，调节废水pH到8～8.5，同时由投氯机投入氯气。在这种微碱性条件下，废水中的$CNO^-$被最终氧化成$CO_2$和$N_2$。

3）处理效果。废水水质变化情况及去除率见表9－10。可以看出，碱性氯化工艺对该企业废水中的$CN^-$去除效果较好，废水中$CN^-$的去除率平均高达99.7%以上，出水基本达到$[CN^-] < 0.5$ mg/L，可以满足《污水综合排放标准》(GB 8978—1996)中一、二级标准0.5 mg/L的要求。为安全起见，该企业将处理

后的出水用泵送至尾矿库，未完全反应的 $CN^-$ 在尾矿库中继续与水中的余氯反应或通过自然吸附、降解等作用，达到彻底消除 $CN^-$ 污染的目的。

表 9-10　含氰废水处理前后的 $CN^-$ 浓度及去除率

| 序号 | 进水[$CN^-$]/($mg \cdot L^{-1}$) | 出水[$CN^-$]/($mg \cdot L^{-1}$) | 去除率/% | 备注 |
|---|---|---|---|---|
| 1 | 155.8 | 0.26 | 99.83 | 数据均为工程验收时的实际监测值 |
| 2 | 135.4 | 0.35 | 99.74 | |
| 3 | 157.6 | 0.41 | 99.74 | |
| 4 | 157.6 | 0.58 | 99.68 | |
| 平均 | 158.3 | 0.40 | 99.75 | |

# 9.3　固体废物处理

## 9.3.1　固体废物的主要来源及特点

### 1. 钛生产过程

1)海绵钛生产。海绵钛目前大多采用镁还原法进行生产，在其生产过程中固体废物的产生工序见图 9-12。

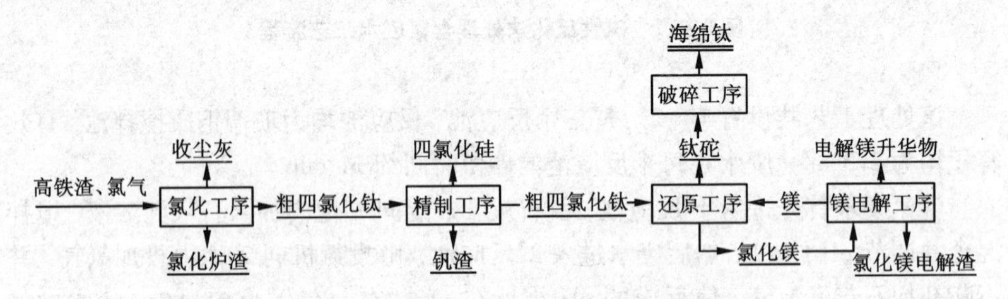


图 9-12　镁还原法生产海绵钛过程中固体废物的产生工序

主要固体废物及其产生环节包括：沸腾氯化炉的氯化渣、收尘灰，氯化工序收尘灰，粗四氯化钛淋洗的沉降泥浆，氯化镁电解渣，镁精炼渣，电解镁升华物，四氯化钛精制过程中的除钒蒸馏釜钒渣、四氯化硅，以及各类工业炉窑产生的废耐火材料，等等。其中，粗四氯化钛淋洗沉降泥浆可以添加到沸腾氯化炉中作为原料回用；四氯化钛精制过程中的除钒蒸馏釜钒渣、四氯化硅以及各类工业炉窑产生的废耐火材料可以外售。因此，氯化渣、收尘灰、氯化镁电解渣、镁精炼渣和电解镁升华物是海绵钛生产过程中最主要的固体废物。

氯化渣及收尘灰的主要成分分别见表9-11和表9-12。可以看出，氯化渣和收尘灰的主要成分是金属氯化物和金属氧化物，此外还含有一部分氯化炉未燃尽的碳，而单质金属的含量极少。电解渣和精炼渣是在氯化镁电解过程中产生的，主要成分是金属氯化物。电解镁升华物的主要成分是 $MgO$、$MgCl_2$、$NaCl$、$KCl$ 和 $CaCl_2$，也以金属氯化物为主。因此，海绵钛生产过程中产生的固体废物绝大部分为氯化物。

**表9-11 氯化渣主要化学成分(%)**

| $TiO_2$ | C | CaO | $MnO_2$ | MgO | $Al_2O_3$ | $FeCl_2$ | $MnCl_2$ | $MgCl_2$ |
|---|---|---|---|---|---|---|---|---|
| 28.51 | 37.1 | 0.14 | 0.15 | 0.35 | 1.44 | 0.12 | 5.62 | 1.2 |
| $CaCl_2$ | Hg | As | F | Cd | Pb | Zn | Cr | |
| 0.8 | 0.0000013 | 0.000023 | 0.004 | 0.00 | 0.00 | 0.004 | 0.00689 | |

**表9-12 收尘灰主要化学成分(%)**

| $TiO_2$ | C | $AlCl_3$ | $MnO_2$ | MgO | $Al_2O_3$ | $FeCl_3$ |
|---|---|---|---|---|---|---|
| 1.0 | 6.57 | 28.1 | 0.03 | 0.03 | 0.10 | 28.8 |
| $Fe_2O_3$ | $VOCl_2$ | $SiO_2$ | $V_2O_3$ | $MgCl_2$ | $CaCl_2$ | $MnCl_2$ |
| 0.07 | 1.15 | 0.61 | 12.6 | 6.75 | 0.64 | 12.6 |

根据我国某钛厂对其废渣的浸出分析结果(见表9-13)，结合《国家危险废物名录》(环发[2008]1号文)、《危险废物鉴别标准》(GB 5085.7—2007)和《工业固体废物排放标准》(GB 18599—2001)，可以看出海绵钛生产时产生的废渣不属于危险废物，但属于第Ⅱ类一般工业固体废物，堆放处置时应堆放于Ⅱ类堆场。

**表9-13 某钛厂废渣浸出液分析结果**

| 项目 | pH | 体积质量/($mg \cdot L^{-1}$) | | | | | | |
|---|---|---|---|---|---|---|---|---|
| | | Hg | As | Cr | F | Pb | Zn | Cd |
| 氯化渣 | 9.3 | 0.0008 | 0.007 | 0.00 | 0.15 | 0.76 | 0.19 | 0.06 |
| 电解渣 | 9.8 | 0.0006 | 0.008 | 0.00 | 0.15 | 1.02 | 0.31 | 0.21 |
| 精炼渣 | 9.7 | 0.0007 | 0.006 | 0.00 | 0.3 | 1.16 | 0.31 | 0.23 |
| 危废标准 | — | ≤0.05 | ≤1.5 | ≤1.5 | ≤50 | ≤3.0 | ≤50 | ≤0.3 |
| 排放标准 | 6~9 | ≤0.05 | ≤0.5 | ≤1.5 | ≤10 | ≤1.0 | ≤2.0 | ≤0.1 |

2)钛白生产。采用硫酸法生产钛白时，产生的固体废物主要有硫酸亚铁晶体和酸解残渣两种。据不完全统计，每生产 1 t 钛白需要消耗钛铁矿 2 ~3 t，硫酸 3.5 ~4.5 t，根据原料不同和收率高低平均要副产七水硫酸亚铁 2.5 ~4 t、酸解残渣 0.2 ~0.3 t(以干基计)。酸解残渣是钛铁矿粉硫酸分解浸取、沉降后得到的固体残渣，其成分除了少量不溶于硫酸的杂质外，大部分是未反应的钛铁矿粉，并还带有一定的酸液。通常，酸解残渣干基含 $TiO_2$ 40% ~50%，含 Fe 10% ~25%。

**2. 稀土生产过程**

在利用稀土精矿生产稀土化合物、稀土金属、稀土合金等过程中，产生的废渣主要包括火法冶炼中的熔炼渣、金属热还原废渣、熔盐电解废渣、酸碱分解后的不溶渣、湿法冶炼中的各种沉淀渣、除尘系统的积尘、废水处理后的沉渣等。由于稀土精矿(如混合型稀土矿、氟碳铈矿和独居石矿等)都伴生有天然放射性元素钍、铀和镭，因此在稀土冶炼过程中有一部分放射性元素转移到废渣中，并具有一定的放射性。

根据废渣的放射性比活度，可将废渣分为非放射性废渣和放射性废渣两大类。稀土冶炼时几种废渣的主要来源及其放射性比活度见表 9 - 14。可以看出，非放射性废渣的比活度为 $1.5 \times 10^3 \sim 1.9 \times 10^3$ Bq/kg，放射性废渣的比活度为 $8.6 \times 10^4 \sim 2.41 \times 10^7$ Bq/kg。这两类废渣都要进行妥善处理和处置，以保护环境。

表 9 - 14　稀土生产中废渣的来源及其放射性比活度

| 废渣名称 | | 放射性状况 | | | 废渣来源 |
|---|---|---|---|---|---|
| | | 钍/% | 铀/% | 放射性比活度/($Bq \cdot kg^{-1}$) | |
| 非放射性废渣 | 水浸渣 | 0.047 | 0.003 | $1.9 \times 10^3$ | 混合型稀土精矿的酸法处理 |
| | 合金渣 | 0.037 | 微量 | $1.5 \times 10^3$ | 稀土合金的火法生产 |
| 放射性废渣 | 酸溶渣 | 0.420 | 微量 | $1.4 \times 10^5$ | 离子型稀土精矿的酸法处理 |
| | 优溶渣 | 0.780 | 微量 | $8.6 \times 10^4$ | 混合型稀土精矿的碱法处理 |
| | 酸溶渣 | 0.056 | 0.053 | $4.8 \times 10^6$ | 独居石精矿的碱法处理 |
| | 镭钡渣 | 0.004 | 0.003 | $2.41 \times 10^7$ | 独居石精矿的碱法处理 |
| | 污水渣 | 0.049 | 0.030 | $1.79 \times 10^7$ | 独居石精矿的碱法处理 |

在稀土冶炼生产过程中产生的各种废渣性质不同，其具有的主要特点如下：

1)各种废渣中都含有不等量的放射性元素钍、铀和镭，因此各种废渣具有不同水平的放射性比活度。

2)非放射性废渣的产量较大，且比活度很低，建渣场或渣坝堆存时需要占用较多的场地。例如，稀土精矿生产稀土合金的合金渣、硫酸焙烧处理包头稀土精矿的水浸渣等的渣量均较多。

3)放射性废渣的产量较小，但比活度较高。例如，酸法分解1 t离子型稀土精矿(REO≥92%)产生的酸溶渣为0.14 t，比活度为$1.4\times10^5$ Bq/kg；用碱法处理独居石精矿后产生的镭钡渣量极少，但比活度高达$2.41\times10^7$ Bq/kg。

4)一些废渣中含有不少有价元素，具有综合回收利用价值。例如，优溶渣中含稀土(REO)25%~30%、钍0.78%、铀0.34%，可回收生产稀土氯化物、硝酸钍和重铀酸铵等产品，并可提高经济效益。

**3. 硅生产过程**

碳热还原法生产工业硅时，产生的固体废物主要包括：硅石及还原剂破碎、筛分后不符合粒度要求的碎料，熔炼过程废渣，精炼过程废渣，硅块破碎不能满足成品粒度要求的碎硅，硅炉烟气净化布袋收尘，硅炉大修时清出的碳化硅废料，炉窑产生的废耐火材料、废衬料，等等。这些固体废物中的绝大部分可以直接或经过一定处理后，返回到生产流程使用。例如，有些工业硅企业已经把经过水洗后的碎木炭末与其他碳质物料等一起以水玻璃为黏结剂制团，经烘干后作为还原剂使用；熔炼及精炼过程产生的废渣可以作为原料回用；工业硅炉大修时从炉膛内清出的碳化硅物料，可以直接返回炉内应用，也可以销售到钢铁企业；布袋收尘主要是微硅粉，可以直接返回生产流程，也可以进行其他资源化利用；从炉窑卸下的废耐火材料、废衬料，可以用于厂区铺路或外售给水泥厂用做辅料；硅石破碎后不符合粒度要求碎料，有些因杂质含量高或影响炉料透气性，因而不适于工业硅熔炼应用，但可以销售或应用到“沙产业”或汽车工业，还可以用于制作强度高、透水性好的透水砖，等等。

**4. 金生产过程**

氰化提金是我国黄金生产企业的主流工艺，在生产过程中产生的固体废物主要是含氰废渣。含氰废渣主要是金精矿经过氰化浸出作业压滤后得到的尾渣。受当前氰化工艺技术水平限制，含氰废渣中不仅含有大量的氰，而且还含有大量可回收的有价资源，如金、银、铜、铅、锌、锑、钨等。然而，每年有上千万吨的废渣没有经过进一步回收处理而直接堆放，不仅容易造成严重的环境污染，而且还浪费了大量宝贵的资源。

## 9.3.2 处理技术

**1. 钛生产过程**

1)海绵钛生产。海绵钛生产过程中产生的固体废物绝大部分是氯化物，属于第Ⅱ类一般工业固体废物，而不属于危险废物。对于此类废渣，可用大量石灰来中和，然后送渣场堆存。根据国内某钛厂废渣堆存后多年的跟踪监测数据，渣场周围未见污染现象。但是，废渣中的氯化物多数为可溶物，当所在地对氯化物的排放有着严格的要求时，则需要对废渣进行预处理后，才能送渣场处置。预处理的主要目标是减少或控制废渣中氯化物的可溶性，可以采用废渣水洗或"中和+固化"的方法来进行。

通过废渣水洗可使渣中的可溶性物质转入到溶液，既降低了渣的可溶性，又减少了渣量，实现了废渣的减量化和无害化处理。有研究表明：废渣经颚式破碎机和对辊碎矿机破碎后，直接水溶；在液固比3:1、搅拌反应时间60 min的条件下，可使废渣中的大部分氯化物溶解进入溶液；固液分离后渣率在26%左右，滤渣中绝大部分为不溶物，堆放渣场后受雨水淋洗发生污染的可能性大大降低，可作为无害物质堆放或再利用；滤液含 $Cl^-$ 123.35 g/L，可考虑除去杂质后制盐，回用于熔盐氯化，循环利用。

废渣的"中和+固化"处理是指将废渣先用过量石灰中和，然后装入由水泥浇注成的矩形砌块中密封，最后送渣场分区堆存。该方法的特点是先用过量石灰中和废渣的酸性，然后用水泥砌块包裹，最大限度地避免雨水的淋洗，减少了二次污染的可能，且石灰和水泥价廉易得。然而，该方法因使用了大量石灰和水泥，会导致固化体增容显著，减少了堆场的处理量。同时，该方法仅对废渣进行包容，没有真正降低废渣中的污染物，因此存在废渣的长期稳定性问题。

2)钛白生产。在硫酸法钛白生产过程中，主要有硫酸亚铁晶体和酸解残渣两种固体废物。这两种固体废物如能充分回收利用和处理，不但可以减少环境污染，还能提高企业经济效益。

(1)硫酸亚铁晶体的利用。硫酸亚铁晶体($FeSO_4 \cdot 7H_2O$)即绿矾，目前主要有以下几个方面的用途：

①制造氧化铁颜料。将硫酸亚铁晶体与碳酸钠溶液反应，可以生成亮绿色的碳酸亚铁沉淀，然后在20~25℃时用空气使沉淀物氧化，或在50~60℃时用氯酸钾氧化，生成铁黄颜料。此外，硫酸亚铁晶体通过焙烧等方法还能制造氧化铁红、氧化铁黑、氧化铁棕等颜料。

②用做净水絮凝剂。绿矾可以替代明矾，用做净水絮凝剂。在水中，它先被通入的氯气或氧气等氧化成高价状态，然后水解生成胶体氢氧化铁，在其凝聚过程中与水中固体杂质发生共沉淀作用，从而使水得到净化。

③制造铁触媒。将硫酸亚铁溶液用碳酸铵中和，生成氧化物沉淀，热煮使沉淀晶体长大，过滤并洗净硫酸根离子，干燥后与铬酸酐等物料一起碾压捏合，干燥后压片，在300℃以上焙烧，冷却过筛，即得到铁触媒。铁触媒是合成氨工业中的主要催化剂。

④用做铁肥。绿矾可用做基肥、种肥或根外追肥；其溶液给树干注射也有明

显效果，与有机肥料混合后环施，能防止苹果黄叶病。此外，施用绿矾后，能加速土壤有机物的分解，产生增产的效果。

⑤其他用途。硫酸亚铁是人造血液的主要成分，也是制造蓝黑墨水的主要原料。此外，它还广泛用于农药、照相制版、印染敏化剂、染料媒染剂和制造铁氧体等。

(2)酸解残渣的利用。目前，主要有以下几种利用途径：以酸解残渣为原料，用固相法和液相法酸分解，制取焊条用钛白粉；在制造煤渣砖时，与废石灰掺和，使所含酸液与石灰反应生成石膏；与氨水中和后作为泥状肥料供农村使用；用以制造某些含钛的新型建筑材料；采用浮选法，从酸解残渣中回收 $TiO_2$ 等。

**2. 稀土生产过程**

1)废渣的处置。稀土生产过程中排出的废渣具有不同程度的放射性，因此采用的处置方法也不相同。通常，主要有以下两种处置方法可供选用。

(1)建立渣场或渣坝堆放。稀土冶炼过程中产生的合金渣、水浸渣等，含一定量的钍、铀等放射性元素，但比活度不高，属于非放射性废渣。为了保护环境和人体安全，不能随意存放，以防造成二次污染。根据国家相关标准要求，此类废渣应选择较偏僻的地方，建立废渣渣场或渣坝进行妥善堆放。

(2)建立渣库存放。在稀土冶炼生产过程中，产生了量少但放射性比活度高的废渣，如酸溶渣、优溶渣、镭钡渣和污水渣等，属于放射性废渣。根据国家相关标准要求，这类废渣必须建立渣库妥善存放，避免污染环境。建立渣库有严格的条件要求。根据放射性废渣的特点并结合以前的渣库修建实践经验，主要包括以下几点要求：

①渣库地址应远离城市和居民集中区，并应尽可能选在偏僻的地方。

②所选渣库地区的地下水位要低，渣库应建在主导风向的下风侧，并要设置明显标志，专人管理，严禁无关人员进入渣库区。

③符合建立渣库水文地质要求的金属矿废矿井，经过严格整修后可作为放射性渣库使用。严禁在有溶洞的地区建立渣库。

④放射性废渣运输时要用具有一定防护措施的专用车辆，且与其他运输车辆严格分开。运输车辆要设专用车库，冲洗车辆的废水要进行妥善处理。

⑤废渣含有可溶性的钍并具有酸碱性，而需建立渣库存放时，防渗材料应具有防腐蚀性能，以保护渣库内壁免于腐蚀，防止废液泄漏污染周边水体。

2)废渣的综合利用。目前，稀土生产中产生的部分废渣，含有一定的有价元素，可进行综合利用与回收处理，变废为宝，增加企业经济收入，消除危害。例如，用硫酸焙烧处理混合型稀土精矿时产生的水浸渣量大，放射性比活度低，含有大量的钙与钡，可考虑用此类废渣生产水泥等建筑材料。目前，东北和内蒙古已有稀土厂家进行水浸渣做水泥的试验研究，并获得了初步效果。用烧碱法处理包头稀土精矿时，产出的优溶渣中含有稀土和钍，可采用硫酸溶解废渣，然后以伯胺萃钍时回收稀土，能获得明显的经济效益。用独居石精矿生产稀土产品时产出了不少的优溶渣，该类废渣含有相当数量的稀土、钍及铀等，选用合适的处理方法，可生产很多稀土产品、硝酸钍和重铀酸铵产品。广东及湖南等地的一些稀土厂家近年来处理了大量优溶渣，生产了不少稀土产品，获得了可观的经济效益。

总之，稀土是不可再生资源，综合利用稀土废渣是稀土工业实施循环经济不可缺少的一部分，是节约资源、防止污染的有效途径，也是我国稀土工业可持续发展的必然选择。

**3. 硅生产过程**

碳热还原法生产工业硅时，产生的固体废物很多，但大多可以直接或经过一定处理后回用、外售。这里主要介绍微硅粉的资源化利用。微硅粉是工业硅生产时从烟气净化装置中回收的工业烟尘。微硅粉在国外有很多叫法，在北欧各国叫凝聚硅灰，在美国和加拿大叫硅灰或硅粉，挪威埃肯公司注册叫微硅粉。

微硅粉与直接利用石英石加工生产的微硅粉在成分、性能上有很大区别。硅石在高温熔炼过程中，产生大量挥发性很强的$SiO_2$和Si气体，在空气中迅速氧化并冷凝，产生大量微硅粉。微硅粉是一种超微固体物质，主要化学成分是$SiO_2$，含量可达85%～98%，此外还含有少量的C、$Fe_2O_3$、$Al_2O_3$、CaO、$K_2O$、$Na_2O$和MgO等。微硅粉一般呈灰白色，白度40～50，按含碳量的多少，微硅粉颜色深浅略有不同。

微硅粉资源开发利用研究工作始于20世纪40～50年代，到20世纪60年代末70年代初微硅粉作为一种新材料已有工程应用。我国开展微硅粉综合利用的工作虽然起步较晚，但发展很快。目前，对于微硅粉的利用主要有以下几个方面：

1）应用于混凝土工业。把微硅粉作为掺和剂用于混凝土工业是国外微硅粉综合利用中研究最早、成果最多、应用最广的一个领域。由于微硅粉颗粒细小，比表面积大，具有$SiO_2$纯度高与强火山灰活性等物化特点，把微硅粉作为掺和剂加入混凝土可显著改善多方面的性能。例如，提高混凝土的泵送性，提高抗压、抗弯强度以及混凝土与钢筋、纤维的黏结强度，大幅度降低混凝土的渗透性并提高抗氯离子渗透能力，提高混凝土的抗酸侵蚀和抗化学腐蚀性能，提高混凝土抗冲击与耐磨性能，等等。

2）制作返回炉料。美国曾提出将微硅粉以球团形式作为电炉冶炼原料，球团的料比为453.6 kg硅石配22.7 kg微硅粉，制成球团。挪威埃肯公司也曾将20 MW工业硅炉每天产生的100 $m^3$的微硅粉制成球团后返回电炉进行冶炼，不掺胶黏剂用水调和制成1～5 cm的球团后，无需干燥直接在竖炉中800～1200℃温度下进行烧结，烧结后的球团具有足够的机械强度。由于不需添加黏结剂，球团中的杂质很少，因此完全可以返回电炉作为冶炼原料。

3）应用于水泥工业。这方面的应用类似于混凝土添加材料，目前一些国家在不断发展这方面的应用，研制各种混合水泥，质量优于普通硅酸盐水泥。

4）用做耐火材料的原料。微硅粉可以作为制作耐火砖、耐火浇注料、耐火涂料等耐火材料的原料。研究表明，微硅粉应用于陶瓷及耐火材料，可以大大降低浇注料的加水量，大幅度提高浇注料的强度和密度，提高产品质量和寿命，是理想的结合剂和性能改善掺和物。

5）用做生产橡胶的填料。微硅粉的化学成分及主要物理性能与白炭黑相似，所以微硅粉应用于橡胶工业是一种良好的填料。研究表明，橡胶中加入微硅粉可提高其延展率、抗撕裂及抗老化度。这种橡胶具有良好的介电性，吸水能力低。如果与炭黑同时配入原料中，还可以增大橡胶的弹性拉长强度和抗撕裂性。

6）用做防结块剂。为了防止肥料结块，一般采用云母或硅藻土等进行特殊处理，造价较高。在准确掌握添加比例条件下，应用微硅粉可以取代较昂贵的处理材料。目前在挪威、意大利等国家，微硅粉防结块剂均取得了较好的应用。

7）其他用途。除了上述用途外，微硅粉还可以用做生产硅酸盐砖的原料，用于改良土壤，用于绝缘材料、防烧结剂等。随着工业硅行业的快速发展，微硅粉产量越来越大，相关资源化利用研究越来越多、越来越深入。从发展趋势上看，今后微硅粉应用还将在耐火材料、橡胶、高分子材料等领域中有较大发展。

**4. 金生产过程**

1）含氰废渣的处理。含氰废渣的处理方法很多，目前我国黄金行业普遍应用的含氰废渣处理技术是碱氯化法和焚烧法。

（1）碱氯化法。基本原理是在碱性条件下，利用次氯酸钠、漂白粉或液氯等氯系氧化剂，将废渣中的氰化物氧化成无毒的 $N_2$ 和 $CO_2$ 气体。一般采用含氯氧化剂的溶液向含氰废渣循环喷淋的方法来破坏废渣中的氰化物，直至检测渗出液氰化物达标，或氰酸盐进一步水解生成无毒物，加入生石灰进行中和反应，放置24 h后选择适宜地点掩埋。含氰废渣中氰化物去除率可达99%以上，去除效果十分显著。具体工艺流程见图9－13。

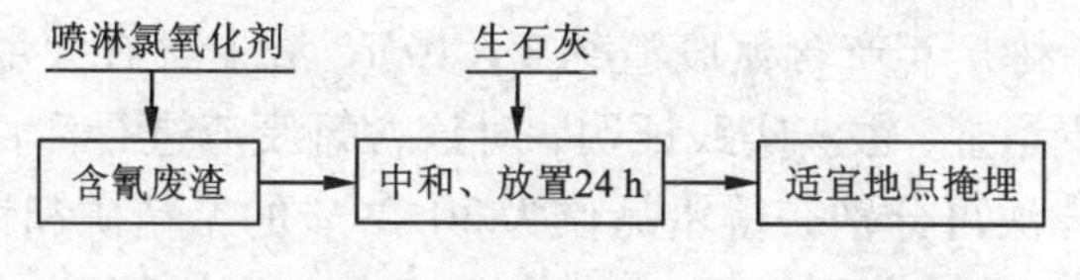


**图9－13　碱氯化法处理含氰废渣工艺流程**

(2)焚烧法。该方法是将含氰废渣置于焚烧炉内，通过高温焚烧使废渣中的含氰物质氧化成为无毒产物。原则工艺流程见图9-14，将含氰废渣与煤、黏土(含生石灰)以6:4:1的比例搅拌混匀后制球，然后进焚烧炉焚烧。废气经除尘器净化后高烟囱排放，加入黏土的目的是利用所含的生石灰来固硫，除尘器收尘可制球回用，焚烧炉渣粉碎后用于制砖。该方法处理含氰废渣时，废渣中的氰化物去除率可达90%以上，去除效果明显。

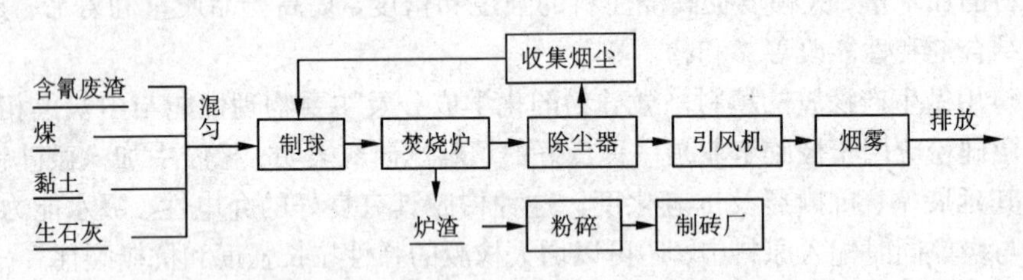


**图9-14 焚烧法处理含氰废渣工艺流程**

2)含氰废渣的综合回收。对于含氰废渣而言，由于矿石性质及采用的具体工艺流程的不同，其所含有价金属及矿物的性质、种类、含量也不同。因此，所采用的综合回收处理方法也不一样。

在炭浆法工艺中，国内普遍采用湿法废渣堆放。可以利用压滤机将含氰废渣浆压滤进行固液分离，滤饼送至尾矿库堆放，滤液用锌粉置换回收金、银，置换后的尾液采用酸化中和法处理，回收重金属离子，含氰废水返回流程利用，实现污水零排放、全闭路循环及有价元素的综合回收利用，并且使尾渣干式堆放。目前，该综合处理技术已应用于山西大同矿山。

高要河台金矿含氰废渣成分复杂，含金、银和铜的品位分别达2.68 g/t、30 g/t和3%左右。研究表明，采用浮选法同时回收Cu、Au和Ag等元素，可以取得较好的技术经济指标，铜回收率可达77.14%。

天水金矿含氰废渣中含Au、Ag、Pb和Cu的品位分别为2.00 g/t、100.90 g/t、5.96%和1.93%，采用优先选铅再加入活化剂选铜的工艺流程，在获得铜精矿和铅精矿的同时还回收了部分金、银，铜、铅、金和银的回收率分别为71.04%、77.59%、31.25%和81.04%，达到了综合回收利用的目的。

山东某黄金冶炼厂年产含氰废渣约$1\times10^5$t，渣中含有大量铅、锌、铜、硫、铁等有价元素及少量金、银。实践证明，对该含氰废渣进行活性炭脱药后，采用铅锌混浮再分离方法可分别获得铅品位为30.29%的铅精矿和锌品位为41.19%的锌精矿，铅、锌回收率分别为70.12%和74.93%。其尾矿优先浮选铜可获得铜品位为7%的铜精矿，铜尾浮硫可获得硫品位为40%~50%的硫精矿，最后将浮选硫精矿自然晾干后，送焙烧制酸工艺生产硫酸和铁精粉，可获得铁品位为

65.40%以上的铁精粉。

对含氰废渣的综合回收与利用是对矿产资源的深度利用，不仅可以提高矿产资源利用率，还可以治理环境污染，为企业增加经济效益。随着科学技术的不断发展，工艺不断完善，对废渣的利用越来越充分，利用层次越来越高，经济效益也越来越明显。

3)含氰废堆的处理。堆浸法提金是目前处理低品位金矿的主流工艺。堆浸过后会产生几乎等量的废堆。这些废堆中含有大量的含氰废液，对地下水源和人类生存环境带来严重威胁。目前，对含氰废堆的处理主要有自然降解法和化学破坏法两种。自然降解法是利用光分解、氧化、挥发、吸附和生物降解等作用，使废堆中的氰化物自然降解和破坏。化学破坏法常用的化学试剂有氯、空气－二氧化硫和过氧化氢等，氧化反应既可以在堆外反应后返回堆中，也可以将氧化剂加入废堆中。

# 第10章 有色金属加工行业污染控制与资源化

## 10.1 大气污染控制

### 10.1.1 大气污染物主要来源和特点

有色金属加工过程主要包括有色金属(含添加元素)熔炼、铸造、加热、压力加工、退火、碱洗、酸洗(或氧化)等，生产出有色金属及其合金的板、带、箔、管、棒、型、线等商品材料。通常，根据有色金属的种类，可将有色金属加工过程分为轻有色金属加工、重有色金属加工和稀有金属加工。不同的有色金属加工过程，大气污染物的主要来源和特点也不同。

**1.轻有色金属加工过程中的大气污染物**

轻有色金属加工行业中，铝、镁加工业所占比例较大，其中又以铝加工工业为主。在铝加工中的熔炼及精炼过程中，产生的废气主要含有烟尘、铝灰渣、二氧化硫等；在覆盖剂熔化、破碎、筛分等过程中，排放燃烧的废气和生产粉尘；在铸造和锯切过程中排放含二氧化硫的废气和烟尘；在热轧和冷轧过程中则会散发油雾；进行铝板涂层时，会散发酸雾和碱雾。以上大气污染物成分较复杂，若不进行处理会对环境造成严重污染。

**2.重有色金属加工过程中的大气污染物**

重有色金属加工过程会产生烟尘、二氧化硫、氮氧化物、酸雾及油雾等大气污染物。以铜加工为例，黄铜的熔炼过程通常会产生氧化锌粉尘，若黄铜中含砷还会产生三氧化二砷粉尘，其他品种如青铜、紫铜的熔炼会产生五氧化二磷、氧化镉等烟尘；以煤气或重油为燃料的铸锭加热炉燃烧时，会产生含二氧化硫、氮氧化物等废气；铜材加工酸洗过程会散发硝酸雾和硫酸雾；铜板轧制过程使用全油润滑，会散发油雾。以上这些污染物质不能直接排放，必须在企业内部进行处理，否则会对环境造成严重污染，对公众的健康造成威胁。

**3.稀有金属加工过程中的大气污染物**

稀有金属加工是指对钨、钼、钒、锂、钴等稀有金属的加工，其中以钴、钨、钼等的加工为主。稀有金属的加工过程会产生大量的燃烧废气、酸雾和碱雾、氨、钨钼及其氧化物粉尘。例如，钨加工时，在加热、碱洗、酸洗、钝化、压型及热轧等过程会产生二氧化硫、氮氧化物、酸雾、碱雾、氨气、钨(钼)烟尘等大气污染物。以上污染物产生的具体环节分别为：加热炉排放含二氧化硫、氮氧化物的燃烧废气；钨加工中间碱洗和酸洗过程会散发大量碱雾和酸雾；钨钝化过程即溶解、蒸发及还原过程产生氨气，而其筛分、混合、压型过程及钨钼坯料出料、旋转和热轧过程均产生大量钨(钼)烟尘。

从上面可以看出，有色金属加工行业产生的废气中所含污染物多种多样，性质非常复杂，给治理带来了许多困难。

### 10.1.2 污染物控制技术

**1. 粉尘的控制**

有色金属加工过程，会产生大量不同种类的粉尘。粉尘通常以液态、固态或黏附在其他悬浮颗粒上的形式进入大气环境，其中大多数悬浮粉尘危害人体健康。根据具体粉尘的物化性质，可以选择机械式除尘器、过滤式除尘器、电除尘器、湿式除尘器或几种除尘器相结合的工艺形式，对有色金属加工过程中产生的粉尘进行收集或去除。

通常情况下，选择除尘器应考虑以下因素：处理气体量、粉尘性质、种类、成分、粒径分布、浓度、密度、黏度、比电阻粉尘、含水率、润湿性及自燃爆炸性等；除尘效率高，排放满足国家标准；安装及运行费用较低等。

对于有色金属加工过程产生的粉尘，上述四种类型的除尘器主要应用场合如下：机械式除尘器适用于尘粒较粗，粉尘浓度高、去除效率要求低的情况；湿式除尘器适用于细尘粒而除尘效率要求较高，含尘气流可冷却，含湿量较大，含尘气体可燃烧，既要除尘又要除去其他大气污染物的场合；过滤式除尘器适用于除尘效率要求高，干法收集有价值的粉尘，含尘气流温度高于露点，处理气体量较小、气流温度较低的情况；电除尘器适用于细尘粒除尘要求很高、废气处理量很大，需回收有价值的物质，气流温度较高，粉尘比电阻适中的情况。

**2. 酸雾污染的控制**

酸雾的排放会造成工作场所的空气中弥漫酸雾和酸性气体，一方面腐蚀厂房设备及精密仪器，另一方面还对工作人员及厂房周围居民的身体健康造成严重威胁。排入大气以后，酸雾还会造成大气环境中的酸沉降，对农作物及其他动植物的生存带来不良影响，同时对建筑物、文物古迹等造成损坏。因此，在有色金属加工过程产生的酸雾进入大气环境之前必须对其进行有效净化。

通常条件下，酸雾是液体气溶胶，可以用微粒态污染物的净化方法处理。由于雾滴直径和密度较小，故而要用高效分离方法，如静电沉积、过滤，才能有效地捕集。同时，酸雾又具有较好的物理、化学活性，也可用气态污染物净化方法处理，如吸收、吸附，并且净化效果较好。对于有色金属加工过程产生的酸雾，净化时采用的除雾器通常有丝网除雾器、折流式除雾器、离心式除雾器、文丘里洗涤器、过滤除雾器等。净化方法主要有液体吸收法、固体吸附法、过滤法、静电除雾法、机械式除雾法及覆盖法等。其中，液体吸收法和固体吸附法的原理见本书前面相关内容部分，这里仅对过滤法、静电除雾法、机械式除雾法和覆盖法进行介绍。

1)过滤法。过滤法是处理有色金属加工过程产生的酸雾的常用方法，所用主要设备为酸雾过滤器。酸雾过滤器的滤层主要包括板网、丝网和纤维三种形式。板网除雾器的滤层通常由聚氯乙烯材料制作，交错叠置于设备内。丝网除雾器中的丝网一般由聚乙烯或耐腐蚀不锈钢材料制作而成。纤维除雾器的纤维材料则以聚丙烯和玻璃纤维居多。过滤法对密度较大、易凝聚的酸雾如硫酸雾、铬酸雾的净化效果较好，但对雾滴较小的酸雾去除效果不够理想，对气态污染物则几乎没有去除能力。

2)静电除雾法。酸雾静电捕集器是静电收尘器系列产品中的一类，与电除尘器类似，静电除雾器也有立式、卧式、多管式和线板式等多种形式。静电除雾器一般处在酸性气氛中，因此必须使用防腐性能较好的材料制造。常用的材质有铅质、硬 PVC 和玻璃钢三种。其中铅质静电除雾器应用的历史最久。阴极电晕线的材质也有很多种，如镍铬钢丝外包铅、钛钯合金线、钛丝等。静电除雾器工作时要在阴阳两极之间产生不均匀电场，需要两极都可以导电。一般玻璃钢或聚氯乙烯等非金属材料的静电除雾器采用借助液膜导电的方法，也有采用在玻璃钢阳极内层加一层碳纤维垫的方法来解决导电问题。静电除雾器具有除雾效率高、性能稳定等优点，但其易产生电晕闭塞、电晕极肥大等问题，且设备体积大、价格高，一般只适用于硫酸雾、铬酸雾等的净化，对呈分子状态的酸性气体基本无净化效果。

3)机械式除雾法。机械式除雾法是借用重力、惯性力或离心力等的作用使雾滴与气体分离，达到净化去除的目的。常用的设备有折流式除雾器、离心式除雾器等。

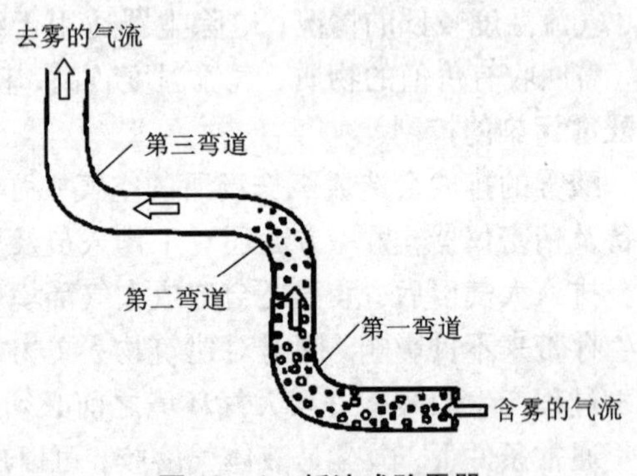

**图 10-1　折流式除雾器**

折流式除雾器示意如图 10-1 所示，图中为折流板的一段，包括两块折流板，是构成一个通道的壁。在通道的每个拐弯处装有一个贮存器，收集并排出液体，液滴与气体在拐弯处分离。当气流经过拐弯处，惯性力阻止液滴随气体流动，一部分液滴碰撞到对面的壁上，聚集形成液膜，并被气流带走聚集在第二拐弯处的贮存器里。这部分在第一个拐弯处分离出来的液滴，包括大的液滴和部分靠近第一个拐弯处外壁运动的细滴。剩余的细滴经过通道截面重新分配后能够靠近第二个拐弯处。同样，部分靠近第二拐弯处外壁的液滴，经过碰撞外壁，聚积成液膜并聚集在第三个拐弯处的贮器里。最后，经过除雾的气流离开折流除雾器。

离心式除雾器主要适用于分离直径在0.05～0.4 μm范围内的极微细的液滴。它的结构比较简单，设备的防堵性能较好，适用于酸雾中带固体或带盐分的废气除雾，其主要原理是：含雾的气体以约20 m/s的速度进入螺旋管道，且流向分离器的中心。当气体流向中心时，气体的旋转速度逐渐加大，离心力也逐渐加强。由于这个向心力场的作用，液滴从气流中分离并被带出，从而实现了气液分离。在设备的中心，向含雾气体中喷射水，有利于液滴分离。喷出的较大水滴会黏着在旋转气流中的非常微细的液滴上。聚集后的液滴积聚在壳体壁上，由气流把这些液滴带至排出口。

机械式除雾法的优点是除雾效率高，酸液可回收再用，结构简单，易于操作。其缺点主要在于对呈分子状态的酸性气体基本无净化作用。

4）覆盖法。在一些加工工艺中，如金属酸洗工艺使用较大的开放式工艺槽，酸雾不易有效收集，因此常采用悬浮塑球覆盖或用抑雾剂产生泡沫来封闭液面等方法防止酸雾外溢，这类方法统称为覆盖法。悬浮塑球可在酸液液面上形成一层不流通空气的绝缘层，延缓了酸液的蒸发和挥发，该方法可以减少70%以上酸雾的排放。

抑雾剂成分一般为表面活性剂，加入酸液之后可使气液界面的张力有所降低。这样使酸液中化学反应产生的气泡在较小直径时周围就吸附了活性分子膜，向液体表面浮起。这些较小泡沫所含的能量比未加抑雾剂时产生的气泡所含能量大为降低，所以冲破液面时带出的液体也比不加抑雾剂时大大减少。上升的气泡也不会马上破裂，而是停留在液面上，当很多气泡停留在液面而不破裂时，就形成了泡沫。泡沫可以吸收和抑制酸雾的挥发和排放。

另外，在金属酸洗工艺中，为了减轻酸液对基体金属的侵蚀，常常加入缓蚀剂。缓蚀剂一般为有机成分，可以吸附于待处理金属表面而形成一层保护膜，从而将金属基体屏蔽起来，大大减少了金属基体与酸介质的作用，这样既减少了金属因过度酸洗造成的损耗，又避免了酸液与金属基体反应产生的气体带出更多酸雾。缓蚀剂和抑雾剂的同时加入则起到减少基材浪费、节约酸洗用酸、治理酸雾等多种作用。

覆盖法的优点是成本低，工艺简单；缺点是有可能对生产过程造成不便或对产品质量有一定程度的影响。如采用悬浮塑球覆盖时可能引起工件取放不便，使用缓蚀剂则可能造成产品表面出现色斑等。

**3. 油雾污染的控制**

在车、铣、钻、磨等有色金属加工过程中，由于金属切削液的使用，会在空气中形成大量的油雾颗粒。有色金属加工油雾是一种非常复杂的混合物，除含有烃类物质外，通常还含有多种添加剂，如磺酸盐、脂肪胺、硝酸盐、染色剂、抗泡剂、杀菌剂和结合剂等化学物质，对人体和环境都有很强的毒害作用，并使得火灾隐患及工人在有油雾的地板上滑倒的可能性增加。因此，在有色金属加工过程中必须采取有效措施来控制油雾的产生，并防止油雾可能产生的危害。

有色金属加工中的切削过程主要产生以下三类油雾：由喷射、冲击产生的不含固体粉尘的油雾；因加热或高速切削的高温导致蒸发或灼烧而产生的油雾；磨削时金属切削液喷射产生的含磨削粉尘的油雾。油雾产生的方式不同，其颗粒直径范围也有较大区别。一般情况下，机械雾化过程产生的油雾主要以液滴形态存在，液滴直径范围较宽，通常为 2 ~ 10 μm。蒸发产生的油蒸气在冷凝过程中也会形成直径非常细小的冷凝悬浮体，粒径通常在 2 μm 以下。医学研究证明，油蒸气和大颗粒液滴对人体肺部的危害相对较小。以油蒸气形态存在的油雾被吸入肺部又被呼出，它们并不会被肺泡捕获，而大颗粒的油滴无法通过鼻子和支气管进入肺部。只有以液滴形式存在，且直径小于 5 μm 的油雾颗粒才能顺利到达肺泡，并在肺部沉淀，从而对人体造成较大的危害。

表 10 - 1 是对江苏、浙江、上海 3 个地区的 26 家金属加工企业的 43 个车间进行的油雾浓度抽样调查结果。可以看出，在被调查的 43 个车间中，油雾浓度小于 0.5 $mg/m^3$ 的车间有 17 个，占调查总数的 39.5%；油雾浓度小于 5 $mg/m^3$ 的车间有 37 个，占调查总数的 86.0%；油雾浓度大于 5 $mg/m^3$ 的车间有 6 个，占调查总数的 14.0%，其中车间油雾最高值为 26.25 $mg/m^3$。如果这些车间使用的润滑剂基础油为普通精制矿油，将对操作工人的健康造成很大的危害。

**表 10 - 1　国内 43 个金属加工车间油雾浓度测试结果**

| 车间代码 | 企业加工类型 | 加工液类型 | 油雾质量浓度 /($mg \cdot m^{-3}$) | 排风设施 |
|---|---|---|---|---|
| 1 | 磨削 | 乳化液(5%) | 5.64 | 无 |
| 2 | 研磨 | L - AN15 + 煤油 | 0.35 | 无 |
| 3 | 磨削 | L - AN15 + 煤油 | 26.25 | 无 |
| 4 | 柴油机缸体混合加工钻、镗、铣、磨 | 3% ~5% 微乳液 | 1.08 | 有 |

**续表 10-1**

| 车间代码 | 企业加工类型 | 加工液类型 | 油雾质量浓度/(mg·m$^{-3}$) | 排风设施 |
|---|---|---|---|---|
| 5 | 柴油机缸体混合加工钻、镗、铣、磨 | 3% ~5% 微乳液 | 1.38 | 有 |
| 6 | 钻孔、镗孔 | 深孔钻油 | 0.41 | 无 |
| 7 | 铣平面、钻孔、镗孔、平刮 | 3% ~7% 合成液 | 0.68 | 无 |
| 8 | 切削 | 3477 合成液 | 0.09 | 有 |
| 9 | 磨削 | 3730 合成液 | 2.45 | 无 |
| 10 | 电火花加工 | 电火花油 | 0.24 | 有 |
| 11 | 切削、滚齿 | 针板切削油 | 23.66 | 无 |
| 12 | 挤压、切削 | 乳化液 | 0.06 | 有 |
| 13 | 铣削 | L-AN32 | 0.14 | 无 |
| 14 | 磨削 | 硬质合金磨削油 | 0.29 | 有 |
| 15 | 磨削 | 硬质合金磨削油 | 1.86 | 有 |
| 16 | 钻孔、切削 | 深孔钻油 | 0.95 | 无 |
| 17 | 磨削 | 乳化液 | 0.21 | 无 |
| 18 | 轧制 | 铜带轧制油 | 5.01 | 无 |
| 19 | 磨削 | 磨削油 | 0.0025 | 有 |
| 20 | 磨削 | 3% ~6% 合成液 | 2.86 | 无 |
| 21 | 研磨 | N32 磨削油 | 0.61 | 有 |
| 22 | 研磨 | 磨辊油 | 0.6 | 无 |
| 23 | 切削 | 3%乳化液 | 2.20 | 无 |
| 24 | 汽油机缸体混合加工切削、磨削 | 3% ~5% 微乳液 | 1.75 | 有 |
| 25 | 汽油机缸体混合加工切削、磨削 | 乳化液 | 0.83 | 有 |
| 26 | 磨削、车削 | 5%乳化液 | 8.85 | 无 |
| 27 | 磨削 | 5%乳化液 | 0.36 | 有 |
| 28 | 搓丝、冷镦 | L-AN32 | 19.33 | 无 |
| 29 | 镗孔 | 5%乳化液 | 2.01 | 有 |
| 30 | 冲压 | 46#冲压油 | 0.1 | 有 |
| 31 | 冷拔 | 拉拔油 | 0.38 | 无 |

**续表 10－1**

| 车间代码 | 企业加工类型 | 加工液类型 | 油雾质量浓度 /($mg \cdot m^{-3}$) | 排风设施 |
|---|---|---|---|---|
| 32 | 切削 | 特种切削油 | 0.28 | 有 |
| 33 | 线切削 | 5%乳化液 | 0.07 | 有 |
| 34 | 磨削、切削 | 切削油 | 0.84 | 无 |
| 35 | 切削 | 切削油 | 0.51 | 无 |
| 36 | 线切割 | 乳化液 | 0.06 | 无 |
| 37 | 磨削 | 乳化液 | 3.39 | 无 |
| 38 | 磨削 | 合成液 | 4.51 | 无 |
| 39 | 铣削 | L－AN32 | 0.91 | 无 |
| 40 | 镗孔 | 乳化液 | 0.46 | 无 |
| 41 | 挤压 | 合成液 | 0.36 | 无 |
| 42 | 车削 | 3%合成液 | 0.53 | 无 |
| 43 | 锻造、热处理 | 淬火液(合成) | 0.30 | 无 |

有色金属加工过程产生的油雾，通常采用以下几种控制方法。

1)机械除雾。机械除雾方法包括安装排风扇、油雾捕集器、在机床周围设置防护罩或防溅挡板等。一项对车间油雾的监测结果表明，好的排雾系统全面启动时，可将油雾量降至原来的25%。排风扇虽然简单有效，但是单纯的排风装置并不可取，它仅仅是把大量油雾从室内移至室外，是一种对环境极端不负责任的行为。可靠的做法是在车间安装油雾捕集器或油雾分离器，将含油雾的气体经过净化处理或回收后再排出。但有研究表明，有效的机械排雾装置虽然可以大幅度降低油雾量，但是如果使用不具有抑雾特性的金属加工润滑剂，车间的油雾量仍然无法控制在令人满意的水平。

2)使用低油雾加工润滑剂。机械方式控制油雾毕竟是一种将生成的油雾再收集或者排放的被动过程，当车间油雾极限值标准继续趋于严格时，单靠这种方法将难以满足沉雾要求。因此，应在加工过程中就控制油雾的产生量，低油雾金属加工润滑剂就是在此背景下出现的。这种起雾倾向较小的润滑剂产品是在调和配方中添加了油雾抑制剂，它能使小颗粒油迅速集聚沉降，从而有效降低起雾量和加大油雾沉降速度。

有试验结果表明，普通切削油在试验条件下最大起雾量是低油雾切削油的4倍，而两种产品在静止条件下油雾沉降时间相差10倍以上。由此可见，随着人类社会对自身健康的日趋重视和职业保护的相关法规日趋严格，只有采用机械除雾与使用低油雾润滑剂相结合的方法才能使车间油雾控制在人们期望的水平。

3)尽量使用深度精制的基础油。从润滑油的组成成分来看，在传统的金属加工润滑剂产品中，除了一些加工件表面或毒性方面有特殊要求的产品强调基础油的精制程度外，大量中低档产品未强调基础油的精制程度。同时，由于一些金属加工润滑剂产品中添加剂比例高，要求基础油的溶解性好，致使油品生产者更趋向于采用价格低廉的一般精制基础油。研究表明，某些矿物油对于动物和人类会产生致癌作用，未经处理的减压蒸馏产品、酸精制油、芳香烃油、轻度溶剂精制油、轻度加氢处理油等属于有毒性物质。由于工人与金属加工润滑剂密切接触在当前技术水平下仍是不可避免的，因此安全的做法是尽量使用深度溶剂精制油、深度加氢油，或者采用轻度溶剂精制并经轻度加氢处理的基础油。

4)健全相关法律法规。降低生产车间油雾含量的最大受益者是生产工人，但是投资决策权往往由经营管理者或雇主掌握。因此，没有完善的法律法规进行强制监督管理，要使生产车间的油雾水平控制在一个理想范围内将是十分困难的。此外，近些年来国内一些有色金属加工企业开始重视车间油雾污染的控制管理，但在控制标准方面很难找到操作执行的相关法律依据。因此尽快制定出一套与国际接轨、又符合我国国情的生产车间油雾污染控制法规和标准，对于全面控制我国金属加工车间油雾含量意义重大。

**4. 烟气污染的控制**

烟气是气体和烟尘的混合物。对于有色金属加工过程中产生的烟气，可根据具体烟气的主要污染物选择适宜的净化技术。例如，对于含低浓度硫氧化物烟气，可采用氨法、石灰法、钠法、双碱法、镁法及碱式硫酸铝法等进行净化处理；对于含氮氧化物烟气，可采用选择性催化还原法、选择性非催化还原法、炽热碳还原法等进行净化处理。烟气污染控制技术在本书的前面章节已多有述及，这里不再赘述。

## 10.1.3　案例

**1. 某铜加工厂酸雾治理**

某铜加工厂生产白铜材(管、线材)时，利用15% ~20%的$H_2SO_4$和8% ~12%的$HNO_3$溶液进行酸洗操作，具体指标见表10-2。

表 10－2　某铜加工厂混酸槽指标

| 指标 | 槽子尺寸/m | 有效容积/$m^3$ | 操作温度/℃ |
| --- | --- | --- | --- |
| 挤制品 | 6.0×1.0×1.6 | 9.6 | 30～60 |
| 拉制品 | 7.4×0.9×1.0 | 6.6 | 30～60 |
|  | 8.0×0.8×1.0 | 6.4 | 30～60 |

在生产过程中产生含 $H_2SO_4$雾、$NO_x$ 的废气，设计采用槽边抽风将含有 $NO_x$、$H_2SO_4$的废气抽入净化塔净化后排放。净化塔采用碱液（2%～6% NaOH）吸收，净化效率≥90%，经监测净化后的排放浓度为 $NO_x$≤20 mg/$m^3$（标态）、$H_2SO_4$雾≤20 mg/$m^3$（标态），气量 19700 $m^3$/h（标态），排放浓度及排放速率均满足《大气污染物综合排放标准》GB 16297—1996 二级标准的要求。

**2. 某钨加工企业氧化钨回转炉粉尘回收**

某钨加工企业将文丘里收尘系统应用于传统的氧化钨回转炉，并在实践中应用。结果表明，文丘里收尘系统改造完成后，运行稳定可靠，金属回收率也有提高，如表 10－3 所示。

表 10－3　收尘系统改造前后金属综合回收率对比

| 项目 | 金属综合回收率/% |
| --- | --- |
| 改造前 | 99.35 |
| 改造后 | 99.40 |

改造后，企业总结了以下几点经验：

1）文丘里收尘系统改造完成后，金属粉尘没有流失，得到全部回收，因此氧化钨生产线的金属综合回收率提高 0.05% 以上。每年可回收 30 余万元，文丘里收尘系统设备投资约 3 万元，经济效益非常可观。

2）文丘里收尘系统废气经洗涤后排放，氨气已被充分吸收，大大减少了污染物的排放。

3）文丘里收尘系统设备布局合理，与回转炉连接管路短，操作人员可就近操作，劳动强度大大降低。

4）文丘里收尘系统收尘管路短、清理方便，不会因为收尘系统堵塞而停炉检修。产品质量不稳定、检修成本高的问题得到了彻底解决。

**3. 某再生铜冶炼加工企业烟气综合治理**

某企业针对高温、高黏再生铜熔炼烟气的处理自 20 世纪 90 年代后期起进行了近 10 年的探索。早期采用湿式除尘装置治理，取得一定效果，但经过多种方式改进，仍无法彻底消除污染。2003 年初购买了一台袋式除尘器，安装于铜棒公司异型材车间的熔炼炉上。但对烟气的黏结和温度问题并没有解决，只是在袋式除尘器前加装旋风除尘器，平衡烟气温度和捕集较大的灼烧颗粒，防止损坏滤袋。

经过一系列的试验摸索，烟尘在滤袋上黏结的问题基本得以解决。解决的办法是保持进入除尘器的烟气温度在露点以上，不让水分析出凝结到滤袋上。此外，滤料的选择也有重要的影响，选择防黏结和透气性好的 PTFE 覆膜滤料，也是防止烟尘黏结的措施。另外在除尘器的设计时选择合适的滤速（通常不超过1.2 m/min），也有助于防止滤袋黏结堵死。

然而，问题还没有全部解决，滤袋损毁的情况屡屡发生。分析发现这些滤袋的损毁主要是烟尘中的炭粉和锌粉自燃引起的。针对上述情况造成的滤袋损毁，该企业对除尘系统进行了改进，把安装在袋式除尘器前的旋风除尘器更换为列管式水冷却器，这样更有利于降低烟气温度、熄灭灼烧颗粒，同时把除尘器箱体加高并缩短灰粉仓清理周期，加大滤袋和仓底粉尘之间的距离，防止自燃的粉尘飞起黏附到滤袋上。

袋式除尘器的成功应用使得厂区周围的环境得到极大的改观，厂区的5座大型烟囱也因为不再需要而被拆除了。并且每年可回收1000多吨含铜、锌等有色金属的烟尘，价值数百万元，消除了污染，节约了资源并且产生了可观的经济效益。

经过多年的努力，该企业生产烟气得到了彻底治理，整个厂区见不到烟气飘散和粉尘的玷污，空气清新。但企业并没有停止环境治理的步伐，把治理的对象扩展到有害气体和环境噪声，把节能减排、保护环境、保护职工健康当作企业的优先目标。从2005年起又开展了一系列整治项目，包括：国内首家给电解铜生产系统加装导电玻璃钢静电酸雾捕集系统，消除酸雾影响；燃煤锅炉加装脱硫塔，降低二氧化硫排放；冶炼、加热燃料用天然气替代重油，减少酸性气体和二氧化碳排放；漆包线生产有机废气在催化燃烧的基础上增加化学氧化降解，进一步消除废气异味等。该企业的一些污染物排放数据见表10－4和表10－5。

**表10－4　公司废气检测结果**

| 污染源名称 | 污染物 | 排放浓度/($mg \cdot m^{-3}$) | 国标/($mg \cdot m^{-3}$) | 执行标准号 |
|---|---|---|---|---|
| 铜棒熔炼炉 | 烟尘 | 19.6 | ≤100 | GB 9078—1996 |
| 板带熔炼炉 | 烟尘 | 13.1 | ≤100 | GB 9078—1996 |
| 合金线材熔炼炉 | 烟尘 | 7.03 | ≤100 | GB 9078—1996 |
| 冶炼公司阳极炉 | 烟尘 | 17.7 | ≤100 | GB 9078—1996 |
| 冶炼公司阳极炉 | 二氧化硫 | 7.33 | ≤850 | GB 9078—1996 |
| 铜线公司阴极炉 | 烟尘 | 16.3 | ≤100 | GB 9078—1996 |
| 铜线公司阴极炉 | 二氧化硫 | 5.33 | ≤850 | GB 9078—1996 |
| 阀门公司抛丸机 | 颗粒物 | 6.5 | ≤120 | GB 16297—1996 |

表 10-5　公司硫酸雾排放监测结果

| 监测点位 | 废气流量/($m^3·h^{-1}$) | 排放浓度/($mg·m^{-3}$) | 排放速率/($kg·h^{-1}$) |
|---|---|---|---|
| 电解车间 | $1.28×10^4$ | 2.57 | $3.29×10^{-2}$ |
| 国家标准：GB 16297—1996《大气污染源综合排放标准》新污染源二级标准，硫酸雾排放浓度≤45 $mg/m^3$，排放速率≤3.22 kg/h | | | |

## 10.2　废水治理

### 10.2.1　废水主要来源和特点

有色金属加工废水的来源主要是冷却水、冲渣水、除尘设施排水，以及加工过程中排放或泄露的废水。有色金属加工企业废水排放量大，废水中污染物种类多，尤其是重金属成分较多，污染物毒性较大。由于有色金属加工工序复杂，相应的在各个环节会产生大量废水，这些废水概括起来主要有以下四种。

**1. 含油废水**

轧制过程中润滑和冷却以及设备清洗均产生含油废水。有色金属及其合金材料在加工成各种机械零部件过程中需要使用各种润滑剂，对有色金属材料进行热轧加工时会大量使用冷却润滑液(乳化液)，大多数乳化液通过添加乳化剂(如表面活性剂)或机械手段(如超声波)使油与水两种不相溶的体系均匀混合，形成稳定的胶体状态。乳化液经过循环使用一段时间后，含有有机物、油等多种污染物；金属切削废液中通常含有废皂液、乳化油/水、烃/水混合物、乳化液(膏)、切削剂、冷却剂、润滑剂等有害物质，属于有机物多、COD 值和 BOD 值较大的废水，而且在使用过程中由于细菌作用会发生腐败，毒性和污染性大大增加，加上废水中含有金属屑、砂粒等多种污垢，会严重污染水源。

油脂性废水通常具有极性和生物降解性。非极性油脂来源于石油或其他矿产资源，极性油脂则来源于动、植物。一般情况下，极性油脂可生物降解，而非极性油脂则被认为难以生物降解。另外，含油废水污染物浓度高、成分复杂，危害严重。浮油可覆盖水体，减少溶解氧，对水生动植物造成损害，从而使水生态平衡遭到破坏。水中芳香烃化合物则会对生物造成毒害；油类乳化液如果渗入土壤会形成油膜，破坏土壤结构，影响植物生长。

**2. 含酸废水**

为改善有色金属产品表面结构和性质通常对制件表面进行加工处理，有色金属加工业需要用大量的酸进行表面清洗或腐蚀处理。清洗或腐蚀工序之后，必须用清水对产品和设备进行漂洗，因而产生废酸液和酸洗废水。废酸液酸浓度较高，可回收酸；而酸洗冲洗水酸浓度较低，但含有大量重金属离子，包括 $Fe^{3+}$、$Cr^{6+}$、$Cr^{3+}$、$Ni^{2+}$、$Cu^{2+}$、$Mn^{2+}$、$Cd^{3+}$ 等。酸洗漂洗废水 pH 一般在 1 ~ 3 之间，色度较深。含酸废水来源是酸洗过程中的漂洗水和换槽时的酸洗废液，其污染物随不同的酸洗金属而有所不同，如：铝镁材的酸洗废水中，除含有硝酸外，还有铝、镁、铜、锌等金属离子。

**3. 含铬废水**

含铬废水主要来源于电镀车间的镀铬漂洗废水和盐浴淬火间等的废水。涂镀的钝化绝大多数采用铬酸盐，因而钝化产生的含铬废水量很大。在铜件酸洗、镀铜层退除、铝件钝化、铝件电化学抛光、铝件氧化后的钝化等作业中也广泛使用铬酸盐。金属铬生产中含铬废水主要来自洗涤氢氧化铬时产生的含微量六价铬和硫代硫酸钠的碱性废水。盐浴淬火车间产生含铬废水的浓度一般在 3 ~ 10 mg/L（以 $K_2Cr_2O_7$ 计）左右。

**4. 氧化着色工艺含酸碱废水**

氧化着色工艺的工序繁多，废水的成分也复杂，主要成分为：酸、碱、氢氧化铝、着色和电泳涂漆废液中的金属离子、有机物和高分子化合物以及各种添加药剂。铝材阳极氧化着色处理排放废水因工序不同所产生的废水成分也不尽相同。氧化着色各工序排放废水的成分见表 10 - 6。

**表 10 - 6 氧化着色工艺各工序排放废水的成分**

| 工序 | 废水主要成分 | 其他成分 |
|---|---|---|
| 脱脂 | COD、NaOH | 表面活性剂、油脂 |
| 碱蚀 | $Al(OH)_3$、NaOH、$NaAlO_2$ | 表面活性剂 |
| 中和 | $Fe_2(SO_4)_3$、$Na_2SO_4$、$H_2SO_4$ | — |
| 阳极氧化 | $NiSO_4$、$MgSO_4$、$SnSO_4$ | 有机酸 |
| 着色 | $NiSO_4$、$MgSO_4$、$SnSO_4$ | 添加剂 |
| 封孔 | $Ni(OH)_2$、$NH_4F$、$NiSO_4$ | 有机物 |

## 10.2.2 治理技术

**1. 含油废水治理**

1）隔油池。隔油池是利用含油污水中悬浮物和水的密度不同而达到分离的目的，主要有平流式隔油池（见图 10 - 2）、平行板式隔油池、斜板隔油池和压力差自动撇油装置等。隔油池构造多采用平流式，平流式隔油池平面多为矩形，出水端设有集油管，含油废水通过配水槽进入隔油池，废水从池子的一端流入，从另一端流出。在隔油的过程中，由于流速降低，粒径较大的油粒上浮到水面上，而密度较大的杂质则沉于池底。在出水一侧的水面上设集油管，集油管一般是以直径为 200 ~ 300 mm 的钢管制成，沿其长度在管壁的一侧开有60°的开口。当水面浮油达到一定厚度时，转动集油管，使切口浸入水面油层之下，浮油即溢入管内，并导流到池外。在隔油池中沉淀下来的重油及其他杂质，积聚到池底污泥斗中，通过排泥管进入污泥管中。经过隔油处理的废水则溢流入排水渠排出池外，进行后续处理，以去除乳化油及其他污染物。平流式隔油池构造简单、运行管理方便，除油效果稳定，但占地面积大，处理量少，排泥困难。

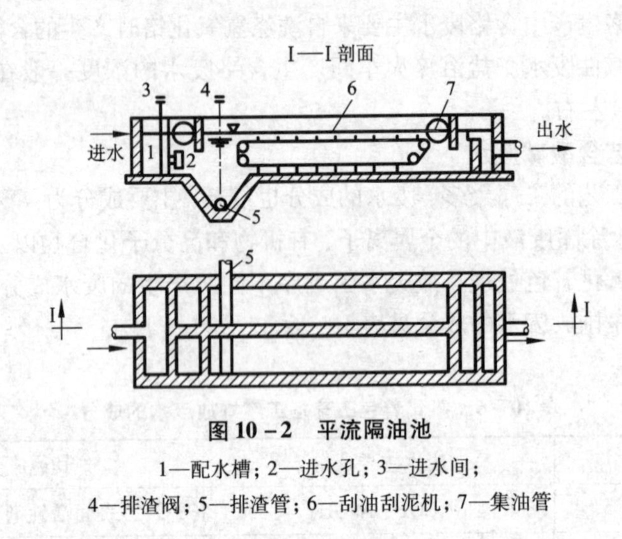


**图 10－2　平流隔油池**

1—配水槽；2—进水孔；3—进水间；
4—排渣阀；5—排渣管；6—刮油刮泥机；7—集油管

2)气浮法。气浮法也称浮选法，是将空气通入到含油废水中，形成水、气及污染物的三相混合体，在界面张力、气泡上升浮力和静水压力差等多种力的共同作用下，促进微细气泡黏附在被去除的微小油滴上后，因黏合体密度小于水而上浮到水面，从而使水中油滴被分离去除。通常在气浮前投加混凝剂，使胶体或悬浮物、油珠脱稳并生成带有憎水基团的絮体，吸附气泡，促进微细气泡黏附在被去除的微小油滴上，中和表面的电荷，破坏乳化油的稳定性，形成絮凝体。有色金属加工企业废水气浮处理一般在气浮池内进行，气浮池主要有平流式和竖流式 2 种，图 10－3 是典型的平流式气浮池。

气浮法按照产气方式的不同分为：

(1)溶气气浮法。溶气气浮是在加压条件下，使空气溶于水中，达到空气过饱和状态，随后减压令空气析出，空气微小气泡释放在水中，进而实现气浮。

(2)电解气浮法。电解气浮是用电解槽将水电解，利用电解形成的极微细的

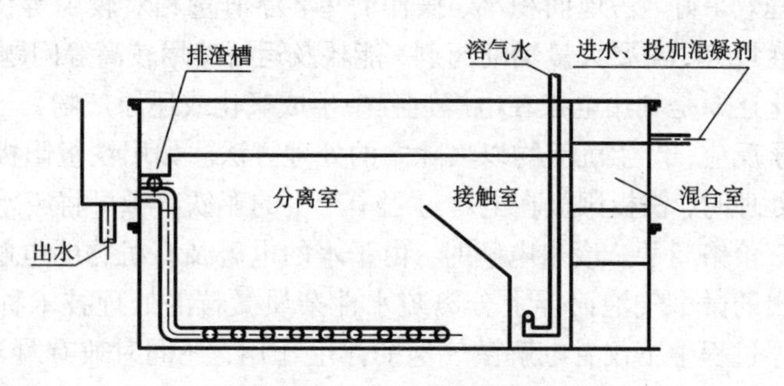


图10－3　平流式气浮池

氢气和氧气泡将污染物带出水面。电解气浮法不仅通过物理法去除有机污染物，还有脱色杀菌的氧化作用。

(3)散气气浮法。分为扩散板气浮法和叶轮气浮法：扩散板散气通过微孔陶瓷等板管将压缩空气分散于水中形成气浮；叶轮气浮适用于悬浮物浓度高的废水，设备不易堵塞，尤其适合含油废水，处理效果好。

3)离心分离法。废水做高速运转时，因废水中悬浮物、乳化油密度与废水密度不同，会受到大小不等的离心力作用。质量大的颗粒在离心时被甩到了外侧，质量较小的水在内侧，用不同的排出口将其引出，便可实现悬浮物、油与水液的分离。

4)电解法。电解法是氧化还原、分解、混凝沉淀综合在一起的处理方法。该方法适用于含油、氰、酚、重金属离子等废水及废水的脱色处理等。在电解过程中，电极电解产生自由基，使废水中有害物质和自由基在电极附近进行氧化还原反应，沉淀在电极表面或沉淀在电解槽中，或生成气体从水中逸出，从而降低废水中有害物质的浓度或把有毒有害物质转化为无毒或低毒低害物质。电解法处理废水可以归纳为电极表面处理过程、电凝聚处理、电解浮选过程和电解氧化还原过程。电极表面处理过程如重金属离子可发生电解还原反应，在阴极上发生重金属沉积过程：

$$Zn^{2+} + 2e \longrightarrow Zn\downarrow$$

$$Cu^{2+} + 2e \longrightarrow Cu\downarrow$$

电解凝聚法是在直流电的作用下，利用可溶性电极(铁电极或铝电极)电解产生具有较强化学活性的中高价阳离子，这些阳离子一方面能压缩胶体、乳化油胶粒的扩散双电层，使它们脱稳凝聚；另一方面能与水电离产生的$OH^-$结合生成胶体，有较强的絮凝吸附性，经配合物的絮凝作用吸附水中的有机物、悬浮物，最终与水中的污染物颗粒发生凝聚沉淀作用达到分离净化的目的。同时还发生荷电污染物颗粒在电场中泳动，其部分电荷在电极上放电而促使其脱稳聚沉的反应。

此法具有处理效果好、占地面积小、操作简单、浮渣量相对较少等优点；缺点是阳极金属消耗量大、需要大量辅助药剂、能耗及运行费用较高等问题。

电解氧化还原是利用电极在电解过程中生成氧化或还原产物，与废水中的污染物发生化学反应，产生沉淀物以去除之的处理方法。如用铁板阳极对含六价铬的废水进行处理时，铁板阳极在电解过程中产生的亚铁离子可将废水中的六价铬离子还原为三价铬离子。废水电解时，由于水的电解及有机物的电解氧化，借助于电极上析出的微小气泡而浮上分离疏水性杂质微粒的处理技术称为电解气浮法。电解气浮过程中不仅有电解微气泡的浮上作用，还同时兼有凝聚、共沉、电化学氧化及电化学还原等多种作用，如采用可溶蚀性铁、铝材质的阳极时，则同时存在电解浮上和电解凝聚的作用，因而可以去除油滴等多种污染物。

用于废水处理的电解槽按槽内水流情况，可分为回流式和翻腾式两种。回流式电解槽的特点是，电极板与进水方向垂直，水流沿着极板往返流动(如图 10 -4 所示)。翻腾式电解槽，槽内水流方向与极板面平行，水流沿着隔板做上下翻腾流动(如图 10 -5 所示)。

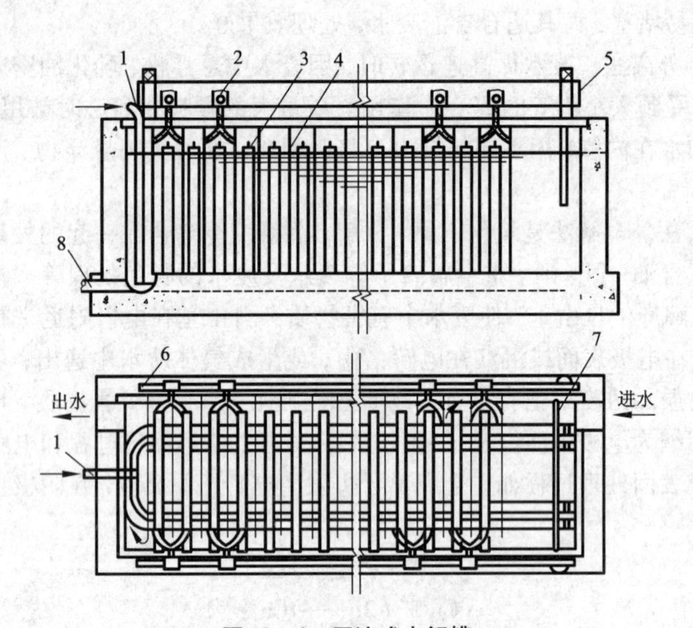


**图 10 -4　回流式电解槽**

1—压缩空气管；2—螺钉；3—阳极板；4—阴极板；
5—母线；6—母线支座；7—水封板；8—排空阀

5)膜分离法。膜分离法是利用特殊薄膜对液体中的某些成分的选择透过性，对油水混合物进行分离的方法的总称，它利用微孔膜将油珠和表面活性剂截留，主要用于去除乳化油和部分溶解油。乳化油常处于稳定状态，传统的含乳化油废

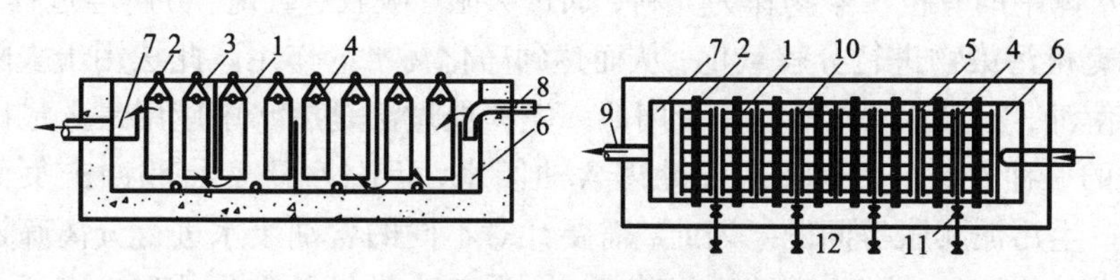


**图10-5　翻腾式电解槽**

1—电极板；2—吊管；3—吊钩；4—固定卡；5—导流板；6—布水槽；
7—集水槽；8—进水管；9—出水管；10—空气管；11—空气阀；12—排空阀

水的处理方法常辅以电解、絮凝等先行破乳过程，能耗和物耗较大，这时用膜分离法可以取得很好的效果。

膜分离过程的推动力主要是膜压差，膜分离除油关键在于膜的选择。目前广泛使用的膜材料大多为疏水膜，常用的疏水膜有聚四氟乙烯、聚偏二氟乙烯和聚乙烯等；亲水膜有纤维素酯、聚砜、聚醚砜、聚酰亚胺、聚丙烯腈等具有亲水基团的高分子聚合物。由于膜分离技术无需破乳而能直接实现油水分离，故处理效果好；但其处理量较小，不适于大规模污水处理，而且运行成本较高，实际应用中更多把各种膜分离方法与其他方法相结合使用，如将膜分离法与电化学方法相结合等。

6）粗粒化法。粗粒化法是使含油废水通过一个装有充填物的装置，废水中的微细油粒在粗粒化介质表面逐渐凝结成较大油滴，并借助水流冲力或微小气泡，迅速上浮至水面，再用重力分离方法将油珠去除以达到油水分离的目的。

粗粒化处理的对象主要是水中的分散油和非表面活性剂稳定的乳化油。粗粒化除油是粗粒化及相应的沉降或悬浮过程的总称。由亲水性材料组成的滤床，当含油废水通过时，由于材料的疏油性，油滴可能与材料碰撞或相互间碰撞，促使它们合并为一个较大的油珠，从而实现上浮分离。常用的亲水性材料是在聚酰胺、聚乙烯醇、维尼纶等纤维内引入酸基（磺酸基、磷酸基等）和盐类构成的。该法无需化学试剂，设备占地面积小且基建费用较低。但滤料易堵塞，粗粒化材料无法回用，出水含油量较高，常须再进行深度处理。

7）吸附法。吸附法处理是利用多孔性固体相物质吸附分离水中污染物的水处理过程。目前吸附法是处理含油废水的常用技术之一，关键在于寻求合适的吸附剂。吸附剂一般分为炭质吸附剂、无机吸附剂和有机吸附剂。常用的吸附剂有活性炭、活化煤、焦炭、煤渣、树脂、木屑等。其中，活性炭应用最多，与其他吸附剂相比活性炭具有巨大的比表面积和特别发达的微孔，吸附能力强，吸附容量大，不仅可吸附废水中的分散油、乳化油和溶解油，还可吸附废水中的其他有机物。

8）生物处理法。生物处理法是利用微生物（主要是细菌）自身的新陈代谢过程，以水体中的有机污染物作为养料，通过吸附、吸收、氧化、分解等过程，将污水中的有机污染物进行分解氧化，从而达到净化污水的作用。此法用于去除废水中的溶解油，出水水质好，基建费用低。生物处理法是废水中应用最久最广且相当有效的一种方法，特别适用于处理含油废水，但对水质变化和冲击负荷较敏感、易产生污泥膨胀等问题。因此，需要针对不同的含油废水进行分离筛选优势菌种，并对传统的活性污泥法进行革新，含油废水常见的生化处理法有活性污泥法、生物过滤法、生物转盘法等。

9）絮凝法。絮凝法即通过投加絮凝剂，去除乳化油和溶解油以及部分难以生化降解的有机物，而被广泛应用于含油污水的处理。絮凝剂的作用是通过它的压缩双电层、电性中和、吸附架桥等作用完成的，常用的无机絮凝剂是铝盐和铁盐，特别是近年来出现的无机高分子凝聚剂，如聚硫酸铁、聚氯化铝等，具有用量少、效率高等特点，而且使用时最优 pH 范围也较宽。此外，微生物菌体分泌物质同样具有絮凝作用，这些微生物絮凝剂是具有两性多聚电解质特性的蛋白质、多糖、核酸类等生物高分子化合物。此方法的研究主要是在开发新型絮凝剂，减少絮凝剂投药量，使其具有运行费用低、产生杂质少等优点。

10）微波法。采用微波加热技术进行油水分离，将会在含油污水处理方面取得较好的效果。含油污水处理的关键是破坏油水乳状液，达到油水分离。由于微波辐射形成的高频变化的电磁场，使极性分子高速旋转，破坏油水界面的 Zeta 电位，使油滴容易碰撞聚并，导致油水分离。微波加热与传统的加热方式相比其有独特的优点：高效快速且反应过程易于控制；热源与加热材料不直接接触；设备体积小无废物生成。目前微波技术在处理含油污水方面的应用主要有 3 种方式：微波直接作用于含油污水；微波作用于污水和活性炭；微波作用于吸附材料。微波处理法在某些废水处理中已达到了很好的处理效果。

**2. 含酸废水处理**

投药中和法是应用最为广泛的一种处理含酸废水的方法，适应于任何物质、任何浓度的含酸废水的处理，其原则工艺流程如图 10－6 所示。

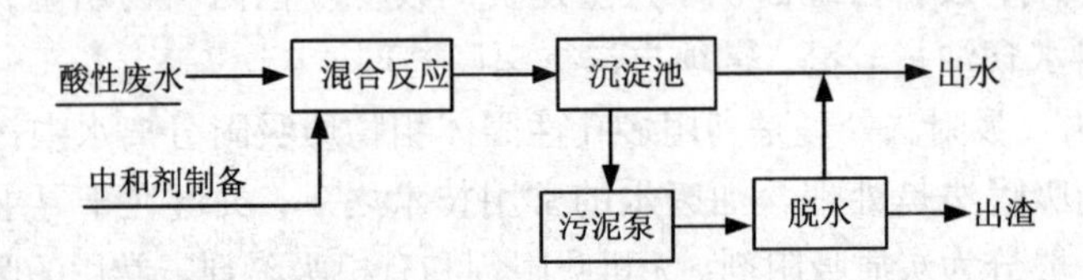


**图 10－6　酸性废水投药中和流程**

常用的酸性废水中和剂一般采用石灰乳、石灰、纯碱、烧碱等碱性物质，另外还有电石渣、锅炉灰等。酸性废水投药中和之前，有时需要进行预处理。预处理包括悬浮杂质的澄清、水质及水量的均和。当酸性废水中含有重金属离子如铜、镉、铅、锌、镍、钴等时，碱性中和剂可和这些重金属离子反应生成沉淀，如：

$$ZnSO_4 + Ca(OH)_2 = Zn(OH)_2\downarrow + CaSO_4\downarrow$$

$$PbCl_2 + Ca(OH)_2 \longrightarrow Pb(OH)_2\downarrow + CaCl_2\downarrow$$

中和过程形成的各种沉渣，应及时从沉淀池中分出，并尽可能回收其中的有价成分或作无害化处理，以免造成二次污染。

此外，过滤中和法也是常用的有色金属加工行业废水处理方法。把过滤与中和过程相结合，用具有中和能力的石灰石、白云石、大理石等作为滤料，让酸性废水通过滤层，达到去除废水少量酸的目的。当废水含大量悬浮物、油脂、重金属盐和其他毒物时，则不宜采用。普通中和滤池（见图 10－7）为固定床，水的流向有平流和竖流两种，其中竖流式应用较多。

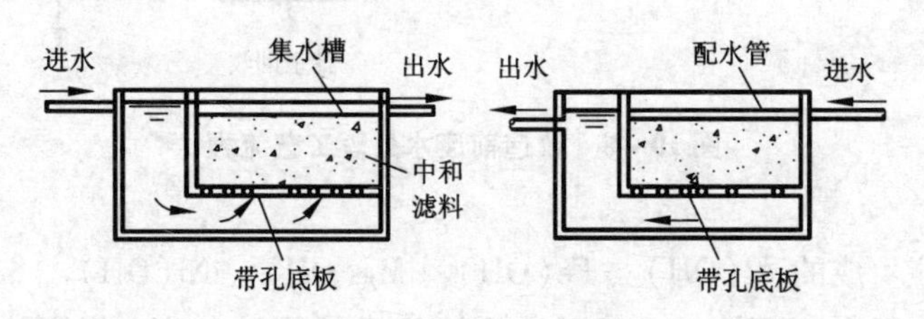


**图 10－7　普通中和滤池**

普通中和滤池的滤料粒径一般为 30～50 mm，不得混有粉料杂质。当废水中含有可能堵塞滤料的物质时，应进行预处理。在有色金属加工业废水处理中，当废水中含有较多胶体物质或细微颗粒的悬浮物质时，常加凝聚剂，把石灰石中和法与混凝法结合起来联合应用。

总体来看，在今后相当长一段时间内，中和法仍将是有色金属加工厂，特别是中、小型厂含酸废水的主要治理方法。

## 10.2.3　案例

### 1. 某工厂氧化着色加工废水治理

铝合金型材氧化着色工艺中需耗费大量新鲜水，相应地也会产生大量废水。某工厂年产铝型材 2400 t 的生产流水线，每年需消耗新鲜水 18 万 t，产生废水 15 万 t，这些废水的大量排放既污染环境又浪费水资源，而且还会给企业带来较大的经济损失。该厂工业废水的传统处理工艺流程如图 10－8 所示。

在混合池中发生的主要化学反应为：

$$2NaAlO_2 + H_2SO_4 + 2H_2O \longrightarrow Na_2SO_4 + 2Al(OH)_3\downarrow$$

$$NiSO_4 + 2NaOH \longrightarrow Na_2SO_4 + Ni(OH)_2\downarrow$$

$$SnSO_4 + 2NaOH \longrightarrow Na_2SO_4 + Sn(OH)_2 \downarrow$$

$$Al_2(SO_4)_3 + 6NaOH \longrightarrow 3Na_2SO_4 + 2Al(OH)_3 \downarrow$$

$$MgSO_4 + 2NaOH \longrightarrow Na_2SO_4 + Mg(OH)_2 \downarrow$$

$$Fe_2(SO_4)_3 + 6NaOH \longrightarrow 3Na_2SO_4 + 2Fe(OH)_3 \downarrow$$

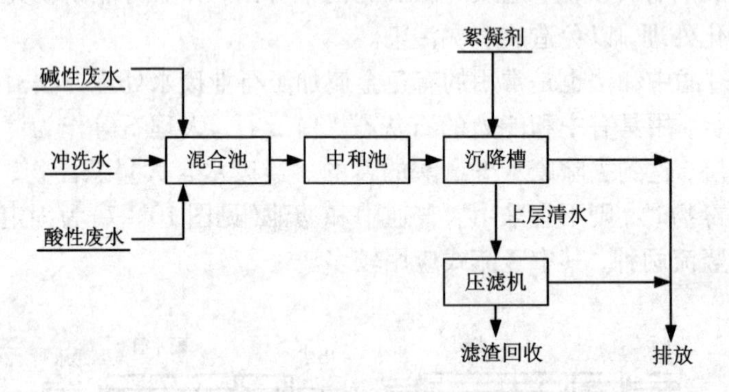


**图 10－8　改造前废水处理工艺流程**

上述反应生成的 $Al(OH)_3$、$Fe(OH)_3$、$Mg(OH)_2$、$Ni(OH)_2$、$Sn(OH)_2$ 等沉淀物经过投加絮凝剂而沉淀，然后用压滤机进行固液分离，将固体废渣回收利用，而将处理后废水全部排放。废水处理前后水质指标情况如表 10－7 所示。

**表 10－7　废水处理前后指标变化情况**

| 指标/($mg \cdot L^{-1}$，pH 除外) | 废水处理前 | 废水处理后 | 新鲜水 |
|---|---|---|---|
| pH | <4 | 7.48 | 7.01 |
| SS | 8740 | 54.0 | <1 |
| $F^-$ | 5.41 | 0.70 | 0.32 |
| 油 | 13.3 | 0.87 | |
| $CN^-$ | 0.006 | 0.005 | 0.62 |
| $Cl^-$ | 360 | 150.9 | 0.82 |
| $SO_4^{2-}$ | 1280 | 1261.4 | 0.025 |
| $NO_3^-$ | 51.3 | 48.2 | 591 |
| COD | 170 | 48 | <1 |
| 酚 | 0.025 | 0.83 | |
| Fe | 0.03 | 0.002 | |
| 总硬度(以 $Ca^{2+}$ 计) | 800 | 170 | |
| 总碱度(以 $OH^-$ 计) | 6 | 2 | |

可以看出，经上述处理后废水的主要考核指标pH、SS、油、$F^-$、COD等均低于现有国家排放标准，基本做到达标排放。此外，废水处理后，除$SO_4^{2-}$浓度偏高外，pH、$F^-$、油、酚、$CN^-$和总碱度等均符合或接近新鲜水水质指标，而总硬度优于新鲜水水质指标。如果直接将处理后废水代替新鲜水使用，由于$SO_4^{2-}$指标大大超过新鲜水水质，会对型材氧化工艺产生一定影响，影响铝型材表面质量。为此，该工厂在混合槽中通入石灰水$Ca(OH)_2$，使$SO_4^{2-}$生成难溶的$CaSO_4$，使废水中$SO_4^{2-}$浓度大大降低。石灰水价格低廉，不会使废水处理成本提高，比较经济。通过这一简单改进，使$SO_4^{2-}$浓度大幅降低，满足生产用水需要，实现了处理后废水的循环使用。改造后的工艺流程见图10-9。

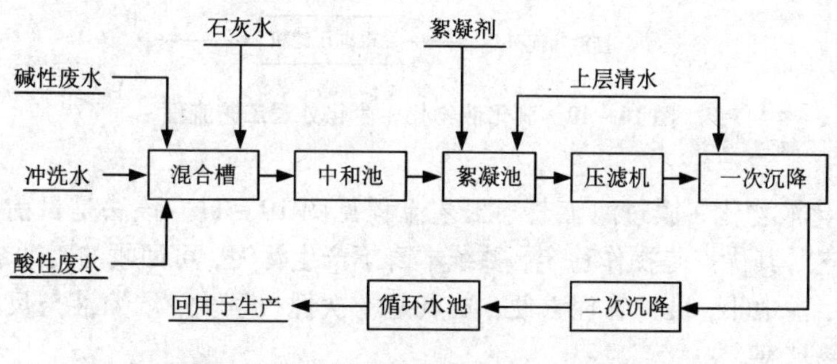


**图10-9　改造后废水处理工艺流程**

假如该工厂所处地区现行水价3.50元/$m^3$，且所节省的超标废水费与改进工艺作业费大体相抵，则仅此一项废水循环使用后每年可节约费用近52万元。该废水循环使用后，使该厂废水外排量大大降低，污染总量得到有效控制。同时，改善了该厂与周围居民群众的关系，提高了企业形象，获得了良好的环境效益和社会效益。

**2. 某有色金属加工企业乳化液废水处理**

某有色金属加工企业车间轧机定期排放“老化”后的乳化液，3~6个月排放1次，每次最大量50 $m^3$。排放水质及要求处理后的标准见表10-8。

**表10-8　乳化液进水水质及排放标准要求**

| 项　目 | 处理前水质 | 排放标准 |
| --- | --- | --- |
| pH | 1~11 | 6~9 |
| SS/$(mg \cdot L^{-1})$ | 200~400 | ≤70 |
| $COD_{Cr}/(mg \cdot L^{-1})$ | 44950 | ≤100 |
| $BOD_5/(mg \cdot L^{-1})$ | 7200 | ≤20 |
| 含油量/$(mg \cdot L^{-1})$ | 40000 | ≤5 |

目前，国内常用的乳化液处理工艺主要有：

1)乳化液物化+生化工艺。工艺流程见图10-10。该法适用于大多数乳化液的处理，其优点是适应性强，出水水质好；缺点是运行管理相对复杂，对操作人员要求高。

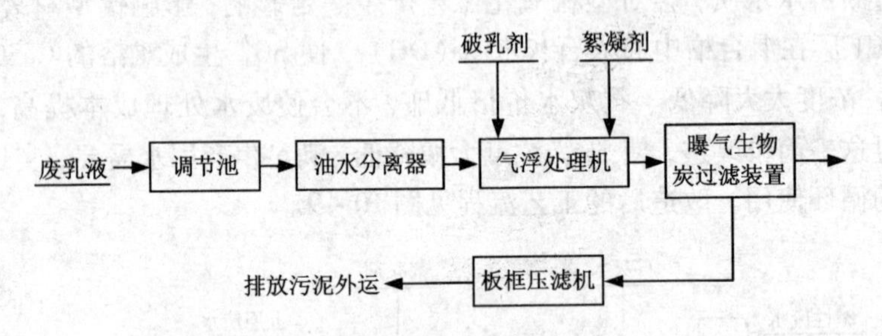


图10-10 乳化液物化+生化处理工艺流程

2)乳化液物化+膜过滤工艺。工艺流程见图10-11。该法是目前国内新兴的一种工艺，其优点是操作稳定，系统本身不产生污泥，可回收的废油浓度较高，设备紧凑，占地小，维护管理方便；缺点是一次性投资大，浓缩液与反洗水难处理，膜孔易堵塞。

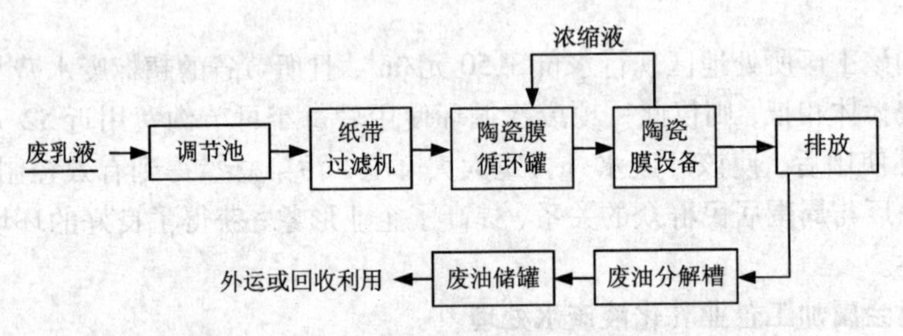


图10-11 乳化液物化+膜过滤处理工艺流程

经过对上述两种工艺的分析及乳化液处理的小型试验结果(见表10-9)，本着安全性、经济性、适用性的原则，选用物化+生化处理工艺。

根据该企业乳化液废水的实际情况，选用的破乳剂是聚丙烯酰胺高分子絮凝剂和水合氯化铝。经试验证明，其破乳效果较好。

主要处理设施如下：

调节池1座：有效容积50 $m^3$，钢筋混凝土结构，内涂玻璃钢防腐。

中间水池1座：有效容积50 $m^3$，钢筋混凝土结构，内涂玻璃钢防腐。

油水分离器1台：处理水量3 $m^3/h$。

气浮处理机1套：处理水量3 $m^3/h$，含破乳剂投加、絮凝剂投加、破乳装置、气浮装置、油过滤装置、加压泵等。

曝气生物炭过滤装置1套：处理水量1 $m^3/h$，含布水、曝气、活性炭等；

板框压滤机1台：过滤面积30 $m^2$。

**表10-9　乳化液处理小型试验数据结果**

| 处理器种类 | | COD/(mg·L⁻¹) | 去除率/% |
|---|---|---|---|
| 油水分离器 | 进水 | 44950 | 20 |
| | 出水 | 36000 | |
| 气浮处理机 | 进水 | 36000 | 70 |
| | 出水 | 4500 | |
| 曝气生物炭过滤装置 | 进水 | 4500 | 9.8 |
| | 出水 | 80 | |

含乳化液废水经上述工艺处理后，出水可达到国家污水综合排放标准的一级标准排放。处理系统调试完毕后运行稳定。按日处理24 $m^3$废水计算，直接运行费用如下：总装机容量为6 kW，油水分离器、气浮处理机、板框压滤机共5 kW，工作8 h；曝气生物炭过滤装置1 kW，工作24 h。因此日总耗电量64 kWh，按0.6元/kWh计，则吨水处理电费为1.6元。

**3. 某钼加工企业废水处理**

某企业钼产品加工过程中产生的废水主要由硝酸浸出和氨浸出两道工序产生。硝酸浸出是在95℃时用浓硝酸进行的，主要污染物为酸性废水和挥发的硝酸气体，酸浸废水pH 1~2，包含有铜、铅、锌等多种重金属离子；氨浸出产生氨气，氨氮浓度极高，在20000 mg/L左右。该企业废水处理系统设计处理水量30 $m^3/d$，由于生产工艺为间歇生产，所排废水也为间歇排放。因

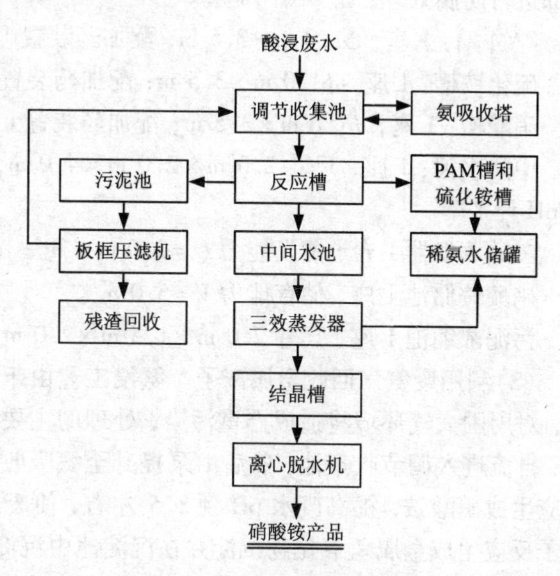


图10-12　废水处理工艺流程

此，废水处理宜采用间歇处理方式，每日处理 12 ~ 16 h。处理工艺流程如图 10 - 12 所示，进出水水质见表 10 - 10。

表 10 - 10 进出水水质

| 项目 | 进水水质 | 出水水质 |
|---|---|---|
| pH | 8 | 6 ~ 9 |
| COD/($mg·L^{-1}$) | ≤100 | ≤100 |
| 总铜/($mg·L^{-1}$) | ≤80 | ≤0.5 |
| 总锌/($mg·L^{-1}$) | ≤100 | ≤2.0 |
| 总铅/($mg·L^{-1}$) | ≤80 | ≤0.5 |
| $NH_3 - N$/($mg·L^{-1}$) | ≤20000 | ≤15 |
| 总铬/($mg·L^{-1}$) | ≤3.0 | ≤1.5 |
| 总镉/($mg·L^{-1}$) | ≤3.0 | ≤0.5 |

(1)主要构筑物及设备参数

调节收集池：1 座，尺寸 2.0 m × 3.0 m × 3.2 m，有效容积 16.0 $m^3$，停留时间 12 h，钢结构，内部进行防腐处理；配自吸化工泵 2 台，1 用 1 备；配 pH 计 1 套。

氨吸收塔：1 座，$\phi$1.0 m × 3.5 m，PVC 材质；配自吸化工泵 2 台，1 用 1 备。

反应槽：1 座，尺寸 $\phi$2.6 m × 3.5 m；设计处理量 9.0 $m^3$/次，带盖，钢结构，内部进行防腐处理；配 pH 计 1 套。

PAM 槽：1 座，$\phi$1.0 m × 3.5 m；配加药装置 1 套。

硫化铵槽：1 座，$\phi$1.0 m × 3.5 m；配加药装置 1 套。

硝酸槽：1 座，$\phi$1.0 m × 3.5 m；配加药装置 1 套。

中间水池：1 座，尺寸 2.0 m × 2.0 m × 4.0 m，钢结构，内部进行防腐处理；配 pH 计 1 套。

三效蒸发器 1 台，蒸发能力 $Q = 2.0\ m^3/h$。

硝酸铵储池 1 座，储存能力 $V = 5.0\ m^3$。

污泥浓缩池 1 座，尺寸 2.0 m × 1.5 m × 2.0 m；配污泥泵 2 台，1 用 1 备。

(2)利用废氨气回收金属离子。氨浸工艺由于采用液氨浸出，有大量氨气逸出，对周围大气环境将造成严重污染，处理的主要思路是：酸浸废水在车间收集后，自流进入调节收集池，然后由泵提升至氨吸收塔，使废水中的残余硝酸与氨反应生成硝酸铵，提高废水 pH 到 8.5 左右，使废水中的部分金属离子与氢氧根离子反应生成金属氢氧化物沉淀并在沉淀池中沉淀，沉淀物定期进行清理，脱水后作为原料出售回收利用，具有一定的经济效益。处理结果如表 10 - 11 所示。

表10－11 利用废氨气回收金属离子的处理结果(mg/L)

| 项目 | pH | 总铜 | 总锌 | 总铅 | 总铬 | 总镉 |
|---|---|---|---|---|---|---|
| 酸浸废水 | 1.2 | 833 | 369 | 467 | 2.32 | 1.69 |
| 出水水质 | 8.45 | 91.6 | 76.0 | 0.2 | 0.09 | 0.05 |

可以看出，酸浸废水在吸收氨气后，pH升高，金属离子大量沉淀，铅、镉等金属离子浓度已达到GB 8978—1996《污水综合排放标准》一级排放标准。

经氨吸收塔处理后的钼加工废水，还存在一定量的重金属离子，故采用硫化氨联合聚丙烯酰胺沉淀重金属离子工艺对重金属离子进一步沉淀，以满足后续工艺的处理要求。该工艺操作方便、运行经济，对钼加工废水中的重金属有较高的去除效果，进水重金属浓度从60～100 mg/L至出水时降至0.1～2 mg/L，最高去除率约99.8%，确保硝酸铵回收处理的纯度。

采用真空三效蒸发装置，将废水中的水蒸发出来，但蒸发过程中废水中部分氨也会逸出，实际为氨、水的混合气体。经硫化氨联合聚丙烯酰胺沉淀重金属离子处理后的钼产品加工废水由泵送入三效蒸发器中进行蒸发浓缩，蒸发一定的水量后进行冷却结晶，结晶结束后送入离心机中进行脱水，滤液回到中间槽重新处理，脱水产物即为固态硝酸铵。

整个工程于2007年10月建成，经过3个多月的调试运行后，2008年1月进入正常运行阶段，表10－12为正常运行阶段的监测数据。

表10－12 正常运行阶段的监测数据

| 总铜 | | | 总锌 | | | 总铅 | | |
|---|---|---|---|---|---|---|---|---|
| 进水/($mol \cdot L^{-1}$) | 出水/($mol \cdot L^{-1}$) | 去除率/% | 进水/($mol \cdot L^{-1}$) | 出水/($mol \cdot L^{-1}$) | 去除率/% | 进水/($mol \cdot L^{-1}$) | 出水/($mol \cdot L^{-1}$) | 去除率/% |
| 97.6 | 0.37 | 99.6 | 106.0 | 1.22 | 98.8 | 86.0 | 0.18 | 99.8 |
| 109.6 | 0.19 | 99.8 | 93.6 | 1.05 | 98.9 | 73.5 | 0.36 | 99.5 |
| 83.7 | 0.15 | 99.8 | 78.3 | 1.32 | 98.3 | 68.3 | 0.25 | 99.6 |
| 92.8 | 0.16 | 99.8 | 74.2 | 1.98 | 97.3 | 82.4 | 0.26 | 99.7 |
| 82.7 | 0.25 | 99.7 | 88.5 | 1.65 | 98.1 | 67.8 | 0.15 | 99.8 |
| 73.9 | 0.22 | 99.7 | 75.6 | 1.08 | 98.6 | 74.6 | 0.20 | 99.7 |
| 85.6 | 0.18 | 99.8 | 82.8 | 1.06 | 98.7 | 76.8 | 0.28 | 99.6 |
| 88.9 | 0.26 | 99.7 | 96.7 | 1.83 | 98.1 | 66.7 | 0.32 | 99.5 |
| 89.35 | 0.22 | 99.8 | 86.74 | 1.40 | 98.4 | 74.51 | 0.25 | 99.7 |

本工程占地 200 $m^2$，总投资费用为106.96 万元。该系统处理 1 $m^3$废水运行成本为68.37 元，其中蒸汽耗费36.9 元，人工费6.67 元，药剂费22 元，电费2.8 元。日处理30 $m^3$废水将产生硝酸铵 2883.6 kg，硝酸铵单价 1.7 元/kg，产值为4902.1 元/天，扣除运行费用2051.1 元/天，直接经济效益2851 元/天，每年可带来85.53 万元的经济效益。

## 10.3 废渣处理

### 10.3.1 废渣的来源和特点

在有色金属表面处理工艺过程(如电镀、酸洗、氧化、磷化、抛光等)中通常产生表面处理固体废渣，并有非金属夹渣产生，如氧化物 FeO、$SiO_2$、$Al_2O_3$、$TiO_2$、MgO，氮化物 AlN、ZrN、TiN，硫化物 NiS、CeS，硅酸盐 $Al_2O_3 \cdot SiO_2$，氯化物 NaCl、KCl、$MgCl_2$，氟化物 $CaF_2$、NaF，以及碳化物、氢化物和磷化物等。这些固体废渣的排放量巨大，如果露天堆放而不加以处置，废渣中的可溶性金属盐类和有害物质会对人体健康和环境造成很大威胁。此外，这些固体废渣还可渗透污染土壤、地下水并在雨水作用下流入江河湖泊，对水体造成污染，所以必须根据废渣的成分和性质认真加以处理。

### 10.3.2 处理技术

**1. 废渣预处理技术**

废渣预处理技术包括废渣压实、破碎、分选等技术。通过预处理，可以大大减少废渣的数量和体积，便于废渣的后续处理和资源化利用。

**2. 废渣浸出**

浸出工艺可以使废渣中有用或有害成分最大限度地从固相转入液相。选择浸出溶剂一般要注意以下几点：对目的组分选择性好，浸出率高，成本低，容易制取，对设备腐蚀性小等。浸出后溶液常用的净化方法有化学沉淀法、置换法、有机溶剂萃取法和离子交换法等。

浸出过程是典型的提取和分离目的组分的过程，依浸出药剂种类的不同，浸出可分为酸浸、碱浸和中性浸出。凡废物中的成分可溶解进入酸溶液的都可以采用酸性溶剂浸出法。酸浸包括简单酸浸、氧化酸浸和还原酸浸。常用酸浸剂有稀硫酸、浓硫酸、盐酸、硝酸、王水、氢氟酸、亚硫酸等。简单酸浸适用于某些易被酸分解的简单金属氧化物、金属含氧盐等废渣及少数的金属硫化物中的有价金属，是回收金属铜的重要方法。

$$Me_2O_y + 2yH^+ \longrightarrow 2Me^{y+} + yH_2O$$

$$MeO \cdot Fe_2O_3 + 8H^+ \longrightarrow Me^{2+} + 2Fe^{3+} + 4H_2O$$

$$MeO \cdot SiO_2 + 2H^+ \longrightarrow Me^{2+} + H_2SiO_3$$

$$MeS + 2H^+ \longrightarrow Me^{2+} + H_2S \uparrow$$

大部分金属的简单氧化物通常能够进行简单的酸浸，而大部分金属硫化物不能进行酸浸，只有 FeS、$\alpha-NiS$、CoS、MnS 和 $Ni_3S_2$能简单酸浸。多数金属硫化物在有氧化剂存在时，在酸液或在碱液中能被氧化分解而浸出，其氧化分解反应式为：

$$MeS + H^+ + 氧化剂 \longrightarrow Me^{2+} + S^0(或\ SO_4^{2-})$$

常压氧化酸浸常用的氧化剂有 $Fe^{3+}$、$Cl_2$、$O_2$、$HNO_3$、NaClO、$MnO_2$、$H_2O_2$等。

还原酸浸主要用于浸出变价金属的高价金属氧化物和氢氧化物。在有色金属加工过程中产出的镍渣、锰渣、钴渣等可进行还原酸浸，其反应式如下：

$$MnO_2 + 2Fe^{2+} + 4H^+ \longrightarrow Mn^{2+} + 2Fe^{3+} + 2H_2O$$

$$3MnO_2 + 2Fe + 12H^+ \longrightarrow 3Mn^{2+} + 2Fe^{3+} + 6H_2O$$

$$2Co(OH)_3 + SO_2 + 2H^+ \longrightarrow 2Co^{2+} + SO_4^{2-} + 4H_2O$$

$$2Ni(OH)_3 + SO_2 + 2H^+ \longrightarrow 2Ni^{2+} + SO_4^{2-} + 4H_2O$$

一般来说，粒度细、比表面积大、结构疏松、组成简单、裂隙和空隙发达、亲水性强的物料浸出率高。大部分浸出化学反应随温度升高、压力增加而加快。此外，固液比对浸出速率也有重要影响，在浸出一定的固体物质时，固液比减小，溶剂的绝对量增加，黏度下降，有利于浸出。

常用的浸出设备主要有渗滤浸出槽（池）、机械搅拌浸出槽、空气搅拌浸出槽、流态化逆流浸出塔等。

渗滤浸出槽（见图 10－13）是带有滤底的木槽、混凝土槽或铁槽，槽底平坦或微倾，形状多为长方形、正方形或圆形。处理量大时，可用混凝土结构，内衬一定厚度的防腐层（瓷板、塑料、环氧树脂等）。装料前先装假底，关闭浸液出口，然后用人工或机械方法将破碎好的废物（粒度一般小于 10 mm）均匀地装入槽内。物料装至规定高度后，表面耙平，加入浸出剂至浸没废料，浸泡数小时或几昼夜后再放液。

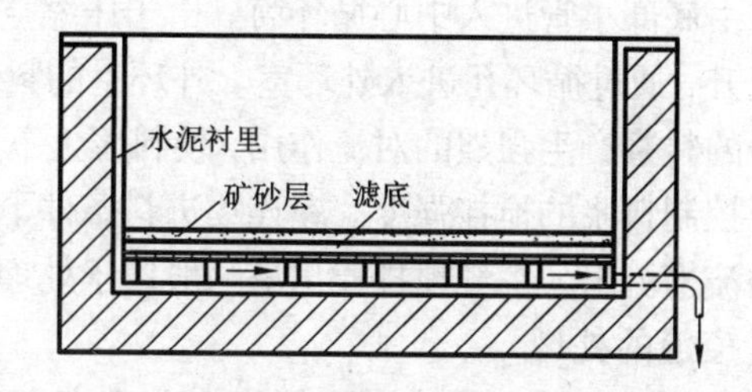

图 10－13　渗滤浸出槽结构示意图

根据物料的搅拌方法，浸出过程还可分为机械搅拌浸出和压缩空气搅拌浸出。图 10－14 为机械搅拌浸出槽结构示意图。机械搅拌浸出槽分为单桨和多桨搅拌两种。搅拌器可以采用不同形状，有桨叶式、旋桨式、锚式和涡轮式等，浸出槽一般采用桨叶式或旋桨式。桨叶式搅拌器通常转速较慢，它主要利用径向速度差使物料混合，而轴向的搅拌弱。旋桨式搅拌器由于是沿全长逐渐倾斜，高速旋转时形成轴向液流。锚式和涡轮式搅拌器常用于固体含量大、相对密度差大的料浆搅拌。涡轮式搅拌器旋转时产生负压，有吸气的作用。

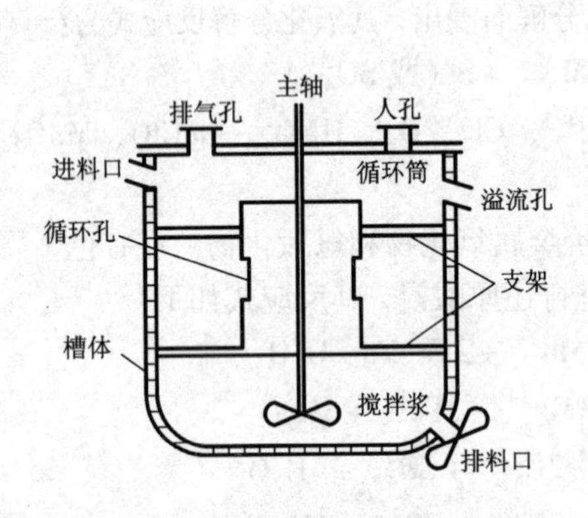


图 10－14　机械搅拌浸出槽示意图

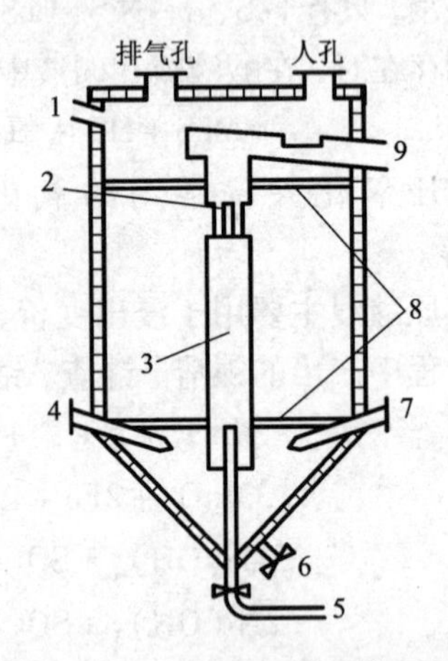


图 10－15　压缩空气搅拌槽示意图

1—进料口；2—循环孔；3—循环筒；4，7—蒸汽管；5—空气管；6—事故排浆管；8—支架；9—溢流槽

压缩空气搅拌槽通常称为泊秋克槽、布朗空气搅拌浸出槽或空气搅拌浸出塔，图 10－15 为其结构示意图。操作时，料浆和浸出试剂由进料口进入浸出塔，压缩空气由底部小管进入中心循环筒。由于压缩空气的冲力和稀释作用，料浆在循环筒内上升，通过循环孔进入外环室。外环室的料浆下降进入循环筒内，从而使循环筒内外的料浆产生强烈的对流作用，使料浆上下反复循环。调节压缩空气的压力盒流量可控制料浆的搅拌强度。在连续进料条件下，循环筒内有一部分料浆被空气提升至溢流槽流出。空气搅拌浸出塔一般用于处理量较大的废物处理厂。

**3. 废渣的处理**

1）中和法。在有色金属加工业生产中经常产生含重金属的酸、碱性泥渣，它们对土壤、水体均会造成危害，必须进行中和处理，便于处置。对于酸性泥渣，常用石灰石、石灰、氢氧化钠或碳酸钠等碱性物质作中和剂；对于碱性泥渣，常用硫酸或盐酸作中和剂。废渣的中和处理要综合废物的酸碱性质、含量、性状特性等，选择适宜的中和剂，确定其投加量和投加方式，并设计处理工艺与设备。在多数情况下，如果在同一地区既有产生酸性泥渣的企业，又有产生碱性泥渣的企业，在设计处理工艺时应尽量使酸碱性泥渣互为中和剂，以达到经济有效的中和处理效果。中和法的设备有池式人工搅拌和罐式机械搅拌两种，前者用于少量泥渣的中和处理，后者用于大规模的处理。

2)氧化还原法。与废水处理中氧化还原法相似，通过氧化还原反应，可以将废渣中发生价态变化的某些有毒、有害组分转化为无毒或低毒，且具有化学稳定性质的组分，以便资源化利用或无害化处置。例如，含氰化物的废渣可以通过加入次氯酸钠、漂白粉等药剂而将其转化为毒性小的氰酸盐，某些高价态离子如$Cr^{6+}$具有毒性，低价态$Cr^{3+}$则低毒。当废物中含有此类高价态离子时，在处置前将它们还原成为最有利于沉淀的低价态，以转变为无毒或低毒的产物，实现无害化处理。常用的还原剂有硫酸亚铁、硫代硫酸钠、亚硫酸氢钠、二氧化硫、煤炭、纸浆废液、锯木屑、谷壳等。

3)沉淀法。沉淀法即在含重金属废渣溶液中投加某些化学药剂，与污染物反应生成难溶沉淀物，通常包括氢氧化物沉淀、硫化物沉淀、硅酸盐沉淀、共沉淀、无机及有机螯合物沉淀。

(1)氢氧化物沉淀法。在废渣中投加碱性物质，如石灰、氢氧化钠、碳酸钠等碱性物质，与废物中的重金属离子发生化学反应，使其生成氢氧化物沉淀，实现稳定化。金属氢氧化物的生成和存在状态与pH直接相关，因此采用氢氧化物沉淀法稳定化处理废物中的重金属离子时，调节pH是操作的关键。

(2)硫化物沉淀法。可溶性无机硫沉淀剂、不可溶性无机硫沉淀剂和有机硫沉淀剂是常用的硫化物沉淀剂。大多数金属硫化物的溶解度一般比其氢氧化物的溶解度小得多，因此，采用硫化物沉淀法可使处理效果更好。值得指出的是，有机含硫化合物普遍具有较高的分子量，因而形成不可溶沉淀时有更好的操作性能。

(3)无机及有机螯合物沉淀法。所谓螯合物，是指多齿配体以两个或两个以上配位原子同时和一个中心原子配位所形成的具有环状结构的配合物，如乙二胺与$Cu^{2+}$反应得到的产物即为螯合物。对于$Pb^{2+}$、$Cd^{2+}$、$Ag^{+}$、$Ni^{2+}$、$Cu^{2+}$几种重金属离子形成的螯合物比相应的非螯合配合物更具稳定性。

4)氧化法。向废物中投加某种强氧化剂，可以将有机污染物转化为$CO_2$和$H_2O$，或转化为毒性很小的中间有机物，所产生的中间有机物可以用生物方法作进一步处理。

(1)臭氧氧化。由于臭氧具有很高的自由能，是一种强氧化剂，与有机物的反应可以进行得完全，甚至可以嵌入到苯环中破坏其双键并氧化醇类，产生醛或酮。

(2)过氧化氢氧化。过氧化氢处理废渣中有机污染物时，其作用机理与臭氧相似，当存在铁作为催化剂时，发生如下反应：

$$OH\cdot + RH \longrightarrow R\cdot + H_2O$$

生成的有机基团可以再次与过氧化氢反应生成另一个羟基自由基：

$$R\cdot + H_2O_2 \longrightarrow OH\cdot + ROH$$

用过氧化氢处理氰化物时发生下列反应:

$$NaCN + H_2O_2 \longrightarrow NaCNO + H_2O$$

用过氧化氢处理硫化物时发生下列反应:

$$H_2S + H_2O_2 \longrightarrow S\downarrow + 2H_2O$$

$$S^{2-} + 4H_2O_2 \longrightarrow SO_4^{2-} + 4H_2O$$

5)吸附技术。处理有色金属废渣的常用吸附剂有:天然材料(黏土、沙、氧化铁、氧化镁、氧化铝、沸石、软锰矿、磁铁矿、硫铁矿、磁黄铁矿等)和人工材料(活性炭、锯末、飞灰、泥炭、粉煤灰、高炉渣活性氧化铝、有机聚合物等)。一种吸附剂往往只对某一种或某几种污染物具有优良的吸附性能,而对其他污染成分则效果不佳;如活性炭吸附有机物最有效,活性氧化铝对镍离子的吸附能力较强,而其他吸附剂对这种金属离子却没有吸附作用或吸附力较弱。

6)固化处理技术。若废渣中含有大量有害物质或放射性物质,则可采用固化法进行处理。根据固化基材及固化过程,可将固化方法分为水泥固化、石灰固化、沥青固化、塑性材料固化、有机聚合物固化、自胶结固化、熔融固化和药剂稳定化等。目前,已应用固化法处理的废物包括金属表面加工废物、电镀及有色金属加工酸性废物、电镀污泥、铬渣、炉灰等。

危险废渣固化处理产物为了达到无害化,必须具备一定的抗浸出性、抗干湿性、耐腐蚀性、不燃性和足够的机械强度。判断固化处理产物是否真正达到了标准,需要对其进行物理、化学和工程方面的有效测试。表征固化处理效果的参数主要包括:

(1)体积变化因数。是指危险废物在固化处理前后固体废物的体积比,即:

$$C_R = \frac{V_1}{V_2}$$

式中:$C_R$——体积变化因数;

$V_1$——固化前危险废物体积;

$V_2$——固化后产品的体积。

(2)抗压强度。固化体必须具有一定的抗压强度,否则一旦其出现破碎和散裂,就会增加污染环境的可能。固化体采用不同处置或利用方式时,对抗压强度的要求不同。

(3)浸出速率。是指固化体在浸泡时的溶解性能,尤指危险物质的浸出速率。

7)焚烧处理。焚烧法是一种高温热处理技术。由于焚烧法处理废渣时具有无害化程度高、减量效果好、可全天候操作等优点,焚烧法在对有色金属加工废渣的处理中也得到了越来越广泛的应用。通常可将焚烧过程划分为干燥、热分解、燃烧三个阶段,实际上是干燥脱水、热化学分解、氧化还原反应的综合作用过程。一个典型的焚烧系统，通常有废物预处理、焚烧、热能回收、尾气和废水的净化四个过程。对于不同时期、不同炉型以及不同的固体废物种类和处理要求，固体废物焚烧技术和工艺流程也各不相同，如间歇焚烧、连续焚烧、固定炉排焚烧、流化床焚烧、回转窑焚烧、机械炉排焚烧、单室焚烧、多室焚烧等。

废渣的焚烧效果通常受许多因素的影响，如焚烧炉类型、废渣的性质、物料停留时间、焚烧温度、供氧量、物料的混合程度等。停留时间、温度、湍流度和空气过剩系数是反映焚烧炉工况的4个重要技术指标。焚烧温度的主要影响表现在温度的高低和焚烧炉内温度分布的均匀程度上。提高焚烧温度有利于废物中有毒物的分解，废渣中有害组分在高温氧化、分解所达到的温度比着火点温度要高，而在焚烧炉里的不同位置、不同高度，温度可能不同。停留时间是指固体废物在焚烧炉内的停留时间，取决于固体废物在焚烧过程中蒸发、热分解、氧化、还原反应等反应速率的大小。停留时间的长短直接影响到焚烧的完全程度，因此也是决定炉体容积的重要依据。

很大程度上，废渣的性质是判断是否适合进行焚烧处理以及焚烧处理效果好坏的决定性因素。如废渣中可燃成分、有毒有害物质、水分等物质的种类和含量，决定这种废渣的热值、可燃性和焚烧污染物治理的难易程度，也就决定了这种废渣焚烧处理的技术经济可行性。

### 10.3.3 案例

**1. 利用铝加工废渣制备堇青石材料**

铝型材厂生产的工业污泥数量大，并且含有有毒有害物质。一个大型铝型材企业，每年可产生10000多吨污泥。以铝型材厂污泥为原料合成堇青石，符合废物的减量化、资源化和无害化处理原则。

铝型材厂产生的工业污泥是由铝型材表面处理时产生的大量废液经沉淀过滤后得到的，主要成分是氧化铝和具有无定型结构的固体物质，以及少量Si、Fe、Ca等杂质。表10－13为某铝型材厂工业污泥的化学成分。可以看出，污泥中$Al_2O_3$的含量非常高，因此可替代工业氧化铝等原料合成堇青石。

**表10－13 某铝型材厂工业污泥化学成分**

| 成分 | $Al_2O_3$ | $SiO_2$ | $Fe_2O_3$ | CaO | MgO | $K_2O$ | $Na_2O$ | $TiO_2$ | 烧结损失 |
|---|---|---|---|---|---|---|---|---|---|
| *w*/% | 57.61 | 4.72 | 0.25 | 0.85 | 0.03 | 0.17 | 0.10 | 0.01 | 35.22 |

目前，利用工业污泥合成堇青石材料最常用的方法是高温固相反应合成法。该方法具有生产工艺简单、生产效率高等优点，工艺流程如图10－16所示。

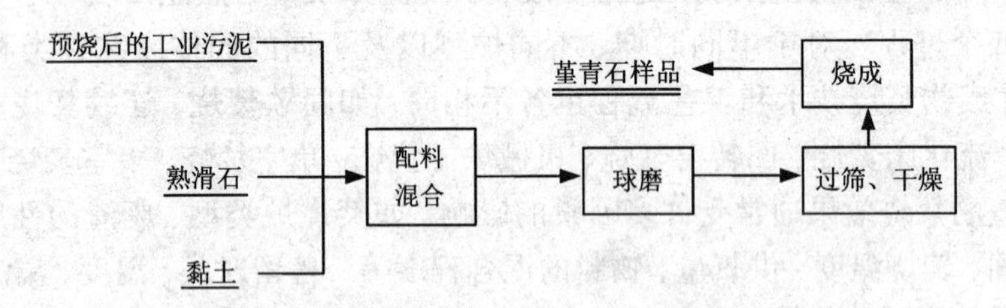


**图 10－16　利用工业污泥生产堇青石的原则工艺流程**

铝型材厂产生的工业污泥中含有一些有机物质和酸碱性物质，不利于堇青石的合成，因此首先要对污泥进行预烧。预烧不仅可以除去其中的有机物质及部分杂质，还可以避免合成过程中脱水时发生比较大的体积变化，利于物料间充分反应，使合成的堇青石性能更佳。碱金属氧化物($Na_2O + K_2O$，可用 $R_2O$ 表示)和 CaO 等既会降低熔化温度又会扩大熔化范围，所以其含量越少越好。此外，工业污泥中铁含量过多会降低热膨胀系数，过少则会使烧成温度范围变窄，工艺性变差，因此为了保证低膨胀和较好的烧成温度范围，必须保证一定的铁含量。

铝厂污泥的主要成分是 $\gamma-AlOOH$，其中部分是晶体，部分是无定型体。在不同温度下工业污泥发生以下的变化过程：

$$\gamma-AlOOH \xrightarrow{500\sim1050℃} \gamma-Al_2O_3 \xrightarrow{1050\sim1200℃} \alpha-Al_2O_3$$

$\gamma-Al_2O_3$为非晶相，具有较高的反应活性，在较低的温度下就能与高岭土或滑石反应，从而影响高岭土与滑石之间生成堇青石的反应，导致热膨胀系数增大。研究表明，混合使用 $\gamma-Al_2O_3$和 $\alpha-Al_2O_3$的效果较好。因此，可以将工业污泥在 1100℃预烧后再投入使用，在此高温下污泥中的 $\gamma-AlOOH$ 可转化为 $\gamma-Al_2O_3$和 $\alpha-Al_2O_3$，更有利于合成高纯度优质堇青石。

与常规合成堇青石的方法相比，利用铝型材厂工业污泥合成堇青石材料具备以下优点：

1)由于污泥具有粒度细、比表面积大、表面能高、活性大的特点，可以促进固相反应，有利于堇青石的形成。利用合成堇青石研制出的耐火窑具有优良的高温力学性能、热学性能和更长的使用寿命。

2)原料成本低廉，具有显著的市场经济效益，由这种堇青石研制出的耐火窑具可在陶瓷企业、冶金系统以及电子工业等领域广泛应用。

3)铝型材厂污泥的大量堆放或填埋不仅给生态环境带来巨大的危害，甚至会造成地下水的污染以及耕地浪费，同时污泥堆放或填埋也是资源的一种浪费。因此，利用铝型材厂工业污泥合成堇青石，是一项变废为宝的资源化项目，具有很强的市场竞争力和推广应用价值。

# 第 11 章　含锌废物及贫杂氧化锌矿碱浸－电解生产金属锌粉工艺

## 11.1　含锌废物及贫杂氧化锌矿回收锌的必要性

### 11.1.1　金属锌及金属锌粉的市场需求量大

**1. 金属锌的市场需求**

锌(Zn)是一种蓝白色金属，密度 7.14 $g/cm^3$，熔点 420℃，沸点 907℃，具有延展性，是电和热的良好导体。锌化学性质活泼，能溶于大多数无机酸、强碱性溶液、氨水或铵盐溶液，生成相应的锌离子、锌酸根离子或锌－氨配合离子。锌在干燥的空气中比较稳定，在湿空气中锌表面会被氧化生成一层薄而致密的碱式碳酸锌膜[$ZnCO_3 \cdot 3Zn(OH)_2$]，而该薄膜能防止金属锌内部继续被氧化。

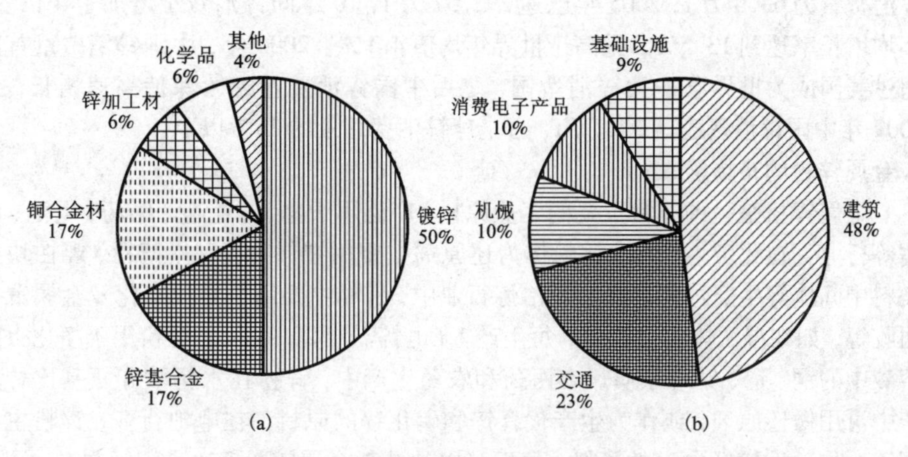


**图 11－1　锌的初始及终端消费构成**

(a)初始消费构成；(b)终端消费构成

锌用途广泛，在有色金属消费中仅次于铜和铝，在国民经济中占有重要地位，在工业发展中有着不可替代的作用。根据世界铅锌研究小组(ILZSG)统计数据，2009 年世界锌的初始、终端消费构成见图 11－1。由于锌在常温下表面易生成一层保护膜，能有效阻止氧化的继续进行，所以锌最大的用途是镀锌工业。此外，锌与多种金属能组成性能优良的合金，例如锌与铜、锡、铅等制成的黄铜广泛应用于建筑、交通、机械制造等行业，锌与铝、镁、铜等制成的压铸合金大量用于制造各种精密铸件，含少量铅镉等元素的锌板可制成锌锰干电池负极、印花锌板、胶印印刷板等。锌的化合物，如氧化锌和立德粉是医药、橡胶、颜料和油漆等行业不可缺少的原材料。

随着经济发展和社会进步，金属锌被广泛应用于越来越多的领域，锌年消费量越来越大。相关数据表明，1969—2000 年世界锌消费量从 509.2 万 t 上升到 802.3 万 t，年均增长率约 1.8%。2001—2009 年世界锌消费量变化情况见表 11－1(ILZSG 数据)。从表 11－1 可以看出，2004 年世界锌消费量已突破 1000 万 t，之后稳步增长，2009 年受金融危机影响锌消费量有所下降，但据 ILZSG 统计 2010 年世界锌消费量达到 1250 万 t，比 2009 年增长 16.17%。

**表 11－1　2001—2009 年世界锌消费量变化情况(数据来源于 ILZSG)**

| 年份 | 2001 | 2002 | 2003 | 2004 | 2005 | 2006 | 2007 | 2008 | 2009 |
|---|---|---|---|---|---|---|---|---|---|
| 锌消费量/万 t | 880.7 | 932.7 | 945.0 | 1065 | 1061.1 | 1101.5 | 1130.7 | 1143.8 | 1076 |

我国自改革开放以来经济发展迅猛，锌消费量出现大幅度增长，1995 年中国锌消费量为 68.5 万 t，2005 年已达 292.57 万 t，10 年间锌消费量增加了 4 倍多，年均增长率达到 13.5%，远高于世界年均值 4.1%。2000 年，中国锌消费量首次超过美国成为世界第一大锌消费国，之后中国锌消费量继续保持高速增长，到 2009 年中国锌消费已达 393 万 t，占全球锌消费总量的 35% 以上。

**2. 金属锌粉的市场需求**

金属锌粉是一种非常重要的工业原料，广泛用于化工、冶金、医药、电池、防腐等行业。在化工生产中，锌粉作为还原剂主要用在保险粉、立德粉、雕白块及染料中间体等生产过程。在金属冶炼行业中，锌粉主要用于溶液净化及金属置换回收等，如在湿法炼锌过程中，每生产 1 t 电锌需用 20～40 kg 锌粉用于净化去除溶液中的铜、镉、钴等杂质。在医药和农药生产中，锌粉在水杨酸和氨基比林生产中可用做还原剂，或作为生产代森锌和磷化锌的原料。在电池行业，锌粉主要用于制作碱性锌锰电池的负极，每万只电池消耗金属锌粉 35～45 kg 左右，该种电池因具有工作电压平稳、大电流连续放电性能优良、贮存时间长(可达 3～5 年)、低温性能和防漏性能好等特点，深受消费者欢迎，是民用电池中最有发展前途的产品之一。工业防腐，是目前锌粉应用最多的行业，锌粉作为生产富锌油漆、富锌涂料和其他防腐环保高性能涂料的关键原料，被广泛应用于海洋工程、桥梁、管道等钢构件及船舶、汽车、集装箱等的防腐。

据不完全统计，2002—2003 年，仅锌冶炼添加剂及防腐处理，世界锌粉使用量就达 36 万～40 万 t，国际市场金属锌粉年总需求量约为 60 万 t，国内市场年需求量在 9 万 t。2005 年，国际市场锌粉年需求达 80 万 t，国内市场年需求达 15 万 t。就国内市场而言，由于我国锌锭产量居世界首位，冶炼添加剂用量大，另外随着近年来防腐技术的引进和大规模推广，锌粉的需求量大幅度增长，且需求量大于供应量，致使锌粉进口数量增加，且有扩大的趋势。随着我国汽车工业和建筑业对镀锌钢板、钢管及其他零部件需求的上升，锌的应用将有广阔前景，金属锌粉的市场需求量将继续增长。

## 11.1.2　高品位锌矿资源日趋枯竭

锌消费量的快速增长促使锌工业迅猛发展，作为原料加工型产业，锌资源对锌工业至关重要。世界锌资源丰富，在全球大陆除南极洲外其他六大洲 50 多个国家均有分布，截至 2008 年已查明的锌资源量超过 19 亿 t，锌储量 1.8 亿 t，基础储量 4.8 亿 t。根据 2008 年锌矿山产量，世界锌储量的静态保证年限为 15 年，而以基础储量计算的锌静态保证年限则为 40 年，因此锌在较长时期内不会出现资源短缺。世界锌储量分布情况见表 11－2（数据来源于 Mineral Commodity Summaries 2009），锌资源比较丰富的国家主要有澳大利亚、中国、秘鲁、美国、哈萨克斯坦、加拿大和墨西哥 7 国。

表 11－2　世界锌储量分布

| 国家或地区 | 储量/万 t | 占世界储量/% | 储量基础/万 t | 占世界储量基础/% |
|---|---|---|---|---|
| 澳大利亚 | 4200 | 23.3 | 10000 | 20.8 |
| 中国 | 3300 | 18.3 | 9200 | 19.2 |
| 秘鲁 | 1800 | 10.0 | 2300 | 4.8 |
| 美国 | 1400 | 7.8 | 9000 | 18.8 |
| 哈萨克斯坦 | 1400 | 7.8 | 3500 | 7.3 |
| 加拿大 | 500 | 2.8 | 3000 | 6.3 |
| 墨西哥 | 700 | 3.9 | 2500 | 5.2 |
| 其他国家或地区 | 4900 | 27.2 | 8700 | 18.1 |
| 世界总计 | 18000 | 100 | 48000 | 100 |

我国锌储量 3300 万 t、储量基础 9200 万 t，分别占全球储量的 18.3%、储量基础的 19.2%，是锌储量和储量基础最大的国家之一。锌矿主要分布在滇西兰坪地区、滇川地区、南岭地区、秦岭－祁连山地区以及内蒙古狼山－渣尔泰地区。从省际分布来看，云南锌储量最多，占全国的 25.68%，甘肃和内蒙古次之，约占 20%，其他如广西、湖南、广东等省也较丰富，均在 400 万 t 以上。

锌资源不仅总量巨大，而且种类繁多。目前，自然界中发现的含锌矿物有55种，可分为硫化矿、氧化矿两大类。硫化矿主要包括闪锌矿（ZnS）和铁闪锌矿（$n$ZnS · $m$FeS），氧化矿主要有菱锌矿（$ZnCO_3$）、水锌矿［$2ZnCO_3 \cdot 3Zn(OH)_2$］、异极矿［$Zn_4Si_2O_7(OH)_2 \cdot H_2O$］和红锌矿（ZnO）等。由于硫化矿易于选别富集得到锌精矿，因此当前锌冶金的矿物原料95%以上是硫化矿，世界上超过80%的金属锌是利用硫酸溶浸焙烧硫化锌精矿得到锌焙砂，浸出液经除杂、电解后得到的。氧化锌矿由于选别回收率低、富集程度不高，仅有品位较高的氧化矿被开采利用。

然而，多年来对高品位氧化矿、硫化矿的大规模开采利用已导致锌矿资源品位不断下降、优势矿产资源埋深增加，许多矿山因生产成本太高而关闭或削减产量。由于传统炼锌方法不适于处理品位偏低、杂质多变的氧化锌矿资源，尽管锌资源总量巨大，但世界锌工业正普遍面临着严峻的质量型缺矿危机，加拿大因此在20世纪90年代让出了世界第一大锌生产国的位置。

截至2009年，作为世界第一大锌消费国和锌生产国，中国锌消费量和锌产量已经分别连续9年和18年位居世界第一。虽然我国锌资源储量位居世界前茅，但由于国内锌需求激增、多年大规模矿山开采等原因，已导致我国出现锌精矿资源短缺。按2008年我国锌消费需求量计算，我国锌储量的静态保证年限为8.8年，以基础储量计算的锌静态保证年限为24.4年，锌资源保证年限仅为世界平均水平的一半。另外，我国锌矿资源总体具有贫矿多、富矿少，大中型矿多、特大型矿较少，锌铅共生多、单一锌矿少，结构构造和矿物组成复杂得多、简单的少等特点，虽然近些年来加大了矿山开发力度，但受地域限制、管理体制、投资规模和资源勘探程度的制约，收获甚微，国内锌精矿资源供需形势依然严峻。2004年后，我国已从锌净出口国变为净进口国，扩大锌精矿进口比例虽可缓解我国锌需求与精矿资源短缺之间的矛盾，但对锌精矿进口依赖程度的增加将不利于我国经济和锌工业的健康、稳定和安全发展。

### 11.1.3 含锌废物及贫杂氧化锌矿资源丰富

与高品位锌矿资源面临枯竭的形势相反，自然界中贫杂氧化锌矿资源储量巨大。氧化矿常与硫化矿伴生，是硫化矿长期风化形成的次生矿，但也有大型独立的氧化矿，如巴西的Vazante矿、澳大利亚的Baltana矿以及泰国的Padaeng矿等，此外在伊朗、土耳其、越南、赞比亚、摩洛哥、纳米比亚等国家也有氧化锌矿资源分布。我国氧化锌矿产资源储量也十分丰富，我国储量大于200万t的氧化矿床有6个，主要分布在云南、贵州、甘肃、陕西等省，尤其在云南储量较大，如云南兰坪铅锌矿的储量在1000万t以上，其中1/3为氧化矿。

除自然界中的氧化锌矿资源外，在矿山开采、锌冶炼、电镀、电池、炼钢、炼铜等工业过程中产生大量的含锌尾矿、烟尘、泥、废渣等，因含有一定品位的锌且数量巨大，而被认为是重要的锌二次资源。例如，黄铜是铜与锌的合金，锌含量一般在 30% ~40%，当废黄铜料再生冶炼回收铜时，会产生大量的含锌烟灰；在镀锌废钢炼钢过程中会产生一系列含锌烟尘，如电弧炉烟尘、高炉烟尘、高炉瓦斯泥、转炉泥、转炉烟尘等，每生产 1 t 钢将产生 20 ~ 40 kg 的锌粉尘，锌含量一般在 5% ~40%；所有热镀锌生产过程中都产生含锌废渣，全球每年用于热镀锌的锌量占消费总量的 50% 左右，目前我国用于热镀锌的锌量在 150 万 t 左右，镀锌过程中锌总量的 9% ~13% 进入底渣，14% ~18% 进入浮渣或烟灰中；在湿法炼锌厂阴极锌片熔铸过程中，主要副产物是锌浮渣，其中的锌主要以氯化物、氯氧化物、氧化物和金属等形态存在，每生产 1 万 t 电锌大约产锌浮渣 450 t。此外，废旧锌锰电池也是一个重要的二次锌资源，我国是普通锌锰电池和碱性锌锰电池的生产与消费大国，每年约消耗锌 25 万 t，同时至少有 50 万 t 干电池报废，其中含锌约 3.8 万 t。据统计，随着锌消费量的迅速增加，我国的锌铅渣累计已达 1000 多万 t，并还在以每年 32 万 t 的速度增长。

### 11.1.4　资源综合利用及环境保护的要求

过去 30 多年，中国经济的持续高速增长创造了令世人瞩目的奇迹，然而，传统的高消耗、高排放、低利用的粗放型经济增长模式造成了严重的资源浪费、环境污染和生态破坏。为了节约资源、保护环境，《中华人民共和国节约能源法》、《中华人民共和国环境保护法》、《中华人民共和国清洁生产促进法》、《中华人民共和国循环经济促进法》等一系列国家法律相继出台，节约资源和环境保护被作为基本国策提出。此外，国家部委和地方部门也在积极制定各种相关法律、法规和标准，以便加快建设资源节约型、环境友好型社会，促进循环经济的发展。

为了认真落实节约资源的基本国策，国家发改委制定并发布了《"十一五"资源综合利用指导意见》，明确提出到 2010 年我国矿产资源总回收率与共伴生矿产综合利用率在 2005 年基础上各提高 5 个百分点，工业固废综合利用率达到 60%，主要再生资源回收利用率将提高到 65%。同时，该指导意见还提出了包括实施共伴生矿产资源综合开发利用工程、大宗固体废物资源化利用工程、再生金属加工产业化工程等在内的六大资源综合利用重点工程。在经济发展对锌需求量激增、高品位锌矿资源锐减情况下，我国已认识到从贫杂氧化锌矿和工业含锌灰渣中资源化回收锌的重要性，从钢铁电弧炉烟尘中回收锌已被列入中国再生金属产业中长期发展规划。此外，为消化工业化过程中快速增长的大宗产业废物，国家发改委组织编制的《"十二五"大宗产业废物综合利用专项规划》，将利用财政税收等手段培育相关产业的发展，为我国含锌废物及贫杂氧化锌矿的综合利用带来重大发展机遇，为实现我国锌工业的可持续健康发展提供重要保障。

另一方面，随着我国环境污染、生态恶化的加剧，国家正积极制定各种环保法律、法规。在固体废物方面,《中华人民共和国固体废物污染环境防治法》、《废弃危险化学品污染环境防治办法》、《国家危险废物名录》、《危险废物鉴别标准》、《危险废物贮存污染控制标准》、《危险废物填埋控制标准》、《一般工业固体废物储存、处置场污染控制标准》等法律、法规、标准相继出台,使我国固体废物处理、处置的环境标准日趋严格。工业过程中产生的含锌灰、尘、泥、渣等含锌废物可以作为二次资源经处理后回收锌等有价金属,也可直接进行填埋处理。然而,此类废物由于常含有铅、镉、铬、砷等重金属而多数被划为危险废物,使得传统卫生填埋方式不再能满足环境要求,而安全填埋处置势必大幅度增加处理成本。许多企业因负担不起高昂的处置成本只能将该类废物堆置,但这又造成占用土地,污染周围水体、土壤、大气等环境问题,同时也造成了资源的浪费。

## 11.2 碱浸-电解工艺的提出与发展

### 11.2.1 金属锌及金属锌粉的传统生产工艺

锌冶炼的实质是将锌从不同锌资源的多种形态(受成矿和人类活动影响,主要是硫化和氧化两种形态)利用还原剂或电解等还原手段转变为金属单质态,并富集提纯的过程。现代锌冶炼方法分为火法炼锌、湿法炼锌两大类,湿法炼锌又可分为酸性湿法炼锌和碱性湿法炼锌。

**1. 火法炼锌**

火法炼锌的原理是利用锌的沸点较低,在冶炼过程中用碳质或其他还原剂从含氧化锌的死焙烧矿中将锌还原生成金属锌蒸气,蒸气挥发进入冷凝系统中冷却得到粗锌,从而与脉石和其他杂质分开。硫化锌精矿首先需要经过焙烧、烧结后变成氧化物,然后再经还原、冷凝得到粗锌。根据还原工艺的不同,火法炼锌工艺主要包括平罐炼锌、竖罐炼锌、电炉炼锌、鼓风炉炼锌及沃纳法等。

1)平罐炼锌。该工艺于1807年投入工业化生产,开创了现代锌冶炼的先河,在1916年电积法发明以前,一直是锌的主要冶炼方法。平罐炼锌具有设备简单、不用昂贵的冶金焦炭、耗电少、便于建设等优点,但平罐炼锌的罐渣含锌高(5%~10%),需要进一步处理,且具有锌回收率低(仅为80%~90%),罐子体积小,难以实现机械化操作,劳动强度大,生产率低,能耗高,环境污染重等缺点,目前已基本被淘汰。

2)竖罐炼锌。该工艺是由New Jersey锌公司在平罐炼锌基础上于1929年改造投产的连续蒸馏法炼锌工艺,主要包括制团、蒸锌和冷凝三个部分。与平罐法相比,竖罐炼锌实现了设备大型化和机械化操作,提高了劳动生产率,机械化程度高,劳动条件得到一定改善。竖罐炼锌的主要缺点是:采用间接加热,热效率低且限制了设备容量的扩大；炉料准备工序时间较长、作业费用高；需要采用价格昂贵的碳化硅制品作为换热设备等。因此，目前处于被淘汰状态。

3）电炉炼锌。该工艺的特点是利用电能直接加热炉料连续蒸馏出锌。自 1885 年科乌尔斯兄弟首先提出采用电加热平罐后，各种炼锌电炉相继问世，19 世纪末瑞典的德拉瓦尔建立了第一座炼锌电炉，将电极直接插入熔池中，利用渣电阻热加热，为电炉炼锌作出了重大贡献，随后在挪威、瑞典以及美国先后建厂，为今天的电炉炼锌积累了宝贵的经验。与平罐、竖罐炼锌相比，电炉炼锌对原料成分的适应性更强，不论是高铁锌矿、高硅铁锌矿，还是各种含锌中间物料，都能很好地进行处理。同时还适于处理含铜、铁高的原料，回收率高，每生产 1 t 粗锌电耗约 3000 kWh，与电解法炼锌电耗相当。但该工艺消耗焦炭、电极材料和耐火材料，导致生产成本偏高，且生产能力不能满足大规模炼锌的要求。

4）鼓风炉炼锌。又称 ISP 法，始于 20 世纪 50 年代英国 Imperial Smelting 公司将铅雨冷凝器成功应用于鼓风炉炼锌并投入生产。我国韶关冶炼厂 1977 年引进该技术，现有两台密闭鼓风炉，年产锌 13 万 t。该工艺的流程如图 11－2 所示。

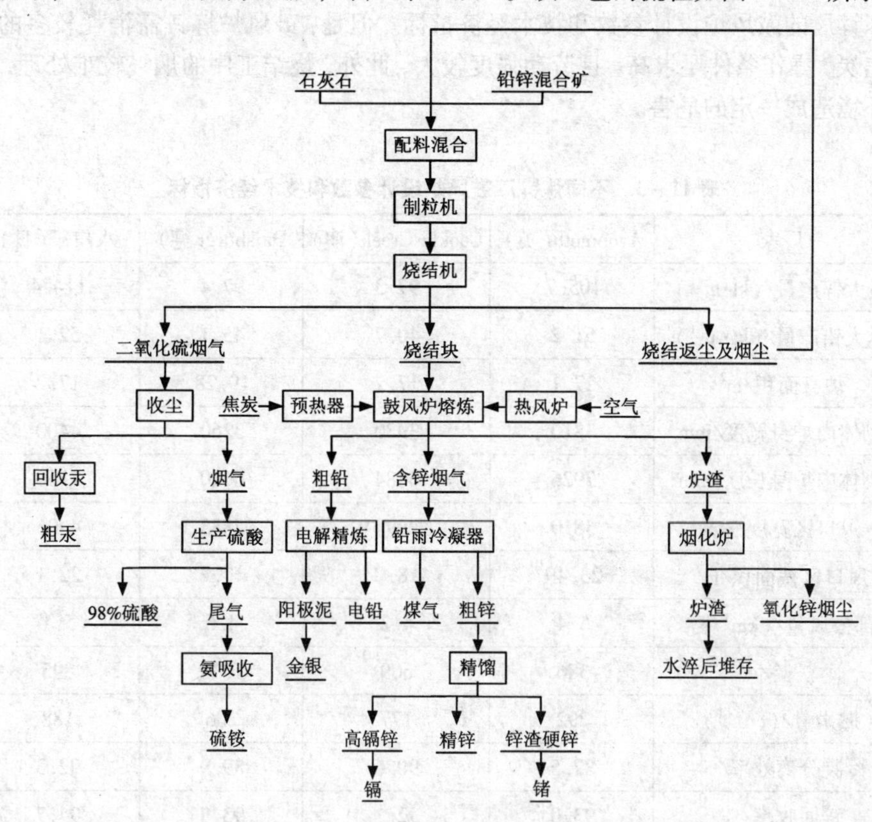


图 11－2　密闭鼓风炉炼锌工艺流程

鼓风炉炼锌具有同时冶炼铅锌的特点，炉顶产锌，炉底产铅，炉体基本上与炼铅鼓风炉相同，铅雨冷凝器是鼓风炉炼锌的特殊设备。将铅锌矿与熔剂混合后在烧结机上进行烧结，热烧结块及预热焦炭通过炉顶部双料钟密封加料装置加入到密闭鼓风炉的顶部，预热空气从炉子底部的风口鼓入炉内，与热焦炭发生燃烧反应并放出大量热量和还原气体 CO，锌在炉内还原挥发后从炉顶与烟气一起进入铅雨冷凝器冷凝得到锌，铅和铜等金属还原后进入鼓风炉炉底的炉缸中。

鼓风炉炼锌工艺具有生产能力大、燃料消耗少、建设投资省、操作维护简单、原料适应性广、有色金属综合回收率高等优点，锌回收率高达 90% 以上。通过配料，烧结或压团预处理，ISP 工艺既能处理典型的锌、铅精矿，也能处理湿法炼锌不能处理的锌铅混合矿、湿法炼锌或传统炼铅法难以处理的不纯锌、铅精矿（如含铜或含银高的锌精矿和含锌高的铅精矿）、低品位复杂精矿以及各种含锌铅的二次物料等。在生产过程中能有效地回收原料中的金、银和其他有价金属，因而 ISP 法处理复杂锌铅原料具有一定的优势。目前，世界上有 12 个公司采用鼓风炉法炼锌，年产粗锌 110 万 t，占世界总产量的 14% 左右，表 11－3 为世界 4 家鼓风炉炼锌厂的鼓风炉设计参数和技术经济指标。但是，鼓风炉炼锌需消耗较多的冶金焦炭，操作条件要求高，且劳动强度较大，此外，烧结工序的烟气较难处理，会对环境造成一定的危害。

**表 11－3　不同炼锌厂鼓风炉设计参数和技术经济指标**

| 厂家 | Avonmoth（英） | Cookle Creek（澳） | Duisburg（德） | 八户厂（日） |
|---|---|---|---|---|
| 最大锌产量/($kt \cdot a^{-1}$) | 105.7 | 97.3 | 97.4 | 114.4 |
| 最大铅产量/($kt \cdot a^{-1}$) | 51.2 | 40.7 | 45.1 | 52.1 |
| 炉身面积/$m^2$ | 27.1 | 17.2 | 19.28 | 17.2 |
| 砌体内炉身宽度/mm | 3810 | 3980 | 3260 | 4400 |
| 砌体内炉身长度/mm | 7926 | 6684 | 6620 | 7150 |
| 风口区宽度/mm | 3810 | 2990 | 2885 | 4005 |
| 风口区截面积/$m^2$ | 23.49 | 18.0 | 17.2 | 22.1 |
| 顶部鼓风量/($km^3 \cdot h^{-1}$) | 5.4 | 4.2 | 4.6 | 5.1 |
| 炉龄/d | 586 | 609 | 1030 | 895 |
| 燃炭量/($t \cdot d^{-1}$) | 292 | 177 | 206 | 188 |
| 冷凝分离效率/% | 87.5 | 90.6 | 89.9 | 92.3 |
| 锌回收率/% | 93.0 | 92.1 | 93.9 | 94.7 |

5)沃纳炼锌法。该工艺是英国伯明翰大学 Noel Warner 教授发明的，以熔融铜还原硫化锌，生成的锌蒸气收集冷却得金属锌，主要反应机理为：

$$ZnS + 2Cu = Cu_2S + Zn$$

该反应在1200℃左右完成，不经氧化焙烧而直接处理硫化锌精矿产出金属锌，流程得以大大简化。生成的铜锍通过铜吹炼反应，被氧化再生成金属铜：

$$Cu_2S + O_2 = 2Cu + SO_2$$

上述总反应可写为：

$$ZnS + O_2 = Zn + SO_2$$

铜和铁的硫化物的氧化反应放出的热量足够维持整个生产过程，通过铜锍的循环，热量从氧化区传递到非氧化区。这意味着沃纳法能耗大幅度降低，锌生产可选址在原料供应地附近，而不再需要建在有大量低价能源的地方。

试验表明在非氧化条件下熔化精矿时，锌进入炉渣的损失远低于1%，即使对于高铁原料，炉渣是在含锌很低(Zn 0.2% ~0.3%)的铜锍接触时生成的，最差情况下含锌也只有3 %左右，因此该法处理任何硫化锌矿金属锌的总回收率都大于95%，贵金属回收率更是接近100%。铜在新工艺中损失到渣相中的量为2 ~3 kg/t 锌，如果原料含铜高于该比例，则进入循环体系，净增的铜可作为铜副产品放出。伯明翰大学对该工艺进行了研发，并建立了一座15 t/d 的示范炉和一个数据库，但日本学者 Surapunt Supachai 对整个体系热平衡研究时发现，熔炼1 t锌需要循环200 t铜锍才能达到自热。因此铜锍循环量巨大，限制了该法的应用。

**2.酸性湿法炼锌**

1)锌精矿焙烧—浸出—净化—电解工艺。该工艺是目前最主要的酸性湿法炼锌工艺，也是世界锌生产的主导工艺。该工艺主要由焙烧、浸出、净化、电解四个工序组成，其实质是以稀硫酸溶解焙烧后的锌精矿得到硫酸锌溶液，硫酸锌溶液净化除杂后再经电解即得到金属锌(电锌)，电锌再熔铸最终得到金属锌锭。根据浸出条件的不同，该工艺又可分为常规浸出和高温高酸浸出两种，工艺流程如图11－3所示。

(1)焙烧。硫化锌精矿经过焙烧，可使原料中的锌从硫化态转变为可溶于稀硫酸的氧化态，同时根据要求有少量易溶于水的硫酸锌生成，以补偿在浸出—电解循环系统中硫酸的损失，并尽可能完全脱除 As、Sb 等杂质。在焙烧时，应尽可能少产生不溶于稀硫酸的铁酸锌或可形成胶状二氧化硅的硅酸锌，所得产物也不希望有烧结现象产生。目前，采用的焙烧炉主要有三种：带前室的直型炉、鲁奇(Lurgi)扩大型炉、道尔(Dorr)型湿法加料直型炉。

(2)浸出。常规酸法炼锌的浸出过程是以稀硫酸或锌电解后的电解废液作为溶剂，将原料中的氧化锌溶解进入溶液的过程。20世纪60年代以前，炼锌厂采用简单的浸出流程，锌的直收率只有80%左右，一部分锌损失在浸出渣中，需要

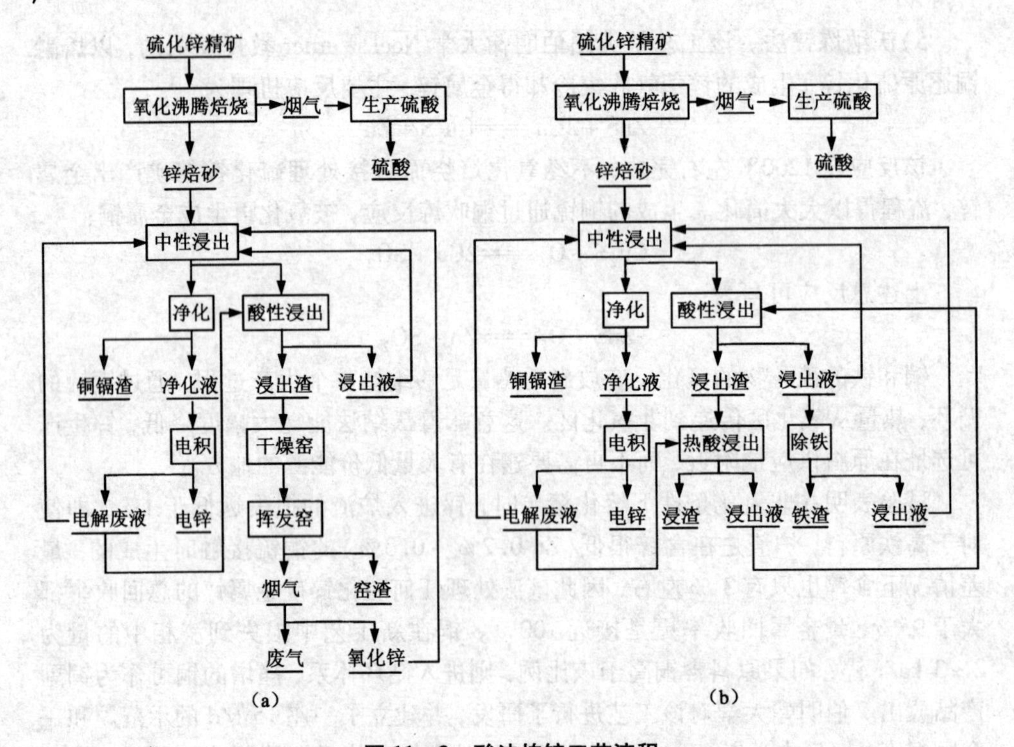


**图 11－3　酸法炼锌工艺流程**

(a)常规湿法炼锌流程；(b)热酸浸出湿法炼锌流程

对渣进行综合处理以提高锌回收率。之后，随着各种沉铁方法的出现，酸法炼锌逐渐发展形成了锌焙砂的热酸浸出黄钾铁矾法、热酸浸出针铁矿法、热酸浸出赤铁矿法等，既强化了浸出过程使锌的回收率大幅度提高，又简化了渣处理过程，促使了酸法炼锌的高速发展，进入 20 世纪 80 年代后，世界上超过 80% 的锌是由酸法生产的。

(3)净化。酸法电解生产锌时对电解液纯净度要求很高，因此电解前需要对浸出液作净化除杂处理。锌焙砂在中性浸出过程中，大部分杂质随着浸出时的中和水解作用而得到除去，但仍有一部分杂质留在溶液中，如铜、镉、钴以及微量的氟、氯、钙、镁等。这些杂质在电解前必须除去，才不至于危害电解的正常进行，并可降低电解能耗并提高电流效率和阴极锌质量。

根据 Me－$H_2O$ 系电位－pH 关系（$E$－pH 图），理论上金属锌粉能够置换所有铜、镉、钴等杂质金属元素，锌粉除铜、镉、钴的反应如下：

$$Zn(s) + Cu^{2+} \longrightarrow Zn^{2+} + Cu(s)$$

$$Zn(s) + Cd^{2+} \longrightarrow Zn^{2+} + Cd(s)$$

$$Zn(s) + Co^{2+} \longrightarrow Zn^{2+} + Co(s)$$

但由于镉的电位在析氢电位以下，使得在锌粉置换的同时还会发生镉的反溶。钴属于惰性金属，置换反应速度慢，反应时间的延长会导致镉等其他杂质金属的返溶，同时锌粉耗量增加。针对钴杂质，人们进行了长期的去除研究，并提出了黄药净化法、逆锑净化法、砷盐净化法、$\beta$ – 萘酚法、合金锌粉法等浸出液净化方法。目前，大多数湿法炼锌厂采用两段净化法，而对于除钴，超过 80% 的厂家采用锑盐或砷盐作锌粉置换的活化剂，净化后还可将这些有价金属进行综合回收。

氟杂质可利用钍盐或在浸出过程中添加少量石灰乳以形成相应难溶化合物去除，也可利用硅胶吸附去除。氯离子去除有硫酸银法、铜渣净化法、离子交换法和碱洗除氯法等，此外也有研究通过浓缩电解废液提高酸度，促使氟、氯以酸的形式挥发去除。对于硫酸锌溶液中的钙、镁等离子可通过冷却电锌液降低钙、镁的溶解度从而使其以结晶析出的方式来去除。

(4)电积。电积过程是利用电解法从硫酸锌溶液中沉积锌。该过程的本质是将已净化好的硫酸锌溶液持续不断地送入电解槽内，电解液是含有 $ZnSO_4$ – $H_2SO_4$的水溶液，以 Pb – Ag 或 Pb – Ag – Ca 合金作阳极，纯铝板作阴极，当直流电流通过电解槽时就发生如下电极反应：

阳极反应：

$$H_2O = \frac{1}{2}O_2 + 2H^+ + 2e \quad E^{\ominus}_{O_2/H_2O} = 1.23\ V$$

阴极反应：

$$Zn^{2+} + 2e = Zn \quad E^{\ominus}_{Zn^{2+}/Zn} = -0.76\ V$$

总电极反应可写为：

$$Zn^{2+} + H_2O = Zn + \frac{1}{2}O_2 + 2H^+$$

此外，在阴极还发生析氢反应：

$$2H^+ + 2e = H_2 \uparrow$$

电解过程中，在阴极析出锌，阳极放出氧气。送入电解槽内的中性硫酸锌溶液含锌量逐渐减少，而硫酸含量逐渐增多，由此产生的电解废液由电解槽的尾端溢流排出，送往浸出车间。目前，各冶炼厂的电流效率为 85% ~93%，槽电压为 3 ~3.5 V，每吨阴极锌消耗直流电平均约 3200 kWh。此外，在电解过程中还可通过添加甲酚、碳酸锶、酒石酸锑钾等添加剂来改善电锌质量或电解过程。

2)硫化锌精矿氧压浸出工艺。该工艺是一种严格意义上的完全湿法炼锌工艺，其特点是硫化锌精矿不经焙烧，在一定压力、温度下直接酸浸获得硫酸锌溶液和元素硫，硫酸锌溶液再采用传统方法净化、电积得到金属锌。该工艺于 1980 年实现了工业化生产，其原则工艺流程见图 11 – 4。

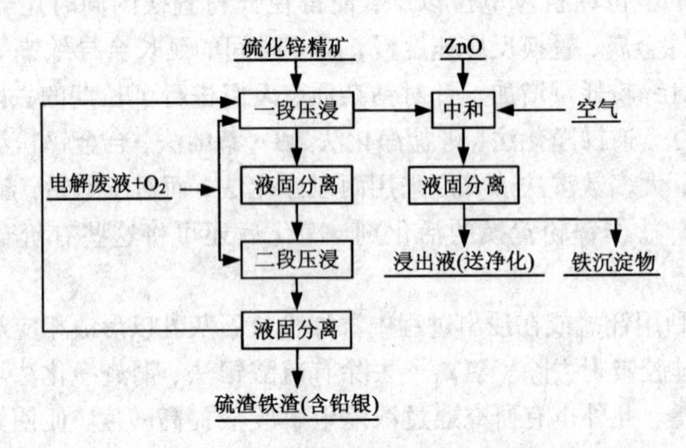


图 11-4　锌精矿氧压浸出工艺流程

用两段逆流过程取代传统的焙烧和浸出，采用两个高压釜，锌精矿加入第一个高压釜，浸取剂为电解废液和来自第二个高压釜的浸出液。第一个高压釜出来的浸出液加锌焙砂中和，铁以水合氧化物形式沉淀后，送净化和电解。浸出渣加入第二个高压釜，在与第一个高压釜相同条件但 $H^+$/ZnS 比值较大的情况下浸出锌，该段浸出液返回到第一个高压釜，固体渣经浮选得到单质硫精矿。整个锌精矿氧压浸出的反应可写为：

$$ZnS + H_2SO_4 + \frac{1}{2}O_2 = ZnSO_4 + H_2O + S$$

氧的作用因铁的溶解而强化：

$$ZnS + Fe_2(SO_4)_3 = ZnSO_4 + 2FeSO_4 + S$$

$$2FeSO_4 + H_2SO_4 + \frac{1}{2}O_2 = Fe_2(SO_4)_3 + H_2O$$

硫化锌精矿浸出作业在 150℃、$1\times10^6$ Pa(或氧压 $7\times10^6$ Pa)条件下进行，锌浸出率高达 98% 以上，硫的总回收率约 88%，经浮选或热过滤可得含硫 99.9% 以上的单质硫产品。由于不采用焙烧工序，故无需建设配套的焙烧车间和制酸厂，尤其对于成品硫酸外运交通困难的地区，氧压浸出工艺得到的是单质硫而不是二氧化硫，便于贮存和运输。与其他炼锌工艺相比，该工艺不产生废气和烟尘，大大满足了环保要求，可以建立“绿色”工厂。但该工艺对设备材质要求较高，且主要用来处理硫化锌精矿。

3)ZINCEX 工艺及其改进型。ZINCEX 工艺是西班牙 Tecnicas Reunidas（TR）公司在 20 世纪 70 年代研发的，并先后在两个厂进行了成功试生产，20 世纪 80 年代末 90 年代初 TR 公司又对该工艺进行了改进和简化，形成改进的 ZINCEX 工艺，即 MZP 技术。20 世纪 90 年代初，MZP 技术用于处理西班牙钢铁公司 Elansa

联营企业的电弧炉烟尘，并取得成功。

ZINCEX 工艺及其改进型一般包括浸出、溶剂萃取和电积三个工序，其工艺流程见图 11－5。具有适当粒径的锌原料在常压、50℃、控制 pH 的稀硫酸液中浸出，用石灰石或石灰进行沉淀净化，除去铁、二氧化硅和铝等杂质。浓密过滤后，将含有锌和杂质的浸出母液送至溶剂萃取工序，利用 $D_2EHPA$ 或其他有机萃取剂将锌选择性萃取到有机相，酸萃余液循环返回到浸出工序。锌负载有机溶液经洗涤除去夹带的水和夹杂萃取出的微量杂质后，用电解废液进行反萃，得到一种极纯的锌负载电解液，并送至电积回路中，然后采用常规电积、熔化和浇铸设备即可得到超高纯(99.995%)商品锌锭。

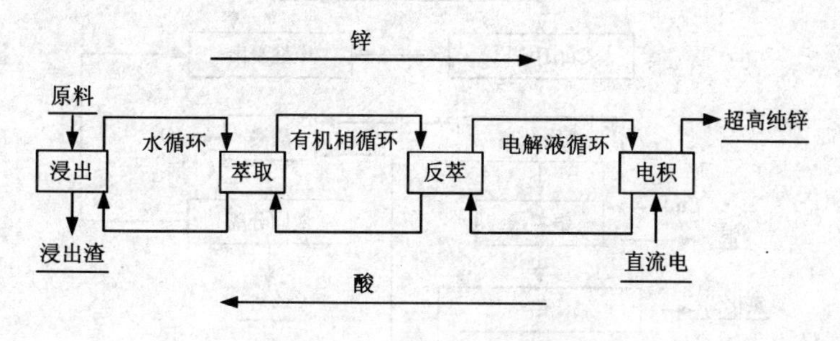


图 11－5　ZINCEX 工艺流程

ZINCEX 及 MZP 工艺处理氧化锌矿可直接浸出，不需要浮选、焙烧，且能处理低品位的锌矿石，浸出母液中 Ni、Co、Cu 等杂质含量即使高达 1～2 g/L 也不会给电积回路带来杂质污染。该工艺具有较高的技术指标：锌浸出率 >95%，锌总回收率 >93%，每吨锌电耗 <3100 kWh，同时产出高纯锌。然而，萃取剂及反萃剂的合理选取及开发是该技术的制约瓶颈，需要加强这方面的研究，同时该工艺对操作要求较为严格。

4)氯化锌法。传统酸法电解都是在 $ZnSO_4-H_2SO_4-H_2O$ 体系中进行的，又有研究提出了从 $ZnCl_2-HCl-H_2O$ 体系中电积提锌。该法以钛板为阴极、石墨板为阳极，中间有隔膜，在 $Zn^{2+}$ 0.8 mol/L、$NH_4Cl$ 0.19 mol/L、HCl 0.38 mol/L、明胶 10 mg/L、极距 2 cm 和电流密度 625 $A/m^2$的电解条件下，槽电压约 4 V，电流效率高达 96% 以上，电能消耗约 3420 kWh/t 锌。由于该工艺发生阳极反应：

$$2Cl^- - 2e = Cl_2\uparrow$$

放出腐蚀性极强的氯气，必须选择耐腐蚀的电极材料，并对电解槽设备采取防护措施，因此限制了该法的应用。

此外，也有研究从 $ZnCl_2-NaCl-KCl$ 熔盐体系中电积锌，在温度 500℃、$ZnCl_2$质量分数 40%、电流密度 2000 $A/m^2$、极距 1.5 cm 条件下，槽电压 2.06 V，

电流效率95.9%，电能消耗1770 kWh/t 锌。该技术同样因阳极放出氯气而需要增强电极及设备的耐腐蚀性，此外熔盐体系电积提锌还有$ZnCl_2$易水解、前处理需要进一步研究等不利因素。

5)氯化铵法。主要包括 CENIM－LNETI 工艺和 EZINEX 工艺。

(1)CENIM－LNETI 工艺。该工艺是西班牙 CENIM(国家冶金技术研究中心)和葡萄牙 LNETI(国家工程技术研究院)联合研发的，工艺用浓$NH_4Cl$溶液作为浸取剂，主要处理含 Cu、Pb、Zn、Ag 等的复杂硫化矿，其工艺流程见图 11－6。

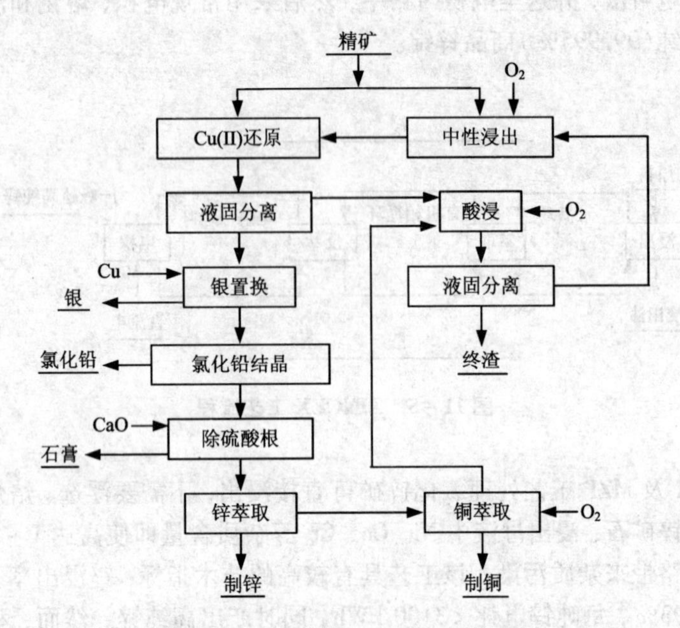


图 11－6　CENIM－LNETI 工艺流程

浸出作业采用两段逆流，在105℃、150 kPa、中性或酸性条件下进行，主要是减少硫酸根生成，使铅获得较高的浸出率(大于95 %)。用浓$NH_4Cl$溶液作为浸出剂，溶液除含有溶解金属所需要的$Cl^-$外，还提供了可视做弱酸的$NH_4^+$，$NH_4^+$可产生用于浸出硫化物的$H^+$及$NH_3$：

$$NH_4^+ = NH_3 + H^+$$

浸出反应十分复杂，但总的反应可写为：

$$MeS + 2NH_4^+ + \frac{1}{2}O_2 = Me^{2+} + NH_3 + S + H_2O$$

$$MeS + 2O_2 = MeSO_4$$

生成的$NH_3$与Cu(Ⅱ)、Cu(Ⅰ)、Zn(Ⅱ)、Ag(Ⅰ)等会形成稳定的氨配合物，使得金属浸出率均在95%以上，pH保持在近中性(pH 6～7)条件下进行时，全部铁及其他杂质(如 As、Sb 和 Sn)以针铁矿形式留在浸出渣中，因此可获得适于进一步处理的十分纯净的浸出液。经过 $D_2EHPA$ 萃取锌、Lix 系列萃取剂萃取铜的同时，氯化铵得到再生使用：

$$2RH + Me(NH_3)_2^{2+} \longrightarrow R_2Me + 2NH_4^+$$

但 CENIM - LNETI 工艺浸出温度较高(105℃)，需要热压釜；通氧气氧化硫化矿，故另需制氧设备；锌 - 铵体系经萃取、反萃后变到常规 $ZnSO_4 - H_2SO_4 - H_2O$体系，体系变化对操作要求更为严格，流程过长。

(2)EZINEX 工艺。该工艺由意大利 Engitech Impianti 公司研发，年处理钢铁厂电弧炉烟灰 1 万 t 的 EZINEX 工艺已经在 Pittini 集团下属 Osoppode Ferriere 公司投入使用，其工艺流程见图 11 - 7，主要包括浸出、渣分离、净化、电解及结晶等工艺步骤。

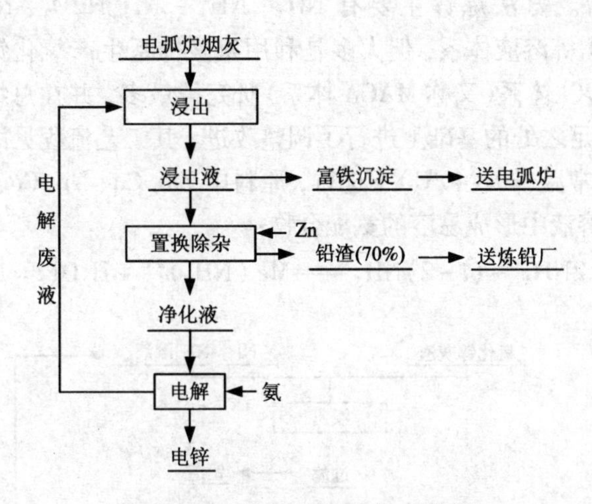


图 11 - 7　EZINEX 原则工艺流程

电弧炉烟尘浸出采用以氯化铵为主要成分的电解废液与氯化钠混合液为浸出剂，浸出温度 70 ~ 80℃，时间 1 h，浸出过程的主要反应为：

$$ZnO + 2NH_4Cl = Zn(NH_3)_2Cl_2 + H_2O$$

此外，铅、铜、镉、镍和银也参与反应，以离子形式进入溶液，而氧化铁、铁酸盐、二氧化硅等杂质留在渣中。浸渣含锌 8% ~ 12%，含氧化铁 50% ~ 60%，固液分离后，浸渣与作为还原剂的碳混合、磨匀后再返回电弧炉使用。净化过程中，用金属锌粉置换浸出液中的杂质，净化渣含铅约 70%，送铅精炼厂回收铅及其他金属。电解时，以钛板为阴极、石墨为阳极，在密闭的电解槽内进行，电流密度 200 $A/m^2$，总电化学反应为：

$$3Zn(NH_3)_2Cl_2 + 2NH_3 = 3Zn + 6NH_4Cl + N_2\uparrow$$

由于电解时氨在阳极上放出氮气，因此电解液需补充氨。此外，该法浸出、电积温度都较高，电解液蒸发损失大，操作环境恶劣，需要进一步改进。

6)其他酸法工艺。除上述工艺外，人们已经或正在开发其他工艺，如催化浸出法、过硫酸铵浸出法、两矿同时电解法、矿浆电解法、Pt 催化氢气扩散阳极法、微生物浸出法等。随着新的预处理手段及方法的引入，如机械活化、超细粉碎矿粒技术、微波辐射、超声波技术等，相信会有更多新的工艺出现。这些工艺主要是针对具体含锌原料，围绕提高锌回收率、降低电耗或扩大原料适用范围等目的而提出的，具有针对性，但目前尚需要进一步研究和完善。

**3. 碱性湿法炼锌**

碱性湿法炼锌工艺目前可分为氨法和苛性碱法两大类，主要用来处理氧化锌矿、含氧化锌的二次资源等。

1)氨法炼锌。氨法炼锌主要有 $NH_3$、$NH_3-NH_4HCO_3$、$NH_3-NH_4Cl$ 及 $NH_3-(NH_4)_2SO_4$ 等溶液体系，但大多是利用氨液体系生产氧化锌。对于制取金属锌，$NH_3-NH_4Cl$ 体系(又称 MACA 体系)研究得最多，并在总结氯化铵法炼锌工艺的经验和不足之处的基础上进行了调整改进，其工艺流程见图 11－8。

原料浸出在常温(30～40℃)下进行，原料中 Zn、Cu、Ni、Co、Cd 的氧化物在 $NH_3-NH_4Cl$ 水溶液中形成易溶的氨配合物：

$$MeO+2NH_4^++(i-2)NH_3 \xlongequal{} Me(NH_3)_i^{2+}+H_2O(i=1\sim4)$$

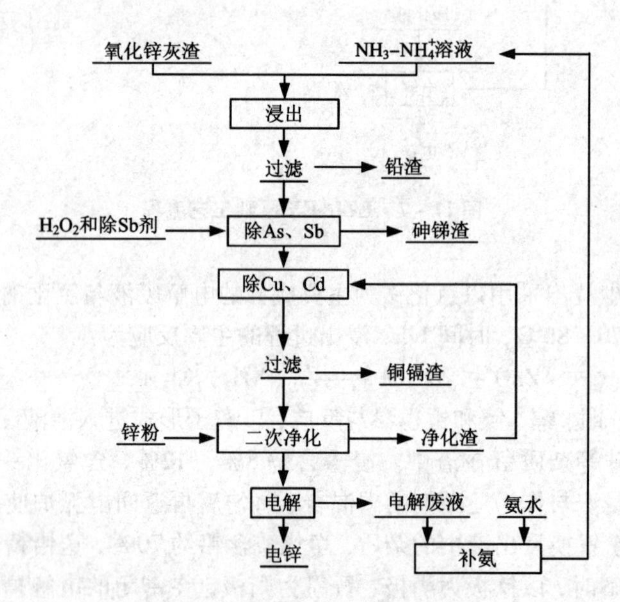


图 11－8　MACA 法炼锌工艺流程

其中，$Me(NH_3)_4^{2+}$ 占绝大部分，少量Sb、As、Pb与 $Cl^-$ 形成配合物进入溶液，Fe、Si、Al等杂质几乎不进入浸出液，简化了净化流程。

净化操作在室温下进行，采用两段逆流净化，首先用 $H_2O_2$ 和带正电的胶体去除As、Sb，再加入锌粉除Cu、Pb、Cd：

$$Me(NH_3)_j^{2+} + Zn = Zn(NH_3)_i^{2+} + Me + (j-i)NH_3 \quad (j=1 \sim 4)$$

净化液送电积，以涂钌钛板或石墨作阳极，铝板作阴极，总的电极反应为：

$$3Zn(NH_3)_i^{2+} = 3Zn + N_2\uparrow + 6NH_4^+ + (3i-8)NH_3 \quad (i=1 \sim 4)$$

MACA体系在浸出、净化和电积过程中均采用常温操作，克服了传统氨法工艺在较高温度时产生的氨损失大、操作环境恶劣等缺点，浸出液包含杂质少，除杂容易，电流效率高（大于90%），可直接获得高纯锌（Zn含量>99.998%，杂质元素Cu、Cd、Co、Ni、As、Sb含量均小于0.0001%，Fe小于0.0002%，Pb小于0.0010%）。但由于采用的温度及浸取剂浓度条件温和，该工艺的锌浸出率受原料变化影响较大，同时电积过程中氨消耗量大，需要及时补充。

2）苛性碱法。苛性碱法炼锌工艺早在1897年就已提出，1907年被认为是从锌资源中回收金属锌的最佳技术。从20世纪50年代到80年代，该工艺先后在美国、法国和比利时等国家进行了中试，均获得了良好的经济效益，其工艺流程如图11－9所示。

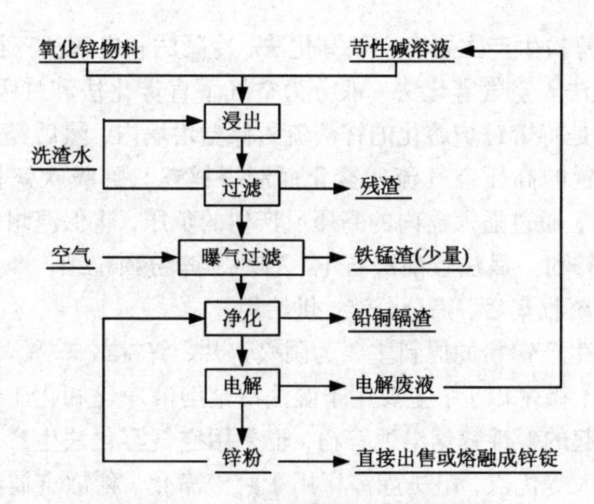


图11－9　苛性碱法炼锌工艺流程

原料浸出在70～100℃的NaOH（或KOH）强碱溶液中进行，通过鼓风将浸出液中的微量铁锰氧化至高价形成水合物沉淀并过滤去除后，再向滤液中加入锌粉置换除Pb，微量的Cu、Cd等杂质也同时被去除。净化后的碱锌溶液送电积，总电极反应为：

$$Zn(OH)_4^{2-} = Zn + 2OH^- + \frac{1}{2}O_2 + H_2O$$

苛性碱法具有原料适应范围广、碱耗低、浸出杂质少、净化流程简单、电流效率高(93% ~96%)、电解能耗低(约2.65 kWh/kg 锌)、电流密度大(800 ~1500 A/m²)、基建投资少等优点，因此在处理低品位氧化锌物料时仍具有良好的经济效益。苛性碱法既能处理传统酸法不适于处理的低品位复杂氧化矿，又可避免氨法处理浸出率不高、浸出渣锌含量高等问题。若在浸出前加上焙烧工序，将原料中硫化、金属或其他形态的锌预先转化为氧化锌，则苛性碱法工艺几乎可以处理所有锌资源。因此，该法在20 世纪80 年代被认为是锌工业的革新性技术。

然而，由于锌粉不能彻底置换去除电解液中的 Pb 等杂质，造成阴极锌产品杂质含量偏高，市场销路不好，加上其他一些技术、经济方面的原因，导致苛性碱法一直没有被大规模推广应用。

**4. 金属锌精炼**

不管是火法炼出的粗锌，还是湿法生产的电锌，产品中常含有微量 Pb、Cd、Cu、Fe 等杂质元素，常常不能满足应用要求，需要精炼提纯。锌的精炼方法很多，如真空蒸馏、精馏、电解精炼等。通过精炼，杂质含量均能降低一个数量级，可获得含锌大于99.995%的精锌，甚至可以得到6N 以上的高纯锌。

**5. 金属锌粉冶炼**

目前，金属锌粉生产主要有空气雾化法、冷凝法和电解法三类。

1)空气雾化法。空气雾化法一般分为空气垂直雾化法和虹吸吹锌粉法两种。空气垂直雾化法是将熔锌炉熔化的锌液流入保温坩埚内，然后经过底部小孔均匀流出，被垂直配置的高压空气流所雾化而制得锌粉。虹吸吹锌粉法采用特制的“虹吸吹锌粉器”，通过送入器内的高压风产生的负压，将保温坩埚中的锌液引入器内，被雾化为锌粉。后法较前法省电、省风，锌粉颗粒细，产量高。雾化得到的锌粉经收尘系统收集后，筛分分级，供给用户。

空气雾化法生产锌粉的原料主要为阴极锌片、锌锭或碎锌，锌粉产品粒度较大，通常约为数十微米以上，主要用于湿法冶金溶液净化和化工生产等方面。此外，近些年来兴起的碱性锌锰电池锌粉，也采用空气雾化法生产。空气雾化法具有成本低、产量大等优点，湿法炼锌厂用于溶液净化、稀散金属回收的锌粉用量很大，因此一般厂家均采用空气雾化法生产锌粉。

2)冷凝法。冷凝法生产过程较空气雾化法复杂，其工艺流程为：含锌物料—蒸发或还原挥发—锌蒸气—冷凝—锌粉—分级—涂料锌粉。该法主要由锌粉制造和分级包装两部分组成，锌粉制造部分由熔化、蒸发、冷凝、收尘等工序组成，为气密性闭路循环连续生产系统，冷凝介质为氮气，分级包装部分包括细粉的初筛、气流分级和自动化密闭包装过程。冷凝法生产的锌粉，除靠近锌蒸气出口集灰斗有部分粗颗粒外，一般单颗颗粒粒径均在 325 目以下。

冷凝法所用原料一般为火法生产的粗锌、硬锌、热镀锌渣或其他含金属锌的物料(如废锌基合金等)，精锌也可用做原料，但成本较大，一般较少采用。冷凝法技术成熟，可生产超细粉末，除了用于湿法冶金、化工外，还多用于富锌涂料的生产。该法能耗较大，操作要求严格，锌粉收集相对困难。

3)电解法。目前，基于电解法生产的金属锌粉在市场上极少见到，关于电解法生产锌粉的研究绝大多数在强碱溶液中进行。在强碱溶液中，通过改变电极材料、锌浓度、电流密度等电解条件，可使锌在阴极板上呈粉末状而非致密板状沉积，阴极沉积锌再经过固液分离、洗涤、干燥等操作，即得到金属锌粉。电解法生产的锌粉一般呈晶枝状或其他不规则超细片状，比表面积大，活性高。

4)特种锌粉生产。利用上述方法生产的锌粉，或利用锌锭、阴极锌或热镀锌渣等富锌原料，再进一步通过熔融除杂、高速涡流粉碎、球磨或高温还原等技术，可制得超细高活性锌粉、超细片状锌粉或无汞高纯锌粉等特种锌粉。这些特种锌粉主要用于对锌粉粒度、形状或纯度有特殊要求的高级防腐涂料、碱性锌锰电池负极等的生产。我国对此类锌粉的需求量逐年增长，但受技术装备水平影响，目前大多依靠进口。特种锌粉的生产现在已成为锌冶炼和粉末材料科学的研究热点之一。

### 11.2.2　含锌废物及贫杂氧化锌矿资源利用现状

**1. 含锌废物**

含锌废物作为二次锌资源已成为锌生产的重要原料，统计表明，全球 30% 锌来源于二次锌资源，再生锌年产量高达 290 万 t 以上。美国、欧盟、日本、印度、韩国等国家在锌二次资源回收方面处于领先地位，不仅有一系列专业二次锌冶炼厂，而且主要锌冶炼厂也从事二次锌的回收处理。特别在近几年，锌精矿供应日趋紧张，法国 Metaleurop、葡萄牙 Union Miniere、英国 Britannia Zinc 等著名锌公司均纷纷改变原料结构，采用电弧炉烟尘、热镀锌渣等二次资源作为锌冶炼的重要原料，以威尔兹法、ISF 或 ISP 等技术回收锌。

与我国巨大的二次锌资源总量不相对称的是我国的再生锌产业刚起步，相关数据表明，2006 年我国从热镀锌渣、黄铜和锌基合金的新、旧废料中回收的再生锌量约 30 万 t，不到精锌产量的 10%，远低于世界平均水平 30%，与西方发达国家相差更远。含锌二次资源再生回收难、回收率较低的主要原因是含锌废物品种多、品位波动大、成分复杂、应用分散，此外还缺乏适宜的回收处理技术。

**2. 贫杂氧化锌矿**

对于氧化锌矿资源的处理利用，当前国内外主要有两种方式，即氧化锌矿经选矿富集后进入冶炼工序处理，或者将氧化锌矿直接用冶金方法处理。选矿富集可以提高氧化锌精矿的品位，大幅度降低冶炼成本。然而，由于氧化锌矿多属伴生矿，矿物种类多、结构复杂，掺杂大量黏土和褐铁矿，嵌布粒度较细，可溶性盐含量高，导致氧化锌矿选别极其困难。目前，氧化锌矿多采用硫化－胺法选矿，但选别指标仍较低，锌回收率平均约68%，最高达78%，锌精矿品位35%～38%，个别达40%，尾矿和矿泥含锌接近10%，回收困难。可以推断，在没有找到适宜的选矿剂、获得令人满意的选矿结果之前，选矿富集法因选别指标低、尾矿锌含量高等缺点而难以得到大规模推广应用。对氧化锌矿石直接冶炼处理方法主要有火法挥发富集法、硫酸浸出—电积法、中和絮凝法、硫酸浸出—溶剂萃取—电积法、氨法以及苛性碱法等。根据当前的技术水平，国外处理含锌25%的氧化锌矿石，国内处理含锌大于30%的氧化锌矿石，具有较好的技术经济指标。对于锌品位更低、但数量更为巨大的贫杂氧化锌矿，因技术经济原因，目前大多处于搁置或抛弃状态。

### 11.2.3 碱浸－电解工艺的提出与发展

#### 1. 传统技术工艺的局限性

尽管已有多种冶炼工艺应用于含锌废物及贫杂氧化锌矿的处理，但传统的技术工艺因存在一定的缺点或不足之处，技术经济性较差，不适宜进行工业化大规模的推广应用，从而导致了目前含锌废物及贫杂氧化锌矿处理率不高、回收利用率低下的现状。

火法处理主要是利用锌蒸气压大的特点，在高温炉或窑中利用还原剂将含锌废物和贫杂氧化锌矿中的氧化锌还原，生成的锌蒸气冷凝得到粗锌，或蒸气挥发进入烟尘，然后氧化得到品位较高的氧化锌烟尘，作为火法或湿法炼锌的原料。火法处理含锌废物和贫杂氧化锌矿时主要存在以下缺点：大量热能用于加热升温原料中无用的脉石、废渣等，导致煤炭消耗量大，能耗极高；烟尘量大，温室气体排放多，环境污染严重；锌回收率较低，产品附加值不高，仅能得到粗锌或粗氧化锌产品，需要进一步加工处理；仅适用品位较高的含锌废物或氧化锌矿的处理，但经济效益仍较差；原料中铅、镉、砷、锑等挥发性杂质含量高时，入炉前还需要进行脱杂焙烧预处理，导致工艺繁杂、处理成本增加。

采用酸性湿法处理时，由于锌品位偏低、杂质成分多、含大量碱性脉石或硅含量高等原因，导致传统酸法在处理时存在酸耗大、杂质多、固液分离困难等问题，并由此带来净化流程复杂、处理成本增加、经济效益差、难以工业化大规模应用等缺点。此外，若原料中含有大量的碳酸盐，采用酸性溶液浸取时会由于产生大量 $CO_2$ 气泡，而导致浸出作业无法正常进行，甚至中断。

相比之下，苛性碱法在处理含锌废物及贫杂氧化锌矿时具有独特的技术优势，但由于苛性碱法无法解决浸出液中铅等杂质的彻底去除，并由此带来后续锌产品杂质含量高、市场销路差等问题，虽被认为是锌工业的革新性工艺，但一直没有得到推广应用。

**2. 碱浸－电解工艺的提出与发展**

碱浸－电解工艺是基于锌的强碱介质高效选择性浸出、低电解能耗等优势从苛性碱法发展而来的。在强碱处理含锌废物及贫杂氧化矿方面，同济大学赵由才教授的研究团队多年来进行了系统而富有卓越成效的研究，特别是针对强碱浸出液中杂质 Pb 难以去除的技术难题，摈弃了传统的鼓风曝气及锌粉置换除杂法，发明的硫化钠基净化分离剂成功实现了强碱性溶液中 Zn 与杂质(特别是 Pb)的定量分离，打开了苛性碱法炼锌的技术瓶颈，简化了净化操作流程，并在此基础上提出了全新的碱浸－电解工艺。

早在 1997 年，同济大学的赵由才赴新加坡国立大学化工系进行为期两年的合作研究，其工作就是研究碱法从氧化锌矿、锌浮渣、锌渣、锌泥、炼钢厂烟尘等原料中生产高纯度锌粉。1999 年，赵由才回国后带领团队进行了相关的理论研究、技术完善、设备选型和改进等创新性工作，取得了很多成果，并获得多项发明专利。在实验室小试、现场中试先后取得成功后，2002 年在云南临沧成功地采用含锌 10% 的贫杂氧化锌尾矿为原料进行了经济规模试生产。通过该厂的生产建设，完全确定了碱法工艺的可行性，积累了一批十分重要的工艺参数。2005 年 9 月，在昆明建设年产 2000 t 金属锌粉的用含氯氧化锌浮渣、锌灰为原料的冶炼厂。2005 年 10 月，在江西南昌建设年产 1000 t 金属锌粉的用锌灰渣为原料的冶炼厂。2006 年 8 月，在新疆喀什建设年产 5000 t 金属锌粉的用贫杂氧化锌矿为原料的冶炼厂。2006 年 10 月，在浙江杭州建设年产 1000 t 金属锌粉的用锌灰渣为原料的冶炼厂。2007 年 3 月，在云南曲靖建设年产 1500 t(一期)金属锌粉的用锌灰为原料的冶炼厂。2007 年 12 月，在福建三明建设年产 3000 t 金属锌粉的用锌灰渣为原料的冶炼厂。

工业化生产实践结果表明，利用碱浸－电解工艺处理含锌废物及贫杂氧化锌矿具有明显的经济、环境和社会效益。如果利用该工艺来处理锌品位更高的氧化锌矿或锌焙砂，则效益更为显著。需要指出，碱浸－电解工艺生产的金属锌可以进一步熔铸成高纯金属锌锭，也可以在电解时利用研发的阴极板专利技术，直接生产市场价格更高的高纯度金属锌粉。碱浸－电解工艺的大规模工业化推广应用，不仅对推动贫杂氧化锌矿和含锌废物等锌资源的高值化回收，缓解锌消费需求与锌精矿资源短缺之间的矛盾具有重要意义，同时还解决了含锌危险废物的最终处置问题，符合废物资源化、减量化、无害化处理原则。此外，该工艺首次实现了金属锌粉的全湿法工业化生产，丰富了金属锌粉的生产方法，推动了湿法炼锌技术的进步。

## 11.3 金属锌粉冶炼厂设计及运营管理

### 11.3.1 生产工艺流程及生产设备连接图

金属锌粉冶炼厂生产工艺流程见图11-10，生产设备连接情况见图11-11。可以看出，碱浸-电解生产金属锌粉工艺主要包括含锌原料预处理、浸出工段、净化工段、电解工段、锌粉洗涤和干燥、锌粉分级和粉磨等单元。

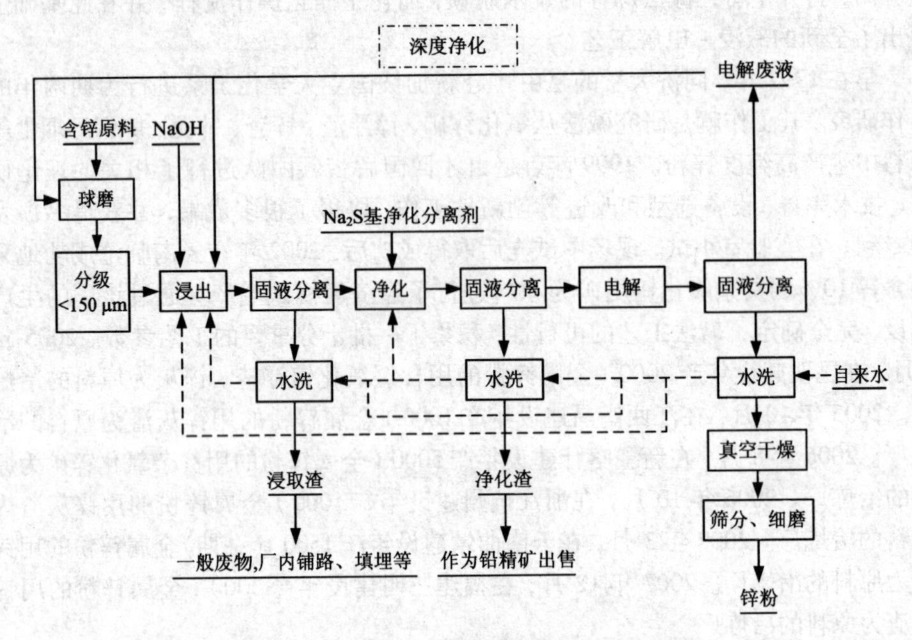


图11-10 碱浸-电解生产金属锌粉工艺流程

#### 1. 含锌原料预处理

含锌原料在料场经过简单破碎后(大的石块用颚式破碎机或人工敲碎)，用车运到地秤，称重计量，然后用皮带输送机送至球磨机进口，并向球磨机加入电解废液或其他工段碱锌溶液(如洗渣水、锌粉洗水等)，含锌原料经湿磨后进入螺旋分级机，达到要求粒度的矿浆从分级机前端放出，不合格的矿浆由上部返回球磨机继续球磨，合格矿浆送入料浆储罐，再用泵输送至浸取釜浸取。

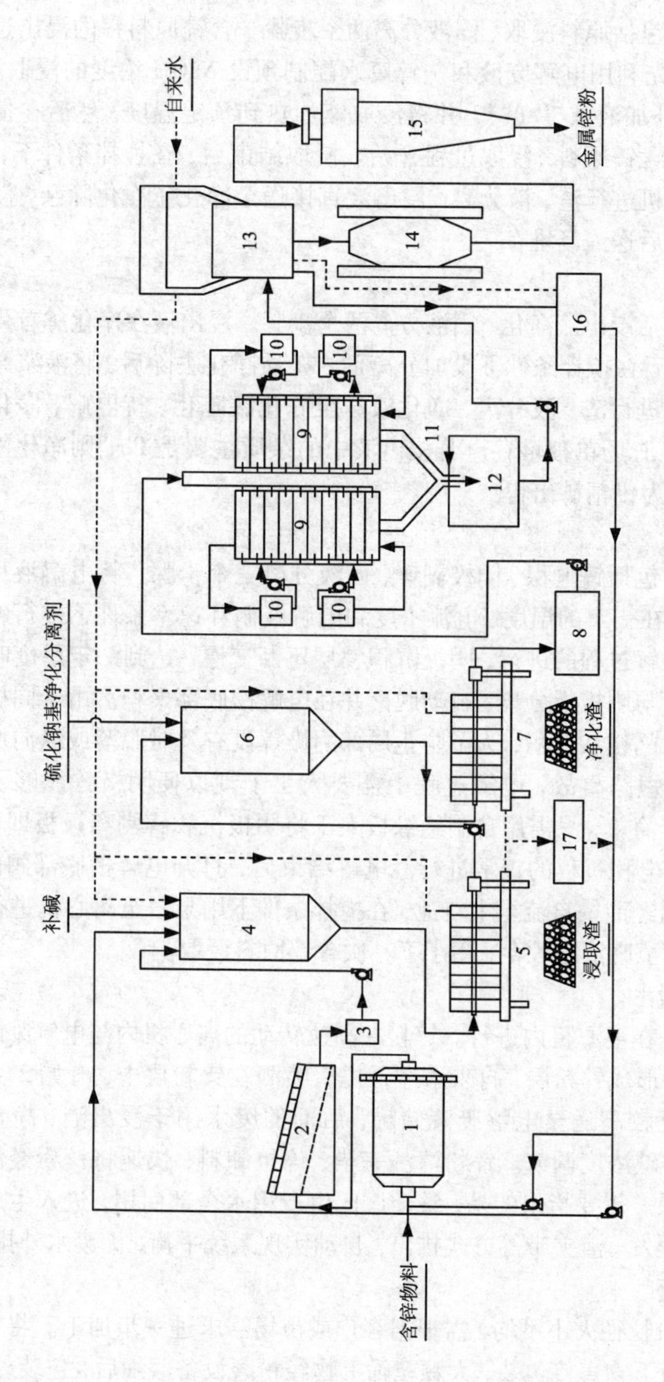


**图11-11　碱浸—电解工艺生产金属锌粉设备连接图**

1—球磨机；2—分级机；3—料浆储罐；4—浸取釜；5—浸取压滤机；6—净化釜；7—净化压滤机；8—陈化罐；9—电解槽；10—电解液循环池；11—溜槽；12—中转池；13—离心机；14—干燥机；15—分级粉磨设备；16—电解废液储罐；17—洗水池

**2. 浸出工段**

浸出工段主要包括原料浸取、固液分离两个步骤。含锌原料锌的浸出过程在浸取釜中进行，首先利用电解废液和洗锌废水配制预设 NaOH 浓度的浸取液(若 NaOH 浓度低，则补加液碱/片碱)，并将浸取液加热到预定温度，然后在搅拌条件下投加一定量的含锌原料，浸取过程开始。浸取结束后，在搅拌条件下，将液浆泵送至板框压滤机进行渣、液分离，浸出液直接送至净化釜净化除杂，浸出渣在压滤机中经水洗后送渣场堆存。

**3. 净化工段**

净化工段也包括浸出液净化、固液分离两个步骤。浸出液在净化釜首先被加热到预定温度，然后在搅拌条件下投加分离剂。杂质净化去除后，将液浆泵送至净化段板框压滤机进行渣、液分离，净化液送至陈化罐陈化、待电解，净化渣在压滤机内水洗后送渣场单独堆存。若浸出液中的杂质主要是 Pb，则净化渣主要是硫化铅，可以作为铅精矿出售。

**4. 电解工段**

电解工段主要包括锌电积、阴极剥锌、固液分离三个步骤。将电解液从陈化罐泵至电解槽后，在一定的温度、电流密度和电解液循环速率条件下进行碱液锌电积操作。随着电解过程的进行，阴极沉积锌层不断变厚，达到一定厚度时锌粉在自身重力作用下与阴极板分离，自动脱落并在电解槽底部聚积。由于同极板距较小(6 cm)、锌呈晶枝状沉积，为了防止局部阴极锌没有及时脱落或纵向增长速度过快，造成极板短路事故，电解过程中需要人工干预以便阴极锌能够及时剥落。剥锌操作比较简单，只需用自制绝缘板人工将阴极沉积锌剥离极板即可，无需提板、不影响锌电积过程的正常进行。电解结束后，打开电解槽底部阀门，锌粉与电解废液一同经溜槽自流至中转池，在搅拌条件下用泵送至离心机进行固液分离，电解废液送至废液罐贮存，用于下一次含锌原料浸取。

**5. 锌粉清洗和干燥**

锌粉清洗也是在离心机内进行。锌粉在高速转动的离心机内与电解废液分离后，在离心机内壁形成锌粉层，自来水经泵提后喷洒在锌粉层上，开始 2 ~ 3 min 后洗锌废水碱浓度较高送至电解废液储罐，后面的废水用于浸出渣、净化渣清洗，以及浸取釜内碱浓度调节。锌粉清洗完毕，停机卸料，快速将锌粉经溜管送至干燥机进行干燥。需要指出的是，整个厂区生产用水全部回用，进入生产系统的自来水经溶液蒸发、渣夹带等方式排出，自动实现系统平衡，无废水外排。

**6. 锌粉分级和粉磨**

干燥后的锌粉粒径大小不均，需根据客户或市场需求进一步加工。将锌粉用筛分设备分级，筛下物直接包装，大颗粒筛上物经粉磨设备磨细后，包装外售。

**7. 深度净化**

长期使用含 $Cl^-$、$F^-$ 等阴离子较多的含锌原料时，会造成阴离子在碱性锌溶液中积累，对锌电积过程、设备管道等造成危害，需对碱性锌溶液进行深度净化。净化对象可以是生产中净化工段的净化液，也可以是电解废液。深度净化操作不属于碱浸—电解生产金属锌粉工艺的日常操作单元，只在强碱溶液中阴离子积累到较高浓度后才进行一次。鉴于浓缩净化法除杂较为彻底，而阴离子积累是一个相对漫长的过程，因此深度净化操作可以半年或一年一次。对于杂质较少的含锌原料，该操作 1 ~2 年一次即可。深度净化操作可在备用浸取釜或净化釜进行，不需另外添置设备。

## 11.3.2　设计计算与设备选型

**1. 设计计算**

以采用碱浸—电解工艺年产 1500 t 金属锌粉的冶炼厂为例，进行相关设计计算，原料为含锌废物及贫杂氧化锌矿，锌品位在 15% ~35%。

年产 1500 t 金属锌粉冶炼厂，按 330 个工作日计算，则日产锌粉量为：

$$日产锌粉量 = \frac{1500}{330} = 4.55\ t/d$$

原料为含锌废物及贫杂氧化锌矿，锌品位在 15% ~35%，按含锌原料 Zn 品位 20%、锌浸取率 90%、系统锌损失 5% 计算，则日需原料量为：

$$日需原料量 = \frac{4.55}{20\% \times 90\% \times 95\%} = 26.61\ t/d$$

按含锌原料 Pb 品位 3%、浸取率 90%，Zn 以 ZnO、Pb 以 PbO 形态存在，原料中其他组分浸出很少可忽略不计，则日产浸出渣量为：

$$日产浸出渣量 = 26.61 \times (1 - 20\% \times 90\% \times \frac{81.39}{65.39} - 3\% \times 90\% \times \frac{223.2}{207.2})$$
$$= 19.88\ t/d$$

日产净化渣量(以 PbS 计)为：

$$日产净化渣量 = 26.61 \times 3\% \times 90\% \times \frac{239.27}{207.2} = 0.83\ t/d$$

按锌粉清洗、干燥、筛分、粉磨的损失为 2% 计算，则每日电解生产锌粉量为：

$$每日电解生产锌粉量 = \frac{4.55}{98\%} = 4.65\ t/d$$

按每升电解液产出锌粉 30 g(电解液初始锌浓度 38 g/L，终了锌浓度 8 g/L)，则每日需制备电解液量为：

$$每日需制备电解液量=\frac{4.65\times 10^6}{30\times 10^3}=155\ m^3/d$$

按浸出工段锌损失1%，净化工段锌损失2%，溶液体积均损失1.5 $m^3$计算，则日需制备浸出液158 $m^3/d$(锌浓度38.42 g/L)，净化液156.5 $m^3/d$(锌浓度38.40 g/L)。

**2. 设备选型**

根据上述计算结果进行生产设备选型，并调整生产操作参数。

1)含锌原料预处理。选用GZM1228型节能球磨机，机体、底座一体化，可一次并放在基础平面上，主轴承采用双列调心磙子轴承，降低能耗30%，提高细粒粒度、处理能量增加15%~20%，其基本性能见表11-4，可以看出，1台该类型球磨机即可完全满足生产要求。此外，配套1台FG12型高堰式螺旋分级机，其基本性能见表11-5。

**表11-4　GZM1228型节能球磨机基本性能**

| 规格/mm | 转速/($r\cdot min^{-1}$) | 装球量/t | 进料粒度/mm | 产量/($t\cdot h^{-1}$) | 配套电机 | | 质量/kg |
|---|---|---|---|---|---|---|---|
| | | | | | 型号 | 功率/kW | |
| $\phi$1200×2800 | 34.8 | 4.8 | 0~20 | 1.5~3.7 | YR280S-8 | 37 | 8350 |

**表11-5　FG12型高堰式螺旋分级机性能参数**

| 螺旋直径/mm | 水槽长度/mm | 螺旋转速/($r\cdot min^{-1}$) | 生产能力/($t\cdot d^{-1}$) | | 电机功率/kW | | 外形尺寸/mm | 质量/kg |
|---|---|---|---|---|---|---|---|---|
| | | | 返砂 | 溢流 | 传动电机 | 手提电机 | | |
| 750 | 6500 | 5~8 | 1170~1870 | 155 | 5.5 | 1.5 | 9600×1572×3300 | 8700 |

含锌原料成分复杂，为了提高原料锌的浸出率，应针对不同含锌原料采取不同的预处理方式：当含锌原料粒径大于150 μm(<100目)时，应采用球磨、分级预处理，确保送入到浸取釜的原料粒径小于150 μm(大于150 μm粒径不超过5%)；若原料中的锌较难浸出，可在球磨过程中加入适量电解废液(液固比(1~3):1, L/kg)进行湿磨，通过该方式可使原料锌浸出率提高5%~15%；当含锌原料中的锌容易浸出(>90%)、且原料粒径小于150 μm时，该原料可不经球磨、分级等预处理，直接送至浸取工段。

2)浸出工段。浸出工段主要生产设备包括浸取釜、板框压滤机及其附属配套设备。

浸取釜采用钢筋混凝土构建，锥形底，内衬碳钢防腐，尺寸$\phi$4000 mm×5000

mm，有效容积55 $m^3$，1用1备。釜内配置碳钢螺旋蒸汽加热管，设液面观测孔、节点温度计、温度计套管及液位刻度线，采用涡轮式搅拌器，配以防腐搅拌机、电动机、减速机。浸取槽上部设电解废液进料管、洗水进料管及碱进料口，顶部加移动盖防止溶液挥发。液浆从浸取釜底部由耐碱泵送至浸取压滤机过滤。

选用 $X_M^A100-1000U_K^B$ 型框式压滤机3台，2用1备。压滤机基本性能见表11－6。采用液压装置作为压紧、松开滤板的驱动力，最大压紧压力为25 MPa，并用电接点压力表自动保压，确保形成滤饼的最佳条件。由于进入压滤机的液浆温度较高、碱性强，因此对压滤机及滤布耐热、耐碱要求较高，在购买设备时需要跟厂家特别提出。

**表11－6　X100－1000型框式压滤机性能参数**

| 过滤面积 /$m^2$ | 滤板数 /块 | 滤室容积 /$m^3$ | 滤饼厚度 /mm | 地基尺寸 /mm | 整机长度 /mm | 整机质量 /kg |
|---|---|---|---|---|---|---|
| 100 | 61 | 1.507 | 30 | 5195 | 7275 | 7350 |

浸取工段主要技术操作条件见表11－7。需要指出，当含锌原料来源发生变化时，具体浸取参数取值（包括NaOH浓度、温度、浸取时间、搅拌速率等）以及渣的水洗时间等应根据冶炼厂化验室指导进行适当调整。另外，当原料含铅较高时，由于在浸取和净化时发生以下反应：

$$PbO + NaOH + H_2O \xlongequal{} NaPb(OH)_3 \text{（浸取）}$$

$$NaPb(OH)_3 + Na_2S \xlongequal{} 3NaOH + PbS \text{（净化）}$$

即原料中1 mol Pb可多产出2 mol NaOH，不仅造成净化液中NaOH浓度升高，对后续锌电积过程产生影响，而且还可能出现整个生产系统NaOH浓度逐渐提高的问题，此时需要将高铅和低铅或无铅原料搭配使用，保证整个系统碱平衡。

**表11－7　浸取工段主要技术操作条件**

| 项　目 | 技术条件 |
|---|---|
| 初始NaOH浓度/($g·L^{-1}$) | 220～250 |
| 浸取温度/℃ | 80～90 |
| 浸出液锌浓度/($g·L^{-1}$) | 30～40 |
| 浸取时间/h | 1～2 |

3）净化工段。净化工段主要设备包括净化釜、压滤机及附属配套设备。

净化釜及压滤机与浸出工段容器设备一致，净化釜1用1备，由于净化渣较少，压滤机配置2台，1用1备。净化工段操作参数见表11－8，当溶液被加热到净化温度后，投加硫化钠基净化分离剂。

表 11-8　净化工段主要技术操作条件

| 项　　目 | 技术条件 |
| --- | --- |
| 净化温度/℃ | 70~90 |
| 1 号分离剂加入量/kg | 浸出液 Pb 质量的 0.8~1.0 倍 |
| 2 号分离剂加入量/$(g \cdot L^{-1})$ | 1.5 |
| 3 号分离剂加入量/$(g \cdot L^{-1})$ | 1 |
| 4 号分离剂加入量/kg | 1 号分离剂加入量的 0.8 倍 |
| 净化时间/h | 3~7 |

4)电解工段。电解工段的构筑物和设备主要包括陈化罐、电解槽、电极板、电解液循环池、整流器、中转池和离心机等。

净化液从压滤机出来后送至陈化罐陈化，每天净化液送至同一罐内，陈化时间 >24 h。罐体采用钢筋混凝土构建，锥形底，内衬碳钢防腐，尺寸 $\phi$6000 mm × 6500 mm，有效容积 160 $m^3$，3 用 1 备，顶部加盖防止溶液挥发及杂物进入。

电解液由耐碱泵从陈化罐分批送入电解槽，电解槽分 4 组，组间设开路开关，单组自循环，电解完成后可独立断电，不影响其他组正常电解。电解工段主要技术操作条件见表 11-9，单组电解时间 8 h，合理安排各组间电解时间间隔，使每间隔 2 h 有一组电解操作完成，可以进行断电放液。

表 11-9　电解工段主要技术操作条件

| 项　　目 | 技术条件 |
| --- | --- |
| 初始 NaOH 浓度/$(g \cdot L^{-1})$ | 180~210 |
| 初始 Zn 浓度/$(g \cdot L^{-1})$ | 35~40 |
| 电解废液 NaOH 浓度/$(g \cdot L^{-1})$ | 230~260 |
| 电解废液 Zn 浓度/$(g \cdot L^{-1})$ | 6~10 |
| 电解温度/℃ | 35~50 |
| 电流密度/$(A \cdot m^{-2})$ | 1000 |
| 同极距/mm | 70 |
| 电解析出时间/h | 4~7 |
| 槽电压/V | 2.7~3.2 |
| 电流效率/% | 85~95 |
| 吨锌直流电耗/kWh | 2700~3200 |

电解用阴、阳极板均自行设计、加工制造，其中阴极板由极板、导电棒、导电片和绝缘条组成，采用抗碱镁合金板，极板尺寸 0.7 m × 0.5 m × 0.003 m，有效面积 0.52 $m^2$，导电棒和导电片为铜板，极板两边镶有绝缘条，绝缘条为聚乙烯条或橡胶条。阳极板由极板、导电棒和绝缘条组成，采用抗碱不锈钢板，尺寸与阴极板相同，导电棒为铜板，极板两边镶有绝缘条，绝缘条为聚乙烯或橡胶条。

已知每天需制备电解液量 155 $m^3$/d，则需单组有效容积为：

$$V_{组} = \frac{155}{4 \times 3} = 12.92\ m^3$$

每组设置 6 个电解槽，则需单槽有效容积为 2.16 $m^3$。

根据每日电解锌粉产量 4.65 t/d，可算出需要单组阴极板总有效面积为：

$$S_{组} = \frac{4.65 \times 10^6}{4 \times 3 \times q \times t \times J \times \eta} = 88.27\ m^2$$

式中：$q$——锌的电化当量，1.2195 g/(A·h)；

$t$——电解时间，取 4 h；

$J$——电流密度，取 1000 A/$m^2$；

$\eta$——电流效率，取 90%。

每组有 6 个电解槽，则需要单槽阴极板总有效面积为 14.72 $m^2$，即单槽需要阴极板块数为：

$$n_{极板} = \frac{14.72 + 0.52 \times 0.5}{0.52} = 28.81 \approx 29\ 块$$

按相邻阴阳极板间距为 35 mm 安装电极板，则：

$$\begin{aligned} 单槽极板排板总长度 &= 总极板间距 + 总极板厚度 \\ &= (2 \times 29 - 1) \times 0.035 + 2 \times 29 \times 0.003 \\ &= 2.169\ m \end{aligned}$$

设两端极板距槽壁均为 0.3 m，则单槽有效长度 $L$ 为：

$$L = 2.169 + 0.3 \times 2 = 2.769 \approx 2.80\ m$$

阴阳极板宽度均为 0.5 m，设电极板距槽两侧壁均 0.15 m，则单槽有效宽度 $B$ 为：

$$B = 0.5 + 0.1 \times 2 = 0.7\ m$$

再根据单槽有效容积 2.16 $m^3$，可求出需要单槽有效深度 $H$ 为：

$$H = \frac{2.16}{2.80 \times 0.7} \approx 1.10\ m$$

电解槽槽体用钢筋混凝土构建，内衬 10 mm 厚的硬质 PVC 板材，电解槽底部为锥形体，设有锌粉出料口（$\phi$200 mm）。电极板与单槽结构见图 11－12（标注单位：mm)，电解槽与极板配置示意图见图 11－13。

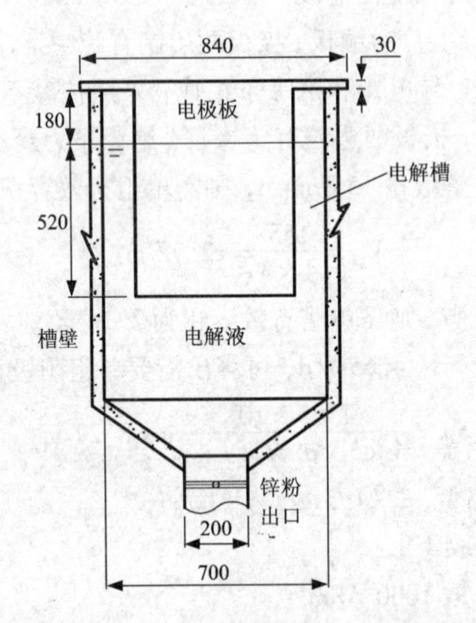


图 11－12 电解槽单槽结构示意图

液循环池设在电解槽下方，与电解槽共同构成电解液循环系统，使槽内电解液循环流动，避免溶液贫化，提高电流效率。生产时，电解液从电解槽一端溢流口流出，经管道流入循环池，然后用耐碱泵再从循环池经专设 PVC 管送至电解槽另一端底部。泵流量可调，以便控制循环速率，实现良好循环。每组设 2 个循环池，3 个电解槽共用一个循环池。循环池尺寸：2.5 m×2.5 m×1.2 m，有效容积 7 $m^3$，保证在电解槽出现故障时，电解液可全储存在循环池内，方便电解槽检修。另外，在循环池内安装一台热交换器，控制电解液温度，以便提高电流效率、降低槽电压及电解能耗。选用 I6T10－0.6/600－10 型螺旋式热交换器，具体参数见表 11－10，但购买时应与厂家协商，对热交换器做耐碱处理。

表 11－10 I6T10－0.6/600－10 型螺旋式热交换器性能参数

| 公称换热面积 /$m^2$ | 计算换热面积 /$m^2$ | 处理量 /($m^3 \cdot h^{-1}$) | 接管公称直径 /mm | 两支座中心距 /mm | 螺孔直径 /mm | 设备总质量 /kg |
|---|---|---|---|---|---|---|
| 10 | 8.8 | 20.9 | 80 | 872 | 23 | 410 |

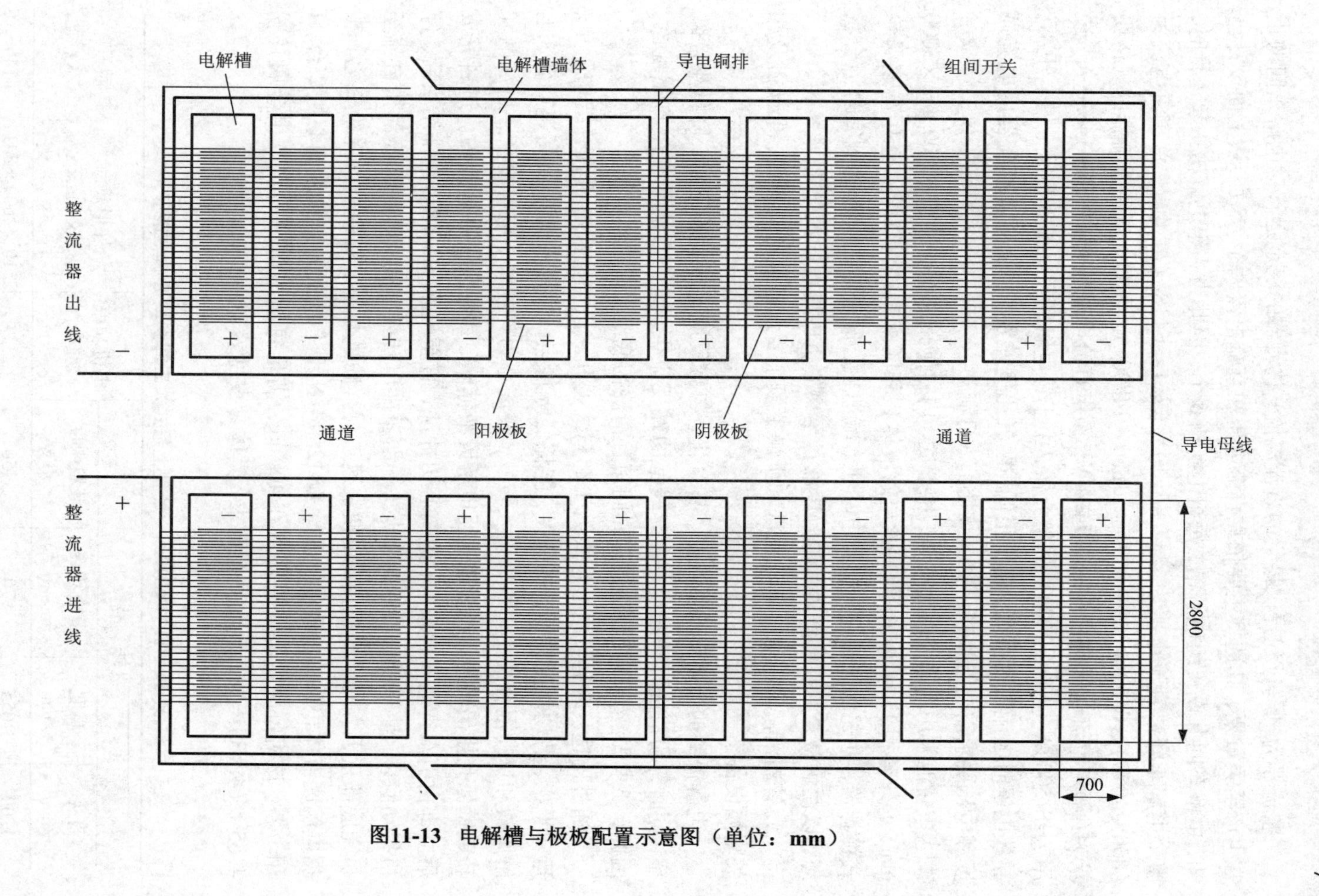


图11-13　电解槽与极板配置示意图（单位：mm）

整流器为电解过程提供稳定的直流电流，整流器的稳定运行对电解车间的正常生产至关重要，其选型主要依靠直流电压和直流电流两个参数。从上面设计已知，电解车间共设4组电解槽，每组电解槽6个，因此当4组电解槽一起运行时，整个电解车间总直流电压为$(2.7\sim3.1)\times6\times4=64.8\sim74.4$ V，总直流电流为$(800\sim1000)\times0.52\times(29-0.5)=11856\sim14820$ A。所以，选用整流器的规格要求为：额定直流电压包含64.8~74.4 V，额定直流电流包含11856~14820 A。选用ZHS15000A/(100~200)V的整流器，由于锌电解所需电流密度大、槽电压小，导致电解时电流强度很高、电压很低，两者比例差别很大，因此整流器的电流强度和电压要求需要与生产厂家具体协商、订制。

中转池采用钢筋混凝土构建，锥形底，内衬碳钢防腐，尺寸$\phi$2500 mm×3000 mm，有效容积13 $m^3$(与单组每次电解液体积相匹配)，1用1备，选用高速涡轮式搅拌器，并配以防腐搅拌机和电动机、减速机，保证池内锌粉达到完全混合状态，以便耐碱泵顺利将锌粉和电解废液打至离心机内进行固液分离。

5)锌粉清洗和干燥。锌粉清洗和干燥工段主要设备包括离心机、干燥机及相关附属设备。

电解得到的金属锌粉活性好、易氧化，与碱反应造成锌粉返溶，降低生产效率，同时锌粉清洗不干净时，会与残留的碱反应生成氢气，容易发生自燃现象。因此，要求固液分离及清洗过程时间短且清洗彻底。

通过比选，确定采用上悬式人工卸料离心机，该类型离心机具有结构简单、运转平稳、劳动强度较低、产量大、能耗低等特点。电机驱动转鼓高速旋转，电解废液和锌粉混合液由进料管引入转鼓，在离心力作用下，电解废液穿过滤网和转鼓壁滤孔排出转鼓，经管道送至电解废液储罐，锌粉截留在转鼓内。进料完成后立即由引水管通入自来水，边离心边冲洗，直至出水 $pH<8$。清洗结束后，停机抖动滤袋，使锌粉松散后，沿转鼓下锥面排出转鼓，从机壳底部经溜槽自流至机壳底部正下方的干燥机内，以便快速进行锌粉的烘干，有效减少锌粉氧化。根据电解废液体积和锌粉质量，选择XR1200-N型上悬式人工卸料离心机2台，1用1备，该机每次离心装料限度在400 kg，满足每组电解槽每次产出金属锌粉4.65 t/(4×3)=387.5 kg质量要求，具体参数见表11-11。

**表11-11 XR1200-N型上悬式人工卸料离心机性能参数**

| 转鼓 | | | | 电机功率/kW | 外形尺寸/mm×mm×mm | 质量/kg |
|---|---|---|---|---|---|---|
| 直径/mm | 高度/mm | 最高转速/($r\cdot min^{-1}$) | 装料限度/kg | | | |
| 1200 | 1055 | 970 | 450 | 22 | 2210×1600×3414 | 4146 |

整个离心过程要求不超过 1.5 h(固液分离 0.5 h，锌粉清洗 0.5 h，卸料 0.5 h)，为下一批次的固液分离做好准备(2 h 一次)。受锌粉沉积形态影响，有时清洗所需时间较长，容易影响正常循环电解生产，因此可采取在自来水中加入稀酸的方式加以改进，当清洗到出水 pH 为 13 时(此前洗水排至电解废液储罐)，开始改用 pH 为 5.5 ~ 6 的稀酸进行清洗，最后再用自来水冲洗 5 min，既缩短清洗时间，同时也大幅度减少了用水量。酸洗废水可送至洗渣水池，用做洗渣水。

锌粉干燥设备选用 SZG 双锥回转式真空干燥机，该机集混合、干燥、冷凝于一体，将冷凝器、真空泵与干燥机配套，组成真空干燥装置，内部结构简单，操作简便，物料能够全部排出，在容器回转时带动锌粉翻转使干燥器内壁不积料，传热系数高，干燥快，不仅节约能源，而且锌粉干燥均匀充分，氧化少，质量好。根据每批次锌粉质量 387.5 kg，选择 SZG - 1000 型双锥回转式真空干燥机 2 台，相关参数见表 11 - 12。

**表 11 - 12　SZG - 1000 型双锥回转式真空干燥机性能参数**

| 罐内容积 /L | 装料容积 /L | 质量 /kg | 回转高度 /mm | 电机功率 /kW | 外形尺寸 /mm × mm |
|---|---|---|---|---|---|
| 1000 | ≤500 | 2800 | 2800 | 3 | 2860 × 1300 |
| 罐内设计压力 /MPa | 夹套设计压力 /MPa | 真空泵型号 | 功率 /kW | 工作温度 /℃ | |
| 0.1 ~ 0.15 | ≤0.09 | SK - 2.7B | 15 ~ 20 | 罐内≤85，夹套≤140 | |

由于锌粉在潮湿空气中会与氧气、水反应，因此真空干燥系统应在运行一段时间、达到一定真空度后，方可打开干燥设备夹套加热蒸汽阀门进行加热干燥。随着干燥进程的进行，在锌粉干燥完毕后，关闭干燥设备加热蒸汽阀门，进入冷却阶段，冷却结束后，停机卸料。

6)锌粉分级和粉磨。锌粉分级和粉磨工段的主要设备包括分级机和锌粉粉磨设备。

选用 ZS - 800 型振荡筛 1 台，用做锌粉粒径分级。振荡筛由料斗、振荡室、联轴器、电机组成。可调节的偏心重锤经电机驱动传送到主轴中心线，在不平衡状态下产生离心力，使物料强制改变在筛内形成轨道漩涡，重锤调节器的振幅大小可根据不同物料和筛网进行调节。整机具有结构紧凑、体积小、不扬尘、噪音低、产量高、能耗低、移动维修方便等特点。ZS - 800 型振荡筛性能参数见表11 - 13。

表 11 - 13　ZS - 800 型振荡筛性能参数

| 生产能力/kg | 过筛目数/目 | 电机功率/kW | 外形尺寸/mm × mm × mm | 设备总质量/kg |
|---|---|---|---|---|
| 200 ~ 2500 | 5 ~ 325 | 1.5 | 900 × 900 × 1200 | 200 |

干燥锌粉分级后，对于不满足客户要求或市场需求的大颗粒筛上物应进行粉磨处理。粉磨机的选择对锌粉质量有重要影响，采用一般的粉磨机，锌粉在粉磨过程中很容易被氧化，造成金属锌含量降低，有时甚至降低 1 ~ 3 个百分点，这意味着电解出来达到一级标准的金属锌粉在粉磨后品质降到了二级标准，可见粉磨设备对保证锌粉质量的重要性。

针对金属锌粉的这一特点，由同济大学赵由才教授等人自行设计了一套锌粉粉碎装置，装置由喂料机、粉碎装置、电机、风机、减压仓、储料室及收尘器组成。粉碎装置的外部设机壳，主轴位于粉碎装置的轴心线上，在轮盘上有同倾度的刀具，二组以上轮盘间隔固定在主轴上，在轮盘之间有回旋板轮，进料叶轮位于粉碎装置的进料口处，排料叶轮位于粉碎装置的出料口，机壳与轮盘间有 1 ~ 15 cm 的间隙，喂料机与粉碎装置的进料口连接，风机与粉碎装置的出料口连接，风机的出风口经管道连接到减压仓，减压仓有上排风口和下出料口，下出料口与储料室连接，上排风口与收尘器连接，电机与粉碎装置的主轴连接。

金属锌粉粉碎机的工作过程为：锌粉经粗细判断选用合适的进料速度、数量由可调试喂料器进行加料，锌粉进入壳腔内，在进料叶轮的风引下物料进入湍旋气流，在湍旋气流的作用下物料之间、物料与轮盘上的刀具都会进行无规则的剪切，粉碎完成后，在变频引风机的抽引下，物料经减压仓到储料室，超细部分则进入布袋收尘器。

7）泵和管道。冶炼厂生产工艺设备之间依靠泵和管道连接，泵和管道的设计需要根据厂房、设备及输送的溶液性质进行合理的选择。

由于整个工艺流程中的溶液都是强碱性溶液，因此泵的选择除考虑扬程、流量、进口直径等基本参数外，还需要特别考虑其耐碱腐蚀及耐磨性能。输送泵主要选用了 UHB - ZK 系列耐腐耐磨泵，泵的型号则要根据扬程、输送介质及连接管直径等参数具体配置。UHB - ZK 系列耐腐耐磨泵的主要技术参数为：使用温度 - 20 ~ 80℃、进口直径 32 ~ 350 mm、流量 5 ~ 2600 $m^3/h$，扬程 80 m 以内。UHB - ZK 系列耐腐耐磨泵属单级单吸悬臂式离心泵，过流部件采用钢衬超高分子量聚乙烯（UHMWPE）。该类型的泵简单可靠，维修方便，通用性强，适合输送含固体物料的腐蚀性清液或料浆。

泵密封主要由副叶轮(或副叶片)与停车密封(橡胶油封)组成。工作时，由于副叶轮(或副叶片)旋转产生的离心力使密封腔处于负压状态，从而阻止液体向外泄漏，此时停车密封不起作用。橡胶油封的唇口因负压而松开，与轴套产生一定间隙，减小了磨损，延长了使用寿命。停机时，由于副叶轮(或副叶片)停止旋转，密封腔由负压转为正压，停车密封开始工作，橡胶油封的唇口在压力作用下紧紧包住轴套，从而达到密封目的。该密封的油封采用氟橡胶制成。

管道选择时重点考虑耐碱腐蚀方面的要求，因此选用了聚丙烯紧衬复合管道(PP管)。PP管适用于使用压力1 MPa以内、100℃以内的各类腐蚀性、磨蚀性介质。管道的配置和安装要根据具体生产的特点、设备配置、建筑物与构筑物等情况进行综合考虑，一般要做到管道安全可靠，操作方便，易于维修，力求节约原材料，并且尽可能地布置整齐、美观，以创造良好的工作环境。为便于安装、检修、操作和管理，工厂的管道一般采用架空明设。在无人行走的墙边、墙角，可沿地面或楼板面铺设。管道敷设应尽量做到成列、平行、走直线、少拐弯、少交叉、力求整齐。加热浸取釜和净化釜的蒸汽管道要保持一定坡度以排出冷凝水，蒸汽管道上的减压阀前要设排水管及疏水装置，减压阀前后还要装压力表，以观察压力大小。

### 11.3.3 冶炼厂管理及生产质量控制

**1. 企业组织结构**

根据金属锌粉冶炼厂的生产工艺、生产规模等实际情况，采用了直线式组织结构。直接式组织结构是从最高级层到最低级层按纵向垂直责权系统建立的一种组织形式，各级层领导人对所属单位的一切问题负责。这种组织形式的优点是结构简洁、责权分明、指挥统一，工作效率高，比较适用于规模较小、产品单一、工艺过程简单、管理变量少和没有必要按职能实行专业化管理的企业。金属锌粉冶炼厂的具体组织形式见图11－14。

**2. 人员配置**

以年产1500 t金属锌粉的冶炼厂为例，根据企业组织结构及冶炼厂各工段的劳动量，进行各部门人员的配置。生产服务部门，如财务科、后勤科、采购销售科、安环科及质控科的部分人员，按白班制。生产部门，如安环科中的传达室和电工班，质控科中的化验室，生产科的磨矿车间、浸取车间、净化车间、电解车间，锌粉加工车间人员，需要按24小时3班制上班。锌粉冶炼厂的各部门人员配备见表11－14。

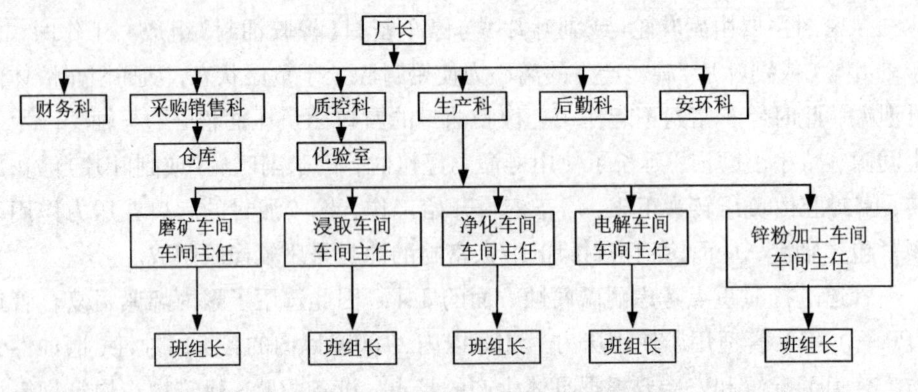


**图 11－14　金属锌粉冶炼厂组织结构形式**

**表 11－14　金属锌粉冶炼厂各科室人员配置**

| 部　门 | | 人数/人 | 备　注 |
|---|---|---|---|
| 厂长办公室 | | 2 | |
| 财务科 | | 2 | 出纳，会计 |
| 后勤科 | | 5 | 食，宿 |
| 采购销售科 | | 4 | |
| 质控科 | 科长及技术人员 | 2 | |
| | 化验室分析人员 | 9 | 分 3 班，每班 3 人，每班选定 1 位小组长 |
| 生产科 | 科长及调度员 | 3 | |
| | 生产数据统计员 | 2 | |
| | 磨矿车间 | 9 | 球磨机和分级机 |
| | 浸取车间 | 6 | 浸取釜，压滤机，浸出渣清洗，电解废液后处理 |
| | 净化车间 | 6 | 净化釜，压滤机 |
| | 电解车间 | 12 | 电解槽，整流器 |
| | 锌粉加工车间 | 22 | 离心机，干燥机，粉碎机，锌粉包装 |
| 安环科 | | 4 | 安全，机修，电工，厂区绿化 |
| 总计 | | 88 | |

### 3. 生产质量控制

生产质量控制对保证金属锌粉产品的质量有着至关重要作用。冶炼厂日常生产过程中的质量控制主要依靠质控科及化验室的分析检测完成，化验室需要对生产流程进行跟踪分析以确定下一步工序投加的物料，同时还需要对锌粉产品进行抽样调查，保证产品质量。化验室在日常生产中需要分析的项目及取样点见表 11－15，化验室样品主要分析方法见表 11－16。

**表11－15　化验室日常分析项目及取样点**

| 样品 | | 分析项目 | 取样点 |
|---|---|---|---|
| 入库原料 | | Zn、Pb、As、Sn、水分含量 | 跟车取样 |
| 球磨 | 矿浆 | Zn、NaOH浓度 | 料浆储槽 |
| 浸取 | 浸取液 | Zn、NaOH、$Na_2CO_3$浓度 | 浸取釜 |
| | 浸取后液 | Zn、NaOH、$Na_2CO_3$浓度 | 浸取压滤机出液口 |
| | 浸取渣 | Zn、Pb含量 | 浸取压滤机出料口 |
| | 洗渣水 | Zn、NaOH、$Na_2CO_3$浓度 | 洗渣水池 |
| 净化 | 待净化液 | NaOH、$Na_2CO_3$、Zn、Pb、As、Sn浓度 | 净化釜 |
| | 净化渣 | Zn、Pb、S、水分 | 净化压滤机出料口 |
| | 净化后液 | NaOH、$Na_2CO_3$、Zn、Pb、As、Sn浓度 | 净化压滤机出液口 |
| 电解 | 待电解液 | NaOH、$Na_2CO_3$、Zn | 电解槽 |
| | 电解中控 | Zn | 电解槽 |
| 清洗 | 电解废液 | NaOH、$Na_2CO_3$、Zn | 电解废液槽 |
| | 锌粉洗水 | NaOH、$Na_2CO_3$、Zn | 洗水池 |
| 粉磨 | 锌粉 | 全锌、金属锌、Pb、Cl | 包装袋 |

**表11－16　化验室样品主要分析测试方法**

| 样品 | 分析项目 | 分析方法 |
|---|---|---|
| 原料、浸取渣、净化渣 | Zn | 沉淀分离EDTA滴定法测定矿石中的锌量 |
| | Pb | EDTA容量法测定矿石中的铅量 |
| | As | 砷钼蓝光度法 |
| | Sn | 强酸溶解－EDTA过量返滴法 |
| | 水分 | 105℃烘干恒重法 |
| 矿浆、浸取液、净化液、电解液、洗渣水、电解废液 | Zn、$Na_2CO_3$、NaOH | EDTA配合滴定与酸碱滴定联合测定含锌碱性溶液中的游离碱、锌和碳酸钠 |
| | Pb | EDTA滴定法测铅量 |
| | As | 砷钼蓝光度法 |
| | Sn | EDTA过量返滴法 |
| 锌粉 | 全锌 | $Na_2$EDTA滴定法测定全锌量 |
| | 金属锌 | 高锰酸钾滴定测金属锌 |
| | Pb | EDTA容量法测定矿石中的铅量 |
| | Cl | 硝酸银滴定法 |

除常规检测外，质控科还应定期组织化验室人员对厂内电解废液中 $Al^{3+}$、$Mg^{2+}$、$Ca^{2+}$ 以及 $Cl^-$、$F^-$、$CO_3^{2-}$、$SO_4^{2-}$、$SiO_3^{2-}$、$PO_4^{3-}$、$NO_3^-$ 等离子进行分析，考察杂质离子在碱性锌溶液中的浓度积累情况。当阴离子浓度较高时，质控科应及时向厂长汇报并建议进行深度净化。

### 11.3.4 冶炼厂生产运营情况

对采用碱浸－电解工艺生产金属锌粉的某冶炼厂进行了长期跟踪检测，该冶炼厂所用的含锌原料是某工业混合废渣灰，锌、铅、铁、氯的含量分别为32.45%、11.83%、1.21%和7.61%。原料锌的浸取率约为91%，随原料变化而有小幅波动。除厂区停电和正常设备检修外，该厂一直运行稳定，生产状况良好。

该厂生产的锌粉产品的质量情况见表11－17。可以看出，在原料成分复杂的情况下，采用碱浸—电解工艺仍然可以获得质量很高的金属锌粉产品，锌粉产品中全锌含量均在98%以上，金属锌含量在94%以上，杂质很少，达到了锌粉的国家二级标准，部分批次产品达到锌粉的国家一级标准。

表11－17 冶炼厂碱浸－电解工艺生产的锌粉产品质量

| 等级 | 化学成分/% | | | | | |
|---|---|---|---|---|---|---|
| | 主品位不小于 | | 杂质不大于 | | | |
| | 全锌 | 金属锌 | Pb | Fe | Cd | 酸不溶物 |
| 一级 | 98 | 96 | 0.1 | 0.05 | 0.1 | 0.2 |
| 二级 | 98 | 94 | 0.2 | 0.2 | 0.2 | 0.2 |
| 三级 | 96 | 92 | 0.3 | — | — | 0.2 |
| 四级 | 92 | 88 | — | — | — | 0.2 |
| 本工艺生产锌粉 | 96.2~99.4 | 92.1~97.4 | <0.06 | <0.12 | — | <0.05 |

该厂生产的金属锌粉产品在微观形貌上与传统空气雾化法或冷凝法生产的锌粉有明显区别(见图11－15)。传统方法生产的锌粉为球状颗粒，而本工艺生产的锌粉在微观上呈晶枝片状，因此具有比球状锌粉更大的比表面积和反应活性。以粒径级别 <75 μm 的锌粉为例，实验分析结果表明，本工艺锌粉产品的比表面积约为球状锌粉的2.5倍。该厂生产的锌粉部分供给当地某大型酸法炼锌厂，用于酸性浸出液的净化除杂。生产实践表明，为了达到同样的净化效果，使用本工艺生产的锌粉产品的耗量仅为原来使用球状锌粉耗量的70%~85%，因而具有明

显的市场竞争力。

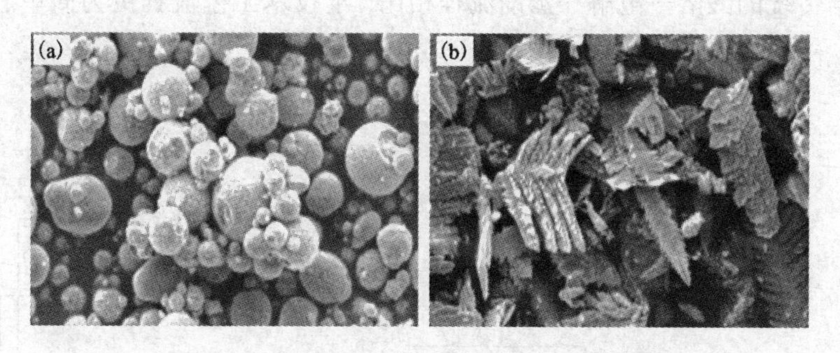


**图 11 - 15　不同方法生产的锌粉的微观形貌(1000 ×)**

(a)空气雾化法生产的锌粉;(b)碱浸—电解工艺生产的锌粉

## 11.4　碱浸 - 电解法从氧化锌矿和锌灰中直接生产鳞片状金属锌粉

碱浸—电解法从氧化锌矿和锌灰中直接生产鳞片状金属锌粉工艺流程见图 11 - 16。采用本法生产出来的锌粉，工艺加工总成本大为 5000 ~ 8000 元/t 锌粉及相应数量的铅锭。所生产出来的金属锌粉比传统方法生产的活性强，在还原反应中能减少 25% 左右的投料，所产出的铅锭达到国家 1#标准。

本工艺的锌粉加工到 500 目以上，呈鳞片状，其附加值很高，加工成本 1000 ~ 1500元/t 锌粉。目前国际上的鳞片状锌粉的生产方法除本工艺外有两种，主要生产国家为德国与日本，原材料均采用 0#精锌锭。德国为锌蒸馏回收超细球形锌粉，再经高精密度球磨制成片状抛光而得鳞片状锌粉，日本为超低温粉碎生产。两种方法的加工成本均超过 20000 元/t 锌粉。

基本技术过程阐述：本技术使用的原料包括贫杂氧化锌矿(红锌矿、菱锌矿、硅锌矿)、锌灰、锌尘、锌渣、浮渣(以下简称锌原料)，其中的锌都易溶于强碱性溶液中。因此，这些锌原料经适当粉碎后，以一定的液固比在95℃的条件下浸取 90 min，过滤，滤液中加入所发明的分离剂，分离出金属铅、铜、铁、镉等杂质，金属铅粉熔化成金属铅锭(99.9%)。然后含锌溶液直接电解，纯度 99.9% 以上的金属锌粉就可在阴极析出。锌粉经碱洗、水洗、真空烘干、粉碎后，得到符合国家级标准的锌粉。本技术工艺锌铅总回收率达 80% 以上(与品位成正比)。电解废液经苛化再生后返回用于下一个浸取流程。根据原料组成，整个流程中烧碱损失 200 ~ 1200 kg NaOH/t 金属粉(碱耗与原料品位成反比)。滤渣经碱液和水洗涤后，经毒性浸取试验，滤渣无毒性，可作为一般固体废物进行处理，如用做建筑材料，或填埋。氧化锌矿、泥中锌的浸取率高于80%，部分原料甚至高于95%。与传统的酸溶—电解—蒸馏流程相比，本技术工艺流程更为简单、安全和清洁。

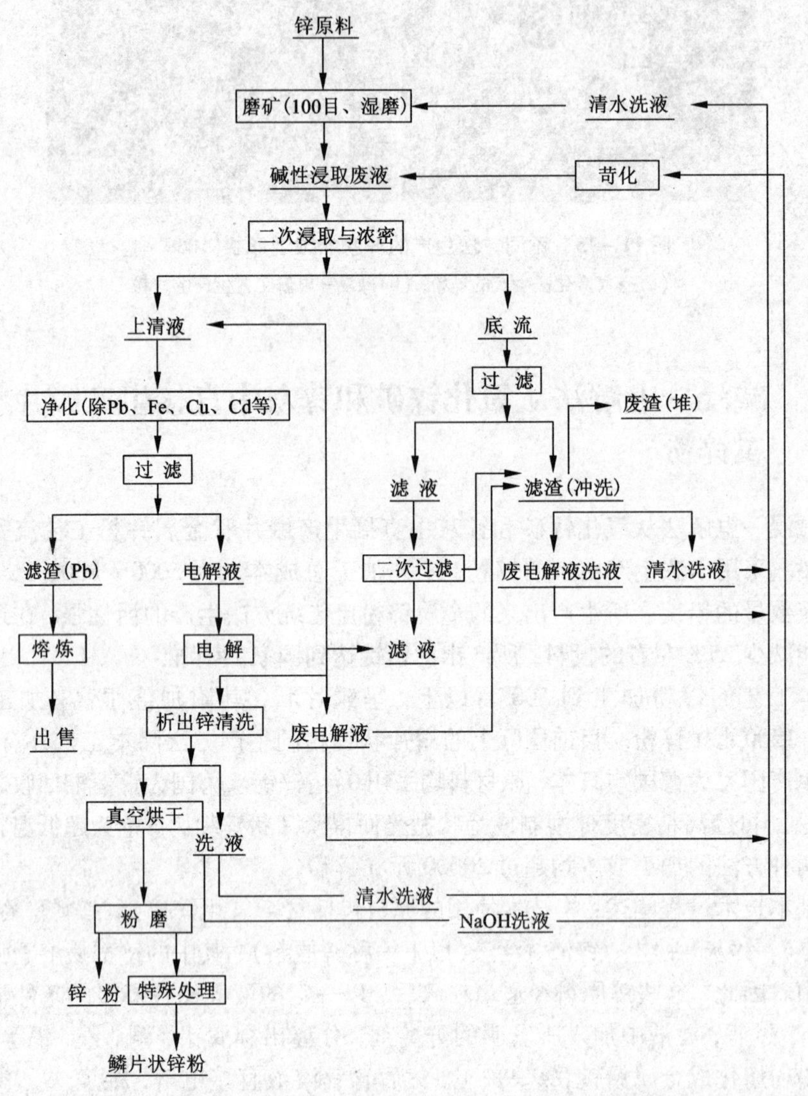


图11－16　碱浸—电解法从氧化锌矿和锌灰中直接生产鳞片状金属锌粉和铅锭工艺流程

# 参考文献

[1] 王鸿雁. 有色金属冶金[M]. 北京: 化学工业出版社, 2010.
[2] 中国有色金属工业协会. 中国有色金属工业指标体系[M]. 北京: 冶金工业出版社, 2005.
[3] 汪旭光, 潘家柱. 21世纪中国有色金属工业可持续发展战略[M]. 北京: 冶金工业出版社, 2001.
[4] 国家环境保护总局. 面向21世纪的环境保护政策与重大环境管理问题研究[M]. 北京: 中国环境科学出版社, 2000.
[5] 易晓剑. 国内外主要有色金属资源储量及其特点[J]. 世界有色金属, 2005(12): 42-43.
[6] 周京英, 孙延绵, 伏水兴. 中国主要有色金属矿产的供需形势[J]. 地质通报, 2009, 28(2~3): 171-176.
[7] 马伟东, 古德生. 我国有色金属矿产资源安全现状及对策[J]. 矿业工程, 2008, 28(3): 121-123.
[8] 姚常华, 包国忠, 杨洵, 等. 浅论中国镍工业的发展[J]. 世界有色金属, 1997(12): 14-17.
[9] 曹异生. 钴工业现状及发展前景[J]. 中国金属通报, 2006(1): 6-9.
[10] 邓湘湘. 我国有色金属行业环境污染形势分析与研究[J]. 湖南有色金属, 2010, 26(3): 55-59.
[11] 中华人民共和国环境保护部. 全国环境统计年报2008[M]. 北京: 中国环境科学出版社, 2009.
[12] 彭建, 蒋一军, 吴健生, 等. 我国矿山开采的生态环境效应及土地复垦典型技术[J]. 地理科学进展, 2005, 24(2): 38-48.
[13] 师雄, 许永丽, 李富平. 矿区废弃地对环境的破坏及其生态修复[J]. 矿业快报, 2007(6): 35-37.
[14] 马建立, 郭斌, 赵由才. 清洁生产与绿色冶金[M]. 北京: 冶金工业出版社, 2007.
[15] 王立新, 张仁志, 孔繁德. 中国工业环境管理[M]. 北京: 中国环境科学出版社, 2006.
[16] 金适. 清洁生产与循环经济[M]. 北京: 气象出版社, 2007.
[17] 主沉浮, 孙良, 魏云鹤, 等. 清洁生产的理论与实践[M]. 济南: 山东大学出版社, 2003.
[18] 叶文虎. 环境管理学[M]. 北京: 高等教育出版社, 2000.
[19] 张宝莉, 徐玉新. 环境管理与规划[M]. 北京: 中国环境科学出版社, 2004.
[20] 刘环玉. 基于循环经济的新疆煤炭产业可持续发展研究[D]. 乌鲁木齐: 新疆大学, 2010.
[21] 蒋文举, 宁平. 大气污染控制工程[M]. 成都: 四川大学出版社, 2001.
[22] 薄恩奇. 大气污染治理工程[M]. 北京: 高等教育出版社, 2004.

[23] 王丽萍. 大气污染控制工程[M]. 北京: 煤炭工业出版社, 2002.
[24] 郝吉明, 马广大. 大气污染控制工程[M]. 第2版. 北京: 高等教育出版社, 2002.
[25] 郑铭. 环保设备——原理·设计·应用[M]. 第2版. 北京: 化学工业出版社, 2006.
[26] 黄铭荣, 胡纪萃. 水污染控制工程[M]. 北京: 高等教育出版社, 1993.
[27] 王晓文. 水污染控制工程[M]. 北京: 煤炭工业出版社, 2002.
[28] 蒋展鹏. 环境工程学[M]. 第2版. 北京: 高等教育出版社, 2005.
[29] 罗辉. 环保设备设计与应用[M]. 北京: 高等教育出版社, 1996.
[30] 刘建勇, 邹联沛. 水污染防治工程技术与实践[M]. 北京: 化学工业出版社, 2009.
[31] 唐受印, 汪大. 废水处理工程[M]. 北京: 化学工业出版社, 2002.
[32] 高廷耀, 顾国维, 周琪. 水污染控制工程(下册)[M]. 第3版. 北京: 高等教育出版社, 2006.
[33] 王燕飞. 水污染控制工程[M]. 北京: 化学工业出版社, 2001.
[34] 李海. 城市污水处理技术及工程实例[M]. 北京: 化学工业出版社, 2002.
[35] 管荷兰, 徐吉成, 蔡笑笑, 等. 超临界技术的发展现状与前景展望[J]. 污染防治技术, 2008, 21(2): 30-33.
[36] 刘占孟. 超临界水氧化技术应用研究进展[J]. 邢台职业技术学院学报, 2008, 25(1): 1-4.
[37] 王有乐, 李双来, 蒲生彦. 超临界水氧化技术及应用发展[J]. 工业水处理, 2008, 28(7): 1-3.
[38] 韩剑宏. 中水回用技术及工程实例[M]. 北京: 化学工业出版社, 2004.
[39] 侯立安. 小型污水处理与回用技术及装置[M]. 北京: 化学工业出版社, 2002.
[40] 肖锦. 城市污水处理及回用技术[M]. 北京: 化学工业出版社, 2001.
[41] 李亚峰, 晋文学. 城市污水处理厂运行管理[M]. 北京: 化学工业出版社, 2010.
[42] 郭仁惠. 环境工程原理[M]. 北京: 化学工业出版社, 2008.
[43] 赵由才, 牛东杰, 柴晓利. 固化废物处理与资源化[M]. 北京: 化学工业出版社, 2006.
[44] 徐强. 污泥处理处置技术及装置[M]. 北京: 化学工业出版社, 2003.
[45] 吴昌永, 王然登, 彭永臻. 污水处理颗粒污泥技术原理与应用[M]. 北京: 中国建筑工业出版社, 2011.
[46] 蒋家超, 招国栋, 赵由才. 矿山固体废物处理与资源化[M]. 北京: 冶金工业出版社, 2007.
[47] 郭志敏. 放射性固体废物处理技术[M]. 北京: 原子能出版社, 2007.
[48] GB 25465—2010. 铝工业污染物排放标准[S].
[49] GB 25468—2010. 镁、钛工业污染物排放标准[S].
[50] GB 25467—2010. 铜、镍、钴工业污染物排放标准[S].
[51] GB 25466—2010. 铅、锌工业污染物排放标准[S].
[52] GB 26451—2011. 稀土工业污染物排放标准[S].
[53]《稀土工业污染物排放标准》编制组.《稀土工业污染物排放标准》编制说明[EB/OL]. [2009.07.07]. [http: //www.zhb.gov.cn/info/bgw/bbgth/200907/t20090713_155083.htm]

[54] 韩蓓蒂. 浅析安太堡矿区大气污染现状和防治对策[J]. 煤矿环境保护, 1999, 13(2): 47 - 48.
[55] 陈宜华, 唐胜卫. 冶金矿山选矿厂粉尘治理技术新进展[J]. 现代矿业, 2011(7): 37 - 39.
[56] 赵勇, 黄强, 李建森, 等. 平顶山矿区大气污染与绿化状况相关分析[J]. 河南农业大学学报, 2001, 35(4): 343 - 346.
[57] 石长岩. 红透山铜矿卸矿溜井系统防尘工艺技术综述[J]. 有色矿冶, 2005, 21(5): 10 - 12.
[58] 丁希楼, 丁春生. 石灰石—石灰乳二段中和法处理矿山酸性废水[J]. 能源环境保护, 2004, 18(2): 27 - 29.
[59] Kurniawan T A, Chan G Y S, Lo W H, et al. Physico-chemical treatment techniques for wastewater laden with heavy metals[J]. Chemical Engineering Journal, 2006, 118(1/2): 83 - 98.
[60] 邹莲花, 王淀佐, 薛玉兰. 含铜、铁离子废水的硫化沉淀浮选[J]. 化工矿山技术, 1996(1): 26 - 30.
[61] 周志良. 阶段中和沉淀—浮选法处理铜矿酸性矿坑废水的研究[J]. 环境工程, 1991(4): 1 - 2.
[62] 刘湘, 唐锦涛. 生化法应用于矿坑废水处理的探讨[J]. 冶金矿山设计与建设, 1999, 31(3): 47 - 50.
[63] 李晓君, 张慧智. 黄沙坪铅锌矿选矿废水治理研究[J]. 湖南有色金属, 2008, 24(6): 49 - 52.
[64] 袁先乐. 我国金属矿山固废整治任重道远[J]. 环境经济, 2005(4): 36 - 39.
[65] 黄国强. 用科技手段综合治理尾矿库[J]. 劳动保护, 2011(8): 107 - 109.
[66] 仰麟, 韩荡. 矿区废弃地复垦的景观生态规划与设计[J]. 生态学报, 1998, 18(5): 455 - 462.
[67] 赵继新, 屈值明, 孙兆学, 等. "剥离—采矿—复垦"一体化复垦新工艺[J]. 轻金属, 1997(5): 10 - 13.
[68] 王永生, 郑敏. 废弃矿坑综合利用[J]. 中国矿业, 2002(6): 65 - 67.
[69] 李树志. 煤矿塌陷区土地复垦技术与发展趋势[J]. 煤矿环境保护, 1993, 7(4): 6 - 9.
[70] 李永涛, 吴启堂. 土壤污染治理方法研究[J]. 农业环境保护, 1997(3): 118 - 122.
[71] 夏星辉, 陈静生. 土壤重金属污染治理方法研究进展[J], 环境科学, 1997, 18(3): 72 - 76.
[72] 沈德中. 污染土壤的植物修复[J]. 生态学杂志, 1998, 17(2): 59 - 64.
[73] 余贵芬, 青长乐. 重金属污染土壤治理研究现状[J]. 农业环境与发展, 1998(4): 22 - 24.
[74] 马彦卿, 张文敏. 矿山复垦地再造耕层材料的筛选[J]. 有色金属, 1998, 50(2): 8 - 11.
[75] 蓝崇钰, 束文圣. 矿业废弃地植被恢复中的基质改良[J]. 生态学杂志, 1996(2): 55 - 59.
[76] 宋书巧, 周永章. 矿业废弃地及其生态恢复与重建[J]. 矿产保护与利用, 2001(5): 43 - 49.

[77] 胡振琪, S. K. Chong. 耕作复垦土壤物理特性改良的研究[J]. 土壤通报, 1999, 30(6): 248 - 250.
[78] 莫测辉, 蔡全英, 王江海, 等. 城市污泥在矿山废弃地复垦的应用探讨[J]. 生态学杂志, 2001, 20(2): 44 - 47.
[79] 林人仪, 王志亚, 金志南, 等. 加速阳泉露天矿区复垦地成土速度的研究初报[J]. 土壤通报, 1993, 24(5): 200 - 201.
[80] 马彦卿. 矿山土地复垦与生态恢复[J]. 有色金属, 1999, 51(3): 23 - 25.
[81] 卞正富, 张国良, 胡喜宽. 矿区水土流失及其控制研究[J]. 土壤侵蚀与水土保持学报, 1998, 4(4): 31 - 36.
[82] 王志宏, 刘志斌, 陈建平. 黑岱沟露天煤矿土地复垦及生态重建规划研究[J]. 露天采矿技术, 2003(1): 19 - 21.
[83] 王文彬, 王金梅. 孝义铝矿土地复垦的实践[J]. 矿业研究与开发, 2004, 24(2): 66 - 68.
[84] 王忠实, 崔乃良. 我国重有色金属冶炼行业近况与思考[J]. 中国勘察设计, 2003(6): 53 - 57.
[85] 黄祥华, 董四禄. 我国有色金属及烟气制酸振兴规划与发展[J]. 硫酸工业, 2009(5): 1 - 5.
[86] 董四禄. 我国有色冶炼及烟气制酸的现状与展望[J]. 硫酸工业, 2008(5): 6 - 10.
[87] 徐凯, 徐慧. 世界铜冶炼发展趋势及我国铜工业发展对策[J]. 有色金属, 2003, 55(2): 129 - 131.
[88] 谢文仕, 李忠生, 杨文栋. 铜冶金行业技术现状与发展策略探讨[J]. 有色矿冶, 2007, 23(6): 68 - 71.
[89] 尚福山. 中国铜工业发展对策建议[J]. 产业纵横, 2006(11): 15 - 17.
[90] 何焕华. 世界镍工业现状及发展趋势[J]. 有色冶炼, 2001(6): 1 - 3.
[91] 北京有色冶金设计研究总院. 重有色金属冶炼设计手册: 铅锌铋卷[M]. 北京: 冶金工业出版社, 1995.
[92] 何蔼平, 魏昶, 黄波, 等. 面向21世纪我国铅冶炼技术的改造和发展思考[J]. 有色金属(冶炼部分), 2000(6): 2 - 6.
[93] 林河成. 铅冶炼中的三废治理及环境保护[J]. 上海有色金属, 2005, 26(4): 182 - 185.
[94] 蒋继穆. 我国铅锌冶炼现状与持续发展[J]. 中国有色金属学报, 2004, 14(1): 52 - 62.
[95] 雷桂平, 刘中华. 锌工业近十年的统计与发展趋势分析[J]. 上海有色金属, 2001, 22(4): 175 - 180.
[96] 王锐. 锌市场综述及后市展望[J]. 湖南有色金属, 2009, 25(1): 72 - 77.
[97] 刘运峰, 李利丽. 铋渣湿法处理工艺研究与应用[J]. 湖南有色金属, 2009, 25(1): 17 - 19.
[98] 王成彦, 邱定蕃, 江培海. 国内锑冶金技术现状及进展[J]. 有色金属(冶炼部分), 2002(25): 6 - 10.
[99] 曹龙文, 杨斌, 左宏宜. 大冶转炉烟气制酸工程介绍[J]. 硫酸工业, 2001(5): 5 - 9.

[100] 肖万平. 大冶转炉烟气制酸技改工程的设计与投产[J]. 中国有色冶金, 2005(1): 40-44.
[101] 涂后银, 郑彪. 铜冶炼转炉烟气制酸工艺设备的应用[J]. 有色设备, 2004(1): 83-86.
[102] 汪满清. 澳斯麦特铜冶炼炉烟气制酸生产实践[J]. 资源再生, 2009(12): 47-49.
[103] 盛强, 韦江宏. 300 kt/a 铜冶炼烟气制酸装置净化工序生产实践[J]. 硫磷设计与粉体工程, 2010(1): 36-42.
[104] 盛强. 300 kt/a 铜冶炼烟气制酸装置干吸工序生产实践[J]. 硫磷设计与粉体工程, 2010(3): 42-47.
[105] 魏文武. 株冶铅烧结烟气的治理[J]. 湖南有色金属, 2002, 18(5): 37-39.
[106] 张景来, 王剑波, 常冠钦, 等. 冶金工业污水处理技术及工程实例[M]. 北京: 冶金工业出版社, 2003.
[107] 钱小青, 葛丽英, 赵由才. 冶金过程废水处理与利用[M]. 北京: 冶金工业出版社, 2008.
[108] 王湖坤. 铜冶炼厂污水治理技术及建议[J]. 工业安全与环保, 2003, 29(11): 13-15.
[109] 刘友章, 王湖坤. 大冶冶炼厂酸性废水处理研究[J]. 江苏环境科技, 2006, 19(5): 33-34.
[110] 张涛. 贵冶废酸排水系统工艺改造[J]. 有色金属(冶炼部分), 2007(2): 46-48.
[111] 李瑛. 重金属工业废水处理与回用的理论与实践[J]. 湖南有色金属, 2003, 19(2): 46-48.
[112] 王彦君, 朱军, 刘漫博. 铬渣无害化综合利用的实践[J]. 甘肃冶金, 2008, 30(1): 60-61.
[113] 匡少平. 铬渣的无害化处理与资源化利用[M]. 北京: 化学工业出版社, 2007.
[114] 杨慧芬, 张强. 固体废物资源化[M]. 北京: 化学工业出版社, 2004.
[115] 宋连民. 阜康铜渣精炼工艺与生产实践[J]. 新疆有色金属, 2002(1): 33-37.
[116] 陈廷扬, 钱建东, 贾玉斌. 技术创新, 完善工艺, 提高企业经济效益——阜康冶炼厂铜渣处理工艺简介[J]. 新疆有色金属, 2002(4): 27-28.
[117] 岳凤洲. 利用铜渣生产 $CuSO_4 \cdot 5H_2O$ 的生产实践[J]. 中国有色冶金, 2007(2): 34-36.
[118] 陈金彪, 范翔, 安剑刚. 反射炉炼锑二段脱砷二段脱铅法生产实践[J]. 湖南有色金属, 2006, 22(5): 33-35.
[119] 朱海军. 从粗铜渣中提取铜、铅、锑试验研究[J]. 有色矿冶, 2005, 21(3): 28-30.
[120] 周明. 鼓风炉法处理铅渣的实践[J]. 矿产保护与利用, 2001(1): 9-11.
[121] 宁平, 易红宏, 周连碧. 有色金属工业大气污染控制[M]. 北京: 中国环境科学出版社, 2007.
[122] 孙雪梅. 氧化铝熟料窑粉尘的特性和电收尘技术的应用[J]. 工业安全与环保, 2005, 31(9): 23-24.
[123] 张纲治, 卢明俊, 赵劲松. 300 kA 预焙电解槽烟气干法净化技术的实践[J]. 轻金属, 2005(8): 34-36.

[124] 李鸿江，刘清，赵由才．冶金过程固体废物处理与资源化[M]．北京：冶金工业出版社，2007.
[125] 唐平，曹先艳，赵由才．冶金过程废气污染控制与资源化[M]．北京：冶金工业出版社，2008.
[126] 王绍文，邹元龙，杨晓莉．冶金工业废水处理技术及工程实例[M]．北京：化学工业出版社，2009.
[127] 邓军平，王晓刚，田欣伟，等．热还原法炼镁的技术现状及进展[J]．轻金属，2006(5)：15－18.
[128] 彭建平，冯乃祥，高枫，等．镁冶金技术的能耗与环境评价[J]．有色矿冶，2008，24(1)：40－43.
[129] 徐祥斌，罗序燕，陈金清，等．镁合金冶炼过程中污染物的无公害处理[J]．铸造技术，2009，30(12)：1566－1568.
[130] 任龙太．加大环保投入，治理烟气($SO_2$)、粉尘(无组织排放)固体还原渣从源头抓起，以实现清洁生产[C]//第六届镁业分会年会．六届年会暨信息交流会文集．2003：52－62.
[131] 赵伦，刘建睿，黄卫东．镁及镁合金生产过程的污染物治理研究[J]．铸造，2008，57(12)：1304－1307.
[132] 许明合，梁峰，沈惠霞，等．氧化铝生产废水的综合治理与利用[J]．河南化工，2010，27(4)：14－16.
[133] 陈后兴，罗仙平，刘立良．含氟废水处理研究进展[J]．四川有色金属，2006(3)：31－35.
[134] 张凯，张琼娜．氧化铝行业水污染控制措施探讨[J]．中国环保产业，2010(5)：52－55.
[135] 李永胜，寇世龙．电解铝生产废水的净化回用技术[J]．有色冶金节能，2005，22(1)：3－5.
[136] 刘忠发．电解铝厂生产废水处理和回用[J]．轻金属，2006(9)：75－79.
[137] 黄尚展．电解槽废槽衬现状处理及技术分析[J]．轻金属，2009(4)：29－32.
[138] 李福文，徐卫东．浅谈电解铝生产中的三废减排措施[J]．有色冶金节能，2008(3)：65－67.
[139] 高鸿光．赤泥的综合利用及环境保护[C]//第四届全国氧化铝学术会议论文集：441－443.
[140] 国家环境保护局．有色冶金工业废气治理[M]．北京：中国环境科学出版社，1993.
[141] 逯福生．中国钛工业发展研究[J]．中国有色金属，2010(16)：25－26.
[142] 方树铭，雷霆，朱从杰，等．海绵钛生产工艺和技术方案的选择及分析[J]．轻金属，2007，(4)：43－49.
[143] 毕胜．中国钛白工业的现状、特点、发展前景和政策导向建议[J]．现代涂料与涂装，2009，12(6)：26－29.
[144] 龚家竹．钛白粉生产工艺技术发展[J]．无机盐工业，2003，35(6)：5－7.
[145] 何允平．2007—2008年中国工业硅贸易形势回顾和展望[J]．世界有色金属，2008(3)：40－43.
[146]《实用工业硅技术》编写组．实用工业硅技术[M]．北京：化学工业出版社，2005.
[147] 叶宏亮．工业硅生产过程生命周期评价研究[D]．昆明：昆明理工大学，2008.
[148] 张永涛．中国黄金工业发展现状与未来展望[J]．黄金，2011，32(6)：1－5.
[149] 袁玲，孟扬，左玉明．谈黄金工业污染源及其治理现状．黄金[J]，2011，32 (5)：

49 - 54.

[150] 陈芳芳，张亦飞，薛光. 黄金冶炼污染治理与废物资源化利用[J]. 黄金科学技术，2011，19(2)：67 - 73.

[151] 钱玲. 利用黄金工业废渣生产双免砖的研究[D]. 武汉：武汉大学，2005.

[152] 宫培荣. 黄金生产技术与标准规范实用手册[M]. 银川：宁夏大地音像出版社，2005.

[153] 王国庆，刘方明. 海绵钛冶炼工艺尾气中氯气及氯化氢的处理工艺[J]. 黑龙江环境通报，2009(4)：81 - 82.

[154] 刘文华，刘芬，刘能铸，等. 钽铌矿溶解含氟废气治理技术及工程实践[J]. 湘潭矿业学院学报，2002，17(4)：92 - 94.

[155] 李大成，周大利，刘恒. 镁热法生产海绵钛[M]. 北京：冶金工业出版社，2009.

[156] 姜静. 多晶硅生产企业废水处理工程设计与应用[J]. 工业安全与环保，2011，37(7)：3 - 4.

[157] 周建民，张国岭，端木合顺，等. 光伏电池单晶硅生产废水处理工程实例[J]. 水处理技术，2009，35(4)：116 - 119.

[158] 秦霄鹏，王贵鹏，马清. 硫酸法钛白粉生产过程中废酸和废水的治理[J]. 山东环境，2002，(112)：45 - 46.

[159] 王瑞波，胡开林，户朝帅，等. 非石灰 - 絮凝法处理钛白酸性废水[J]. 昆明理工大学学报(理工版)，2008，33(5)：61 - 64.

[160] 李红莲，赖继荣. 硫酸法钛白粉生产工艺中的废酸和废水治理实例[J]. 闽西职业技术学院学报，2007，9(2)：95 - 97.

[161] 熊如意，乐美承. 氰法提金工艺含氰废水处理[J]. 湖南有色金属，2010，26(2)：37 - 39.

[162] 蒲灵，兰石，田犀. 海绵钛生产工艺中氯化物废渣的处置研究[J]. 中国有色冶金，2007(4)：59 - 62.

[163] 王祥丁，雷霆，邹平，等. 海绵钛生产中熔盐氯化废渣无害化处理的研究[J]. 中国有色冶金，2008(4)：63 - 66.

[164] 裴润. 硫酸法钛白生产[M]. 北京：化学工业出版社，1982.

[165] 林河成. 稀土生产中废渣的处置[J]. 上海有色金属，2008，29(4)：190 - 193.

[166] 孙刚，王雪萍. 全泥氰化法提金含氰尾矿废渣处理技术[J]. 青海科技，2007(5)：43 - 44.

[167] 刘天齐. 三废处理工程技术手册(废气卷)[M]. 北京：化学工业出版社，1999.

[168] 何争光. 大气污染控制工程及应用实例[M]. 北京：化学工业出版社，2004.

[169] 严易明，张敏，孙秀敏. 治理酸雾的环保措施[J]. 石油化工环境保护，2000(1)：26 - 28.

[170] 冯莉萍. 钢丝绳厂劳动卫生学调查[J]. 职业与健康，2001，17(12)：14 - 15.

[171] Swenberg J A, Beauchamp R O J. A review of the chronic toxicity, carcinogenicity, and possible mechanisms of action of inorganic acid mists in animals[J]. Crit. Rev. Toxicol., 1997, 27(3): 253 - 259.

[172] 徐淑碧. 重庆市的酸沉降污染及防治对策[J]. 重庆环境科学，1994，16(6)：18 - 23.

[173] 郭玉文，孙翠玲，宋菲. 酸性沉降与日本森林衰退[J]. 世界林业研究，1997(1)：52 - 56.

[174] Anu W, Alan C, Lucy J S. Fine structure of acid mist treated sitka spruce needles: open-top

chamber and field experiments[J]. Annals of Botany Company, 1996, 77: 1 - 10.
[175] 边归国, 马荣. 大气环境污染对文物古迹的影响[J]. 环境科学研究, 1998, 11(5): 22 - 25.
[176] 国家环境保护局. 国家环境保护局最佳实用技术汇编(1995 年)[M]. 北京: 中国环境科学出版社, 1995.
[177] 金醉宝. 化验室酸性废气治理现状[J]. 矿冶, 1998, 7(3): 98 - 102.
[178] 刘后启, 林宏. 电收尘器: 理论, 设计, 使用[M]. 北京: 中国建筑工业出版社, 1987.
[179] 李超, 王洪利. 应用立塔式静电除雾器净化宝钢冷轧厂酸洗工艺段酸雾的实践[J]. 环境污染治理技术与设备, 2002, 3(7): 84 - 86.
[180] 郝德山, 高小荣. 蜂窝式导电玻璃钢电除雾器的试验总结[J]. 硫酸工业, 2000(4): 23 - 28.
[181] 李向阳, 王贤林. 多管塑料电除雾器在硫酸工艺中的应用[J]. 建筑热能通风空调, 2002(1): 59 - 61.
[182] 牛玉超, 战旗. 静电捕集器用于铬酸雾捕集的探讨[J]. 电镀与精饰, 1997, 19(4): 29 - 30.
[183] 丁莉. 抑雾剂与浮球在酸洗工艺中的应用[J]. 江苏冶金, 1995(2): 44 - 47.
[184] 刘福生, 扈国军, 王晟. 无酸雾污染的硫酸酸洗技术[J]. 化工时刊, 1996(11): 21 - 23.
[185] 龚敏, 张远声, 陈刚. 不锈钢在高温盐酸中的酸洗缓蚀抑雾剂[J]. 四川轻化工学院学报, 1997, 10(3): 10 - 12.
[186] T · 曼格, W · 德雷泽尔. 润滑剂与润滑[M]. 北京: 化学工业出版社, 2003.
[187] 傅树琴, 周炜, 严丽珍, 等. 金属加工润滑剂油雾控制的现状与进展[J]. 润滑油, 2003, 18(6): 1 - 5.
[188] 苏维. 硝酸酸洗中 $NO_x$ 废气治理技术研讨[J]. 有色金属加工, 2001(3): 23 - 26.
[189] 钮因健. 有色金属工业科学发展: 中国有色金属学会第八届学术年会(论文集)[M]. 长沙: 中南大学出版社, 2010.
[190] 张学士, 王永如, 李红卫, 等. 铜再生冶炼加工企业烟尘治理实践[J]. 资源再生, 2010(8): 34 - 37.
[191] 肖沃辉, 吴义千, 汪靖, 等. DBS 吸附剂治理高浓度 $NO_x$ 的实践[J]. 有色金属(冶炼部分), 2005(2): 6 - 7.
[192] 李立清, 曾光明, 李彩亭, 等. 火法炼锑生产过程中二氧化硫废气的治理[J]. 现代化工, 2002, 22(6): 49 - 51.
[193] (德)K · H · 马图哈. 非铁合金的结构与性能[M]. 北京: 科学出版社, 1999.
[194] 陈存中. 有色金属熔炼与铸锭[M]. 北京: 冶金工业出版社, 1988.
[195] 国家环境保护局. 有色金属工业废水治理[M]. 北京: 中国环境科学出版社, 1991.
[196] 匡少平, 吴信荣. 含油污泥的无害化处理与资源化利用[M]. 北京: 化学工业出版社, 2009.
[197] (日)川合慧. 铝阳极氧化膜电解着色及其功能膜的应用[M]. 朱祖芳, 译. 北京: 冶金

工业出版社, 2005.

[198] 吴小源, 刘志铭, 刘静安. 铝合金型材表面处理技术[M]. 北京: 冶金工业出版社, 2005.

[199] 李亚峰, 佟玉衡, 陈立杰. 实用废水处理技术[M]. 第 2 版. 北京: 化学工业出版社, 2009.

[200] 袁惠新. 分离过程与设备[M]. 北京: 化学工业出版社, 2008.

[201] 彭天杰, 余文涛, 袁清林, 等. 工业污染治理技术手册[M]. 成都: 四川科学技术出版社, 1985.

[202] 王郁. 水污染控制工程[M]. 北京: 化学工业出版社, 2008.

[203] 牛冬杰, 孙晓杰, 赵由才. 工业固体废物处理与资源化[M]. 北京: 冶金工业出版社, 2007.

[204] 宁平. 固体废物处理与处置[M]. 北京: 高等教育出版社, 2007.

[205] 梅光贵, 王德润, 周敬元, 等. 湿法炼锌学[M]. 长沙: 中南大学出版社, 2001.

[206] 戴自希, 张家睿. 世界铅锌资源和开发利用现状[J]. 世界有色金属, 2004(3): 22-29.

[207] 吴荣庆. 我国铅锌矿资源特点与综合利用[J]. 中国金属通报, 2008(9): 32-33.

[208] 曹异生. 近年铅锌矿业进展及前景展望[J]. 中国金属通报, 2007(30): 31-34.

[209] 陈甲斌. 铅锌产业链结构状况及海外资源战略[J]. 地质学刊, 2009, 33(1): 102-107.

[210] Jha M K, Kumar V, Singh R J. Review of hydrometallurgical recovery of zinc from industrial wastes[J]. Resources, Conservation and Recycling, 2001(33): 1-22.

[211] S Gürmen, M Emre. A laboratory-scale investigation of alkaline zinc electrowinning[J]. Minerals Engineering, 2003, 16(6): 559-562.

[212] 周新海. 株冶锌Ⅱ系统净化工序的技术改造[J]. 湖南有色金属, 2008, 24(6): 19-22.

[213] Trina M D, Amy N, George P D, et al. The kinetics of cobalt removal by cementation from an industrial zinc electrolyte in the presence of Cu, Cd, Pb, Sb and Sn additives[J]. Hydrometallurgy, 2001, 60(2): 105-116.

[214] Ivan I. Increased current efficiency of zinc electrowinning in the presence of metal impurities by addition of organic inhibitors[J]. Hydrometallurgy, 2004, 72(1): 73-78.

[215] 唐谟堂, 杨声海. Zn(Ⅱ)-$NH_3$-$NH_4Cl$-$H_2O$ 体系电积锌工艺及阳极反应机理[J]. 中南工业大学学报, 1999, 30(2): 153-156.

[216] 胡会利, 李宁, 程瑾宁, 等. 电解法制备超细锌粉的工艺研究[J]. 粉末冶金工业, 2007, 17(1): 24-29.

[217] 蒋家超. 含锌废物及贫杂氧化矿碱浸-电解生产金属锌粉工艺研究[D]. 上海: 同济大学, 2010.

[218] 赵由才, 张承龙, 蒋家超. 碱介质湿法冶金技术[M]. 北京: 冶金工业出版社, 2009.

**图书在版编目(CIP)数据**

有色冶金过程污染控制与资源化/赵由才,蒋家超,张文海编著.
—长沙:中南大学出版社,2012.12
ISBN 978-7-5487-0609-0

Ⅰ.有… Ⅱ.①赵…②蒋…③张… Ⅲ.①有色金属冶金—冶金过程—污染控制②有色金属冶金—冶金过程—资源化
Ⅳ.X758

中国版本图书馆 CIP 数据核字(2012)第 188310 号

**有色冶金过程污染控制与资源化**

赵由才 蒋家超 张文海 编著

□责任编辑 史海燕
□责任印制 文桂武
□出版发行 中南大学出版社
社址:长沙市麓山南路 邮编:410083
发行科电话:0731-88876770 传真:0731-88710482
□印 装 长沙市宏发印刷有限公司

□开 本 720×1000 B5 □印张 25.75 □字数 498 千字
□版 次 2012 年 12 月第 1 版 □2012 年 12 月第 1 次印刷
□书 号 **ISBN 978-7-5487-0609-0**
□定 价 **110.00 元**